U0920915

# 中 国 国 家 标 准 汇 编

## 401

GB 22638～22669

（2008 年制定）

中国标准出版社　编

中 国 标 准 出 版 社

北　京

**图书在版编目（CIP）数据**

中国国家标准汇编：2008年制定．401：GB 22638～22669/中国标准出版社编．—北京：中国标准出版社，2009

ISBN 978-7-5066-5382-4

Ⅰ．中…　Ⅱ．中…　Ⅲ．国家标准-汇编-中国-2008　Ⅳ．T-652.1

中国版本图书馆CIP数据核字（2009）第107840号

中国标准出版社出版发行
北京复兴门外三里河北街16号
邮政编码：100045
网址 www.spc.net.cn
电话：68523946　68517548
中国标准出版社秦皇岛印刷厂印刷
各地新华书店经销

*

开本 880×1230　1/16　印张 39　字数 1 123 千字
2009年8月第一版　2009年8月第一次印刷

*

定价 200.00 元

# 出 版 说 明

1.《中国国家标准汇编》是一部大型综合性国家标准全集。自1983年起,按国家标准顺序号以精装本、平装本两种装帧形式陆续分册汇编出版。它在一定程度上反映了我国建国以来标准化事业发展的基本情况和主要成就,是各级标准化管理机构,工矿企事业单位,农林牧副渔系统,科研、设计、教学等部门必不可少的工具书。

2.《中国国家标准汇编》收入我国每年正式发布的全部国家标准,分为"制定"卷和"修订"卷两种编辑版本。

"制定"卷收入上一年度我国发布的、新制定的国家标准,顺延前年度标准编号分成若干分册,封面和书脊上注明"20××年制定"字样及分册号,分册号一直连续。各分册中的标准是按照标准编号顺序连续排列的,如有标准顺序号缺号的,除特殊情况注明外,暂为空号。

"修订"卷收入上一年度我国发布的、被修订的国家标准,视篇幅分设若干分册,但与"制定"卷分册号无关联,仅在封面和书脊上注明"20××年修订-1,-2,-3,……"字样。"修订"卷各分册中的标准,仍按标准编号顺序排列(但不连续);如有遗漏的,均在当年最后一分册中补齐。需提请读者注意的是,个别非顺延前年度标准编号的新制定的国家标准没有收入在"制定"卷中,而是收入在"修订"卷中。

读者配套购买《中国国家标准汇编》"制定"卷和"修订"卷则可收齐上一年度我国制定和修订的全部国家标准。

3. 由于读者需求的变化,自1996年起,《中国国家标准汇编》仅出版精装本。

4. 2008年我国制修订国家标准共5946项。本分册为"2008年制定"卷第401分册,收入国家标准GB 22638～22669的最新版本。

中国标准出版社

2009年5月

# 目　　录

ICS 77.040.01
H 20

# 中华人民共和国国家标准

GB/T 22638.1—2008

# 铝箔试验方法
# 第1部分:厚度的测定　重量法

**Test methods for aluminium and aluminium alloy foils—Part 1:Determination of thickness by gravimetric method**

2008-12-29 发布　　2009-11-01 实施

中华人民共和国国家质量监督检验检疫总局
中国国家标准化管理委员会　发布

# 前　言

GB/T 22638《铝箔试验方法》分为10个部分：

——第1部分：厚度的测定 重量法；

——第2部分：针孔的检测；

——第3部分：粘附性的测定；

——第4部分：表面润湿张力的测定；

——第5部分：刷水试验方法；

——第6部分：直流电阻的测定；

——第7部分：热封强度的测定；

——第8部分：织构检验方法；

——第9部分：亲水性的测定；

——第10部分：涂层表面密度的测定。

本部分为GB/T 22638的第1部分。本部分参考ASTM E 252—2006《质量法测定箔、薄板和薄膜厚度》制定。

本部分由中国有色金属工业协会提出。

本部分由全国有色金属标准化技术委员会归口。

本部分主要起草单位：华北铝业有限公司。

本部分参加起草单位：中国有色金属工业标准计量质量研究所、厦门厦顺铝箔有限公司、云南新美铝铝箔有限公司、上海恩远实业有限公司。

本部分主要起草人：曹建峰、葛立新、王淑芬、管连仲、卜长海、郭义庆、高珺、梁明霞、张深阳。

# 铝箔试验方法
# 第1部分:厚度的测定　重量法

## 1 范围

GB/T 22638 的本部分规定了重量法测定铝箔厚度的方法。

本部分适用于厚度不大于 0.05 mm 的铝箔的厚度测定。

## 2 原理

本部分通过称量已知面积和密度的铝箔试样质量,从而计算铝箔的厚度。

## 3 试验仪器工具

3.1 天平:感量为 0.1 mg。

3.2 样板:面积为 100 $cm^2$ 的金属取样板(形状为正方形或圆形)。

## 4 测定

4.1 用取样板在需要测定厚度的铝箔上一次取下 100 $cm^2$ 有代表性的试样。正方形试样边长的尺寸偏差为±0.05 mm,圆形试样直径的偏差为±0.05 mm。

4.2 将取下的试样用丙酮或其他合适的溶剂擦拭,以除掉油和其他脏物。

4.3 将上述擦拭干净且已干燥的试样放在分析天平上称量,并记录其质量。

4.4 校样方法:按本方法概述的步骤对同一试样在不同天平上重复称量,其结果误差应控制在±1 mg,否则,应进行天平的维修或重新标定。

## 5 结果计算及表示

### 5.1 铝及铝合金密度

#### 5.1.1 常用铝及铝合金在 20 ℃的密度

常用铝及铝合金在 20 ℃的密度见表 1。

表 1

| 序号 | 牌号 | 密度/($g/cm^3$) | 序号 | 牌号 | 密度/($g/cm^3$) |
|---|---|---|---|---|---|
| 1 | 1A99 | 2.705 | 10 | 3003 | 2.73 |
| 2 | 1070A | 2.705 | 11 | 3A21 | 2.73 |
| 3 | 1060 | 2.705 | 12 | 5A02 | 2.66 |
| 4 | 1050、1050A | 2.705 | 13 | 5052 | 2.68 |
| 5 | 1035 | 2.705 | 14 | 5056 | 2.64 |
| 6 | 1145 | 2.700 | 15 | 5086 | 2.66 |
| 7 | 1100 | 2.71 | 16 | 8A06 | 2.71 |
| 8 | 1200 | 2.70 | 17 | 8011 | 2.71 |
| 9 | 1235 | 2.705 | 18 | 8011A | 2.71 |

5.1.2 铝及铝合金密度的计算

5.1.2.1 确定被测铝及铝合金中各元素质量分数的算术平均值

5.1.2.1.1 元素质量分数的算术平均值应根据元素质量分数极限值来计算。当元素质量分数仅有最大极限值规定时，其最小极限值视为零。算术平均值四舍五入后，应修约至表2所示的有效位数。

表2

| 元素质量分数的算术平均值/% | | 有效位数 |
|---|---|---|
| <0.001 | | 0.000× |
| 0.001～<0.01 | | 0.00× |
| 0.01～<0.10 | 纯铝 | 0.0×× |
| | 铝合金 | 0.0× |
| 0.10～0.55 | | 0.×× |
| >0.55 | | 0.×，×.× |

5.1.2.1.2 对于质量分数极限仅有最大值规定的组合元素，如(铁＋硅)，其中各单个元素均被视为质量分数等同，其质量分数算术平均值用组合元素质量分数的算术平均值(按5.1.2.2计算和修约)除以该组合元素中单个元素的个数来计算。计算结果四舍五入后，修约至表2所示的有效位数。

5.1.2.1.3 铝的质量分数大于等于99.90%，但小于等于99.99%时，其算术平均值用100.00%减去所有的质量分数最大极限不小于0.001 0%的元素的质量分数算术平均值总和来确定，求和前各元素质量分数算术平均值要表示到0.0××%，求和后将总和修约到0.0×%。

5.1.2.1.4 铝的质量分数大于等于99.00%，但小于99.90%时，其算术平均值用100.00%减去所有的质量分数最大极限不小于0.010%的元素的质量分数算术平均值总和来确定，求和前各元素质量分数算术平均值要表示到0.0×%。

5.1.2.1.5 铝的质量分数小于99.00%时，其算术平均值用100.00%减去各元素的质量分数算术平均值之和，所得结果四舍五入后，修约至小数点后第二位。

5.1.2.2 计算密度

5.1.2.2.1 按公式(1)计算铝及铝合金密度，即：将上述方式得出的每一元素的质量分数算术平均值乘以各自对应的系数(密度的倒数值见表3)所得结果四舍五入后，修约至小数点后第三位。再将所得数值全部相加，所得之和的倒数即为铝合金密度 $D$ 的计算值。该值应按下面的方法进行修约：

——铝质量分数最小极限值大于等于99.35%时，所得数值四舍五入至0.005最近的倍数，表示为：×.××0或×.××5。

——铝质量分数最小极限值小于99.35%时，所得数值四舍五入至0.01最近的倍数，表示为：×.××。

$$D = 1/(\mathrm{Al}\%/D_{\mathrm{Al}} + \mathrm{Cu}\%/D_{\mathrm{Cu}} + \mathrm{Fe}\%/D_{\mathrm{Fe}} + \cdots\cdots) \qquad (1)$$

式中：

$D$——所测铝及铝合金的密度，单位为克每立方厘米($g/cm^3$)；

Al%、Cu%、Fe%、……——被测合金中各元素的质量分数算术平均值(%)；

$D_{\mathrm{Al}}$、$D_{\mathrm{Cu}}$、$D_{\mathrm{Fe}}$、……——各元素的密度，单位为克每立方厘米($g/cm^3$)。

表3

| 元　　素 | 系数(1/密度)/($cm^3/g$) |
|---|---|
| Ag | 0.095 3 |
| Al | 0.370 5 |
| B | 0.427 4 |
| Be | 0.541 1 |

表 3（续）

| 元　　素 | 系数(1/密度)/($cm^3$/g) |
|---|---|
| Bi | 0.102 0 |
| Cd | 0.115 6 |
| Ce | 0.149 9 |
| Co | 0.113 0 |
| Cr | 0.139 1 |
| Cu | 0.111 6 |
| Fe | 0.127 1 |
| Ga | 0.169 3 |
| Li | 1.441 0 |
| Mg | 0.552 2 |
| Mn | 0.134 6 |
| Ni | 0.112 3 |
| O | 0.537 8 |
| Pb | 0.088 2 |
| Si | 0.429 2 |
| Sn | 0.137 1 |
| Ti | 0.221 9 |
| V | 0.163 9 |
| Zn | 0.140 1 |
| Zr | 0.154 1 |

5.1.2.2.2　铝及铝合金密度计算方法示例(以牌号 1145 为例)见表 4。

表 4

| 纯铝 1145 密度的计算 | | | | | |
|---|---|---|---|---|---|
| 元素 | 元素质量分数的最大极限/% | 元素质量分数的算术平均值/% | 系数(1/密度) | 元素质量分数的算术平均值×系数/% | 密度/(g/$cm^3$) |
| Si | Si+ Fe:0.55 | 0.14[a] | 0.429 2 | 0.060 | 1/37.006%<br>=2.702 264 4<br>修约至 2.700 |
| Fe | | 0.14[a] | 0.127 1 | 0.018 | |
| Cu | 0.05 | 0.02 | 0.111 6 | 0.002 | |
| Mn | 0.05 | 0.02 | 0.134 6 | 0.003 | |
| Mg | 0.05 | 0.02 | 0.552 2 | 0.011 | |
| Zn | 0.05 | 0.02 | 0.140 1 | 0.003 | |
| V | 0.05 | 0.02 | 0.163 9 | 0.003 | |
| Ti | 0.03 | 0.02 | 0.221 9 | 0.004 | |
| 小计 | — | 0.40 | — | 0.104 | |
| Al | — | 99.60 | 0.370 5 | 36.902 | |
| 合计 | — | — | — | 37.006 | |
| [a] (0.55−0)/2=0.275,修约至 0.28,则每个元素为 0.14。 | | | | | |

## 5.2　厚度

按公式(2)计算试样厚度:

$$T = W/(10A \cdot D) \quad \cdots\cdots(2)$$

式中：

$T$——试样厚度，单位为毫米(mm)；

$W$——用天平称量时所得的质量（精确到小数点后第四位），单位为克(g)；

$A$——试样的面积，单位为平方厘米($cm^2$)。

## 6 测量精度

本方法测量精度($E$)按公式(3)计算：

$$E = E_D + E_A + E_W = 0.3\% + 0.1\% + (0.07\ g/W)\% = 0.4\% + (0.07\ g/W)\% \quad \cdots\cdots(3)$$

式中：

$E_D$——密度相对误差；

$E_A$——面积相对误差；

$E_W$——质量相对误差。

## 7 试验报告

试验报告至少应包括以下内容：

a) 本部分编号；

b) 产品公称厚度、牌号、生产批号；

c) 试验结果；

d) 试验日期；

e) 试验者盖章；

f) 可能影响试验结果的其他因素（室温、湿度等）。

ICS 77.040.01
H 20

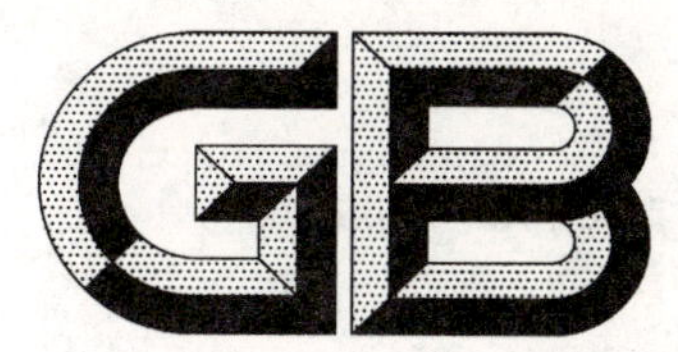

# 中华人民共和国国家标准

GB/T 22638.2—2008

# 铝箔试验方法 第2部分：针孔的检测

Test methods for aluminium and aluminium alloy foils—Part 2: Determination of porosity

2008-12-29 发布

2009-11-01 实施

中华人民共和国国家质量监督检验检疫总局
中国国家标准化管理委员会 发布

# 前　言

GB/T 22638《铝箔试验方法》分为10个部分：

——第1部分：厚度的测定　重量法；

——第2部分：针孔的检测；

——第3部分：粘附性的测定；

——第4部分：表面润湿张力的测定；

——第5部分：刷水试验方法；

——第6部分：直流电阻的测定；

——第7部分：热封强度的测定；

——第8部分：织构检验方法；

——第9部分：亲水性的测定；

——第10部分：涂层表面密度的测定。

本部分为GB/T 22638的第2部分。本部分参考EN 546.4—1997《铝及铝合金箔　第4部分：特殊性能要求》制定。

本部分由中国有色金属工业协会提出。

本部分由全国有色金属标准化技术委员会归口。

本部分主要起草单位：华北铝业有限公司。

本部分参加起草单位：中国有色金属工业标准计量质量研究所、厦门厦顺铝箔有限公司、云南新美铝铝箔有限公司。

本部分主要起草人：曹建峰、葛立新、王淑芬、管连仲、卜长海、郭义庆、马宁、张深阳、关世彤。

# 铝箔试验方法
# 第2部分：针孔的检测

## 1 范围

GB/T 22638的本部分规定了用针孔箱检测铝箔针孔的方法[1)]。

本部分适用于铝箔针孔数量及针孔直径的检测。

## 2 方法原理

在规定的环境及灯箱光源下，利用铝箔针孔的透光性，来观察针孔的数量，并测量针孔的尺寸。

## 3 观察室及针孔箱

观察室示意图见图1。针孔箱为木质或铁质箱，针孔箱箱体表面装有一块厚度为5 mm的毛玻璃，毛玻璃表面留出不小于0.1 $m^2$的检查面，检查面四周用黑纸衬边以挡住散射光，箱内装有日光灯，日光灯在箱内均匀分布。针孔箱内光照度为1 200 lx～1 500 lx，毛玻璃透射光照度为1 000 lx左右，光线在检测面上均匀分布，环境光照度20 lx～50 lx。

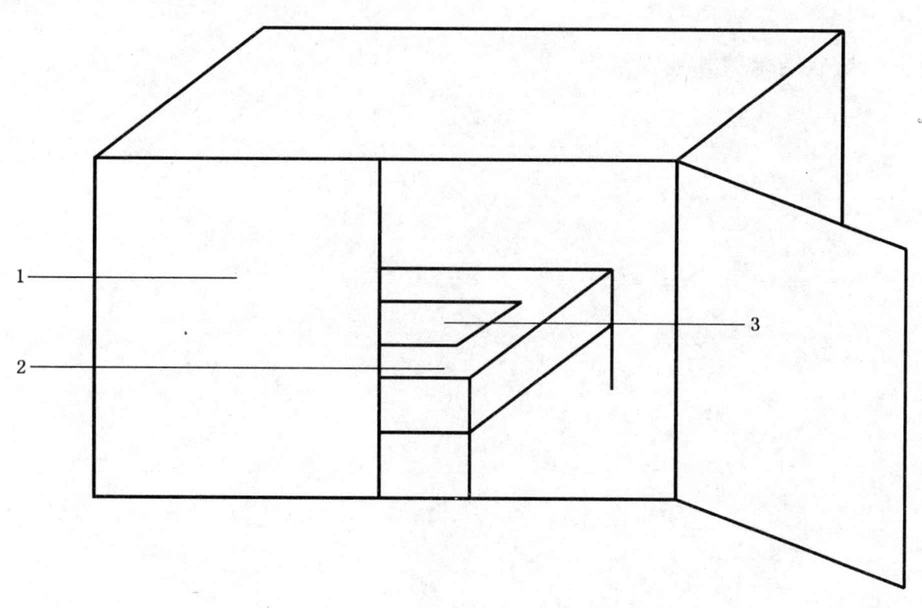


1——观察室；

2——针孔箱；

3——检查面。

图1

## 4 试样制取

试样从箔卷上截取，试样表面应平整，不得出现起皱、压折现象。试样尺寸应尽可能等于或大于检查面尺寸，否则应对试样未能覆盖的检查面进行遮盖，以防影响检查效果。

1) 铝箔针孔也可采用供需双方认可的针孔检测仪器进行检测。

## 5 试验条件

试验在观察室(见图1)内进行。

## 6 检测

6.1 观察距离0.5 m,观察者视力(或矫正视力)为5.0。

6.2 双合铝箔暗面对着观察者,对可见针孔进行计数。

6.3 针孔尺寸可采用10倍~20倍的直尺式放大镜或立式显微镜进行测量。

## 7 结果表示

7.1 以3片试样的测试结果的平均值作为针孔检测值。

7.2 计算结果精确至整数位。

## 8 试验报告

试验报告至少应包括以下内容:

a) 本部分编号;

b) 产品公称厚度、牌号、生产批号;

c) 试验结果;

d) 试验日期;

e) 试验者盖章;

f) 可能影响试验结果的其他因素。

---

ICS 77.040.01
H 20

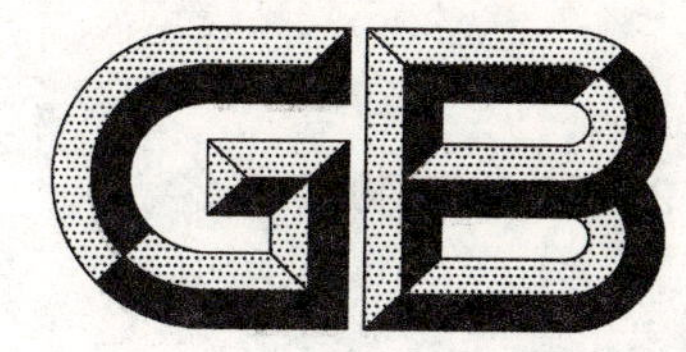

# 中华人民共和国国家标准

GB/T 22638.3—2008

# 铝箔试验方法 第3部分：粘附性的测定

## Test methods for aluminium and aluminium alloy foils—Part 3: Determination of stickiness

2008-12-29 发布 2009-11-01 实施

中华人民共和国国家质量监督检验检疫总局
中国国家标准化管理委员会 发布

# 前　言

GB/T 22638《铝箔试验方法》分为10个部分：

——第1部分：厚度的测定　重量法；

——第2部分：针孔的检测；

——第3部分：粘附性的测定；

——第4部分：表面润湿张力的测定；

——第5部分：刷水试验方法；

——第6部分：直流电阻的测定；

——第7部分：热封强度的测定；

——第8部分：织构检验方法；

——第9部分：亲水性的测定；

——第10部分：涂层表面密度的测定。

本部分为GB/T 22638的第3部分。本部分参考EN 546.4—1997《铝及铝合金箔　第4部分：特殊性能要求》制定。

本部分由中国有色金属工业协会提出。

本部分由全国有色金属标准化技术委员会归口。

本部分主要起草单位：华北铝业有限公司。

本部分参加起草单位：中国有色金属工业标准计量质量研究所、中铝西北铝加工分公司、东北轻合金有限责任公司。

本部分主要起草人：曹建峰、葛立新、王淑芬、管连仲、卜长海、郭义庆、张深阳、王国军、唐述政。

# 铝箔试验方法
# 第3部分:粘附性的测定

## 1 范围

GB/T 22638的本部分规定了铝箔的粘附性测定方法。

本部分适用于检测铝箔层与层间的粘附程度。

## 2 方法原理

本方法通过测定铝箔借自重自然展开所需最小的脱落长度值来评价铝箔层与层间的粘附程度。

## 3 试验条件

试验在常温下进行,试验前除去箔卷外面至少1 mm的层厚,箔卷温度为室温。

## 4 测定

4.1 铝箔卷芯穿轴,用起重工具吊起,箔卷与地面水平。

4.2 将外层铝箔沿卷取相反的方向人为展开,并使展开状态如图1所示($OA$、$O_1A_1$ 为通过轴心的两条水平线)。当下垂至长度 $L$ 时,由于自重作用,铝箔自然向下脱落展开。测定铝箔借自重自然展开所需最小的下垂长度值 $L$。当所需 $L$ 较长时,为便于操作,可考虑将垂下的铝箔折叠,最终展开测量总长 $L$ 值。

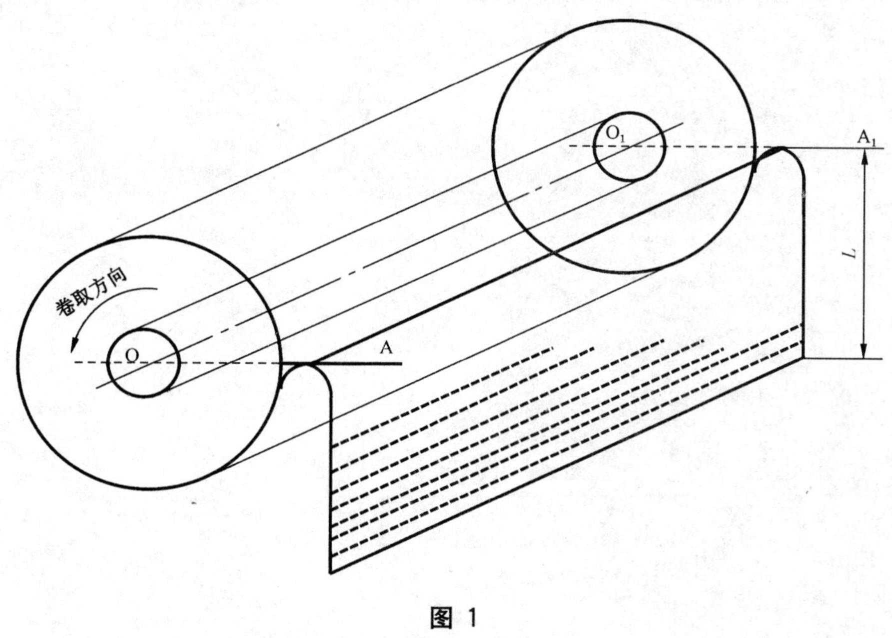


图1

## 5 结果表示

5.1 以三卷试样的测试结果的平均值作为粘附性的检测值。

5.2 计算结果精确至小数点后一位。

## 6 试验报告

试验报告至少应包括以下内容：

a) 本部分编号；

b) 产品规格、牌号、生产批号；

c) 试验结果；

d) 试验日期；

e) 试验者盖章；

f) 可能影响试验结果的其他因素。

---

ICS 77.040.01
H 20

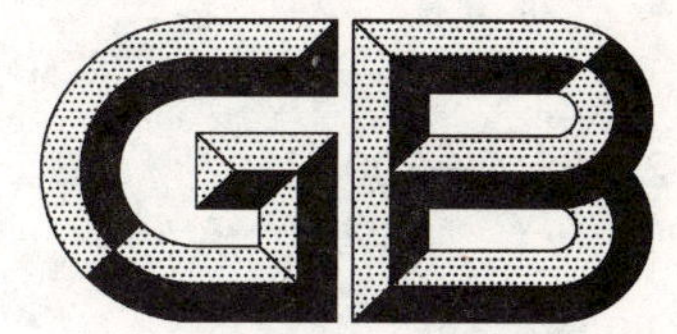

# 中华人民共和国国家标准

GB/T 22638.4—2008



# 铝箔试验方法
# 第4部分：表面润湿张力的测定

Test methods for aluminium and aluminium alloy foils—
Part 4:Determination of surface wetting tension

2008-12-29 发布　　　　2009-11-01 实施

中华人民共和国国家质量监督检验检疫总局
中国国家标准化管理委员会　发布

# 前　言

GB/T 22638《铝箔试验方法》分为10个部分：

——第1部分：厚度的测定　重量法；

——第2部分：针孔的检测；

——第3部分：粘附性的测定；

——第4部分：表面润湿张力的测定；

——第5部分：刷水试验方法；

——第6部分：直流电阻的测定；

——第7部分：热封强度的测定；

——第8部分：织构检验方法；

——第9部分：亲水性的测定；

——第10部分：涂层表面密度的测定。

本部分为GB/T 22638的第4部分。本部分参考EN 546.4-1997《铝及铝合金箔　第4部分：特殊性能要求》制定。

本部分由中国有色金属工业协会提出。

本部分由全国有色金属标准化技术委员会归口。

本部分主要起草单位：华北铝业有限公司。

本部分参加起草单位：中国有色金属工业标准计量质量研究所、上海恩远实业有限公司、厦门厦顺铝箔有限公司。

本部分主要起草人：曹建峰、葛立新、王淑芬、管连仲、郭义庆、梁明霞、张深阳、卜长海、靳国富。

# 铝箔试验方法
# 第 4 部分：表面润湿张力的测定

## 1 范围

GB/T 22638 的本部分规定了铝箔表面润湿张力的测定方法。

本部分适用于铝箔表面润湿张力的测定。

## 2 方法原理

本方法根据在一固定材料表面刷试不同的试液，润湿性不同的原理，选择不同的试液，以判定铝箔表面润湿张力值。

## 3 试剂和材料

**3.1 甲酰胺 分析纯**

**3.2 乙二醇乙醚 分析纯**

**3.3 蒸馏水**

## 4 试液的制备

取适量的甲酰胺(3.1)、乙二醇乙醚(3.2)和蒸馏水(3.3)，按表 1 配制试液，装入试瓶中备用。

表 1

| 试液序号 | 试 液 |
|---|---|
| 1 | 乙二醇乙醚 |
| 2 | 甲酰胺-乙二醇乙醚混合溶液(2.5+97.5) |
| 3 | 甲酰胺-乙二醇乙醚混合溶液(26.5+73.5) |
| 4 | 甲酰胺-乙二醇乙醚混合溶液(10.5+89.5) |
| 5 | 甲酰胺-乙二醇乙醚混合溶液(19.0+81.0) |
| 6 | 甲酰胺-乙二醇乙醚混合溶液(26.5+73.5) |
| 7 | 甲酰胺-乙二醇乙醚混合溶液(35.0+65.0) |
| 8 | 甲酰胺-乙二醇乙醚混合溶液(42.5+57.5) |
| 9 | 甲酰胺-乙二醇乙醚混合溶液(48.5+51.5) |
| 10 | 甲酰胺-乙二醇乙醚混合溶液(54.0+46.0) |
| 11 | 甲酰胺-乙二醇乙醚混合溶液(59.0+41.0) |
| 12 | 甲酰胺-乙二醇乙醚混合溶液(63.5+36.5) |
| 13 | 甲酰胺-乙二醇乙醚混合溶液(67.5+32.5) |
| 14 | 甲酰胺-乙二醇乙醚混合溶液(71.5+28.5) |
| 15 | 甲酰胺-乙二醇乙醚混合溶液(74.7+25.3) |
| 16 | 甲酰胺-乙二醇乙醚混合溶液(78.0+22.0) |
| 17 | 甲酰胺-乙二醇乙醚混合溶液(80.3+19.7) |
| 18 | 甲酰胺-乙二醇乙醚混合溶液(83.0+17.0) |

表 1(续)

| 试液序号 | 试　液 |
|---|---|
| 19 | 甲酰胺-乙二醇乙醚混合溶液(87.0+13.0) |
| 20 | 甲酰胺-乙二醇乙醚混合溶液(90.7+9.3) |
| 21 | 甲酰胺-乙二醇乙醚混合溶液(93.7+6.3) |
| 22 | 甲酰胺-乙二醇乙醚混合溶液(96.5+3.5) |
| 23 | 甲酰胺 |
| 24 | 甲酰胺溶液(95.0+5.0) |
| 25 | 甲酰胺溶液(80.0+20.0) |
| 26 | 甲酰胺溶液(70.0+30.0) |
| 27 | 甲酰胺溶液(64.0+36.0) |
| 28 | 甲酰胺溶液(50.0+50.0) |
| 29 | 甲酰胺溶液(45.0+55.0) |
| 30 | 甲酰胺溶液(30.0+70.0) |
| 31 | 甲酰胺溶液(20.0+80.0) |
| 32 | 甲酰胺溶液(10.0+90.0) |
| 33 | 蒸馏水 |

## 5　试验条件

5.1　温度:23 ℃±2 ℃,相对湿度:50%±5%。

5.2　试验前除去箔卷外面至少 1 mm 层厚。

## 6　测定

从表 1 中选择试液。用棉球蘸取该试液在铝箔表面不小于 600 $mm^2$ 的面积上刷试。若保持 2 s 不破裂成小液滴,则选择下一序号的试液刷试,直到试液在铝箔表面裂成小液滴为止,其前一序号的试液对应的表面润湿张力(见表 2)即定为被检铝箔的润湿张力值;如最初选用的试液在 2 s 内破裂,则选择前一序号的试液刷试,直至试液保持 2 s 内不破裂为止,则此试液对应的表面润湿张力(见表 2)即定为被检铝箔的润湿张力值。

## 7　结果表示

按表 2 判定被检铝箔的表面润湿张力值。

表 2

| 试液序号 | 表面润湿张力/($\times10^{-3}$ N/m) |
|---|---|
| 1 | 30 |
| 2 | 31 |
| 3 | 32 |
| 4 | 33 |
| 5 | 34 |
| 6 | 35 |
| 7 | 36 |

表 2（续）

| 试液序号 | 表面润湿张力/（$\times 10^{-3}$ N/m） |
|---|---|
| 8 | 37 |
| 9 | 38 |
| 10 | 39 |
| 11 | 40 |
| 12 | 41 |
| 13 | 42 |
| 14 | 43 |
| 15 | 44 |
| 16 | 45 |
| 17 | 46 |
| 18 | 48 |
| 19 | 50 |
| 20 | 52 |
| 21 | 54 |
| 22 | 56 |
| 23 | 58 |
| 24 | 59 |
| 25 | 60 |
| 26 | 61 |
| 27 | 62 |
| 28 | 63 |
| 29 | 64 |
| 30 | 66 |
| 31 | 67 |
| 32 | 70 |
| 33 | 73 |



## 8 试验报告

试验报告至少应包括以下内容：

a） 本部分编号；

b） 产品规格、牌号、生产批号；

c） 试验结果；

d） 试验日期；

e） 试验者盖章；

f） 可能影响试验结果的其他因素（温度、湿度等）。

ICS 77.040.01
H 20

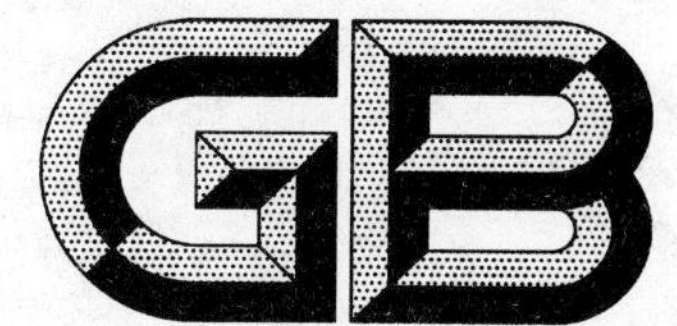

# 中华人民共和国国家标准

GB/T 22638.5—2008

# 铝箔试验方法
# 第5部分：刷水试验方法

**Test methods for aluminium and aluminium alloy foils—Part 5: Determination of wettability by brushing**

2008-12-29 发布　　2009-11-01 实施

中华人民共和国国家质量监督检验检疫总局
中国国家标准化管理委员会　发布

# 前 言

GB/T 22638《铝箔试验方法》分为10个部分：

——第1部分：厚度的测定 重量法；

——第2部分：针孔的检测；

——第3部分：粘附性的测定；

——第4部分：表面润湿张力的测定；

——第5部分：刷水试验方法；

——第6部分：直流电阻的测定；

——第7部分：热封强度的测定；

——第8部分：织构检验方法；

——第9部分：亲水性的测定；

——第10部分：涂层表面密度的测定。

本部分为GB/T 22638的第5部分。本部分参考EN 546.4—1997《铝及铝合金箔 第4部分：特殊性能要求》制定。

本部分由中国有色金属工业协会提出。

本部分由全国有色金属标准化技术委员会归口。

本部分主要起草单位：华北铝业有限公司。

本部分参加起草单位：中国有色金属工业标准计量质量研究所、厦门厦顺铝箔有限公司、山东南山铝业有限公司。

本部分主要起草人：曹建峰、葛立新、王淑芬、管连仲、陈峰、张深阳、卜长海、郭义庆、陈泓钧。

# 铝箔试验方法
# 第5部分:刷水试验方法

## 1 范围

GB/T 22638 的本部分规定了铝箔的刷水试验方法。

本部分适用于铝箔表面脱脂状况的检查。

## 2 方法原理

本方法利用不同液体在一固定材料表面的润湿性不同的原理,选择六种不同的试验液刷试铝箔表面,以判定铝箔表面的脱脂等级。

## 3 试剂和材料

3.1 无水乙醇 分析纯。

3.2 蒸馏水。

## 4 试液的制备

取适量无水乙醇(3.1)和蒸馏水(3.2),按表1配制试液,装入试瓶中备用。

表1

| 试液序号 | 试　液 |
|---|---|
| 1 | 蒸馏水 |
| 2 | 乙醇溶液(1+9) |
| 3 | 乙醇溶液(2+8) |
| 4 | 乙醇溶液(3+7) |
| 5 | 乙醇溶液(4+6) |
| 6 | 乙醇溶液(5+5) |

## 5 试验条件

5.1 在常温条件下进行试验。

5.2 双合铝箔选择暗面进行检测。

5.3 试验前除去箔卷外面至少1 mm层厚。

## 6 试验方法

先用棉球蘸取备好的试液沿铝箔的宽度方向刷试表面,将铝箔倾斜30°～50°(与垂直方向)观察铝箔表面的流线形状。若试液呈流线状且润湿面积基本不收缩,表明被检铝箔刷水试验达到该试液对应等级(见表2);若试液明显收缩或继续呈小球状,应选择下一序号的试液重新刷试,直到试液在铝箔表面呈流线状且润湿面积基本不收缩为止。

## 7 结果表示

按表2判定被检铝箔的刷水试验等级。

表 2

| 试液序号 | 被刷试铝箔表面状况 | 刷水试验等级 |
| --- | --- | --- |
| 1 | 试液呈流线状且润湿面积基本不收缩 | A |
| 2 | | B |
| 3 | | C |
| 4 | | D |
| 5 | | E |
| 6 | | F |

## 8 试验报告

试验报告至少应包括以下内容：

a） 本部分编号；

b） 产品规格、牌号、生产批号；

c） 试验结果；

d） 试验日期；

e） 试验者盖章；

f） 可能影响试验结果的其他因素。

ICS 77.040.01
H 20

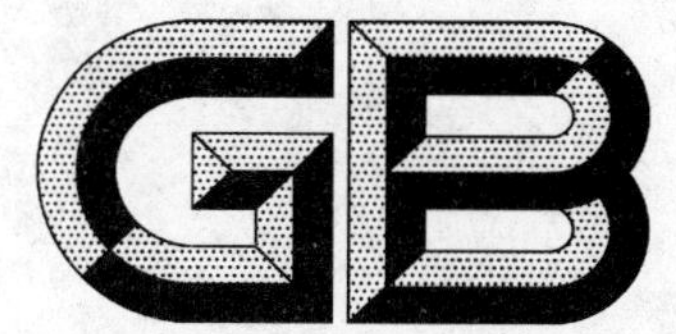

# 中华人民共和国国家标准

GB/T 22638.6—2008

# 铝箔试验方法 第6部分：直流电阻的测定

**Test methods for aluminium and aluminium alloy foils—Part 6: Determination of direct current resistance**

2008-12-29 发布

2009-11-01 实施

中华人民共和国国家质量监督检验检疫总局
中国国家标准化管理委员会 发布

# 前言

GB/T 22638《铝箔试验方法》分为10个部分：

——第1部分：厚度的测定 重量法；

——第2部分：针孔的检测；

——第3部分：粘附性的测定；

——第4部分：表面润湿张力的测定；

——第5部分：刷水试验方法；

——第6部分：直流电阻的测定；

——第7部分：热封强度的测定；

——第8部分：织构检验方法；

——第9部分：亲水性的测定；

——第10部分：涂层表面密度的测定。

本部分为GB/T 22638的第6部分。

本部分由中国有色金属工业协会提出。

本部分由全国有色金属标准化技术委员会归口。

本部分主要起草单位：华北铝业有限公司。

本部分参加起草单位：中国有色金属工业标准计量质量研究所、云南新美铝铝箔有限公司。

本部分主要起草人：曹建峰、葛立新、王淑芬、管连仲、郭义庆、张深阳、关世彤、马宁、陈峰。

# 铝箔试验方法
# 第6部分:直流电阻的测定

## 1 范围

GB/T 22638的本部分规定了铝箔的直流电阻测定方法。

本部分适用于电力、无线电电容器用铝箔20 ℃时标准试样的直流电阻测定。

## 2 方法原理

本方法运用双臂电桥测定室温电阻,通过计算给出铝箔20 ℃时的标准试样电阻值。

## 3 试样

3.1 测试试样长250 mm、宽25 mm。应同时切取三条测试试样,并测量它们的实际宽度,测量不少于三次/条,取平均值$\overline{X}$。

3.2 根据电阻定律,标准试样电阻应为测试试样电阻的10倍。

## 4 测定

### 4.1 估计电阻值

依电阻定律估计测试试样的电阻值(如厚度0.007 mm的纯铝箔,所取测试试样电阻值约为0.04 Ω)。

### 4.2 测定室温电阻

将测试试样夹在卡具上,卡具两头固定,相距0.25 m,取比例桥臂为10。记下双臂电桥选择臂的示数(以测试试样的估计电阻值为参考进行微调)$R_0$,并记下当时的室温$t$。每条试样测量一次,取其平均值$\overline{R}_0$。

## 5 试验结果

5.1 按公式(1)计算测试试样20 ℃时的电阻:

$$R_x = \frac{R_N}{R_1} \times \overline{R}_0 \times X^* \times t^* \quad \cdots\cdots(1)$$

式中:

$R_x$——测试试样20 ℃时的电阻,单位为欧姆(Ω);

$R_N$——标准电阻值,$R_N = 0.001$ Ω;

$R_1$——比例桥臂电阻值,$R_1 = 10$ Ω;

$\overline{R}_0$——双臂电桥选择臂的示数平均值,单位为欧姆(Ω);

$X^*$——宽度修正系数,$X^* = \overline{X}/25$;

$t^*$——温度修正系数,$t^* = 1 + \alpha(20 - t)$,其中$\alpha$为电阻温度系数,$\alpha = 0.004$。

5.2 按公式(2)计算标准试样20 ℃时的电阻值:

$$\overline{R} = 10 \times R_x \quad \cdots\cdots(2)$$

式中:

$\overline{R}$——标准试样20 ℃时电阻值,单位为欧姆(Ω);

$R_x$——测试试样20 ℃时的电阻,由公式(1)求得,单位为欧姆(Ω)。

## 6　试验报告

试验报告至少应包括以下内容：

a）本部分编号；

b）产品规格、牌号、生产批号；

c）试验结果；

d）试验日期；

e）试验者盖章；

f）可能影响试验结果的其他因素(温度、湿度等)。

ICS 77.040.01
H 20

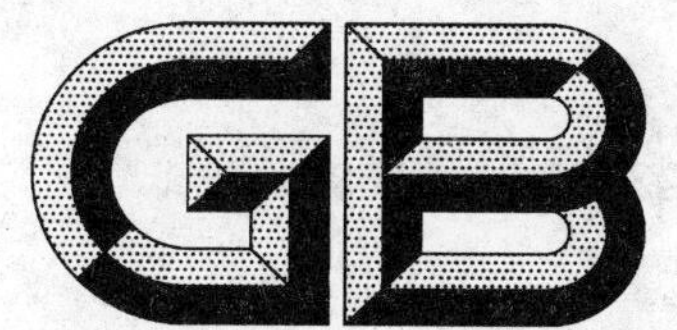

# 中华人民共和国国家标准

GB/T 22638.7—2008

# 铝箔试验方法
# 第7部分:热封强度的测定

**Test methods for aluminium and aluminium alloy foils—**
**Part 7:Determination of heat seal strength**

2008-12-29 发布　　　　2009-11-01 实施

中华人民共和国国家质量监督检验检疫总局
中国国家标准化管理委员会　发布

# 前言

GB/T 22638《铝箔试验方法》分为10个部分：
——第1部分：厚度的测定　重量法；
——第2部分：针孔的检测；
——第3部分：粘附性的测定；
——第4部分：表面润湿张力的测定；
——第5部分：刷水试验方法；
——第6部分：直流电阻的测定；
——第7部分：热封强度的测定；
——第8部分：织构检验方法；
——第9部分：亲水性的测定；
——第10部分：涂层表面密度的测定。

本部分为GB/T 22638的第7部分。

本部分由中国有色金属工业协会提出。

本部分由全国有色金属标准化技术委员会归口。

本部分主要起草单位：中国铝业股份有限公司西北铝加工分公司。

本部分参加起草单位：中国有色金属工业标准计量质量研究所、华北铝业有限公司。

本部分主要起草人：侯波、段瑞芬、曹建峰、李建荣、葛立新、王淑芬、郭义庆。

# 铝箔试验方法
# 第7部分：热封强度的测定

## 1 范围

GB/T 22638的本部分规定了药品包装用铝箔热封强度的测定方法。

本部分适用于铝箔与药用聚氯乙烯(PVC)、聚偏二氯乙烯(PVDC)等硬片粘合后制成的固体药品(片剂、胶囊剂等)包装用铝箔粘合层的热封强度的测定。

## 2 方法原理

将表面涂有一定量的VC热封胶的铝箔与聚氯乙烯(PVC)或聚偏二氯乙烯(PVDC)硬片热封复合，然后通过拉力试验机测定聚氯乙烯(PVC)或聚偏二氯乙烯(PVDC)硬片与铝箔剥离所需力值，即热封强度。

## 3 试验材料与设备

3.1 VC(vinyl chlorid)热封胶。

3.2 聚氯乙烯(PVC)固体药用硬片：20 mm×150 mm。

3.3 聚偏二氯乙烯(PVDC)固体药用复合硬片：20 mm×150 mm。

3.4 12＃涂布棒。

3.5 热封仪：温度可控制在155 ℃±5 ℃，压力可控制在0.2 MPa～0.3 MPa。

3.6 拉力试验机：示值误差±1%，带有图形记录装置。

3.7 标准试样载切器：15 mm×200 mm。

3.8 标准试样载切器：200 mm×200 mm。

3.9 干燥箱：温度可控制在180 ℃±2 ℃。

## 4 试样

用标准试样载切器(3.8)从箔卷上截取3个200 mm×200 mm的铝箔试样，试样表面应平整，不得出现起皱、压折现象。

## 5 测定

### 5.1 涂胶

5.1.1 用12＃涂布棒(3.4)在试样暗面(如用户有特殊要求，也可在亮面)均匀的涂上VC热封胶(3.1)，VC热封胶(3.1)的涂布量≥3.0 g/m$^2$，涂布量差异控制在±5%。

5.1.2 将涂胶后的试样放入温度达180 ℃±2 ℃的干燥箱(3.9)内保温10 s，取出后沿纵向轧制方向，在每个试样上截出20 mm×200 mm的两条试片。

### 5.2 热封

5.2.1 将每条试片涂VC热封胶的一面，分别与聚氯乙烯固体药用硬片(3.2)或聚偏二氯乙烯固体药用复合硬片(3.3)进行叠合，然后置于热封仪(3.5)进行热合，热合条件为：温度155 ℃±5 ℃，压力0.2 MPa～0.3 MPa，时间1 s。

5.2.2 将热合后的试片(5.2.1)取出放冷，用标准试样载切器(3.7)将其切成15 mm×200 mm的标准尺寸，在温度 23 ℃±2 ℃、相对湿度 50%±5%的环境中放置 4 h。

### 5.3 测定热封强度

5.3.1 将标准试片(5.2.2)一端的固体药用硬片与铝箔剥开 50 mm，将试片剥开端的固体药用硬片部分夹于拉力试验机(3.6)的上夹具中，将试片剥开端的铝箔部分夹于拉力试验机(3.6)的下夹具中(如图 1)，分别对每个试片按 5.3.2 进行拉伸试验。

5.3.2 开动拉力试验机(3.6)，以 200 mm/min±20 mm/min 的拉伸速度，将固体药用硬片与铝箔剥离。观察拉力试验机(3.6)仪表，拉力值较为稳定时记为该试片的热封强度值。

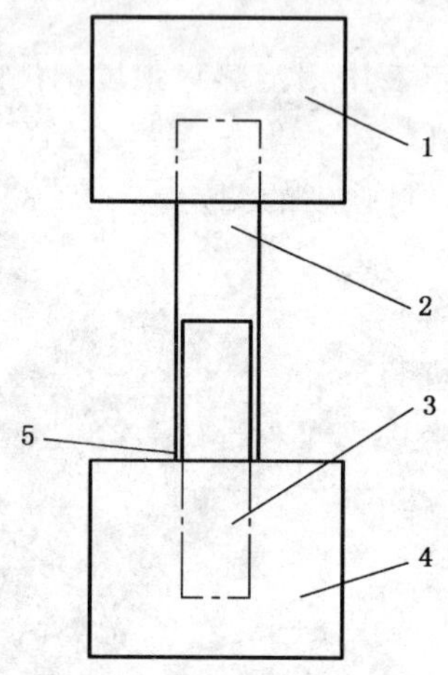


1——拉力机上夹头；

2——PVC 或 PDVC 硬片；

3——铝箔；

4——拉力机下夹头；

5——PVC 或 PDVC 硬片与铝箔复合部分。

**图 1 铝箔热封强度试验示意图**

## 6 结果表示

6.1 记录每个试样上截出的 2 个标准试片的热封强度值，所得值取其平均值，记为该试样的热封强度值(单位为 N)。

6.2 以 3 个试样的热封强度值的平均值作为该卷铝箔的热封强度测试结果。

## 7 试验报告

试验报告至少应包括以下内容：

a) 本部分编号；

b) 产品规格、牌号、生产批号；

c) 试验结果；

d) 试验日期；

e) 试验者盖章；

f) 可能影响试验结果的其他因素。

ICS 77.040.01
H 20

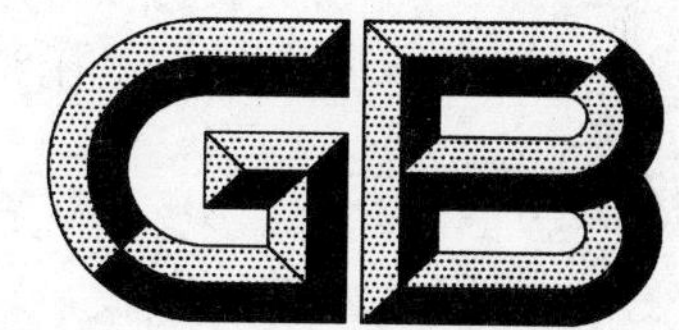

# 中华人民共和国国家标准

GB/T 22638.9—2008

# 铝箔试验方法
# 第9部分:亲水性的测定

**Test methods for aluminium and aluminium alloy foils**
**Part 9:Determination of hydrophilic property**

2008-12-29 发布　　2009-11-01 实施

中华人民共和国国家质量监督检验检疫总局
中国国家标准化管理委员会　发布

# 前言

GB/T 22638《铝箔试验方法》分为10个部分：

——第1部分：厚度的测定　重量法；

——第2部分：针孔的检测；

——第3部分：粘附性的测定；

——第4部分：表面润湿张力的测定；

——第5部分：刷水试验方法；

——第6部分：直流电阻的测定；

——第7部分：热封强度的测定；

——第8部分：织构检验方法；

——第9部分：亲水性的测定；

——第10部分：涂层表面密度的测定。

本部分为GB/T 22638的第9部分。

本部分的附录A为规范性附录。

本部分由中国有色金属工业协会提出。

本部分由全国有色金属标准化技术委员会归口。

本部分主要起草单位：华北铝业有限公司。

本部分参加起草单位：中国有色金属工业标准计量质量研究所、广州慧谷化学有限公司、常铝铝业股份有限公司、重庆顺威万希铝业有限公司、阳之光铝业有限公司。

本部分主要起草人：王淑芬、葛立新、陈峰、管连仲、郭义庆、陈兴耀、谢馨刚、喻静、曹建峰、朱俊明、尹腾、刘金友。

# 铝箔试验方法
# 第9部分:亲水性的测定

## 1 范围

GB/T 22638的本部分规定了空调器散热片用涂层铝箔亲水性的测定方法。

本部分适用于空调器散热片用涂层铝箔亲水性的测定。

## 2 方法原理

将蒸馏水滴于涂层表面,水滴将在表面张力的作用下铺展。本方法通过测量水滴与涂层表面形成的接触角来描述涂层亲水性。

## 3 试剂

3.1 蒸馏水。

3.2 免清洗挥发油。

## 4 仪器

4.1 接触角测定仪。

4.2 鼓风恒温烘干箱:温度可控制在150 ℃±5 ℃。

4.3 烧杯:500 mL。

4.4 水槽:水槽横截面积280 mm×200 mm。

4.5 微量进样器:10 μL。

4.6 游标卡尺:0 mm~100 mm。

## 5 试样

5.1 检测初期亲水角用的试样尺寸:50 mm×50 mm。

5.2 检测工艺亲水角用的试样尺寸:100 mm×50 mm。

5.3 检测持久亲水角用的试样尺寸:100 mm×50 mm。

## 6 测定

### 6.1 接触角的测定

#### 6.1.1 接触角测定仪法

6.1.1.1 本方法为仲裁测定方法。

6.1.1.2 接通接触角测定仪(4.1)电源,调节接触角测定仪水平。

6.1.1.3 将试样固定在工作台上。

6.1.1.4 将蒸馏水加入液滴调节器中,将调节器固定在主机上旋转测微头,使适量的水(0.005 mL~0.02 mL)在针头上形成水滴,自然滴于试样表面,调节工作台位置,使水滴位于目镜中心。

6.1.1.5 当水滴在试样上静置60 s后,转动目镜中的十字线作水滴与涂层接触点处的切线,切线与固定十字线的夹角即为接触角。

6.1.2 **微量进样器法**

6.1.2.1 用微量进样器(4.5)准确量取 10 μL 蒸馏水。

6.1.2.2 推动微量进样器，使蒸馏水在针尖上形成 10 μL 水滴，将水滴自然滴于试样表面。

6.1.2.3 当水滴在试样上静置 60 s 后，用游标卡尺(4.6)测定水滴纵向直径 $L_1$、横向直径 $L_2$。

6.1.2.4 计算 $(L_1+L_2)/2$，得到水滴平均直径 $L$，对照附录 A 的表 A.1 查得接触角。

## 6.2 初期亲水角的测定

取 3 片试样(5.1)，分别在 3 片试样上采用同一种方法(从 6.1 中选择)测定接触角。

## 6.3 工艺亲水角的测试

6.3.1 将 3 片试样(5.2)浸没于免清洗挥发油中 5 min，取出后甩去表面的免清洗挥发油，在温度达 150 ℃±5 ℃的鼓风恒温烘干箱(4.2)中烘 5 min，然后置于蒸馏水(3.1)中浸渍 1 min，取出后在温度达 150 ℃±5 ℃的鼓风恒温烘干箱(4.2)中烘 10 min，取出冷却后备用。

6.3.2 分别在 3 片试样上采用同一种方法(从 6.1 中选择)测定接触角。

## 6.4 持久亲水角的测试

### 6.4.1 连续浸渍亲水角的测试

6.4.1.1 将 3 片试样(5.3)固定在试样架上，浸于水流量为 1 L/min～3 L/min 的水槽(4.4)中 100 h，使用非循环水，取出晾干。

6.4.1.2 分别在 3 片试样上采用同一种方法(从 6.1 中选择)测定接触角。

### 6.4.2 干-湿循环亲水角的测试

6.4.2.1 在温度 25 ℃±5 ℃、湿度不小于 80%的密闭干净的环境中，将 3 片试样(5.3)固定在试样架上浸入蒸馏水(3.1)中 2 min，自然干燥 6 min 为一循环，重复 300 次循环后晾干。

6.4.2.2 分别在 3 片试样上采用同一种方法(从 6.1 中选择)测定接触角。

# 7 结果表示

7.1 以 3 片试样的接触角测试结果的平均值作为亲水角测定值。

7.2 计算结果精确至小数点后一位。

# 8 试验报告

试验报告包括以下内容：

a) 本部分编号；

b) 接触角的测定方法；

c) 亲水角测定值(须标注亲水角类型：初期亲水角、工艺亲水角、连续浸渍亲水角、干-湿循环亲水角)；

d) 生产批号；

e) 试验日期；

f) 测试人员。

# 附 录 A
（规范性附录）
## 水滴平均直径与接触角的对照表

表 A.1 水滴平均直径与接触角的对照表

<table>
<tr><td rowspan="3">水滴平均直径值（L）的整数部分/mm</td><td colspan="10">接触角/度</td></tr>
<tr><td colspan="10">水滴平均直径值（L）的非整数部分/mm</td></tr>
<tr><td>0.0</td><td>0.1</td><td>0.2</td><td>0.3</td><td>0.4</td><td>0.5</td><td>0.6</td><td>0.7</td><td>0.8</td><td>0.9</td></tr>
<tr><td>3</td><td colspan="4">—</td><td>89</td><td>85</td><td>82</td><td>79</td><td>74</td><td>71</td></tr>
<tr><td>4</td><td>66</td><td>63</td><td>61</td><td>59</td><td>57</td><td>54.5</td><td>52</td><td>49</td><td>46</td><td>45</td></tr>
<tr><td>5</td><td>42</td><td>40.5</td><td>38</td><td>36.5</td><td>34.5</td><td>32</td><td>31</td><td>30</td><td>29</td><td>27</td></tr>
<tr><td>6</td><td>26</td><td>24</td><td>23.5</td><td>23</td><td>22.5</td><td>20</td><td>19.5</td><td>19</td><td>18</td><td>17</td></tr>
<tr><td>7</td><td>16</td><td colspan="2">15</td><td>14</td><td>13</td><td colspan="2">12</td><td>11.5</td><td>11</td><td>10</td></tr>
<tr><td>8</td><td>9</td><td>8.5</td><td>8</td><td>7</td><td>5.5</td><td colspan="2">4.5</td><td>2.5</td><td colspan="2">—</td></tr>
</table>

ICS 77.040.01
H 20

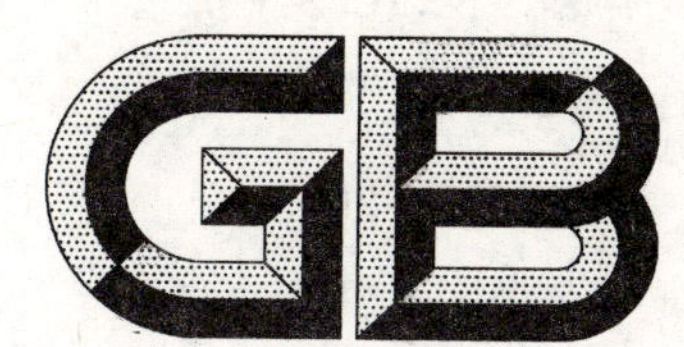


# 中华人民共和国国家标准

GB/T 22638.10—2008



# 铝箔试验方法 第10部分：涂层表面密度的测定

Test methods for aluminium and aluminium alloy foils—
Part 10: Determination of mass per unit area (surface density) of coatings

2008-12-29 发布

2009-11-01 实施

中华人民共和国国家质量监督检验检疫总局
中国国家标准化管理委员会 发布

# 前　言

GB/T 22638《铝箔试验方法》分为10个部分：

——第1部分：厚度的测定　重量法；

——第2部分：针孔的检测；

——第3部分：粘附性的测定；

——第4部分：表面润湿张力的测定；

——第5部分：刷水试验方法；

——第6部分：直流电阻的测定；

——第7部分：热封强度的测定；

——第8部分：织构检验方法；

——第9部分：亲水性的测定；

——第10部分：涂层表面密度的测定。

本部分为GB/T 22638的第10部分。

本部分由中国有色金属工业协会提出。

本部分由全国有色金属标准化技术委员会归口。

本部分主要起草单位：华北铝业有限公司。

本部分参加起草单位：中国有色金属工业标准计量质量研究所、广州慧谷化学有限公司、常铝铝业股份有限公司、重庆顺威万希铝业有限公司、阳之光铝业有限公司。

本部分主要起草人：王淑芬、葛立新、陈峰、管连仲、郭义庆、陈兴耀、曹建峰、朱俊明、喻静、刘金友、尹腾、谢馨刚。

# 铝箔试验方法 第10部分:涂层表面密度的测定

## 1 范围

GB/T 22638 的本部分规定了空调器散热片用涂层铝箔的表面密度测定方法。

本部分适用于空调器散热片用涂层铝箔表面密度的测定。

## 2 方法原理

将已知面积和质量的试样放入对基体金属无明显浸蚀作用的、规定浓度的浓硫酸(适用于有机涂层)或顺丁烯二酸(适用于有机、无机混合涂层)中,或放入马弗炉内高温烘烤(适用于有机涂层、无机涂层)。待涂层完全溶(或熔)掉后,称量试样质量,计算试样单位面积上的质量损失,即为涂层铝箔的表面密度。

## 3 试剂

3.1 浓硫酸($\rho$1.84 g/mL)。

3.2 顺丁烯二酸酐水溶液(1+9)。

## 4 仪器

4.1 天平:感量为 0.1 mg。

4.2 马弗炉:温度可控制在 500 ℃±5 ℃。

4.3 烘箱:温度可控制在 100 ℃±5 ℃。

4.4 烧杯:1 000 mL。

4.5 电炉

## 5 试样

试样尺寸:100 mm×100 mm,试样尺寸偏差为±0.05 mm。

## 6 测定

### 6.1 浓硫酸法(适用于有机涂层)

6.1.1 将试样置于温度达 100 ℃±5 ℃的烘箱(4.3)中干燥 5 min 后用镊子取出,放入干燥皿中充分冷却,取出后称量试样质量 $m_1$(精确至 0.1 mg)。

6.1.2 将试样浸没于盛放浓硫酸(3.1)的烧杯(4.4)中浸泡 10 min,用镊子取出后迅速用自来水冲洗,用纱布将试样表面擦拭干净。将试样置于温度达 100 ℃±5 ℃的烘箱(4.3)中干燥 5 min 后用镊子取出,放入干燥皿中充分冷却,取出后称量试样质量(精确至 0.1 mg)。

6.1.3 重复 6.1.2,直至试样质量称量结果不再变化为止,记录下试样质量 $m_1'$。

### 6.2 高温烘烤法(本方法适用于有机涂层、无机涂层)

6.2.1 将试样置于温度达 100 ℃±5 ℃的烘箱(4.3)中干燥 5 min 后用镊子取出,放入干燥皿中充分冷却,取出后称量试样质量 $m_1$(精确至 0.1mg)。

6.2.2 将试样置于温度达 500 ℃±5 ℃的马弗炉(4.2)内烘烤 5 min(以试样的涂层完全熔化为止),

取出冷却后用自来水清洗，用纱布将试样表面擦拭干净。将试样置于温度达 100 ℃±5 ℃的烘箱(4.3)中干燥 5 min 后用镊子取出，放入干燥皿中充分冷却，取出后称量试样质量(精确至 0.1mg)。

6.2.3 重复 6.2.2，直至试样质量称量结果不再变化为止，记录下试样质量 $m_1'$。

**6.3 顺丁烯二酸法(本方法适用于有机、无机混合涂层)**

6.3.1 将试样置于温度达 100 ℃±5 ℃的烘箱(4.3)中干燥 5 min 后用镊子取出，放入干燥皿中充分冷却，取出后称量试样质量 $m_1$(精确至 0.1mg)。

6.3.2 将试样浸没于盛放顺丁烯二酸酐水溶液(3.2)的烧杯(4.4)中，将烧杯放在电炉(4.5)上加热至沸腾状态，保持 15 min～20 min 后取出，立即用水冲洗，用纱布将试样表面涂层擦除干净。将试样置于温度达 100 ℃±5 ℃的烘箱(4.3)中干燥 5 min 后用镊子取出，放入干燥皿中充分冷却，取出后称量试样质量 $m_1'$(精确至 0.1 mg)。

## 7 结果表示

7.1 单面涂层表面密度按公式(1)计算：

$$G=\frac{m_1-m_1'}{2S} \qquad \cdots\cdots(1)$$

式中：

$G$——单面涂层的表面密度(单位面积上的涂层质量)，单位为克每平方米($g/m^2$)；

$m_1$——涂层溶(熔)掉前的试样质量，单位为克(g)；

$m_1'$——涂层溶(熔)掉后的试样质量，单位为克(g)；

$S$——试样单面面积，$S=0.01\ m^2$。

7.2 计算结果精确到小数点后一位。

## 8 试验报告

试验报告包括以下内容：

a) 本部分编号；

b) 去除涂层的方法(浓硫酸法、高温烘烤法或顺丁烯二酸法)；

c) 生产批号；

d) 涂层单面的表面密度；

e) 试验日期；

f) 测试人员。

---

ICS 77.040.30
H 25

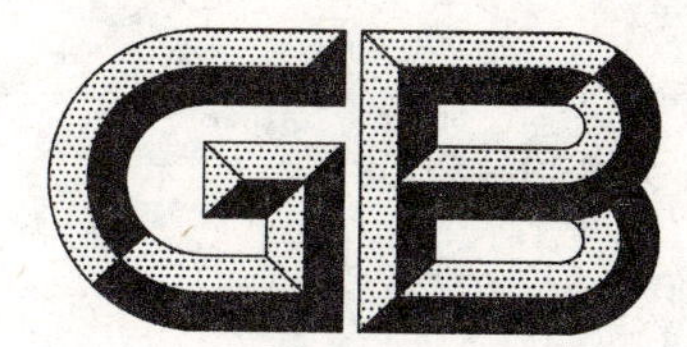

# 中华人民共和国国家标准

GB/T 22639—2008

# 铝合金加工产品的剥落腐蚀试验方法

## Test method of exfoliation corrosion for wrought aluminium and aluminium alloys



2008-12-29 发布　　2009-11-01 实施

中华人民共和国国家质量监督检验检疫总局
中国国家标准化管理委员会　发布

# 前　言

本标准5×××系铝合金的剥落腐蚀试验方法修改采用ASTM G 66—1999《5×××系铝合金目视剥落腐蚀敏感性标准试验方法》。

本标准2×××和7×××系铝合金的剥落腐蚀试验方法修改采用ASTM G 34—2001《2×××和7×××系铝合金剥落腐蚀敏感性试验标准试验方法(EXCO试验)》。

本标准由中国有色金属工业协会提出。

本标准由全国有色金属标准化技术委员会归口。

本标准主要起草单位:西南铝业(集团)有限责任公司、中国有色金属工业标准计量质量研究所。

本标准参加起草单位:东北轻合金有限责任公司。

本标准主要起草人:周仁良、李瑞山、葛立新、谭海燕、陈文、吕新宇。

# 铝合金加工产品的剥落腐蚀试验方法

## 1 范围

本标准规定了2×××、5×××、6×××、7×××系铝合金加工产品的恒浸式剥落腐蚀试验方法。

本标准适用于2×××、5×××、6×××、7×××系铝合金板、带、管、棒、型、锻件等加工产品。

## 2 方法原理

本方法是一种加速剥落腐蚀试验方法。通过在腐蚀性溶液中一定条件下对试验材料进行一定时间的全浸试验,用直观检测或金相观察的方法来评价材料对剥落腐蚀的敏感性。

## 3 试剂

### 3.1 2×××、6×××、7×××系试剂

3.1.1 氯化钠($\rho$2.16 g/mL)。

3.1.2 硝酸钾($\rho$2.10 g/mL)。

3.1.3 硝酸($\rho$1.40 g/mL)。

3.1.4 蒸馏水(或去离子水)。

### 3.2 5×××系试剂

3.2.1 氯化铵($\rho$1.53 g/mL)。

3.2.2 硝酸铵($\rho$1.73 g/mL)。

3.2.3 酒石酸铵($\rho$1.60 g/mL)。

3.2.4 过氧化氢($\rho$1.11 g/mL)。

3.2.5 蒸馏水(或去离子水)。

## 4 试验溶液

### 4.1 2×××、6×××、7×××系铝合金试验溶液

将234 g氯化钠(3.1.1)和50 g硝酸钾(3.1.2)溶于蒸馏水或去离子水(3.1.4)中,然后添加6.3 mL硝酸(3.1.3),再用蒸馏水或去离子水(3.2.5)稀释至1 000 mL。这种溶液中含4.0 mol的氯化钠、0.5 mol的硝酸钾和0.1 mol的硝酸,此溶液的pH值约为0.4。

### 4.2 5×××系铝合金试验溶液

将53.5 g氯化铵(3.2.1)、20 g硝酸铵(3.2.2)和1.84 g酒石酸铵(3.2.3)溶于少量蒸馏水或去离子水(3.2.5)中,然后添加10 mL的过氧化氢(3.2.4),再用蒸馏水或去离子水(3.2.5)稀释至1 000 mL,这种溶液中含1.0 mol的氯化铵、0.25 mol的硝酸铵、0.01 mol的酒石酸铵和0.09 mol的过氧化氢,此溶液的pH值为5.2~5.4。

## 5 试验装置

试验容器可以采用任何玻璃、塑料或其他惰性材料制成,容器内盛装试验溶液与试样。根据试样的形状和尺寸,可以在容器的底部用玻璃、塑料或其他惰性材料制成的棒或支架支撑试样。容器上应盖有活动盖子,以减少试验溶液的蒸发,并配置恒温装置。

## 6 试样

6.1 试样的尺寸按产品标准规定，产品标准无规定时，试样的宽度为30 mm～50 mm；试样的长度为100 mm，且对于挤压产品，该尺寸应与挤压方向平行，对于压延产品该尺寸应与最终的轧制方向平行，对于锻件，该尺寸应与晶粒流动方向平行。试样的厚度为产品的原始厚度，一般不小于2.5 mm，对于有包覆层的产品，应用机械加工或蚀洗的方式去掉原始厚度大约10%的表面层，以去除包覆层。

6.2 锯下的试样其边缘无需进行机加工。试样的主试验面应暴露在外，其他面可采用涂料或防护层保护。与主试验面垂直的面可不加以保护。

6.3 同一批试验用的试样，应是取自同一批次或同一热处理炉次的产品。

6.4 贮存已制备好的试样应防止试样变形、表面损坏和腐蚀。

## 7 试验程序

7.1 试验前应对试样进行外观和尺寸检验，但检验不应造成试验面的损伤。

7.2 配制和准备试验溶液。如无特别规定，2×××、6×××、7×××系铝合金试验溶液的温度为25 ℃±3 ℃，5×××系铝合金试验溶液的温度为65 ℃±1 ℃，试验的湿度应尽量控制试验空间的相对湿度在45%±6%的范围内。

7.3 所有试样均要彻底清洗油污、尘垢和油脂，清洗后应立即进行试验，或放在干燥器中短期保存。

7.4 采用涂料或防护层将试样的非主试验面进行保护，与主试验面垂直的面不加以保护。涂料或防护层必须有很好的附着力，以免涂料或防护层下边产生缝隙腐蚀，涂料或防护层还不应含有可渗出的离子和防护油。

7.5 每次试验应使用新鲜溶液，试验中溶液保持静止，在试验期内不能更换溶液，pH值变化是正常现象。

7.6 试验时应使用足够量的溶液，溶液体积与试样被浸面的面积之比率为10 mL/cm$^2$～30 mL/cm$^2$。

7.7 将试样浸入溶液，并放置于容器底部的惰性材料制成的棒或支架上。2×××、6×××、7×××系试样的主试验面应朝上并呈水平位置，以防止试样表面腐蚀物损失，5×××系试样应垂直放于溶液中，其试样底端边缘距容器底部至少25 mm之上。

7.8 在浸渍6 h～24 h内观察试样(不清洗)，然后继续浸渍。对于6×××、7×××系合金，总浸渍时间为48 h；对于2×××系合金，总浸渍时间为96 h；对于5×××系合金，总浸渍时间为24 h。

## 8 结果评定及报告

### 8.1 结果评定

#### 8.1.1 评定腐蚀等级

8.1.1.1 对于浸渍完后的试样，在潮湿状态时直接检验试样，评定腐蚀等级。检验与评级之后用水漂洗试样，在浓硝酸中浸泡30 s再次用水漂洗，然后晾干。

8.1.1.2 目测评定试样结果的腐蚀等级及腐蚀程度描述见表1。

表1 腐蚀等级及腐蚀程度描述

| 等　级 | 腐蚀程度描述 |
|---|---|
| N | 腐蚀不严重：表面上有微蚀或脱色现象 |
| P(PA～PC) | 出现点蚀[a]：指表面出现细小点蚀或爆皮[a]。出现爆皮[a]现象，则说明腐蚀已经轻微深入试样表面。根据点蚀[a]的不同腐蚀程度，可将P级分为PA～PC三个细分级别，其腐蚀程度的描述如表2所示 |
| E(EA～ED) | 出现剥落腐蚀：指表面呈显著的起层，按照起层的不同程度，将E级分为EA～ED四个细分级别，其腐蚀程度的描述如表2所示 |
| [a] 对于一般工业铝材来说，在这种试验之后，呈现点蚀或爆皮属正常现象，不属于剥落腐蚀。 | |

**表 2 P级与E级细分级别的腐蚀程度描述**

| 等级 | 细分级别 | 腐蚀程度描述 |
|---|---|---|
| P | PA | 表面呈轻微的点蚀 |
| | PB | 表面点蚀较严重 |
| | PC | 表面呈严重点蚀，出现疱疤、爆皮，并轻微地深入试样表面 |
| E | EA | 表面明显的起层，并穿入金属 |
| | EB | 表面严重分层，穿入到金属深处 |
| | EC | 表面分层很严重，并严重穿入到金属深处 |
| | ED | 表面分层更严重，并严重穿入到金属相当深处 |

**8.1.2 合格判定**

抗剥落腐蚀试验的结果是否合格，应符合产品标准规定。产品标准中无规定时，以不出现 EB～ED 级为合格。

**8.2 试验报告**

试验报告应至少包括下列内容：

a) 本标准编号；

b) 试验的合金及状态；

c) 试验条件；

d) 结果评定的腐蚀程度；

e) 试验结果合格与否；

f) 试验者、审核者、试验日期。

ICS 77.040.30
H 25

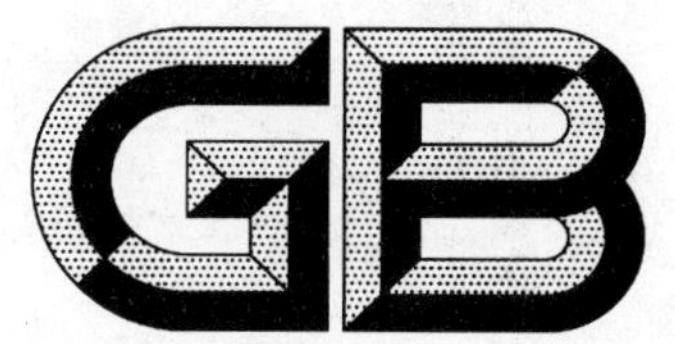

# 中华人民共和国国家标准

GB/T 22640—2008

# 铝合金加工产品的环形试样应力腐蚀试验方法

**Test method of C-Ring sample to stress-corrosion cracking for wrought aluminium and aluminium alloys products**

2008-12-29 发布 2009-11-01 实施

中华人民共和国国家质量监督检验检疫总局
中国国家标准化管理委员会 发布

# 前　言

本标准的C环应力腐蚀试样的制作和使用标准推荐方法修改采用ASTM G 38—2001《C环应力腐蚀试样的制作和使用标准推荐方法》。

本标准的7×××高强铝合金产品的应力腐蚀开裂敏感性标准推荐方法修改采用ASTM G 47—1998《确定7×××高强铝合金产品的应力腐蚀开裂敏感性标准推荐方法》。

本标准的3.5%氯化钠溶液间浸应力腐蚀试验标准推荐方法修改采用ASTM G 44—1999《3.5%氯化钠溶液间浸应力腐蚀试验标准推荐方法》。

本标准由中国有色金属工业协会提出。

本标准由全国有色金属标准化技术委员会归口。

本标准起草单位：西南铝业(集团)有限责任公司、中国有色金属工业标准计量质量研究所。

本标准参加起草单位:东北轻合金有限责任公司。

本标准主要起草人:周仁良、李瑞山、葛立新、谭海燕、陈文、吴欣凤。

# 铝合金加工产品的环形试样应力腐蚀试验方法

## 1 范围

本标准规定了2×××(铜含量1.8%～7.0%)系、7×××(铜含量0.4%～2.8%)及6×××系铝合金加工产品的环形试样应力腐蚀试验方法。

本标准适用于2×××(铜含量1.8%～7.0%)系、7×××(铜含量0.4%～2.8%)及6×××系的铝合金板、管、棒、型、锻件等加工产品。

## 2 方法原理

本方法采用对C形环试样施加恒变应力，全浸或间浸式浸入试验溶液中，在规定的时间内检验材料是否腐蚀破裂，来评定材料的应力腐蚀敏感性及耐应力腐蚀能力。

## 3 试剂

3.1 氢氧化钠(ρ2.13 g/mL)。

3.2 盐酸(ρ1.10 g/mL)。

3.3 氯化钠(ρ2.16 g/mL)。

3.4 蒸馏水或去离子水。

## 4 试验溶液

氯化钠水溶液(ρ35 g/L，pH：6.4～7.2)：用氯化钠(3.3)和蒸馏水或去离子水(3.4)配制，用氢氧化钠(3.1)或盐酸(3.2)调整。

## 5 试验设备

符合国家或行业标准规定的各种环形试样应力腐蚀试验装置。

## 6 试样

### 6.1 取样

6.1.1 试样的取样应符合产品标准的规定，产品标准未规定时，按本方法执行。

6.1.2 挤压管、棒、型材产品的C环取样如图1所示。轧制板材产品的C环取样如图2所示。锻压产品的C环取样如图3所示。

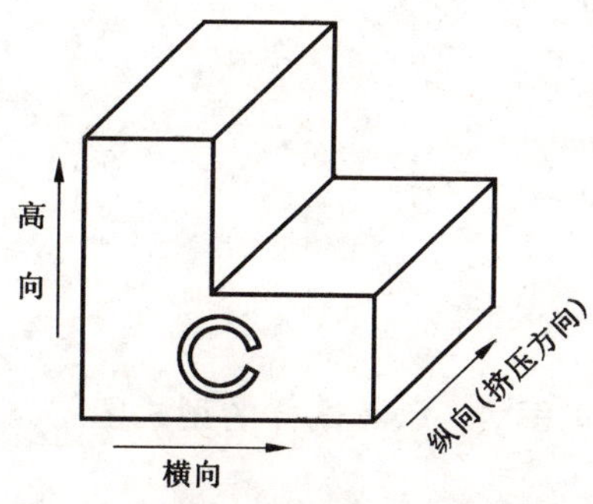


图1 挤压产品的C环取样图

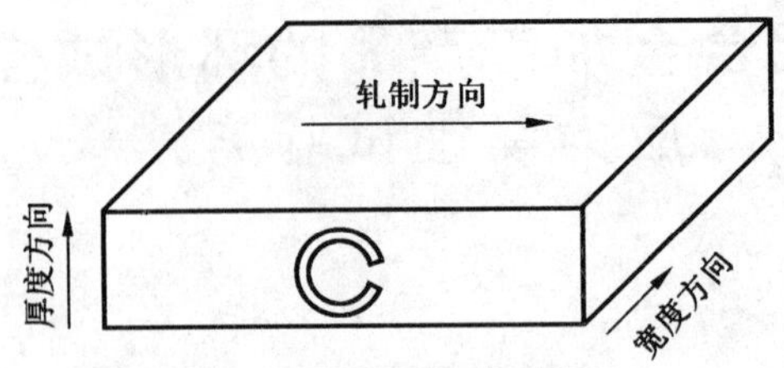


图 2 轧制板材产品的 C 环取样图

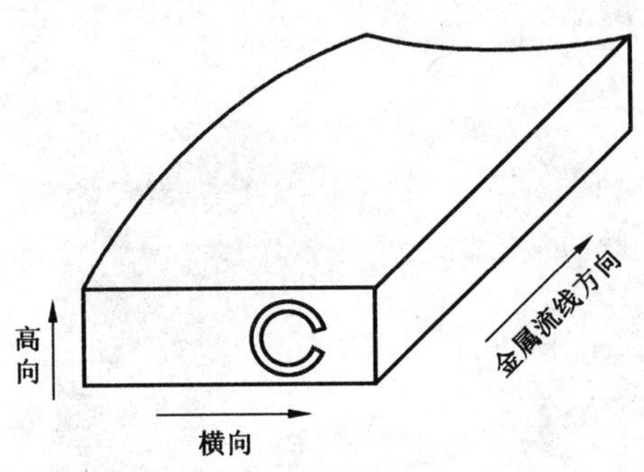


图 3 锻压产品的 C 环取样图

## 6.2 试样加工

6.2.1 试样的规格由试验者根据具体情况确定，但须保证试样的直径为 16 mm～32 mm，直径与厚度的比值在 10～16 范围内。试样的精加工应在热处理后进行，以免产生较大的残余应力。试样主表面的粗糙度不得大于 0.8 μm。试样不得有划痕、凹坑、毛刺等缺陷。加工过程中应避免试样产生塑性变形。

6.2.2 试样的型式如图 4 所示。

单位为毫米

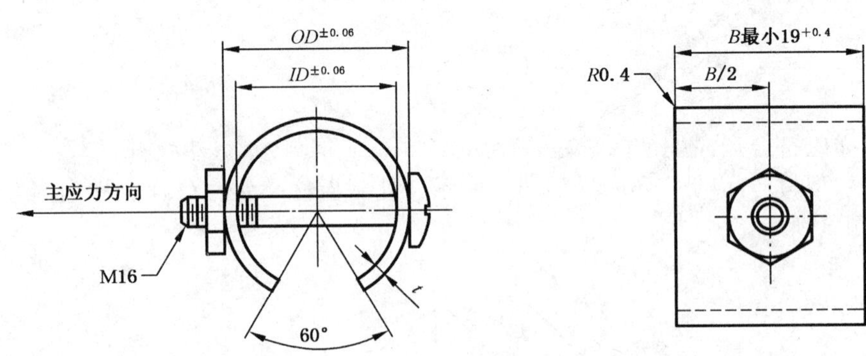


OD——圆环的外径；
ID——圆环的内径；
t——圆环的厚度；
B——圆环的宽度。

图 4 C 环试样的型式图

## 6.3 试样数量

试样的数量应符合产品标准的规定，产品标准未规定时，按表 1 规定执行。

表 1

| 品　种 | 每批取样 | 切取样坯 | 每个样坯的试样数量 | 试样总数 |
|---|---|---|---|---|
| 挤压管、棒、型 | 3 根 | 每根 1 个 | 3 个 | 9 个 |
| 压延板材 | 3 块 | 每块 1 个 | 3 个 | 9 个 |
| 锻压产品 | 1 件 | 每件 2 个 | 3 个 | 6 个 |

### 6.4 表面处理

用有机溶剂(如汽油、酒精等)去除试样表面的油污。

## 7 试验程序

7.1 试验前应对试样进行外观和尺寸检验,但不得造成试样损伤。

7.2 配制和准备试验溶液,溶液体积和试样面积比应不少于 30 mL/cm²。如无特别规定,试验的温度为 27 ℃±1 ℃,并控制试验空间的相对湿度在 45%±6%的范围内。

7.3 计算试验应力。试验应力及试验时间应符合产品标准的规定。产品标准未规定时,按表 2 规定执行,表 2 未规定的合金、状态或品种的加工产品应双方协商。

表 2

| 合　金 | 状　态 | 试样受力方向 | 试验应力/MPa | 试验时间/d | 结果要求 |
|---|---|---|---|---|---|
| 7075 | T73、T73510、T73511 | 高向(短横向) | 纵向 $R_{p0.2}$ 的 75% | ≥20 | 不出现裂纹 |
| | T76、T76510、T76511 | 高向(短横向) | 170 | ≥20 | |
| 7178 | T76、T76510、T76511 | 高向(短横向) | 170 | ≥20 | |
| 6005A | T5、T6 | 任意 | 纵向 $R_{p0.2}$ 的 75% | ≥90 | |
| | T7651 | 高向(短横向) | 172 | ≥30 | |
| 7050 | T7451、T7452 | 高向(短横向) | 241 | ≥30 | |

7.4 采用与试验合金同系的材料做螺栓、螺母。扭紧拉力螺栓,即可使 C 环处表面受到拉应力作用。按公式(1)计算 C 环的径向压缩量。再按公式(2)计算加力后 C 环的外径。C 环直径在加力螺栓方向上测量,精确度应达到±0.01 mm。

$$\Delta = \frac{f\pi D^2}{4EtZ} \qquad \cdots\cdots(1)$$

式中:

$\Delta$——C 环的径向压缩量,单位为毫米(mm);

$f$——试验应力,单位为兆帕(MPa);

$D$——C 环的中径($D=OD-t$),单位为毫米(mm);

$E$——材料的弹性模量,单位为兆帕(MPa);

$t$——C 环的壁厚,单位为毫米(mm);

$Z$——弯曲梁修正系数(参见图 5)。

$$OD_f = OD - \Delta \qquad \cdots\cdots(2)$$

式中:

$OD_f$——加力后 C 环的外径,单位为毫米(mm);

$OD$——加力前 C 环的外径,单位为毫米(mm);

$\Delta$——C 环的径向压缩量,单位为毫米(mm)。

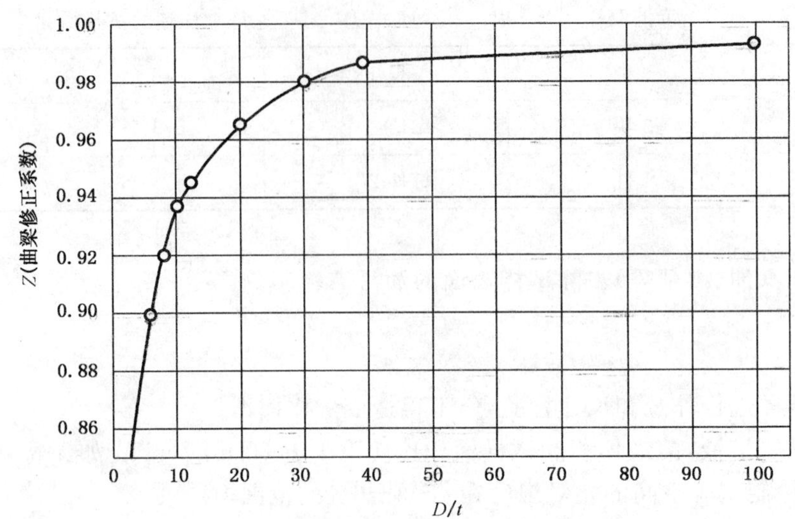


图 5 弯曲梁修正系数图

7.5 试样加力后要用耐水涂料对螺栓、螺母和与它们相邻近的小部分试样表面进行涂覆。

7.6 用塑料线将试样固定在试验设备上，使试样能全浸或间浸在试验溶液中。

7.7 试样加力后应尽快开始试验，加力后到开始试验的最大间隔时间一般不超过 4 h。

7.8 试验采用全浸或是间浸试验应符合产品标准的规定。产品标准未规定时，试验按循环周期进行间浸试验，循环周期为每小时在试验溶液中浸泡 10 min，接着在空气中曝露 50 min。

7.9 在浸渍期间试样不得互相接触，也不得接触任何其他裸露金属。化学成分相同的材料可置于同一槽内。

7.10 由于蒸发而损耗的水分，每日必须补加蒸馏水或去离子水，以保持溶液的浓度。且每两星期对试验溶液更新一次。

7.11 在更换溶液和检查试样时允许暂时中断试验。

7.12 用肉眼或借助放大镜观察，记录试样腐蚀破裂时间。

7.13 试验结束时，为了便于观察，可用表 3 中的任一种清洗剂清洗试样。

表 3

| 类 别 | 清洗剂成分 | | | | 温 度 | 时 间 |
|---|---|---|---|---|---|---|
| | $CrO_3$ | $H_3PO_4$ ($\rho$1.69 g/mL) | $H_2O$ | $HNO_3$ ($\rho$1.40 g/mL) | | |
| 清洗剂Ⅰ | 30 g | 50 mL | 1 L | — | 80 ℃ | 洁净为止 |
| 清洗剂Ⅱ | — | — | — | 适量 | 室温 | 洁净为止 |

## 8 试验结果及评定

### 8.1 结果评定

试样在规定的试验时间内未发生破裂，判试验结果合格。若有一个试样发生破裂，则判试验结果不合格。

### 8.2 试验报告

试验报告应至少包括下列内容：

a) 本标准编号；

b) 试验的合金及状态；

c) 试验条件及C环的径向压缩量；

d) 试验的时间；

e) 破裂时间(发生破裂时经历的试验时间)；

f) 试验结果合格与否；

g) 试验者、审核者、试验日期。

---

ICS 77.150.10
H 61

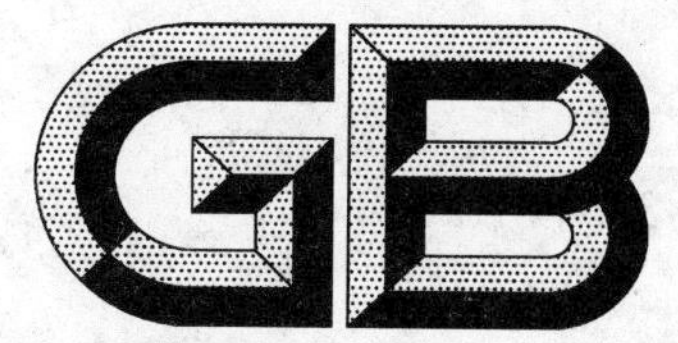

# 中华人民共和国国家标准

GB/T 22641—2008

# 船用铝合金板材

## Wrought aluminium alloys sheet and plate for ships

2008-12-29 发布 2009-11-01 实施

中华人民共和国国家质量监督检验检疫总局
中国国家标准化管理委员会 发布

# 前　言

本标准参考 EN 485.2—2004《铝及铝合金厚板、薄板和带材　第 2 部分：力学性能》、EN 485.3—2003《铝及铝合金厚板、薄板和带材　第 3 部分：热轧产品的尺寸偏差》、EN 485.4—1993《铝及铝合金厚板、薄板和带材　第 4 部分：冷轧产品的尺寸偏差》、ASTM B209-04《铝及铝合金板材》、ASTM B928M-07《海洋及类似环境用高镁铝合金板材》制定。

本标准的附录 A 为规范性附录。

本标准由中国有色金属工业协会提出。

本标准由全国有色金属标准化技术委员会归口。

本标准主要起草单位：西南铝业(集团)有限责任公司。

本标准参加起草单位：东北轻合金有限责任公司、中铝瑞闽铝板带有限公司、南山轻合金有限公司。

本标准主要起草人：张钰、王正安、李瑞山、王国军、黄瑞银、王爱军、王军。

# 船用铝合金板材

## 1 范围

本标准规定了船用铝合金板材的要求、试验方法、检验规则和标志、包装、运输、贮存及合同(或订货单)内容。

本标准适用于船用铝合金板材(以下简称板材)。

## 2 规范性引用文件

下列文件中的条款通过本标准的引用而成为本标准的条款。凡是注日期的引用文件,其随后所有的修改单(不包括勘误的内容)或修订版均不适用于本标准,然而,鼓励根据本标准达成协议的各方研究是否可使用这些文件的最新版本。凡是不注日期的引用文件,其最新版本适用于本标准。

GB/T 228 金属材料 室温拉伸试验方法

GB/T 232 金属材料 弯曲试验方法

GB/T 3190 变形铝及铝合金化学成分

GB/T 3199 铝及铝合金加工产品包装、标志、运输、贮存

GB/T 3246.1 变形铝及铝合金制品显微组织检验方法

GB/T 3246.2 变形铝及铝合金制品低倍组织检验方法

GB/T 3880.1 一般工业用铝及铝合金板、带材 第1部分:一般要求

GB/T 3880.3 一般工业用铝及铝合金板、带材 第3部分:尺寸偏差

GB/T 6519 变形铝合金产品超声波检验方法

GB/T 7998 铝合金晶间腐蚀测定方法

GB/T 7999 铝及铝合金光电直读发射光谱分析方法

GB/T 16865 变形铝、镁及其合金加工制品拉伸试验用试样

GB/T 17432 变形铝及铝合金化学成分分析取样方法

GB/T 20975(所有部分) 铝及铝合金化学分析方法

GB/T 22639 铝合金加工产品的剥落腐蚀试验方法

## 3 要求

### 3.1 产品分类

#### 3.1.1 牌号、合金类别、状态及规格

3.1.1.1 板材的牌号、相应的合金类别、状态及厚度规格应符合表1的规定。与厚度对应的宽度和长度应符合表2规定。

3.1.1.2 除5XXX系合金的H116和H321状态外,表1中的其他合金或状态的材料不宜用于海船船体外板或长期直接接触海水的部位。

表 1

| 合金牌号 | 合金类别[a] | 供应状态 | 厚度/mm |
|---|---|---|---|
| 2A11 | B | O、T3、T4 | 0.50~10.00 |
| | | H112 | 4.50~40.00 |
| | | F | >4.50~150.00 |

表 1（续）

| 合金牌号 | 合金类别[a] | 供应状态 | 厚度/mm |
|---|---|---|---|
| 2A12 | B | O、T4 | 0.50～7.00 |
| | | T0 | 2.00～6.00 |
| 2024 | B | O | 0.50～40.00 |
| | | T3 | >0.50～12.50 |
| | | T4 | >0.50～6.00 |
| | | F | >4.50～150.00 |
| 3A21 | A | O、H24、H34、H18 | 0.50～6.00 |
| | | H112 | >4.50～40.00 |
| 3003 | A | O | >0.20～40.00 |
| | | H12、H22、H14、H24 | >0.20～6.00 |
| | | H16、H26 | >0.20～4.00 |
| | | H18、H28 | >0.20～3.00 |
| | | H112 | >6.00～40.00 |
| | | F | >2.50～150.00 |
| 5A01 | B | O、H32 | 0.50～4.50 |
| | | H112 | >4.50～40.00 |
| 5A02 | B | O、H24、H34 | 0.50～6.00 |
| | | H18 | 0.50～4.50 |
| | | H112 | >4.50～40.00 |
| 5A03 | B | O、H14、H24、H34 | >0.50～4.50 |
| | | H112 | >4.50～40.00 |
| | | F | >4.50～150.00 |
| 5A05、5A06 | B | O | 0.50～4.50 |
| | | H112 | >4.50～40.00 |
| 5005 | A | H22、H32、H24、H34、H26、H36 | 0.50～3.00 |
| 5052 | B | O、H111 | >0.20～40.00 |
| | | H12、H22、H32、H14、H24、H34 | >0.20～6.00 |
| | | H16、H26、H36 | >0.20～4.00 |
| | | H18、H38 | >0.20～3.00 |
| | | H112 | >6.00～40.00 |
| | | F | >2.50～150.00 |
| 5083 | B | O | >0.20～40.00 |
| | | H12、H22、H32、H14、H24、H34 | >0.20～6.00 |
| | | H16、H26、H36 | >0.20～4.00 |
| | | H116、H321 | 0.50～12.50 |

表 1（续）

| 合金牌号 | 合金类别[a] | 供应状态 | 厚度/mm |
|---|---|---|---|
| 5083 | B | H112 | >6.00～40.00 |
| | | F | >4.50～150.00 |
| 5383 | B | O | 3.00～40.00 |
| | | H116、H321 | 3.00～12.50 |
| 5059 | B | O | 3.00～40.00 |
| | | H116、H321 | 3.00～12.50 |
| 5086 | B | O | >0.20～40.00 |
| | | H12、H22、H32、H14、H24、H34 | >0.20～6.00 |
| | | H16、H26、H36 | >0.20～4.00 |
| | | H18 | >0.20～3.00 |
| | | H112 | >6.00～40.00 |
| | | H116 | >3.00～12.50 |
| | | H321 | >3.00～8.00 |
| 5454 | B | O | 0.50～40.00 |
| | | H112 | 6.00～40.00 |
| | | H12、H22、H32、H14、H24、H34 | 0.50～6.00 |
| | | H26、H36 | 0.50～6.00 |
| | | H28、H38 | 0.50～3.00 |
| 5456 | B | O | 0.50～40.00 |
| | | H111 | 0.50～12.50 |
| | | H112 | >6.30～40.00 |
| | | H116 | 1.60～7.00 |
| | | H321 | 4.00～12.50 |
| 5754 | B | O、H111 | 0.50～40.00 |
| | | H112 | >6.00～40.00 |
| | | H12、H22、H32、H14、H24、H34 | 0.50～6.00 |
| | | H16、H26、H36 | 0.50～6.00 |
| | | H18、H28、H38 | 0.50～3.00 |
| 6061 | B | O | 0.40～25.00 |
| | | T4、T451 | 0.50～12.50 |
| | | T6、T651 | 0.50～12.50 |
| 7A19 | B | O、T76 | 0.50～6.00 |

[a] 合金类别按 GB/T 3880.1 规定。

表 2

单位为毫米

| 厚 度 | 宽 度 | 长 度 |
| --- | --- | --- |
| 0.20～4.50 | 1 000～2 400 | 1 000～8 000 |
| ＞4.50～10.00 | 1 000～2 000 | 1 000～10 000 |
| ＞10.00～40.00 | 1 000～2 400 | 1 000～10 000 |
| ＞40.00～150.00 | 500～2 400 | 1 000～10 000 |

### 3.1.2 标记示例

板材标记按产品名称、牌号、状态、规格及标准编号的顺序表示。标记示例如下：

用5086合金制造的、供应状态为H32状态、厚度为6.00 mm，宽度为1 500 mm，长度为3 000 mm的板材，标记为：

板 5086-H32 6.0×1 500×3 000 GB/T 22641—2008

## 3.2 化学成分

板材化学成分应符合GB/T 3190的规定。

## 3.3 包覆层

2A11、2A12、2024、5A06和7A19合金的板材应进行双面包覆，其包铝分类、基体合金和包覆材料牌号及轧制后的板材状态、厚度及包覆层厚度应符合表3的规定。需方有特殊要求时，需与供方商定，并在合同中注明。

表 3

| 包铝分类 | 基体合金牌号 | 包覆材料牌号 | 板材状态 | 板材厚度/mm | 每面包覆层厚度占板材厚度的比例/%不小于 |
| --- | --- | --- | --- | --- | --- |
| 正常包铝 | 2A11、2A12、2024 | 1A50 | O、T3、T4 | 0.50～1.60 | 4 |
| | | | | ＞1.60～10.00 | 2 |
| | 7A19 | 7A01 | O、T76 | 0.50～1.60 | 4 |
| | | | | ＞1.60～7.00 | 2 |
| 工艺包铝 | 2A11、2A12、2024、5A06 | 1A50 | 所有 | 所有 | ≤1.5 |
| | 7A19 | 7A01 | 所有 | 所有 | ≤1.5 |

## 3.4 尺寸偏差

### 3.4.1 厚度

3.4.1.1 冷轧板材的厚度偏差应符合表4规定。

表 4

单位为毫米

| 厚 度 | 下列宽度对应的厚度允许偏差[a,b] | | | | | | | | |
| --- | --- | --- | --- | --- | --- | --- | --- | --- | --- |
| | ≤1 000 | | ＞1 000～1 250 | | ＞1 250～1 600 | | ＞1 600～2 000 | | ＞2 000～2 500 |
| | A类 | B类 | A类 | B类 | A类 | B类 | A类 | B类 | 所有合金 |
| ＞0.20～0.40 | ±0.02 | ±0.03 | ±0.03 | ±0.04 | ±0.03 | ±0.04 | — | — | — |
| ＞0.40～0.50 | ±0.03 | ±0.03 | ±0.04 | ±0.05 | ±0.04 | ±0.05 | ±0.04 | ±0.05 | ±0.09 |
| ＞0.50～0.60 | ±0.03 | ±0.04 | ±0.04 | ±0.05 | ±0.04 | ±0.05 | ±0.04 | ±0.05 | ±0.09 |
| ＞0.60～0.80 | ±0.03 | ±0.04 | ±0.06 | ±0.06 | ±0.05 | ±0.06 | ±0.07 | ±0.08 | ±0.10 |

表 4（续）

单位为毫米

| 厚 度 | 下列宽度对应的厚度允许偏差[a,b] | | | | | | | | |
|---|---|---|---|---|---|---|---|---|---|
| | ≤1 000 | | >1 000～1 250 | | >1 250～1 600 | | >1 600～2 000 | | >2 000～2 500 |
| | A类 | B类 | A类 | B类 | A类 | B类 | A类 | B类 | 所有合金 |
| >0.80～1.00 | ±0.04 | ±0.05 | ±0.06 | ±0.08 | ±0.07 | ±0.08 | ±0.08 | ±0.09 | ±0.11 |
| >1.00～1.20 | ±0.04 | ±0.05 | ±0.07 | ±0.08 | ±0.07 | ±0.08 | ±0.09 | ±0.10 | ±0.14 |
| >1.20～1.50 | ±0.05 | ±0.07 | ±0.08 | ±0.09 | ±0.08 | ±0.09 | ±0.11 | ±0.13 | ±0.15 |
| >1.50～1.80 | ±0.06 | ±0.08 | ±0.09 | ±0.10 | ±0.09 | ±0.10 | ±0.12 | ±0.14 | ±0.15 |
| >1.80～2.00 | ±0.06 | ±0.08 | ±0.09 | ±0.10 | ±0.09 | ±0.10 | ±0.14 | ±0.14 | ±0.15 |
| >2.00～2.50 | ±0.07 | ±0.08 | ±0.09 | ±0.10 | ±0.09 | ±0.10 | ±0.15 | ±0.15 | ±0.16 |
| >2.50～2.99 | ±0.08 | ±0.10 | ±0.12 | ±0.13 | ±0.12 | ±0.13 | ±0.17 | ±0.18 | ±0.18 |
| ≥3.00～3.50 | +0.10<br>−0.10 | +0.12<br>−0.10 | +0.15<br>−0.10 | +0.17<br>−0.10 | +0.16<br>−0.10 | +0.17<br>−0.10 | +0.18<br>−0.15 | +0.19<br>−0.15 | +0.19<br>−0.15 |
| >3.50～4.00 | +0.15<br>−0.10 | +0.15<br>−0.10 | +0.17<br>−0.10 | +0.17<br>−0.10 | +0.17<br>−0.10 | +0.17<br>−0.10 | +0.19<br>−0.15 | +0.19<br>−0.15 | +0.19<br>−0.15 |
| >4.00～5.00 | +0.18<br>−0.20 | +0.18<br>−0.20 | +0.22<br>−0.20 | +0.22<br>−0.20 | +0.22<br>−0.20 | +0.22<br>−0.20 | +0.25<br>−0.20 | +0.25<br>−0.20 | +0.28<br>−0.25 |
| >5.00～6.00 | +0.20<br>−0.20 | +0.20<br>−0.20 | +0.24<br>−0.20 | +0.24<br>−0.20 | +0.24<br>−0.20 | +0.24<br>−0.20 | +0.26<br>−0.20 | +0.24<br>−0.20 | +0.28<br>−0.25 |

[a] 要求偏差全为正或全为负时，其偏差值为表中正、负偏差值之和(即公差带等同)。

[b] 深加工受压容器材料需采用正偏差。

3.4.1.2 热轧板材的厚度偏差应符合表 5 的规定。

表 5

单位为毫米

| 厚 度 | 下列宽度对应的厚度允许偏差[a,b] | | | |
|---|---|---|---|---|
| | ≤1 250 | >1 250～1 600 | >1 600～2 000 | >2 000～2 500 |
| >4.50～5.00 | +0.30<br>−0.20 | +0.30<br>−0.20 | +0.35<br>−0.20 | +0.40<br>−0.25 |
| >5.00～6.00 | +0.32<br>−0.20 | +0.32<br>−0.20 | +0.40<br>−0.20 | +0.45<br>−0.25 |
| >6.00～8.00 | +0.35<br>−0.20 | +0.40<br>−0.20 | +0.40<br>−0.20 | +0.50<br>−0.25 |
| >8.00～10.00 | +0.45<br>−0.25 | +0.50<br>−0.25 | +0.50<br>−0.25 | +0.55<br>−0.35 |
| >10.00～12.00 | +0.50<br>−0.25 | +0.60<br>−0.25 | +0.65<br>−0.25 | +0.65<br>−0.35 |
| >12.00～15.00 | +0.50<br>−0.35 | +0.60<br>−0.35 | +0.65<br>−0.40 | +0.65<br>−0.50 |
| >15.00～20.00 | +0.60<br>−0.35 | +0.70<br>−0.35 | +0.75<br>−0.40 | +0.80<br>−0.50 |

表 5（续）

单位为毫米

| 厚　度 | 下列宽度对应的厚度允许偏差[a,b] | | | |
|---|---|---|---|---|
| | ≤1 250 | >1 250～1 600 | >1 600～2 000 | >2 000～2 500 |
| >20.00～25.00 | +0.65<br>−0.45 | +0.75<br>−0.45 | +0.85<br>−0.50 | +0.90<br>−0.65 |
| >25.00～30.00 | +0.75<br>−0.45 | +0.85<br>−0.45 | +1.0<br>−0.50 | +1.1<br>−0.65 |
| >30.00～40.00 | +0.90<br>−0.45 | +1.0<br>−0.45 | +1.1<br>−0.50 | +1.2<br>−0.65 |
| >40.00～50.00 | +1.1<br>−0.45 | +1.2<br>−0.45 | +1.4<br>−0.50 | +1.5<br>−0.65 |
| >50.00～60.00 | ±1.1 | ±1.2 | ±1.4 | ±1.5 |
| >60.00～80.00 | ±1.4 | ±1.5 | ±1.7 | ±1.9 |
| >80.00～100.00 | ±1.7 | ±1.8 | ±1.9 | ±2.1 |
| >100.00～150.00 | ±2.2 | ±2.2 | ±2.7 | ±2.8 |

a 当要求偏差全为正或全为负时，其偏差值为表中正、负偏差值之和（即公差带等同）。

b 深加工受压容器材料需采用正偏差。

### 3.4.2 其他尺寸

板材的其他尺寸偏差应符合 GB/T 3880.3 中高精级的规定，无高精级的按普通级的规定进行。

## 3.5 力学性能

板材的室温拉伸试验结果应符合表 6 的规定。

表 6

| 牌号 | 包铝分类 | 供应状态 | 试样状态 | 厚度[c]/mm | 室温拉伸试验结果 | | | | 弯曲性能 |
|---|---|---|---|---|---|---|---|---|---|
| | | | | | 抗拉强度 $R_m$/MPa | 规定非比例延伸强度 $R_{p0.2}$/MPa | 断后伸长率/% | | 90°弯曲半径 |
| | | | | | | | $A_{50\ mm}$ | $A_{5.65}$[a] | |
| | | | | | 不小于 | | | | |
| 2A11 | 正常包铝或工艺包铝 | O | O | >0.50～3.00 | ≤225 | — | 12 | — | — |
| | | | | >3.00～10.00 | ≤235 | — | 12 | — | — |
| | | | T42[b] | >0.50～3.00 | 350 | 185 | 15 | — | — |
| | | | | >3.00～10.00 | 355 | 195 | 15 | — | — |
| | | T3 | T3 | >0.50～1.50 | 375 | 215 | 15 | — | — |
| | | | | >1.50～3.00 | 375 | 215 | 17 | — | — |
| | | | | >3.00～10.00 | 375 | 215 | 15 | — | — |
| | | T4 | T4 | >0.50～3.00 | 360 | 185 | 15 | — | — |
| | | | | >3.00～10.00 | 370 | 195 | 15 | — | — |
| | | H112 | T42 | >4.50～10.00 | 355 | 195 | 15 | — | — |
| | | | | >10.00～12.50 | 370 | 215 | 11 | — | — |

表 6（续）

| 牌号 | 包铝分类 | 供应状态 | 试样状态 | 厚度[c]/mm | 室温拉伸试验结果 | | | | 弯曲性能 |
|---|---|---|---|---|---|---|---|---|---|
| | | | | | 抗拉强度 $R_m$/MPa | 规定非比例延伸强度 $R_{p0.2}$/MPa | 断后伸长率/% | | 90°弯曲半径 |
| | | | | | | | $A_{50\ mm}$ | $A_{5.65}$[a] | |
| | | | | | 不小于 | | | | |
| 2A11 | 正常包铝或工艺包铝 | H112 | T42 | >12.50～25.00 | 370 | 215 | — | 11 | — |
| | | | | >25.00～40.00 | 330 | 195 | — | 8 | — |
| | | F | — | >4.50～150.00 | — | — | — | — | — |
| 2A12 | 正常包铝或工艺包铝 | O | O | 0.50～4.00 | ≤215 | — | 14 | — | — |
| | | | | >4.00～7.00 | ≤235 | — | 12 | — | — |
| | | T4 | T4 | 0.50～2.50 | 405 | 270 | 13 | — | — |
| | | | | >2.50～6.00 | 425 | 275 | 11 | — | — |
| | | | | >6.00～7.00 | 425 | 275 | 10 | — | — |
| | | T0 | T0 | 2.00～2.50 | 425 | 335 | 10 | — | — |
| | | | | >2.50～4.50 | 455 | 345 | 8 | — | — |
| | | | | >4.50～6.00 | 425 | 335 | 8 | — | — |
| 2024 | 不包铝 | O | O | >0.50～12.50 | ≤220 | ≤95 | 12 | — | — |
| | | | | >12.50～40.00 | ≤220 | — | — | 10 | — |
| | | | T42[b] | >0.50～6.00 | 425 | 260 | 15 | — | — |
| | | | | >6.00～12.50 | 425 | 260 | 12 | — | — |
| | | | | >12.50～25.00 | 420 | 260 | — | 7 | — |
| | | | T62[b] | >0.50～12.50 | 440 | 345 | 5 | — | — |
| | | | | >12.50～25.00 | 435 | 345 | — | 4 | — |
| | | T3 | T3 | >0.50～6.00 | 435 | 290 | 15 | — | — |
| | | | | >6.00～12.50 | 440 | 290 | 12 | — | — |
| | | T4 | T4 | >0.50～6.00 | 425 | 275 | 15 | — | — |
| | | F | — | >4.50～150.00 | — | — | — | — | — |
| 2024 | 正常包铝或工艺包铝 | O | O | >0.50～1.50 | ≤205 | ≤95 | 12 | — | — |
| | | | | >1.50～12.50 | ≤220 | ≤95 | 12 | — | — |
| | | | | >12.50～40.00 | ≤220 | — | — | 10 | — |
| | | | T42[b] | >0.50～1.50 | 395 | 235 | 15 | — | — |
| | | | | >1.50～6.00 | 415 | 250 | 15 | — | — |
| | | | T42[b] | >6.00～12.50 | 415 | 250 | 12 | — | — |
| | | | | >12.50～25.00 | 420 | 260 | — | 7 | — |
| | | | | >25.00～40.00 | 415 | 260 | — | 6 | — |

表 6（续）

| 牌号 | 包铝分类 | 供应状态 | 试样状态 | 厚度[c]/mm | 室温拉伸试验结果 | | | | 弯曲性能 |
|---|---|---|---|---|---|---|---|---|---|
| | | | | | 抗拉强度 $R_m$/MPa | 规定非比例延伸强度 $R_{p0.2}$/MPa | 断后伸长率/% | | 90°弯曲半径 |
| | | | | | | | $A_{50\ mm}$ | $A_{5.65}$[a] | |
| | | | | | 不小于 | | | | |
| 2024 | 正常包铝或工艺包铝 | O | T62[b] | >0.50～1.50 | 415 | 325 | 5 | — | — |
| | | | | >1.50～12.50 | 425 | 335 | 5 | — | — |
| | | T3 | T3 | >0.50～1.50 | 405 | 270 | 15 | — | — |
| | | | | >1.50～6.00 | 420 | 275 | 15 | — | — |
| | | T3 | T3 | >6.00～12.50 | 425 | 275 | 12 | — | — |
| | | T4 | T4 | >0.50～1.50 | 400 | 245 | 15 | — | — |
| | | | | >1.50～6.00 | 420 | 275 | 15 | — | — |
| | | F | — | >4.50～150.00 | — | — | — | — | — |
| 3A21 | — | O | O | 0.50～0.80 | 100～150 | — | 19 | — | 0t |
| | | | | >0.80～4.50 | 100～150 | — | 23 | — | 0t |
| | | | | >4.50～6.00 | 100～150 | — | 21 | — | 0t |
| | | H24、H34 | H24、H34 | 0.50～0.80 | 145～215 | — | 6 | — | 0t |
| | | | | >0.80～3.20 | 145～215 | — | 6 | — | 0t |
| | | | | >3.20～6.00 | 145～215 | — | 6 | — | 2t |
| | | H18 | H18 | 0.50 | 186 | — | 1 | — | — |
| | | | | >0.50～0.80 | 186 | — | 2 | — | — |
| | | | | >0.80～1.30 | 186 | — | 3 | — | — |
| | | | | >1.30～6.00 | 186 | — | 4 | — | — |
| | | H112 | H112 | >4.50～10.00 | 107 | — | 16 | — | — |
| | | | | >10.00～12.50 | 120 | — | 16 | — | — |
| | | | | >12.50～25.00 | 120 | — | — | 16 | — |
| | | | | >25.00～40.00 | 110 | — | — | 16 | — |
| 3003 | — | O | O | >0.20～0.50 | 95～135 | 35 | 15 | — | 0t |
| | | | | >0.50～1.50 | 95～135 | 35 | 17 | — | 0t |
| | | | | >1.50～3.00 | 95～135 | 35 | 20 | — | 0t |
| | | | | >3.00～6.00 | 95～135 | 35 | 23 | — | 1.0t |
| | | | | >6.00～12.50 | 95～135 | 35 | 24 | — | 1.5t |
| | | | | >12.50～40.00 | 95～135 | 35 | — | 23 | — |
| | | H12 | H12 | >0.20～0.50 | 120～160 | 90 | 3 | — | 0t |
| | | | | >0.50～1.50 | 120～160 | 90 | 4 | — | 0.5t |
| | | | | >1.50～3.00 | 120～160 | 90 | 5 | — | 1.0t |

表 6（续）

| 牌号 | 包铝分类 | 供应状态 | 试样状态 | 厚度[c]/mm | 室温拉伸试验结果 | | | | 弯曲性能 |
|---|---|---|---|---|---|---|---|---|---|
| | | | | | 抗拉强度 $R_m$/MPa | 规定非比例延伸强度 $R_{p0.2}$/MPa | 断后伸长率/% | | 90°弯曲半径 |
| | | | | | | | $A_{50\ mm}$ | $A_{5.65}$[a] | |
| | | | | | 不小于 | | | | |
| 3003 | — | H12 | H12 | >3.00～6.00 | 120～160 | 90 | 6 | — | 1.0*t* |
| | | H14 | H14 | >0.20～0.50 | 145～185 | 125 | 2 | — | 0.5*t* |
| | | | | >0.50～1.50 | 145～185 | 125 | 2 | — | 1.0*t* |
| 3003 | — | H14 | H14 | >1.50～3.00 | 145～185 | 125 | 3 | — | 1.0*t* |
| | | | | >3.00～6.00 | 145～185 | 125 | 4 | — | 2.0*t* |
| | | H16 | H16 | >0.20～0.50 | 170～210 | 150 | 1 | — | 1.0*t* |
| | | | | >0.50～1.50 | 170～210 | 150 | 2 | — | 1.5*t* |
| | | | | >1.50～4.00 | 170～210 | 150 | 2 | — | 2.0*t* |
| | | H18 | H18 | >0.20～0.50 | 190 | 170 | 1 | — | 1.5*t* |
| | | | | >0.05～1.50 | 190 | 170 | 2 | — | 2.5*t* |
| | | | | >1.50～3.00 | 190 | 170 | 2 | — | 3.0*t* |
| | | H22 | H22 | >0.20～0.50 | 120～160 | 80 | 6 | — | 0*t* |
| | | | | >0.50～1.50 | 120～160 | 80 | 7 | — | 0.5*t* |
| | | | | >1.50～3.00 | 120～160 | 80 | 8 | — | 1.0*t* |
| | | | | >3.00～6.00 | 120～160 | 80 | 9 | — | 1.0*t* |
| | | H24 | H24 | >0.20～0.50 | 145～185 | 115 | 4 | — | 0.5*t* |
| | | | | >0.50～1.50 | 145～185 | 115 | 4 | — | 1.0*t* |
| | | | | >1.50～3.00 | 145～185 | 115 | 5 | — | 1.0*t* |
| | | | | >3.00～6.00 | 145～185 | 115 | 6 | — | 2.0*t* |
| | | H26 | H26 | >0.20～0.50 | 170～210 | 140 | 2 | — | 1.0*t* |
| | | | | >0.50～1.50 | 170～210 | 140 | 3 | — | 1.5*t* |
| | | | | >1.50～4.00 | 170～210 | 140 | 3 | — | 2.0*t* |
| | | H28 | H28 | >0.20～0.50 | 190 | 160 | 2 | — | 1.5*t* |
| | | | | >0.50～1.50 | 190 | 160 | 2 | — | 2.5*t* |
| | | | | >1.50～3.00 | 190 | 160 | 3 | — | 3.0*t* |
| | | H112 | H112 | >6.00～12.50 | 115 | 70 | 10 | — | — |
| | | | | >12.50～40.00 | 100 | 40 | — | 18 | — |
| | | F | — | >2.50～150.00 | — | | | | — |
| 5A01 | — | O | O | 0.50～4.50 | 325 | 165 | 10 | — | — |
| | | H32 | H32 | 0.50～4.50 | 365 | 245 | 8 | — | — |
| | | H112 | H112 | >4.50～12.50 | 325 | 165 | 10 | — | — |

表 6（续）

| 牌号 | 包铝分类 | 供应状态 | 试样状态 | 厚度[c]/mm | 室温拉伸试验结果 | | | | 弯曲性能 |
|---|---|---|---|---|---|---|---|---|---|
| | | | | | 抗拉强度 $R_m$/MPa | 规定非比例延伸强度 $R_{p0.2}$/MPa | 断后伸长率/% | | 90°弯曲半径 |
| | | | | | | | $A_{50\ mm}$ | $A_{5.65}$[a] | |
| | | | | | 不小于 | | | | |
| 5A01 | — | H112 | H112 | >12.50～40.0 | 325 | 165 | — | 10 | — |
| 5A02 | — | O | O | 0.50～1.00 | 167～225 | — | — | 16 | — |
| | | | | >1.00～6.00 | 167～225 | — | — | 18 | — |
| | | H24<br>H34 | H24<br>H34 | 0.50～1.00 | 235 | — | 4 | — | — |
| | | | | >1.00～6.00 | 235 | — | 6 | — | — |
| | | H18 | H18 | 0.50～1.00 | 265 | — | 3 | — | — |
| | | | | >1.00～4.50 | 265 | — | 4 | — | — |
| | | H112 | H112 | >4.50～12.50 | 177 | — | 7 | — | — |
| | | | | >12.50～25.00 | 177 | — | — | 7 | — |
| | | | | >25.00～40.00 | 157 | — | — | 6 | — |
| 5A03 | — | O | O | >0.50～4.50 | 195 | 100 | 16 | — | — |
| | | H14、H24<br>H34 | H14、H24<br>H34 | >0.50～4.50 | 225 | 195 | 8 | — | — |
| | | H112 | H112 | >4.50～10.00 | 185 | 80 | 16 | — | — |
| | | | | >10.00～12.50 | 175 | 70 | 13 | — | — |
| | | | | >12.50～25.00 | 175 | 70 | — | 13 | — |
| | | | | >25.00～40.00 | 165 | 60 | — | 12 | — |
| | | F | — | >4.50～150.00 | — | — | — | — | — |
| 5A05 | — | O | O | 0.50～4.50 | 275 | 145 | 16 | — | |
| | | H112 | H112 | >4.50～10.00 | 275 | 125 | 16 | — | |
| | | | | >10.00～12.50 | 265 | 115 | 14 | — | |
| | | | | >12.50～25.00 | 265 | 115 | — | 14 | |
| | | | | >25.00～40.00 | 255 | 105 | — | 13 | |
| 5A06 | 工艺包铝 | O | O | 0.50～4.50 | 315 | 155 | 16 | — | — |
| | | H112 | H112 | >4.50～10.00 | 315 | 155 | 16 | — | — |
| | | | | >10.00～12.50 | 305 | 145 | 12 | — | — |
| | | | | >12.50～25.00 | 305 | 145 | — | 12 | — |
| | | | | >25.00～40.00 | 295 | 135 | — | 6 | — |
| 5005 | — | H22<br>H32 | H22<br>H32 | >0.50～1.50 | 125～165 | 80 | 5 | — | — |
| | | | | >1.50～3.00 | 125～165 | 80 | 6 | — | — |

表 6（续）

| 牌号 | 包铝分类 | 供应状态 | 试样状态 | 厚度[c]/mm | 室温拉伸试验结果 | | | | 弯曲性能 |
|---|---|---|---|---|---|---|---|---|---|
| | | | | | 抗拉强度 $R_m$/MPa | 规定非比例延伸强度 $R_{p0.2}$/MPa | 断后伸长率/% | | 90°弯曲半径 |
| | | | | | | | $A_{50\ mm}$ | $A_{5.65}$[a] | |
| | | | | | 不小于 | | | | |
| 5005 | — | H24<br>H34 | H24<br>H34 | >0.50～1.50 | 145～185 | 110 | 4 | — | — |
| | | | | >1.50～3.00 | 145～185 | 110 | 5 | — | — |
| | | H26<br>H36 | H26<br>H36 | >0.50～1.50 | 165～205 | 135 | 3 | — | — |
| | | | | >1.50～3.00 | 165～205 | 135 | 4 | — | — |
| 5052 | — | O<br>H111 | O<br>H111 | >0.20～0.50 | 170～215 | 65 | 12 | — | 0$t$ |
| | | | | >0.50～1.50 | 170～215 | 65 | 14 | — | 0$t$ |
| | | | | >1.50～3.00 | 170～215 | 65 | 16 | | 0.5$t$ |
| | | | | >3.00～6.00 | 170～215 | 65 | 18 | — | 1.0$t$ |
| | | | | >6.00～12.50 | 165～215 | 65 | 19 | — | 2.0$t$ |
| | | | | >12.50～40.00 | 165～215 | 65 | — | 18 | — |
| | | H12 | H12 | >0.20～0.50 | 210～260 | 160 | 4 | — | — |
| | | | | >0.50～1.50 | 210～260 | 160 | 5 | — | — |
| | | | | >1.50～3.00 | 210～260 | 160 | 6 | — | — |
| | | | | >3.00～6.00 | 210～260 | 160 | 8 | — | — |
| | | H14 | H14 | >0.20～0.50 | 230～280 | 180 | 3 | — | — |
| | | | | >0.50～1.50 | 230～280 | 180 | 3 | — | — |
| | | | | >1.50～3.00 | 230～280 | 180 | 4 | — | — |
| | | | | >3.00～6.00 | 230～280 | 180 | 4 | — | — |
| | | H16 | H16 | >0.20～0.50 | 250～300 | 210 | 2 | — | — |
| | | | | >0.50～1.50 | 250～300 | 210 | 3 | — | — |
| | | | | >1.50～3.00 | 250～300 | 210 | 3 | — | — |
| | | | | >3.00～4.00 | 250～300 | 210 | 3 | — | — |
| | | H18 | H18 | >0.20～0.50 | 270 | 240 | 1 | — | — |
| | | | | >0.50～1.50 | 270 | 240 | 2 | — | — |
| | | | | >1.50～3.00 | 270 | 240 | 2 | — | — |
| | | H22<br>H32 | H22<br>H32 | >0.20～0.50 | 210～260 | 130 | 5 | — | 0.5$t$ |
| | | | | >0.50～1.50 | 210～260 | 130 | 6 | — | 1.0$t$ |
| | | | | >1,50～3.00 | 210～260 | 130 | 7 | — | 1.5$t$ |
| | | | | >3.00～6.00 | 210～260 | 130 | 10 | — | 1.5$t$ |
| | | H24<br>H34 | H24<br>H34 | >0.20～0.50 | 230～280 | 150 | 4 | — | 0.5$t$ |
| | | | | >0.50～1.50 | 230～280 | 150 | 5 | — | 1.5$t$ |

表 6（续）

| 牌号 | 包铝分类 | 供应状态 | 试样状态 | 厚度[c]/mm | 室温拉伸试验结果 | | | | 弯曲性能 |
|---|---|---|---|---|---|---|---|---|---|
| | | | | | 抗拉强度 $R_m$/MPa | 规定非比例延伸强度 $R_{p0.2}$/MPa | 断后伸长率/% | | 90°弯曲半径 |
| | | | | | | | $A_{50\ mm}$ | $A_{5.65}$[a] | |
| | | | | | 不小于 | | | | |
| 5052 | — | H24<br>H34 | H24<br>H34 | ＞1.50～3.00 | 230～280 | 150 | 6 | — | 2.0*t* |
| | | | | ＞3.00～6.00 | 230～280 | 150 | 7 | — | 2.5*t* |
| | | H26<br>H36 | H26<br>H36 | ＞0.20～0.50 | 250～300 | 180 | 3 | — | 1.5*t* |
| | | | | ＞0.50～1.50 | 250～300 | 180 | 4 | — | 2.0*t* |
| | | H26<br>H36 | H26<br>H36 | ＞1.50～3.00 | 250～300 | 180 | 5 | — | 3.0*t* |
| | | | | ＞3.00～4.00 | 250～300 | 180 | 6 | — | 3.5*t* |
| | | H38 | H38 | ＞0.20～0.50 | 270 | 210 | 3 | — | — |
| | | | | ＞0.50～1.50 | 270 | 210 | 3 | — | — |
| | | | | ＞1.50～3.00 | 270 | 210 | 4 | — | — |
| | | H112 | H112 | ＞6.00～12.50 | 190 | 80 | 7 | — | — |
| | | | | ＞12.50～40.00 | 170 | 70 | — | 10 | — |
| | | F | — | ＞2.50～150.00 | — | — | — | — | — |
| 5083 | — | O | O | ＞0.20～0.50 | 275～350 | 125 | 11 | — | 0.5*t* |
| | | | | ＞0.50～1.50 | 275～350 | 125 | 12 | — | 1.0*t* |
| | | | | ＞1.50～2.99 | 275～350 | 125 | 13 | — | 1.0*t* |
| | | | | ≥3.00～6.00 | 275～350 | 125 | 15 | — | 1.5*t* |
| | | | | ＞6.00～12.50 | 275～350 | 125 | 16 | — | 2.5*t* |
| | | | | ＞12.50～40.00 | 275～350 | 125 | — | 15 | — |
| | | H12 | H12 | ＞0.20～0.50 | 315～375 | 250 | 3 | — | — |
| | | | | ＞0.50～1.50 | 315～375 | 250 | 4 | — | — |
| | | | | ＞1.50～3.00 | 315～375 | 250 | 5 | — | — |
| | | | | ＞3.00～6.00 | 315～375 | 250 | 6 | — | — |
| | | H14 | H14 | ＞0.20～0.50 | 340～400 | 280 | 2 | — | — |
| | | | | ＞0.50～1.50 | 340～400 | 280 | 3 | — | — |
| | | | | ＞1.50～3.00 | 340～400 | 280 | 3 | — | — |
| | | | | ＞3.00～6.00 | 340～400 | 280 | 3 | — | — |
| | | H16 | H16 | ＞0.20～0.50 | 360～420 | 300 | 1 | — | — |
| | | | | ＞0.50～1.50 | 360～420 | 300 | 2 | — | — |
| | | | | ＞1.50～3.00 | 360～420 | 300 | 2 | — | — |
| | | | | ＞3.00～4.00 | 360～420 | 300 | 2 | — | — |

表 6（续）

| 牌号 | 包铝分类 | 供应状态 | 试样状态 | 厚度[c]/mm | 室温拉伸试验结果 | | | | 弯曲性能 |
|---|---|---|---|---|---|---|---|---|---|
| | | | | | 抗拉强度 $R_m$/MPa | 规定非比例延伸强度 $R_{p0.2}$/MPa | 断后伸长率/% | | 90°弯曲半径 |
| | | | | | | | $A_{50\ mm}$ | $A_{5.65}$[a] | |
| | | | | | 不小于 | | | | |
| 5083 | — | H22<br>H32 | H22<br>H32 | ＞0.20～0.50 | 305～380 | 215 | 5 | — | 0.5$t$ |
| | | | | ＞0.50～1.50 | 305～380 | 215 | 6 | — | 1.5$t$ |
| | | | | ＞1.50～3.00 | 305～380 | 215 | 7 | — | 2.0$t$ |
| | | | | ＞3.00～6.00 | 305～380 | 215 | 8 | — | 2.5$t$ |
| | | H24<br>H34 | H24<br>H34 | ＞0.20～0.50 | 340～400 | 250 | 4 | — | 1.0$t$ |
| | | | | ＞0.50～1.50 | 340～400 | 250 | 5 | — | 2.0$t$ |
| | | | | ＞1.50～3.00 | 340～400 | 250 | 6 | — | 2.5$t$ |
| | | | | ＞3.00～6.00 | 340～400 | 250 | 7 | — | 3.5$t$ |
| | | H26<br>H36 | H26<br>H36 | ＞0.20～0.50 | 360～420 | 280 | 2 | — | — |
| | | | | ＞0.50～1.50 | 360～420 | 280 | 3 | — | — |
| | | H26<br>H36 | H26<br>H36 | ＞1.50～3.00 | 360～420 | 280 | 3 | — | — |
| | | | | ＞3.00～4.00 | 360～420 | 280 | 3 | — | — |
| | | H116 | H116 | 0.50～12.50 | 305 | 215 | 10 | | |
| | | H321 | H321 | 0.50～12.50 | 305～385 | 215 | 10 | | |
| | | H112 | H112 | ＞6.00～12.50 | 275 | 125 | 12 | — | — |
| | | | | ＞12.50～40.00 | 275 | 125 | — | 10 | — |
| | | F | — | ＞4.50～150.00 | — | — | — | — | — |
| 5383 | — | O | O | 3.00～12.50 | 290 | 145 | 17 | — | — |
| | | | | ＞12.50～40.00 | 290 | 145 | — | 17 | — |
| | | H116<br>H321 | H116<br>H321 | 3.00～12.50 | 330 | 230 | 10 | — | — |
| 5059 | — | O | O | 3.00～12.50 | 330 | 160 | 24 | — | — |
| | | | | ＞12.50～40.00 | 330 | 160 | — | 24 | — |
| | | H116<br>H321 | H116<br>H321 | 3.00～12.50 | 370 | 270 | 10 | — | — |
| 5086 | — | O | O | ＞0.20～0.50 | 240～310 | 100 | 11 | — | 0.5$t$ |
| | | | | ＞0.50～1.50 | 240～310 | 100 | 12 | — | 1.0$t$ |
| | | | | ＞1.50～2.99 | 240～310 | 100 | 13 | — | 1.0$t$ |
| | | | | ≥3.00～6.00 | 240～310 | 100 | 15 | — | 1.5$t$ |
| | | | | ＞6.00～12.50 | 240～310 | 100 | 17 | — | 2.5$t$ |
| | | | | ＞12.50～40.00 | 240～310 | 100 | — | 16 | — |

表 6（续）

| 牌号 | 包铝分类 | 供应状态 | 试样状态 | 厚度[c]/mm | 室温拉伸试验结果 抗拉强度 $R_m$/MPa | 规定非比例延伸强度 $R_{p0.2}$/MPa | 断后伸长率/% $A_{50\ mm}$ | 断后伸长率/% $A_{5.65}$[a] | 弯曲性能 90°弯曲半径 |
|---|---|---|---|---|---|---|---|---|---|
| | | | | | 不小于 | | | | |
| 5086 | — | H12 | H12 | >0.20～0.50 | 275～335 | 200 | 3 | — | — |
| | | | | >0.50～1.50 | 275～335 | 200 | 4 | — | — |
| | | | | >1.50～3.00 | 275～335 | 200 | 5 | — | — |
| | | | | >3.00～6.00 | 275～335 | 200 | 6 | — | — |
| | | H14 | H14 | >0.20～0.50 | 300～360 | 240 | 2 | — | — |
| | | | | >0.50～1.50 | 300～360 | 240 | 3 | — | — |
| | | | | >1.50～3.00 | 300～360 | 240 | 3 | — | — |
| | | | | >3.00～6.00 | 300～360 | 240 | 3 | — | — |
| | | H16 | H16 | >0.20～0.50 | 325～385 | 270 | 1 | — | — |
| | | | | >0.50～1.50 | 325～385 | 270 | 2 | — | — |
| | | | | >1.50～3.00 | 325～385 | 270 | 2 | — | — |
| | | | | >3.00～4.00 | 325～385 | 270 | 2 | — | — |
| | | H18 | H18 | >0.20～0.50 | 345 | 290 | 1 | — | — |
| | | | | >0.50～1.50 | 345 | 290 | 1 | — | — |
| | | | | >1.50～3.00 | 345 | 290 | 1 | — | — |
| | | H22<br>H32 | H22<br>H32 | >0.20～0.50 | 275～335 | 185 | 5 | — | 0.5$t$ |
| | | | | >0.50～1.50 | 275～335 | 185 | 6 | — | 1.5$t$ |
| | | | | >1.50～3.00 | 275～335 | 185 | 7 | — | 2.0$t$ |
| | | | | >3.00～6.00 | 275～335 | 185 | 8 | — | 2.5$t$ |
| | | H24<br>H34 | H24<br>H34 | >0.20～0.50 | 300～360 | 220 | 4 | — | 1.0$t$ |
| | | | | >0.50～1.50 | 300～360 | 220 | 5 | — | 2.0$t$ |
| | | | | >1.50～3.00 | 300～360 | 220 | 6 | — | 2.5$t$ |
| | | | | >3.00～6.00 | 300～360 | 220 | 7 | — | 3.5$t$ |
| | | H26<br>H36 | H26<br>H36 | >0.20～0.50 | 325～385 | 250 | 2 | — | — |
| | | | | >0.50～1.50 | 325～385 | 250 | 3 | — | — |
| | | | | >1.50～3.00 | 325～385 | 250 | 3 | — | — |
| | | | | >3.00～4.00 | 325～385 | 250 | 3 | — | — |
| | | H112 | H112 | >6.00～12.50 | 250 | 105 | 8 | — | — |
| | | | | >12.50～40.00 | 240 | 105 | — | 9 | — |
| | | H116 | H116 | >3.00～6.00 | 275 | 195 | 8 | — | — |
| | | | | >6.00～12.50 | 275 | 195 | 10 | — | — |

**表 6（续）**

| 牌号 | 包铝分类 | 供应状态 | 试样状态 | 厚度[c]/mm | 室温拉伸试验结果 | | | | 弯曲性能 |
|---|---|---|---|---|---|---|---|---|---|
| | | | | | 抗拉强度 $R_m$/MPa | 规定非比例延伸强度 $R_{p0.2}$/MPa | 断后伸长率/% | | 90°弯曲半径 |
| | | | | | | | $A_{50\ mm}$ | $A_{5.65}$[a] | |
| | | | | | 不小于 | | | | |
| 5086 | — | H321 | H321 | >3.00～6.00 | 275～355 | 195 | 8 | — | — |
| | | | | >6.00～8.00 | 275～355 | 195 | 9 | — | — |
| 5454 | — | O | O | 0.50 | 215～275 | 85 | 12 | — | 0.5*t* |
| | | | | >0.50～1.50 | 215～275 | 85 | 13 | — | 0.5*t* |
| | | | | >1.50～2.99 | 215～275 | 85 | 15 | — | 1.0*t* |
| | | | | ≥3.00～6.00 | 215～285 | 85 | 17 | — | 1.5*t* |
| | | | | >6.00～12.50 | 215～285 | 85 | 18 | — | 2.5*t* |
| | | | | >12.50～40.00 | 215～285 | 85 | — | 16 | — |
| | | H112 | H112 | 6.00～12.50 | 220 | 125 | 8 | — | — |
| | | | | >12.50～40.0 | 215 | 90 | — | 9 | — |
| | | H12 | H12 | 0.50 | 250～305 | 190 | 3 | — | — |
| | | | | >0.50～1.50 | 250～305 | 190 | 4 | — | — |
| | | | | >1.50～3.00 | 250～305 | 190 | 5 | — | — |
| | | | | >3.00～6.00 | 250～305 | 190 | 6 | — | — |
| | | H14 | H14 | 0.50 | 270～325 | 220 | 2 | — | — |
| | | | | >0.50～3.00 | 270～325 | 220 | 3 | — | — |
| | | | | >3.00～6.00 | 270～325 | 220 | 4 | — | — |
| | | H32<br>H22 | H32<br>H22 | 0.50 | 250～305 | 180 | 5 | — | 0.5*t* |
| | | | | >0.50～1.50 | 250～305 | 180 | 6 | — | 1.0*t* |
| | | | | >1.50～2.99 | 250～305 | 180 | 7 | — | 2.0*t* |
| | | | | ≥3.00～6.00 | 250～305 | 180 | 8 | — | 2.5*t* |
| | | H24<br>H34 | H24<br>H34 | 0.50 | 270～325 | 200 | 4 | — | 1.0*t* |
| | | | | >0.50～1.50 | 270～325 | 200 | 5 | — | 2.0*t* |
| | | | | >1.50～3.00 | 270～325 | 200 | 6 | — | 2.5*t* |
| | | | | >3.00～6.00 | 270～325 | 200 | 7 | — | 3.0*t* |
| | | H26<br>H36 | H26<br>H36 | ≥0.50～1.50 | 290～345 | 230 | 3 | — | — |
| | | | | >1.50～3.00 | 290～345 | 230 | 4 | — | — |
| | | | | >3.00～6.00 | 290～345 | 230 | 5 | — | — |
| | | H28、H38 | H28、H38 | ≥0.50～3.00 | 310 | 250 | 3 | — | — |

表 6（续）

| 牌号 | 包铝分类 | 供应状态 | 试样状态 | 厚度[c]/mm | 室温拉伸试验结果 | | | | 弯曲性能 |
|---|---|---|---|---|---|---|---|---|---|
| | | | | | 抗拉强度 $R_m$/MPa | 规定非比例延伸强度 $R_{p0.2}$/MPa | 断后伸长率/% | | 90°弯曲半径 |
| | | | | | | | $A_{50\ mm}$ | $A_{5.65}$[a] | |
| | | | | | 不小于 | | | | |
| 5456 | — | O | O | 0.50～6.30 | 290～365 | 130～205 | 16 | — | — |
| | | | | >6.30～12.50 | 285～360 | 125～205 | 16 | | |
| | | | | >12.50～40.00 | 285～360 | 125～205 | — | 14 | — |
| | | H111 | H111 | 0.50～12.50 | 295 | 180 | 14 | — | — |
| | | H112 | H112 | >6.30～12.50 | 290 | 130 | 12 | — | — |
| | | | | >12.50～40.00 | 290 | 130 | — | 10 | — |
| | | H116 | H116 | 1.60～7.00 | 315 | 230 | 10 | — | |
| | | H321 | H321 | 4.00～12.50 | 315～405 | 230～315 | 12 | | |
| 5754 | — | O<br>H111 | O<br>H111 | 0.50 | 190～240 | 80 | 12 | | 0$t$ |
| | | | | >0.50～1.50 | 190～240 | 80 | 14 | | 0.5$t$ |
| | | | | >1.50～2.99 | 190～240 | 80 | 16 | — | 1.0$t$ |
| | | | | ≥3.00～6.00 | 190～240 | 80 | 18 | — | 1.0$t$ |
| | | | | >6.0～12.50 | 190～240 | 80 | 18 | — | 2.0$t$ |
| | | | | >12.5～40.00 | 190～240 | 80 | — | 17 | — |
| | | H112 | H112 | >6.00～12.50 | 190 | 100 | 12 | — | — |
| | | | | >12.50～25.00 | 190 | 90 | — | 10 | — |
| | | | | >25.00～40.00 | 190 | 80 | — | 12 | — |
| | | H12 | H12 | 0.50 | 220～270 | 170 | 4 | — | — |
| | | | | >0.50～1.50 | 220～270 | 170 | 5 | — | — |
| | | | | >1.50～3.00 | 220～270 | 170 | 6 | — | — |
| | | | | >3.00～6.00 | 220～270 | 170 | 7 | — | — |
| | | H14 | H14 | 0.50～1.50 | 240～280 | 190 | 3 | — | — |
| | | | | >1.50～6.00 | 240～280 | 190 | 4 | — | — |
| | | H16 | H16 | 0.50 | 265～305 | 220 | 2 | — | — |
| | | | | >0.50～6.00 | 265～305 | 220 | 3 | — | — |
| | | H18 | H18 | 0.50 | 290 | 250 | 1 | — | — |
| | | | | >0.50～3.00 | 290 | 220 | 2 | — | — |
| | | H22<br>H32 | H22<br>H32 | 0.50 | 220～270 | 130 | 7 | — | 0.5$t$ |
| | | | | >0.50～1.50 | 220～270 | 130 | 8 | — | 1.0$t$ |
| | | | | >1.50～3.00 | 220～270 | 130 | 10 | — | 1.5$t$ |
| | | | | >3.00～6.00 | 220～270 | 130 | 11 | — | 1.5$t$ |

表 6（续）

| 牌号 | 包铝分类 | 供应状态 | 试样状态 | 厚度[c]/mm | 室温拉伸试验结果 | | | | 弯曲性能 |
|---|---|---|---|---|---|---|---|---|---|
| | | | | | 抗拉强度 $R_m$/MPa | 规定非比例延伸强度 $R_{p0.2}$/MPa | 断后伸长率/% | | 90°弯曲半径 |
| | | | | | | | $A_{50\,mm}$ | $A_{5.65}$[a] | |
| | | | | | 不小于 | | | | |
| 5754 | — | H24<br>H34 | H24<br>H34 | 0.50 | 240～280 | 160 | 6 | — | 1.0$t$ |
| | | | | >0.50～1.50 | 240～280 | 160 | 6 | — | 1.5$t$ |
| | | | | >1.50～3.00 | 240～280 | 160 | 7 | — | 2.0$t$ |
| | | | | >3.00～6.00 | 240～280 | 160 | 8 | — | 2.5$t$ |
| | | H26<br>H36 | H26<br>H36 | 0.50 | 265～305 | 190 | 4 | — | 1.5$t$ |
| | | | | >0.50～1.50 | 265～305 | 190 | 4 | — | 2.0$t$ |
| | | | | >1.50～3.00 | 265～305 | 190 | 5 | — | 2.0$t$ |
| | | | | >3.00～6.00 | 265～305 | 190 | 6 | — | 3.5$t$ |
| | | H28<br>H38 | H28<br>H38 | 0.50～1.50 | 290 | 230 | 3 | — | — |
| | | | | >1.50～3.00 | 290 | 230 | 4 | — | — |
| 6061 | — | O | O | 0.40～1.50 | ≤150 | ≤85 | 14 | — | 0.5$t$ |
| | | | | >1.50～3.00 | ≤150 | ≤85 | 16 | — | 1.0$t$ |
| | | | | >3.00～6.00 | ≤150 | ≤85 | 19 | — | 1.0$t$ |
| | | | | >6.00～12.50 | ≤150 | ≤85 | 16 | — | 2.0$t$ |
| | | | | >12.50～25.00 | ≤150 | ≤85 | — | 16 | — |
| | | T4 | T4 | 0.50～1.50 | 205 | 110 | 12 | — | 1.0$t$ |
| | | | | >1.50～3.00 | 205 | 110 | 14 | — | 1.5$t$ |
| | | | | >3.00～6.00 | 205 | 110 | 16 | — | 3.0$t$ |
| | | | | >6.00～12.50 | 205 | 110 | 18 | — | 4.0$t$ |
| | | T451 | T451 | 0.50～1.50 | 205 | 110 | 12 | — | — |
| | | | | >1.50～3.00 | 205 | 110 | 14 | — | — |
| | | | | >3.00～6.00 | 205 | 110 | 16 | — | — |
| | | | | >6.00～12.50 | 205 | 110 | 18 | — | — |
| | | T6 | T6 | 0.50～1.50 | 290 | 240 | 6 | — | 2.5$t$ |
| | | | | >1.50～3.00 | 290 | 240 | 7 | — | 3.5$t$ |
| | | | | >3.00～6.00 | 290 | 240 | 10 | — | 4.0$t$ |
| | | | | >6.00～12.50 | 290 | 240 | 9 | — | 5.0$t$ |
| | | T651 | T651 | 0.50～1.50 | 290 | 240 | 6 | — | — |
| | | | | >1.50～3.00 | 290 | 240 | 7 | — | — |
| | | | | >3.00～6.00 | 290 | 240 | 10 | — | — |
| | | | | >6.00～12.50 | 290 | 240 | 9 | — | — |

表 6（续）

<table>
<tr><th rowspan="3">牌号</th><th rowspan="3">包铝分类</th><th rowspan="3">供应状态</th><th rowspan="3">试样状态</th><th rowspan="3">厚度[c]/mm</th><th colspan="4">室温拉伸试验结果</th><th>弯曲性能</th></tr>
<tr><th rowspan="2">抗拉强度 $R_m$/MPa</th><th rowspan="2">规定非比例延伸强度 $R_{p0.2}$/MPa</th><th colspan="2">断后伸长率/%</th><th rowspan="3">90°弯曲半径</th></tr>
<tr><th>$A_{50\ mm}$</th><th>$A_{5.65}$[a]</th></tr>
<tr><th></th><th></th><th></th><th></th><th></th><th colspan="4">不小于</th></tr>
<tr><td rowspan="6">7A19</td><td rowspan="6">—</td><td rowspan="4">O</td><td rowspan="2">O</td><td>0.50～3.00</td><td>≤240</td><td>—</td><td>12</td><td>—</td><td>—</td></tr>
<tr><td>>3.00～6.00</td><td>≤260</td><td>—</td><td>11</td><td>—</td><td>—</td></tr>
<tr><td rowspan="2">T76[b]</td><td>0.50～3.00</td><td>370</td><td>290</td><td>9</td><td>—</td><td>—</td></tr>
<tr><td>>3.00～6.00</td><td>360</td><td>280</td><td>8</td><td>—</td><td>—</td></tr>
<tr><td rowspan="2">T76</td><td rowspan="2">T76</td><td>0.50～3.00</td><td>380</td><td>300</td><td>9</td><td>—</td><td>—</td></tr>
<tr><td>>3.00～6.00</td><td>370</td><td>290</td><td>8</td><td>—</td><td>—</td></tr>
</table>

[a] $A_{5.65}$表示原始标距($L_0$)为 5.65 $\sqrt{S_0}$的断后伸长率。

[b] 以 O 状态订货的板材，要求检验淬火状态的力学性能时应在合同中注明，未注明时不检验。

[c] 当厚度超出表中规定时，其力学性能附实测结果；需要 CCS 证书的板材，应经双方协商，并在合同中注明力学性能。

### 3.6 弯曲性能

合同中注明有弯曲性能要求的板材，按表 6 规定的弯曲半径进行弯曲试验时，不应发生开裂。

### 3.7 抗剥落腐蚀性能

3.7.1 5XXX 系合金、H116 和 H321 状态的板材，经剥落腐蚀试验，不得出现 E 级剥落腐蚀。

3.7.2 对于 5XXX 系合金、H116 或 H321 状态的板材，当合同中标记为“用于海船船体外板”或“长期与海水直接接触”时，经剥落腐蚀试验，不得出现 PB 级剥落腐蚀。

3.7.3 7A19 合金、T76 状态的板材，经剥落腐蚀试验，不得出现 E 级剥落腐蚀。

### 3.8 晶间腐蚀性能

5XXX 系合金、H116 和 H321 状态的板材，经晶间腐蚀试验，其晶间腐蚀的最大深度不超过 3 级。

### 3.9 低倍组织

厚度不小于 6.5 mm 的板材低倍组织不允许有分层。

### 3.10 显微组织

淬火板材的显微组织不允许有过烧。

### 3.11 超声波探伤

板材一般不进行超声波探伤。对于厚度大于或等于 10 mm 的板材，若需方要求超声波探伤，应在合同中注明。

### 3.12 外观质量

3.12.1 板材表面应平整、光洁、加工良好，板材边缘应平齐、无毛刺。

3.12.2 板材表面不允许有裂纹、折痕、硝盐痕、分层、腐蚀、氧化夹杂物、起皮、气泡、严重的金属及非金属压入物或机械损伤等影响后续加工或使用的缺陷。

3.12.3 板材表面允许有不影响需方使用的、轻微的凹痕、碰伤、擦伤、粘伤、印痕，但其深度不应超出板材厚度允许负偏差值之半，并不应使板材的厚度偏差超出允许范围。

3.12.4 在征得用户或用户代表同意后，允许用机加工或打磨方法对板材表面缺陷进行修整，修整的深度不得超出厚度允许负偏差值，且不允许对材料产生任何不利的影响。除非另有协议，所有的修整均应在用户或用户代表在场下进行。不允许进行焊接修补。

3.12.5 其他外观质量要求按 GB/T 3880.1 的规定。

## 4 试验方法

### 4.1 化学成分

板材化学成分分析方法可采用 GB/T 20975 或 GB/T 7999,仲裁分析时,应按 GB/T 20975 的规定进行。

### 4.2 包覆层

按照 GB/T 3246.1,采用金相法测量包覆层厚度。

### 4.3 尺寸偏差

按 GB/T 3880.1 规定的方法进行测量。

### 4.4 力学性能

按 GB/T 228 规定的方法进行室温拉伸试验。

### 4.5 弯曲性能

按 GB/T 232 规定的方法进行弯曲性能试验。

### 4.6 抗剥落腐蚀性能

按 GB/T 22639 规定的方法进行抗剥落腐蚀试验。

### 4.7 晶间腐蚀性能

按 GB/T 7998 规定的方法进行晶间腐蚀试验。

### 4.8 低倍组织

按 GB/T 3246.2 规定的方法进行低倍组织检验。

### 4.9 显微组织

按 GB/T 3246.1 规定的方法进行显微组织检验。

### 4.10 超声波检验

厚度大于 12.7 mm 的压力容器用板材的超声波检验方法按附录 A 进行,其他厚度大于或等于 10 mm 的锯切或剪切板材的超声波检验方法按 GB/T 6519 进行。

### 4.11 外观质量

按 GB/T 3880.1 规定的方法进行外观质量检验。

## 5 检验规则

### 5.1 检查和验收

5.1.1 板材应由供方技术监督部门进行检查和验收,保证产品质量符合本标准的规定,并填写质量证明书。

5.1.2 需方应对收到的板材进行复验。若发现复验结果与本标准的规定不符时,应在收到板材之日起按船用铝材质量证明书中规定的期限以书面形式向供方提出,由供需双方协商解决。如需仲裁,仲裁取样应在需方,由供需双方共同进行。

### 5.2 组批

板材应成批提交验收,每批应由同一牌号、熔次、状态、规格、尺寸精度等级、热处理炉次(或连续热处理炉次)组成。每批重量不限。

### 5.3 检验项目

5.3.1 每批板材均应进行化学成分、尺寸偏差、力学性能、外观质量的检查(外观质量中的硝盐痕由供方根据生产情况进行抽查,不进行每批检验)。

5.3.2 厚度不小于 6.5 mm 的板材每批均应进行低倍组织检验。

5.3.3 淬火板材每批均应进行显微组织的检验。

5.3.4 5XXX 系合金、H116 或 H321 状态的板材和 7A19 合金、T76 状态的板材，每批均应进行剥落腐蚀性能试验。

5.3.5 5XXX 系合金、H116 或 H321 状态的板材，每批均应进行晶间腐蚀试验。

5.3.6 合同中注明“超声波探伤”的板材，每批均应进行超声波检验。

5.3.7 板材的包覆层厚度、弯曲性能由供方工艺保证，不作出厂检验。如需方在合同中对其检验频次另有注明，供方应按合同规定执行相应检验。

### 5.4 取样

板材的取样应符合表 7 的规定。

表 7

| 检验项目 | 取样规定 | 要求的章条号 | 试验方法的章条号 |
|---|---|---|---|
| 化学成分 | 按 GB/T 17432 的规定进行。带包覆层的合金应去掉包覆层。 | 3.2 | 4.1 |
| 包覆层 | 每批至少取 3 张进行检验。 | 3.3 | 4.2 |
| 尺寸偏差 | 板材每批至少取 3 张进行检验。 | 3.4 | 4.3 |
| 力学性能 | 拉伸试样应取自于材料纵向的端部，宽度的 1/3 处，取样方向及试样应符合 GB/T 16865 规定。每批板材中每 2 000 kg 重量取 1 个试样，若单件重量大于 2 000 kg，则 1 个单件只取 1 个试样。 | 3.5 | 4.4 |
| 弯曲性能 | 板材每批取 3 张板材，每张取 2 个横向试样。 | 3.6 | 4.5 |
| 抗剥落腐蚀性能 | 每批(或热处理炉)取 1 张板材，在纵向两个端部的宽度中间各取 1 个试样，试样的纵轴线垂直于轧制方向。 | 3.7 | 4.6 |
| 晶间腐蚀性能 | 每批(或热处理炉)取 1 张板材，在纵向两个端部的宽度中间各取 1 个试样，试样的纵轴线垂直于轧制方向。 | 3.8 | 4.7 |
| 低倍组织 | 每批取 2 张板材，在抽取的每张板材上取 1 个试样。 | 3.9 | 4.8 |
| 显微组织 | 每批(或热处理炉)取 2 张板材，在抽取的每张板材上取 1 个试样。 | 3.10 | 4.9 |
| 超声波检验 | 逐张。 | 3.11 | 4.10 |
| 外观质量 | 逐张。 | 3.12 | 4.11 |

### 5.5 检验结果的判定

5.5.1 化学成分不合格时，判整批不合格。

5.5.2 由工艺保证的包覆层厚度在抽检不合格时，判整批不合格。从下一批下始，至少连续两批检验包覆层厚度，直至工艺稳定后恢复工艺保证制度。

5.5.3 尺寸偏差不合格时，判该批板材不合格，但允许供方逐张检验，合格者交货。

5.5.4 力学性能试验结果不合格时，应从该批中(含原检验不合格者)另取双倍数量的试样进行重复试验，双倍试样的重复试验合格，判该批板材合格。若重复试验仍有不合格者时，判该批板材不合格。但允许供方逐张检验，合格者交货。也允许供方进行重复热处理，重新取样检验。

5.5.5 弯曲性能不合格时，应从该批中(含原检验不合格者)另取双倍数量的试样进行重复试验，重复试验合格，判该批板材合格。若重复试验仍有不合格者时，判该批板材不合格。但允许供方逐张检验，合格者交货。也允许供方进行重复热处理，重新取样检验。但从下一批下始，至少连续两批检验弯曲性能，直至工艺稳定后恢复工艺保证制度。

5.5.6 抗剥落腐蚀性能不合格时，判该批不合格。但允许供方进行一次重复热处理，重新取样检验。

5.5.7 晶间腐蚀性能不合格时，判该批不合格。但允许供方进行一次重复热处理，重新取样检验。

5.5.8 低倍组织不合格时，判该批板材不合格，但允许供方逐张检验，合格者交货。

5.5.9 显微组织不合格时，板材能区分热处理炉次的判该炉次不合格，不能区分炉次的判该批不合格。

5.5.10 超声波检验不合格时，判该张板材不合格；

5.5.11 外观质量不合格时，判该张板材不合格；

5.5.12 当出现其他缺陷时，该批板材由供需双方协商处理。

## 6 标志、包装、运输、贮存

### 6.1 标志

6.1.1 在验收合格的板材上应有如下标志：

a) 供方技术监督部门的检印；

b) 合金牌号；

c) 供应状态；

d) 规格；

e) 板材批号；

f) 熔炼号；

g) 船用铝材专用标志代号；

h) 海船船体外板或长期与海水直接接触的5XXX系合金板材，每张板片上应有“M”标记。

6.1.2 板材的包装箱标志应符合GB/T 3199的规定，并在标牌上印有船用铝材专用标志代号。

### 6.2 包装、运输、贮存

6.2.1 板材不涂油，板间垫纸装箱，需要涂油时应在合同中注明。包装方法应按GB/T 3199的规定，或按供方制订的或供需双方商定的能保证包装质量的方法进行包装。

6.2.2 板材的运输和贮存应符合GB/T 3199的规定。

### 6.3 质量证明书

每批板材应附有船用铝材质量证明书，其上注明：

a) 供方名称、地址、电话、传真；

b) 产品名称；

c) 合金牌号、供应状态及规格；

d) 数量(片数或重量)和件数；

e) 化学成分；

f) 力学性能试验结果；

g) 批号、熔炼号；

h) 合同号；

i) 订货单位；

j) 本标准编号；

k) 包装日期；

l) 技术监督部门检查人员及负责人的签字或印章及验船师的签字或印章；

m) 船用铝材专用标志代号。

## 7 合同内容

订购本标准所列产品的合同(或订货单)内应包括下列内容：

a) 产品名称；

b） 合金牌号；

c） 供应状态；

d） 尺寸规格；

e） 重量（或数量）；

f） 尺寸偏差需要高精级时应注明；

g） 需要涂油时在合同中注明；

h） 用于受压容器用的板材应注明“受压容器用”字样；

i） 由工艺保证的包覆层厚度需要检验时应在合同中注明；

j） 由工艺保证的弯曲性能需要检验时应在合同中注明；

k） 需要超声波探伤时应在合同中注明；

l） 其他需要注明的事项。

# 附　录　A
（规范性附录）
压力容器用铝合金厚板超声波检查

## A.1　适用范围

A.1.1　本方法适用于厚度≥12.7 mm 的压力容器用铝合金厚板脉冲回波超声波检查。

A.1.2　本方法用于检测平行于轧制表面的内部大缺陷，如裂缝、断裂或分层。

A.1.3　本方法适用于下列牌号的厚板：1060、1100、3003、包铝 3003、3004、包铝 3004、5050、5052、5083、5086、5154、5454、5456、5652、6061 及包铝 6061。

A.1.4　本方法仅适用于脉冲纵波超声波检测，发射和接收纵波可用单探头，也可用电气上互相绝缘的多探头。但不包括穿透法或角波束法超声波检测。

## A.2　方法原理

以一束垂直于铝板表面的脉冲纵波入射扫瞄铝板，根据底波损失的单个信号，确定缺陷大致尺寸和位置。

## A.3　注意事项

A.3.1　有许多因素可能减弱单个信号或大大衰减底波，如厚板入射面、反射面状态、超声波束与入射面的角度及测试系统的工作特性等等，从而影响本标准规定的测试方法的可靠性。

A.3.2　本方法可能受限于探头的波束特性，而无法精确地评定缺陷大小。所以按本方法规定的测试程序确定的缺陷大小，应看成是“近似值”或“估计值”。

A.3.3　测量系统中的很多相互作用的变量，会影响超声波的测试结果，所以很难定量地确定所发现的缺陷对铝板力学性能的实际影响。因此，超声波检测方法，不宜作为压力容器最终质量和性能的唯一试验方法，而只能可靠地控制铝板质量，以避免容器加工成形时的破坏。

## A.4　装置

A.4.1　测试仪器——任何能产生脉冲纵波，配有适当探头，能在 A 型扫瞄器上显示超声反射的电子装置，都是符合要求的。仪器应能在选定的检测频率内，对接收脉冲提供稳定的线性放大，并能在要求的灵敏度下，没有大量的界面信号干扰。

A.4.2　探头——本方法最好采用非聚焦型平探头，只有一个压电晶体，它通过同轴电缆与测试仪器片连接，发射和接收规定频率的纵波。只要测试仪器可以调节两个晶体的操作，脉冲回波检测的结果与单晶探头所获得的结果相同，也可以采用一个探头中，装有又放又收的双晶探头。

A.4.2.1　初始扫瞄用的探头、晶体或复合双晶体的总有效面积，应不小于 2.6 $cm^2$，并不大于 9.7 $cm^2$。

A.4.2.2　用于估计缺陷尺寸的圆探头的有效直径，应不超过 19 mm。

A.4.3　水槽——用液浸法测试时，能使探头和待检铝板精确地定位的任何容器。

A.4.4　扫瞄装置——检测过程中，探头可由下述任一种装置支承。扫瞄装置应能在±2 mm 范围内测量扫瞄距离和指示距离。

A.4.4.1　操作装置及跨桥——液浸法测试应用操作器时，其操作器要足够牢靠地支持住装有探头的探管，并能在互相垂直的两个立面上，在 1°范围内精确地调整角度。跨桥应有足够的强度，以便给操作装置提供刚性支架，并使探头能平稳地精确地定位。只要满足操作，以及装置和跨桥所规定的要求，可以采用专门的探头支承装置。

A.4.4.2　液体耦合喷管——用液体耦合法测试时，通常用手工定位喷管，当探头活动表面浸于耦合剂中,固定支撑探头时,它应保留耦合剂。保持耦合剂距离,使耦合剂二次反射波位于仪器阴极射线管一次底波反射的右边。校准、初始扫描和估计缺陷时,耦合剂的通道变动不应大于±6.4 mm。最小喷管内径,最好比探头晶面尺寸大 25 mm。装置还应有在互相垂直的两立面上,在 1°范围内调节探头倾角的机构。

注:检测铝板用的喷管,可以密封开口,也可不密封开口,只要两种喷管装置所获得的测试结果与用液浸法获得的结果一致,用哪一种都行。

**A.4.4.3** 接触扫触——用接触法测试时,探头通常是用人工支承,固定在待检铝板的入射表面上。但是接触扫描可以采用特殊夹具,不过要保证它们的用法符合本标准要求。

**A.4.5** 耦合剂——最好用脱氧的室温净水,作为液浸法或液柱耦合法的耦合剂。还可用抑制剂或润滑剂,或两者同时使用。用接触法测试时,耦合剂最好是轻质油。

注:检测铝板可以用其他耦合液体,但要保证它们对测试结果无害。

## A.5 对测试人员的要求

从事超声波测试的人员,其资格和证明书,应由考核机构颁发,在需方要求时,能随时出示。

## A.6 铝板状态

**A.6.1** 待检铝板的入射面和底面,应足够清洁、光滑和平整,以便扫描铝板时,在没有发现大的单个超声波缺陷时,一次反射波幅大于初始标准波幅的 50%。

**A.6.2** 测试时,铝板为室温。

## A.7 测试

**A.7.1** 超声波检测时,可用液柱耦合法、直接接触法或液浸法。但应优先采用液浸法。

**A.7.2** 固定耦合剂的层深,使耦合剂二次反射波位于阴极射线管(CRT)一次底波的右边。校准、初始扫描和估计缺陷时,耦合剂层深波动不应大于±6.4 mm。

**A.7.3** 选定测试频率——使用 A.7.1 三种方法中任一种时,推荐的测试频率为 5.0 MHz。必要时,为了减少铝板厚度、显微组织和测试系统的特性对测试结果不利影响,也可采用 2.0 MHz 和10.0 MHz 之间的其他频率,在整个检测期间,应大致保持清晰和易于明了的 A 型扫描屏幕图形。

**A.7.4** 校准灵敏度——在选定频率下,测试系统灵敏度的校准方法是:把探头放在待检铝板没有大缺陷的部位上,调整仪器增益控制,使 A 型扫描显示器在垂直范围 75%±5%的一次波扫幅。用液浸法或液柱耦合法测试时,最终调节灵敏度之前,应调好探头角度,以便获得最大底波。

**A.7.5** 初始扫描——固定仪器增益控制,将探头定位在待测铝板的一角,使探头内晶体的边缘离铝板的任一边大约 25 mm。

**A.7.5.1** 相对于入射轧制面,调整探头角度,保证一次底波最大,然后从初始位置沿垂直于铝板主要轧制方向,以不超过 305 mm/s 的恒定扫描速度,向对边连续扫描铝板。

**A.7.5.2** 注意产生的单个缺陷信号,不断地观察 A 型扫描显示器荧光屏,监视一次底波的波幅。

注:为了提高扫描检测的可靠性,在测试系统中可采用各种辅助装置。

**A.7.6** 初始扫描完成后,平行于铝板主要轧制方向,以预定扫描指数距离移动探头,而且在观察 A 型扫描指示荧光屏上图形的同时,沿一条平行于初始扫描方向的路线进行第二次扫描。按公式(A.1)计算扫描指数距离:

$$S_i = 20 + 0.7D_s \qquad \cdots\cdots(A.1)$$

式中:

$S_i$——扫描指数距离,单位为毫米(mm);

$D_s$——晶体(检波器)实际直径,单位为毫米(mm)。

**A.7.6.1** 垂直铝板主要轧制方向,以固定扫描速度依次扫描铝板,不断地观察 A 型扫描指示器显示的图像,继续进行检测,超过 A.7.6 计算的指数距离,转换探头。

A.7.6.2 检测过程中，应当把探头重新放在铝板的参照部位上，注意一次底波波幅，用 A.7.4 的灵敏度标准，按要求调整仪器增益控制，定期地检查测试系统的灵敏度标准。

A.7.7 检测时，测试人员用肉眼监视 A 型扫描显示器荧光屏显示的图像时，扫描速度不应大于 305 mm/s。

注：如果采用辅助监视装置，能保证足够的检测可靠性，扫描速度也可大于 305 mm/s。

A.7.8 检测过程中，任何时候遇到波幅大于 A 型扫描垂直范围 30%的单个超声波信号衰减至波幅小于垂直范围的 5%时，即停止扫描，变换探头角度，以得到最大的单个信号，并确定底波衰减不是探头与铝板的角度误差引起的。

A.7.8.1 检查底波显著衰减(≥95%)处铝板的上下两表面状态，确保底波衰减，不是表面干扰引起的。

A.7.8.2 如果单个信号波幅比标定初始一次底波波幅大 50%以上，或是一次底波信号大量衰减，而这种衰减既不是找正探头造成的，也不是表面干扰造成的，则是内部缺陷信号。

注：发生在入射表面信号与一次底波中间的单个信号，可能在 A 型扫描荧光屏上一次底波位置上旨起二次信号。当这种情况，由检查多个底波反射图像而证实，则可认为一次底波已完全衰减。

A.7.9 评定缺陷大小——当观察到单个信号或底波衰减时，记录停止扫描处探头的位置。

A.7.9.1 用一晶体有效直径不大于 19 mm 的探头，在 152 mm² 的表面上作一次估计性扫描，这个面积就以铝板入射表面扫描有缺陷处为中心。估计性扫描最好的指数距离如下：$S_i=0.7D_s$。

A.7.9.2 为了确定缺陷的大致尺寸，在观测到一次底波衰减 95%±5%的地方，或者单个信号波幅等于初始一次底波波幅(按 A.7.4 所述方法确定)50%±5%的地方，在铝板入射表面上，以探头为中心标明每一处的位置。

A.7.9.3 观察 A.7.9.2 中所述的一种或二种缺陷情况，继续标明每一处探头的位置。即使缺陷不在原来估计的 152 mm² 扫描区域内，也应圈出全部缺陷范围。

A.7.9.4 按这种方法确定的各个标记方法所得结果一致，可采用自动记录装置，确定缺陷大小。

A.7.10 确定了缺陷尺寸后，将探头转到原来的停止位置，继续扫描检测。

## A.8 验收标准

A.8.1 完成检测前，要量出所发现缺陷的每一标记区的最大尺寸。

A.8.2 如果底波完全衰减(≥95%)的缺陷标志区的最大尺寸超过 25 mm，则认为缺陷严重，铝板应报废。

A.8.3 如果单个超声信号，未使底波完全衰减(≥95%)，但缺陷标志区的长度超过 76 mm，则认为缺陷严重，铝板应报废。如果单个超声信号，未使底波完全衰减(≥95%)，而两相邻缺陷标志区的任一个长度超过 25 mm，且它们相距在 76 mm 以内，则认为两个缺陷相距太近，铝板应报废。

A.8.4 缺陷可在随后的加工过程中被加工掉的铝板，经需方确定后，准予交货。

A.8.5 若得到需方特许，具有大缺陷的铝板，也可通过焊接修补交货。

## A.9 报告

A.9.1 需方要求时，应提交一份报告，报告中应列出测试日期和具体参数，包括：检查所用仪器和探头类型(型号)、测试方法、频率和耦合剂。

A.9.2 当铝板的合格与否，要由供需双方协商决定时，最好提供一张标明检测过的铝板上所有大缺陷位置的图纸。

A.9.3 当铝板经超声波检验合格后，应打上检印。

ICS 77.150.10
H 61

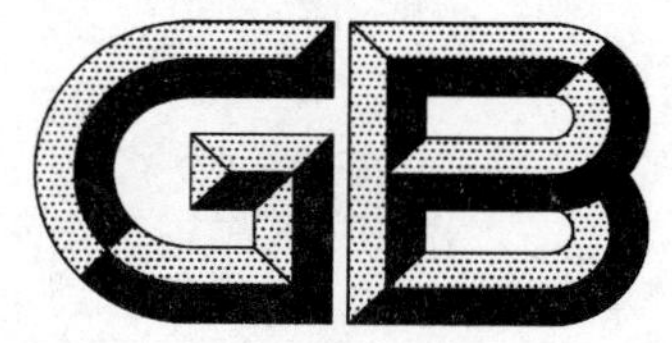

# 中华人民共和国国家标准

GB/T 22642—2008

# 电子、电力电容器用铝箔

## Aluminum foil for electronic and power capacitor

2008-12-29 发布

2009-11-01 实施

中华人民共和国国家质量监督检验检疫总局
中国国家标准化管理委员会 发布

# 前　言

本标准由中国有色金属工业协会提出。

本标准由全国有色金属标准化技术委员会归口。

本标准主要起草单位:云南新美铝铝箔有限公司。

本标准参加起草单位:厦门厦顺铝箔有限公司、上海恩远实业有限公司、华北铝业有限公司、郑州铝业有限公司。

本标准主要起草人:高珺、马宁、卜长海、王建波、郭义庆、周卓、韩千永。

# 电子、电力电容器用铝箔

## 1 范围

本标准规定了电子、电力电容器用铝箔(以下简称铝箔)的产品要求、试验方法、检验规则及包装、标志、运输、贮存、合同(或订货单)等内容。

本标准适用于电子电容器用铝箔(以下简称电子箔)和电力电容器用铝箔(以下简称电力箔)。

## 2 规范性引用文件

下列文件中的条款通过本标准的引用而成为本标准的条款。凡是注日期的引用文件,其随后所有的修改单(不包括勘误的内容)或修订版均不适用于本标准,然而,鼓励根据本标准达成协议的各方研究是否可使用这些文件的最新版本。凡是不注日期的引用文件,其最新版本适用于本标准。

GB/T 228 金属材料 室温拉伸试验方法

GB/T 3190 变形铝及铝合金化学成分

GB/T 3199 铝及铝合金加工产品包装、标志、运输、贮存

GB/T 7999 铝及铝合金光电直读发射光谱分析方法

GB/T 16865 变形铝、镁及其合金加工制品拉伸试验用试样

GB/T 17432 变形铝及铝合金化学成分分析取样方法

GB/T 20975(所有部分) 铝及铝合金化学分析方法

GB/T 22638.1 铝箔试验方法 第1部分:厚度的测定 重量法

GB/T 22638.2 铝箔试验方法 第2部分:针孔的检测

GB/T 22638.3 铝箔试验方法 第3部分:粘附性的测定

GB/T 22638.4 铝箔试验方法 第4部分:表面润湿张力的测定

GB/T 22638.5 铝箔试验方法 第5部分:刷水试验方法

GB/T 22638.6 铝箔试验方法 第6部分:直流电阻的测定

## 3 要求

### 3.1 产品分类

#### 3.1.1 牌号、状态、规格

铝箔的牌号、状态、规格应符合表1规定,需方需要其他牌号、状态、规格时,由供需双方协商决定,并在合同(或订货单)中注明。

表1

| 牌号 | 状态 | 规格/mm | | | |
|---|---|---|---|---|---|
| | | 厚度($T$) | 宽度 | 管芯内径 | 卷外径 |
| 1×××系列 | O、H18 | 0.004 5～0.009 0 | ≤1 050 | 75、76.2 | 150～450 |
| | | | | 150、152.4 | 450～700 |

#### 3.1.2 标记示例

铝箔的标记按照产品名称、牌号、状态和标准编号的顺序表示。标记示例如下:

1235牌号、O状态、厚度为0.005 0 mm、宽度为460 mm的箔卷标记为:

铝箔 1235-O 0.005×460 GB/T 22642—2008

## 3.2 化学成分

铝箔的化学成分应符合 GB/T 3190 的规定。

## 3.3 尺寸偏差

### 3.3.1 厚度

铝箔的厚度偏差应符合表 2 的规定。

表 2

单位为毫米

| 厚度($T$) | 厚度允许偏差 |
|---|---|
| ≤0.005 0 | ±6%$T$ |
| >0.005 0～0.009 0 | +4%$T$<br>−6%$T$ |

### 3.3.2 宽度

铝箔的宽度偏差应符合表 3 中普通级的规定，要求高精级时，应在合同(或订货单)中注明。当合同(或订货单)中要求单向偏差时，其允许偏差值为表中数值的 2 倍。

表 3

单位为毫米

| 宽度允许偏差 | |
|---|---|
| 高精级 | 普通级 |
| ±0.5 | ±1 |

### 3.3.3 错层、塔形

铝箔错层、塔形应符合表 4 中普通级的规定，要求高精级时，应在合同(或订货单)中注明。

表 4

单位为毫米

| 项目 | 高精级 | 普通级 |
|---|---|---|
| 错层 | 0.5 | 1 |
| 塔形 | 1 | 2 |

## 3.4 力学性能

铝箔的室温拉伸试验结果应符合表 5 的规定。需方对铝箔的力学性能有特殊要求时，由供需双方协商决定，并在合同(或订货单)中注明。

表 5

| 状态 | 拉伸试验结果 | | |
|---|---|---|---|
| | 抗拉强度 $R_m$/(N/mm$^2$) | 断后伸长率，$A_{100\ mm}$/% | |
| | | 厚度：0.004 5 mm～0.006 0 mm | 厚度：>0.006 0 mm～0.009 0 mm |
| O | 50～100 | a | ≥1.0 |
| H18 | >115 | — | — |

[a] 厚度 0.004 5 mm～0.006 0 mm 的铝箔，断后伸长率的具体要求应由供需双方商定，该值通常不小于 0.5%。

## 3.5 针孔

铝箔针孔个数应符合表 6 的规定。铝箔针孔直径应符合表 6 普通级的规定，需方需要高精级时，应在合同(或订货单)中注明。

表 6

<table>
<tr><th rowspan="3">公称厚度/mm</th><th colspan="3">针孔个数</th><th colspan="2">针孔直径/mm</th></tr>
<tr><th rowspan="2">任意 25 mm×25 mm 内</th><th colspan="2">任意 1 mm×16 mm 内</th><th rowspan="2">高精级</th><th rowspan="2">普通级</th></tr>
<tr><th>电子箔</th><th>其他</th></tr>
<tr><td>≤0.005 0</td><td>≤20</td><td rowspan="4">≤8</td><td rowspan="4">—</td><td rowspan="4">≤0.2</td><td rowspan="4">≤0.3</td></tr>
<tr><td>>0.005 0~0.006 0</td><td>≤15</td></tr>
<tr><td>>0.006 0~0.006 5</td><td>≤10</td></tr>
<tr><td>>0.006 5</td><td>≤5</td></tr>
</table>

### 3.6 粘附性

铝箔开卷性能应良好，展开时不允许粘连或撕裂。铝箔借自重自然展开所需的脱落长度值应小于 1 m。

### 3.7 表面润湿张力

O 状态的铝箔的表面润湿张力值不小于 $56\times10^{-3}$ N/m。

### 3.8 刷水试验结果

O 状态的铝箔表面应无残油，表面刷水试验结果应达到 C 级或优于 C 级。

### 3.9 直流电阻

需方对铝箔的直流电阻有要求时，应供需双方协商，并在合同(或订货单)中注明。

### 3.10 接头

铝箔断头应用超声波焊接仪焊接或用耐高温胶带粘接牢固并保持平整，接头处应作明显标记。每卷铝箔的接头个数、接头间距应符合表 7 的规定。

表 7

<table>
<tr><th rowspan="2">卷径/mm</th><th colspan="2">每卷允许接头个数</th><th colspan="2">接头间距/m</th></tr>
<tr><th>厚度：<br>0.004 5 mm~0.006 0 mm</th><th>厚度：<br>>0.006 0 mm~0.009 0 mm</th><th>管芯内径：<br>75 mm~76.2 mm</th><th>管芯内径：<br>150 mm~152.4 mm</th></tr>
<tr><td><200</td><td>≤1</td><td>0</td><td rowspan="5">>1 000</td><td rowspan="5">>2 000</td></tr>
<tr><td>≥200~390</td><td>≤2</td><td>≤1</td></tr>
<tr><td>>390~450</td><td>≤3</td><td>≤2</td></tr>
<tr><td>>450~600</td><td>≤4</td><td>≤3</td></tr>
<tr><td>>600</td><td>≤5</td><td>≤4</td></tr>
</table>

### 3.11 管芯

管芯材质可为钢或铝。管芯内、外壁应洁净、无污物，管口边缘应平滑。管芯长度应大于或等于箔宽，管芯不得内陷。如需方要求铝箔与管芯平齐，应在合同(或订货单)中注明。管芯内径偏差应符合表 8 的规定。

表 8

单位为毫米

| 管芯内径 | 内径允许偏差 |
|---|---|
| 75、76.2 | ±0.5 |
| 150、152.4 | $^{+1}_{0}$ |

### 3.12 外观质量

3.12.1 铝箔表面应平整、洁净。不允许有腐蚀、开缝等影响使用的缺陷，不允许有影响使用的波浪、起皱，不允许有肉眼可见的油痕或油斑、污染物、杂质等缺陷。

3.12.2 铝箔表面允许有轻微亮点及未造成表面损伤的色差存在。

3.12.3 铝箔卷端面应洁净。不允许有毛刺、碰伤、擦划伤等缺陷。

## 4 试验方法

### 4.1 化学成分

铝箔的化学成分采用 GB/T 7999 或 GB/T 20975 进行分析，仲裁分析按 GB/T 20975 规定的方法进行。

### 4.2 尺寸偏差

#### 4.2.1 厚度

厚度按 GB/T 22638.1 规定的方法或采用分辨率为 0.1 μm ～0.2 μm 的光学仪器进行测量，厚度仲裁测量按 GB/T 22638.1 规定的方法进行。

#### 4.2.2 宽度

高精级采用能保证相应精度的量具测量；普通级采用分度值为 1 mm 的钢卷尺测量。

#### 4.2.3 错层、塔形

错层和塔形采用精度不低于 0.1 mm 的量具测量。

### 4.3 力学性能

铝箔室温拉伸试验按 GB/T 228 规定的方法进行。

### 4.4 针孔

铝箔的针孔按 GB/T 22638.2 规定的方法进行检测。

### 4.5 粘附性

铝箔的粘附性按 GB/T 22638.3 规定的方法进行检测。

### 4.6 表面润湿张力

铝箔的表面润湿张力按 GB/T 22638.4 规定的方法进行检测。

### 4.7 刷水试验

铝箔的刷水试验按 GB/T 22638.5 规定的方法进行。

### 4.8 直流电阻

铝箔的直流电阻按 GB/T 22638.6 规定的方法进行检测。

### 4.9 接头

根据接头标记计算每卷铝箔接头数；接头间距可根据分切机的计米器读出的数据，或根据铝箔卷端面相临接头的层间壁厚(借助相应精度的量具测量)换算获得。

### 4.10 管芯

管芯尺寸偏差用能保证相应精度的量具测量，管芯材质由供方保证，其他项目以目视检查。

### 4.11 外观质量

铝箔外观质量以目视检查。

## 5 检验规则

### 5.1 检查与验收

铝箔由供方技术监督部门检查验收，并保证产品质量符合本标准要求。

### 5.2 组批

铝箔应成批提交验收，每批铝箔应由同一牌号、状态、规格组成，每批重量和卷数不限。

### 5.3 检验项目

每批铝箔出厂前应进行化学成分(Pb、Cd、Hg、$Cr^{6+}$除外)、尺寸偏差、针孔、粘附性、刷水试验或表面润湿张力、接头、外观质量的检验。供方应对 Pb、Hg、Cd、$Cr^{6+}$ 元素进行监控分析，每年至少检测一次，确保上述元素符合标准要求。需方要求检验力学性能时，须在合同(或订货单)中注明“检测力学性能”字样。如用户要求对其他性能按批进行出厂检验，应由供需双方协商决定，并在合同(或订货单)中注明。

### 5.4 取样

取样应符合表 9 的规定。

表 9

| 检验项目 | 取样规定 | 要求的章条号 | 试验方法的章条号 |
|---|---|---|---|
| 化学成分 | 按 GB/T 17432 的规定进行 | 3.2 | 4.1 |
| 尺寸偏差 | 逐卷检查 | 3.3 | 4.2 |
| 力学性能 | 每批(热处理炉)抽取不少于 2 卷，每卷切取 3 个纵向试样，试样应符合 GB/T 16865 的规定。 | 3.4 | 4.3 |
| 针孔 | 每批不少于 2 卷 | 3.5 | 4.4 |
| 粘附性 | 每批不少于 2 卷 | 3.6 | 4.5 |
| 刷水试验结果或表面润湿张力 | 每批不少于 2 卷 | 3.7、3.8 | 4.6、4.7 |
| 直流电阻 | 每批不少于 2 卷 | 3.9 | 4.8 |
| 接头 | 逐卷检查 | 3.10 | 4.9 |
| 管芯 | 每批不少于 2 根 | 3.11 | 4.10 |
| 外观质量 | 逐卷检查 | 3.12 | 4.11 |

### 5.5 检验结果的判定

5.5.1 化学成分不合格时，判该批铝箔不合格。

5.5.2 尺寸偏差、外观质量、接头不合格时，判该卷铝箔不合格。

5.5.3 力学性能不合格时，应从该不合格试样所在卷中另取双倍数量的试样进行重复试验。重复试验结果全部合格，则判该批铝箔合格。若重复试验结果仍有不合格项目，则判该批铝箔不合格。经供需双方商定，该批铝箔可由供方逐卷检验，合格者交货。

5.5.4 针孔不合格时，判该批铝箔不合格。但允许供方逐卷检验，合格者交货。

5.5.5 粘附性不合格时，判该批铝箔不合格。

5.5.6 刷水试验结果或表面润湿张力不合格时，判该批铝箔不合格。

5.5.7 直流电阻不合格时，判该批铝箔不合格。

5.5.8 管芯不合格时，判该批铝箔不合格。但允许供方逐卷检验，合格者交货，不合格者判废。

## 6 标志、包装、运输、贮存

### 6.1 标志

6.1.1 在检验合格的铝箔卷上应贴上标签，其上应注明：

a) 产品名称；

b) 牌号；

c) 状态；

d) 规格；

e) 批号(卷号)；

f) 净重；

g) 供方技术监督部门的检印。

6.1.2 铝箔的包装箱标志应符合 GB/T 3199 的规定。

### 6.2 包装、运输、贮存

铝箔的包装、运输、贮存应符合 GB/T 3199 的规定；有特殊要求时，供需双方协商决定，并在合同（或订货单）中注明。

### 6.3 质量证明书

每批铝箔应附有产品质量证明书，其上注明：

a) 供方名称；
b) 产品名称；
c) 牌号；
d) 状态；
e) 净重；
f) 规格；
g) 批号（卷号）；
h) 各项分析项目的检验结果（合同或订货单要求时）；
i) 供方技术监督部门的检印；
j) 包装日期；
k) 本标准编号。

## 7 合同（或订货单）内容

订购本标准所列产品的合同（或订货单）内应包括下列内容：

a) 产品名称；
b) 牌号；
c) 状态；
d) 规格；
e) 重量（包括单卷重量）；
f) 管芯材质及规格；
g) 本标准要求的“应在合同（或订货单）中注明”的事项；
h) 本标准编号；
i) 包装方式；
j) 增加本标准以外内容时的协商结果。

---

ICS 77.150.10
H 61

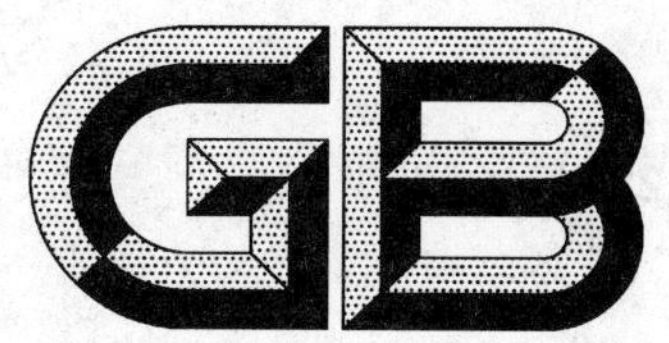

# 中华人民共和国国家标准

GB/T 22643—2008

# 精　　铝　　丝

## Refined aluminum wire

2008-12-29 发布　　　　2009-11-01 实施

中华人民共和国国家质量监督检验检疫总局
中国国家标准化管理委员会　发布

# 前言

本标准由中国有色金属工业协会提出。

本标准由全国有色金属标准化技术委员会归口。

本标准由新疆众和股份有限公司负责起草。

本标准主要起草人:刘杰、洪涛、何新光、宋玉萍、陈艳玲。

# 精　　铝　　丝

## 1　范围

本标准规定了精铝丝的要求、试验方法、检验规则、标志、包装、运输、贮存及合同(或订货单)内容。

本标准适用于冷拉拔生产电子零件和镀膜等用途的精铝丝(以下简称铝丝)。

## 2　规范性引用文件

下列文件中的条款通过本标准的引用而构成为本标准条款,凡是注日期的引用文件,其随后所有的修改单(不包括勘误的内容)或修订版均不适用于本标准,然而,鼓励根据本标准达成协议的各方研究是否可使用这些文件的最新版本。凡是不注日期的引用文件,其最新版本适用于本标准。

GB/T 191　包装储运图示标志

GB/T 238　金属材料　线材　反复弯曲试验方法

GB/T 3048.2　电线电缆电性能试验方法　第2部分:金属材料电阻率试验

GB/T 3190　变形铝及铝合金化学成分

GB/T 4909.2　裸电线试验方法　尺寸测量

GB/T 4909.3　裸电线试验方法　拉力试验

GB/T 7999　铝及铝合金光电直读发射光谱分析方法

GB/T 17432　变形铝及铝合金化学成分分析取样方法

GB/T 20975(所有部分)　铝及铝合金化学分析方法

## 3　要求

### 3.1　产品分类

3.1.1　铝丝的牌号、状态、规格见表1。

表1

| 牌号 | 状态 | 直径/mm |
|---|---|---|
| 1A90、1A93、1A97、1A99、1B99、1C99 | H18 | 0.20～4.00 |

3.1.2　标记示例

产品标记按产品名称、牌号、状态、直径及标准编号的顺序表示。标记示例如下:

示例1

用1A99制造的、状态为H18、直径为1.50 mm的铝丝,标记为:

铝丝 1A99H18-1.5　GB/T 22643—2008

### 3.2　化学成分

化学成分应符合GB/T 3190的规定。

### 3.3　尺寸偏差

直径偏差应符合表2的规定。

表 2

单位为毫米

| 直径/d | 允许偏差 |
|---|---|
| 0.20～1.00 | 0<br>−0.01 |
| >1.00～1.50 | 0<br>−0.02 |
| >1.50～2.00 | 0<br>−0.02 |
| >2.00～3.00 | 0<br>−0.03 |
| >3.00 | 0<br>−1%d |

### 3.4 力学性能

3.4.1 铝丝的室温拉伸试验结果应符合表 3 的规定；

3.4.2 铝丝经 5 次折弯不产生断裂。

### 3.5 导电率

导电率应符合表 3 规定。

表 3

| 牌号 | 状态 | 直径/mm | 导电率/(%,IACS) | 室温拉伸试验结果 | |
|---|---|---|---|---|---|
| | | | | 抗拉强度/MPa | 伸长率/% |
| 1B99、1C99 | H18 | ≥0.8 | ≥62.5 | ≥88 | ≥0.5 |
| 1A99、1A97、1A93、1A90 | H18 | 0.20～1.00 | ≥62 | 150～220 | ≥0.5 |
| | | >1.00～1.50 | | 140～200 | ≥0.5 |
| | | >1.50～2.00 | | 140～180 | ≥1 |
| | | >2.00～3.00 | | 120～160 | ≥1 |
| | | >3.00 | | 120～160 | ≥1 |

### 3.6 表面质量

3.6.1 铝丝表面应光亮、光滑、均匀一致；

3.6.2 铝丝表面应清洁、不允许有断头、乱线、裂纹、折叠、划伤、气泡、腐蚀斑、油污。

## 4 试验方法

### 4.1 化学成分

化学成分按 GB/T 7999 或 GB/T 20975 规定进行，仲裁分析方法按 GB/T 20975 的规定进行。

### 4.2 尺寸偏差

直径按 GB/T 4909.2 规定的方法进行检测。

### 4.3 力学性能

4.3.1 室温抗拉强度和伸长率按 GB/T 4909.3 规定的方法进行检测。

4.3.2 室温耐折弯性试验按 GB/T 238 规定的方法进行检测。

### 4.4 导电率

按 GB/T 3048.2 规定的方法进行导电率检测。

### 4.5 表面质量

直径不小于 1 mm 时，目视检查铝丝表面质量；小于 1 mm 时，用不小于 10 倍的放大镜进行铝丝表面质量的检查。

## 5 检验规则

### 5.1 检查与验收

5.1.1 铝丝应由供方技术监督部门进行检验，保证产品质量符合本标准的规定，并填写质量证明书。

5.1.2 需方对收到的产品按本标准的规定进行检验，如检验结果与本标准的规定不符时，应在收到产品之日起1个月向供方提出，由供需双方协商解决。如仲裁，由供需双方在需方共同取样。

### 5.2 组批

铝丝应成批提交检验，每批应由同一熔次、状态和规格的产品组成，每批重量应不大于200 kg。

### 5.3 检验项目

每批产品均应进行为化学成分、尺寸偏差、力学性能、导电率及表面质量的检验。

### 5.4 取样

取样应符合表4的规定。

表 4

| 检验项目 | | 取样规定 | 要求的章节号 | 试验方法规定的章节号 |
|---|---|---|---|---|
| 化学成分 | | 符合 GB/T 17432 | 3.2 | 4.1 |
| 尺寸偏差 | | 任取一盘，1个试样/盘 | 3.3 | 4.2 |
| 力学性能 | 室温拉伸试验结果 | 任取一盘，不少于3个试样/盘 | 3.4.1 | 4.3.1 |
| | 耐折弯性 | 任取一盘，在盘的端头切取试样；不少于1个试样/盘 | 3.4.2 | 4.3.2 |
| 导电率 | | 任取一盘，在盘的端头切取试样；不少于1个试样/盘 | 3.5 | 4.4 |
| 表面质量 | | 逐盘检验 | 3.6 | 4.5 |

### 5.5 检验结果的判定

5.5.1 化学成分不合格时，判该批铝丝不合格。

5.5.2 尺寸偏差、力学性能、电性能不合格时，应从该盘中另取双倍数量的试样对不合格的检验项目进行重复试验。重复试验结果全部合格，则判整批铝丝合格。若重复试验结果仍有不合格项目，则判该批铝丝不合格，或由供方逐盘检验，合格者交货。

5.5.3 表面质量不合格时，允许供方切除不合格部分重新检验，合格者交货。

## 6 标志、包装、运输和贮存

### 6.1 标志

6.1.1 在检查合格的每盘铝丝上应附有如下标志：

a) 供方技术监督部门的检印；
b) 生产厂名称、商标；
c) 产品名称、牌号、状态、规格、重量；
d) 出厂批号、生产日期；
e) 标准编号。

6.1.2 包装箱标志应附有如下标志：

a) 供方技术监督部门的检印；
b) 生产厂名称、商标；

c) 产品名称、牌号、状态、规格、重量；

d) 出厂批号、生产日期；

e) 标准编号；

f) 符合 GB/T 191 规定的图示标志。

### 6.2 包装

铝丝应成卷供货、包装，并捆扎良好，每卷重量不小于 10 kg，如有特殊需求，双方协商解决。

### 6.3 运输、贮存

在搬运、运输和贮存中应注意保护铝丝表面免受机械损伤和污染。

### 6.4 质量证明书

每批铝丝应附有产品质量证明书，注明：

a) 产品名称；

b) 牌号、状态、规格；

c) 出厂批号；

d) 净重和件数；

e) 检验结果和检验印记；

f) 本标准编号；

g) 出厂日期(或包装日期)。

## 7 订货单(或合同)内容

订购本标准所列材料的订货单(或合同)内应包括下列内容：

a) 产品名称；

b) 牌号、状态；

c) 数量；

d) 规格；

e) 线卷重量；

f) 本标准要求的“应在合同中注明的”事项；

g) 本标准编号；

h) 增加本标准以外内容时的协商结果。

---

ICS 77.150.10
H 61

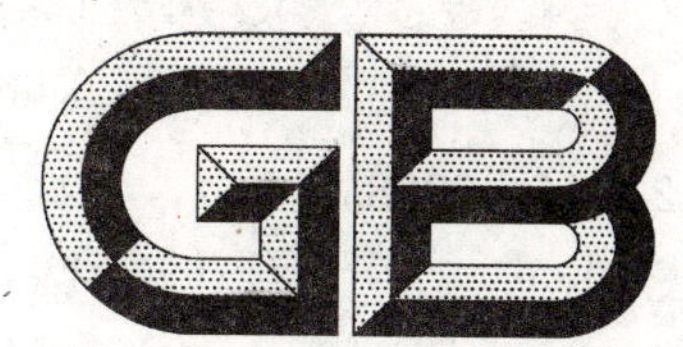

# 中华人民共和国国家标准

GB/T 22644—2008

# 卡纸用铝及铝合金箔

## Aluminium and aluminium alloys foil for cardboard

2008-12-29 发布　　　　2009-11-01 实施

中华人民共和国国家质量监督检验检疫总局
中国国家标准化管理委员会　发布

# 前言

本标准由中国有色金属工业协会提出。

本标准由全国有色金属标准化技术委员会归口。

本标准主要起草单位:厦门厦顺铝箔有限公司、中国有色金属工业标准计量质量研究所。

本标准参加起草单位:南方铝业(中国)有限公司、云南新美铝铝箔有限公司、昆山铝业有限公司、中国铝业西北铝加工分公司。

本标准主要起草人:周培根、卜长海、葛立新、张丽华、邓强、周卓、侯波、原必胜。

# 卡纸用铝及铝合金箔

## 1 范围

本标准规定了卡纸用铝及铝合金箔的要求、试验方法、检验规则和包装、标志、运输、贮存及合同(或订货单)内容。

本标准适用于烟酒、化妆品等外包装使用的铝及铝合金箔(以下简称铝箔)。

## 2 规范性引用文件

下列文件中的条款通过本标准的引用而成为本标准的条款。凡是注日期的引用文件,其随后所有的修改单(不包括勘误的内容)或修订版均不适用于本标准,然而,鼓励根据本标准达成协议的各方研究是否可使用这些文件的最新版本。凡是不注日期的引用文件,其最新版本适用于本标准。

GB/T 228 金属材料 室温拉伸试验方法

GB/T 3190 变形铝及铝合金化学成分

GB/T 3199 铝及铝合金加工产品包装、标志、运输、贮存

GB/T 7999 铝及铝合金光电直读发射光谱分析方法。

GB/T 16865 变形铝、镁及其合金加工制品拉伸试验用试样

GB/T 17432 变形铝及铝合金化学成分分析取样方法

GB/T 20975(所有部分) 铝及铝合金化学分析方法

GB/T 22638.1 铝箔试验方法 第1部分:厚度的测定 重量法

GB/T 22638.2 铝箔试验方法 第2部分:针孔的检测

GB/T 22638.3 铝箔试验方法 第3部分:粘附性的测定

GB/T 22638.5 铝箔试验方法 第5部分:刷水试验方法

## 3 要求

### 3.1 产品分类

3.1.1 铝箔的牌号、状态、规格应符合表1的规定。需方需要其他牌号、状态、规格时,由供需双方协商决定,并在合同(或订货单)中注明。

表 1

| 牌号 | 状态 | 规格/mm | | | |
|---|---|---|---|---|---|
| | | 厚度($T$) | 宽度 | 管芯内径 | 卷外径[a] |
| 1×××、8×××系列 | O | 0.006 0~0.009 0 | ≥200 | 75.0、76.2 | 250~450 |
| | | | | 150.0、152.4 | 400~800 |

[a] 铝箔要求定尺交货时,定尺长度由供需双方协商决定,并在合同(或订货单)中注明。

3.1.2 标记示例

铝箔的标记按产品名称、牌号、状态、规格和标准编号的顺序表示。标记示例如下:

示例1:

1235牌号、O状态、厚度为0.007 0 mm、宽度为1 200 mm的箔卷,标记为:

铝箔 1235-O 0.007×1 200 GB/T 22644—2008

示例 2：

1235 牌号、O 状态、厚度为 0.007 0 mm、宽度为 580 mm、长度为 12 000 m 的铝箔，标记为：

铝箔 1235-O 0.007×580×12 000 GB/T 22644—2008

## 3.2 化学成分

铝箔的化学成分应符合 GB/T 3190 的规定。

## 3.3 尺寸偏差

### 3.3.1 厚度

3.3.1.1 铝箔的局部厚度偏差应符合表 2 的规定。

表 2 单位为毫米

| 厚度($T$) | 局部厚度允许偏差 |
|---|---|
| 0.006 0～0.009 0 | ±5%$T$ |

3.3.1.2 铝箔的平均厚度偏差应符合表 3 的规定。

表 3

| 卷批量/t | 平均厚度允许偏差/mm |
|---|---|
| ≤3 | ±5%$T$ |
| >3～10 | ±4%$T$ |
| >10 | ±3%$T$ |

### 3.3.2 宽度

铝箔的宽度偏差应符合表 4 的规定。当合同(或订货单)中要求单向偏差时，其允许偏差值为表中数值的 2 倍。

表 4 单位为毫米

| 宽度 | 宽度允许偏差 |
|---|---|
| ≥200 | ±1.0 |

### 3.3.3 长度或卷外径

3.3.3.1 定尺交货的铝箔

定尺交货的铝箔，长度($L$)偏差由供需双方协商决定，并在合同(或订货单)中注明。

3.3.3.2 非定尺交货的铝箔

非定尺交货的铝箔，长度($L$)或卷外径的偏差应符合表 5 的规定。

表 5

| 卷径/mm | 长度($L$)的允许偏差[a] | | 卷外径的允许偏差/mm | |
|---|---|---|---|---|
| | 每批中个数不少于 90% 的箔卷 | 每批中个数不超过 10% 的箔卷 | 每批中个数不少于 90% 的箔卷 | 每批中个数不超过 10%的箔卷 |
| ≤450 | ±2%$L$ | ±5%$L$ | — | |
| >450 | — | | ±10 | ±20 |

a 当合同(或订货单)中要求单向偏差时，其允许偏差值应为表中对应数值的 2 倍。

### 3.3.4 错层、塔形

铝箔端面错层不大于 1 mm，塔形不大于 2 mm。

## 3.4 力学性能

铝箔的室温拉伸试验结果应符合表 6 的规定。

表 6

| 厚度/mm | 拉伸试验结果 | |
|---|---|---|
| | 抗拉强度<br>$R_m$/(N/mm²) | 断后伸长率<br>$A_{100\ mm}$/% |
| 0.006 0～0.009 0 | 50～100 | ≥1.0 |

## 3.5 针孔

铝箔针孔个数、针孔直径应符合表 7 的规定。

表 7

| 厚度/mm | 针孔个数 | | 针孔直径/mm |
|---|---|---|---|
| | 任意 1 m² 内 | 任意 4 mm×4 mm 或 1 mm×16 mm 内 | |
| 0.006 0 | ≤1 500 | ≤8 | ≤0.2 |
| >0.006 0～0.006 5 | ≤1 000 | | |
| >0.006 5～0.007 0 | ≤300 | | |
| >0.007 0～0.009 0 | ≤100 | | |

## 3.6 粘附性

铝箔开卷性能应良好，展开时不允许粘连或撕裂。铝箔借自重自然展开所需的脱落长度值应小于 1 m。

## 3.7 刷水试验结果

铝箔表面刷水试验结果应达到 A 级。

## 3.8 接头

铝箔断头应用超声波焊接仪焊接或用耐高温胶带粘接牢固并保持平整，接头处应作明显标记。每卷铝箔的接头个数、接头间距应符合表 8 的规定。

表 8

| 卷径/mm | 每卷允许接头个数 | 接头间距/m |
|---|---|---|
| | 厚度:0.006 0 mm～0.009 0 mm | |
| ≤450 | ≤2 | >1 000 |
| >450～650 | ≤3 | >2 000 |
| >650～800 | ≤5 | |

## 3.9 管芯

管芯材质、长度由供需双方协商决定，并在合同(或订货单)中注明。管芯的内、外壁应洁净、光滑、无污物。管芯长度应不小于箔宽，且任一端不允许凹入铝箔卷。管芯内径、长度偏差应符合表 9 的规定。

表 9

单位为毫米

| 管芯内径 | 内径允许偏差 | 长度允许偏差 |
|---|---|---|
| 75.0、76.2 | ±0.5 | $^{+2.0}_{0}$ |
| 150.0、152.4 | $^{+1.0}_{0}$ | $^{+2.0}_{0}$ |

## 3.10 外观质量

3.10.1 铝箔表面应平整、洁净。不允许有腐蚀、压折、油斑、开缝、起皱等影响使用的缺陷。

3.10.2 铝箔用于印刷的表面不允许有可见的亮线、印痕、亮点等缺陷。铝箔的非印刷表面允许有不影响使用的亮线、印痕、亮点等缺陷。

3.10.3 同一批次供货，用于印刷的铝箔表面，光亮度要均匀，不允许有肉眼可见的色差。

3.10.4 铝箔卷端面应洁净。不允许有严重的毛刺、箭头、磕碰伤、擦划伤等影响使用的缺陷。

### 3.11 其他

当立拿铝箔卷时，不允许有层与层之间的滑动或管芯脱出。

## 4 试验方法

### 4.1 化学成分

铝箔的化学成分采用 GB/T 7999 或 GB/T 20975 进行分析，仲裁分析按 GB/T 20975 规定的方法进行。

### 4.2 尺寸偏差

铝箔局部厚度采用能保证检测精度的仪器测量。局部厚度仲裁测量按 GB/T 22638.1 规定的方法进行。平均厚度检测方法由供需双方协商确定。其他尺寸采用能保证相应精度的量具测量。

### 4.3 力学性能

铝箔室温拉伸试验按 GB/T 228 规定的方法进行。

### 4.4 针孔

铝箔的针孔按 GB/T 22638.2 规定的方法进行检测。

### 4.5 粘附性

铝箔的粘附性按 GB/T 22638.3 规定的方法进行检测。

### 4.6 刷水试验

铝箔的刷水试验按 GB/T 22638.5 规定的方法进行。

### 4.7 接头

根据接头标记计算每卷铝箔接头数；根据铝箔卷端面相临接头的层间壁厚(借助相应精度的量具测量)换算出接头间距。

### 4.8 管芯

管芯尺寸偏差用能保证相应精度的量具测量，管芯材质由供方保证，其他项目以目视检查。

### 4.9 外观质量

铝箔外观质量以目视检查。

## 5 检验规则

### 5.1 检查和验收

5.1.1 铝箔应由供方技术监督部门进行检验，保证产品质量符合本标准及合同(或订货单)的规定，并填写质量证明书。

5.1.2 需方应对收到的产品按本标准的规定进行检验，检验结果与本标准及合同(或订货单)的规定不符时，应以书面形式向供方提出，由供需双方协商解决。属于表面质量及尺寸偏差的异议，应在收到产品之日起一个月内提出；属于其他性能的异议，应在收到产品之日起三个月内提出。如需仲裁，供需双方应在需方共同进行仲裁取样。

### 5.2 组批和计重

铝箔应成批提交验收，每批应由同一牌号、状态和规格组成，批重不限。铝箔应检斤计重。

### 5.3 检验项目

每批铝箔出厂前应进行化学成分、尺寸偏差、针孔、粘附性、刷水试验及接头、外观质量的检验。需方要求检验力学性能时，须在合同(或订货单)中注明“检测力学性能”字样。如用户要求对其他性能按批进行出厂检验，应由供需双方协商决定，并在合同（或订货单）中注明。

5.4 取样

铝箔取样应符合表10的规定。

表 10

| 检验项目 | 取样规定 | 要求的章条号 | 试验方法的章条号 |
| --- | --- | --- | --- |
| 化学成分 | 按 GB/T 17432 的规定进行 | 3.2 | 4.1 |
| 尺寸偏差 | 逐卷检查 | 3.3 | 4.2 |
| 力学性能 | 每批（热处理炉）抽取不少于2卷，每卷切取3个纵向试样，试样应符合 GB/T 16865 的规定。 | 3.4 | 4.3 |
| 针孔 | 每批不少于2卷 | 3.5 | 4.4 |
| 粘附性 | 每批不少于2卷 | 3.6 | 4.5 |
| 刷水试验结果 | 每批不少于2卷 | 3.7 | 4.6 |
| 接头 | 逐卷检查 | 3.8 | 4.7 |
| 管芯 | 每批不少于2根 | 3.9 | 4.8 |
| 外观质量 | 逐卷检查 | 3.10 | 4.9 |

5.5 检验结果的判定

5.5.1 化学成分不合格时，判该批铝箔不合格。

5.5.2 尺寸偏差、外观质量、接头不合格时，判该卷铝箔不合格。

5.5.3 力学性能不合格时，应从该不合格试样所在卷中另取双倍数量的试样进行重复试验。重复试验结果全部合格，则判该批铝箔合格。若重复试验结果仍有不合格项目，则判该批铝箔不合格。经供需双方商定，该批铝箔可由供方逐卷检验，合格者交货。

5.5.4 针孔不合格时，判该批铝箔不合格。但允许供方逐卷检验，合格者交货。

5.5.5 粘附性、刷水试验结果不合格时，判该批铝箔不合格。

5.5.6 管芯不合格时，判该批铝箔不合格。但允许供方逐卷检验，合格者交货，不合格者判废。

## 6 标志、包装、运输、贮存

6.1 标志

6.1.1 在检验合格的铝箔卷上应贴上标签，其上应注明：

a) 产品名称；

b) 牌号；

c) 状态；

d) 规格；

e) 批号（卷号）；

f) 净重；

g) 供方技术监督部门的检印。

6.1.2 铝箔的包装箱标志应符合 GB/T 3199 的规定。

6.2 包装、运输、贮存

铝箔的包装、运输、贮存应符合 GB/T 3199 的规定；有特殊要求时，供需双方协商决定，并在合同（或订货单）中注明。

### 6.3 质量证明书

每批铝箔应附有产品质量证明书，其上注明：

a) 供方名称；

b) 产品名称；

c) 牌号；

d) 状态；

e) 净重；

f) 规格；

g) 批号(卷号)；

h) 各项分析项目的检验结果(合同或订货单要求时)；

i) 供方技术监督部门的检印；

j) 包装日期；

k) 本标准编号。

## 7 合同(或订货单)内容

订购本标准所列产品的合同(或订货单)内应包括下列内容：

a) 产品名称；

b) 牌号；

c) 状态；

d) 规格；

e) 重量(包括单卷重量)；

f) 管芯材质及规格；

g) 亮面印刷或暗面印刷；

h) 本标准要求的“应在合同(或订货单)中注明”的事项；

i) 本标准编号；

j) 包装；

k) 增加本标准以外内容时的协商结果。

---

ICS 77.150.10
H 61

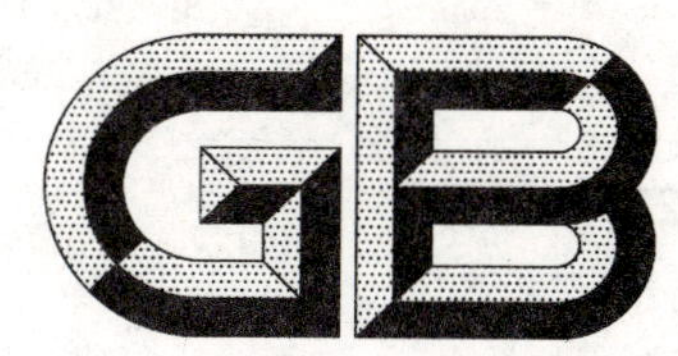

# 中华人民共和国国家标准

GB/T 22645—2008

# 泡罩包装用铝及铝合金箔

## Aluminium and aluminium alloys foil for PTP

2008-12-29 发布 2009-11-01 实施

中华人民共和国国家质量监督检验检疫总局
中国国家标准化管理委员会 发布

# 前　言

本标准由中国有色金属工业协会提出。

本标准由全国有色金属标准化技术委员会归口。

本标准负责起草单位:中国铝业西北铝加工分公司、中国有色金属工业标准计量质量研究所。

本标准参加起草单位:上海恩远实业有限公司、华北铝业有限公司。

本标准主要起草人:段瑞芬、葛立新、司彦平、侯波、梁明霞、管连仲、黄金法。

# 泡罩包装用铝及铝合金箔

## 1 范围

本标准规定了泡罩包装用铝及铝合金箔的要求、试验方法、检验规则及标志、包装、运输、贮存等内容。

本标准适用于与聚氯乙烯(PVC)、聚偏二氯乙烯(PVDC)等硬片粘合后用于固体药品(片剂、胶囊剂等)泡罩包装的铝及铝合金箔,也适用于医药、食品的遮光袋、瓶装密封盖等用铝及铝合金箔(以下简称铝箔)。

## 2 规范性引用文件

下列文件中的条款通过本标准的引用而成为本标准的条款。凡是注日期的引用文件,其随后所有的修改单(不包括勘误的内容)或修订版均不适用本标准,然而,鼓励根据本标准达成协议的各方研究是否可使用这些文件的最新版本。凡是不注日期的引用文件,其最新版本适用于本标准。

GB/T 228 金属材料 室温拉伸试验方法

GB/T 454 纸耐破度的测定

GB/T 3190 变形铝及铝合金化学成分

GB/T 3199 铝及铝合金加工产品 包装、标志、运输、贮存

GB/T 7999 铝及铝合金光电直读发射光谱分析方法

GB/T 16865 变形铝、镁及其合金加工制品拉伸试验用试样

GB/T 17432 变形铝及铝合金化学成分分析取样方法

GB/T 20975(所有部分) 铝及铝合金化学分析方法

GB/T 22638.1 铝箔试验方法 第1部分:厚度的测定 重量法

GB/T 22638.2 铝箔试验方法 第2部分:针孔的检测

GB/T 22638.3 铝箔试验方法 第3部分:粘附性的测定

GB/T 22638.4 铝箔试验方法 第4部分:表面润湿张力的测定

GB/T 22638.5 铝箔试验方法 第5部分:刷水试验方法

GB/T 22638.7 铝箔试验方法 第7部分:热封强度的测定

## 3 要求

### 3.1 产品分类

#### 3.1.1 牌号、状态、规格

铝箔的牌号、状态、规格应符合表1的规定,需方需要其他牌号、状态、规格时,供需双方协商决定,并在合同(或订货单)中注明。

表1

| 牌号 | 状态 | 规格/mm | | | |
|---|---|---|---|---|---|
| | | 厚度 | 宽度 | 管芯内径 | 铝箔卷外径 |
| 1100、1200、1235、1145、3003、8006、8011、8011A、8079 | O、H18 | 0.018~0.100 | 200~1 500 | 75.0、76.2 | 300~600 |
| | | | | 150.0、152.4 | 450~1 200 |

#### 3.1.2 标记示例

铝箔的标记按产品名称、牌号、状态、规格和标准编号的顺序表示。标记示例如下：

1100 牌号、H18 状态、厚度为 0.025 mm、宽度为 500.0 mm 的箔卷，标记为：

铝箔 1100-H18 0.025×500 GB/T 22645—2008

### 3.2 化学成分

铝箔的化学成分应符合 GB/T 3190 的规定。

### 3.3 尺寸偏差

#### 3.3.1 厚度

铝箔的厚度偏差应符合表 2 中普通级的规定，需方要求高精级时，应在合同(或订货单)中注明。

表 2

单位为毫米

| 厚度($T$) | 厚度允许偏差 | |
|---|---|---|
| | 高精级 | 普通级 |
| 0.018～0.100 | ±4%$T$ | ±6%$T$ |

#### 3.3.2 宽度

铝箔的宽度偏差应符合表 3 的规定。当合同(或订货单)中要求单向偏差时，其允许偏差值为表中数值的 2 倍。

表 3

单位为毫米

| 宽　度 | 宽度允许偏差 |
|---|---|
| ≤800.0 | ±1.0 |
| >800.0 | ±1.5 |

#### 3.3.3 卷外径

铝箔卷的外径偏差应符合表 4 的规定。当合同(或订货单)中要求单向偏差时，其允许偏差值应为表中对应数值的 2 倍。

表 4

单位为毫米

| 卷外径 | 卷外径允许偏差 |
|---|---|
| 300～1 200 | ±20 |

#### 3.3.4 错层、塔形、箭头

铝箔端面错层小于 1 mm，塔形小于 2 mm，箭头小于 10 mm。

### 3.4 力学性能

#### 3.4.1 室温拉伸试验结果

铝箔室温拉伸试验结果应符合表 5 的规定。

表 5

| 牌号[a] | 状　态 | 厚度/mm | 拉伸试验结果 | |
|---|---|---|---|---|
| | | | 抗拉强度 $R_m$/(N/mm$^2$) | 断后伸长率，不小于 $A_{100\ mm}$/% |
| 1235 | O | 0.018～0.025 | 40～100 | 1 |
| | | >0.025～0.040 | 50～110 | 4 |
| | | >0.040～0.100 | 55～110 | 8 |
| 1100、1200、1235 | H18 | 0.018～0.100 | ≥135 | — |

表 5（续）

| 牌号[a] | 状态 | 厚度/mm | 拉伸试验结果 | |
|---|---|---|---|---|
| | | | 抗拉强度 $R_m$/(N/mm²) | 断后伸长率，不小于 $A_{100\ mm}$/% |
| 1100、1200 | O | 0.018～0.025 | 40～100 | 1 |
| | | >0.025～0.040 | 50～110 | 3 |
| | | >0.040～0.100 | 55～110 | 6 |
| 3003 | O | 0.018～0.025 | 80～130 | 1 |
| | | >0.025～0.040 | 80～130 | 4 |
| | | >0.040～0.100 | 80～130 | 8 |
| 8006 | O | 0.018～0.025 | 80～140 | 1 |
| | | >0.025～0.040 | 85～140 | 2 |
| | | >0.040～0.100 | 90～145 | 6 |
| | H18 | 0.018～0.100 | ≥180 | 1 |
| 8011、8011A、8079 | O | 0.018～0.025 | 55～105 | 1 |
| | | >0.025～0.040 | 60～110 | 4 |
| | | >0.040～0.100 | 60～120 | 8 |
| | H18 | 0.018～0.100 | ≥150 | 1 |
| [a] 表中未列牌号的铝箔室温拉伸试验结果由供需双方协商决定，并在合同(或订货单)中注明。 | | | | |

3.4.2 破裂强度

需方对铝箔的破裂强度有要求时，供需双方协商决定，并在合同(或订货单)中注明。

3.4.3 热封强度

铝箔的热封强度应符合表 6 的规定。需方对热封强度有特殊要求时，供需双方协商决定，并在合同(或订货单)中注明。

表 6

| 与铝箔粘合的材料 | 热封强度/N |
|---|---|
| PVC | ≥7.0 |
| PVDC | ≥6.0 |

3.5 针孔

铝箔针孔个数、针孔直径应符合表 7 的规定。

表 7

| 厚度/mm | 任意 1 m² 内的针孔个数 | 针孔直径/mm |
|---|---|---|
| 0.018～<0.020 | ≤3 | ≤0.3 |
| 0.020～0.100 | 0 | — |

3.6 粘附性

退火铝箔开卷性能应良好，展开时不允许粘连或撕裂。铝箔借自重自然展开所需最小的脱落长度值不大于 1.5 m。

3.7 表面润湿张力

铝箔表面润湿张力值不小于 $33\times10^{-3}$ N/m。

### 3.8 刷水试验结果

O状态的铝箔表面应无残油，表面刷水试验结果应达到B级或优于B级。

### 3.9 接头

铝箔断头应用超声波焊接仪焊接或用耐高温胶带粘接牢固并保持平整，接头处应作明显标记。每卷铝箔的接头个数、接头间距应符合表8的规定。

表8

| 卷外径/mm | 每卷允许接头个数 | | 接头间距/m |
|---|---|---|---|
| | 厚度:≤0.050 mm | 厚度:>0.050 mm | |
| ≤500 | ≤1 | 0 | ≥2 000 |
| >500 | ≤2 | | |

### 3.10 管芯

管芯材质、长度由供需双方协商决定，并在合同(或订货单)中注明。管芯的内、外壁应洁净、光滑、无污物。管芯长度应大于或等于箔宽，且任一端不允许凹入铝箔卷。管芯内径、长度偏差应符合表9的规定。

表9

单位为毫米

| 管芯内径 | 内径允许偏差 | 长度允许偏差 |
|---|---|---|
| 75.0、76.2 | ±0.5 | $^{+4.0}_{0}$ |
| 150.0、152.4 | $^{+1.0}_{0}$ | |

### 3.11 外观质量

3.11.1 铝箔表面应平整、洁净，不允许有腐蚀、非金属压入、孔洞、压折、油斑、黑线、开缝等影响使用的缺陷。铝箔暗面不允许有影响使用的亮点缺陷。

3.11.2 铝箔表面允许有不影响使用的轻微条纹、波浪、印痕存在。

3.11.3 铝箔卷端面应洁净，不允许有严重的毛刺、磕碰伤等影响使用的缺陷。

### 3.12 其他

当立拿铝箔卷时，不允许有层与层之间的滑动或管芯脱出。

## 4 试验方法

### 4.1 化学成分

铝箔的化学成分采用CB/T 7999或GB/T 20975进行分析，仲裁分析按GB/T 20975规定的方法进行。

### 4.2 尺寸偏差

厚度按GB/T 22638.1规定的方法，或采用分辨率为0.1 μm～0.5 μm的光学仪器、或能保证检测精度的其他仪器进行测量，厚度不大于0.050 mm的铝箔厚度仲裁测量按GB/T 22638.1规定的方法进行。其他尺寸采用能保证相应精度的量具测量。

### 4.3 力学性能

铝箔室温拉伸试验按GB/T 228规定的方法进行，破裂强度参照GB/T 454规定的方法进行检测，热封强度按GB/T 22638.7规定的方法进行检测。

### 4.4 针孔

铝箔的针孔按GB/T 22638.2规定的方法进行检测。

### 4.5 粘附性

铝箔的粘附性按GB/T 22638.3规定的方法进行检测。

4.6 **表面润湿张力**

铝箔表面润湿张力按 GB/T 22638.4 规定的方法进行检测。

4.7 **刷水试验**

铝箔的刷水试验按 GB/T 22638.5 规定的方法进行。

4.8 **接头**

根据接头标记计算每卷铝箔接头数；根据铝箔卷端面相临接头的层间壁厚（借助相应精度的量具测量）换算出接头间距。

4.9 **管芯**

管芯尺寸偏差用能保证相应精度的量具测量，管芯材质由供方保证，其他项目以目视检查。

4.10 **外观质量**

铝箔外观质量以目视检查。

## 5 检验规则

5.1 **检查与验收**

5.1.1 铝箔应由供方技术监督部门进行检验、保证产品质量符合本标准（或订货合同）的规定，并填写质量证明书。

5.1.2 需方应对收到的产品按本标准的规定进行复验。复验结果与本标准及订货合同的规定不符时，应以书面形式向供方提出，由供需双方协商解决。属于表面质量及尺寸偏差的异议，应在收到产品之日起一个月内提出，属于其他性能的异议，应在收到产品之日起三个月内提出。如需仲裁，仲裁取样应由供需双方共同进行。

5.2 **组批**

铝箔应成批提交验收，每批应由同一牌号、同一炉号、同一规格和同一状态组成，批重不限。

5.3 **检验项目**

每批铝箔出厂前应进行化学成分（Pb、Cd、Hg、$Cr^{6+}$除外）、尺寸偏差、力学性能（破裂强度除外）、针孔、粘附性、表面润湿张力、刷水试验及接头、外观质量的检验。供方应对 Pb、Hg、Cd、$Cr^{6+}$元素进行监控分析，每年至少检测一次，确保上述元素符合标准要求。如用户要求对其他性能按批进行出厂检验，应由供需双方协商决定，并在合同（或订货单）中注明。

5.4 **取样**

铝箔取样应符合表 10 的规定。

**表 10**

| 检验项目 | 取样规定 | 要求的章条号 | 试验方法的章条号 |
|---|---|---|---|
| 化学成分 | 按 GB/T 17432 的规定进行 | 3.2 | 4.1 |
| 尺寸偏差 | 逐卷检查 | 3.3 | 4.2 |
| 力学性能 | 每批（热处理炉）抽取不少于 2 卷，每卷切取 3 个纵向拉伸试样，试样应符合 GB/T 16865 的规定。 | 3.4 | 4.3 |
| | 每批至少抽取 2 卷检测破裂强度 | | |
| | 每批至少抽取 2 卷检测热封强度 | | |
| 针孔 | 每批不少于 2 卷 | 3.5 | 4.4 |
| 粘附性 | 每批不少于 2 卷 | 3.6 | 4.5 |
| 表面润湿张力 | 每批不少于 2 卷 | 3.7 | 4.6 |

表 10（续）

| 检验项目 | 取样规定 | 要求的章条号 | 试验方法的章条号 |
|---|---|---|---|
| 刷水试验结果 | 每批不少于 2 卷 | 3.8 | 4.7 |
| 接头 | 逐卷检查 | 3.9 | 4.8 |
| 管芯 | 每批不少于 2 卷 | 3.10 | 4.9 |
| 外观质量 | 逐卷检查 | 3.11 | 4.10 |

### 5.5 检验结果的判定

5.5.1 化学成分不合格时，判该批铝箔不合格。

5.5.2 尺寸偏差、外观质量、接头不合格时，判该卷铝箔不合格。

5.5.3 室温拉伸试验结果不合格时，应从该不合格试样所在卷中另取双倍数量的试样进行重复试验。重复试验结果全部合格，则判该批铝箔合格。若重复试验结果仍有不合格项目，则判该批铝箔不合格。经供需双方商定，该批铝箔可由供方逐卷检验，合格者交货。

5.5.4 破裂强度不合格时，判该批铝箔不合格。

5.5.5 热封强度不合格时，判该批铝箔不合格。

5.5.6 针孔不合格时，判该批铝箔不合格。但允许供方逐卷检验，合格者交货。

5.5.7 粘附性、表面润湿张力、刷水试验结果不合格时，判该批铝箔不合格。

5.5.8 管芯不合格时，判该批铝箔不合格。但允许供方逐卷检验，合格者交货，不合格者判废。

## 6 标志、包装、运输、贮存

### 6.1 标志

6.1.1 在检验合格的铝箔卷上应贴上标签，其上应注明：

a) 产品名称；

b) 牌号；

c) 状态；

d) 规格；

e) 批号(卷号)；

f) 净重；

g) 供方技术监督部门的检印。

6.1.2 铝箔的包装箱标志应符合 GB/T 3199 的规定。

### 6.2 包装、运输、贮存

铝箔的包装、运输、贮存应符合 GB/T 3199 的规定；有特殊要求时，供需双方协商决定，并在合同(或订货单)中注明。

### 6.3 质量证明书

每批铝箔应附有产品质量证明书，其上注明：

a) 供方名称；

b) 产品名称；

c) 牌号；

d) 状态；

e) 净重；

f) 规格；

g) 批号(卷号)；

h) 各项分析项目的检验结果(合同或订货单要求时)；

i) 供方技术监督部门的检印；

j) 包装日期；

k) 本标准编号。

## 7 合同(或订货单)内容

订购本标准所列产品的合同(或订货单)内应包括下列内容：

a) 产品名称；

b) 牌号；

c) 状态；

d) 规格；

e) 重量(包括单卷重量)；

f) 管芯材质及规格；

g) 本标准要求的"应在合同(或订货单)中注明"的事项：

——破裂强度；

——铝箔卷径；

h) 本标准编号；

i) 包装；

j) 增加本标准以外内容时的协商结果。

ICS 77.150.10
H 61

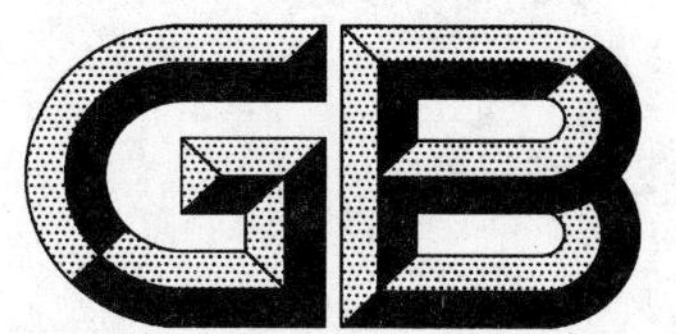

# 中华人民共和国国家标准

GB/T 22646—2008

# 啤酒标用铝合金箔

**Aluminium alloys foil for beer label**

2008-12-29 发布　　　　2009-11-01 实施

中华人民共和国国家质量监督检验检疫总局
中国国家标准化管理委员会　发布

# 前　言

本标准由中国有色金属工业协会提出。

本标准由全国有色金属标准化技术委员会归口。

本标准负责起草单位:中国铝业西北铝加工分公司。

本标准参加起草单位:华北铝业有限公司、上海恩远实业有限公司、云南新美铝铝箔有限公司。

本标准主要起草人:段瑞芬、李建荣、侯波、管连仲、严志雄、高君、张生芳、李永春。

# 啤酒标用铝合金箔

## 1 范围

本标准规定了啤酒标用铝合金箔(以下简称铝箔)的要求、试验方法、检验规则及标志、包装、运输、贮存等内容。

本标准适用于啤酒瓶顶标、颈标用铝箔,还适用于其他瓶装的瓶顶标、颈标用铝箔。

## 2 规范性引用文件

下列文件中的条款通过本标准的引用而成为本标准的条款。凡是注日期的引用文件,其随后所有的修改单(不包括勘误的内容)或修订版均不适用于本标准,然而,鼓励根据本标准达成协议的各方研究是否可使用这些文件的最新版本。凡是不注日期的引用文件,其最新版本适用于本标准。

GB/T 228 金属材料 室温拉伸试验方法

GB/T 454 纸耐破度的测定

GB/T 3190 变形铝及铝合金化学成分

GB/T 3199 铝及铝合金加工产品包装、标志、运输、贮存

GB/T 7999 铝及铝合金光电直读发射光谱分析方法

GB/T 16865 变形铝、镁及其合金加工制品拉伸试验用试样

GB/T 17432 变形铝及铝合金化学成分分析取样方法

GB/T 20975(所有部分) 铝及铝合金化学分析方法

GB/T 22638.1 铝箔试验方法 第1部分:厚度的测定 重量法

GB/T 22638.2 铝箔试验方法 第2部分:针孔的检测

GB/T 22638.3 铝箔试验方法 第3部分:粘附性的测定

GB/T 22638.5 铝箔试验方法 第5部分:刷水试验方法

## 3 要求

### 3.1 产品分类

#### 3.1.1 牌号、状态、规格

铝箔的牌号、状态、规格应符合表1的规定,需方需要其他牌号、状态、规格时,由供需双方协商决定,并在合同(或订货单)中注明。

表1

| 牌号 | 状态 | 规格/mm | | | |
|---|---|---|---|---|---|
| | | 厚度($T$) | 宽度 | 管芯内径 | 卷外径 |
| 8006、8011、8011A、8079 | O | 0.009 0~0.012 0 | 200~1 500 | 75.0、76.2 | 300~600 |
| | | | | 150.0、152.4 | 450~1 000 |

#### 3.1.2 标记示例

铝箔的标记按产品名称、牌号、状态、规格和标准编号的顺序表示。标记示例如下:

8011牌号、O状态、厚度为0.011 0 mm、宽度为500.0 mm的箔卷,标记为:

铝箔 8011-O 0.011×500 GB/T 22646—2008

3.2 化学成分

铝箔的化学成分应符合 GB/T 3190 的规定。

3.3 尺寸偏差

3.3.1 厚度

铝箔的厚度偏差应符合表 2 中普通级的规定，要求高精级时，应在合同(或订货单)中注明。

表 2

单位为毫米

| 厚度($T$) | 厚度允许偏差 | |
|---|---|---|
| | 高精级 | 普通级 |
| 0.009 0～0.012 0 | ±4% $T$ | ±6% $T$ |

3.3.2 宽度

铝箔的宽度偏差应符合表 3 的规定。当合同(或订货单)中要求单向偏差时，其允许偏差值为表中数值的 2 倍。

表 3

单位为毫米

| 宽度 | 宽度允许偏差 |
|---|---|
| ≤500.0 | ±1.0 |
| >500.0 | ±1.5 |

3.3.3 卷外径

铝箔卷的外径偏差应符合表 4 的规定。当合同(或订货单)中要求单向偏差时，其允许偏差值应为表中对应数值的 2 倍。

表 4

单位为毫米

| 卷外径 | 卷外径允许偏差 |
|---|---|
| 300～1 000 | ±20 |

3.3.4 错层、塔形、箭头

铝箔端面错层小于 1 mm，塔形小于 2 mm，箭头小于 10 mm。

3.4 力学性能

铝箔室温拉伸试验结果应符合表 5 的规定。需方对铝箔的破裂强度有要求时，供需双方协商决定，并在合同(或订货单)中注明。

表 5

| 牌号 | 状态 | 厚度/mm | 拉伸试验结果 | |
|---|---|---|---|---|
| | | | 抗拉强度 $R_m$/(N/mm²) | 断后伸长率 $A_{100\ mm}$/% |
| 8011、8011A、8079 | O | 0.009 0～0.010 5 | 80～110 | ≥2.5 |
| | | 0.010 6～0.012 0 | 85～115 | ≥3.0 |
| 8006 | | 0.009 0～0.012 0 | 90～135 | ≥2.5 |

3.5 针孔

铝箔不允许有密集成行的针孔，针孔个数、针孔直径应符合表 6 的规定。

表 6

| 任意 1 m² 内的针孔个数 | 针孔直径/mm |
|---|---|
| ≤50 | ≤0.3 |

### 3.6 粘附性

铝箔开卷性能应良好，展开时不允许粘连或撕裂。铝箔借自重自然展开所需最小的脱落长度值不大于 1.5 m。

### 3.7 刷水试验结果

铝箔刷水试验结果应达到 A 级。

### 3.8 接头

铝箔断头应用超声波焊接仪焊接或用耐高温胶带粘接牢固并保持平整，接头处应作明显标记。每卷铝箔的接头个数、接头间距应符合表 7 的规定。

表 7

| 卷径/mm | 每卷允许接头个数 | 接头间距/m |
|---|---|---|
| ≤500 | ≤1 | >1 000 |
| >500 | ≤2 | |

### 3.9 管芯

管芯材质、长度由供需双方协商确定，并在合同(或订货单)中注明。管芯的内、外壁应洁净、光滑、无污物。管芯长度应大于等于箔宽，且任一端不允许凹入铝箔卷。管芯内径、长度偏差应符合表 8 的规定。

表 8

单位为毫米

| 管芯内径 | 内径允许偏差 | 长度允许偏差 |
|---|---|---|
| 75.0、76.2 | ±0.5 | $^{+4.0}_{0}$ |
| 150.0、152.4 | $^{+1.0}_{0}$ | |

### 3.10 外观质量

3.10.1 铝箔表面应平整、洁净。不允许有腐蚀、孔洞、压折、油斑、开缝等影响使用的缺陷。铝箔暗面不允许有影响使用的亮点。

3.10.2 铝箔表面允许有不影响使用的轻微条纹、波浪、印痕存在。

3.10.3 铝箔卷端面应洁净。不允许有严重的毛刺、磕碰伤等影响使用的缺陷。

### 3.11 其他

当立拿铝箔卷时，不允许有层与层之间的滑动或管芯脱出。

## 4 试验方法

### 4.1 化学成分

铝箔的化学成分采用 GB/T 7999 或 GB/T 20975 进行分析，仲裁分析按 GB/T 20975 规定的方法进行。

### 4.2 尺寸偏差

厚度按 GB/T 22638.1 规定的方法，或采用分辨率为 0.1 μm～0.5 μm 的光学仪器或能保证检测精度的其他仪器进行测量，厚度仲裁测量按 GB/T 22638.1 规定的方法进行。其他尺寸采用能保证相应精度的量具测量。

### 4.3 力学性能

铝箔室温拉伸试验按 GB/T 228 规定的方法进行，破裂强度参照 GB/T 454 规定的方法进行检测。

### 4.4 针孔

铝箔的针孔按 GB/T 22638.2 规定的方法进行检测。

### 4.5 粘附性

铝箔的粘附性按 GB/T 22638.3 规定的方法进行检测。

### 4.6 刷水试验

铝箔的刷水试验按 GB/T 22638.5 规定的方法进行。

### 4.7 接头

根据接头标记计算每卷铝箔接头数；根据铝箔卷端面相临接头的层间壁厚(借助相应精度的量具测量)换算出接头间距。

### 4.8 管芯

管芯尺寸偏差用能保证相应精度的量具测量，管芯材质由供方保证，其他项目以目视检查。

### 4.9 外观质量

铝箔外观质量以目视检查。

## 5 检验规则

### 5.1 检查与验收

5.1.1 铝箔应由供方技术监督部门进行检验、保证产品质量符合本标准(或订货合同)的规定，并填写质量证明书。

5.1.2 需方应对收到的产品按本标准的规定进行复验。复验结果与本标准及订货合同的规定不符时，应以书面形式向供方提出，由供需双方协商解决。属于表面质量及尺寸偏差的异议，应在收到产品之日起一个月内提出，属于其他性能的异议，应在收到产品之日起三个月内提出。如需仲裁，仲裁取样应由供需双方共同进行。

### 5.2 组批

铝箔应成批提交验收，每批应由同一牌号、同一炉号、同一规格和同一状态组成，批重不限。

### 5.3 检验项目

每批铝箔出厂前应进行化学成分(Pb、Cd、Hg、$Cr^{6+}$除外)、尺寸偏差、力学性能、针孔、粘附性、刷水试验及接头、外观质量的检验。供方应对 Pb、Hg、Cd、$Cr^{6+}$元素进行监控分析，每年至少检测一次，确保上述元素符合标准要求。如用户要求对其他性能按批进行出厂检验，应由供需双方协商确定，并在合同(或订货单)中注明。

### 5.4 取样

铝箔取样应符合表 9 的规定。

表 9

| 检验项目 | 取样规定 | 要求的章条号 | 试验方法的章条号 |
|---|---|---|---|
| 化学成分 | 按 GB/T 17432 的规定进行 | 3.2 | 4.1 |
| 尺寸偏差 | 逐卷检查 | 3.3 | 4.2 |
| 力学性能 | 每批(热处理炉)抽取不少于 2 卷，每卷切取 3 个纵向拉伸试样，试样应符合 GB/T16865 的规定 | 3.4 | 4.3 |
| | 每批至少抽取 2 卷检测破裂强度 | | |
| 针孔 | 每批不少于 2 卷 | 3.5 | 4.4 |
| 粘附性 | 每批不少于 2 卷 | 3.6 | 4.5 |
| 刷水试验结果 | 每批不少于 2 卷 | 3.7 | 4.6 |
| 接头 | 逐卷检查 | 3.8 | 4.7 |
| 管芯 | 每批不少于 2 卷 | 3.9 | 4.8 |
| 外观质量 | 逐卷检查 | 3.10 | 4.9 |

5.5 检验结果的判定

5.5.1 化学成分不合格时，判该批铝箔不合格。

5.5.2 尺寸偏差、外观质量、接头不合格时，判该卷铝箔不合格。

5.5.3 室温拉伸试验结果不合格时，应从该不合格试样所在卷中另取双倍数量的试样进行重复试验。重复试验结果全部合格，则判该批铝箔合格。若重复试验结果仍有不合格项目，则判该批铝箔不合格。经供需双方商定，该批铝箔可由供方逐卷检验，合格者交货。

5.5.4 破裂强度不合格时，判该批铝箔不合格。

5.5.5 针孔不合格时，判该批铝箔不合格。但允许供方逐卷检验，合格者交货。

5.5.6 粘附性、刷水试验结果不合格时，判该批铝箔不合格。

5.5.7 管芯不合格时，判该批铝箔不合格。但允许供方逐卷检验，合格者交货，不合格者判废。

## 6 标志、包装、运输、贮存

### 6.1 标志

6.1.1 在检验合格的铝箔卷上应贴上标签，其上应注明：

a) 产品名称；

b) 牌号；

c) 状态；

d) 规格；

e) 批号（卷号）；

f) 净重；

g) 供方技术监督部门的检印。

6.1.2 铝箔的包装箱标志应符合 GB/T 3199 的规定。

### 6.2 包装、运输、贮存

铝箔的包装、运输、贮存应符合 GB/T 3199 的规定；有特殊要求时，供需双方协商确定，并在合同（或订货单）中注明。

### 6.3 质量证明书

每批铝箔应附有产品质量证明书，其上注明：

a) 供方名称；

b) 产品名称；

c) 牌号；

d) 状态；

e) 净重；

f) 规格；

g) 批号（卷号）；

h) 各项分析项目的检验结果（合同或订货单要求时）；

i) 供方技术监督部门的检印；

j) 包装日期；

k) 本标准编号。

## 7 合同（或订货单）内容

订购本标准所列产品的合同（或订货单）内应包括下列内容：

a) 产品名称；

b) 牌号；

c） 状态；

d） 规格；

e） 重量(包括单卷重量)；

f） 管芯材质及规格；

g） 本标准要求的“应在合同(或订货单)中注明”的事项：

——破裂强度；

——铝箔卷径；

h） 本标准编号；

i） 包装；

j） 增加本标准以外内容时的协商结果。

ICS 77.150.10
H 61

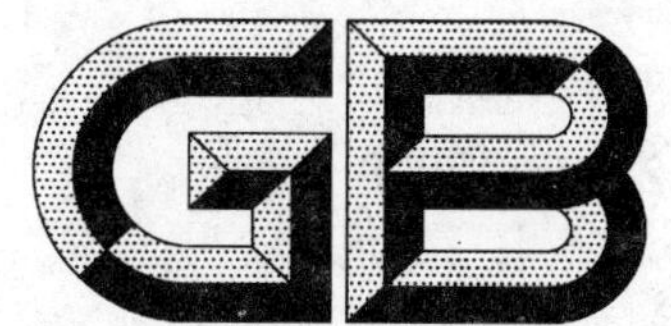

# 中华人民共和国国家标准

GB/T 22647—2008

# 软包装用铝及铝合金箔

Aluminium and aluminium alloys foil for flexible packaging

2008-12-29 发布　　　　2009-11-01 实施

中华人民共和国国家质量监督检验检疫总局
中国国家标准化管理委员会 发布

# 前　言

本标准由中国有色金属工业协会提出。

本标准由全国有色金属标准化技术委员会归口。

本标准主要起草单位:厦门厦顺铝箔有限公司。

本标准参加起草单位:云南新美铝铝箔有限公司、华北铝业有限公司、南方铝业(中国)有限公司、中铝瑞闽铝板带有限公司、昆山铝业有限公司。

本标准主要起草人:周培根、卜长海、张丽华、高珺、曹建峰、郑国华、司开田、夏俊杰。

# 软包装用铝及铝合金箔

## 1 范围

本标准规定了软包装用铝及铝合金箔的要求、试验方法、检验规则和标志、包装、运输、贮存及合同(或订货单)内容。

本标准适用于食品、饮料、医药等软包装方面使用的铝及铝合金箔(以下简称铝箔)。

## 2 规范性引用文件

下列文件中的条款通过本标准的引用而成为本标准的条款。凡是注日期的引用文件,其随后所有的修改单(不包括勘误的内容)或修订版均不适用于本标准,然而,鼓励根据本标准达成协议的各方研究是否可使用这些文件的最新版本。凡是不注日期的引用文件,其最新版本适用于本标准。

GB/T 228 金属材料 室温拉伸试验方法

GB/T 3190 变形铝及其铝合金化学成分

GB/T 3199 铝及铝合金加工产品包装、标志、运输、贮存

GB/T 7999 铝及铝合金光电直读发射光谱分析方法

GB/T 16865 变形铝、镁及其合金加工制品拉伸试验用试样

GB/T 17432 变形铝及铝合金化学成分分析取样方法

GB/T 20975(所有部分) 铝及铝合金化学分析方法

GB/T 22638.1 铝箔试验方法 第1部分:厚度的测定 重量法

GB/T 22638.2 铝箔试验方法 第2部分:针孔的检测

GB/T 22638.3 铝箔试验方法 第3部分:粘附性的测定

GB/T 22638.5 铝箔试验方法 第5部分:刷水试验方法

## 3 术语和定义

下列术语和定义适用于本标准。

### 3.1

**偏心度 eccentricity**

铝箔卷水平悬挂时,铝箔卷垂直方向上的上下壁厚(见图1)之差值即为该卷铝箔的偏心度。

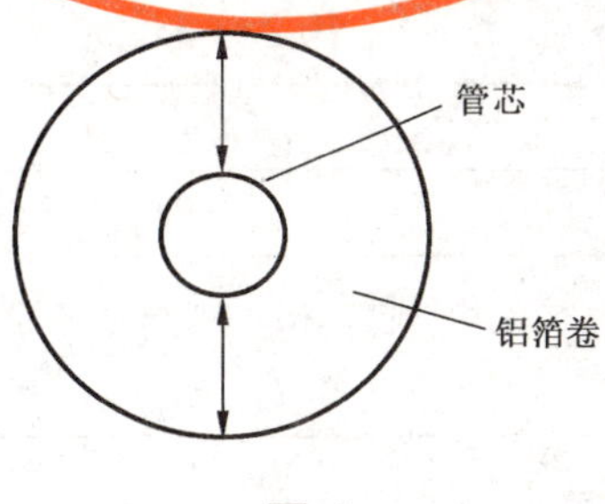


图 1

### 3.2

**蒸煮包 retort pouch**

需经过高温蒸煮后方可使用的包装材料。

3.3

**液体包 liquid package**

用于包装液态或流动性物质的包装材料。

3.4

**固体包 dry package**

用于包装固态或非流动性物质的包装材料。

## 4 要求

### 4.1 产品分类

#### 4.1.1 牌号、状态、规格

铝箔的牌号、状态、规格应符合表1的规定。需方需要其他牌号、状态、规格时，由供需双方协商决定，并在合同(或订货单)中注明。

表 1

<table>
<tr><th rowspan="2">牌号</th><th rowspan="2">状态</th><th colspan="4">规格/mm</th></tr>
<tr><th>厚度(T)</th><th>宽度</th><th>管芯内径</th><th>卷外径[a]</th></tr>
<tr><td rowspan="2">1×××、8×××系列</td><td rowspan="2">O</td><td rowspan="2">0.006 0～0.012 0</td><td rowspan="2">≥260</td><td>75.0、76.2</td><td>300～450</td></tr>
<tr><td>150.0、152.4</td><td>400～1 000</td></tr>
<tr><td colspan="6">[a] 铝箔要求定尺交货时，定尺长度由供需双方协商决定，并在合同(或订货单)中注明。</td></tr>
</table>

#### 4.1.2 标记示例

铝箔的标记按产品名称、牌号、状态、规格和标准编号的顺序表示。标记示例如下：

示例 1：

1235 牌号、O 状态、厚度为 0.006 3 mm、宽度为 1 520 mm 的箔卷，标记为：

铝箔 1235-O 0.006 3×1 520 GB/T 22647—2008

示例 2：

1235 牌号、O 状态、厚度为 0.006 0 mm、宽度为 780 mm、长度为 12 000 m 的铝箔，标记为：

铝箔 1235-O 0.006×780×12 000 GB/T 22647—2008

### 4.2 化学成分

铝箔的化学成分应符合 GB/T 3190 的规定。

### 4.3 尺寸偏差

#### 4.3.1 厚度

4.3.1.1 铝箔的局部厚度偏差应符合表2的规定。

表 2

单位为毫米

| 厚度(T) | 局部厚度允许偏差 |
|---|---|
| 0.006 0～0.012 0 | ±5% T |

4.3.1.2 铝箔的平均厚度偏差应符合表3的规定。

表 3

| 卷批量/t | 平均厚度允许偏差/mm |
|---|---|
| ≤3 | ±5% T |
| >3～10 | ±4% T |
| >10 | ±3% T |

4.3.2 宽度

铝箔的宽度偏差应符合表4的规定。当合同(或订货单)中要求单向偏差时,其允许偏差值为表中数值的2倍。

表4

单位为毫米

| 宽度 | 宽度允许偏差 |
| --- | --- |
| ≥260 | ±1.0 |

4.3.3 长度或卷外径

4.3.3.1 定尺交货的铝箔

定尺交货的铝箔,长度($L$)偏差由供需双方协商决定,并在合同(或订货单)中注明。

4.3.3.2 非定尺交货的铝箔

非定尺交货的铝箔,长度($L$)或卷外径的偏差应符合表5的规定。

表5

| 卷径/mm | 长度($L$)的允许偏差[a] | | 卷外径的允许偏差/mm | |
| --- | --- | --- | --- | --- |
| | 每批中个数不少于90%的箔卷 | 每批中个数不超过10%的箔卷 | 每批中个数不少于90%的箔卷 | 每批中个数不超过10%的箔卷 |
| ≤450 | ±2%$L$ | ±5%$L$ | — | |
| >450 | — | | ±10 | ±20 |
| [a] 当合同(或订货单)中要求单向偏差时,其允许偏差值应为表中对应数值的2倍。 | | | | |

4.3.4 错层、塔形

铝箔端面错层不大于1 mm,塔形不大于2 mm。

4.3.5 偏心度

卷径大于或等于600 mm的铝箔偏心度不大于4 mm。

4.4 力学性能

铝箔室温拉伸试验结果应符合表6的规定。

表6

| 厚度/mm | 拉伸试验结果 | |
| --- | --- | --- |
| | 抗拉强度 $R_m$/(N/mm²) | 断后伸长率 $A_{100\ mm}$/% |
| 0.006 0～0.009 0 | 50～100 | ≥1.0 |
| >0.009 0～0.012 0 | 60～100 | ≥1.5 |

4.5 针孔

铝箔针孔个数、针孔直径应符合表7中普通级的规定,需方需要高精级或超高精级时,应在合同(或订货单)中注明。

表 7

<table>
<tr><th rowspan="3">厚度/mm</th><th colspan="6">针孔个数</th><th colspan="3" rowspan="2">针孔直径/mm</th></tr>
<tr><th colspan="3">任意 1 m² 内</th><th colspan="3">任意 4 mm×4 mm 或<br>1 mm×16 mm 内</th></tr>
<tr><th>超高精级[a]</th><th>高精级[b]</th><th>普通级[c]</th><th>超高精级[a]</th><th>高精级[b]</th><th>普通级[c]</th><th>超高精级[a]</th><th>高精级[b]</th><th>普通级[c]</th></tr>
<tr><td>0.006 0</td><td>≤600</td><td>≤1 000</td><td>≤1 500</td><td rowspan="5">≤6</td><td rowspan="5">≤7</td><td rowspan="5">≤8</td><td rowspan="5">≤0.1</td><td rowspan="5">≤0.2</td><td rowspan="5">≤0.3</td></tr>
<tr><td>>0.006 0～0.006 5</td><td>≤400</td><td>≤600</td><td>≤1 000</td></tr>
<tr><td>>0.006 5～0.007 0</td><td>≤150</td><td>≤300</td><td>≤500</td></tr>
<tr><td>>0.007 0～0.009 0</td><td>≤100</td><td>≤150</td><td>≤200</td></tr>
<tr><td>>0.009 0～0.012 0</td><td>≤20</td><td>≤50</td><td>≤100</td></tr>
<tr><td colspan="10">[a] 蒸煮包用铝箔宜选择超高精级；<br>[b] 液体包用铝箔宜选择高精级；<br>[c] 固体包用铝箔宜选择普通级。</td></tr>
</table>

## 4.6 粘附性

铝箔开卷性能应良好，展开时不允许粘连或撕裂。铝箔借自重自然展开所需的脱落长度值应小于 1 m。

## 4.7 刷水试验结果

铝箔表面刷水试验结果应达到 B 级或优于 B 级。

## 4.8 接头

铝箔断头应用超声波焊接仪焊接或用耐高温胶带粘接牢固并保持平整，接头处应作明显标记。每卷铝箔的接头个数、接头间距应符合表 8 的规定。

表 8

<table>
<tr><th rowspan="2">卷径/mm</th><th colspan="2">每卷允许接头个数</th><th rowspan="2">接头间距/m</th></tr>
<tr><th>厚度：0.006 0 mm～0.009 0 mm</th><th>厚度：>0.009 0 mm～0.012 0 mm</th></tr>
<tr><td>≤450</td><td>≤2</td><td>≤1</td><td>>1 000</td></tr>
<tr><td>>450～650</td><td>≤3</td><td>≤2</td><td rowspan="2">>2 000</td></tr>
<tr><td>>650～1 000</td><td>≤5</td><td>≤3</td></tr>
</table>

## 4.9 管芯

管芯材质、长度由供需双方协商决定，并在合同（或订货单）中注明。管芯的内、外壁应洁净、光滑、无污物。管芯长度应大于等于箔宽，且任一端不允许凹入铝箔卷。管芯内径、长度偏差应符合表 9 的规定。

表 9

单位为毫米

| 管芯内径 | 内径允许偏差 | 长度允许偏差 |
|---|---|---|
| 75.0、76.2 | ±0.5 | $^{+2.0}_{0}$ |
| 150.0、152.4 | $^{+1.0}_{0}$ | $^{+2.0}_{0}$ |

## 4.10 外观质量

4.10.1 铝箔表面应平整、洁净。不允许有腐蚀、压折、油斑、开缝、起皱等影响使用的缺陷。

4.10.2 铝箔暗面不允许有影响使用的亮点、白条。

4.10.3 铝箔卷端面应洁净。不允许有严重的毛刺、箭头、磕碰伤、擦划伤等影响使用的缺陷。

4.11 其他

当立拿铝箔卷时，不允许有层与层之间的滑动以及管芯脱出。

## 5 试验方法

### 5.1 化学成分

铝箔的化学成分采用 GB/T 7999 或 GB/T 20975 进行分析，仲裁分析按 GB/T 20975 规定的方法进行。

### 5.2 尺寸偏差

#### 5.2.1 厚度

铝箔局部厚度采用能保证检测精度的仪器测量。局部厚度仲裁测量按 GB/T 22638.1 规定的方法进行。平均厚度检测方法由供需双方协商确定。

#### 5.2.2 偏心度

将铝箔卷水平悬起，用能保证相应精度的量具测量铝箔卷垂直方向上的上下壁厚(见图 1)之差值，即偏心度。

#### 5.2.3 其他尺寸

采用能保证相应精度的量具测量。

### 5.3 力学性能

铝箔室温拉伸试验按 GB/T 228 规定的方法进行。

### 5.4 针孔

铝箔的针孔按 GB/T 22638.2 规定的方法进行检测。

### 5.5 粘附性

铝箔的粘附性按 GB/T 22638.3 规定的方法进行检测。

### 5.6 刷水试验

铝箔的刷水试验按 GB/T 22638.5 规定的方法进行。

### 5.7 接头

根据接头标记计算每卷铝箔接头数；根据铝箔卷端面相临接头的层间壁厚(借助相应精度的量具测量)换算出接头间距。

### 5.8 管芯

管芯尺寸偏差用能保证相应精度的量具测量，管芯材质由供方保证，其他项目以目视检查。

### 5.9 外观质量

铝箔外观质量以目视检查。

## 6 检验规则

### 6.1 检查和验收

6.1.1 铝箔应由供方技术监督部门进行检验，保证产品质量符合本标准及合同(或订货单)的规定，并填写质量证明书。

6.1.2 需方应对收到的产品按本标准的规定进行检验，检验结果与本标准及合同(或订货单)的规定不符时，应以书面形式向供方提出，由供需双方协商解决。属于表面质量及尺寸偏差的异议，应在收到产品之日起一个月内提出；属于其他性能的异议，应在收到产品之日起三个月内提出。如需仲裁，供需双方应在需方共同进行仲裁取样。

### 6.2 组批和计重

铝箔应成批提交验收，每批应由同一牌号、状态和规格组成，批重不限。铝箔应检斤计重。

### 6.3 检验项目

每批铝箔出厂前应进行化学成分(Pb、Cd、Hg、$Cr^{6+}$除外)、尺寸偏差、针孔、粘附性、刷水试验及接头、外观质量的检验。供方应对Pb、Hg、Cd、$Cr^{6+}$元素进行监控分析,每年至少检测一次,确保上述元素符合标准要求。需方要求检验力学性能时,须在合同(或订货单)中注明“检测力学性能”字样。如用户要求对其他性能按批进行出厂检验,应由供需双方协商决定,并在合同(或订货单)中注明。

### 6.4 取样

检测项目的取样应符合表10的规定。

表10

| 检验项目 | 取样规定 | 要求的章条号 | 试验方法的章条号 |
|---|---|---|---|
| 化学成分 | 按GB/T 17432的规定进行 | 4.2 | 5.1 |
| 尺寸偏差 | 每批至少抽取2卷检测偏心度,其他项目逐卷检查。 | 4.3 | 5.2 |
| 力学性能 | 每批(热处理炉)抽取不少于2卷,每卷切取3个纵向试样,试样应符合GB/T 16865的规定。 | 4.4 | 5.3 |
| 针孔 | 每批不少于2卷 | 4.5 | 5.4 |
| 粘附性 | 每批不少于2卷 | 4.6 | 5.5 |
| 刷水试验结果 | 每批不少于2卷 | 4.7 | 5.6 |
| 接头 | 逐卷检查 | 4.8 | 5.7 |
| 管芯 | 每批不少于2根 | 4.9 | 5.8 |
| 外观质量 | 逐卷检查 | 4.10 | 5.9 |

### 6.5 检验结果的判定

6.5.1 化学成分不合格时,判该批铝箔不合格。

6.5.2 偏心度不合格时,判该批铝箔不合格。但允许供方逐根检验,合格者交货,不合格者判废。其他尺寸偏差项目不合格时,判该卷铝箔不合格。

6.5.3 力学性能不合格时,应从该不合格试样所在卷中另取双倍数量的试样进行重复试验。重复试验结果全部合格,则判该批铝箔合格。若重复试验结果仍有不合格项目,则判该批铝箔不合格。经供需双方商定,该批铝箔可由供方逐卷检验,合格者交货。

6.5.4 针孔不合格时,判该批铝箔不合格。但允许供方逐卷检验,合格者交货。

6.5.5 粘附性、刷水试验结果不合格时,判该批铝箔不合格。

6.5.6 外观质量、接头不合格时,判该卷铝箔不合格。

6.5.7 管芯不合格时,判该批铝箔不合格。但允许供方逐卷检验,合格者交货,不合格者判废。

## 7 标志、包装、运输、贮存

### 7.1 标志

7.1.1 在检验合格的铝箔卷上应贴上标签,其上应注明:

a) 产品名称;

b) 牌号;

c) 状态;

d) 规格;

e) 批号(卷号);

f) 净重;

g) 供方技术监督部门的检印。

7.1.2 在铝箔的包装箱标志应符合 GB/T 3199 的规定。

### 7.2 包装、运输、贮存

铝箔的包装、运输、贮存应符合 GB/T 3199 的规定;有特殊要求时可双方协商决定,并在合同(或订货单)中注明。

### 7.3 质量证明书

每批铝箔应附有产品质量证明书,其上注明:

a) 供方名称;

b) 产品名称;

c) 牌号;

d) 状态;

e) 净重;

f) 规格;

g) 批号(卷号);

h) 各项分析项目的检验结果(合同或订货单要求时);

i) 供方技术监督部门的检印;

j) 包装日期;

k) 本标准编号。

## 8 合同(或订货单)内容

订购本标准所列产品的合同(或订货单)内应包括下列内容:

a) 产品名称;

b) 牌号;

c) 状态;

d) 规格;

e) 重量(包括单卷重量);

f) 管芯材质及规格;

g) 本标准要求的“应在合同或订货单中注明”的事项;

h) 本标准编号;

i) 包装;

j) 增加本标准以外内容时的协商结果。

ICS 77.150.10
H 61

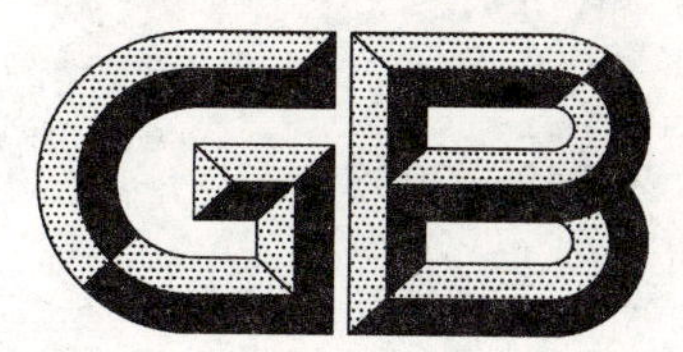

# 中华人民共和国国家标准

GB/T 22648—2008

# 软管用铝及铝合金箔

Aluminium and Aluminium alloys foil for soft tube

2008-12-29 发布

2009-11-01 实施

中华人民共和国国家质量监督检验检疫总局
中国国家标准化管理委员会 发布

# 前　言

本标准由中国有色金属工业协会提出。

本标准由全国有色金属标准化技术委员会归口。

本标准负责起草单位:华北铝业有限公司。

本标准参加起草单位:中铝西北铝加工分公司、云南新美铝铝箔有限公司、濉溪恩远铝业有限公司、南方铝业有限公司。

本标准主要起草人:管连仲、曹建峰、郭义庆、段瑞芬、高珺、关世彤、蔡海涛、王淑芬、郑国华、唐述政。

# 软管用铝及铝合金箔

## 1 范围

本标准规定了软管用铝及铝合金箔的要求、试验方法、检验规则和标志、包装、运输、贮存及合同(或订货单)内容。

本标准适用于软管用铝及铝合金箔(以下简称铝箔)。

## 2 规范性引用文件

下列文件中的条款通过本标准的引用而成为本标准的条款。凡是注日期的引用文件,其随后所有的修改单(不包括勘误的内容)或修订版均不适用于本标准,然而,鼓励根据本标准达成协议的各方研究是否可使用这些文件的最新版本。凡是不注日期的引用文件,其最新版本适用于本标准。

GB/T 228　金属材料　室温拉伸试验方法

GB/T 3190　变形铝及铝合金化学成分

GB/T 3199　铝及铝合金加工产品包装、标志、运输、贮存

GB/T 7999　铝及铝合金光电直读发射光谱分析方法

GB/T 16865　变形铝、镁及其合金加工制品拉伸试验用试样

GB/T 17432　变形铝及铝合金化学成分分析取样方法

GB/T 20975(所有部分)　铝及铝合金化学分析方法

GB/T 22638.1　铝箔试验方法　第1部分:厚度的测定　重量法

GB/T 22638.2　铝箔试验方法　第2部分:针孔的检测

GB/T 22638.3　铝箔试验方法　第3部分:粘附性的测定

GB/T 22638.5　铝箔试验方法　第5部分:刷水试验方法

## 3 要求

### 3.1 产品分类

#### 3.1.1 牌号、状态、规格

铝箔的牌号、状态、规格应符合表1规定,需方需要其他牌号、状态、规格时,由供需双方协商决定,并在合同(或订货单)中注明。

表 1

| 牌　号 | 状　态 | 规格/mm | | |
|---|---|---|---|---|
| | | 厚度($T$) | 宽　度 | 管芯内径 |
| 1235、3003、8011 | O | 0.009～0.040 | ≤1 200 | 75、76.2 |
| | | | | 150、152.4 |

#### 3.1.2 标记示例

铝箔的标记按照产品名称、牌号、状态和标准编号的顺序表示。标记示例如下:

8011牌号、O状态、厚度为0.016 mm、宽度为900 mm的箔卷,标记为:

铝箔　8011-O　0.016×900　GB/T 22648—2008

### 3.2 化学成分

铝箔的化学成分应符合GB/T 3190的规定。

3.3 尺寸偏差

3.3.1 厚度

铝箔的局部厚度、平均厚度偏差应符合表2的规定。

表2

单位为毫米

| 厚度($T$) | 局部厚度允许偏差 | 平均厚度允许偏差 |
|---|---|---|
| 0.009～0.040 | ±5%$T$ | ±3%$T$ |

3.3.2 宽度

铝箔的宽度允许偏差为±1.0 mm，当合同(或订货单)中要求正(或负)偏差时，其允许偏差为+2.0 mm(或−2.0 mm)。

3.3.3 错层、塔形

铝箔端面错层不大于1 mm，塔形不大于2 mm。

3.4 力学性能

铝箔的室温拉伸试验结果应符合表3的规定。需方对力学性能有其他特殊要求时，由供需双方协商决定，并在合同(或订货单)中注明。

表3

| 牌 号 | 状 态 | 厚度/mm | 拉伸试验结果 | |
|---|---|---|---|---|
| | | | 抗拉强度 $R_m$/(N/mm²) | 断后伸长率 $A_{100\ mm}$/% |
| 1235 | O | 0.009～0.012 | 50～90 | ≥0.5 |
| | | >0.012～0.040 | 50～90 | ≥1.0 |
| 3003 | | 0.009～0.012 | 80～135 | ≥1.5 |
| | | >0.012～0.040 | 80～135 | ≥2.0 |
| 8011 | | 0.009～0.012 | 65～110 | ≥1.5 |
| | | >0.012～0.040 | 65～110 | ≥2.0 |

3.5 针孔

铝箔针孔个数、针孔直径应符合表4的规定。

表4

| 厚度/mm | 针孔个数 | 针孔直径/mm |
|---|---|---|
| | 任意1 m² 内 | |
| ≤0.012 | ≤50 | ≤0.3 |
| >0.012～0.016 | ≤30 | |
| >0.016～0.020 | ≤20 | |
| >0.020 | ≤5 | |

3.6 粘附性

铝箔开卷性能应良好，展开时不允许粘连或撕裂。铝箔借自重自然展开所需的脱落长度值应小于1.5 m。

3.7 刷水试验结果

铝箔刷水试验结果应达到A级。

3.8 接头

铝箔断头应用超声波焊接仪焊接或用耐高温胶带粘接牢固并保持平整，接头处应作明显标记。每卷铝箔的接头个数、接头间距应符合表5的规定。

表5

| 卷径/mm | 每卷允许接头个数 | | 接头间距/m |
|---|---|---|---|
| | 厚度:0.009 mm~0.020 mm | 厚度:>0.020 mm~0.040 mm | |
| ≤500 | ≤1 | 0 | >1 000 |
| >500 | ≤2 | ≤1 | |

3.9 管芯

管芯材质、长度由供需双方协商确定,并在合同(或订货单)中注明。管芯的内、外壁应洁净、光滑、无污物。管芯长度应大于等于箔宽,且任一端不允许凹入铝箔卷。管芯内径、长度偏差应符合表6的规定。

表6

单位为毫米

| 管芯内径 | 内径允许偏差 | 长度允许偏差 |
|---|---|---|
| 75.0、76.2、150.0、152.4 | $^{+1.0}_{0}$ | $^{+4.0}_{0}$ |

3.10 外观质量

3.10.1 铝箔表面为双面光或单面光,需方有特殊要求时,应在合同(或订货单)中注明。

3.10.2 铝箔表面应平整、洁净。不允许有腐蚀、辊印、擦伤、划伤、暗面亮点、油斑、起皱等影响使用的缺陷,不允许有严重的起棱、起鼓、亮线、条纹及影响使用的碰伤,单面光铝箔暗面不允许有明显色差。

3.10.3 铝箔卷端面应整齐,边缘光滑、无毛刺。

## 4 试验方法

4.1 化学成分

铝箔的化学成分采用GB/T 7999或GB/T 20975进行分析,仲裁分析按GB/T 20975规定的方法进行。

4.2 尺寸偏差

铝箔局部厚度采用能保证检测精度的仪器测量。局部厚度仲裁测量按GB/T 22638.1规定的方法进行。平均厚度检测方法由供需双方协商确定。其他尺寸采用能保证相应精度的量具测量。

4.3 力学性能

铝箔室温拉伸试验按GB/T 228规定的方法进行。

4.4 针孔

铝箔的针孔按GB/T 22638.2规定的方法进行检测。

4.5 粘附性

铝箔的粘附性按GB/T 22638.3规定的方法进行检测。

4.6 刷水试验

铝箔的刷水试验按GB/T 22638.5规定的方法进行。

4.7 接头

根据接头标记计算每卷铝箔接头数;根据铝箔卷端面相临接头的层间壁厚(借助相应精度的量具测量)换算出接头间距。

4.8 管芯

管芯尺寸偏差用能保证相应精度的量具测量,管芯材质由供方保证,其他项目以目视检查。

4.9 外观质量

铝箔外观质量以目视检查。

## 5 检验规则

### 5.1 检查与验收

5.1.1 铝箔应由供方技术监督部门进行检验，保证产品质量符合本标准(或订货合同)的规定，并填写质量证明书。

5.1.2 需方应对收到的产品按本标准的规定进行复验。复验结果与本标准及订货合同的规定不符时，应以书面形式向供方提出，由供需双方协商解决。属于表面质量及尺寸偏差的异议，应在收到产品之日起一个月内提出，属于其他性能的异议，应在收到产品之日起三个月内提出。如需仲裁，供需双方应在需方共同进行仲裁取样。

### 5.2 组批

铝箔应成批提交验收，每批应由同一牌号、状态、规格组成，批重不限。

### 5.3 检验项目

每批铝箔出厂前应进行化学成分、尺寸偏差、力学性能、针孔、粘附性、刷水试验及接头、外观质量的检验。如用户要求对其他性能按批进行出厂检验，应由供需双方协商确定，并在合同(或订货单)中注明。

### 5.4 取样

铝箔取样应符合表7的规定。

表 7

| 检验项目 | 取样规定 | 要求的章条号 | 试验方法的章条号 |
|---|---|---|---|
| 化学成分 | 按 GB/T 17432 的规定进行 | 3.2 | 4.1 |
| 尺寸偏差 | 逐卷检查 | 3.3 | 4.2 |
| 力学性能 | 每批(热处理炉)抽取不少于2卷，每卷切取3个纵向试样，试样应符合 GB/T 16865 的规定。 | 3.4 | 4.3 |
| 针孔 | 每批不少于2卷 | 3.5 | 4.4 |
| 粘附性 | 每批不少于2卷 | 3.6 | 4.5 |
| 刷水试验结果 | 每批不少于2卷 | 3.7 | 4.6 |
| 接头 | 逐卷检查 | 3.8 | 4.7 |
| 管芯 | 每批不少于2根 | 3.9 | 4.8 |
| 外观质量 | 逐卷检查 | 3.10 | 4.9 |

### 5.5 检验结果的判定

5.5.1 化学成分不合格时，判该批铝箔不合格。

5.5.2 尺寸偏差、外观质量、接头不合格时，判该卷铝箔不合格。

5.5.3 力学性能不合格时，应从该不合格试样所在卷中另取双倍数量的试样进行重复试验。重复试验结果全部合格，则判该批铝箔合格。若重复试验结果仍有不合格项目，则判该批铝箔不合格。经供需双方商定，该批铝箔可由供方逐卷检验，合格者交货。

5.5.4 针孔不合格时，判该批铝箔不合格。但允许供方逐卷检验，合格者交货。

5.5.5 粘附性、刷水试验结果不合格时，判该批铝箔不合格。

5.5.6 管芯不合格时，判该批铝箔不合格。但允许供方逐卷检验，合格者交货，不合格者判废。

## 6 标志、包装、运输、贮存

### 6.1 标志

6.1.1 在检验合格的铝箔卷上应贴上标签，其上应注明：

a) 产品名称；

b) 牌号；

c) 状态；

d) 规格；

e) 批号(卷号)；

f) 净重；

g) 供方技术监督部门的检印。

6.1.2 铝箔的包装箱标志应符合 GB/T 3199 的规定。

### 6.2 包装、运输、贮存

铝箔的包装、运输、贮存应符合 GB/T 3199 的规定；有特殊要求时，供需双方协商确定，并在合同(或订货单)中注明。

### 6.3 质量证明书

每批铝箔应附有产品质量证明书，其上注明：

a) 供方名称；

b) 产品名称；

c) 牌号；

d) 状态；

e) 净重；

f) 规格；

g) 批号(卷号)；

h) 各项分析项目的检验结果(合同或订货单要求时)；

i) 供方技术监督部门的检印；

j) 包装日期；

k) 本标准编号。

## 7 合同(或订货单)内容

订购本标准所列产品的合同(或订货单)内应包括下列内容：

a) 产品名称；

b) 牌号；

c) 状态；

d) 规格；

e) 重量(包括单卷重量)；

f) 管芯材质及规格；

g) 本标准要求的“应在合同(或订货单)中注明”的事项；

h) 本标准编号；

i) 包装；

j) 增加本标准以外内容时的协商结果。

---

ICS 77.150.10
H 61

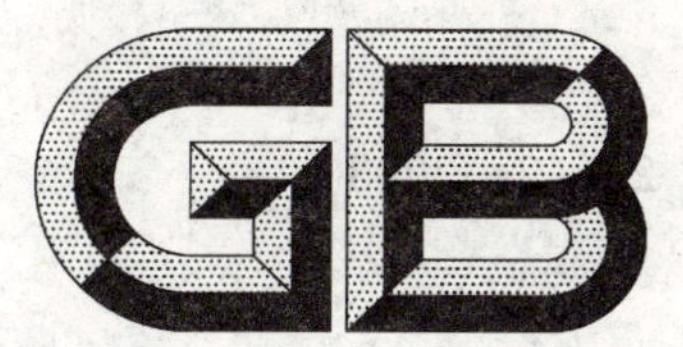

# 中华人民共和国国家标准

GB/T 22649—2008

# 半刚性容器用铝及铝合金箔

**Aluminium and aluminium alloys foil for semi-rigid container**



2008-12-29 发布　　2009-11-01 实施

中华人民共和国国家质量监督检验检疫总局
中国国家标准化管理委员会　发布

# 前　言

本标准由中国有色金属工业协会提出。

本标准由全国有色金属标准化技术委员会归口。

本标准主要起草单位:上海恩远实业有限公司、中国有色金属工业标准计量质量研究所、濉溪恩远铝业有限公司。

本标准参加起草单位:郑州铝业股份有限公司、中铝瑞闽铝板带有限公司。

本标准主要起草人:严志雄、杨养玉、葛立新、梁明霞、蔡海涛、刘民、吴绍斌、董中伟、韩千勇、黄瑞银。

# 半刚性容器用铝及铝合金箔

## 1 范围

本标准规定了半刚性容器用铝及铝合金箔(以下简称容器箔)的要求、试验方法、检验规则、标志、包装、运输、贮存及合同(或订货单)内容。

本标准适用于表面未经处理的容器箔(以下简称基材),和经过辊涂处理的容器箔(以下简称涂层箔)。

## 2 规范性引用文件

下列文件中的条款通过本标准的引用而成为本标准的条款。凡是注日期的引用文件,其随后所有的修改单(不包括勘误的内容)或修订版均不适用于本标准,然而,鼓励根据本标准达成协议的各方研究是否可使用这些文件的最新版本。凡是不注日期的引用文件,其最新版本适用于本标准。

GB/T 228 金属材料 室温拉伸试验方法

GB/T 3190 变形铝及铝合金化学成分

GB/T 3199 铝及铝合金加工产品包装、标志、运输、贮存

GB 4805 食品罐头内壁环氧酚醛涂料卫生标准

GB/T 6739—2006 色漆和清漆 铅笔法测定漆膜硬度

GB/T 7999 铝及铝合金光电直读发射光谱分析方法

GB/T 8013.3 铝及铝合金阳极氧化膜与有机聚合物膜 第3部分 有机聚合物喷涂膜

GB/T 9286 色漆和清漆 漆膜的划格试验

GB/T 9753 色漆和清漆 杯突试验

GB/T 9761 色漆和清漆 色漆的目视比色

GB/T 11186.2 涂膜颜色的测量方法 第二部分 颜色测量

GB/T 11186.3 涂膜颜色的测量方法 第三部分 色差计算

GB 15193.1 食品安全性毒理学评价程序

GB/T 16865 变形铝、镁及其合金加工制品拉伸试验用试样

GB/T 17432 变形铝及铝合金化学成分分析取样方法

GB/T 20975(所有部分) 铝及铝合金化学分析方法

GB/T 22638.1 铝箔试验方法 第1部分:厚度的测定 重量法

## 3 要求

### 3.1 产品分类

#### 3.1.1 牌号、状态、涂层、规格

容器箔的牌号、状态、涂层颜色和厚度、规格应符合表1规定,需方有特殊要求时,供需双方协商决定,并在合同(或订货单)中注明。

表 1

<table>
<tr><th rowspan="3">牌号</th><th colspan="2">状态</th><th colspan="3">涂层</th><th colspan="3">规格/mm</th></tr>
<tr><th rowspan="2">基材状态</th><th rowspan="2">涂层箔状态</th><th rowspan="2">颜色</th><th colspan="2">厚度/(g/m²)</th><th rowspan="2">厚度</th><th rowspan="2">宽度</th><th rowspan="2">卷外径</th></tr>
<tr><th>内涂层</th><th>外涂层</th></tr>
<tr><td rowspan="4">1050、1100、1200、3003、3004、8011、8011A、8006</td><td>O</td><td>O</td><td rowspan="5">一面白色、一面透明</td><td rowspan="5">6.0～10.0</td><td rowspan="5">1.5～4.0</td><td rowspan="5">0.030～0.200</td><td rowspan="5">200～1 000</td><td rowspan="5">400～800</td></tr>
<tr><td>H22</td><td>H42</td></tr>
<tr><td>H24</td><td>H44</td></tr>
<tr><td>H26</td><td>H46</td></tr>
<tr><td>3003</td><td>H19</td><td>H49</td></tr>
</table>

### 3.1.2 标记示例

容器箔标记按产品名称、牌号、状态、规格及标准编号的顺序表示。标记示例如下：

示例 1：

8011 牌号、H22 状态、厚度为 0.070 mm，宽度为 445 mm 的基材，标记为：

容器箔 8011-H22 0.07×445 GB/T 22649—2008

示例 2：

3003 牌号、H44 状态、基材厚度为 0.073 mm，宽度为 568 mm 的涂层箔，标记为：

容器箔 3003-H44 0.073×568 GB/T 22649—2008

## 3.2 化学成分

容器箔的化学成分应符合 GB/T 3190 的规定。

## 3.3 尺寸偏差

### 3.3.1 基材厚度

基材的厚度偏差应符合表 2 的规定，当合同(或订货单)中要求单向偏差时，其允许偏差值为表中数值的 2 倍。

表 2 单位为毫米

| 厚度($T$) | 厚度允许偏差 |
|---|---|
| 0.030～0.100 | ±6% $T$ |
| >0.100～0.200 | ±5% $T$ |

### 3.3.2 宽度

容器箔的宽度偏差应符合表 3 的规定，当合同(或订货单)中要求单向偏差时，其允许偏差值为表中数值的 2 倍。

表 3 单位为毫米

| 宽度 | 宽度允许偏差 |
|---|---|
| 200～1 000 | ±1.0 |

### 3.3.3 错层、塔形

容器箔端面错层不大于 1 mm，塔形不大于 3 mm。

## 3.4 力学性能

容器箔的室温拉伸试验结果应符合表 4 的规定。需方对容器箔的力学性能有特殊要求时，供需双方协商决定，并在合同(或订货单)中注明。

表 4

| 牌号 | 状态 | 基材厚度/mm | 拉伸试验结果 | |
|---|---|---|---|---|
| | | | 抗拉强度 $R_m$/(N/mm²) | 断后伸长率 $A_{50mm}$/% 不小于 |
| 1050<br>1100<br>1200 | O | 0.030～0.050 | 60～95 | 6 |
| | | >0.050～0.100 | 60～95 | 10 |
| | | >0.100～0.150 | 65～100 | 12 |
| | H24/H44 | 0.030～0.050 | 100～135 | 4 |
| | | >0.050～0.100 | 100～140 | 8 |
| | | >0.100～0.150 | 100～140 | 10 |
| 3003 | O | 0.030～0.050 | 95～130 | 12 |
| | | >0.050～0.100 | 95～130 | 14 |
| | | >0.100～0.150 | 95～130 | 16 |
| | | >0.150～0.200 | 95～130 | 20 |
| | H22/H42 | 0.030～0.050 | 125～160 | 10 |
| | | >0.050～0.100 | 125～160 | 12 |
| | | >0.100～0.150 | 130～160 | 14 |
| | | >0.150～0.200 | 130～160 | 18 |
| | H24/H44 | 0.030～0.050 | 135～170 | 8 |
| | | >0.050～0.070 | 135～170 | 10 |
| | | >0.070～0.100 | 135～170 | 12 |
| | | >0.100～0.150 | 135～170 | 15 |
| | | >0.150～0.200 | 135～170 | 18 |
| | H26/H46 | 0.030～0.050 | 155～185 | 6 |
| | | >0.050～0.070 | 155～185 | 7 |
| | | >0.070～0.100 | 155～185 | 9 |
| | | >0.100～0.150 | 155～185 | 12 |
| | | >0.150～0.200 | 155～185 | 15 |
| | H19 | 0.050～0.100 | 220～300 | 3 |
| 3004 | O | 0.030～0.050 | 165～195 | 8 |
| | | >0.050～0.060 | 165～195 | 10 |
| | | >0.060～0.080 | 165～195 | 12 |
| 8011<br>8011A | O | 0.030～0.050 | 90～115 | 10 |
| | | >0.050～0.100 | 90～115 | 14 |
| | | >0.100～0.150 | 90～115 | 16 |
| | | >0.150～0.200 | 90～115 | 18 |

表 4（续）

| 牌号 | 状态 | 基材厚度/mm | 拉伸试验结果 | |
|---|---|---|---|---|
| | | | 抗拉强度 $R_m$/(N/mm$^2$) | 断后伸长率 $A_{50mm}$/% 不小于 |
| 8011<br>8011A | H22 | 0.030～0.050 | 105～130 | 6 |
| | | >0.050～0.100 | 105～130 | 10 |
| | | >0.100～0.150 | 105～130 | 12 |
| | | >0.150～0.200 | 105～130 | 14 |
| | H24 | 0.030～0.050 | 125～145 | 5 |
| | | >0.050～0.100 | 125～145 | 8 |
| | | >0.100～0.150 | 125～145 | 10 |
| | | >0.150～0.200 | 125～145 | 12 |
| 8006 | O | 0.030～0.050 | 95～140 | 8 |
| | | >0.050～0.200 | 95～140 | 10 |
| | H22/H42 | 0.030～0.050 | 115～150 | 7 |
| | | >0.050～0.200 | 115～150 | 9 |

## 3.5 涂层性能

涂层箔的涂层性能应符合表 5 的规定，需方对涂层箔的涂层性能有特殊要求时，供需双方协商决定，并在合同（或订货单）中注明。

表 5

| 序号 | 项目 | | 涂层性能 |
|---|---|---|---|
| 1 | 涂层厚度 | 内涂层 | 涂层厚度由需方在合同（或订货单）中注明，涂层厚度偏差：±1.0 g/m$^2$。 |
| | | 外涂层 | 涂层厚度由需方在合同（或订货单）中注明，涂层厚度偏差：±0.5 g/m$^2$。 |
| 2 | 附着性 | | 0 级 |
| 3 | 抗杯突性 | | 涂层无剥落 |
| 4 | 柔韧性 | | ≤1T 时，涂层无开裂或脱落。 |
| 5 | 耐溶剂性（MEK） | | 无露底现象 |
| 6 | 硬度（划破法） | | ≥1H |
| 7 | 耐热性 | | 涂层颜色无变化 |
| 8 | 涂层气味 | | 无异味 |
| 9 | 饭菜蒸烤试验结果 | | 涂层无脱落、无变色现象。 |
| 10 | 耐沸水性 | | 涂层无起泡、无脱落、无变色现象。 |
| 11 | 耐高压蒸煮性能 | | 涂层无起泡、无脱落、无变色现象。 |
| 12 | 耐低温性能 | | 涂层无起泡、无脱落、无变色现象。 |

表 5（续）

| 序号 | 项　　目 | | 涂层性能 | |
|---|---|---|---|---|
| 13 | 色差 | | 颜色应与供需双方商定的色板基本一致，或处在供需双方商定的上、下限色标所限定的颜色范围之内。若需方要求采用仪器法测定颜色，允许色差值应由供需双方商定。 | |
| 14 | 萃取试验结果 | 蒸馏水在 66.7 ℃(120 ℉)抽取 24 h | 提取物最大允许限值 mg/645.16 $mm^2$($mg/inch^2$) | 0.5 |
| | | 正庚烷 38.9 ℃(70 ℉)抽取 30 min | | 0.5 |
| 15 | 涂层用涂料卫生 | | 符合 GB 4805 规定。 | |
| 16 | 涂层用涂料毒理学评价程序 | | 符合 GB 15193.1 规定。 | |

## 3.6 接头

容器箔有接头的卷数不超过总卷数的 20%，接头个数、接头间距应符合表 6 的规定。需方有特殊要求时，供需双方协商决定，并在合同(或订货单)中注明。

表 6

| 卷径/mm | 每卷允许接头个数 | | | 接头间距/m |
|---|---|---|---|---|
| | 厚度：0.030 mm～0.050 mm | 厚度：>0.050 mm～0.100 mm | 厚度：>0.100 mm | |
| <600 | ≤2 | ≤1 | 0 | ≥500 |
| ≥600 | ≤3 | ≤2 | 1 | |

## 3.7 管芯

容器箔管芯材质、长度由供需双方协商决定，并在合同(或订货单)中注明。管芯的内、外壁应洁净、无污物，管口边缘应平滑。管芯长度应大于等于箔宽，但不得大于箔宽 4 mm 以上，且任一端不允许凹入容器箔卷。管芯内径、长度偏差应符合表 7 的规定。

表 7

单位为毫米

| 管芯内径 | 内径允许偏差 | 长度允许偏差 |
|---|---|---|
| 75.0、76.2 | $^{+1.0}_{0}$ | $^{+4.0}_{0}$ |
| 150.0、152.4 | | |

## 3.8 外观质量

3.8.1 基材表面应洁净、平整，不允许有腐蚀、孔洞、裂边、非金属压入、油斑、异味等缺陷。

3.8.2 涂层箔表面应均匀一致，不允许有露底。

3.8.3 容器箔应缠紧，端面洁净，不允许磕碰，允许有不影响使用的轻微毛刺。

# 4 试验方法

## 4.1 化学成分

容器箔的化学成分采用 GB/T 7999 或 GB/T 20975 进行分析，仲裁分析按 GB/T 20975 规定的方法进行。

## 4.2 尺寸偏差

### 4.2.1 基材厚度

基材厚度采用 0.001 mm 精度的量具测量，厚度不大于 0.050 mm 的基材厚度仲裁测量按

GB/T 22638.1 规定的方法进行。

4.2.2 宽度

宽度采用分度值为 0.5 mm 的钢直尺测量。

4.2.3 错层、塔形

错层和塔形采用精度不低于 0.1 mm 的量具测量。

4.3 力学性能

容器箔室温拉伸试验按 GB/T 228 规定的方法进行。

4.4 涂层性能

4.4.1 涂层厚度

4.4.1.1 生产过程中测厚

4.4.1.1.1 本方法适用于容器箔生产厂在生产过程中检测涂层厚度。

4.4.1.1.2 从单面涂覆的铝箔中切取一定面积(约 100 mm×100 mm)的试样,称量试样质量(精确至 0.1 mg)。

4.4.1.1.3 将试样置于浓硫酸中浸泡,直到涂层完全脱落。吹干后再称量试样质量(精确至 0.1 mg)。计算试样浸泡后在单位面积上的质量损失,即为试样单位面积上的涂层质量。

4.4.1.1.4 从双面涂覆的铝箔中切取与单面涂覆试样(4.4.1.1.2)同等面积的试样,称量试样质量(精确至 0.1 mg)。按 4.4.1.1.3 测定试样单位面积上的涂层质量。

4.4.1.1.5 单面涂覆试样(4.4.1.1.2)与双面涂覆试样(4.4.1.1.4)单位面积上的涂层质量差,即为铝箔后涂覆面的单位面积上的涂层质量。

4.4.1.2 仲裁测厚

4.4.1.2.1 本方法适用于容器箔涂层厚度的仲裁检测。

4.4.1.2.2 从涂层箔中切取一块较大面积的样品,从中切取一块试样,将其四边弯起,做成容器,将受检面置于容器内侧。加入浓硫酸浸泡容器底部,直到被浸没的底部涂层完全脱落。吹干容器。

4.4.1.2.3 分别从容器底部、样品中切取同等面积(约 100 mm×100 mm/片)的试样,分别称量两块试样的质量(精确至 0.1 mg),计算两试样在单位面积上的质量差,即为试样单位面积上的单面(受检面)涂层质量。

4.4.2 附着性

按 GB/T 9286 的规定划格,划格间距为 1 mm。将粘着力大于 10 N/25 mm 的粘胶带[a] 覆盖在划格的涂层上,压紧以排去粘胶带下的空气,以垂直于涂层表面的角度快速拉起粘胶带,然后按GB/T 9286 评级。

4.4.3 抗杯突性

按 GB/T 9753 规定的方法,压陷深度为 5 mm。观察表面涂层是否有脱落。

4.4.4 柔韧性

利用折弯机,使试样在其长度方向距端头 13 mm～20 mm 处绕自身弯曲(涂层向外)至试样两平面贴合(即共弯曲 180°),此时称为 0T。借助低倍放大镜(5～10 倍),检查涂层有无出现开裂或脱落等破坏现象,如有开裂或脱落,应继续上述过程绕试样自身弯曲 180°,此时称为 1T,再继续时称 2T、3T 等,直到涂层无开裂或脱落时止。T 弯过程如图 1 所示。

---

a Scotch 610 粘胶带或 Permacel 99 粘胶带是适合的市售产品的实例。给出这一信息是为了方便本部分的使用者,并不表示对这些产品的认可。

单位为毫米

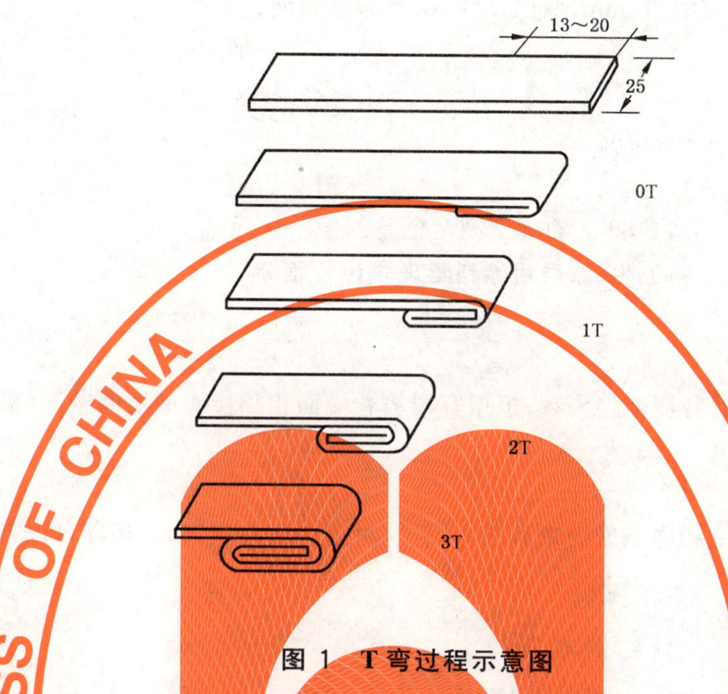


图 1 T弯过程示意图

4.4.5 耐溶剂性

用至少六层纱布包裹 1 kg 的铁锤，饱蘸丁酮后在试样表面上沿同一直线路径，以每秒钟 1 次往返的速率，来回擦试涂层 30 次。试验过程中应使纱布保持润湿。将试样用自来水冲洗干净、抹干，检查涂层表面。

4.4.6 硬度

按 GB/T 6739—2006 的规定中的 B 方法进行，试验结果按表面涂层划伤情况评定。

4.4.7 耐热性

将试样置于 300 ℃±5 ℃烘箱中，保温 20 s 后取出，检查涂层颜色变化。

4.4.8 涂层气味

将试样置于 300 ℃±5 ℃烘箱中，保温 25 s 后取出，5 人嗅觉评价涂层的气味。

4.4.9 饭菜蒸烤试验

4.4.9.1 将试样加工成餐盒容器，加入适量的米和水(或土豆与水)后置于 250 ℃的烘箱中，20 min～25 min 后取出。在食物已烘干但不焦化的情况下，用钝边的不锈钢汤匙把食品挖出，然后冲洗干净，检查涂层表面有无脱落或变色现象。

4.4.9.2 将菜汤装入餐盒容器里，置于 250 ℃烘箱中，30 min 后取出，在菜汤没完全蒸发完的条件下检查涂层表面有无脱落或变色现象。

4.4.10 耐沸水性

将试样置于锅中 100 ℃的沸水里煮 30 min。试验过程中，试样不能接触锅底。取出并擦干试样，目视检查沸水试验后的涂层表面。

4.4.11 耐高压蒸煮性能

4.4.11.1 将试样置于内胆直径约 280 mm 的压力蒸汽灭菌器内，将观察面朝上，在温度为 121 ℃、约 0.15 MPa 的蒸汽压力条件下保持 20 min，取出试样，检查涂层表面。

4.4.11.2 将试样置于蒸汽压力约 0.15 MPa 的压力蒸汽灭菌器胆外的沸水中煮 20 min。试验过程中，试样不能接触锅底。取出并擦干试样，目视检查沸水试验后的涂层表面。

4.4.12 耐低温性能

将试样置于－40°的冰箱中30 min，取出试样，检查涂层表面。

4.4.13 色差

4.4.13.1 目视测定法

按GB/T 9761的规定进行检查。

4.4.13.2 仪器测定法

按GB/T 11186.2、GB/T 11186.3的规定测定色差。

4.4.14 萃取试验、涂层用涂料卫生、涂层用涂料毒理学评价程序

送有关部门检测。

4.5 接头

根据接头标记计算每卷容器箔接头数；根据容器箔卷端面相临接头的层间壁厚（借助相应精度的量具测量）换算出接头间距。

4.6 管芯

管芯尺寸偏差用能保证相应精度的量具测量，管芯材质由供方保证，其他项目以目视检查。

4.7 外观质量

容器箔外观质量以目视检查。

## 5 检验规则

5.1 检查与验收

5.1.1 容器箔应由供方技术监督部门进行检验，保证产品质量符合本标准（或订货合同、订货单）的规定，并填写质量证明书。

5.1.2 需方应对收到的产品按本标准的规定进行复检，复检结果与本标准或合同（订货单）的规定不符时，应以书面形式向供方提出，由供需双方协商解决。属于表面质量及尺寸偏差的异议，应在收到产品之日起一个月内提出；属于其他性能的异议，应在收到产品之日起三个月内提出。如需仲裁，仲裁取样应在需方，由供需双方共同进行。

5.2 组批和计重

容器箔应成批提交验收，每批容器箔应由同一牌号、状态、规格，相同涂层的容器箔组成，每批重量和卷数不限。

5.3 检验项目

5.3.1 每批基材出厂前应进行化学成分（Pb、Cd、Hg、$Cr^{6+}$除外）、尺寸偏差、力学性能、接头、外观质量的检验。供方应对Pb、Hg、Cd、$Cr^{6+}$元素进行监控分析，每年至少检测一次，确保上述元素符合标准要求。如用户要求对其他性能按批进行出厂检验，应由供需双方协商决定，并在合同（或订货单）中注明。

5.3.2 每批涂层箔出厂前应进行化学成分、尺寸偏差、力学性能、涂层厚度、附着性、柔韧性、耐溶剂性、耐热性、耐沸水性、接头、外观质量的检验。萃取试验结果由供方保证，供方根据生产情况委托有关部门进行萃取试验。涂层用涂料卫生、涂层用涂料毒理学评价程序由涂料生产厂保证，由涂料生产厂提供相应的检测报告。其他性能由供方根据生产情况进行抽查（每月不少于10%批次），但供方必须以工艺保证产品达到标准要求。如用户要求对其他性能按批进行出厂检验，应由供需双方协商决定，并在合同（或订货单）中注明。

5.4 取样

容器箔取样应符合表8的规定。

表 8

<table>
<tr><th colspan="3">检验项目</th><th>取样规定</th><th>要求章节号</th><th>试验方法章节号</th></tr>
<tr><td colspan="3">化学成分</td><td>按 GB/T 17432 的规定进行</td><td>3.2</td><td>4.1</td></tr>
<tr><td colspan="3">尺寸偏差</td><td>逐卷检查</td><td>3.3</td><td>4.2</td></tr>
<tr><td colspan="3">力学性能</td><td>每批(热处理炉)抽取不少于2卷，每卷切取3个纵向试样，试样应符合 GB/T 16865 的规定。</td><td>3.4</td><td>4.3</td></tr>
<tr><td rowspan="16">涂层性能</td><td rowspan="2">涂层厚度</td><td>生产过程中测厚</td><td>供方自行决定</td><td rowspan="11">3.5</td><td>4.4.1</td></tr>
<tr><td>仲裁测厚</td><td>每批抽取2卷，在每卷上截取3个样品。</td><td></td></tr>
<tr><td colspan="2">附着性</td><td>每批抽取2卷，在每卷上截取3个试样。试样尺寸：200 mm×200 mm。</td><td>4.4.2</td></tr>
<tr><td colspan="2">抗杯突性</td><td>每批抽取2卷，在每卷上截取3个试样。试样尺寸：100 mm×100 mm。</td><td>4.4.3</td></tr>
<tr><td colspan="2">柔韧性</td><td>每批抽取2卷，在每卷上截取3个试样。试样尺寸：75 mm×150 mm。</td><td>4.4.4</td></tr>
<tr><td colspan="2">耐溶剂性</td><td>每批抽取2卷，在每卷上截取3个试样。试样尺寸：200 mm×300 mm。</td><td>4.4.5</td></tr>
<tr><td colspan="2">硬度</td><td rowspan="3">每批抽取2卷，在每卷上截取3个试样。试样尺寸：200 mm×200 mm。</td><td>4.4.6</td></tr>
<tr><td colspan="2">耐热性</td><td>4.4.7</td></tr>
<tr><td colspan="2">涂层气味</td><td>4.4.8</td></tr>
<tr><td colspan="2">饭菜蒸烤试验结果</td><td>每批抽取2卷，在每卷上截取3个试样。试样尺寸：200 mm×300 mm。</td><td>4.4.9</td></tr>
<tr><td colspan="2">耐沸水性</td><td>每批抽取2卷，在每卷上截取3个试样。试样尺寸根据需要决定。</td><td>4.4.10</td></tr>
<tr><td colspan="2">耐高压蒸煮性能</td><td>每批抽取2卷，在每卷上截取3个试样。试样尺寸根据需要决定。</td><td rowspan="5">3.5</td><td>4.4.11</td></tr>
<tr><td colspan="2">耐低温性能</td><td>每批抽取2卷，在每卷上截取3个试样。试样尺寸：200 mm×200 mm。</td><td>4.4.12</td></tr>
<tr><td colspan="2">色差</td><td>每批抽取2卷，在每卷上截取3个试样。试样尺寸：200 mm×300 mm。</td><td>4.4.13</td></tr>
<tr><td colspan="2">萃取试验结果</td><td>每批抽取1卷，在每卷上至少截取5个试样。试样尺寸：200 mm×400 mm。</td><td rowspan="2">4.4.14</td></tr>
<tr><td colspan="2">涂层用涂料卫生、涂层用涂料毒理学评价程序</td><td>供需双方协商</td></tr>
<tr><td colspan="3">接头</td><td>逐卷检查</td><td>3.6</td><td>4.5</td></tr>
<tr><td colspan="3">管芯</td><td>每批不少于2根</td><td>3.7</td><td>4.6</td></tr>
<tr><td colspan="3">外观质量</td><td>逐卷检查</td><td>3.8</td><td>4.7</td></tr>
</table>

### 5.5 检验结果的判定

5.5.1 化学成分、萃取试验结果、涂层用涂料卫生、涂层用涂料毒理学评价程序不合格时，判该批容器箔不合格。

5.5.2 尺寸偏差、外观质量、接头不合格时，判该卷容器箔不合格。

5.5.3 力学性能不合格时，应从该不合格试样所在卷中另取双倍数量的试样进行重复试验。重复试验结果全部合格，则判该批容器箔合格。若重复试验结果仍有不合格项目，则判该批容器箔不合格。经供需双方商定，该批容器箔可由供方逐卷检验，合格者交货。

5.5.4 涂层厚度不合格时，判该批容器箔不合格。但允许供方逐卷检验，合格者交货，不合格者判废。

5.5.5 其他涂层性能不合格时，应从该不合格试样(或样品)所在卷中另取双倍数量的试样(或样品)进行重复试验。重复试验结果全部合格，则判该批容器箔合格。若重复试验结果仍有不合格试样(或样品)，则判该批容器箔不合格。经供需双方商定，该批容器箔可由供方逐卷检验，合格者交货。

5.5.6 管芯不合格时，判该批容器箔不合格。但允许供方逐卷检验，合格者交货，不合格者判废。

## 6 标志、包装、运输、贮存

### 6.1 标志

6.1.1 在检验合格的容器箔卷上应贴上标签，其上应注明：

a) 产品名称；

b) 牌号；

c) 状态；

d) 规格；

e) 批号(卷号)；

f) 净重；

g) 供方技术监督部门的检印。

6.1.2 容器箔的包装箱标志应符合 GB/T 3199 的规定。

### 6.2 包装、运输、贮存

容器箔的包装、运输、贮存应符合 GB/T 3199 的规定；有特殊要求时，供需双方协商决定，并在合同(或订货单)中注明。

### 6.3 质量证明书

每批容器箔应附有产品质量证明书，其上注明：

a) 供方名称；

b) 产品名称；

c) 牌号；

d) 状态；

e) 净重；

f) 规格；

g) 批号(卷号)；

h) 各项分析项目的检验结果(合同或订货单要求时)；

i) 供方技术监督部门的检印；

j) 包装日期；

k) 本标准编号。

## 7 合同(或订货单)内容

订购本标准所列产品的合同(或订货单)内应包括下列内容：

a) 产品名称；

b) 牌号；

c) 状态；

d) 规格；

e) 涂料种类；

f) 颜色；

g) 重量(包括单卷重量);
h) 管芯材质及规格;
i) 本标准要求的“应在合同中注明”的事项;
j) 本标准编号;
k) 包装;
l) 增加本标准以外内容时的协商结果。

ICS 71.060.40
G 11

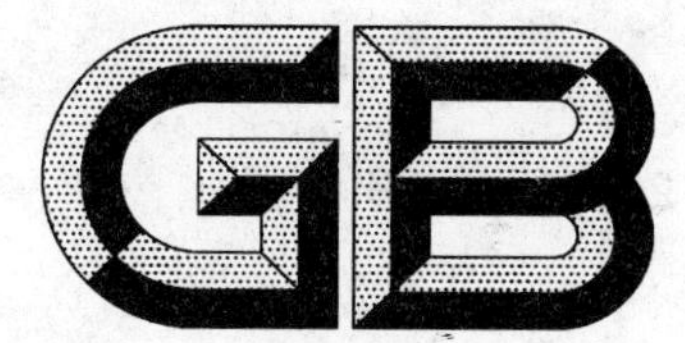

# 中华人民共和国国家标准

GB/T 22650—2008

# 工业用氢氧化钠<br>钙镁总含量的测定　络合滴定法

Sodium hydroxide for industrial use—Determination of calcium and magnesium content—Complexometric method

2008-12-30 发布　　　　2009-08-01 实施

中华人民共和国国家质量监督检验检疫总局
中国国家标准化管理委员会　发布

# 前　言

本标准与俄罗斯标准 ГОСТ 2263:1979(1990)《工业用苛性钠的技术条件》(俄文版)的一致性程度为非等效。

本标准由中国石油和化学工业协会提出。

本标准由全国化学标准化技术委员会氯碱分技术委员会归口。

本标准起草单位:锦西化工研究院、新疆中泰化学有限公司、青岛海晶化工集团有限公司。

本标准起草人:陈沛云、寿培峰、郎需霞、李富荣、胡立明。

请注意本标准的某些内容有可能涉及专利。本标准的发布机构不应承担识别这些专利的责任。

# 工业用氢氧化钠
# 钙镁总含量的测定　络合滴定法

## 1　范围

本标准规定了工业用氢氧化钠中钙镁总含量测定的方法。

本标准适用于钙镁总含量大于或等于 0.000 5% 的工业用氢氧化钠产品。

## 2　规范性引用文件

下列文件中的条款通过本标准的引用而成为本标准的条款。凡是注日期的引用文件，其随后所有的修改单(不包括勘误的内容)或修订版均不适用于本标准，然而，鼓励根据本标准达成协议的各方研究是否可使用这些文件的最新版本。凡是不注日期的引用文件，其最新版本适用于本标准。

GB/T 601　化学试剂　标准滴定溶液的制备

GB/T 602　化学试剂　杂质测定用标准溶液的制备(GB/T 602—2002,ISO 6353/1:1982,NEQ)

GB/T 603　化学试剂　试验方法中所用制剂及制品的制备(GB/T 603—2002,ISO 6353/1:1982,NEQ)

GB/T 6682　分析实验室用水规格和试验方法(GB/T 6682—2008,ISO 3696:1987,MOD)

## 3　方法提要

在 pH=10 时，试料中的钙镁离子和铬黑 T 指示剂形成红色的络合物，用乙二胺四乙酸二钠标准滴定溶液滴定，至溶液由红色变为蓝色为终点。

## 4　试剂和材料

本方法所用试剂和水，在没有注明其他要求时，均指分析纯试剂和 GB/T 6682 中规定的三级水或相当纯度的水。

试验中所需标准滴定溶液、杂质标准溶液、制剂及制品在没有其他要求时，均按 GB/T 601、GB/T 602、GB/T 603 之规定制备。

4.1　盐酸。

4.2　氨水。

4.3　氨-氯化铵缓冲溶液：pH=10。

4.4　镁标准溶液：0.1 g/L。

4.5　乙二胺四乙酸二钠标准滴定溶液：$c$(EDTA)=0.05 mol/L。

4.6　乙二胺四乙酸二钠标准滴定溶液：$c$(EDTA)=0.005 mol/L。

量取适量的乙二胺四乙酸二钠标准滴定溶液(4.5)，稀释 10 倍。此溶液使用前配制。

4.7　铬黑 T 指示液：5 g/L。

## 5　仪器和设备

一般的实验室仪器和微量滴定管(5 mL,0.02 mL 刻度,A 级)。

## 6 分析步骤

### 6.1 试料

称取相当于氢氧化钠 10 g 的实验室样品，精确到 0.01 g，置于 250 mL 三角瓶中，加入 100 mL 水溶解。实验室样品中钙镁含量高时，可适当的减少称样量。

### 6.2 空白试验

不加试料，在 250 mL 三角瓶中加 100 mL 水，再加 10 mL 氨-氯化铵缓冲溶液和 10.0 mL 镁标准溶液，加(5～6)滴铬黑 T 指示液，用乙二胺四乙酸二钠标准滴定溶液滴定至蓝色为终点。

### 6.3 测定

将试料溶液冷却后，用盐酸中和至 pH=5～6(用 pH 试纸检查)，再过量 3 mL，冷却至室温，用氨水调至 pH=9～10，加 10 mL 氨-氯化铵缓冲溶液和 10.0 mL 镁标准溶液，加(5～6)滴铬黑 T 指示液，用乙二胺四乙酸二钠标准滴定溶液滴定至蓝色为终点。

## 7 结果计算

钙镁总含量以钙的质量分数 $w$ 计，数值以%表示，按式(1)计算：

$$w=\frac{(V_1-V_0)/1\,000\cdot cM}{m}\times 100=\frac{(V_1-V_0)cM}{10m} \qquad (1)$$

式中：

$V_0$——空白试验消耗的乙二胺四乙酸二钠标准滴定溶液的体积的数值，单位为毫升(mL)；

$V_1$——试料消耗的乙二胺四乙酸二钠标准滴定溶液的体积的数值，单位为毫升(mL)；

$c$——乙二胺四乙酸二钠标准滴定溶液浓度的准确数值，单位为摩尔每升(mol/L)；

$m$——试料的质量的数值，单位为克(g)；

$M$——钙的摩尔质量的数值，单位为克每摩尔(g/mol)($M$=40.078)。

## 8 允许差

平行测定结果之差的绝对值不超过 0.000 7%。取算术平均值为测定结果。

## 9 试验报告

试验报告应包括以下内容：

a) 识别测试样品所需的全部信息；

b) 使用的标准；

c) 试验结果，包括各单次试验结果和它们的算术平均值；

d) 与规定的分析步骤的差异；

e) 试验中观察到的异常现象说明；

f) 试验日期。

ICS 71.060.40
G 11

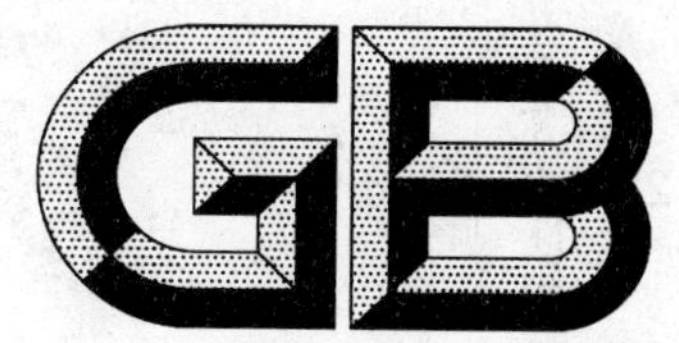

# 中华人民共和国国家标准

GB/T 22651—2008

# 工业用氢氧化钠<br>汞含量的测定　分光光度法

**Sodium hydroxide for industrial use—<br>Determination of mercury content—Spectrometric method**

2008-12-30 发布　　2009-08-01 实施

中华人民共和国国家质量监督检验检疫总局
中国国家标准化管理委员会　发布

# 前言

本标准与英国标准 BS 6075-10:1981《工业用氢氧化钠　取样和试验方法　第 10 部分　汞含量的测定(光度法)》(英文版)的一致性程度为非等效。

本标准由中国石油和化学工业协会提出。

本标准由全国化学标准化技术委员会氯碱分技术委员会归口。

本标准起草单位:锦西化工研究院、新疆中泰化学有限公司、青岛海晶化工集团有限公司。

本标准起草人:陈沛云、郑新洲、段万山、李富荣、田友利。

请注意本标准的某些内容有可能涉及专利。本标准的发布机构不应承担识别这些专利的责任。

# 工业用氢氧化钠
# 汞含量的测定　分光光度法

## 1　范围

本标准规定了工业用氢氧化钠中汞含量测定的方法。

本标准适用于汞含量大于或等于0.000 005%的氢氧化钠产品。

## 2　规范性引用文件

下列文件中的条款通过本标准的引用而成为本标准的条款。凡是注日期的引用文件，其随后所有的修改单(不包括勘误的内容)或修订版均不适用于本标准，然而，鼓励根据本标准达成协议的各方研究是否可使用这些文件的最新版本。凡是不注日期的引用文件，其最新版本适用于本标准。

GB/T 6682　分析实验室用水规格和试验方法(GB/T 6682—2008，ISO 3696:1987，MOD)

## 3　方法提要

在硫酸介质中，用高锰酸钾将试料中的汞氧化成二价汞离子，用盐酸羟胺还原过量的氧化剂，加入盐酸羟胺和乙二胺四乙酸二钠消除铜、铁和银的干扰，在pH=0～2的范围内，用双硫腙三氯甲烷溶液萃取。于波长490 nm处，测定吸光度。

## 4　试剂和材料

本方法所用试剂和水，在没有注明其他要求时，均指分析纯试剂和GB/T 6682中规定的三级水或相当纯度的水。

4.1　硝酸。

4.2　三氯甲烷。

4.3　盐酸。

4.4　硫酸溶液：约490 g/L。

量取280 mL硫酸，缓缓注入约700 mL水中，冷却，稀释至1 000 mL。

4.5　硫酸溶液：约100 g/L。

量取60 mL硫酸，缓缓注入约500 mL水中，冷却，稀释至1 000 mL。

4.6　乙酸溶液：约360 g/L。

量取360 mL乙酸(冰醋酸)，用水稀释至1 000 mL。

4.7　乙二胺四乙酸二钠溶液：7.45 g/L。

称取7.45 g乙二胺四乙酸二钠，置于烧杯中，加200 mL水溶解，移入1 000 mL容量瓶中，稀释至刻度。

4.8　高锰酸钾溶液：40 g/L。

称取40 g高锰酸钾，用水溶解，稀释至1 000 mL。

4.9　盐酸羟胺溶液：100 g/L。

称取10 g盐酸羟胺，用水溶解，稀释至100 mL。

4.10　双硫腙三氯甲烷溶液：150 mg/L。

称取75 mg双硫腙，置于500 mL容量瓶中，用三氯甲烷稀释至刻度。贮存于棕色瓶中，避光保存。

该溶液 25 ℃下有效期两周。

4.11　双硫腙三氯甲烷溶液：1.5 mg/L。

量取适量体积的双硫腙三氯甲烷溶液(4.10)，稀释 100 倍。此溶液使用前配制，避光保存。

4.12　汞标准溶液：0.1 mg/mL。

4.13　汞标准溶液：1 μg/mL。

量取适量体积的汞标准溶液(4.12)，稀释 100 倍。此溶液使用前配制。

## 5　仪器和设备

一般的实验室仪器和分光光度计。

用于汞含量测定的仪器，包括试剂、试样的器皿，先用硝酸洗涤，再用硫酸溶液(4.5)与高锰酸钾溶液(按 4∶1 体积配制)洗涤，最后用水清洗。

## 6　分析步骤

### 6.1　标准曲线绘制

#### 6.1.1　标准溶液的配制

取六个 500 mL 分液漏斗，用滤纸擦干下颈部，并塞入一小团滤纸。于每个分液漏斗中加 30 mL 硫酸溶液(4.4)，依次量取 0.0 mL，2.0 mL，3.0 mL，4.0 mL，6.0 mL，8.0 mL 汞标准溶液(4.13)分别置于六个分液漏斗中，用水稀释至 300 mL。之后加 1.0 mL 盐酸羟胺溶液、10.0 mL 乙酸溶液和 10.0 mL EDTA 二钠溶液，再加 25.0 mL 双硫腙三氯甲烷溶液(4.11)，用力震摇 1 min，静置 10 min。

#### 6.1.2　吸光度测定

以三氯甲烷调整分光光度计的零点，于波长 490 nm 处，选用适宜的比色皿，测定吸光度。

### 6.2　试样溶液制备

将实验室样品称量($m_1$)后，称取相当于氢氧化钠 20 g 的实验室样品($m_2$)(称前震摇)，精确到 0.01 g，置于烧杯中，加水溶解，加 5 mL 高锰酸钾溶液，边搅拌边加 85 mL 硫酸溶液(4.4)，盖上表面皿，煮沸 10 min，冷却至室温。再滴加盐酸羟胺溶液，至溶液褪色，再过量约 0.25 mL，移入 500 mL 容量瓶中，稀释至刻度。摇匀。

### 6.3　试料中汞含量的测定

#### 6.3.1　试料制备

量取适量体积的试样溶液，置于预先用滤纸擦干下颈部并塞有一小团滤纸的分液漏斗中。

#### 6.3.2　空白试验

不加试料，采用与测定试料完全相同的分析步骤、试剂和用量进行测定。

#### 6.3.3　汞的萃取

向试料中加 30 mL 硫酸溶液(4.4)，用水稀释至 300 mL，加 1.0 mL 盐酸羟胺溶液、10.0 mL 乙酸溶液和 10.0 mL 乙二胺四乙酸二钠溶液，再加 25.0 mL 双硫腙三氯甲烷溶液(4.11)，用力震摇 1 min，静置 10 min。

#### 6.3.4　吸光度的测定

按 6.1.2 测定吸光度，用于计算试料中汞含量($w_1$)。

### 6.4　吸附在样品瓶瓶壁上汞含量的测定

将实验室样品瓶中的样品全部倒空，向空的样品瓶中加 10 mL 高锰酸钾溶液和 40 mL 硫酸溶液(4.5)，用力摇动 1 h。将洗液移入烧杯中，盖上表面皿，煮沸 10 min，冷却至室温。再滴加盐酸羟胺溶液至溶液褪色，再过量约 0.25 mL，移入 250 mL 容量瓶中，稀释至刻度。摇匀。以下按 6.1.2 测定吸光度，用于计算吸附在瓶壁上的汞含量($w_2$)。

## 7 结果计算

7.1 试料中汞含量以汞的质量分数 $w_1$ 计，数值以%表示，按式(1)计算。

$$w_1 = \frac{(m_4 - m_3) \times 10^{-6}}{\frac{m_2 \times V}{500}} \times 100 = \frac{m_4 - m_3}{20m_2V} \quad \cdots\cdots(1)$$

7.2 吸附在样品瓶瓶壁上汞含量以汞的质量分数 $w_2$ 计，数值以%表示，按式(2)计算。

$$w_2 = \frac{(m_5 - m_3) \times 10^{-6}}{\frac{m_1 \times V}{250}} \times 100 = \frac{m_5 - m_3}{40m_1V} \quad \cdots\cdots(2)$$

7.3 汞含量以汞的质量分数 $w_3$ 计，数值以%表示，按式(3)计算。

$$w = w_1 + w_2 \quad \cdots\cdots(3)$$

式(1)、式(2)和式(3)中：

$m_1$——实验室样品的总质量，单位为克(g)；

$m_2$——试样的质量，单位为克(g)；

$m_3$——由标准曲线上查得的或线性回归方程计算的空白试验中汞的质量的数值，单位为微克(μg)；

$m_4$——由标准曲线上查得的或线性回归方程计算的试料的汞的质量的数值，单位为微克(μg)；

$m_5$——由标准曲线上查得的或线性回归方程计算的吸附在样品瓶瓶壁上的汞的质量的数值，单位为微克(μg)；

$V$——试料的体积的数值，单位为毫升(mL)。

## 8 允许差

平行测定结果之差的绝对值不超过 0.000 05%。取算术平均值为报告结果。

## 9 试验报告

试验报告应包括以下内容：

a) 识别测试样品所需的全部信息；

b) 使用的标准；

c) 试验结果，包括各单次试验结果和它们的算术平均值；

d) 与规定的分析步骤的差异；

e) 试验中观察到的异常现象说明；

f) 试验日期。

---

ICS 23.060.01
J 16

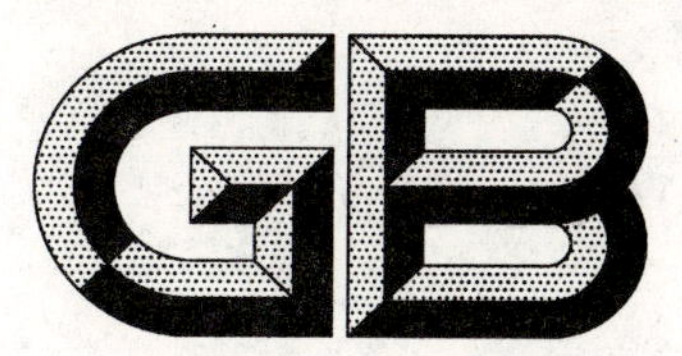

# 中华人民共和国国家标准

GB/T 22652—2008

# 阀门密封面堆焊工艺评定

## Overlaying-welding procedure qualification for valves sealing face



2008-12-23 发布　　2009-07-01 实施

中华人民共和国国家质量监督检验检疫总局
中国国家标准化管理委员会　发布

# 前　言

本标准对应于 ASME《锅炉和压力容器规范，Ⅷ，焊接和钎焊程序、焊机和钎焊机、焊接和钎焊操作者鉴定》。本标准仅涉及 ASME《锅炉和压力容器规范，Ⅷ》中表面加硬层金属堆焊和耐蚀堆焊。本标准与 ASME 第八篇的一致性程度为非等效。

本标准由中国机械工业联合会提出。

本标准由全国阀门标准化技术委员会(SAC/TC 188)归口。

本标准起草单位：杭州华惠阀门有限公司、浙江省特种设备检验中心、合肥通用机电产品检测院、武汉锅炉集团阀门有限责任公司。

本标准主要起草人：陈立龙、陈勇、陈荣斌、王晓钧、吕召政、冯燕。

# 阀门密封面堆焊工艺评定

## 1 范围

本标准规定了阀门密封面堆焊术语、一般要求、评定规则、试验要求和试验检查、堆焊工艺指导书和堆焊工艺评定报告推荐格式。

本标准适用于阀门密封面的手工焊条电弧堆焊、等离子弧堆焊及各种其他堆焊方法的工艺评定。

## 2 规范性引用文件

下列文件中的条款通过本标准的引用而成为本标准的条款。凡是注日期的引用文件，其随后所有的修改单(不包括勘误的内容)或修订版均不适用于本标准，然而，鼓励根据本标准达成协议的各方研究是否可使用这些文件的最新版本。凡是不注日期的引用文件，其最新版本适用于本标准。

GB/T 699 优质碳素结构钢

GB/T 1220 不锈钢棒

GB/T 3077 合金结构钢(GB/T 3077—1999,neq DIN EN 10083-1:1991)

GB/T 12228 通用阀门 碳素钢锻件技术条件

GB/T 12229 通用阀门 碳素钢铸件技术条件

GB/T 12230 通用阀门 不锈钢铸件技术条件

GB/T 15169 钢熔化焊焊工技能评定(GB/T 15169—2003,ISO/DIS 9606-1:2002,IDT)

JB 4708—2000 钢制压力容器焊接工艺评定

JB/T 4730.5—2005 承压设备无损检测 第5部分:渗透检测

JB/T 5263 电站阀门铸钢件技术条件

JB/T 6438 阀门密封面等离子弧堆焊 技术条件

JB/T 9625 锅炉管道附件承压铸钢件 技术条件

JB/T 9626 锅炉锻件 技术条件

## 3 术语

JB 4708—2000 确立的以及下列术语和定义适用于本标准。

3.1

**密封面 sealing face**

启闭件与阀座(阀体)紧密贴合，起密封作用的两个接触面。

3.2

**堆焊 overlaying-welding**

使用各种堆焊方法制造熔敷层，以防止和减少阀门密封面磨损、腐蚀和(或)冲蚀。

3.3

**过渡层 transition beds**

使用各种堆焊方法制造熔敷层，以保证堆焊层之间的熔敷层质量，改善接头焊接性能，防止随后堆焊产生裂纹、气孔等缺陷。

## 4 一般要求

4.1 堆焊工艺评定应以可靠的阀门密封面基体材料的堆焊性能为依据，并在阀门产品堆焊之前完成。

4.2 堆焊工艺评定流程：拟定堆焊工艺指导书（WPS）、施焊试件和制取试样、检验试件和试样、测定堆焊层是否具有所要求的使用性能、提出堆焊工艺评定报告（PQR），并对堆焊工艺指导书进行评定。从而验证施焊单位拟定的堆焊工艺的正确性。

4.3 堆焊工艺评定所用设备、仪表应处于正常工作状态，基体材料、堆焊材料应符合相应标准。

4.4 堆焊工艺评定试验由责任工程师组织进行，由按 GB/T 15169 的规定考试合格的质量技术监督部门核发的锅炉压力容器压力管道焊工证书的焊工施焊，质量检验部门参加评定。

4.5 堆焊焊条（以下简称焊条）、堆焊合金粉末（以下简称合金粉末）和堆焊焊丝（以下简称焊丝）的化学成分、堆焊层硬度、粉末的颗粒度均应符合相关标准的规定。

4.6 密封面等离子弧堆焊的技术要求按 JB/T 6438 的规定。堆焊工艺评定试验应在试块上进行。

## 5 评定规则

### 5.1 评定条件

5.1.1 凡遇到下列情况之一者，应进行工艺评定试验：

a) 初次使用的焊条、合金粉末或焊丝；

b) 初次使用的基体材料；

c) 新的结构型式。

5.1.2 改变堆焊方法，应重新评定。

5.1.3 需重新评定的堆焊焊接条件按表 1 的规定。

5.1.4 当发生表 1 中的堆焊条件变更时，应重新进行堆焊工艺评定。其他因素变更，不需重新评定，但应重新编制堆焊工艺指导书。

**表 1 堆焊需要重新评定的焊接条件**

| 类别 | 堆焊条件 | 等离子弧堆焊 | 氧燃料气焊 | 焊条电弧焊 | 埋弧焊 | 熔化极气体保护焊 | 钨极气体保护焊 |
|---|---|---|---|---|---|---|---|
| 堆焊层厚度 | 堆焊层规定厚度低于已评定最小厚度 | ○ | ○ | ○ | ○ | ○ | ○ |
| 基体材料 | 改变基体材料的类别号 | ○ | ○ | ○ | ○ | ○ | ○ |
| | 基体材料的厚度 | ○ | ○ | ○ | ○ | ○ | ○ |
| 填充金属 | 变更填充金属牌号（仅考虑类别代号后头两位数字） | ○ | ○ | ○ | ○ | ○ | ○ |
| | 当堆焊首层时变更焊条直径 | — | — | — | — | — | — |
| | 增加或取消附加的填充金属 | — | — | — | ○ | ○ | — |
| | 变更焊丝（或钢带）钢号 | — | — | — | ○ | ○ | ○ |
| | 变更焊剂牌号或变更混合焊剂的混合比 | — | — | — | ○ | — | — |
| | 实芯焊丝变更药性焊丝，或反之 | — | — | — | — | ○ | ○ |
| 焊接位置 | 除横焊、立焊或仰焊位置的评定适用于平焊位置外，改变评定合格的焊接位置 | — | — | ○ | — | ○ | ○ |
| 预热 | 预热温度比评定值降低 50 ℃以上，或最高层间温度比评定记录值高 50 ℃以上 | ○ | — | ○ | ○ | ○ | ○ |
| 焊后热处理 | 改变焊后热处理类别，或在焊后热处理温度下的总时间增加超过评定值的 25% | ○ | — | ○ | ○ | ○ | ○ |

表 1（续）

| 类别 | 堆焊条件 | 等离子弧堆焊 | 氧燃料气焊 | 焊条电弧焊 | 埋弧焊 | 熔化极气体保护焊 | 钨极气体保护焊 |
|---|---|---|---|---|---|---|---|
| 气体 | 变更保护气体种类、流量，变更混合保护气体配比，取消保护气体 | ○ | — | — | — | ○ | ○ |
| 电特性 | 变更电流的种类或极性 | ○ | — | ○ | ○ | ○ | ○ |
| | 堆焊首层时，线能量或单位长度焊道内溶敷金属的体积增加超过评定值的 10% | — | — | ○ | ○ | ○ | ○ |
| 焊接措施 | 多层堆焊变更为单层堆焊，或反之 | ○ | — | ○ | ○ | ○ | ○ |
| | 取消焊接熔池磁场控制 | — | — | ○ | ○ | ○ | ○ |
| | 变更同一熔池的电极数量 | — | — | ○ | ○ | ○ | ○ |
| | 增加或取消电极摆动 | ○ | — | ○ | ○ | ○ | ○ |
| 注：符号“○”表示需对该堆焊方法为重新评定的焊接条件。 | | | | | | | |

5.2 **堆焊过渡层**

5.2.1 在基体材料为 CrMo 钢或 CrMoV 钢的情况下，可以堆焊过渡层，没有过渡层的应重新评定。

5.2.2 过渡层的材料应选择能防止裂纹产生及改善接头性能的 18-8、25-20 型不锈钢焊接材料。过渡层材料改变时应重新评定。

5.2.3 过渡层的厚度

在焊接工艺指导书(WPS)中应规定当全部机加工和打磨完成后及随后的堆焊前，在产品过渡层堆焊件上应保留的过渡层的厚度，过渡层经机加工后厚度建议不小于 2 mm。

5.3 **基体材料**

5.3.1 根据基体材料的化学成分、力学性能和堆焊性能对基体材料进行分类分组，分类分组按表 2 的规定。

5.3.2 组别、类别评定规则

a) 同组别号的基体材料的评定适用于同组别号的其他钢号基体材料。

b) 在同类别中，高组别号钢号基体材料的评定适用于低组别号钢号基体材料。

c) 不同类别钢号的基体材料的评定不能适用。

5.3.3 未列入表 2 的钢号评定规则

a) 已列入国家标准、行业标准的钢号，根据其化学成分、力学性能和焊接性能确定归入相应的类别、组别中，或另分类别、组别；未列入国家标准、行业标准的钢号，应分别进行堆焊工艺评定。

b) 国外材料首次使用时应按每个钢号(按该国标准规定命名)进行堆焊工艺评定。当已掌握该钢号堆焊性能，且其化学成分、力学性能与表 2 中某钢号相当，且某钢号已进行过堆焊工艺评定时，该进口材料可免做堆焊工艺评定。

5.4 **焊后热处理**

5.4.1 焊后热处理的评定适用于焊后热处理。焊后热处理要求按焊接工艺指导书(WPS)的规定。

5.4.2 改变焊后热处理类别，需重新评定堆焊工艺。

表 2 基体材料分类分组表

| 类别号 | 组别号 | 钢 号 | 相 应 标 准 号 |
|---|---|---|---|
| Ⅰ | Ⅰ-1 | 20、25 | GB/T 699,GB/T 12228,JB/T 9626 |
| | | | |
| | | WCA、WCB、WCC | GB/T 12229 |
| | | ZG 205-415、ZG 250-485、ZG 275-485 | GB/T 12229 |
| | | ZG 200-400、ZG 230-450 | JB/T 9625 |
| Ⅱ | Ⅱ-1 | 12CrMo、15CrMo、30CrMo | GB/T 3077,JB/T 9626 |
| | | ZGCr5Mo | |
| | | ZG20CrMo | JB/T 9625 |
| | | WC1、WC6、WC9 | JB/T 5263 |
| Ⅲ | Ⅲ-2 | 12Cr1MoV、25Cr2MoVA | GB/T 3077,JB/T 9626 |
| | | ZG20CrMoV、ZG15Cr1Mo1V | JB/T 9625 |
| Ⅳ | Ⅳ-1 | 06Cr19Ni10、12Cr18Ni9 | GB/T 1220 |
| | | 12Cr18Ni9Ti | GB/T 1220,JB/T 9626 |
| | | 304 | |
| | | CF3、CF8 | GB/T 12230 |
| | | ZG03Cr18Ni10、ZG08Cr18Ni9、ZG12Cr18Ni9、ZG08Cr18Ni9Ti | GB/T 12230 |
| Ⅳ | Ⅳ-2 | 06Cr17Ni12Mo2Ti | GB/T 1220 |
| | | ZG08Cr18Ni12Mo2Ti、ZG12Cr18Ni12Mo2Ti | GB/T 12230 |
| | | CF3M、CF8M | GB/T 12230 |
| | | 316 | |
| Ⅴ | Ⅴ-1 | 06Cr13、12Cr13 | GB/T 1220 |
| | | 20Cr13 | GB/T 1220,JB/T 9626 |

5.4.3 试件的焊后热处理应与焊件在制造过程中的焊后热处理基本相同,试件加热温度范围不得超过相应标准或技术文件规定。试件保温时间不得少于焊件在制造过程中累计保温时间的 80%。

5.4.4 当试件基体厚度 $T$ 小于 25 mm 时,评定合格的焊接工艺适用于焊件基体厚度小于 $T$;试件厚度 $T$ 大于或等于 25 mm 时,评定合格的焊接工艺适用于焊件基体厚度不小于 25 mm。

## 6 试验要求和试件检查

### 6.1 试件制备

6.1.1 堆焊工艺评定试验试件不小于 150 mm×150 mm(或直径不小于 $\phi$100 mm),堆焊的最小厚度应在堆焊工艺指导书(WPS)中规定。或者也可采用与产品零件相同尺寸的母材试件来完成评定试验。如在管子上评定最小长度应为 150 mm,最小直径能满足取样数量的要求,且应绕试件周围连续堆焊。

6.1.2 堆焊基面(工艺平台)可以是凸台、凹槽或凹角,尺寸按 WPS 中的规定。

6.1.3 应用机械切削方法加工堆焊基面,所有过渡处应为圆角平缓过渡。

### 6.2 试件检查

6.2.1 试件检查项目:外观检查、渗透检查、硬度检查、化学成分分析。

6.2.2 外观检查

6.2.2.1 试件应保证几何尺寸，变形在允许范围之内，堆焊层在处理到 WPS 规定的最小厚度时应有足够的加工余量。

6.2.2.2 用目视或 5～10 倍放大镜检查，堆焊层表面不得有裂纹、气孔、疏孔、疏松等缺陷。堆焊层侧面不得有未焊透现象。

6.2.3 渗透检查

6.2.3.1 堆焊表面应进行渗透检测，检测结果不低于于 JB/T 4730.5—2005 表 3 中Ⅱ级的要求。

6.2.3.2 渗透检测可采用着色法和荧光法，检验方法按 JB/T 4730.5—2005 的规定。堆焊面不允许有裂纹，在渗透检测前允许对堆焊表面进行适当处理。

6.2.4 硬度检查

6.2.4.1 将堆焊层表面处理到 WPS 规定的最小厚度后，在堆焊层表面的不同位置至少测 3 个硬度读数。

6.2.4.2 所有硬度读数应不低于相应焊条、合金粉末或焊丝规定的硬度指标或 WPS 规定的要求。

6.2.5 化学成分分析

6.2.5.1 当 WPS 中规定化学成分分析时，化学成分分析取样应在试件中部堆焊层横截面上进行取样，取样位置见图 1，分析方法和合格指标应符合相应标准和图样或有关技术文件的规定；当 WPS 中未规定化学成分分析时，则不要求作化学分析。

6.2.5.2 堆焊层评定的最小厚度，见图 1。

a) 当在焊态表面进行分析时，则从熔合线至焊态表面的距离 $a$ 为堆焊层评定最小厚度。

b) 当在清除焊态表面层的加工表面上进行分析时，则从熔合线至加工表面的距离 $b$ 为堆焊层评定最小厚度。

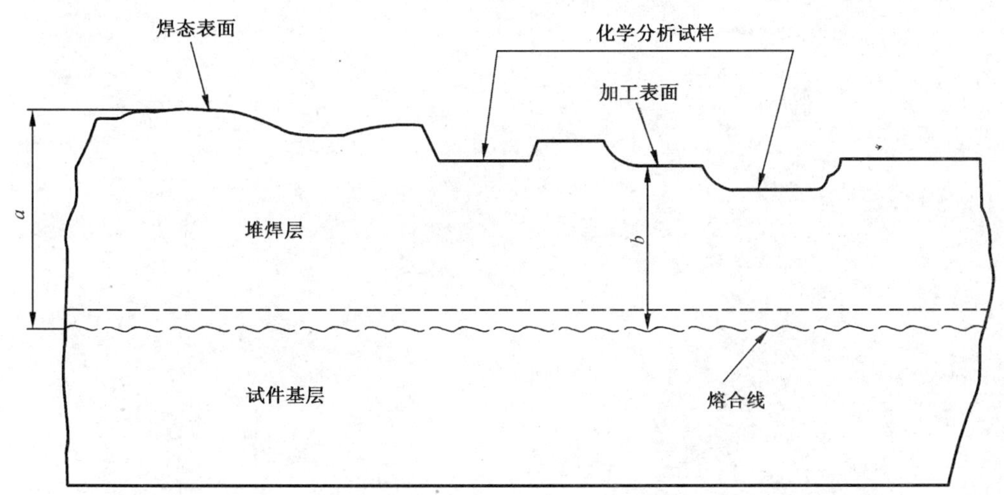


**图 1 堆焊金属化学成分分析取样示意图**

## 7 堆焊工艺指导书和堆焊工艺评定报告推荐格式

堆焊工艺指导书和堆焊工艺评定报告推荐格式根据不同的堆焊方法可参照 JB 4708—2000 附录 B 中表 B.1 和表 B.2 拟定。

ICS 23.060.99
J 16

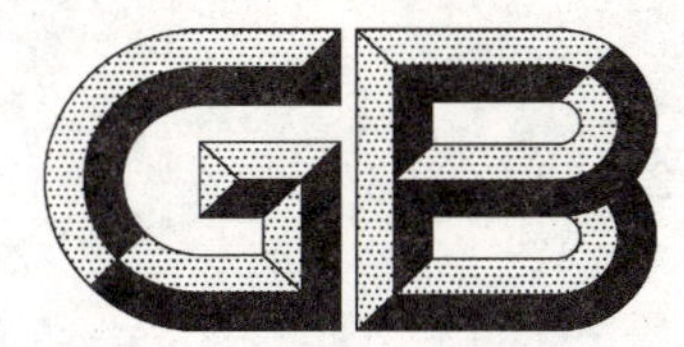

# 中华人民共和国国家标准

GB/T 22653—2008

# 液化气体设备用紧急切断阀

## Emergency shutoff valve for LG equipment

2008-12-23 发布 2009-07-01 实施

中华人民共和国国家质量监督检验检疫总局
中国国家标准化管理委员会 发布

# 前　言

本标准自实施之日起,JB/T 9094—1999《液化石油气设备用紧急切断阀技术条件》作废。

本标准的附录A为规范性附录,附录B为资料性附录。

本标准由中国机械工业联合会提出。

本标准由全国阀门标准化技术委员会(SAC/TC 188)归口。

本标准起草单位:北京市阀门总厂(集团)有限公司、合肥通用机械研究院、保一集团有限公司。

本标准主要起草人:张清双、刘晓春、张晓忠。

# 液化气体设备用紧急切断阀

## 1 范围

本标准规定了液化气体设备用紧急切断阀(简称切断阀)的术语和定义、结构形式、参数、型号、技术要求、试验方法、检验规则、标志、涂漆与供货要求等内容。

本标准适用于液化气体设备用的紧急切断阀,其公称压力为PN10～PN25,公称尺寸为DN15～DN350,工作温度不大于50 ℃,适用介质为液化石油气、液氨、液氯、液态二氧化硫、丙烯、丙烷、丁烷、丁二烯及其混合物。

## 2 规范性引用文件

下列文件中的条款通过本标准的引用而成为本标准的条款。凡是注日期的引用文件,其随后所有的修改单(不包括勘误的内容)或修订版均不适用于本标准,然而,鼓励根据本标准达成协议的各方研究是否可使用这些文件的最新版本。凡是不注日期的引用文件,其最新版本适用于本标准。

GB/T 699 优质碳素结构钢

GB/T 1047 管道元件 DN(公称尺寸)的定义和选用(GB/T 1047—2005,ISO 6708:1995,MOD)

GB/T 1048 管道元件 PN(公称压力)的定义和选用(GB/T 1048—2005, ISO/CD 7268:1996, MOD)

GB/T 1220 不锈钢棒

GB/T 1239.2—1989 冷卷圆柱螺旋压缩弹簧 技术条件(neq JIS B2707:1987)

GB/T 4240 不锈钢丝(GB/T 4240—1993,neq JIS G4309:1988)

GB/T 9113.1 平面、突面整体钢制管法兰

GB/T 9113.2 凹凸面整体钢制管法兰

GB/T 9124 钢制管法兰 技术条件

GB/T 10478 液化气体铁道罐车

GB/T 12220 通用阀门 标志(GB/T 12220—1989,idt ISO 5209:1977)

GB/T 12221 金属阀门 结构长度(GB/T 12221—2005,ISO 5752:1982,MOD)

GB/T 12230 通用阀门 不锈钢铸件技术条件

GB/T 12235 石油、石化及相关工业用钢制截止阀和升降式止回阀(GB/T 12235—2007, BS 1873—1975(R1998),NEQ)

GB/T 13927 工业阀门 压力试验(GB/T 13927—2008,ISO/DIS 5208:2007,MOD)

JB/T 106 阀门的标志和涂漆

JB/T 308 阀门 型号编制方法

JB 4727 低温压力容器用碳素钢和低合金钢锻件

JB 4728 压力容器用不锈钢锻件

JB/T 7248 阀门用低温钢铸件技术条件

JB/T 7928 通用阀门 供货要求

## 3 术语和定义

下列术语和定义适用于本标准。

3.1

**紧急切断阀 emergency shutoff valve**

安装在槽车(罐车)、罐式集装箱、储罐或管道上,应急情况下,可手动或自动快速关闭的阀门。

3.2

**过流阀 excess flow valve**

当管道中介质的流量超过额定值所引起的压差而自动关闭的阀门。

3.3

**额定流量 rating flow**

过流阀自动关闭前允许通过的最大流量，单位为立方米每小时($m^3/h$)。

3.4

**紧急切断时间 shutoff time**

紧急切断阀靠液压或气压关闭时，由执行件开始动作至液流闭止所经历的时间，以秒(s)表示。

3.5

**内置式 inside type**

主要部分在罐内的紧急切断阀。

3.6

**外置式 outside type**

安装在罐外凸缘上或管道上的紧急切断阀。

3.7

**易熔元件自动切断装置 auto-shutoff equipment of fusible element**

当环境温度超过紧急切断阀中易熔元件的熔点，能使阀门自动闭止的装置。

3.8

**先导式阀杆 pilot operated stem**

在紧急切断阀中起放大和控制流量作用的前置结构。

## 4 结构形式、参数和型号

### 4.1 结构形式

4.1.1 管道用紧急切断阀的典型结构形式如图1所示。

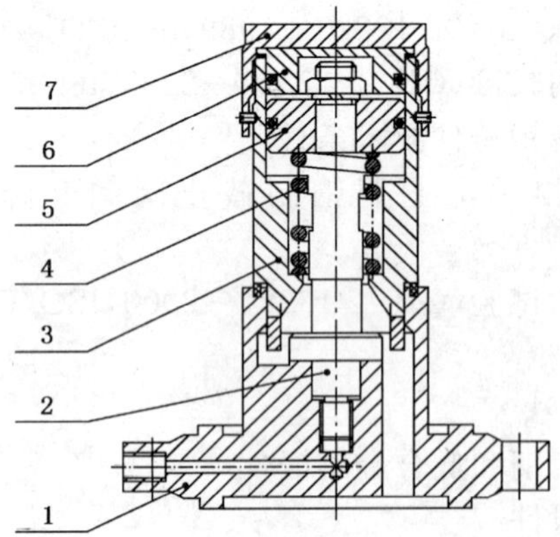


1——阀体；
2——阀杆；
3——阀瓣；
4——弹簧；
5——活塞；
6——密封环；
7——压盖。

**图1 管道用紧急切断阀的典型结构形式**

4.1.2 汽车槽车用紧急切断阀的典型结构形式如图2、图3所示。

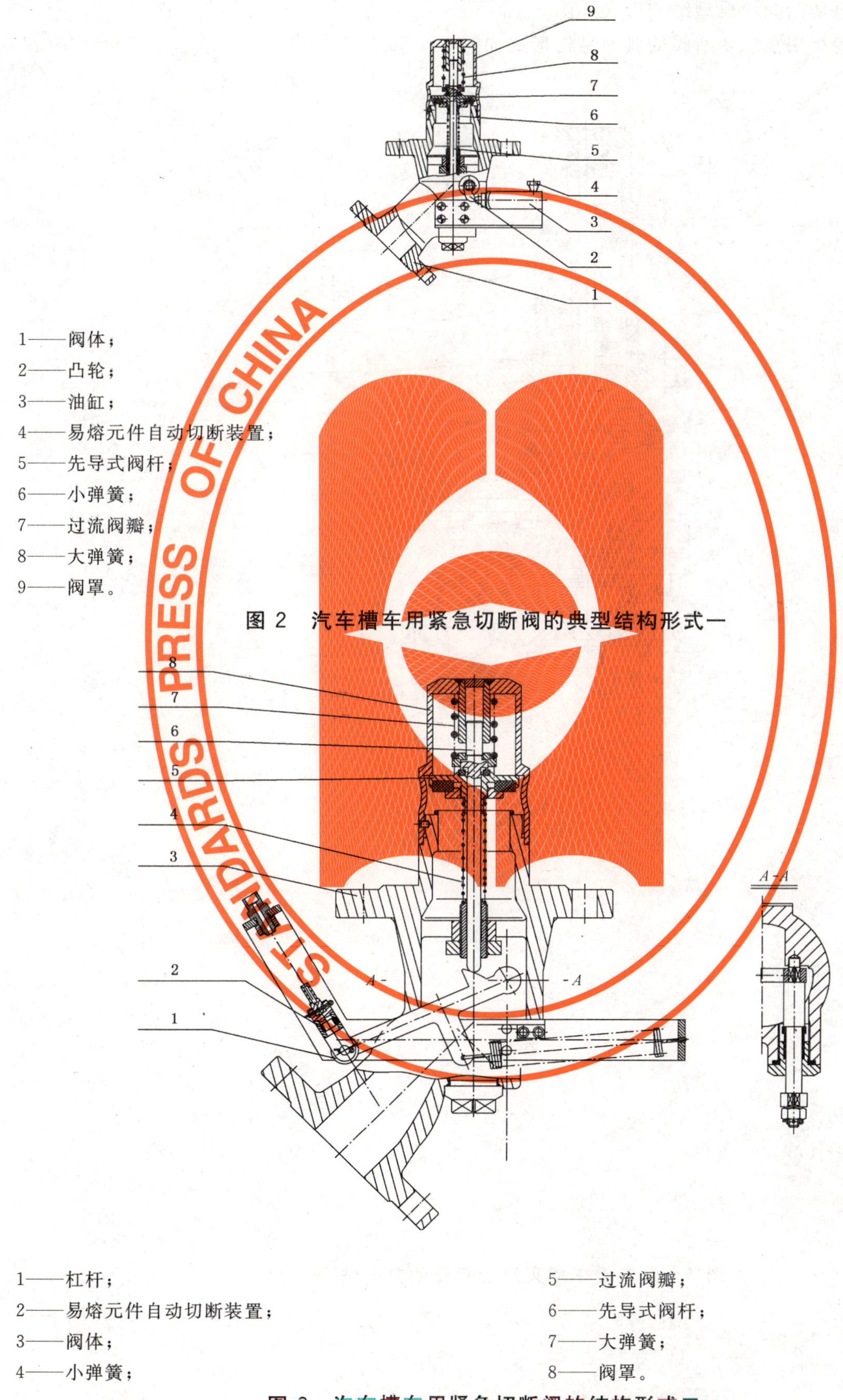

1——阀体；
2——凸轮；
3——油缸；
4——易熔元件自动切断装置；
5——先导式阀杆；
6——小弹簧；
7——过流阀瓣；
8——大弹簧；
9——阀罩。

图2 汽车槽车用紧急切断阀的典型结构形式一

1——杠杆；
2——易熔元件自动切断装置；
3——阀体；
4——小弹簧；
5——过流阀瓣；
6——先导式阀杆；
7——大弹簧；
8——阀罩。

图3 汽车槽车用紧急切断阀的结构形式二

4.1.3　火车罐车用紧急切断阀的典型结构形式如图 4 所示。

4.1.4　站用紧急切断阀的典型结构形式如图 5、图 6 所示。

4.1.5　罐式集装箱用紧急切断阀的典型结构形式如图 7 所示。

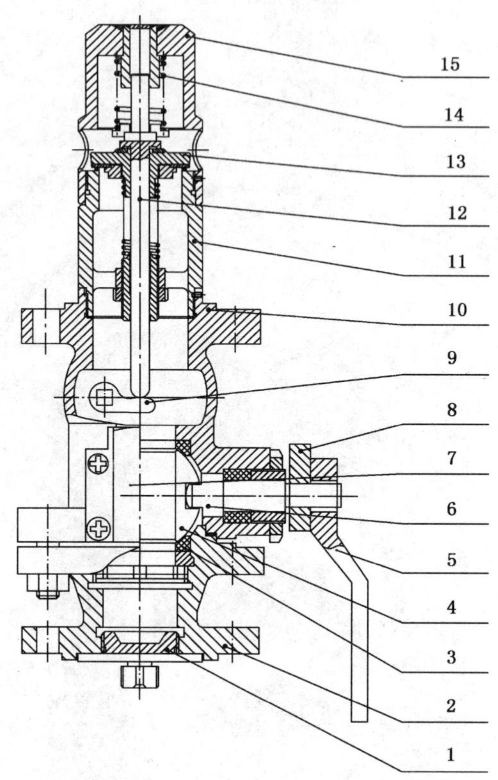


1——螺塞；
2——阀盖；
3——密封圈；
4——球体；
5——手柄；
6——阀杆；
7——油缸；
8——定位块；
9——凸轮；
10——阀体；
11——过流阀体；
12——先导式阀杆；
13——过流阀瓣；
14——大弹簧；
15——阀罩。

**图 4　火车罐车用紧急切断阀的典型结构形式**

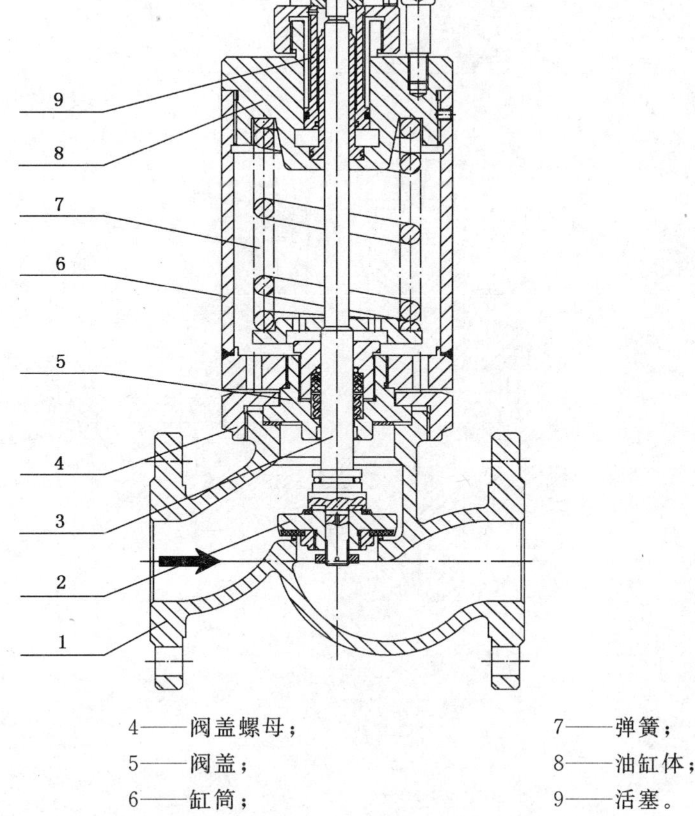


1——阀体；
2——阀瓣；
3——先导式阀杆；
4——阀盖螺母；
5——阀盖；
6——缸筒；
7——弹簧；
8——油缸体；
9——活塞。

**图 5　站用 DN15～DN80 紧急切断阀的典型结构形式**

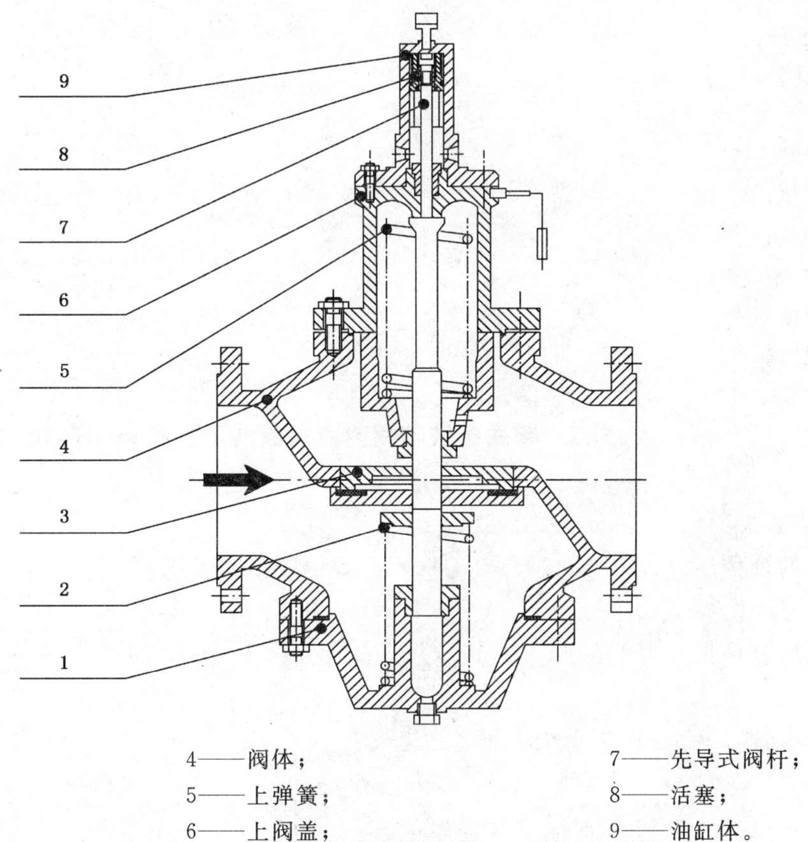


1——下阀盖；
2——下弹簧；
3——阀瓣；
4——阀体；
5——上弹簧；
6——上阀盖；
7——先导式阀杆；
8——活塞；
9——油缸体。

**图 6　站用 DN100～DN350 紧急切断阀的典型结构形式**

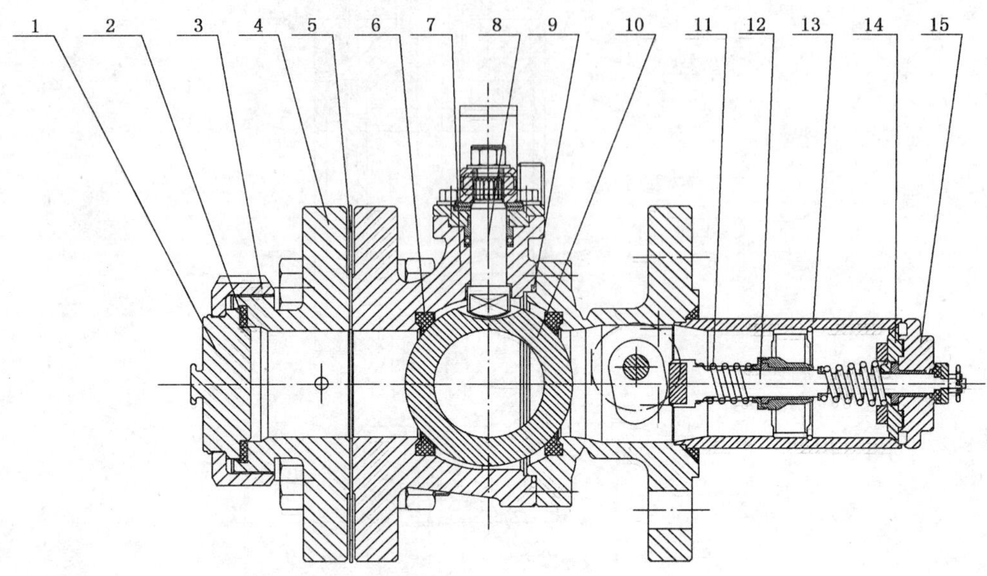


1——顶盖；

2——垫片；

3——阀罩；

4——阀盖；

5——垫片；

6——密封圈；

7——阀体；

8——阀杆；

9——O 形圈；

10——球体；

11——弹簧；

12——先导式阀杆；

13——过流阀体；

14——过流阀瓣；

15——堵盖。

图 7 罐式集装箱用紧急切断阀的典型结构形式

## 4.2 参数

### 4.2.1 公称压力

切断阀的公称压力为 PN10～PN25，并应符合 GB/T 1048 的规定。

### 4.2.2 公称尺寸

切断阀的公称尺寸为 DN15～DN350，并应符合 GB/T 1047 的规定。

## 4.3 型号

4.3.1 紧急切断阀的型号由下列八个单元组成。

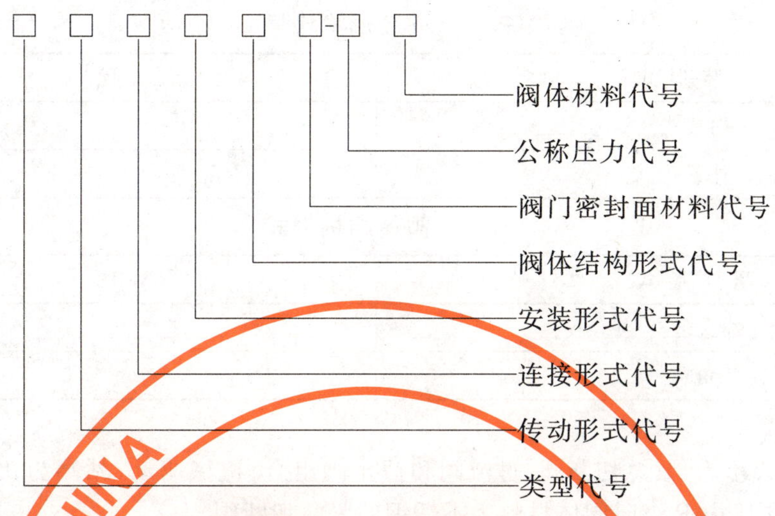


4.3.2 代号

类型代号、传动形式代号、连接形式代号、安装形式代号和阀体结构形式代号用汉语拼音字母或阿拉伯数字表示。具体按表1～表5的规定。

阀门密封面材料代号、公称压力代号和阀体材料代号按JB/T 308的规定。

**表1 类型代号**

| 类型 | 代号 |
|---|---|
| 单一紧急切断阀 | QD |
| 紧急切断阀与过流阀组合 | QG |
| 紧急切断阀、过流阀和截止阀组合 | QGJ |
| 紧急切断阀、过流阀和球阀组合 | QGQ |
| 紧急切断阀与球阀组合 | QQ |
| 紧急切断阀与截止阀组合 | QJ |

**表2 传动形式代号**

| 传动形式 | 代号 | 备注 |
|---|---|---|
| 液压 | Y | |
| 机械 | J | 可省略 |
| 气动 | q | |

**表3 连接形式代号**

| 连接形式 | 代号 |
|---|---|
| 法兰 | 4 |
| 快速接头 | 5 |
| 内螺纹 | 1 |
| 外螺纹 | 2 |
| 注：代号以站用端的连接形式定。 | |

表 4 安装形式代号

| 安装形式 | 代号 |
| --- | --- |
| 内置式 | 1 |
| 外置式 | 2 |

表 5 阀体结构形式

| 阀体形式 | 代号 |
| --- | --- |
| 直通 | 1 |
| 角式 | 3 |

4.3.3 标记示例

QGJ513F-25P 表示为：紧急切断阀、过流阀和截止阀组合；机械驱动；站端为快接接头；内置式；角型；氟塑料密封；公称压力 PN25，阀体材料为不锈钢的紧急切断阀。

## 5 技术要求

### 5.1 最高工作压力

紧急切断阀的最高工作压力为罐体的设计压力。最高工作压力按表 6 的规定。

表 6 紧急切断阀的最高工作压力

| 充装介质种类 | | 公称压力 | 最高工作压力/MPa |
| --- | --- | --- | --- |
| 液氨 | | PN25 | 2.16 |
| 液氯 | | PN20 | 1.62 |
| 液态二氧化硫 | | PN16 | 0.98 |
| 丙烯 | | PN25 | 2.16 |
| 丙烷 | | PN20 | 1.77 |
| 液化石油气 | 50 ℃饱和蒸汽压大于 1.62 MPa | PN25 | 2.16 |
| | 其余情况 | PN20 | 1.77 |
| 正丁烷 | | PN10 | 0.79 |
| 异丁烷 | | PN10 | 0.79 |
| 丁烯、异丁烯 | | PN10 | 0.79 |
| 丁二烯 | | PN10 | 0.79 |

### 5.2 结构长度

5.2.1 移动设备用紧急切断阀的结构长度按订货合同要求。

5.2.2 站用紧急切断阀的结构长度按 GB/T 12221 的规定，或按订货合同要求。

### 5.3 外观

5.3.1 除奥氏体不锈钢阀门外，其他金属的非加工外表面均应涂漆，涂漆层应采用耐久性的涂料，标志处的涂层应保证标志清晰。涂漆的颜色按 JB/T 106 的规定。特殊要求在订货合同中注明。

5.3.2 加工过的外表面应涂易除去的防锈剂。除合同另有规定外，阀门内腔不得涂漆，但应采取防锈措施。

### 5.4 阀体

#### 5.4.1 壳体最小壁厚

5.4.1.1 移动设备用紧急切断阀壳体的最小壁厚按式(1)计算。

$$t = 1.5 \times \left[\frac{p(d_t + 2c)}{2[\sigma_L] - 1.2p}\right] + c \qquad \cdots\cdots(1)$$

式中：

$t$——壳体壁厚的最小计算值，单位为毫米(mm)；

$p$——设计的压力值，取公称压力，单位为兆帕(MPa)；

$[\sigma_L]$——常温下材料的许用拉应力，单位为兆帕(MPa)；

$d_t$——阀门进口直径，单位为毫米(mm)；

$c$——腐蚀裕量，单位为毫米(mm)，由设计者决定，可取 1 mm～3 mm。

5.4.1.2 站用紧急切断阀壳体的最小壁厚按 GB/T 12235 的规定。

**5.4.2 法兰连接尺寸及法兰密封面形式**

法兰连接端按 GB/T 9113.1 或 GB/T 9113.2 的规定，密封面表面粗糙度按 GB/T 9124 的规定，或按订货合同要求。

**5.5 弹簧**

弹簧的设计、制造和检验应符合 GB/T 1239.2—1989 的有关规定，其制造精度不低Ⅱ级。

**5.6 液压、气动元件**

液压、气动元件在经过水压试验和密封性能试验后，应能保持紧急切断阀的使用性能。

**5.7 易熔元件自动切断装置**

易熔元件自动切断装置所用易熔合金应确保 75 ℃±5 ℃时熔融。

**5.8 性能要求**

**5.8.1 壳体强度**

切断阀在经壳体强度试验后，结构无损伤。

**5.8.2 密封性能**

试验压力为分别用 0.1 MPa 和最高工作压力，试验介质为空气或氮气，在规定的试验时间内，无可见渗漏。

对于紧急切断阀和截止阀或球阀组合的结构，阀杆填料函及阀瓣密封面均不允许泄漏。

**5.8.3 过流阀切断性能**

当阀门出口介质的流量达到额定流量时，阀门应能自动关闭，额定流量误差允许在±10%以内。

**5.8.4 完全关闭时间**

紧急切断阀的完全关闭时间按表 7 的规定。

**表 7 紧急切断阀的完全关闭时间**

| 公称尺寸 DN | 关闭时间/s |
| --- | --- |
| ≤50 | ≤5 |
| 65～350 | ≤10 |

**5.8.5 自然闭止性能**

靠油压或气压启闭的阀门，阀门全开时应能持续放置 48 h，不致自然完全关闭。

**5.8.6 耐振动性能**

应用于移动设备上的紧急切断阀耐振动性能按附录 A 的规定。

**5.8.7 反复操作性能**

阀门应能在空载状态下启闭 2 000 次，达到出厂性能要求。

**5.8.8 超温关闭性能**

紧急切断阀应保证在易熔元件自动切断装置温度达到 75 ℃±5 ℃时自动关闭。

**5.9 材料**

5.9.1 制造紧急切断阀用的材料，应与介质相容，阀体用材料应满足介质的工况环境；液氨用紧急切断阀的材料不允许用铜材。

5.9.2 壳体

壳体根据使用介质的温度或客户的要求可以选用低温钢铸件制造，也可以选用不锈钢铸件制造，当选用低温钢铸件制造时应符合 JB/T 7248 的规定，当选用不锈钢铸件制造时应符合 GB/T 12230 的规定。

5.9.3 过流阀瓣

过流阀瓣根据使用介质的温度或客户的要求可以选用碳素钢锻件制造，也可以选用不锈钢锻件制造，当选用碳素钢锻件时应符合 JB 4727 的规定，当选用不锈钢锻件制造时应符合 JB 4728 的规定。

5.9.4 先导式阀杆

先导式阀杆应选用不锈钢制造，并符合 GB/T 1220 的规定，其表面应经热处理；也可用碳素钢制造，并应符合 GB/T 699 的规定，其表面应镀镍磷合金、硬度不低于 874 HV。

5.9.5 弹簧

与介质接触的螺旋压缩弹簧应用奥氏体不锈钢制造，并应符合 GB/T 4240 的规定。

5.9.6 易熔元件材料

易熔元件材料的化学成分含有铋(Bi)、铅(Pb)、锡(Sn)和镉(Cd)，材料的性能应满足 5.8 的要求。

5.9.7 非金属材料

非金属材料应选耐液化石油气或液氨的材料。

## 6 试验方法

### 6.1 壳体试验

6.1.1 试验压力和试验方法按 GB/T 13927 的规定。

6.1.2 试验持续时间按表 8 的规定。

**表 8 壳体试验持续时间**

| 公称尺寸 DN | ≤50 | 65～200 | ≥250 |
|---|---|---|---|
| 试验持续时间/s | 120 | 180 | 240 |

### 6.2 气密试验

**6.2.1 试验压力**

试验压力分别为 0.1 MPa 和最高工作压力。

**6.2.2 试验介质**

试验介质为空气或氮气。

**6.2.3 试验持续时间**

试验持续时间按表 9 的规定。

**表 9 气密试验持续时间**

| 公称尺寸 DN | ≤50 | 65～200 | ≥250 |
|---|---|---|---|
| 试验持续时间/s | 60 | 120 | 180 |

**6.2.4 试验方法**

试验时紧急切断阀应处于关闭状态，压力从入口端引入，在试验时间内，检查先导式阀杆和过流阀两处密封面是否有渗漏。

对于紧急切断阀和截止阀或球阀组合的结构，试验时间不少于 2 min。对填料函的试验应在阀瓣开启及关阀两种状态下进行。

**6.2.5 压力表**

6.2.5.1 试验使用的压力表的精度不应当低于 1.5 级。

6.2.5.2 压力表盘刻度极限值应为最高工作压力的1.5～3倍，表盘直径不小于100 mm。

## 6.3 过流性能试验

### 6.3.1 试验介质

试验介质为水、煤油或黏度不高于水的非腐蚀性液体，奥氏体不锈钢阀门试验时，所使用的水中氯离子含量不应超过100 mg/L。

### 6.3.2 试验方法

以泵向稳压罐内充气压，打开阀4，将介质引向试验阀。此时，阀8关闭，使试验阀后形成一个封闭空间。过流阀的浮动阀瓣前后均压，阀瓣开启。然后，逐渐开启阀8，流量随之上升，至浮动阀瓣自行关闭，记下关闭前瞬间的最大流量。开启阀8的速度应缓慢且恒定。

### 6.3.3 额定流量

阀瓣自行关闭瞬间最大流量的允许偏差为额定流量的±10%，超出此范围应调整直至合格。重复试验3次，流量均应在允许范围内。

### 6.3.4 过流试验装置

过流试验系统如图8所示。

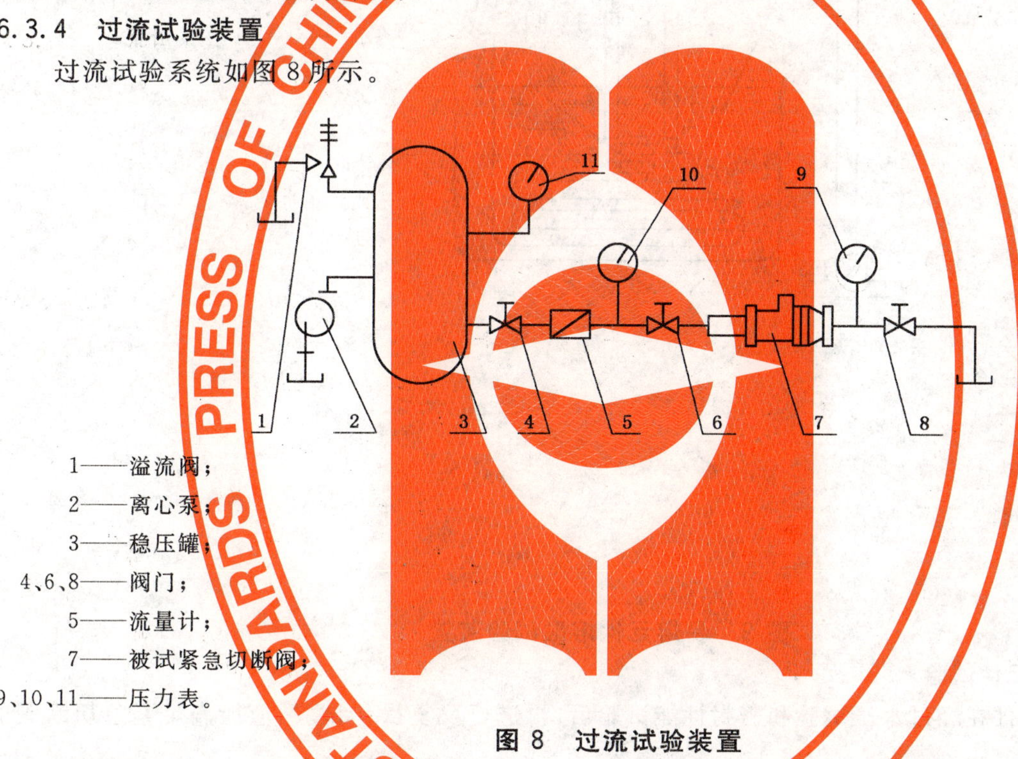


1——溢流阀；
2——离心泵；
3——稳压罐；
4、6、8——阀门；
5——流量计；
7——被试紧急切断阀；
9、10、11——压力表。

图8 过流试验装置

## 6.4 紧急切断性能试验

6.4.1 用油或空气按介质流动方向施加与最高工作压力相同的试验压力，当紧急切断阀开始动作后，应保证在表7的规定时间内完全关闭。

6.4.2 试验闭止时间时，允许在近距离内操纵。

6.4.3 试验次数不少于2次。

## 6.5 自然闭止试验

靠油压或气压启闭的紧急切断阀，将阀门开启，停止向液压系统补充油液，阀门应达到5.8.5的要求。

## 6.6 振动试验

6.6.1 对于应用于移动设备上的紧急切断阀应进行耐振动试验，试验方法按附录A的规定进行。

6.6.2 振动试验试件数量不少于3件。

6.6.3 试验时，紧急切断阀的安装状态与其工作状态相似。

6.6.4 试验后性能不变，如出现不合格品，则须改进紧急切断阀的结构，重做试验。

### 6.7 反复操作试验

紧急切断阀应进行反复操作试验，即在空载条件下，连续反复进行启闭操作，每启闭 500，1 000，1 300，1 600，1 800，2 000 次按型式试验项目（仅在 2 000 次反复启闭操作后进行易熔元件熔融试验）检查应合格。

### 6.8 易熔元件熔融试验

紧急切断阀的易熔元件熔点的测定采用图 9 所示的试验装置进行试验。在液温达到 75 ℃±5 ℃时，易熔金属应完全熔融。此时，当试验装置内的液温升到接近规定温度时，应仔细进行搅拌，同时使液温以每 2 min～3 min 平均上升 1 ℃的速度升温，逐步接近规定温度。并绘制熔融温度曲线图。

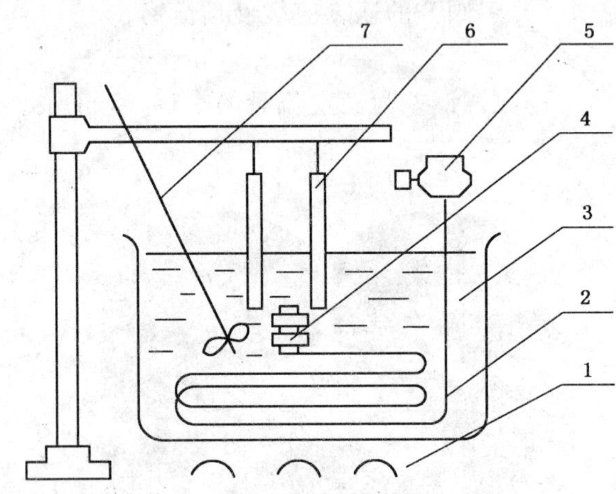


1——热源；
2——钢管；
3——水或油；
4——试验物；
5——内压调节阀；
6——温度计；
7——搅拌棒。

**图 9 易熔元件熔融试验装置**

### 6.9 液压、气动元件试验

液压、气动元件在经过水压试验和密封性能试验后，再进行反复操作试验，应能满足紧急切断阀的使用性能。

## 7 检验规则

### 7.1 出厂试验

切断阀的出厂试验项目按表 10 的规定，出厂试验须逐台进行。

**表 10 试验项目**

| 检验项目 | 试验类别 | | 技术要求 | 检验和试验方法 |
|---|---|---|---|---|
| | 出厂试验 | 型式试验 | | |
| 外观 | √ | — | 5.3 | 目测 |
| 壳体强度 | √ | √ | 5.8.1 | 6.1 |
| 气密性能 | √ | √ | 5.8.2 | 6.2 |
| 过流性能 | √ | √ | 5.8.3 | 6.3 |

表 10（续）

| 检验项目 | 试验类别 | | 技术要求 | 检验和试验方法 |
|---|---|---|---|---|
| | 出厂试验 | 型式试验 | | |
| 紧急切断性能 | √ | √ | 5.8.4 | 6.4 |
| 自然闭止性能 | — | √ | 5.8.5 | 6.5 |
| 耐振动 | — | √ | 5.8.6 | 6.6 |
| 反复操作 | — | √ | 5.8.7 | 6.7 |
| 易熔元件熔融 | — | √ | 5.7 | 6.8 |
| 液压、气动元件 | — | √ | 5.6 | 6.9 |
| 标志 | √ | — | 8 | 目测 |
| 注：“√”为试验项目。 | | | | |

### 7.2 型式试验

7.2.1 有下列情况之一时，应提供 1～2 台阀门进行型式试验，试验合格后方可成批生产：

a) 新产品试制定型鉴定；

b) 正式生产后，如结构、材料、工艺有较大改变可能影响产品性能时；

c) 产品长期停产后恢复生产时。

7.2.2 有下列情况之一时，应抽样进行型式试验：

a) 正常生产时，定期或积累一定产量后，应进行周期性检验；

b) 国家质量监督机构提出进行型式检验的要求时。

7.2.3 型式试验项目按表 10 的规定。

### 7.3 抽样方法

抽样可以在生产线的终端经检验合格的产品中随机抽取，也可以在产品成品库中随机抽取，或者从已供给用户但未使用并保持出厂状态的产品中随机抽取。每一个规格供抽取的最少基数和抽取数按表 11 的规定，到用户抽样时，供抽样的最少基数不受限制，抽样数仍按表 11 的规定。

表 11 抽样的最少基数和抽样数

| 公称尺寸 DN | 最少基数/台 | 抽样数/台 |
|---|---|---|
| ≤100 | 20 | 3 |
| ≥125 | 5 | 3 |

## 8 标志

### 8.1 标志的内容

切断阀应按 GB/T 12220 的规定进行标记，并应符合 8.2 和 8.3 的规定。

### 8.2 阀体上的标记

在阀体上须注有下列的永久标记：

——制造厂商标标志；

——阀体材料或代号；

——公称压力或压力等级；

——公称尺寸；

——介质流向标记（如适用）；

——熔炼炉号或锻打批号；

——在法兰上打钢印产品编号。

### 8.3 铭牌上的标志

每个紧急切断阀应有金属铭牌，铭牌内容至少应包括：

——制造厂名及商标标志；

——许可标志及许可证书编号；

——产品型号、型式、规格；

——公称压力或压力等级；

——公称尺寸；

——适用介质；

——适用温度；

——产品编号；

——额定流量(带过流结构适用)。

## 9 涂漆

紧急切断阀的外表面涂漆按 GB/T 10478 的规定。

## 10 供货要求

供货要求按 JB/T 7928 的规定。

# 附 录 A
（规范性附录）
# 紧急切断阀的耐振动试验方法

## A.1 范围

本规定适用于直接安装在罐车罐体上的阀件在振动试验机上的试验方法。

## A.2 试验项目

**A.2.1** 振动试验的项目包括有：共振试验、振动性能试验及振动疲劳试验。

**A.2.2** 共振试验是确定阀件共振频率的试验。

**A.2.3** 振动性能试验是检查阀件在振动时性能的试验。

**A.2.4** 振动疲劳试验是给阀件施加一定频率的振动，检查阀件振动疲劳性能的试验。

## A.3 试验条件

### A.3.1 试验顺序

振动试验原则上是按共振试验、振动性能试验及振动疲劳试验的顺序进行。亦可共振试验与振动性能试验同时进行。

### A.3.2 阀件安装

阀件在振动试验机上的安装，原则上应采用与正常工作使用相近似的安装方法和安装位置。

### A.3.3 阀件的动作状态

振动性能试验在阀件动作状态下进行，共振试验与振动疲劳试验在非动作状态下进行。但在进行振动疲劳试验时，要比较阀件在试验前与试验后的动作状态。

### A.3.4 振动施加方法

对阀件安装位置的前后、左右及上下的正交三方向施加振动，方向顺序任意。

## A.4 试验方法

### A.4.1 共振试验

**A.4.1.1** 按表 A.1 规定的频率范围内连续增加及减少频率大小。

**表 A.1 共振试验**

| 频率范围/Hz | 振 动 大 小 |
|---|---|
| 5～11 | 全振幅 5 mm |
| 11～50 | 加速度全振幅 5G，(49.0 $m/s^2$) |

a) 加速度全振幅即为振动加速度。

b) 加速度全振幅、振动的全振幅及频率的关系按式(A.1)：

$$a = \frac{A \cdot f^2}{250} \qquad \cdots\cdots (A.1)$$

式中：

$a$——自由落体加速度(9.806 65 $m/s^2$)的倍数所表示的加速度全振幅，G；

$A$——全振幅，单位为毫米(mm)；

$f$——频率,单位为赫兹(Hz)。

**A.4.1.2** 频率变化大小要保证不遗漏共振频率。

**A.4.1.3** 在最小与最大频率之间(5 Hz～50 Hz)往复一次所需的时间能足以不遗漏共振频率。

**A.4.1.4** 频率的往复次数至少在一次以上。

**A.4.1.5** 振动大小在低频范围内设全振幅为定值,在高频范围内设加速度全振幅为定值。

**A.4.1.6** 若振动试验机能力不足或需要简化试验时,可在表 A.1 规定的频率范围内(5 Hz～50 Hz)改变振动大小的数值,全振幅均取为 1.0 mm。

**A.4.2 振动性能试验**

振动性能试验方法与共振试验方法相同。

**A.4.3 振动疲劳试验**

**A.4.3.1 总则**

振动疲劳试验分为有共振和无共振两种。

振动原则上选择 B 种类型(见表 A.2)进行。亦可根据振动试验机的能力,试验时间等条件的因素选择 A 种或 C 种的类型。

**A.4.3.2 无共振情形**

无共振情形的振动疲劳试验按表 A.2 的规定进行。

**A.4.3.3 共振情形**

**A.4.3.3.1** 若阀件共振频率点只有一个时,设表 A.1 所示全振幅或在共振频率点对应于加速度全振幅的全振幅为 A(mm),其中共振频率点对应于加速度全振幅的全振幅由式(A.1)求得。则阀件的振动疲劳试验先按表 A.3 的规定进行,然后再按表 A.2 所规定的全振幅与表 A.4 所规定的试验时间继续进行。

**表 A.2 无共振情形的振动疲劳试验**

| 种类 | | A | B | C |
|---|---|---|---|---|
| 频率/Hz | | 30 | 30 | 30 |
| 振动大小 | 全振幅/mm | 2.8 | 2.0 | 1.4 |
| | 加速度全振幅 G,(m/s)(参考) | 10.1,(99.0) | 7.2,(70.6) | 5.0,(49.0) |
| 试验时间 | 前后 | 12 min | 2 h | 20 h |
| | 左右 | 12 min | 2 h | 20 h |
| | 上下 | 24 min | 4 h | 40 h |
| 注:本标准中括号内的单位及数值是国际单位换算值。 | | | | |

**表 A.3 共振情形的振动疲劳试验**

| 种类 | | A | B | C |
|---|---|---|---|---|
| 频率 | | 共振频率 | | |
| 全振幅/mm | | 2A | 1.4A | A |
| 试验时间 | 前后、左右 | 3 min | 0.5 h | 5 h |
| | 上下 | 6 min | 1 h | 10 h |

表 A.4 试验时间

| 种类 | | A | B | C |
|---|---|---|---|---|
| 试验时间 | 前后、左右 | 9 min | 1.5 h | 15 h |
| | 上下 | 18 min | 3 h | 30 h |

**A.4.3.3.2** 若阀件共振频率点有两个及其以上者，以较严格的共振频率按 A.4.3.3.1 的规定进行试验。

# 附 录 B
(资料性附录)
# 液化气体设备紧急切断阀订货合同数据表

紧急切断阀工作条件：
阀门要求的标准：______
阀门安装的位置和要求功能：______
阀门的公称尺寸：______ 阀门的压力等级：______
最高工作压力：______ 流量：______
最高工作温度：______ 最低工作温度：______
使用介质及组分：______

紧急切断阀结构形式：
阀门的类型：单一紧急切断阀：______ 紧急切断阀与过流阀组合：______
紧急切断阀、过流阀和截止阀组合：______
紧急切断阀、过流阀和球阀组合：______
紧急切断阀与球阀组合：______
紧急切断阀与截止阀组合：______
结构形式：直通：______ 角式：______

紧急切断阀连接形式：
连接方式：法兰：______ 快速接头：______ 螺纹：______
法兰的要求：平面：______ 突面：______ 凹面：______
快速接头的要求阴接头阳接头：______
螺纹的要求：内螺纹及规格：外螺纹及规格：______

紧急切断阀零件的材料：
阀体：______ 阀盖：______ 阀瓣：______ 密封面：______ 阀杆：______
填料：______ 螺柱：______ 阀体阀盖连接垫片：______
其他：______

紧急切断阀的操作方式：
液压：______ 机械：______ 气动：______

紧急切断阀安装方式要求：
内置：______ 外置：______

ICS 23.060.99
J 16

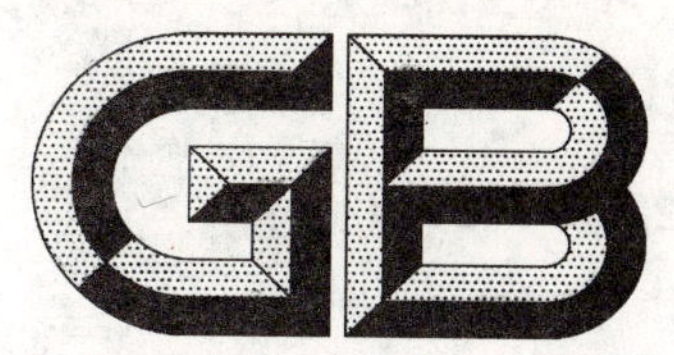


# 中华人民共和国国家标准

GB/T 22654—2008

# 蒸汽疏水阀　技术条件

## Automatic steam traps—Technical specification

2008-12-23 发布　　2009-07-01 实施

中华人民共和国国家质量监督检验检疫总局
中国国家标准化管理委员会　发布

# 前 言

本标准自实施之日起，JB/T 9093—1999《蒸汽疏水阀 技术条件》作废。

本标准的附录A为资料性附录。

本标准由中国机械工业联合会提出。

本标准由全国阀门标准化技术委员会(SAC/TC 188)归口。

本标准起草单位：北京市阀门总厂(集团)有限公司、福建省泉州市英侨阀门有限公司、甘肃红峰机械有限责任公司。

本标准主要起草人：张清双、洪有福、张云龙。

# 蒸汽疏水阀 技术条件

## 1 范围

本标准规定了蒸汽疏水阀的参数、技术要求、试验方法、试验规则、标志和供货要求等内容。

本标准适用于公称压力不大于PN260,公称尺寸不大于DN150,介质温度不大于550 ℃的机械型、热静力型和热动力型蒸汽疏水阀(以下简称疏水阀)。

## 2 规范性引用文件

下列文件中的条款通过本标准的引用而成为本标准的条款。凡是注日期的引用文件,其随后所有的修改单(不包括勘误的内容)或修订版均不适用于本标准,然而,鼓励根据本标准达成协议的各方研究是否可使用这些文件的最新版本。凡是不注日期的引用文件,其最新版本适用于本标准。

GB 150 钢制压力容器

GB/T 1047 管道元件DN(公称尺寸)的定义和选用(GB/T 1047—2005,ISO 6708:1995,MOD)

GB/T 1048 管道元件PN(公称压力)的定义和选用(GB/T 1048—2005,ISO/CD 7268:1996,MOD)

GB/T 1184—1996 形状和位置公差 未注公差值(eqv ISO 2768-2:1989)

GB/T 1220 不锈钢棒

GB/T 7306.1 55°密封管螺纹 第1部分:圆柱内螺纹与圆锥外螺纹(GB/T 7306.1—2000,eqv ISO 7-1:1994)

GB/T 7306.2 55°密封管螺纹 第2部分:圆锥内螺纹与圆锥外螺纹(GB/T 7306.2—2000,eqv ISO 7-1:1994)

GB/T 9113(所有部分) 整体钢制管法兰

GB/T 9115(所有部分) 对焊钢制管法兰

GB/T 9117(所有部分) 承插焊钢制管法兰

GB/T 9124 钢制管法兰 技术条件

GB/T 12224 钢制阀门 一般要求(GB/T 12224—2005,ASTM B16.34a:1998,NEQ)

GB/T 12225 通用阀门 铜合金铸件技术条件

GB/T 12226 通用阀门 灰铸铁件技术条件

GB/T 12227 通用阀门 球墨铸铁件技术条件

GB/T 12228 通用阀门 碳素钢锻件技术条件

GB/T 12229 通用阀门 碳素钢铸件技术条件

GB/T 12230 通用阀门 不锈钢铸件技术条件

GB/T 12250 蒸汽疏水阀 术语、标志、结构长度(GB/T 12250—2005,ISO 6552:1980,NEQ)

GB/T 12251 蒸汽疏水阀 试验方法(GB/T 12251—2005,ISO 6948:1981,NEQ)

GB/T 12716 60°密封管螺纹(GB/T 12716—2002,eqv ASME B1.20.1:1992)

GB/T 17241.6 整体铸铁管法兰(GB/T 17241.6—1998,neq ISO 7005-2:1988)

GB/T 17241.7 铸铁管法兰 技术条件(GB/T 17241.7—1998,neq ISO 7005-2:1988)

JB/T 106 阀门的标志和涂漆

JB 4726　压力容器用碳素钢和低合金钢锻件

JB 4728　压力容器用不锈钢锻件

JB/T 5263　电站阀门　铸钢件技术条件

JB/T 7746　紧凑型钢制阀门(JB/T 7746—2006,API 602—1998,NEQ)

JB/T 7928　通用阀门　供货要求

JB/T 9625　锅炉管道附件承压铸钢件技术条件

JB/T 9626　锅炉锻件　技术条件

## 3　参数

### 3.1　公称压力

疏水阀的公称压力不大于PN260,并应符合GB/T 1048的规定。

### 3.2　公称尺寸

疏水阀的公称尺寸不大于DN150,并应符合GB/T 1047的规定。

## 4　技术要求

### 4.1　压力-温度额定值

4.1.1　疏水阀的压力-温度额定值由壳体材料及内件材料的压力-温度额定值中较小的值确定。

4.1.2　钢制疏水阀的压力-温度额定值按GB/T 12224的规定。

4.1.3　铁制疏水阀的压力-温度额定值按GB/T 17241.7的规定。

4.1.4　疏水阀的压力-温度额定值作为疏水阀的最高允许压力和最高允许温度,其值不小于疏水阀的最高工作压力、最高工作温度。

### 4.2　结构长度

疏水阀的结构长度按GB/T 12250的规定,或按订货合同的要求。

### 4.3　连接端

4.3.1　钢制疏水阀法兰连接端按GB/T 9113、GB/T 9115和GB/T 9117的规定,密封面表面粗糙度按GB/T 9124的规定,或按订货合同要求;铁制疏水阀法兰连接端按GB/T 17241.6的规定,密封面表面粗糙度按GB/T 17241.7的规定,或按订货合同要求。

4.3.2　钢制疏水阀承插焊连接端部按JB/T 7746的规定,或按订货合同要求;钢制疏水阀对接焊连接端按GB/T 12224的规定,或按订货合同要求。

4.3.3　螺纹连接端按GB/T 7306.1、GB/T 7306.2、GB/T 12716的规定,或按订货合同要求。

### 4.4　阀体

4.4.1　阀体应当是铸造和锻造成型,若阀体端法兰需要采用焊接时,应采用承插焊或对接焊形式,法兰应是锻造材料。该法兰与阀体的焊接应按GB 150的规定,并应按材料的特性进行相应的热处理。

4.4.2　直通式疏水阀法兰连接的两端法兰密封面的平行度公差按GB/T 1184—1996中规定的10级精度。

4.4.3　直通式疏水阀螺纹连接的两端螺纹同轴度公差按GB/T 1184—1996中规定的10级精度。

4.4.4　连接法兰的螺栓孔轴线位置度公差应不大于螺栓与螺栓孔间隙的1/4,两侧法兰相对于螺栓孔同轴度公差应不大于螺栓与螺栓孔间隙的1/2。

4.4.5　钢制疏水阀壳体的最小壁厚按GB/T 12224的规定。铁制疏水阀壳体的最小壁厚按表1的规定。

4.4.6　阀体和阀盖可用法兰或螺纹连接。

表 1 铁制疏水阀壳体的最小壁厚

单位为毫米

| 公称尺寸 DN | 灰铸铁 | | 可锻铸铁 | | 球墨铸铁 |
|---|---|---|---|---|---|
| | PN10 | PN16 | PN10 | PN16 | PN16 |
| 15 | 5 | 5 | 5 | 5 | 5 |
| 20 | 6 | 6 | 6 | 6 | 6 |
| 25 | 6 | 6 | 6 | 6 | 6 |
| 32 | 6 | 7 | 6 | 7 | 7 |
| 40 | 7 | 7 | 7 | 7 | 7 |
| 50 | 7 | 8 | 7 | 8 | 8 |
| 65 | 8 | 8 | 8 | 8 | 8 |
| 80 | 8 | 9 | 8 | 9 | 9 |
| 100 | 9 | 10 | 9 | 10 | 10 |
| 125 | 10 | 12 | 10 | 12 | 12 |
| 150 | 11 | 12 | 11 | 12 | 12 |

**4.5 过滤网**

4.5.1 疏水阀应设有过滤网,不设过滤网的疏水阀应带有单独的过滤器。

4.5.2 过滤网用板材冲制时其网孔孔径应不大于 1 mm。

4.5.3 过滤网流通面积应不小于疏水阀流通面积的 1.5 倍。

4.5.4 过滤网应有足够刚度,其焊缝应牢固可靠。

**4.6 内件**

4.6.1 机械型疏水阀的杠杆、销轴等内件应保证动作灵活可靠,具有足够的强度和耐腐蚀性。

4.6.2 热静力型疏水阀的驱动零件应有足够的刚度,在最高工作压力和温度下,动作应灵敏可靠。

4.6.3 热动力型疏水阀的启闭件应具有足够的强度和耐磨性,动作灵敏可靠,不得有卡阻现象。

**4.7 外观**

4.7.1 除奥氏体不锈钢阀门外,其他金属的非加工外表面均应涂漆,涂漆层应采用耐久性的涂料,标志处的涂层应保证标志清晰。涂漆的颜色按 JB/T 106 的规定。特殊要求在订货合同中注明。

4.7.2 加工过的外表面应涂易除去的防锈剂。除合同另有规定外,阀门内腔不得涂漆,但应采取防锈措施。

**4.8 材料**

**4.8.1 壳体**

壳体一般选用铜合金铸件、灰铸铁、球墨铸铁、奥氏体不锈钢、碳素钢、合金钢等材料,分别按 GB/T 12225、GB/T 12226、GB/T 12227、GB/T 12230、GB/T 12229、JB/T 5263、JB/T 9625、GB/T 12228、JB/T 4728、JB/T 9626、JB/T 4726 的规定,或按订货要求。

**4.8.2 浮球、金属片、阀片、膜盒、浮桶**

自由浮球式疏水阀的浮球、双金属片式疏水阀的金属片、圆盘式疏水阀的阀片、膜盒式疏水阀的膜盒及倒吊桶式疏水阀的浮桶等元件应选用不锈钢制造,并符合 GB/T 1220 的规定。

**4.9 性能要求**

4.9.1 壳体强度

在规定的时间内,承受 1.5 倍公称压力后,壳体不得有渗漏,内件不得有残留变形。

4.9.2 动作

向疏水阀通入蒸汽时,疏水阀应关闭,再引入一定负荷率的热凝结水时,疏水阀应开启。凝结水排出后疏水阀应重新关闭。

4.9.3 工作压力

最高工作压力不大于设计给定值，最低工作压力不小于设计给定值。

4.9.4 最高背压率

4.9.4.1 机械型不小于80%。

4.9.4.2 热动力型不小于50%，其中脉冲式不小于25%。

4.9.4.3 热静力型不小于30%。

4.9.5 排除空气和其他不凝性气体时不能有气堵现象。

4.9.6 过冷度

最大过冷度和最小过冷度不大于设计给定值。

4.9.7 漏汽率

4.9.7.1 除脉冲式和孔板式外，负荷率在(6±3)%的条件下，疏水阀的有负荷漏汽率应不大于3%。

4.9.7.2 机械型和热静力型疏水阀的无负荷漏汽率应不大于0.5%。

4.9.8 排量

给定过冷度的热凝结水排量按设计值或订货合同的规定。

4.9.9 自动排气功能

疏水阀应具有自动排气功能。

## 5 试验方法和检验规则

### 5.1 试验方法

性能试验方法按GB/T 12251的规定。

### 5.2 检验规则

#### 5.2.1 出厂试验

疏水阀的出厂试验项目按表2的规定，出厂试验须逐台进行，检验合格方可出厂。

**表2 试验项目**

| 试验项目 | 试验类别 | | 技术要求 | 检验和试验方法 |
|---|---|---|---|---|
| | 出厂试验 | 型式试验 | | |
| 壳体强度试验 | √ | √ | 按4.9.1 | GB/T 12251 |
| 动作试验 | √ | √ | 按4.9.2 | GB/T 12251 |
| 最低工作压力试验 | — | √ | 按4.9.3 | GB/T 12251 |
| 最高工作压力试验 | — | √ | 按4.9.3 | GB/T 12251 |
| 最高背压试验 | — | √ | 按4.9.4 | GB/T 12251 |
| 排空气能力试验 | — | √ | 按4.9.5 | GB/T 12251 |
| 最大过冷度试验 | — | √ | 按4.9.6 | GB/T 12251 |
| 最小过冷度试验 | — | √ | 按4.9.6 | GB/T 12251 |
| 漏汽量试验 | — | √ | 按4.9.7 | GB/T 12251 |
| 热凝结水排量试验 | — | √ | 按4.9.8 | GB/T 12251 |
| 外观 | √ | — | 按4.7 | 目测 |
| 标志 | √ | — | 按第8章 | 目测 |
| 注：“√”为试验项目。 | | | | |

5.2.2 型式试验

5.2.2.1 有下列情况之一时，应提供1～2台阀门进行型式试验，试验合格后方可成批生产：

a) 新产品试制定型鉴定；

b) 正式生产后，如结构、材料、工艺有较大改变可能影响产品性能时；

c) 产品长期停产后恢复生产时。

5.2.2.2 有下列情况之一时，应抽样进行型式试验：

a) 正常生产时，定期或积累一定产量后，应进行周期性检验；

b) 国家质量监督机构提出进行型式检验的要求时。

5.2.2.3 型式试验项目按表2的规定。

5.2.2.4 抽样方法

抽样可以在生产线的终端经检验合格的产品中随机抽取，也可以在产品成品库中随机抽取，或者从已供给用户但未使用并保持出厂状态的产品中随机抽取。每一个规格供抽取的最少基数不少于20台，抽取数为3台。到用户抽样时，供抽样的最少基数不受限制，抽样数仍为3台。

## 6 标志

标志按GB/T 12250的规定。

## 7 供货要求

供货要求按JB/T 7928的规定。

# 附 录 A
## （资料性附录）
## 蒸汽疏水阀订货合同数据表

蒸汽疏水阀订货合同数据表见表A.1。

**表 A.1**

<table>
<tr><td>1</td><td colspan="4">安装位号</td><td></td></tr>
<tr><td>2</td><td colspan="4">安装位置</td><td></td></tr>
<tr><td>3</td><td colspan="4">需要数量</td><td></td></tr>
<tr><td>4</td><td colspan="2" rowspan="4">使用场合</td><td colspan="2">加热设备</td><td></td></tr>
<tr><td>5</td><td colspan="2">蒸汽主管线</td><td></td></tr>
<tr><td>6</td><td colspan="2">伴热管线</td><td></td></tr>
<tr><td>7</td><td colspan="2"></td><td></td></tr>
<tr><td>8</td><td rowspan="17">工艺数据</td><td colspan="2">操作流量</td><td>kg/h</td><td></td></tr>
<tr><td>9</td><td colspan="2">安全系数</td><td></td><td></td></tr>
<tr><td>10</td><td colspan="2">连续流量</td><td>kg/h</td><td></td></tr>
<tr><td>11</td><td rowspan="3">进口压力</td><td>最大</td><td>MPa</td><td></td></tr>
<tr><td>12</td><td>正常</td><td>MPa</td><td></td></tr>
<tr><td>13</td><td>最小</td><td>MPa</td><td></td></tr>
<tr><td>14</td><td rowspan="3">出口压力</td><td>最大</td><td>MPa</td><td></td></tr>
<tr><td>15</td><td>正常</td><td>MPa</td><td></td></tr>
<tr><td>16</td><td>最小</td><td>MPa</td><td></td></tr>
<tr><td>17</td><td rowspan="3">压差</td><td>最大</td><td>MPa</td><td></td></tr>
<tr><td>18</td><td>正常</td><td>MPa</td><td></td></tr>
<tr><td>19</td><td>最小</td><td>MPa</td><td></td></tr>
<tr><td>20</td><td colspan="2">操作温度</td><td>℃</td><td></td></tr>
<tr><td>21</td><td colspan="2">设计压力</td><td>MPa</td><td></td></tr>
<tr><td>22</td><td colspan="2">设计温度</td><td>℃</td><td></td></tr>
<tr><td>23</td><td colspan="2">试验压力</td><td>MPa</td><td></td></tr>
<tr><td>24</td><td colspan="4"></td></tr>
<tr><td>25</td><td rowspan="8">疏水阀数据</td><td colspan="3">类型</td><td></td></tr>
<tr><td>26</td><td colspan="3">型号</td><td></td></tr>
<tr><td>27</td><td colspan="2">规格</td><td>mm</td><td></td></tr>
<tr><td>28</td><td colspan="3">内装过滤器</td><td></td></tr>
<tr><td>29</td><td colspan="3">内置止回阀</td><td></td></tr>
<tr><td>30</td><td colspan="3"></td><td></td></tr>
<tr><td>31</td><td colspan="2" rowspan="2">结构材料</td><td>壳 体</td><td></td></tr>
<tr><td>32</td><td>内 件</td><td></td></tr>
</table>

表 A.1（续）

<table>
<tr><td>33</td><td rowspan="10">疏水阀数据</td><td colspan="2" rowspan="2">结构材料</td><td>阀　芯</td><td colspan="3"></td></tr>
<tr><td>34</td><td>过滤网</td><td colspan="3"></td></tr>
<tr><td>35</td><td colspan="3">连　　接</td><td>尺寸/mm</td><td>压力等级</td><td>法兰密封面形式</td></tr>
<tr><td>36</td><td colspan="3">凝结水进口</td><td></td><td></td><td></td></tr>
<tr><td>37</td><td colspan="3">凝结水出口</td><td></td><td></td><td></td></tr>
<tr><td>38</td><td colspan="3">平　衡　线</td><td></td><td></td><td></td></tr>
<tr><td>39</td><td colspan="3">蒸　　汽</td><td></td><td></td><td></td></tr>
<tr><td>40</td><td colspan="3">连接形式</td><td></td><td></td><td></td></tr>
<tr><td>41</td><td colspan="3">安装方式</td><td></td><td></td><td></td></tr>
<tr><td>42</td><td colspan="3"></td><td></td><td></td><td></td></tr>
<tr><td colspan="8">备注：</td></tr>
</table>

ICS 67.120.30
B 52

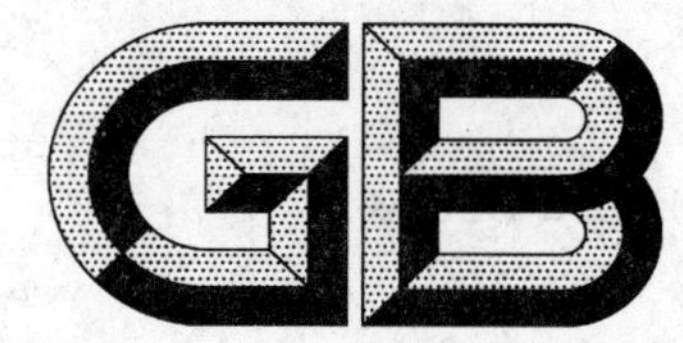


# 中华人民共和国国家标准

GB/T 22655—2008

# 地理标志产品　南通长江河豚(养殖)

**Product of geographical indication—Nantong Changjiang Obscure Puffer**

2008-12-31 发布　　2009-06-01 实施

中华人民共和国国家质量监督检验检疫总局
中国国家标准化管理委员会　发布

# 前　言

本标准根据《地理标志产品保护规定》和GB/T 17924《地理标志产品标准通用要求》制定。

本标准的附录A、附录B为规范性附录。

本标准由全国原产地域产品标准化工作组提出并归口。

本标准起草单位:江苏中洋集团股份有限公司、江苏省疾病预防控制中心、南通市海安质量技术监督局。

本标准主要起草人:朱永祥、胡启之、石根勇、陈洪、秦桂祥、谢德友、叶建华。

# 地理标志产品　南通长江河豚(养殖)

## 1　范围

本标准规定了南通长江河豚(养殖)的地理标志产品保护范围、术语和定义、自然环境、养殖要求、连锁经营要求、质量要求、试验方法、检验规则、标志、包装、运输。

本标准适用于国家质量监督检验检疫总局根据《地理标志产品保护规定》批准保护的南通长江河豚(养殖)(以下简称"南通长江河豚")。

## 2　规范性引用文件

下列文件中的条款通过本标准的引用而成为本标准的条款。凡是注日期的引用文件,其随后所有的修改单(不包括勘误的内容)或修订版均不适用于本标准,然而,鼓励根据本标准达成协议的各方研究是否可使用这些文件的最新版本。凡是不注日期的引用文件,其最新版本适用于本标准。

GB/T 191　包装储运图示标志

GB 2733　鲜、冻动物性水产品卫生标准

GB/T 5009.3　食品中水分的测定

GB/T 5009.4　食品中灰分的测定

GB/T 5009.5　食品中蛋白质的测定

GB/T 5009.6　食品中脂肪的测定

GB/T 5009.124　食品中氨基酸的测定

GB/T 13991　酒家酒店分等定级规定

GB 15193.3　急性毒性试验

GB/T 18407.4　农产品安全质量　无公害水产品产地环境要求

NY 5071　无公害食品　渔用药物使用准则

## 3　地理标志产品保护范围

南通长江河豚的地理标志产品保护范围限于国家质量监督检验检疫行政主管部门根据《地理标志产品保护规定》批准的地域范围,即江苏省南通市现辖行政区域,见附录 A。

## 4　术语和定义

下列术语和定义适用于本标准。

### 4.1

**南通长江河豚　Nantong Changjiang Obscure Puffer**

在地理标志产品保护范围内特定的生态环境中,采用控毒与健康养殖技术养殖的具有野生品质、无毒级的暗纹东方鲀(*Takifugu fasciatus*)的活体。

## 5　自然环境

本地域地处北纬 31°41′～32°43′,东经 120°12′～121°55′之间,滨临长江、黄海,属典型的北亚热带海洋季风性湿润气候区,区内江、海水资源充足,土壤富含有机质,水生生物资源丰富,环境要求符合 GB/T 18407.4 的规定。

## 6　养殖要求

### 6.1　亲鱼来源

亲鱼来源于地理标志产品保护范围内国家级良种场。

### 6.2 人工繁殖

3月初选择体质健壮的亲鱼，调节培育水体盐度，使水体逐步淡化，模拟自然产卵洄游环境，强化营养，升高水温18 ℃～20 ℃，同时辅以水流刺激性腺发育，4月下旬采用激素催产获得受精卵并采用孵化桶流水孵化鱼苗。

### 6.3 鱼苗培育

鱼苗全部出膜后，将苗移入洁净孵化桶中，每天投喂适量蛋黄，一周后移入鱼苗培育池培育，初期饵料以轮虫为主，随鱼苗长大逐步增投糠虾、水蚯蚓等，逐步过渡到鱼苗专用配合饲料。

### 6.4 成鱼养殖

采用模拟自然洄游特性的养殖模式。

#### 6.4.1 池塘培育

5月份至10月份，鱼种放入江水环境的池塘，投喂的配合饲料粗蛋白质含量48%～50%，粗脂肪含量4%～5%，日投喂量为鱼体重的3%～5%，每天分早、中、晚3次投喂，做到定时、定点、定量、定质。

#### 6.4.2 温室越冬

11月份至次年4月份，在温室进行模拟入海越冬培育，鱼池为泥砂底水泥池，放鱼初期，将池水盐度由淡水逐步调节为1～3的咸水，水温保持18 ℃～20 ℃，10 d～15 d后，水体盐度逐步调节为10～15，水温保持20 ℃～23 ℃，至温室培育结束前10 d～15 d，再将水体逐步调节为淡水，水温调至23 ℃～25 ℃。

越冬配合饲料粗蛋白质含量不低于45%，粗脂肪含量5%～6%，日投喂量为鱼体重的1%～1.5%，定期投喂有益菌等促进鱼的消化吸收。

越冬期间稳定养殖水温，按NY 5071的规定定期使用生石灰、三氯异氰酸等严格消毒水体，清除藻类，定期翻洗鱼池。

#### 6.4.3 野外养成

5月份至当年10月份，进行野外驯养，池塘面积6 000 $m^2$～10 000 $m^2$，水深2 m～3 m，pH 7.4～8.5，水温为本地自然水温(18 ℃～30 ℃)，溶解氧5 mg/L以上，透明度0.2 m以上。

饲料以配合饲料为主，适当投喂河蚌、小杂鱼虾、淡水螺蛳等动物性饵料，促进性腺发育。

驯养期间，池中适量混养鲢、鳙鱼和底栖杂食性鱼类、虾等，并定期增添光合细菌等有益微生物调节水质。

## 7 连锁经营要求

南通长江河豚采用连锁方式经营，规范养殖、运输、加工、烹饪各环节，确保消费者健康安全。具体要求见附录B。

## 8 质量要求

### 8.1 感官特征

种质特征明显，色泽鲜艳，体形丰满；背部暗褐色横纹明显，体侧桔黄色带清晰，腹部白色；性腺轮廓明显，鳍条完整；游动快速，反应敏捷。

### 8.2 理化指标

理化指标符合表1规定。

表1 理化指标

| 项目 | | 指标 |
|---|---|---|
| 蛋白质/% | ≥ | 17.5 |
| 脂肪/% | | 0.55～0.7 |
| 总氨基酸/% | ≥ | 17.0 |
| 灰分/% | ≤ | 1.2 |
| 水分/% | ≤ | 80.0 |
| 注：检测样品为背部肌肉。 | | |

### 8.3 安全性要求

急性毒性试验达无毒级。

### 8.4 卫生指标

应符合 GB 2733 的规定。

## 9 试验方法

### 9.1 感官特征

将样品置于白色瓷盘内，在自然光线下，目测检查。

### 9.2 理化指标

9.2.1 蛋白质按 GB/T 5009.5 的规定执行。

9.2.2 脂肪按 GB/T 5009.6 的规定执行。

9.2.3 总氨基酸按 GB/T 5009.124 的规定执行。

9.2.4 灰分按 GB/T 5009.4 的规定执行。

9.2.5 水分按 GB/T 5009.3 的规定执行。

### 9.3 安全性要求

急性毒性试验按 GB 15193.3 的规定执行。

### 9.4 卫生指标

按 GB 2733 的规定执行。

## 10 检验规则

### 10.1 组批

以同一养殖场中养殖条件相同的南通长江河豚为一检验批。

### 10.2 抽样

感官特征检验的样品随机抽取，每批抽 10 尾，理化指标和安全性要求检验的样品从感官特征检验的样品中随机抽取。

### 10.3 出厂检验

每批产品销售前均需进行出厂检验，检验项目为感官特征。

### 10.4 型式检验

型式检验项目为第 8 章全部要求，有下列情况之一时进行型式检验：

a) 国家质量监督等部门提出进行型式检验要求时；

b) 正常养殖时每年至少一次。

### 10.5 判定规则

10.5.1 安全性要求不合格，则判该批产品不合格。

10.5.2 感官特征、理化指标、卫生指标中有不合格项，允许从同批产品中加倍抽样复检，仍不合格，则判该批产品不合格。

## 11 标志、包装、运输

### 11.1 标志

地理标志产品保护专用标志的使用符合地理标志产品保护规定，运输包装箱的标志符合GB/T 191 的规定。

11.2 包装

采用三层包装,外层为纸箱,中间层为泡沫箱,内层为航空运输袋。航空袋注水充氧,包装物应无毒、无害。

11.3 运输

采用航空或汽运等快捷运输方式,运输水温 16 ℃～20 ℃,运输时间不宜超过 24 h。

# 附 录 A
（规范性附录）
南通长江河豚地理标志产品保护范围图

南通长江河豚地理标志产品保护范围见图 A.1。

图 A.1 南通长江河豚地理标志产品保护范围图

# 附 录 B
（规范性附录）
# 南通长江河豚连锁经营规范

## B.1 连锁经营原则

B.1.1 南通长江河豚采用连锁方式经营。

B.1.2 南通长江河豚连锁经营对养殖、销售、加工、烹饪实行封闭式管理，全程建立产品质量控制体系及可追溯制度，对经营过程实行监管。

B.1.3 南通长江河豚连锁经营由总部及连锁店组成。

## B.2 总部要求

B.2.1 负责南通长江河豚的养殖、经营管理，建立质量保证体系和操作规范，贯彻落实到整个连锁经营过程中。

B.2.2 养殖的南通长江河豚出场使用专一地理标志产品防伪标识，统一配供连锁店。

B.2.3 对配供的每批产品进行检验并定期抽样送省级或省级以上有资质的检测机构进行质量检测。

B.2.4 统一培训考核连锁店厨师。

B.2.5 对连锁店进行业务指导。

## B.3 连锁店要求

B.3.1 应符合 GB/T 13391 中一级酒店的要求，获得批准后取得经营南通长江河豚的特许权，使用统一标识。

B.3.2 质量管理人员和厨师要对供应的南通长江河豚进行防伪标志和质量验收，做好核对。

B.3.3 按照统一要求进行南通长江河豚的暂养、宰杀、加工和烹饪。

B.3.4 应有专职人员按质量管理要求对南通长江河豚的加工过程进行监管。

B.3.5 对南通长江河豚的暂养、宰杀、加工、烹饪和食用有全程规范质量管理记录。

ICS 67.220.10
X 66

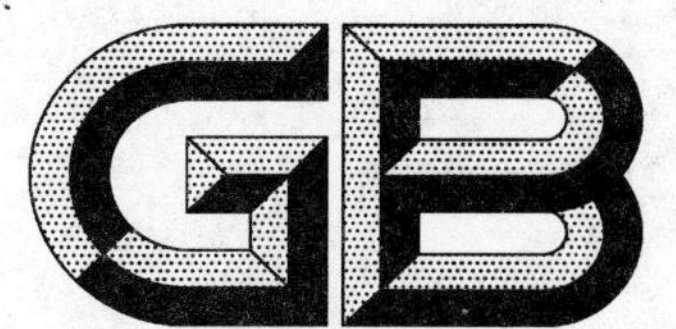

# 中华人民共和国国家标准

GB/T 22656—2008

# 调味品生产 HACCP 应用规范

**Evaluating specification on the HACCP certification of the condiments processing**

2008-12-29 发布　　　　2009-05-01 实施

中华人民共和国国家质量监督检验检疫总局
中国国家标准化管理委员会　发布

# 前　言

本标准参考了国际食品法典委员会(CAC)发布的 CAC/RCP 1-1969,Rev. 4(2003)附件《HACCP 体系及其应用准则》(Hazards analysis and critical control point (HACCP) systems and guidelines for its application)。

本标准的附录 A 为规范性附录,附录 B、附录 C、附录 D 为资料性附录。

本标准由中华人民共和国商务部提出并归口。

本标准起草单位:商务部流通产业促进中心、中食恒信(北京)质量认证中心有限公司。

本标准主要起草人:赵箭、龚海岩、于田田、秦文、孙鑫、李蓓、吴军。

本标准由商务部流通产业促进中心负责解释。

# 调味品生产 HACCP 应用规范

## 1 范围

本标准规定了调味品生产企业根据 HACCP 原理和方法建立和实施 HACCP 体系的相关术语和定义及基本要求，并提供了相关的示例。

本标准适用于调味品生产企业 HACCP 体系的建立、实施，亦可作为相关评价活动的参考依据。

## 2 规范性引用文件

下列文件中的条款通过本标准的引用而成为本标准的条款。凡是注日期的引用文件，其随后所有的修改单(不包括勘误的内容)或修订版均不适用于本标准，然而，鼓励根据本标准达成协议的各方研究是否可使用这些文件的最新版本。凡是不注日期的引用文件，其最新版本适用于本标准。

GB 1351 小麦

GB 1352 大豆

GB 2715 粮食卫生标准

GB 2760 食品添加剂使用卫生标准

GB 5461 食用盐

GB 5749 生活饮用水卫生标准

GB 7718 预包装食品标签通则

GB 8953 酱油厂卫生规范

GB 8954 食醋厂卫生规范

GB 14881 食品企业通用卫生规范

GB/T 15691 香辛料调味品通用技术条件

GB/T 19000 质量管理体系 基础和术语

GB/T 19080 食品与饮料行业 GB/T 19001—2000 应用指南

GB/T 19538 危害分析与关键控制点(HACCP)体系及其应用指南

GB/T 20903—2007 调味品分类

## 3 术语和定义

GB/T 19000、GB/T 19080 和 GB/T 19538 确立的以及下列术语和定义适用于本标准。

3.1

**卫生标准操作程序 sanitation standard operating procedure(SSOP)**

为保障产品卫生质量，企业在产品加工过程中应遵守的操作程序。

注：SSOP 主要包括以下内容：接触产品(包括原料、半成品、成品)或与产品有接触的物品(包括水和冰)符合安全、卫生要求；接触产品的器具、手套和内外包装材料等应清洁、卫生和安全；确保产品免受交叉污染；保证操作人员手的清洗消毒，保持洗手间设施的清洁；防止润滑剂、燃料、清洗消毒用品、冷凝水及其他化学、物理和生物等污染物对产品造成安全危害；正确标注、存放和使用各类有毒化学物质；保证与产品有接触的员工的身体健康和卫生；预防和清除鼠害、虫害。

3.2

**标准操作规程 standard operating procedure (SOP)**

为保障产品质量，企业在产品加工过程中应遵守的设备及工艺操作程序。

3.3

**调味品 condiment**

在饮食、烹饪和食品加工中广泛应用的，用于调和滋味和气味并具有去腥、除膻、解腻、增香、增鲜等作用的产品。

[GB/T 20903—2007，定义 3.1]

## 4 HACCP 体系

### 4.1 总要求

4.1.1 企业管理层应对 HACCP 体系的建立、实施、验证及改进给予全面责任承诺和参与。

4.1.2 HACCP 工作小组应根据管理层的要求建立、实施、验证和改进 HACCP 体系。

4.1.3 应按本标准的要求建立实施 HACCP 体系所必须的前提文件及 HACCP 体系文件，加以实施和保持，并持续改进其有效性。

4.1.4 HACCP 体系应充分体现 GB/T 19538 中的 7 项原理。

### 4.2 文件要求

#### 4.2.1 HACCP 体系前提文件与记录

4.2.1.1 基础前提文件：

a) 良好操作规范；

b) 卫生标准操作程序；

c) 标准操作规程；

d) 职工培训计划；

e) 产品标识、质量追溯和产品召回制度；

f) 设备、设施、仪器的维护、校准、校验和保养程序；

g) 有害微生物、黄曲霉毒素等的控制规程。

4.2.1.2 其他前提文件：

a) 产品标准；

b) 实验室管理制度；

c) 委托社会实验室检测的合同或协议；

d) 文件与资料控制程序；

e) 企业使用的其他文件化内容（以书面或电子形式），可包括：

——规范；

——图纸：厂区及周围地区平面图、车间平面图（物流图、人流图和气流图）、工艺流程图、供水与排水网络图和捕鼠图；

——现行法规；

——其他支持性文件（如设备手册，制定抑制细菌性病原体生长方法时所使用的资料，建立产品货架期所使用的资料，以及在确定杀死细菌性病原体加热强度时所使用的资料。除了数据资料外，支持文件也包含向有关顾问或专家进行咨询的信件）。

4.2.1.3 前提文件记录表。

#### 4.2.2 HACCP 体系文件与记录

HACCP 体系文件与记录应包括以下内容：

a) HACCP 体系建立规程；

b) HACCP 小组名单及职责分配；

c) 产品描述表；

d) 产品加工流程图；

e) 危害分析表；

f) HACCP 计划表；

g) HACCP 计划记录表。

#### 4.2.3 文件控制

HACCP 体系文件的建立应按照附录 A 的逻辑程序进行，企业应对此文件进行控制。

#### 4.2.4 记录控制

企业应建立并保持记录，提供符合要求和 HACCP 体系有效运行的证据。

## 5 良好操作规范

应按照 GB 14881、GB 8953、GB 8954、GB/T 15691 等相关标准制定良好操作规范，并贯彻执行。

## 6 卫生标准操作程序

不同调味品生产企业根据实际情况制定其适用的卫生标准操作程序，具体内容参见附录 B 的规定。

## 7 标准操作规程

### 7.1 总要求

7.1.1 应确保原料、辅料和包装材料为合格品，并分别制定相应的采购、验收、加工、不合格品、包装、标识、贮存和运输的控制程序以及加工设备的操作规范。

7.1.2 在产品生产前应制定加工工艺、操作规程、产品配方、检验规程和企业产品标准，并形成文件，加以控制。

7.1.3 应按工艺标准要求对生产过程实施控制，确定关键控制点，并有过程控制记录。

### 7.2 供方评价

7.2.1 应对供方的供货能力、产品质量保证能力进行综合评价，以确定合格供方，建立并保存“供方评价表”和“合格供方明细表”，并按规定索取原料的黄曲霉毒素 $B_1$、农药残留和重金属等的质量合格评价报告。

7.2.2 应对合格供方的能力、业绩和供货质量等进行动态综合评价，并建立和保存相关质量记录。

### 7.3 原料的采购

应确保原料的安全，具有转基因成分的原料应明确标注。

### 7.4 原料和辅料的验收

7.4.1 原料的验收应符合 GB 1352、GB/T 15691、GB 2715、GB 1351、GB 5461 和 GB 2760 等相关标准的规定。

7.4.2 应制定原料和辅料的采购验收制度，保证原料和辅料是来自合格供方的合格产品。

### 7.5 辅料配制

7.5.1 严格按照经批准的配方及工艺进行辅料配比混合，食品添加剂的使用应符合 GB 2760 的规定。

7.5.2 食品添加剂要专人保管，单独存放，并有购买、领用、使用记录。

### 7.6 加工

应针对产品特点和加工过程制定作业指导书，明确工艺技术参数及操作要求，对于生产线的设备要制定设备操作规程和设备管理制度。

### 7.7 包装、标识、贮存和运输

7.7.1 应制定产品的包装、标识、贮存和运输的控制文件。

7.7.2 包装材料和容器应符合相应的国家卫生标准，并无污染，存放在无污染的专用仓库中，使用前应进行卫生抽检。

7.7.3 标识应符合 GB 7718 的规定。

7.7.4 产品入库前应通过质检人员的检验，未经检验或检验不合格的产品不得入库。

7.7.5 成品应存放在专用成品库中，并与原料、半成品隔离，出库时应遵循先进先出的原则。

7.7.6 应使用符合卫生要求的运输工具，不要与有毒、有污染的物品混运。

### 7.8 不合格品控制

7.8.1 应制定不合格品控制文件，防止不合格品的非预期使用。

7.8.2 原辅料和包装材料采购、加工、贮存和运输中发现的不合格品应按有关规定处理并记录。

## 8 有害微生物与黄曲霉毒素等的检验

8.1 应按照产品质量要求建立对有害微生物、黄曲霉毒素 $B_1$、农药残留和重金属进行检验的程序并达到合格要求。

8.2 应建立对其他可能存在的有害微生物和污染物进行检验的程序并达到合格要求。

## 9 HACCP 体系的建立规程

### 9.1 HACCP 体系建立前期程序

#### 9.1.1 组建 HACCP 工作小组

HACCP 工作小组负责制定 HACCP 计划以及确认、实施和验证 HACCP 体系。HACCP 工作小组的人员组成应保证建立有效 HACCP 体系所需要的相关专业知识和经验，应包括企业具体管理 HACCP 体系实施的领导、生产技术人员、工程技术人员、品控人员以及其他必要人员，技术力量不足的部分小型企业可以外聘专家。

#### 9.1.2 描述产品，确定产品的预期用途

HACCP 工作小组的首要任务是对实施 HACCP 体系管理的产品进行描述，形成描述表。描述的内容应包括：

a) 产品名称；

b) 产品的原料和主要成分；

c) 产品的理化性质及加工处理方式；

d) 包装方式；

e) 贮存条件；

f) 保质期限；

g) 销售方式；

h) 销售区域；

i) 有关食品安全的流行病学资料(必要时)；

j) 产品的预期用途和消费人群。

#### 9.1.3 绘制和确认产品加工流程图

9.1.3.1 HACCP 工作小组应深入生产线，详细了解产品的生产加工过程，在此基础上绘制产品的生产工艺流程图，对每一工序进行详细的操作描述，绘制完成后需要现场验证流程图。

9.1.3.2 调味品加工流程图应按照国家现行的相关标准制定。

### 9.2 HACCP 体系建立程序

#### 9.2.1 危害分析(原理 1)

##### 9.2.1.1 危害分析类型

危害分析分为自由讨论和危害评估。

9.2.1.1.1 自由讨论时，范围要求广泛、全面。讨论的内容包括原料、加工到贮存、销售的每一阶段，要尽可能列出所有可能出现的潜在危害。

9.2.1.1.2　危害评估是对每一个危害发生的可能性及其严重程度进行评价，以确定出对食品安全非常关键的显著危害，并将其纳入 HACCP 计划。

**9.2.1.2　涉及安全问题的危害**

进行危害分析时应区分安全问题与一般质量问题。应考虑的涉及安全问题的危害包括：

a)　生物危害：包括有害细菌、真菌、病毒及寄生虫。

b)　化学危害：无意或有意加入的化学品、农药残留、重金属和各类毒素等。

c)　物理危害：任何潜在于调味品中的有害异物。

**9.2.1.3　列出危害分析表**

危害分析表可以使企业明确危害分析的思路。HACCP 工作小组应考虑对每一危害可采取的控制措施。控制某一个特定危害可能需要一个以上的控制措施，而某一个特定的控制措施也可能控制一个以上的危害。

**9.2.2　确定关键控制点(原理 2)**

9.2.2.1　参照附录 C 中判断树的逻辑推理方法，确定 HACCP 系统中的关键控制点(CCP)。对判断树的应用应当灵活，必要时也可采用其他方法。如果在某一步骤上对一个确定的危害进行控制对保证食品安全是必要的，然而在该步骤及其他的步骤上都没有相应的控制措施，那么，应对该步骤或其前后的步骤上对生产或加工工艺包括控制措施进行修改。

9.2.2.2　通过调味品产品危害分析表确定关键控制点。

**9.2.3　建立每个关键控制点的关键限值(原理 3)**

9.2.3.1　每个关键控制点会有一项或多项控制措施确保预防、消除已确定的显著危害或将其减至可接受的水平，每一项控制措施要有一或多个相应的关键限值。

9.2.3.2　关键限值的确定应以科学为依据，参考资料可来源于科学刊物、法规性指南、专家、试验研究、行业惯例和企业历史生产数据等，用来确定限值的依据和参考资料应作为 HACCP 体系支持文件的一部分。

9.2.3.3　通常关键限值所使用的指标包括温度、时间、湿度、pH、物理参数、食品添加剂使用量等。

**9.2.4　建立对每个关键控制点进行监控的系统(原理 4)**

9.2.4.1　通过监测能够发现关键控制点是否失控，此外，通过监控还能提供必要的信息，以便及时调整生产过程，防止超出关键限值。

9.2.4.2　一个监控系统的设计必须确定以下内容：

a)　监控内容：通过观察和测量评估一个 CCP 的操作是否在关键限值内。

b)　监控方法：设计的监控措施必须能够快速提供结果。物理和化学检测能够比微生物检测更快地进行，常用的物理、化学检测指标包括时间和温度组合、酸度或 pH 值、感官检验等。

c)　监控设备：如温湿度计、钟表、天平、金属探测仪和化学分析设备等。

d)　监控频率：监控可以是连续的或非连续的。连续监控对许多物理或化学参数都是可行的，非连续监控应确保关键控制点是在监控之下。

e)　监控人员：可以进行 CCP 检测的人员包括：流水线上的人员、设备操作者、监督员、维修人员、品控人员等。负责 CCP 检测的人员必须接受 CCP 监控技术的培训，认识 CCP 监控的重要性，能及时进行监控活动，准确报告每次监控工作，随时报告偏离关键限值的情况以便及时采取纠偏措施。

**9.2.5　建立纠偏措施(原理 5)**

9.2.5.1　在 HACCP 体系中，应对每一个关键控制点预先建立相应的纠偏措施，以便在出现偏离时实施。

9.2.5.2　纠偏措施应包括以下内容：

a)　确定引起偏离的原因。

b) 确定偏离期间产品采取的处理方法，例如进行隔离和保存并做安全评估、退回原料、重新加工、销毁产品等，纠偏措施必须保证 CCP 重新处于受控状态。

c) 记录纠偏措施，包括偏离的描述、对受影响产品的最终处理、采取纠偏措施人员的姓名、必要的评估结果。

#### 9.2.6 建立验证程序(原理 6)

9.2.6.1 通过验证、审查、检验(包括随机抽样化验)，可确定 HACCP 体系是否有效运行，验证程序包括对 CCP 的验证和对 HACCP 体系的验证。

9.2.6.2 CCP 的验证活动应包括以下内容：

a) 校准：CCP 验证活动包括监控设备的校准，以确保测量的准确度。

b) 校准记录的复查：复查设备的校准记录、检查日期和校准方法，以及实验结果。

c) 针对性的采样检测。

d) CCP 记录的复查。

9.2.6.3 HACCP 体系的验证：

a) 验证的频率：验证的频率应足以确认 HACCP 体系的有效运行，每年至少进行一次或在计划发生故障时、产品原材料或加工过程发生显著改变时或发现了新的危害时进行。

b) 计划的验证内容包括检查产品说明和生产流程图的准确性；检查 CCP 是否按 HACCP 的要求被监控；监控活动是否在 HACCP 计划中规定的场所执行；监控活动是否按照 HACCP 计划中规定的频率执行；当监控表明发生了偏离关键限值的情况时，是否执行了纠偏措施；设备是否按照 HACCP 计划中规定的频率进行了校准；工艺过程是否在既定的关键限值内操作；检查记录是否准确和是否按照要求的时间来完成等。

#### 9.2.7 建立记录档案(原理 7)

HACCP 体系须保存的记录应包括以下内容：

a) 危害分析表：用于进行危害分析和建立关键限值的任何信息的记录。

b) HACCP 计划表：HACCP 计划表应包括产品名称、CCP 所处的步骤和危害的名称、关键限值、监控程序、纠偏措施、验证程序和记录保持程序。

c) HACCP 体系运行记录表：包括监控记录、纠偏措施记录及验证记录。

### 9.3 HACCP 计划模式表

调味品生产 HACCP 计划模式表参见附录 D 的内容。

## 10 宣传与培训

组织应定期对 HACCP 体系相关人员进行培训并形成记录，确保与 HACCP 体系有关的人员在上岗前掌握相关的 HACCP 知识。

## 11 其他

11.1 组织应将实施 HACCP 体系和企业的基础设施、技术设备的改造结合起来。

11.2 组织在执行 HACCP 体系中应当定期或者根据需要及时对 HACCP 体系进行内部审核和调整。

11.3 本标准中提供了一系列有关 HACCP 计划的表格供企业和评审机构实施和评审 HACCP 体系时参考，这些表格的具体格式可以灵活，内容要结合企业实际情况编写，同时组织可考虑将 HACCP 体系与其他体系整合。

# 附 录 A
（规范性附录）
## HACCP 应用逻辑程序图

HACCP 应用逻辑程序图见图 A.1。

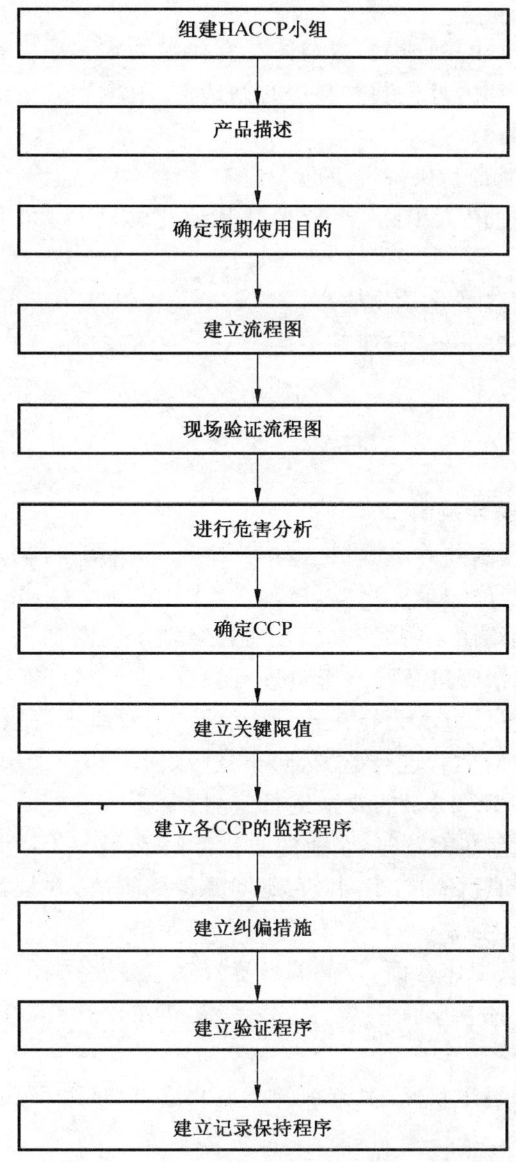


图 A.1 HACCP 应用逻辑程序图

# 附 录 B
## （资料性附录）
## 卫生标准操作程序

### B.1 一般要求

**B.1.1** 接触产品（包括原料、半成品、成品）或与产品有接触的水和冰应符合安全、卫生要求。

**B.1.2** 接触产品的器具、手套和内外包装材料等必须清洁、卫生和安全。

**B.1.3** 确保产品免受交叉污染。

**B.1.4** 保证操作人员的清洗消毒和保持洗手间设施的清洁。

**B.1.5** 防止润滑剂、燃料、清洗消毒用品、冷凝水及其他化学、物理和生物等污染物对产品造成安全危害。

**B.1.6** 正确标注、存放和使用各类化学物质。

**B.1.7** 保证与产品接触的员工的身体健康和卫生。

**B.1.8** 预防和清除鼠害、虫害。

### B.2 具体要求

**B.2.1 加工生产用水的卫生安全控制**

a） 生产用自来水/自备深水井等水源卫生，由当地的卫生防疫部门每半年检测一次，按 GB 5749 的规定执行，并保留检测记录；

b） 应制定供水和排水网络图，各执行部门须对各自辖区内的加工生产用水龙头进行标识编号；

c） 应每月一次对生产用水管道及污水管道进行检查，重点对可能出现问题的交叉连接进行检查，并予以记录；软管使用后应盘起挂在架子或墙壁上，管口不许接触地面；

d） 开工前和工作期间应对软管进行监测，防止虹吸、回流和交叉现象的发生，并予以记录；

e） 加工用水按 B.2.1c）、B.2.1d）的要求进行监测；

f） 当监测发现加工用水存在问题时，企业的质检部门或 HACCP 工作小组必须及时评估，如有必要，应终止使用存在问题的加工用水，直到问题得到解决，并重新检测合格后，方准继续使用。

**B.2.2 产品接触面的卫生安全控制**

a） 产品接触面指工器具、工作台面、产品周转容器、贮水池、手套、围裙和套袖等；

b） 监测的目的是确保产品接触面的设计、安装、制作便于操作、维护、保养、清洁及消毒，以符合卫生要求；

c） 监测对象是接触面的卫生状况、消毒剂的类型和浓度、接触产品的工器具、手套、套袖、外衣、围裙的清洁及状态等；

d） 监测方法有视觉检查、化学检测、微生物检测和验证检查；

e） 生产用的工作台、运输车、刀等应为无毒、耐腐蚀、不生锈、坚固的材料制成，且易于清洁消毒；

f） 不同清洁区的工作服应分别清洗消毒；

g） 应按规定对加工车间内的空气进行消毒；

h） 化验室对消毒后的接触面（工器具、工作服、手）和空气进行微生物抽样检测，一旦发现问题及时纠正。

**B.2.3 防止交叉污染**

a） 交叉污染指通过原料、包装材料、产品加工者或加工环境把物理的、化学的、生物的污染转移到产品的过程；

b) 控制交叉污染的目的是为了预防不卫生的物品污染产品、包装材料和其他产品接触面导致的交叉污染；

c) 控制交叉污染的范围包括人员、工器具、工作服、手套和包装材料等；

d) 操作人员、设备、器械等在接触了不卫生的物品后应及时清洗消毒；

e) 所有加工中产生的废弃物应用专用容器收集、盛放，并及时清除，处理时，防止交叉污染；

f) 清洁区、非清洁区应分开，两区工作人员不得串岗，不同加工工序的工器具不得交叉使用；

g) 车间废水排放从清洁度高的区域流向清洁度低的区域，污水直接排入车间下水道中。

**B.2.4 消毒及卫生间设施**

a) 应建立洗手、消毒及卫生间设施，洗手、消毒设施应为非手触式，安放于车间入口，并有醒目标识；

b) 洗手、消毒及卫生间的设施应保持清洁并有专人负责；

c) 必要时，车间入口处有鞋、靴消毒池或提供鞋套(或内部工作用鞋)，消毒池用0.2 g/kg～0.3 g/kg的次氯酸钠溶液或使用其他有效的消毒剂消毒，各种消毒液应交替使用，配制消毒液要有配制记录；

d) 消毒剂具有良好的杀菌效果，消毒液浓度的标识要醒目。个人及工业化生产使用的洗涤剂和消毒剂必须安全有效，在加工过程中不会造成食品污染；

e) 应制定明确的洗手消毒程序及相应的方法、时间、频率；

f) 应对洗手消毒进行监控，并做好记录，化验室定期做表面微生物的检验，并进行记录；

g) 卫生间设施如与车间相连，门应能自动关闭，且不得直接朝向车间；

h) 应制定进出卫生间的程序要求；

i) 卫生间采用单个冲水式设置，通风良好，地面干燥，无异味，并有防蚊蝇设施，墙裙以浅色、平滑、不透水、无毒、耐腐蚀的材料修建，并保持清洁。

**B.2.5 防止产品被污染**

a) 防止产品被污染，即防止产品、包装材料和产品所有接触表面被生物、化学和物理的污染物所污染；

b) 污染物的来源主要是水滴、冷凝水、灰尘、外来物质、地面污物、无保护装置的照明设备及消毒剂、杀虫剂、化学药品的残留等；

c) 用于包装的物料应符合卫生标准且保持清洁卫生，在加工及贮藏过程中不得产生有毒有害物质，不易褪色，应对其实行进货索证。包装材料贮存间应保持干燥、清洁、通风、防霉，内外包装材料应分别存放；

d) 洗涤剂、消毒剂的选择和使用应符合卫生要求，不得与产品接触，消毒后的车间地面、墙面、工器具、操作台要用清水洗净洗涤剂、消毒剂的残留物(免水洗的消毒剂除外)；

e) 每天班前和班后将所有工器具和操作台进行全面清洗消毒，在加工过程中断、重新启动前也应重新清洗消毒，并予以记录；

f) 对工器具、操作台、设备和地面参照以下流程进行清洗消毒：清水→清洗剂→清水→不低于82 ℃热水或消毒剂→清水，灌装间设备清洗用水菌落总数≤100 CFU/mL；

g) 加工车间通风良好，通风道清洁，车间温度控制在要求的范围内，并有专人负责，防止水滴、冷凝水、冰霜对产品造成污染；

h) 设备与产品接触面出现凹陷或裂缝、不光滑并影响残留物清洗应及时修补、更换，灌装车间设备用油必须为食品级，防止造成污染；

i) 灌装间包装物的菌落总数≤10 CFU/$cm^2$；

j) 灌装过程应用防止异物落入的控制措施，玻璃制品需要有玻璃制品的管控程序，产品中不得有玻璃碎片、头发、管路中铁锈等异物。

**B.2.6 化学物质的标识、贮存和使用**

a) 所使用的化学物质具备主管部门批准生产、销售和使用说明的证明，化学物质的使用说明包括主要成分、药性、使用剂量的注意事项等；

b) 应制定并公布化学物质的使用、贮存规章制度，并对操作人员进行培训；

c) 应有专门的场所、固定容器贮存化学物质；

d) 化学物质的使用由专人管理，定期检查，做好记录；

e) 对清洁剂、消毒剂、杀虫剂等化学物质作好标识与登记，列明名称、毒性、生产厂名、生产日期、使用剂量、注意事项、使用方法等；

f) 对清洁剂、消毒剂、杀虫剂等化学物质的使用严格控制，防止污染产品、产品接触面和包装材料。

**B.2.7 员工的健康与卫生控制**

a) 从事生产的人员必须经卫生防疫部门体检合格，获得健康证明方可上岗；

b) 加工(检验)人员每年进行一次健康检查，患传染病、皮肤病和手外伤未愈等而不易直接从事生产的人员不得上岗，经检查合格方可上岗；

c) 应教育员工发现患有疾病或可能患有疾病的人员及时报告；

d) 灌装车间工人工作服及手部清洁菌落总数≤100 CFU/$cm^2$；

e) 每年定期或不定期对员工进行培训，记录存档。

**B.2.8 虫害的防治**

a) 应确保车间、库房等区域无苍蝇、蚊子等虫害和鼠害，确保其符合卫生要求；

b) 应制定鼠害、虫害防治计划并加以实施，控制的重点场所包括车间、卫生间、下水道出口、垃圾箱周围、食堂等鼠害、虫害易孳生的地方；

c) 应采用风幕、纱窗、暗道、捉鼠板、灭蝇灯、水封等措施，防止鼠害、虫害进入车间；

d) 厂区内禁止使用灭鼠药。

# 附　录　C
（资料性附录）
## 判断树以及 CCP 识别顺序图

判断树以及 CCP 识别顺序图参见图 C.1。

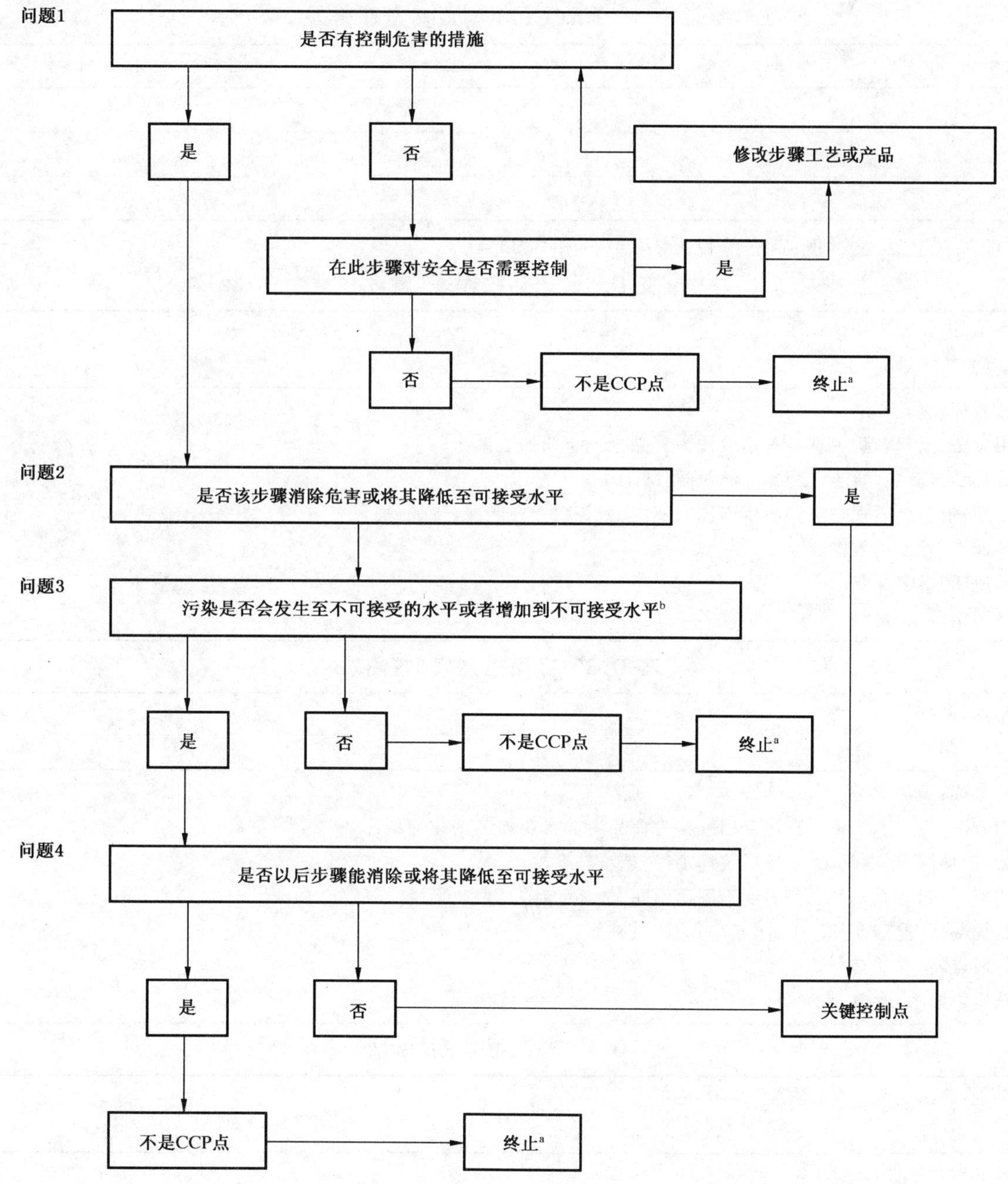


注：本图引自 CAC/RCP 1-1969，Rev. 4(2003)的附件。

a　按描述的过程进行至下一个危害。

b　在识别 HACCP 计划中的关键控制点时，需要在总体目标范围内对可接受水平和不可接受水平作出规定。

图 C.1　判断树以及 CCP 识别顺序图

# 附 录 D
## （资料性附录）
## 调味品生产 HACCP 计划模式表（以腐乳、食醋和酱油为例）

**D.1** HACCP 小组成员及职责表参见表 D.1。

**表 D.1 HACCP 小组成员及职责表**

| 姓 名 | 职 务 | 组内职务 | 职 责 |
|---|---|---|---|
| | | | |
| | | | |
| | | | |

**D.2** 产品描述表及示例参见表 D.2、表 D.3 和表 D.4。

**表 D.2 产品描述表(腐乳)**

| 加工类别:调味品<br>产品:腐乳 |
|---|
| 1.产品名称:腐乳<br>2.使用方法:消费者购买直接食用或作为食品生产企业加工调味辅料<br>3.包装:瓶装、罐装、袋装、密封、气调包装(MAP)<br>4.保质期:依包装方式与贮存温度不同而不同,最好贮存在阴凉、干燥、通风处<br>5.销售地点:批发给零售商<br>6.标签说明:常温保存<br>7.特殊运输要求:常温、避光 |

**表 D.3 产品描述表(酱油)**

| 加工类别:调味品<br>产品类型:酱油 |
|---|
| 1.产品名称:酱油<br>2.使用方法:消费者购买可直接食用或作为食品生产企业加工调味辅料<br>3.包装:玻璃瓶,聚酯瓶,聚乙烯桶装等密封包装<br>4.保质期:依包装方式与贮存温度不同而不同,最好贮存在阴凉、干燥、通风处<br>5.标签说明:常温储存<br>6.销售地点:常温储存<br>7.特殊运输要求:常温、避光 |

**表 D.4 产品描述表(食醋)**

| 加工类别:调味品<br>产品类型:食醋 |
|---|
| 1.产品名称: 食醋<br>2.使用方法:消费者购买可直接食用或作为食品生产企业加工调味辅料<br>3.包装:玻璃瓶,聚酯瓶,聚乙烯桶装等密封包装<br>4.保质期:依包装方式与贮存温度不同而不同,最好贮存在阴凉、干燥、通风处<br>5.标签说明:常温储存<br>6.销售地点:常温储存<br>7.特殊运输要求:常温、避光 |

**D.3** 产品加工流程参见图 D.1、图 D.2 和图 D.3。

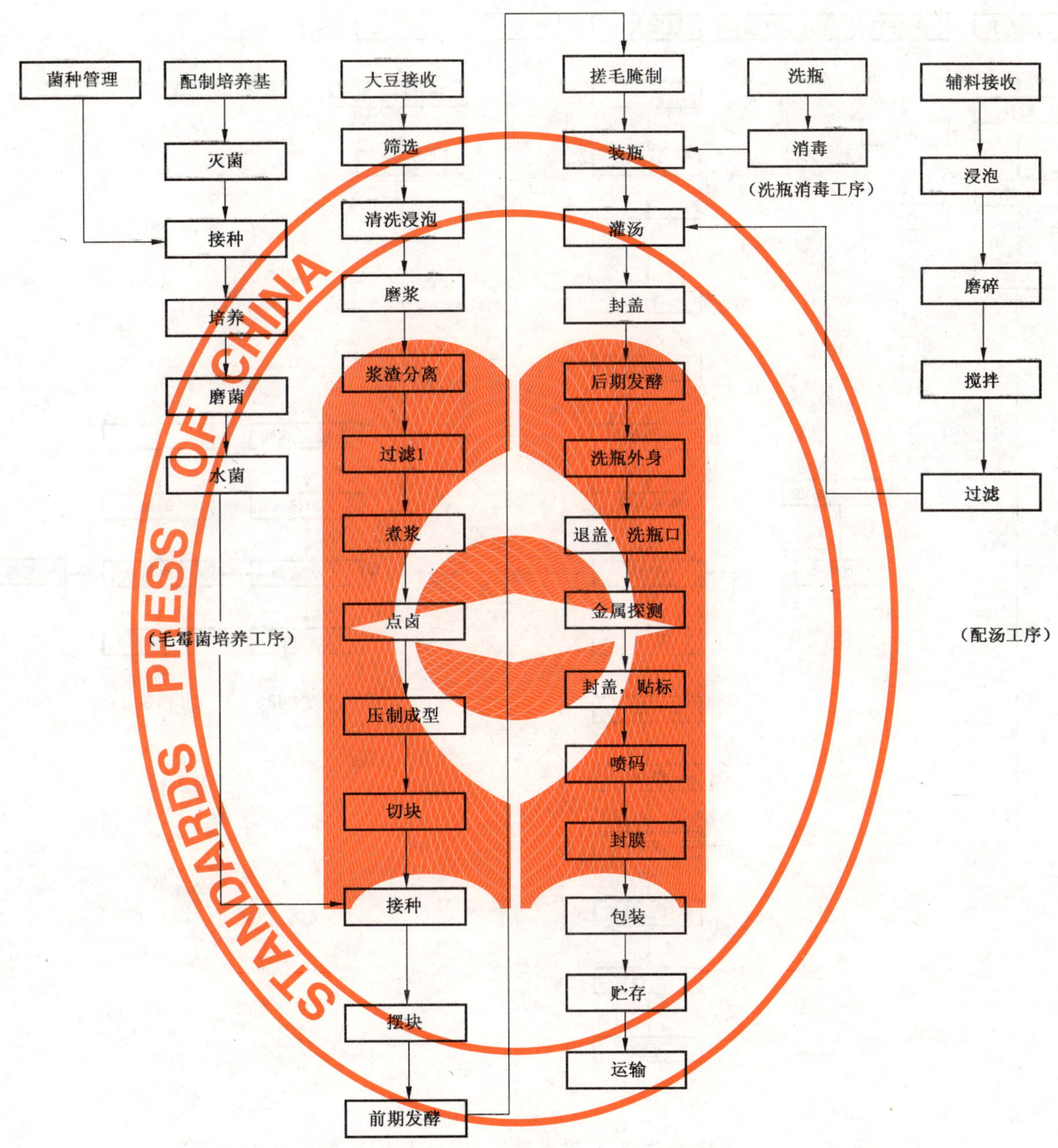



**图 D.1 腐乳生产工艺流程图**

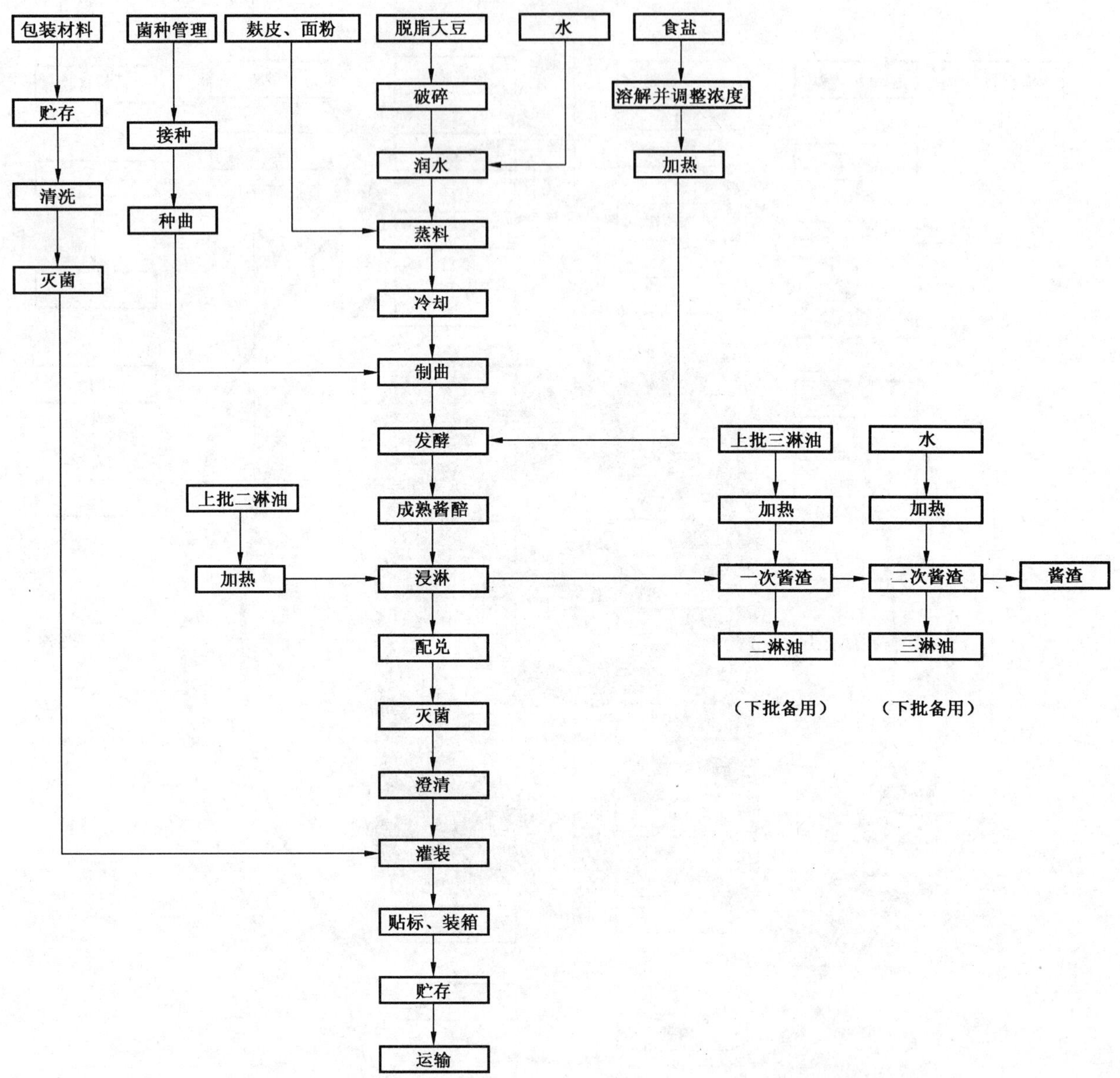


图 D.2 酿造酱油生产工艺流程图(以低盐固态发酵工艺为例)

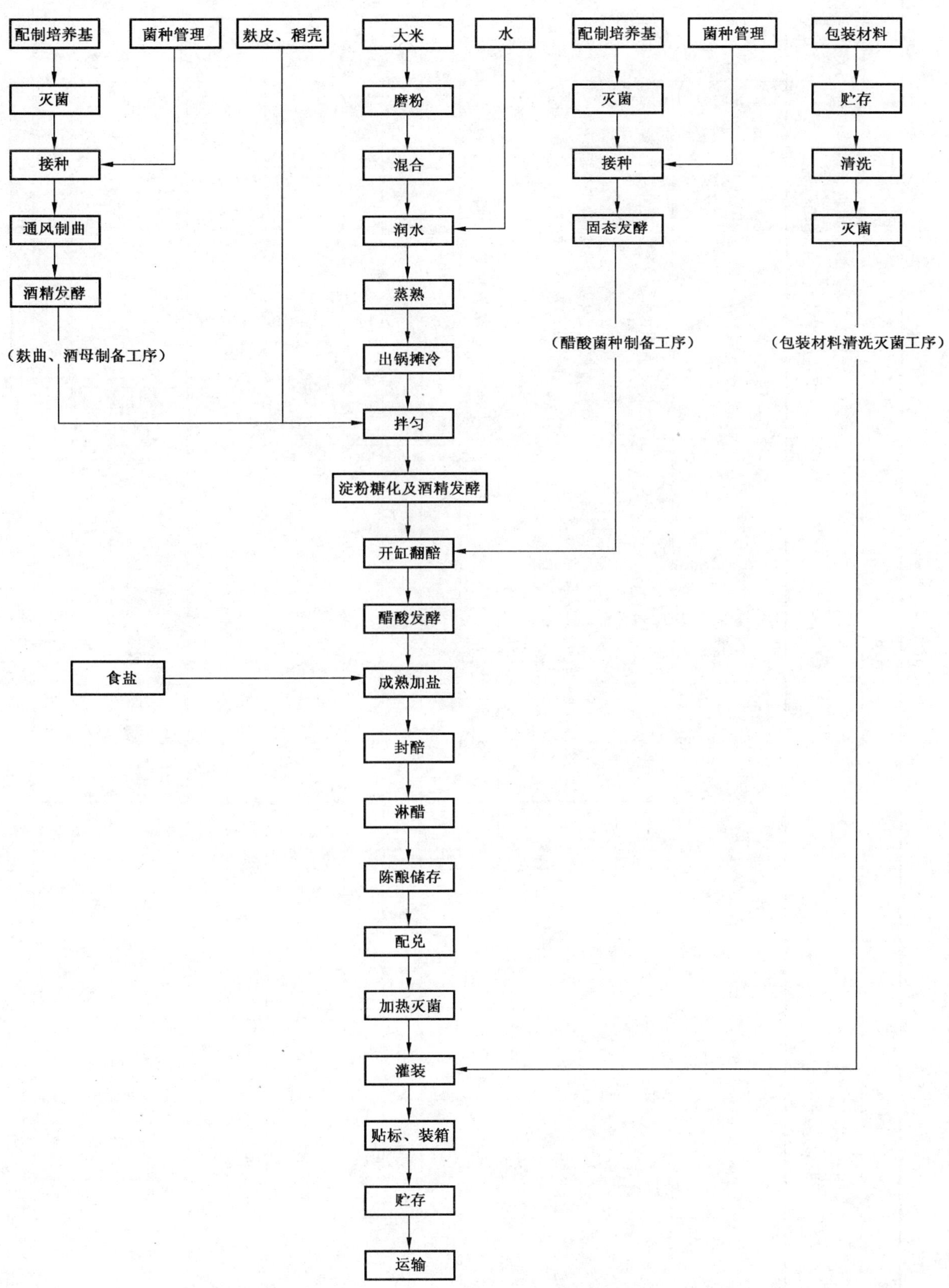


图 D.3 食醋生产工艺流程图(以熟料固态发酵工艺为例)

**D.4** 危害分析工作表及示例参见表 D.5、表 D.6 和表 D.7。

**表 D.5 危害分析表(腐乳)**

| (1) | (2) | (3) | (4) | (5) | (6) |
|---|---|---|---|---|---|
| 加工步骤 | 识别在该步骤中引入的或增加的潜在危害 | 潜在的食品安全危害是否显著(是/否) | 对第(3)栏的判定提出依据 | 如果第(3)栏回答"是",应采取何种措施预防、消除或降低危害至可接受水平 | 关键控制点(是/否) |
| 大豆接收 | 生物性危害-霉菌 | 是 | 原料在收割、贮存期间水分含量过高,致使霉菌生长 | 对每批原料进行检测,加强贮存期间的管理,使大豆的水分含量保持在适宜的限值之下 | 是 |
| | 化学性危害-农药残留、汞、砷等重金属超标、黄曲霉毒素 $B_1$ | 是 | 1. 农作物在种植时过量使用农药可以造成农药残留和汞、砷等重金属超标<br>2. 原料在收割、贮存期间水分含量过高,致使霉菌生长产生黄曲霉毒素 $B_1$ | 1. 由供应商提供检验报告,企业实验室抽取原料送检<br>2. 对每批原料进行检测,加强贮存期间的水分管理,使大豆的水分含量保持在适宜的限值之下 | |
| | 物理性危害-石头、土块等 | 是 | 在收获过程中混入 | 通过筛选、除芽等措施予以去除 | |
| 筛选 | 生物性危害-无 | | | | 否 |
| | 化学性危害-无 | | | | |
| | 物理性危害-无 | | | | |
| 清洗浸泡 | 生物性危害-致病菌 | 是 | 生产用水不符合卫生要求,造成致病菌污染 | 通过 SSOP 控制 | 否 |
| | 化学性危害-无 | | | | |
| | 物理性危害-无 | | | | |
| 磨浆 | 生物性危害-致病菌 | 是 | 生产用水不符合卫生要求,磨浆机未及时清洗消毒,造成致病菌污染 | 通过 SSOP 控制 | 否 |
| | 化学性危害-无 | | | | |
| | 物理性危害-无 | | | | |

**表 D.5（续）**

| (1) | (2) | (3) | (4) | (5) | (6) |
|---|---|---|---|---|---|
| 加工步骤 | 识别在该步骤中引入的或增加的潜在危害 | 潜在的食品安全危害是否显著(是/否) | 对第(3)栏的判定提出依据 | 如果第(3)栏回答“是”,应采取何种措施预防、消除或降低危害至可接受水平 | 关键控制点(是/否) |
| 浆渣分离 | 生物性危害-无 | | | | 否 |
| | 化学性危害-消泡剂 | 是 | 使用不符合国家标准要求的消泡剂可引入化学性危害 | 使用符合国家标准要求的消泡剂 | |
| | 物理性危害-无 | | | | |
| 过滤 1 | 生物性危害-致病菌 | 是 | 设备清洗不干净导致微生物生长 | 通过 SSOP 控制 | 否 |
| | 化学性危害-无 | | | | |
| | 物理性危害-无 | | | | |
| 煮浆 | 生物性危害-致病菌 | 是 | 设备清洗不干净导致微生物生长,煮浆温度低于 90 ℃不能完全杀灭致病菌 | 通过 SSOP 和 SOP 控制 | 否 |
| | 化学性危害-无 | | | | |
| | 物理性危害-无 | | | | |
| 点卤 | 生物性危害-无 | | | | 否 |
| | 化学性危害-凝固剂 | 是 | 凝固剂不符合国家标准可能导致化学危害 | 使用符合国家标准要求的凝固剂 | |
| | 物理性危害-无 | | | | |
| 压制成型 | 生物性危害-致病菌 | 是 | 工器具清洗不干净导致微生物生长 | 通过 SSOP 控制 | 否 |
| | 化学性危害-无 | | | | |
| | 物理性危害-无 | | | | |
| 切块 | 生物性危害-无 | | | | 否 |
| | 化学性危害-无 | | | | |
| | 物理性危害-金属 | 是 | 切块设备可能有螺钉等金属脱落 | 通过后道工序中金属探测仪检测 | |

表 D.5（续）

| (1) | (2) | (3) | (4) | (5) | (6) |
|---|---|---|---|---|---|
| 加工步骤 | 识别在该步骤中引入的或增加的潜在危害 | 潜在的食品安全危害是否显著(是/否) | 对第(3)栏的判定提出依据 | 如果第(3)栏回答“是”,应采取何种措施预防、消除或降低危害至可接受水平 | 关键控制点(是/否) |
| 摆块 | 生物性危害-病原体污染 | 是 | 员工个人卫生造成病原体污染 | 通过 SSOP 控制 | 否 |
| | 化学性危害-无 | | | | |
| | 物理性危害-无 | | | | |
| 前期发酵 | 生物性危害-致病菌 | 是 | 发酵室有杂菌可能造成致病菌污染;发酵屉清洗不净可能造成致病菌污染 | 定期对发酵室消毒,定期清洗发酵屉 | 是 |
| | 化学性危害-无 | | | | |
| | 物理性危害-无 | | | | |
| 搓毛腌制 | 生物性危害-病原体污染 | 是 | 员工个人卫生造成病原体污染 | 通过 SSOP 控制 | 否 |
| | 化学性危害-食盐 | 是 | 食盐不符合国家标准可能造成化学危害 | 使用符合国家标准的食盐 | |
| | 物理性危害-无 | | | | |
| 装瓶 | 生物性危害-无 | 是 | 员工个人卫生造成病原体污染 | 通过 SSOP 控制 | 否 |
| | 化学性危害-无 | | | | |
| | 物理性危害-玻璃 | 是 | 操作不慎可能导致瓶子破碎 | 规范员工操作;挑出碎瓶及周围产品 | |
| 灌汤 | 生物性危害-杂菌 | 是 | 汤料设备清洗不净 | 通过 SSOP 控制 | 否 |
| | 化学性危害-无 | | | | |
| | 物理性危害-无 | | | | |
| 封盖 | 生物性危害-致病菌 | 是 | 瓶盖上有可能有致病菌 | 通过 SSOP 控制 | 否 |
| | 化学性危害-无 | | | | |
| | 物理性危害-无 | | | | |

**表 D.5（续）**

| (1) | (2) | (3) | (4) | (5) | (6) |
|---|---|---|---|---|---|
| 加工步骤 | 识别在该步骤中引入的或增加的潜在危害 | 潜在的食品安全危害是否显著(是/否) | 对第(3)栏的判定提出依据 | 如果第(3)栏回答“是”，应采取何种措施预防、消除或降低危害至可接受水平 | 关键控制点(是/否) |
| 后期发酵 | 生物性危害-无 | | | | 否 |
| | 化学性危害-无 | | | | |
| | 物理性危害-无 | | | | |
| 洗瓶外身 | 生物性危害-致病菌 | 是 | 瓶上有可能有致病菌 | 通过 SSOP 控制 | 否 |
| | 化学性危害-洗涤剂 | 是 | 瓶上有可能残留洗涤剂 | 通过 SSOP 控制 | |
| | 物理性危害-无 | | | | |
| 退盖，洗瓶口 | 生物性危害-无 | | | | 否 |
| | 化学性危害-无 | | | | |
| | 物理性危害-无 | | | | |
| 金属检测 | 生物性危害-无 | | | | 是 |
| | 化学性危害-无 | | | | |
| | 物理性危害-金属 | 是 | 腐乳制作过程中可能有铁磁性物和非铁磁物 | 用金属探测仪检测 | |
| 封盖，贴标 | 生物性危害-无 | | | | 否 |
| | 化学性危害-无 | | | | |
| | 物理性危害-无 | | | | |
| 喷码 | 生物性危害-无 | | | | 否 |
| | 化学性危害-无 | | | | |
| | 物理性危害-无 | | | | |

**表 D.5（续）**

| (1) | (2) | (3) | (4) | (5) | (6) |
|---|---|---|---|---|---|
| 加工步骤 | 识别在该步骤中引入的或增加的潜在危害 | 潜在的食品安全危害是否显著(是/否) | 对第(3)栏的判定提出依据 | 如果第(3)栏回答“是”,应采取何种措施预防、消除或降低危害至可接受水平 | 关键控制点(是/否) |
| 封膜 | 生物性危害-无 | | | | 否 |
| | 化学性危害-无 | | | | |
| | 物理性危害-无 | | | | |
| 包装 | 生物性危害-无 | | | | 否 |
| | 化学性危害-无 | | | | |
| | 物理性危害-无 | | | | |
| 贮存 | 生物性危害-无 | | | | 否 |
| | 化学性危害-无 | | | | |
| | 物理性危害-无 | | | | |
| 运输 | 生物性危害-无 | | | | 否 |
| | 化学性危害-无 | | | | |
| | 物理性危害-无 | | | | |
| 配汤工序 | | | | | |
| 辅料接收 | 生物性危害-霉菌 | 是 | 原料水分超标导致霉菌产生 | 供方提供质量检验报告,对每批原料进行检测并拒收不合格原料 | 否 |
| | 化学性危害-无 | | | | |
| | 物理性危害-无 | | | | |
| 浸泡 | 生物性危害-无 | | | | 否 |
| | 化学性危害-无 | | | | |
| | 物理性危害-无 | | | | |

表 D.5（续）

| (1) | (2) | (3) | (4) | (5) | (6) |
|---|---|---|---|---|---|
| 加工步骤 | 识别在该步骤中引入的或增加的潜在危害 | 潜在的食品安全危害是否显著(是/否) | 对第(3)栏的判定提出依据 | 如果第(3)栏回答“是”,应采取何种措施预防、消除或降低危害至可接受水平 | 关键控制点(是/否) |
| 磨碎 | 生物性危害-微生物 | 是 | 设备清洗不干净导致微生物生长 | 通过 SSOP 控制 | 否 |
| | 化学性危害-无 | | | | |
| | 物理性危害-无 | | | | |
| 搅拌 | 生物性危害-微生物 | 是 | 容器、用具清洗不干净导致微生物生长 | 通过 SSOP 控制 | 否 |
| | 化学性危害-无 | | | | |
| | 物理性危害-无 | | | | |
| 过滤 | 生物性危害-微生物 | 是 | 设备清洗不干净导致微生物生长 | 通过 SSOP 控制 | 否 |
| | 化学性危害-无 | | | | |
| | 物理性危害-无 | | | | |
| 毛霉菌培养 | | | | | |
| 菌种管理 | 生物性危害-菌种变异,杂菌污染 | 是 | 菌种在长期的使用过程中发生变异;菌种管理不当造成杂菌污染 | 进行菌种鉴定或纯种更新,严格执行菌种管理的有关规定,做好无菌操作 | 是 |
| | 化学性危害-霉菌毒素等 | 是 | 污染的杂菌在适宜的条件下产生 | 控制菌种的保存条件 | |
| | 物理性危害-无 | | | | |
| 配制培养基 | 生物性危害-无 | | | | 否 |
| | 化学性危害-无 | | | | |
| | 物理性危害-无 | | | | |
| 灭菌 | 生物性危害-杂菌 | 是 | 培养基灭菌不彻底会产生杂菌 | 高温 121 ℃消毒 20 min 或 30 min | 否 |
| | 化学性危害-无 | | | | |
| | 物理性危害-无 | | | | |

表 D.5（续）

| (1) | (2) | (3) | (4) | (5) | (6) |
|---|---|---|---|---|---|
| 加工步骤 | 识别在该步骤中引入的或增加的潜在危害 | 潜在的食品安全危害是否显著(是/否) | 对第(3)栏的判定提出依据 | 如果第(3)栏回答“是”,应采取何种措施预防、消除或降低危害至可接受水平 | 关键控制点(是/否) |
| 接种 | 生物性危害-杂菌 | | | | 否 |
| | 化学性危害-无 | | | | |
| | 物理性危害-无 | | | | |
| 培养 | 生物性危害-无 | | | | 否 |
| | 化学性危害-无 | | | | |
| | 物理性危害-无 | | | | |
| 磨菌 | 生物性危害-致病菌 | 是 | 磨菌设备清洗不彻底会造成致病菌污染 | 通过 SSOP 控制 | 否 |
| | 化学性危害-无 | | | | |
| | 物理性危害-无 | | | | |
| 水菌 | 生物性危害-杂菌 | 是 | 使用的水灭菌不彻底,可能污染杂菌 | 110 ℃、20 min | 否 |
| | 化学性危害-无 | | | | |
| | 物理性危害-无 | | | | |
| 洗瓶、消毒工序 | | | | | |
| 洗瓶、消毒 | 生物性危害-无 | | | | 否 |
| | 化学性危害-无 | | | | |
| | 物理性危害-无 | | | | |

表 D.6　危害分析表(低盐固态类酱油)

| (1) | | (2) | (3) | (4) | (5) | (6) |
|---|---|---|---|---|---|---|
| 加工步骤 | | 识别在该步骤中引入的或增加的潜在危害 | 潜在的食品安全危害是否显著(是/否) | 对第(3)栏的判定提出依据 | 如果第(3)栏回答“是”,应采取何种措施预防、消除或降低危害至可接受水平 | 关键控制点(是/否) |
| 原辅料接收 | 脱脂大豆 | 生物性危害-霉菌等 | 是 | 收割和贮存期间,水分含量过高,导致霉菌生长 | 1. 加强生产基地管理,由供方提供原料产地安全性的证明及加工厂的合格证<br>2. 控制进货数量,进货时做好感官鉴定和水分检测<br>3. 加强仓储管理,记录并控制温湿度,使其水分含量保持在适宜的限值之下 | 是 |
| | | 化学性危害-农药残留、溶剂残留、黄曲霉毒素 $B_1$ 等霉菌毒素 | 是 | 1. 农作物生长中过量使用农药造成农药残留;种植环境污染造成铅、砷等重金属超标 2. 大豆脱脂过程中使用的溶剂去除不彻底造成溶剂残留<br>3. 收割和贮存期间,水分含量过高,导致霉菌生长,产生黄曲霉毒素 $B_1$ 等霉菌毒素 | 同上 | |
| | | 物理性危害-秸秆、石头、金属碎屑等 | 否 | 通过筛检,除杂等工序可去除 | | |
| | 麸皮、面粉 | 生物性危害-霉菌等 | 是 | 收割和贮存期间,水分含量过高,导致霉菌生长 | 1. 加强生产基地管理,由供方提供原料产地安全性的证明及加工厂的合格证<br>2. 控制进货数量,进货时做好感官鉴定和水分检测<br>3. 加强仓储管理,记录并控制温湿度,使其水分含量保持在适宜的限值之下 | 是 |
| | | 化学性危害-农药残留、黄曲霉毒素 $B_1$ 等霉菌毒素 | 是 | 1. 农作物生长中过量使用农药造成农药残留;种植环境污染造成铅、砷等重金属超标<br>2. 收割和贮存期间,水分含量过高,导致霉菌生长,产生黄曲霉毒素 $B_1$ 等霉菌毒素 | 同上 | |
| | | 物理性危害-秸秆、石头、金属碎屑等 | 否 | 通过筛检,除杂等工序可去除 | | |

表 D.6（续）

| (1) | | (2) | (3) | (4) | (5) | (6) |
|---|---|---|---|---|---|---|
| 加工步骤 | | 识别在该步骤中引入的或增加的潜在危害 | 潜在的食品安全危害是否显著(是/否) | 对第(3)栏的判定提出依据 | 如果第(3)栏回答“是”,应采取何种措施预防、消除或降低危害至可接受水平 | 关键控制点(是/否) |
| 原辅料接收 | 食盐 | 生物性危害-耐盐性的鲁氏酵母、球拟酵母，乳酸菌等 | 是 | 由供应商提供合格的食盐，食盐本身的理化性质对于非耐盐性的细菌、酵母都有较好的抑制作用，但有存在嗜盐菌的可能 | 由供方提供原料产地安全性的证明、加工厂的产品合格证及化验报告，后面一系列加热灭菌过程。可以消除食盐中存留的嗜盐菌等微生物 | 否 |
| | | 化学性危害-铅、砷等有害重金属超标，抗结剂亚铁氰化钾超标 | 是 | 生产过程中除杂不净造成铅、砷等重金属和抗结剂亚铁氰化钾超标 | 由供方提供原料产地安全性的证明、加工厂的产品合格证及化验报告 | |
| | | 物理性危害-石头等 | 是 | 在生产和运输过程中混入沙石等物理性杂物 | 混入的沙石等物理性杂物可以通过澄清工艺予以去除 | |
| | 生产用水 | 生物性危害-细菌等微生物 | 是 | 由于末梢水中余氯量较低或管网受到污染，水中可能存在细菌等微生物 | 可以通过 SSOP 中的生产用水的安全进行控制 | 否 |
| | | 化学性危害-铁、铜，锌等重金属含量超标 | 是 | 管网腐蚀，老化等造成水中铁、铜、锌等重金属含量超标 | 可以通过 SSOP 中的生产用水的安全进行控制 | |
| | | 物理性危害-泥沙和碎屑等杂物 | 是 | 供水设备不清洁，水中存在泥沙和碎屑等物理性杂物 | 可以通过 SSOP 中的生产用水的安全进行控制 | |
| | 防腐剂等其他辅料 | 生物性危害-无 | 否 | 防腐剂等辅料有些就本身具有抑制微生物的增长繁殖作用 | | 否 |
| | | 化学性危害-铅、砷等重金属超标 | 是 | 由于生产过程产生或环境污染造成铅、砷等重金属超标 | 由供方提供加工厂的产品合格证及化验报告；严格执行添加剂使用标准 | |
| | | 物理性危害-沙尘等物理性杂物 | 是 | 在生产和运输过程中混入沙尘等物理性杂物 | 混入的沙石等物理性杂物可以通过澄清工艺予以去除 | |

表 D.6（续）

| (1) | (2) | (3) | (4) | (5) | (6) |
|---|---|---|---|---|---|
| 加工步骤 | 识别在该步骤中引入的或增加的潜在危害 | 潜在的食品安全危害是否显著(是/否) | 对第(3)栏的判定提出依据 | 如果第(3)栏回答“是”,应采取何种措施预防、消除或降低危害至可接受水平 | 关键控制点(是/否) |
| 菌种管理 | 生物性危害-菌种变异,米曲霉以外的其他杂菌污染 | 是 | 菌种在长期的使用过程中发生变异;菌种管理不当造成米曲霉以外的杂菌污染 | 进行菌种鉴定或纯种更新,严格执行菌种管理的有关规定,做好无菌操作 | 是 |
| | 化学性危害-霉菌毒素等 | 是 | 污染的米曲霉以外的其他杂菌在适宜的条件下产生 | 控制菌种的保存条件 | |
| | 物理性危害-无 | | | | |
| 食盐溶解、加热 | 生物性危害-无 | | | | 否 |
| | 化学性危害-无 | | | | |
| | 物理性危害-无 | | | | |
| 包装材料接收、贮存、清洗、灭菌 | 生物性危害-细菌、霉菌等 | 是 | 在贮存、运输过程中,一次性包装有可能被污染,回收再用包装清洗消毒不彻底造成包装材料被致病菌污染 | 严格控制一次性包装的贮存环境,使用前进行感官鉴定并菌检(抽检);严格规定和执行包装材料的清洗、消毒措施和程序 | 否 |
| | 化学性危害-包装构料中含有毒有害物质;洗消液残留 | 是 | 包装材料不适宜,在适当条件下有毒有害物质溶入酱油中;包装材料清洗不彻底造成洗消液残留 | 选用符合卫生要求的包装材料;严格规定和执行包装材料的清洗、消毒措施和程序 | |
| | 物理性危害-头发等异物残留 | 是 | 回收再用包装材料的清洗不彻底造成头发等异物残留 | 同上 | |
| 破碎、润水 | 生物性危害-细菌、霉菌等微生物 | 是 | 由于操作不当或不洁可以使物料受到微生物污染 | 可以通过严格执行 SSOP 予以控制 | 否 |
| | 化学性危害-无 | | | | |
| | 物理性危害-无 | | | | |

**表 D.6（续）**

| (1) | (2) | (3) | (4) | (5) | (6) |
| --- | --- | --- | --- | --- | --- |
| 加工步骤 | 识别在该步骤中引入的或增加的潜在危害 | 潜在的食品安全危害是否显著(是/否) | 对第(3)栏的判定提出依据 | 如果第(3)栏回答“是”，应采取何种措施预防、消除或降低危害至可接受水平 | 关键控制点(是/否) |
| 蒸料 | 生物性危害-细菌，霉菌等微生物 | 是 | 操作不当或不洁可以使物料受到微生物污染 | 可以通过严格执行 SSOP 予以控制 | 否 |
| | 化学性危害-无 | | | | |
| | 物理性危害-无 | | | | |
| 冷却 | 生物性危害-细菌等杂菌污染 | 是 | 由于操作不当或不洁可以使物料受到微生物污染 | 可以通过严格执行 SSOP 予以控制 | 否 |
| | 化学性危害-无 | | | | |
| | 物理性危害-无 | | | | |
| 种曲 | 生物性危害-有害酵母菌、产酸小球菌和枯草芽孢杆菌等有害杂菌污染 | 是 | 种曲是在敞口的条件下进行培养的，很容易污染杂菌；这些杂菌存在于环境空气中及粘附在设备，工具、输送管道及种曲内，通过原料输送带人熟料中，如果温度管理不当或原料水分不当，则适合这类细菌繁殖 | 对环境卫生、设备和工艺等的管理严格执行 SSOP；有害杂菌由后续灭菌工艺予以去除。对于细菌数偏高而孢子数偏低、感官杂菌丛生者，必须停止使用 | 否 |
| | 化学性危害-杂菌毒素 | 是 | 部分污染的杂菌在适宜的条件下产生毒素 | 对环境卫生、设备和工艺等的管理严格执行 SSOP；加强种曲过程中的温度和水分管理 | |
| | 物理性危害-无 | | | | |
| 制曲 | 生物性危害-霉菌、酵母，细菌的污染 | 是 | 制曲过程中原料润水过高，或输送工具污染，或种曲含细菌过多，或管理不当等种种原因而污染大量杂菌 | 掌握好曲料的适当水分；对环境卫生、设备和工艺等的管理严格执行 SSOP；有害杂菌由后续灭菌工艺予以去除 | 否 |
| | 化学性危害-杂菌毒素 | 是 | 污染的杂菌在适宜的条件下产生毒素 | 对环境卫生，设备和工艺等的管理严格执行 SSOP；控制好制曲过程中的温度、通风、翻曲等条件和措施 | |
| | 物理性危害-无 | | | | |

表 D.6(续)

| (1) | (2) | (3) | (4) | (5) | (6) |
|---|---|---|---|---|---|
| 加工步骤 | 识别在该步骤中引入的或增加的潜在危害 | 潜在的食品安全危害是否显著(是/否) | 对第(3)栏的判定提出依据 | 如果第(3)栏回答“是”,应采取何种措施预防、消除或降低危害至可接受水平 | 关键控制点(是/否) |
| 发酵 | 生物性危害-霉菌、酵母、细菌 | 否 | 成曲中代表性的细菌枯草芽孢杆菌、微球菌和粪链球菌和代表性的酵母毕赤氏酵母、醭酵母等在含盐或高温的酱醪(醅)中不能繁殖 | | 否 |
| | 化学性危害-杂菌毒素 | 是 | 污染的杂菌在适宜的条件下产生毒素 | 对环境卫生,设备和工艺等的管理严格执行 SSOP | |
| | 物理性危害-无 | | | | |
| 浸淋 | 生物性危害-酵母和耐盐性细菌 | 否 | 在食盐浓度不适宜时,酵母和耐盐性细菌可以过度繁殖 | 淋汕时保持酱醪的悬浮状,不能搅乱滤层,以免影响淋汕;掌握一定的食盐浓度,防止酵母和耐盐性细菌过度繁殖。有害杂菌由后续灭菌工艺予以去除 | 否 |
| | 化学性危害-无 | | | | |
| | 物理性危害-无 | | | | |
| 配兑 | 生物性危害-细菌、霉菌等 | 是 | 易被存在于环境空气中及粘附在设备、工具上的有害杂菌污染 | 对环境卫生、设备和工艺等的管理严格执行 SSOP;有害杂菌由后续灭菌工艺予以去除 | 是 |
| | 化学性危害-铅、砷等重金属及受限添加剂超标 | 是 | 由不合格的添加剂或禁止使用的添加剂引入 | 向供应商索要产品合格证;严格按照有关要求使用添加剂(包括品种和用量) | |
| | 物理性危害-无 | | | | |
| 灭菌 | 生物性危害-有害酵母和部分细菌 | 是 | 加热可杀灭致病菌,但灭菌不彻底会导致致病菌等超标 | 可以通过严格控制加热时间和温度予以预防 | 是 |
| | 化学性危害-无 | | | | |
| | 物理性危害-无 | | | | |

表 D.6（续）

| (1) | (2) | (3) | (4) | (5) | (6) |
|---|---|---|---|---|---|
| 加工步骤 | 识别在该步骤中引入的或增加的潜在危害 | 潜在的食品安全危害是否显著(是/否) | 对第(3)栏的判定提出依据 | 如果第(3)栏回答“是”,应采取何种措施预防、消除或降低危害至可接受水平 | 关键控制点(是/否) |
| 澄清 | 生物性危害-无 | | | | 否 |
| | 化学性危害-无 | | | | |
| | 物理性危害-杂质 | 是 | 可以去除由原料所带入的和在生产过程中所混入的少量物理性杂物 | 严格执行有关操作规范 | |
| 灌装 | 生物性危害-细菌、霉菌等 | 是 | 不洁的灌装环境、灌装设备、操作人员均会使酱油受到致病菌污染 | 按规定对灌装间、酱油所经过的管道和容器进行清洗消毒,保证,清洁卫生,操作人员严格按规范操作 | 是 |
| | 化学性危害-灌装机机油 | | | | |
| | 物理性危害-杂质、异物 | | | | |
| 贴标、装箱 | 生物性危害-无 | | | | 否 |
| | 化学性危害-无 | | | | |
| | 物理性危害-无 | | | | |
| 贮存 | 生物性危害-细菌、霉菌等 | 是 | 酱油中残留的细菌、霉菌、酵母菌等在适宜的条件下可以生长繁殖 | 严格控制成品贮存条件,阴凉,通风,避光保存 | 否 |
| | 化学性危害-无 | | | | |
| | 物理性危害-无 | | | | |
| 运输 | 生物性危害-细菌、霉菌等 | 是 | 酱油中残留的细菌、霉菌、酵母菌等在适宜的条件下可以生长繁殖 | 可以通过严格控制成品运输条件,使之阴凉、通风、避光予以控制 | 否 |
| | 化学性危害-无 | | | | |
| | 物理性危害-无 | | | | |

表 D.7 危害分析表(食醋)

| (1) | | (2) | (3) | (4) | (5) | (6) |
|---|---|---|---|---|---|---|
| 加工步骤 | | 识别在该步骤中引入的或增加的潜在危害 | 潜在的食品安全危害是否显著(是/否) | 对第(3)栏的判定提出依据 | 如果第(3)栏回答“是”,应采取何种措施预防、消除或降低危害至可接受水平 | 关键控制点(是/否) |
| 原料接收 | 大米 | 生物性危害-病原菌污染 | 是 | 农作物容易遭受病原菌污染 | 后续加热杀菌可以杀死大量细菌 | 是 |
| | | 化学性危害-农药残留、黄曲霉毒素 $B_1$、有毒大米 | 是 | 农药使用当,大米贮存不当容易产生黄曲霉毒素 $B_1$,不法分子会用矿物汕抛光人米,造成污染 | 提供检验报告、抽样检测 | |
| | | 物理性危害-杂质 | 否 | | | |
| | 麸皮 | 生物性危害-病原菌污染 | 是 | 农作物容易遭受病原菌污染 | 后续加热灭菌可以杀灭大量细菌 | 是 |
| | | 化学性危害-农药残留、黄曲霉毒素 | 是 | 农药使用不当小麦储存不当 | 提供检验报告、抽样检测 | |
| | | 物理性危害-无 | | | | |
| | 稻壳 | 生物性危害-病原菌污染 | 是 | 稻壳制备和储运过程中会遭受致病菌污染 | 后续加热杀菌可以杀死大量细菌 | 是 |
| | | 化学性危害-农药残留、黄曲霉毒素 $B_1$ | 是 | | 供应商的承诺书、送样检测 | |
| | | 物理性危害-可能存在小石子及其他杂质 | 否 | | 后续工序可以去除 | |
| | 食盐 | 生物性危害-耐盐性的鲁氏酵母、球拟酵母,乳酸菌等 | 是 | 由供应商提供合格的食盐,食盐本身的理化性质对于非耐盐性的细菌、酵母都有较好的抑制作用,但有存在嗜盐菌的可能 | 由供方提供原料产地安全性的证明、加工厂的产品合格证及化验报告,后面一系列加热灭菌过程。可以消除食盐中存留的嗜盐菌等微生物 | 否 |
| | | 化学性危害-铅、砷等有害重金属超标,抗结剂亚铁氰化钾超标 | 是 | 生产过程中除杂不净造成铅、砷等重金属和抗结剂亚铁氰化钾超标 | 由供方提供原料产地安全性的证明、加工厂的产品合格证及化验报告 | |
| | | 物理性危害-石头等 | 是 | 在生产和运输过程中混入沙石等物理性杂物 | 混入的沙石等物理性杂物可以通过澄清工艺予以去除 | |

表 D.7（续）

| (1) | (2) | (3) | (4) | (5) | (6) |
|---|---|---|---|---|---|
| 加工步骤 | 识别在该步骤中引入的或增加的潜在危害 | 潜在的食品安全危害是否显著(是/否) | 对第(3)栏的判定提出依据 | 如果第(3)栏回答“是”,应采取何种措施预防、消除或降低危害至可接受水平 | 关键控制点(是/否) |
| 原料接收 水 | 生物性危害-细菌等微生物 | 是 | 由于末梢水中余氯量较低或管网受到污染,水中可能存在细菌等微生物 | 可以通过 SSOP 中的生产用水的安全进行控制 | 否 |
| | 化学性危害-铁、铜,锌等重金属含量超标 | 是 | 管网腐蚀,老化等造成水中铁、铜、锌等重金属含量超标 | 可以通过 SSOP 中的生产用水的安全进行控制 | |
| | 物理性危害-泥沙和碎屑等杂物 | 是 | 供水设备不清洁,水中存在泥沙和碎屑等物理性杂物 | 可以通过 SSOP 中的生产用水的安全进行控制 | |
| 磨粉 | 生物性危害-病原菌生长 | 否 | 操作时间很短 | | 否 |
| | 化学性危害-无 | | | | |
| | 物理性危害-无 | | | | |
| 混合 | 生物性危害-病原菌生长 | 否 | 操作时间很短 | | 否 |
| | 化学性危害-无 | | | | |
| | 物理性危害-无 | | | | |
| 润水 | 生物性危害-病原菌生长 | 否 | 操作时间很短 | | 否 |
| | 化学性危害-无 | | | | |
| | 物理性危害-无 | | | | |
| 蒸熟 | 生物性危害-病原菌生长 | 否 | 高温下蒸煮,病原菌减少 | | 否 |
| | 化学性危害-无 | | | | |
| | 物理性危害-无 | | | | |
| 出锅摊冷 | 生物性危害-病原菌污染、病原菌生长 | 是 | 暴露在空气中,长时间冷却容易遭受致病菌污染,并大量繁殖 | 后续加热杀菌可以杀死大量细菌 | 否 |
| | 化学性危害-无 | | | | |
| | 物理性危害-无 | | | | |

**表 D.7(续)**

| (1) | (2) | (3) | (4) | (5) | (6) |
|---|---|---|---|---|---|
| 加工步骤 | 识别在该步骤中引入的或增加的潜在危害 | 潜在的食品安全危害是否显著(是/否) | 对第(3)栏的判定提出依据 | 如果第(3)栏回答“是”,应采取何种措施预防、消除或降低危害至可接受水平 | 关键控制点(是/否) |
| 拌匀 | 生物性危害-病原菌污染、病原菌生长 | 是 | 暴露在空气中,长时间冷却容易遭受致病菌污染,并大量繁殖 | 后续加热杀菌可以杀死大量细菌 | 否 |
| | 化学性危害-无 | | | | |
| | 物理性危害-无 | | | | |
| 淀粉糖化及酒精发酵 | 生物性危害-杂菌污染 | 是 | 车间卫生差,罐体、管道不清洁,发酵容器不密闭,会引起染菌,特别是耐酸性产膜酵母会使酒醪酸败 | 控制车间的环境卫生;使用前,对罐体、管道进行灭菌,并须注意检查管道死角的灭菌效果 | 否 |
| | 化学性危害-无 | | | | |
| | 物理性危害-无 | | | | |
| 开缸翻醅 | 生物性危害-杂菌污染 | 是 | 车间卫生差,会引起外来杂菌污染,并大量繁殖 | 保持车间环境卫生和选择优良的醋酸菌菌种 | 否 |
| | 化学性危害-无 | | | | |
| | 物理性危害-无 | | | | |
| 醋酸发酵 | 生物性危害-杂菌生长 | 是 | 如果发酵池不卫生,水分、温度、空气等管理不当易导致杂菌生长,产生异味以及出现醋鳗、醋虱等 | | 否 |
| | 化学性危害-无 | | | | |
| | 物理性危害-无 | | | | |
| 成熟加盐 | 生物性危害-无 | | | | 否 |
| | 化学性危害-无 | | | | |
| | 物理性危害-无 | | | | |

表 D.7（续）

| (1) | (2) | (3) | (4) | (5) | (6) |
|---|---|---|---|---|---|
| 加工步骤 | 识别在该步骤中引入的或增加的潜在危害 | 潜在的食品安全危害是否显著(是/否) | 对第(3)栏的判定提出依据 | 如果第(3)栏回答“是”,应采取何种措施预防、消除或降低危害至可接受水平 | 关键控制点(是/否) |
| 封醅 | 生物性危害-无 | | | | 否 |
| | 化学性危害-无 | | | | |
| | 物理性危害-无 | | | | |
| 淋醋 | 生物性危害-杂菌污染 | 是 | 淋醋池等不卫生造成病菌污染 | 保持淋醋池的清洁卫生 | 否 |
| | 化学性危害-无 | | | | |
| | 物理性危害-无 | | | | |
| 陈酿储存 | 生物性危害-病原菌生长 | 是 | 贮存时间较长,病原菌有可能生长 | 保持贮存容器的清洁卫生并使总酸在5%以上,以便抑制杂菌的生长;后续加热灭菌可以杀死大量细菌 | 否 |
| | 化学性危害-无 | | | | |
| | 物理性危害-无 | | | | |
| 配兑 | 生物性危害-病原菌生长 | 是 | 在调配池中较长时间停留,病原菌可能污染和生长繁殖 | 后续加热灭菌可以杀灭大量细菌调浓度 | 否 |
| | 化学性危害-食品添加剂超标 | 否 | | 通过 SSOP 控制<br>按操作规程执行 | |
| | 物理性危害-无 | | | | |
| 加热灭菌 | 生物性危害-病原菌残留 | 是 | 如果温度和时间控制不当,病原菌可能残留 | 充分的杀菌温度和灭菌时间 | 是 |
| | 化学性危害-清洁剂的残留 | 否 | | 通过 SSOP 控制 | |
| | 物理性危害-无 | | | | |

表 D.7（续）

| (1) | (2) | (3) | (4) | (5) | (6) |
|---|---|---|---|---|---|
| 加工步骤 | 识别在该步骤中引入的或增加的潜在危害 | 潜在的食品安全危害是否显著(是/否) | 对第(3)栏的判定提出依据 | 如果第(3)栏回答“是”,应采取何种措施预防、消除或降低危害至可接受水平 | 关键控制点(是/否) |
| 灌装 | 生物性危害-细菌、霉菌等 | 是 | 不洁的灌装环境、灌装设备、操作人员均会使产品受到致病菌污染 | 对灌装机和管道彻底清洗与灭菌 | 是 |
| | 化学性危害-无 | | | | |
| | 物理性危害-杂质、异物 | | | | |
| 贴标、装箱 | 生物性危害-无 | | | | 否 |
| | 化学性危害-无 | | | | |
| | 物理性危害-无 | | | | |
| 贮存 | 生物性危害-细菌、霉菌等 | 是 | 食醋中残留的细菌、霉菌、酵母菌等在适宜的条件下可以生长繁殖 | 严格控制成品贮存条件,阴凉,通风,避光保存 | 否 |
| | 化学性危害-无 | | | | |
| | 物理性危害-无 | | | | |
| 运输 | 生物性危害-细菌、霉菌等 | 是 | 食醋中残留的细菌、霉菌、酵母菌等在适宜的条件下可以生长繁殖 | 可以通过严格控制成品运输条件,使之阴凉、通风、避光予以控制 | 否 |
| | 化学性危害-无 | | | | |
| | 物理性危害-无 | | | | |
| 麸曲、酒母制备工序 | | | | | |
| 菌种管理 | 生物性危害-菌种变异,杂菌污染 | 是 | 菌种在长期的使用过程中发生变异;菌种管理不当造成杂菌污染 | 进行菌种鉴定或纯种更新,严格执行菌种管理的有关规定,做好无菌操作 | 是 |
| | 化学性危害-霉菌毒素等 | 是 | 污染的杂菌在适宜的条件下产生 | 控制菌种的保存条件 | |
| | 物理性危害-无 | | | | |
| 配制培养基 | 生物性危害-无 | | | | 否 |
| | 化学性危害-无 | | | | |
| | 物理性危害-无 | | | | |

表 D.7(续)

| (1) | (2) | (3) | (4) | (5) | (6) |
|---|---|---|---|---|---|
| 加工步骤 | 识别在该步骤中引入的或增加的潜在危害 | 潜在的食品安全危害是否显著(是/否) | 对第(3)栏的判定提出依据 | 如果第(3)栏回答“是”,应采取何种措施预防、消除或降低危害至可接受水平 | 关键控制点(是/否) |
| 灭菌 | 生物性危害-杂菌 | 是 | 培养基灭菌不彻底会产生杂菌 | 高温 121 ℃消毒 20 min 或 30 min | 否 |
| | 化学性危害-无 | | | | |
| | 物理性危害-无 | | | | |
| 接种 | 生物性危害-病原菌污染 | 否 | | 通过 SSOP 控制 | 否 |
| | 化学性危害-无 | | | | |
| | 物理性危害-无 | | | | |
| 通风制曲 | 生物性危害-病原菌污染、病原菌生长 | 是 | 在适宜的温度下较长时间通风制曲会遭受病原菌污染并生长繁殖 | 后续加热杀菌可以杀死大量细菌 | 否 |
| | 化学性危害-无 | | | | |
| | 物理性危害-无 | | | | |
| 入池液态发酵 | 生物性危害-病原菌生长 | 是 | 发酵时间长温度适宜,病原菌会大量生长繁殖 | 后续加热杀菌可以杀死大量细菌 | 否 |
| | 化学性危害-无 | 否 | | 通过 SSOP 控制 | |
| | 物理性危害-无 | | | | |
| 醋酸菌种制备工序 | | | | | |
| 菌种管理 | 生物性危害-菌种变异,杂菌污染 | 是 | 菌种在长期的使用过程中发生变异;菌种管理不当造成杂菌污染 | 进行菌种鉴定或纯种更新,严格执行菌种管理的有关规定,做好无菌操作 | 是 |
| | 化学性危害-霉菌毒素等 | 是 | 污染的杂菌在适宜的条件下产生 | 控制菌种的保存条件 | |
| | 物理性危害-无 | | | | |

表 D.7(续)

| (1) | (2) | (3) | (4) | (5) | (6) |
| --- | --- | --- | --- | --- | --- |
| 加工步骤 | 识别在该步骤中引入的或增加的潜在危害 | 潜在的食品安全危害是否显著(是/否) | 对第(3)栏的判定提出依据 | 如果第(3)栏回答“是”,应采取何种措施预防、消除或降低危害至可接受水平 | 关键控制点(是/否) |
| 配制培养基 | 生物性危害-无 | | | | 否 |
| | 化学性危害-无 | | | | |
| | 物理性危害-无 | | | | |
| 灭菌 | 生物性危害-杂菌 | 是 | 培养基灭菌不彻底会产生杂菌 | 高温 121 ℃消毒 20 min 或 30 min | 否 |
| | 化学性危害-无 | | | | |
| | 物理性危害-无 | | | | |
| 接种 | 生物性危害-病原菌污染 | 否 | | 通过 SSOP 控制 | 否 |
| | 化学性危害-无 | | | | |
| | 物理性危害-无 | | | | |
| 固态发酵 | 生物性危害-病原菌生长 | 否 | 高温发酵和抑制病菌生长 | 醋酸菌优势 | 否 |
| | 化学性危害-无 | | | | |
| | 物理性危害-无 | | | | |

**D.5** HACCP 计划表及示例参见表 D.8、表 D.9 和表 D.10。

**表 D.8 HACCP 计划表(腐乳)**

| (1) | (2) | (3) | (4) | (5) | (6) | (7) | (8) | (9) | (10) |
|---|---|---|---|---|---|---|---|---|---|
| 关键控制点(CCP) | 显著危害 | 关键限值 | 监控 | | | | 纠偏措施 | 验证 | 记录 |
| | | | 对象 | 方法 | 频率 | 人员 | | | |
| 原料接收(CCP1) | 农药残留、重金属残留、黄曲霉毒素 $B_1$ | 索取供方的检验报告 | 供方的检验报告 | 查验供方的检验报告单 | 每批原料 | 原料接收人员 | 如果供方不能提供检验报告单,或检验报告单检验项目不符合标准,拒收原料 | 本厂化验室抽取每批原料检验、送检。主管领导复核每批原料的检验报告单 | 供方提供的检验报告单<br>进货检验报告<br>化验室抽检、送检记录 |
| 前期发酵(CCP2) | 致病菌污染 | 定期对发酵室紫外线消毒,每次消毒 20 min | 紫外线消毒频率、时间 | 查紫外消毒记录 | 每周 | 质检员 | 增大消毒频率<br>延长消毒时间 | 每季度审核紫外消毒记录、发酵室和发酵屉清洗记录 | 紫外消毒记录 |
| 菌种管理(CCP3) | 菌种变异、杂菌污染,霉菌毒素 | 菌种应纯、正、壮、润、香 | 菌落形态 | 目测 | 每批 | 操作员 | 菌种变异或污染杂菌,重新购置菌种 | 每季度审核菌种鉴定记录,验证是否出现菌种不纯、退化 | 菌种鉴定记录 |
| | | | 孢子数 | 镜检 | 每批 | 质检员 | 孢子生长稀少,菌丝长短不齐、生长速度缓慢,须经分离、复壮、筛选后再使用 | 每季度审核孢子镜检记录<br>每年对显微镜进行校准 | 孢子镜检记录<br>校准合格证 |
| | | | 保存温度 | 温度计 | 每批 | 操作员 | 保存温度超过 4 ℃,重新调整 | 每季度审核菌种保存环境温湿度记录<br>每年对温度计进行校准 | 菌种保存环境温湿度记录<br>校准合格证 |
| | | | 保存环境洁净度 | 落菌试验 | 每周 | 质检员 | 环境洁净度达不到要求,清洁消毒后方可使用 | 每季度审核菌种保存环境洁净度记录表 | 菌种保存环境洁净度记录表 |
| 金属探测(CCP4) | 铁磁性物及非铁磁性 | Fe≥$\phi$2 mm<br>SUS≥$\phi$2.5 mm | Fe≥$\phi$2 mm 及 SUS≥$\phi$2.5 mm 的试块 | Fe≥$\phi$2 mm 及 SUS≥$\phi$2.5 mm 的试块通过金属探测仪进行测试 | 连续监控 | 操作工人 | 分析偏离原因使其恢复正常,对受影响产品进行返工并达到合格标准 | 操作工每天开工前校准金属探测仪,加工期间每小时对金属探测仪校准一次,车间质检员每天复核金属探测仪校准记录 | 金属探测仪校准记录 |

表 D.9 HACCP 计划表(酱油)

| (1) | (2) | (3) | (4) | (5) | (6) | (7) | (8) | (9) | (10) |
|---|---|---|---|---|---|---|---|---|---|
| 关键控制点 CCP | 显著危害 | 关键限值 | 监控 | | | | 纠偏措施 | 验证 | 记录 |
| | | | 对象 | 方法 | 频率 | 人员 | | | |
| 原料接收(CCP1) | 黄曲霉毒素 $B_1$、农药残留、重金属超标、溶剂残留 | 索取供方的检验报告 | 供方的检验报告 | 查验供方的检验报告单 | 每批原料 | 原料接收人员 | 如果供方不能提供检验报告单,或检验报告单检验项目不符合标准,拒收原料 | 本厂化验室抽取每批原料检验、送检。主管领导复核每批原料的检验报告单 | 供方提供的检验报告单<br>进货检验报告<br>化验室抽检、送检记录 |
| 菌种管理(CCP2) | 菌种变异、米曲霉以外的杂菌污染,霉菌毒素 | 菌种应纯、正、壮、润、香 | 菌落形态 | 目测 | 每批 | 操作员 | 菌种变异或污染杂菌,重新购置菌种 | 每季度审核菌种鉴定记录,验证是否出现菌种不纯、退化 | 菌种鉴定记录 |
| | | | 孢子数 | 镜检 | 每批 | 质检员 | 孢子生长稀少,菌丝长短不齐、生长速度缓慢,须经分离、复壮、筛选后再使用 | 每季度审核孢子镜检记录<br>每年对显微镜进行校准 | 孢子镜检记录<br>校准合格证 |
| | | | 保存温度 | 温度计 | 每批 | 操作员 | 保存温度超过 4 ℃,重新调整 | 每季度审核菌种保存环境温湿度记录<br>每年对温度计进行校准 | 菌种保存环境温湿度记录<br>校准合格证 |
| | | | 保存环境洁净度 | 落菌试验 | 每周 | 质检员 | 环境洁净度达不到要求,清洁消毒后方可使用 | 每季度审核菌种保存环境洁净度记录表 | 菌种保存环境洁净度记录表 |
| 灭菌(CCP3) | 致病菌残留 | 温度 115 ℃～135 ℃,时间 3 s | 灭菌温度、时间 | 自动记录仪 | 连续 | 操作员 | 重新调整灭菌温度<br>延长灭菌时间<br>对偏离阶段内的产品抽检,微生物超标重新灭菌 | 每季度审核灭菌温度、时间记录<br>每季度审核成品检验记录<br>每年对温度计、计时器进行校准 | 灭菌温度、时间记录<br>成品检验记录<br>校准合格证 |
| 灌装(CCP4) | 致病菌污染 | 灌装间的洁净度达到 30 万 | 灌装间洁净度 | 落菌试验 | 每周 | 质检员 | 洁净度达不到要求,彻底消毒后方可使用 | 每季度审核灌装间温湿度记录、紫外消毒记录、洁净度记录 | 灌装间温湿度记录<br>灌装间紫外消毒记录<br>灌装间洁净度记录 |

表 D.10 HACCP 计划表(食醋)

| (1) | (2) | (3) | (4) | (5) | (6) | (7) | (8) | (9) | (10) |
|---|---|---|---|---|---|---|---|---|---|
| 关键控制点 CCP | 显著危害 | 关键限值 | 监控 | | | | 纠偏措施 | 验证 | 记录 |
| | | | 对象 | 方法 | 频率 | 人员 | | | |
| 原料接收(大米、麸皮、稻壳)(CCP1) | 黄曲霉毒素、农药残留 | 索取供方的检验报告 | 供方的检验报告 | 查验供方的检验报告单 | 每批原料 | 原料接收人员 | 如果供方不能提供检验报告单,或检验报告单检验项目不符合标准,拒收原料 | 本厂化验室抽取每批原料检验、送检。主管领导复核每批原料的检验报告单 | 供方提供的检验报告单<br>进货检验报告<br>化验室抽检、送检记录 |
| 菌种管理(CCP2) | 菌种变异、杂菌污染,霉菌毒素 | 菌种应纯、正、壮、润、香 | 菌落形态 | 目测 | 每批 | 操作员 | 菌种变异或污染杂菌,重新购置菌种 | 每季度审核菌种鉴定记录,验证是否出现菌种不纯、退化 | 菌种鉴定记录 |
| | | | 孢子数 | 镜检 | 每批 | 质检员 | 孢子生长稀少,菌丝长短不齐、生长速度缓慢,须经分离、复壮、筛选后再使用 | 每季度审核孢子镜检记录<br>每年对显微镜进行校准 | 孢子镜检记录<br>校准合格证 |
| | | | 保存温度 | 温度计 | 每批 | 操作员 | 保存温度超过 4 ℃,重新调整 | 每季度审核菌种保存环境温湿度记录<br>每年对温度计进行校准 | 菌种保存环境温湿度记录<br>校准合格证 |
| | | | 保存环境洁净度 | 落菌试验 | 每周 | 质检员 | 环境洁净度达不到要求,清洁消毒后方可使用 | 每季度审核菌种保存环境洁净度记录表 | 菌种保存环境洁净度记录表 |
| 灭菌(CCP3) | 致病菌残留 | 温度 115 ℃～135 ℃,时间 3 s | 灭菌温度、时间 | 自动记录仪 | 连续 | 操作员 | 重新调整灭菌温度<br>延长灭菌时间<br>对偏离阶段内的产品抽检,微生物超标重新灭菌 | 每季度审核灭菌温度、时间记录<br>每季度审核成品检验记录<br>每年对温度计进行校准 | 灭菌温度、时间记录<br>成品检验记录<br>校准合格证 |
| 灌装(CCP4) | 致病菌污染 | 灌装间的洁净度达到 30 万 | 灌装间洁净度 | 落菌试验 | 每周 | 质检员 | 洁净度达不到要求,彻底消毒后方可使用 | 每季度审核灌装间温湿度记录、紫外消毒记录、洁净度记录 | 灌装间温湿度记录<br>灌装间紫外消毒记录<br>灌装间洁净度记录 |

# 参考文献

[1] 中国标准出版社.中国食品工业标准汇编 调味品卷[M].北京:中国标准出版社,2006.

[2] 国家质量监督检验检疫总局 2002年第3号 附件:《食品生产企业危害分析与关键控制点(HACCP)管理体系认证管理规定》2002年3月20日.

[3] CAC/RCP 1-1969,Rev.4(2003)《食品卫生通则》.

[4] GB/T 16292—1996 医药工业洁净室(区)悬浮粒子的测试方法.

[5] GB/T 16293—1996 医药工业洁净室(区)浮游菌的测试方法.

[6] GB/T 16294—1996 医药工业洁净室(区)沉降菌的测试方法.

[7] GB/T 20903—2007 调味品分类.

ICS 03.240
M 83

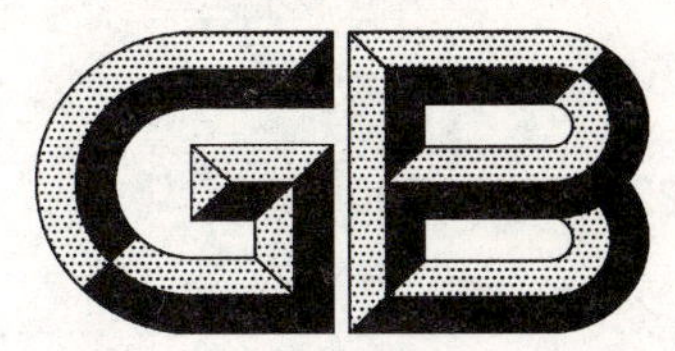

# 中华人民共和国国家标准

GB/T 22657.1—2008

# 邮件封面书写规范 第1部分:国内

## Writing specifications on mail item—Part 1:Domestic

2008-12-30 发布 2009-06-01 实施

中华人民共和国国家质量监督检验检疫总局
中国国家标准化管理委员会 发布

# 前　言

GB/T 22657《邮件封面书写规范》分为二个部分：

——第1部分：国内；

——第2部分：国际。

本部分为GB/T 22657的第1部分。

本部分的附录A为资料性附录。

本部分由国家邮政局提出并归口。

本部分起草单位：上海邮政科学研究院。

本部分主要起草人：梅清、蒋辰、汤力安、陈璇。

# 邮件封面书写规范
# 第1部分:国内

## 1 范围

本部分规定了国内邮件封面的书写(包括手写、打印和印刷)区域和书写要求等。

本部分适用于国内邮件封面上邮政名址的书写。

## 2 术语和定义

下列术语和定义适用于GB/T 22657的本部分。

2.1

**名址签条 address label**

印有邮政名址信息的纸质签条。

2.2

**收件人名址区 addressee's address area**

书写收件人姓名、地址等信息的区域。

2.3

**寄件人名址区 sender's address area**

书写寄件人姓名、地址等信息的区域。

## 3 书写区域

### 3.1 书写区的组成

国内邮件封面名址书写区由收件人邮政编码区、收件人名址区、寄件人名址区和寄件人邮政编码区等组成。标志方位图见图1。

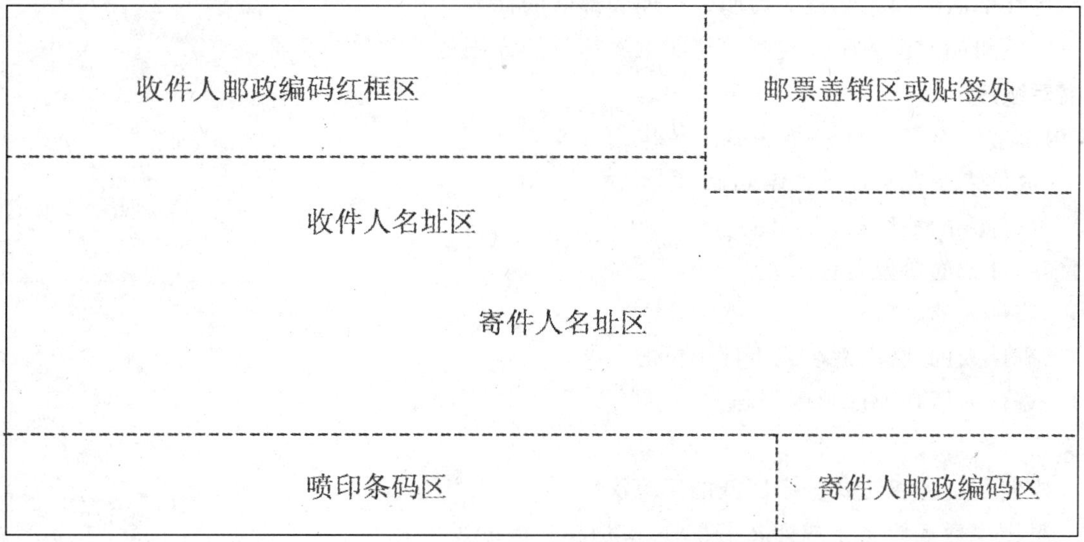

**图1 国内邮件正面邮政名址和标志方位图**

3.2 书写区的位置

3.2.1 收件人邮政编码区

收件人邮政编码区位于邮件正面的左上方。

3.2.2 收件人名址区

收件人名址区位于邮件正面的中间区域。

3.2.3 寄件人名址区

寄件人名址区位于邮件正面的右下方。

3.2.4 寄件人邮政编码区

寄件人邮政编码区位于邮件正面的右下角。

3.3 国内邮件书写示例见附录A。

## 4 书写要求

### 4.1 书写内容

4.1.1 所有交寄的国内邮件都应正确书写收(寄)件人(或单位)地址对应的邮政编码。

4.1.2 收(寄)件人地址为城镇型的,应按不同类型书写。

4.1.2.1 直辖市应按市、市辖区、道路名和门牌号码顺序书写。

4.1.2.2 地级市应按省(自治区)、市、市辖区、道路名和门牌号码顺序书写。若为省会(自治区首府)市的,可直接写市、市辖区、道路名称和门牌号码。

4.1.2.3 县级市应按省(自治区、直辖市)、自治州(盟)、市、道路名和门牌号码顺序书写。

4.1.2.4 城镇应按省(自治区、直辖市)、自治州(盟)、县(县级市、自治县、市辖区以及旗和自治旗、特区、林区)、镇、道路名和门牌号码顺序书写。

4.1.3 收(寄)件人地址为农村型的,应写明省(自治区、直辖市等)、自治州(盟)、县(县级市、自治县、市辖区以及旗和自治旗、特区、林区)、乡/镇(民族乡以及苏木)、村。若已具备道路名称和门牌号码的农村,应在村名后写明道路名称和门牌号码。

4.1.4 寄往机关、企事业团体的国内邮件应写明收件人单位的详细地址和单位全称。

4.1.5 寄往邮政专用信箱的国内邮件应写明寄达地及邮政专用信箱号码。

4.1.6 寄往部队的国内邮件应写明寄达地和部队的代号。

4.1.7 寄往船舶的国内邮件应写明船舶隶属单位的详细地址和单位全称。

### 4.2 书写顺序

国内邮件正面自上而下、自左而右依次为:

1) 收件人所在地址邮政编码;

2) 收件人的地址;

3) 收件人的单位名称;

4) 收件人的姓名;

5) 寄件人的地址、姓名或寄件单位的名称;

6) 寄件人所在地址邮政编码。

### 4.3 文字

4.3.1 应使用国务院正式公布实施的规范汉字。

4.3.2 采用少数民族文字或外文书写时,应加注相应的汉字。

4.3.3 书写应清楚、准确、齐全,不潦草。

4.3.4 宜使用钢笔或签字笔书写,字迹颜色应为黑色或蓝色,不应采用红色或铅笔。

4.3.5 收件人邮政编码应填写在左上方邮政编码区内，书写应准确，不潦草、不出格、不连笔、不断笔。

4.3.6 需要填写详情单时，应按相应规定内容和格式填写。

### 4.4 打印(印刷)

#### 4.4.1 字体

打印(印刷)字体应选用宋体、仿宋体、楷体。打印(印刷)的字体应完整、清晰，无污点。

#### 4.4.2 字号

收件人所在地址的邮政编码应采用二号字，收、寄件人名址可采用二号～四号(不含小四号字)，寄件人所在地址的邮政编码可采用三号或四号字。

#### 4.4.3 字间距

邮政编码相邻两个数字间应留有一个字符空格，相邻两个汉字之间应留有标准间距。

#### 4.4.4 颜色

打印(印刷)字体颜色应为黑色。

#### 4.4.5 用纸

##### 4.4.5.1 名址签条

采用定量不低于70 $g/m^2$ 的白色纸张。

##### 4.4.5.2 透明窗口信封的内件

采用定量不低于70 $g/m^2$ 的白色纸张。

#### 4.4.6 位置

##### 4.4.6.1 信封

4.4.6.1.1 收件人所在地址的邮政编码必须逐格准确地书写在信封左上方六个红框格内，不出格、不断笔。

4.4.6.1.2 收(寄)件人名址应书写在信封正面距上边30 mm以下，距下边20 mm以上，距左边40 mm～70 mm(视信封大小)的区域内。

4.4.6.1.3 寄件人所在地址的邮政编码应书写在信封正面右下角的规定位置。

##### 4.4.6.2 名址签条

4.4.6.2.1 名址签条尺寸要求及打印(印刷)格式的示意图见图2。

单位为毫米

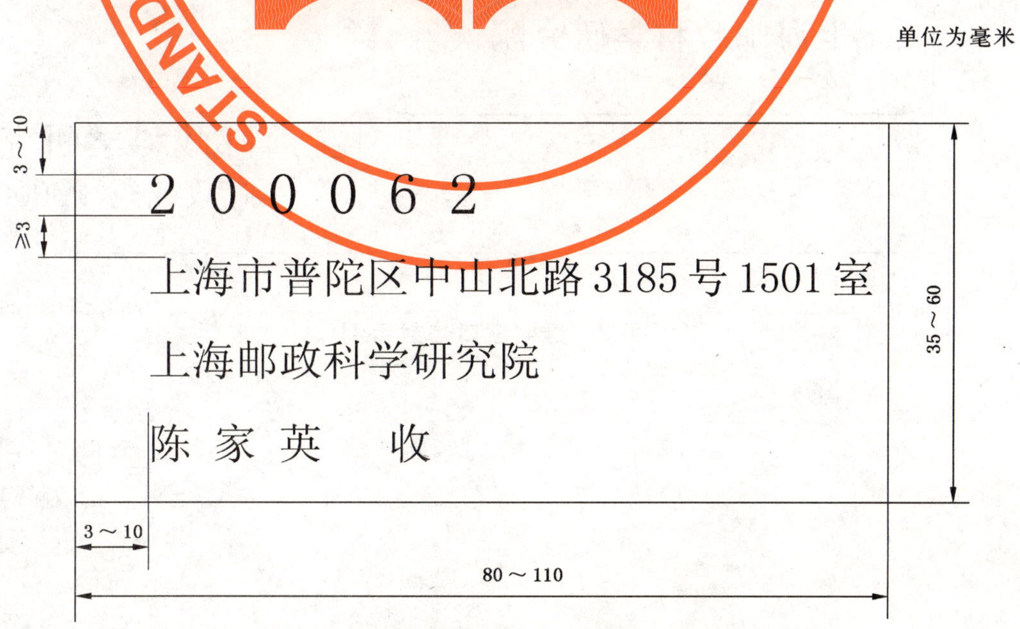


图2 名址签条打印(印刷)格式示意图

4.4.6.2.2 每行左面第1个字符必须对齐，第一个字符距名址签条左边沿的距离为3 mm～10 mm。

4.4.6.2.3 第一行邮政编码距名址签条上边沿的距离为3 mm～10 mm，并与名址签条的上边沿平行，无明显倾斜。

4.4.6.2.4 第一行邮政编码与第二行地址之间的距离不得小于3 mm。

4.4.6.2.5 第一行除邮政编码外，不得有其他任何文字。

4.4.6.2.6 当邮件封面上无寄件人名址和邮政编码信息时，名址签条上应打印寄件人名址和邮政编码信息。

4.4.6.2.7 名址签条应粘贴在国内邮件正面的中部。粘贴应平整、牢固，名址签条上邮政编码和名址行应与国内邮件的长边平行，无明显倾斜。

#### 4.4.6.3 透明窗口信封的内件

4.4.6.3.1 每行左面第1个字符必须对齐，第一个字符距透明窗口左边沿的距离不得小于5 mm。

4.4.6.3.2 第一行邮政编码距透明窗口上边沿的距离不得小于3 mm，其倾斜度不得超过3°。

4.4.6.3.3 第一行邮政编码与第二行地址之间的距离不得小于3 mm。

4.4.6.3.4 第一行除邮政编码外，不得有其他任何文字。

4.4.6.3.5 透明窗口信封的右下方应有寄件人名址和邮政编码信息。

4.4.6.3.6 透明窗口信封及透明窗口打印(印刷)显示实例见图3和图4。

单位为毫米

图3 透明窗口信封示例

单位为毫米

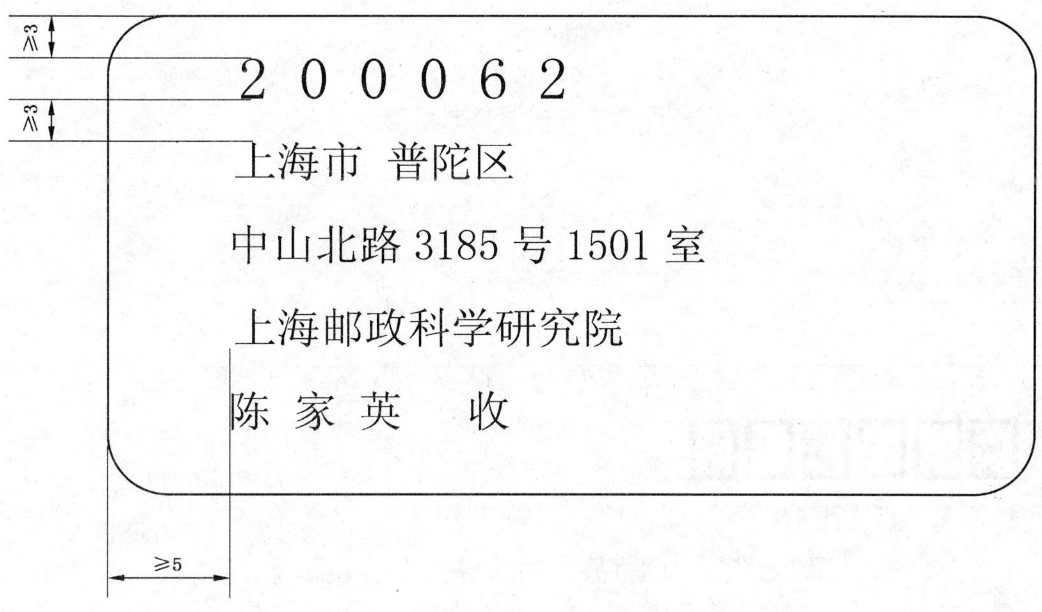


图4 透明窗口打印(印刷)显示实例

4.4.6.3.7 透明窗口信封内件上打印的收件人邮政编码、收件人名址等信息应完整、清晰地显示在透明窗口位置,当内件有所移动时,收件人邮政编码、收件人名址等信息仍应完整地通过透明窗口清晰地显示。

# 附 录 A
（资料性附录）
国内邮件书写格式示例

单位为毫米

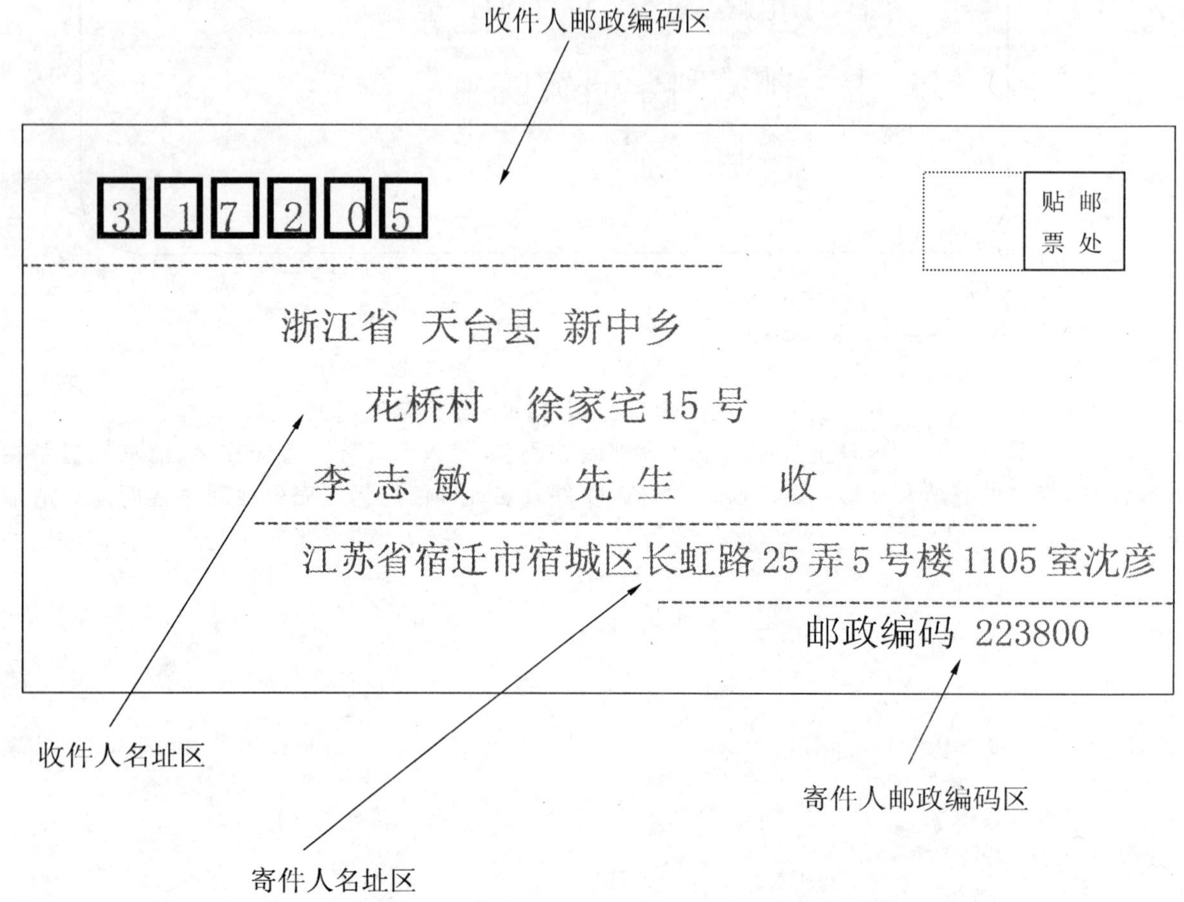


图 A.1 国内邮件封面书写示例

ICS 01.040.03
A 24

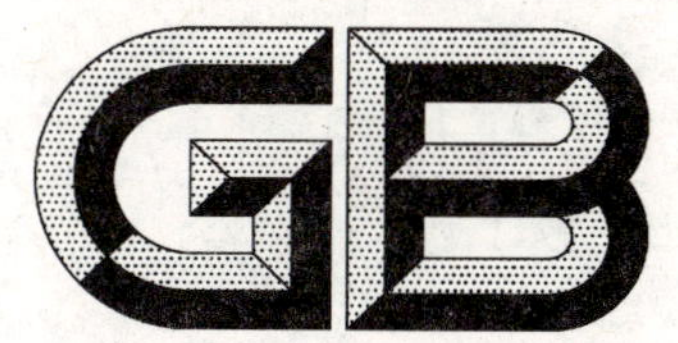

# 中华人民共和国国家标准

GB/T 22658—2008

# 流通合作组织分类

## Classification of cooperative circulation organizations

2008-12-30 发布　　　　2009-06-01 实施

中华人民共和国国家质量监督检验检疫总局
中国国家标准化管理委员会　发布

# 前　言

本标准的附录A为资料性附录，附录B、附录C和附录D为规范性附录。

本标准由中华人民共和国商务部提出并归口。

本标准起草单位：中国合作贸易企业协会。

本标准主要起草人：李尧天、于美芝。

# 流通合作组织分类

## 1 范围

本标准规定了流通合作组织的相关术语和定义，流通合作组织的分类及其基本特征。

本标准适用于流通合作组织的建设和管理。

## 2 术语和定义

下列术语和定义适用于本标准。

2.1

**流通合作组织 cooperative circulation organizations**

由若干个城乡居民户或中小企业，按照合作制原则组建，主要从事商品流通和服务，具有法人地位的组织。

注1：该组织以降低购买（采购）、运输、贮藏（加工）、销售商品的成本费用，保证和提高商品质量和服务质量为基本目的。

注2：该组织的合作制原则采用国际合作社联盟章程规定的原则。国际合作社联盟章程的合作制原则参见附录A。

2.2

**合作社 cooperatives**

流通合作组织（2.1）的主要组织形式。是人们自愿联合、通过共同所有和民主管理，满足共同的经济和社会需求的企业性自治组织。

2.3

**流通合作组织行业协会 association of circulation organizations**

流通合作组织（2.1）的重要组织形式之一。是具有社团法人地位，在行业成员中起协调、自律、服务、维权等作用的中介组织。

## 3 流通合作组织的分类

3.1 流通合作组织的分类应以适应对流通合作组织进行支持、管理和指导的需要为原则。

3.2 按流通合作组织的主要合作内容、所处于的流通环节，总体上分为：

a） 采购合作类流通合作组织；

b） 销售合作类流通合作组织；

c） 供销合作类流通合作组织。

3.3 对每类流通合作组织中的各种合作组织按照其法人属性、成员主体、合作目标任务、服务功能、治理结构分别界定，以确定各种流通合作组织的基本特征。

## 4 各种流通合作组织的基本特征

### 4.1 采购合作（联购分销）类合作组织

4.1.1 该类组织是为通过联合购买（联合采购），形成采购规模，降低采购成本和费用，保证所购商品质量，实现购买质优价廉商品的合作组织。

4.1.2 该类合作组织分为以下4种合作组织：

a） 消费合作社（包括住房合作社）；

b） 农业生产资料合作社；

c） 零售店业主合作社；

d） 超市采购联盟。

采购合作（联购分销）类合作组织的基本特征见附录B。

## 4.2 销售合作类（分购联销）合作组织

4.2.1 该类合作组织是为了销售自己的商品而与有同类商品的持有者自愿联合起来成立合作组织，以满足规模销售（包括加工、仓储、运输）提高销售收入的合作组织。

4.2.2 该类合作组织可分为以下6种合作组织：

a） 单品种农产品销售合作社；

b） 同类农产品销售合作社；

c） 多类农产品销售合作社；

d） 储运合作社；

e） 农产品流通协会（包括农产品专业协会）；

f） 流通经纪人协会。

销售合作（分购联销）类合作组织的基本特征见附录C。

## 4.3 供销合作类合作组织

4.3.1 该类组织是为采购（供应）农业生产资料和生活资料，销售农产品，由农民入股组织起来的合作组织。

4.3.2 该类合作组织可分为以下5种合作组织：

a） 单品种供销合作社；

b） 同类商品供销合作社；

c） 村级综合服务社（多类商品供销合作社）；

d） 基层供销合作社；

e） 供销合作社联合社。

供销合作类合作组织的基本特征见附录D。

# 附　录　A
## （资料性附录）
## 国际合作社联盟章程中规定的合作制原则

第二章　社员

第五条　合作社的原则：

合作社的原则是实现合作社价值的指导方针。

原则一：自愿入社、开放办社

合作社是自愿组成的组织，它的会员资格对所有能利用它的服务并愿意承担会员义务的人都是开放的，没有人为的限制和任何社会、政治、种族和宗教的歧视。

原则二：社员民主管理

合作社是民主的组织，它的事务由积极参与政策制定和决策的成员管理。被选出的男女代表应对社员负责。在基层合作社中，社员拥有平等的投票权（即一人一票），其他级别的合作社也按民主的方式进行组织。

原则三：社员经济参与

合作社社员缴纳等额资本金，合作社资本金由社员民主管理。通常，至少应有一部分资产作为合作社的共有资产存在。社员入社必须交纳资本金，通常可获得有限的补偿。社员将盈余用作以下部分或全部用途：通过建立储备金发展他们的合作社；储备金中至少有一部分是不可分的；根据与合作社的交易额比例奖励成员；支持开展社员批准的其他活动。

原则四：独立性与自主性

合作社是由他们的成员管理的自主、自助的组织。合作社与包括政府在内的其他组织签订协议，或从外部筹集资金时，必须以确保合作社社员民主管理、维护合作社的自主性为前提。

原则五：教育、培训与信息

合作社为社员、当选代表、管理者和雇员提供教育和培训，以便他们有效地促进合作社的发展。合作社向公众——特别是青年和舆论领袖——宣传合作的本质与益处。

原则六：合作社间的合作

合作社通过地方、国家、地区和国际各级组织的合作才能最有效地服务于其成员并发展合作社运动。

原则七：关心社区

合作社采用通过社员认可的政策促进社区的可持续发展。

［国际合作社联盟章程　2003 年 9 月 4 日国际合作社联盟全球大会通过］

# 附 录 B
(规范性附录)
## 采购合作类合作组织基本特征

采购合作类合作组织基本特征见表B.1。

表 B.1

| 序号 | 类 型 | 基本特征 | | | | |
|---|---|---|---|---|---|---|
| | | 成员主体 | 合作内容 | 组织功能 | 治理结构 | 法人属性 |
| 1 | 消费合作社包括住房合作社) | 城乡居民户 | 购买价廉物美生活资料和购建住房等。做到省钱、放心、方便 | 共同采购,共同配送实现商品价廉,质量安全。为成员提供优质服务 | 社员大会或代表会、理事会、监事会,理事会主任为法人代表 | 企业法人 |
| 2 | 农业生产资料合作社 | 农民户 | 购买质量安全、价格较便宜的农业生产资料 | 形成采购规模,从工厂或一级批发商进货,降低成本,并提供技术指导服务 | 社员代表会、理事会、监事会、理事会主任为法人代表 | 企业法人 |
| 3 | 零售店业主合作社 | 单体商店业主 | 统一采购,降低采购成本,追求最低价格和质量保证 | 扩大采购规模,取得进厂采购的资格及进行原材料加工 | 理事会、监事会 | 企业法人 |
| 4 | 超市采购联盟 | 不同超市经营主体 | 统一采购,降低采购成本,提高加盟超市竞争力 | 统一采购谈判,信息共享,有条件的统一配送 | 理事会 | 社团法人或企业法人 |

# 附 录 C
## （规范性附录）
## 销售合作类合作组织基本特征

销售合作类合作组织基本特征见表 C.1。

表 C.1

| 序号 | 类型 | 基本特征 | | | | |
|---|---|---|---|---|---|---|
| | | 成员主体 | 合作内容 | 组织功能 | 治理结构 | 法人属性 |
| 1 | 单品种农产品销售合作社 | 生产同一品种农产品的农户 | 通过合作社使社员农产品形成批量和加工增值，提高在市场交易中地位，增加销售收入 | 提高农民进市场的组织化程度，开拓单一农产品的销售市场 | 社员代表会、理事会、监事会或社务委员会 | 合作社法人 |
| 2 | 同类农产品销售合作社 | 生产同类农产品的农户 | 使社员的农产品形成批量、加工增值，提高市场交易中的地位，增加销售收入 | 提高农民进市场的组织化程度，开拓同类农产品的销售市场 | 社员代表会、理事会或社务委员会 | 合作社法人 |
| 3 | 多类农产品销售合作社 | 生产各类农产品的农户 | 寻找销售渠道，降低推销费用，保证销售价格，增加销售收入 | 提高农民进市场的组织化程度，开拓社员生产的各类农副产品的销售市场 | 社员代表会、理事会或社务委员会、监事会 | 合作社法人 |
| 4 | 储运合作社 | 从事仓储和运输的经营户 | 以仓储和运输设施联合，形成规模，增加收入 | 提高组织化程度，提高储运能力，承担第三方物流 | 社员代表会、社务委员会 | 合作社法人 |
| 5 | 农产品流通协会（包括各种类专业协会） | 农民和企业 | 为会员提供市场信息、组织产品展销会，维护会员企业的合法利益 | 协调、自律、服务、维权 | 理事会 | 社团法人 |
| 6 | 流通经纪人协会 | 流通领域中介的经纪人 | 为会员提供市场信息、组织产品展销会，维护会员企业的合法权益 | 协调、自律、服务、维权 | 理事会 | 社团法人 |

# 附 录 D
## （规范性附录）
## 供销合作类合作组织基本特征

供销合作类合作组织基本特征见表D.1。

表 D.1

| 序号 | 类型 | 基本特征 | | | | |
|---|---|---|---|---|---|---|
| | | 成员主体 | 合作内容 | 组织功能 | 治理结构 | 法人属性 |
| 1 | 单品种供销合作社 | 生产同种产品的农户 | 供应种子化肥、农药、科技服务；销售产品 | 同时具有采购与销售两重功能，是双向流通服务 | 村委会支持，社委会管理，基层供销社指导 | 合作社法人 |
| 2 | 同类商品供销合作社 | 生产同类产品的农户 | 供应种子化肥、农药、科技服务；销售产品 | 同时具有采购与销售两重功能，是双向的，多功能服务 | 村委会支持，社委会管理，基层供销社指导 | 合作社法人 |
| 3 | 村级综合服务社（多类商品供销合作社） | 农民和从事经营的业主 | 供应农民生产资料、生活资料和为农民销售农产品及相关服务 | 具有商品供应与销售双向流通功能。提供科技、教育、文化、医疗、保险、信息等多功能服务 | 村委会支持，社委会管理，基层供销社指导 | 合作社法人 |
| 4 | 基层供销合作社（乡镇综合服务社） | 农民户 | 供应农民生产、生活资料，销售农副产品，开展产前、产中、产后系列化服务 | 购销、加工、储运和信息技术服务等综合功能 | 社员代表会、理事会、监事会，理事会主任为法人代表 | 企业法人 |
| 5 | 供销合作社联合社 | 基层供销社、专业合作社 | 开展工业品联购分销和农产品分购联销 | 通过对成员社服务，实现为“三农”服务宗旨，对成员社进行指导、协调、监督和培训 | 社员代表会、理事会、监事会，理事会主任为法人代表 | 事业法人或社团法人 |

ICS 79.120.10
J 65

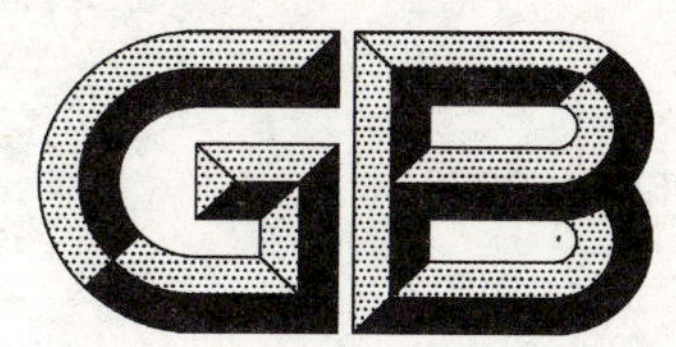

# 中华人民共和国国家标准

GB 22659—2008

## 木工机床安全 数控钻床和数控镂铣机

**Safety of woodworking machines—numerically controlled(NC) boring machines and routing machines**

[EN 848-3:1999, Safety of woodworking machines—One side moulding machines with rotating tools—Part 3:Numerical control(NC) boring machines and routing machines, MOD]



2008-12-23 发布　　2009-10-01 实施

中华人民共和国国家质量监督检验检疫总局
中国国家标准化管理委员会　发布

# 前　言

**本标准的第3章、5.3.2.1的第1段、5.3.3的注及附录A是推荐性的，其余为强制性的。**

本标准修改采用欧洲标准EN 848-3:1999《木工机床安全　带旋转刀具的单面铣床　第3部分：数控钻床和数控镂铣机》(英文版)。

本标准与EN 848-3:1999相比，修改内容如下：

——对内容的表述进行了编辑性修改；

——增加了机床空运转噪声声压级限值；

——对EN 848-3:1999中引用的其他ISO标准或EN标准，有被采用为我国标准的用我国标准代替对应的ISO标准或EN标准，未被采用为我国标准的直接采用ISO标准或EN标准。

本标准的附录B为规范性附录，附录A为资料性附录。

本标准由中国机械工业联合会提出。

本标准由全国木工机床与刀具标准化技术委员会(SAC/TC 84)归口。

本标准起草单位：福州木工机床研究所。

本标准主要起草人：郑宗鉴、郑莉、肖晓晖。

本标准为首次制定。

# 木工机床安全
# 数控钻床和数控镂铣机

## 1 范围

本标准规定了 NC(CNC)木工钻床和 NC(CNC)木工镂铣机(以下简称机床,见图 1～图 9)上去除危险和限制风险的要求和/或措施,适用于切削实木、刨花板、纤维板、胶合板和有塑料贴面或贴边材料的机床。

本标准包括与该机床有关的所有危险,详见第 4 章。

本标准不适用于带封边功能的机床。

## 2 规范性引用文件

下列文件中的条款通过本标准的引用而成为本标准的条款。凡是注日期的引用文件,其随后所有的修改单(不包括勘误的内容)或修订版均不适用于本标准,然而,鼓励根据本标准达成协议的各方研究是否可使用这些文件的最新版本。凡是不注日期的引用文件,其最新版本适用于本标准。

GB/T 3767 声学 声压法测定噪声源声功率级 反射面上方近似自由场的工程法(GB/T 3767—1996,eqv ISO 3744:1994)

GB/T 3768—1996 声学 声压法测定噪声源声功率级 反射面上方采用包络测量表面的简易法(eqv ISO 3746:1995)

GB 4208—2008 外壳防护等级(IP 代码)(IEC 60529:2001,IDT)

GB/T 5013.1 额定电压 450/750 V 及以下橡皮绝缘电缆 第 1 部分:一般要求(GB/T 5013.1—2008,IEC 60245-1:2003,IDT)

GB/T 5023.1 额定电压 450/750 V 及以下聚氯乙稀绝缘电缆 第 1 部分:一般要求(GB/T 5023.1—2008,IEC 60227-1:2007,IDT)

GB 5226.1—2002 机械安全 机械电气设备 第 1 部分:通用技术条件(IEC 60204-1:2000,IDT)

GB/T 6881.2 声学 声压法测定噪声源声功率级 混响场中小型可移动声源工程法 第 1 部分:硬壁测试室比较法(GB/T 6881.2—2002,ISO 3743-1:1994,IDT)

GB/T 6881.3 声学 声压法测定噪声源声功率级 混响场中小型可移动声源工程法 第 2 部分:专用混响测试室法(GB/T 6881.3—2002,ISO 3743-2:1994,IDT)

GB 12265.1—1997 机械安全 防止上肢触及危险区的安全距离(eqv EN 294:1992)

GB 12557—2000 木工机床 安全通则(neq prEN 691:1992)

GB 14048.4 低压开关设备和控制设备 机电式接触器和电动机起动器(GB 14048.4—2003,IEC 60947-4-1:2000,IDT)

GB 14048.5 低压开关设备和控制设备 第 5-1 部分:控制电路电器和开关元件 机电式控制电路电器(GB 14048.5—2008,IEC 60947-5-1:2003,MOD)

GB/T 14574 声学 机器和设备噪声发射值的标示和验证(GB/T 14574—2000,eqv ISO 4871:1996)

GB/T 15706.1 机械安全 基本概念与设计通则 第 1 部分:基本术语和方法(GB/T 15706.1—2007,ISO 12100-1:2003,IDT)

GB/T 15706.2—2007 机械安全 基本概念与设计通则 第2部分:技术原则(ISO 12100-2:2003,IDT)

GB 16754 机械安全 急停 设计原则(GB 16754—2008,ISO 13850:2006,IDT)

GB/T 16755—1997 机械安全 安全标准的起草与表述规则(eqv EN 414:1992)

GB/T 16855.1—2008 机械安全 控制系统有关安全部件 第1部分:设计原则(ISO 13849-1:2006,IDT)

GB/T 17248.3—1999 声学 机器与设备发射的噪声 工作位置和其他指定位置发射声压级的测量 现场简易法(eqv ISO 11202:1995)

GB/T 17248.5—1999 声学 机器与设备发射的噪声 工作位置和其他指定位置发射声压级的测量 环境修正法(eqv ISO 11204:1995)

GB/T 17454.1—2008 机械安全 压敏保护装置 第1部分:压敏垫和压敏地板的设计和试验通则(ISO 13856-1:2001,IDT)

GB/T 18831—2002 机械安全 带防护装置的联锁装置 设计和选择原则(ISO 14119:1998,MOD)

GB 18955—2003 木工刀具安全 铣刀、圆锯片(EN 847-1:1997,MOD)

JB 6113 木工机用刀具 安全技术条件

ISO 3745:2003 声学 声压法测定噪声源声功率级 消声室和半消声室的精密法

ISO/TR 11688-1:1995 声学 低噪声机械与设备的推荐设计方法 第1部分:计划

IEC 61496-1:2004 机械安全 电敏保护设备 第1部分:一般要求和试验

EN 614-1 机械安全 人类工效学设计原则 第1部分:术语和基本原则

EN 847-2 木工刀具 安全要求 第2部分:铣刀芯轴的要求

EN 894-1 机械安全 显示器和控制操作件设计的人类工效学要求 第1部分:人与显示器和控制操作件相互配合的基本原则

EN 894-2 机械安全 显示器和控制操作件设计的人类工效学要求 第2部分:显示器

EN 894-3 机械安全 显示器和控制操作件设计的人类工效学要求 第3部分:控制操作件

EN 982:1996 机械安全 流体动力系统和部件的安全要求 液压装置

EN 983:1996 机械安全 流体动力系统和部件的安全要求 气动装置

EN 1005-1 机械安全 人的物理性能 第1部分:术语和定义

EN 1005-2 机械安全 人的物理性能 第2部分:机械操纵器和零部件

EN 1005-3 机械安全 人的物理性能 第3部分:机械操作推荐的力的极限

EN 1037:1995 机械安全 意外起动的防护

EN 1760-3 机械安全 压敏防护装置 第3部分:压敏杠和压敏板的设计和试验通则

EN 1837 机械安全 机械的整体照明

EN 60825-1:1994 激光产品的安全 第1部分:设备分类、要求和使用者指南

## 3 术语和定义

3.1

**数控(NC)镂铣钻床 numerically controlled(NC) boring and routing machines**

是用数字信息控制铣刀和/或钻头进行工件加工的机械进给机床。这些机床至少有二根相互垂直的由用户编程定位和/或加工的轴线(例如 $X,Y$)。轴线的运行是按 NC 工作程序。

该机床可有:

——锯、砂光等附加装置;

——固定或移动的工件支承;

——机械的、气动的、液压的或真空的工件夹紧；
——自动换刀的装置。

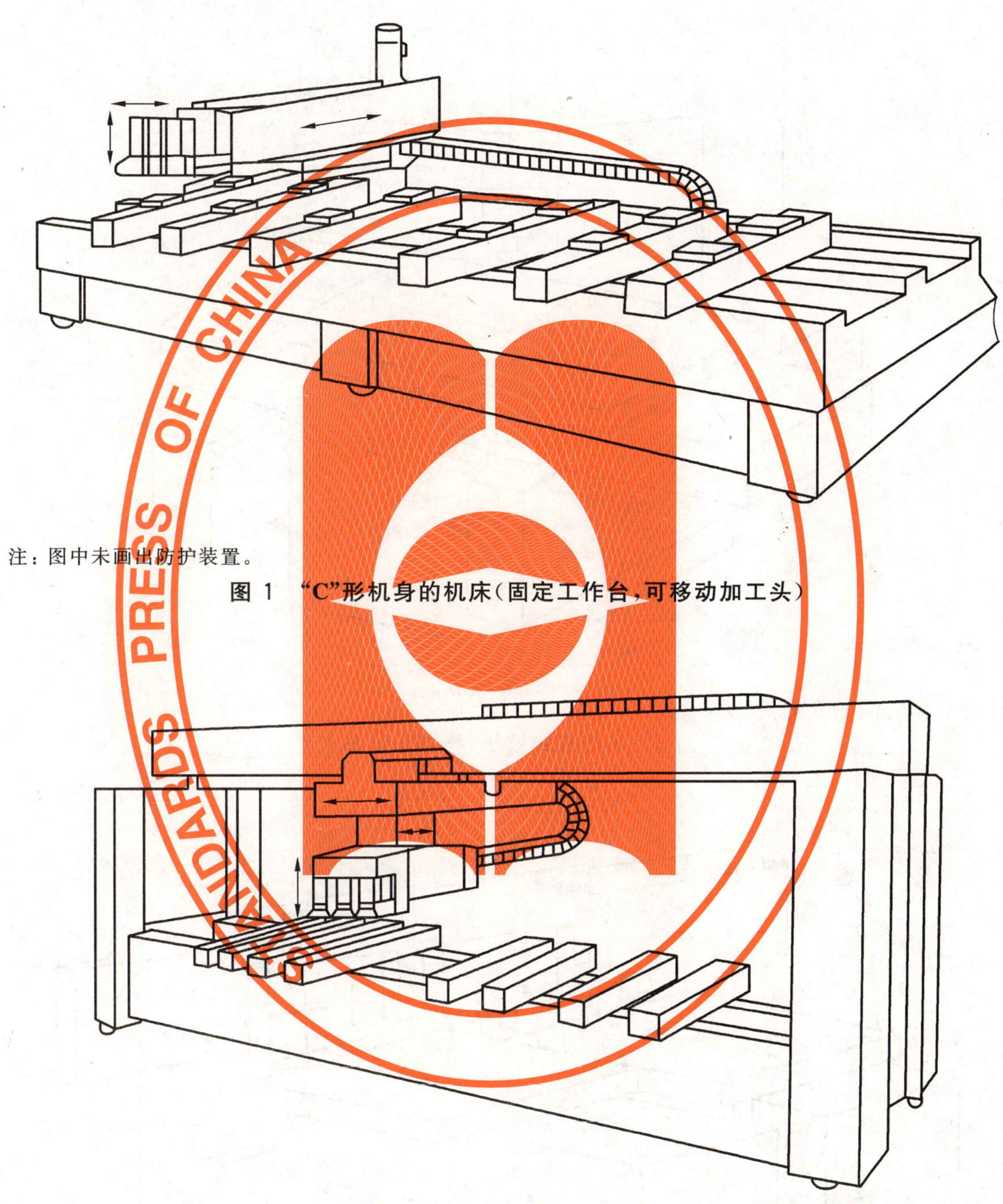

注：图中未画出防护装置。

**图1 “C”形机身的机床(固定工作台，可移动加工头)**

注：图中未画出防护装置。

**图2 龙门机身的机床**

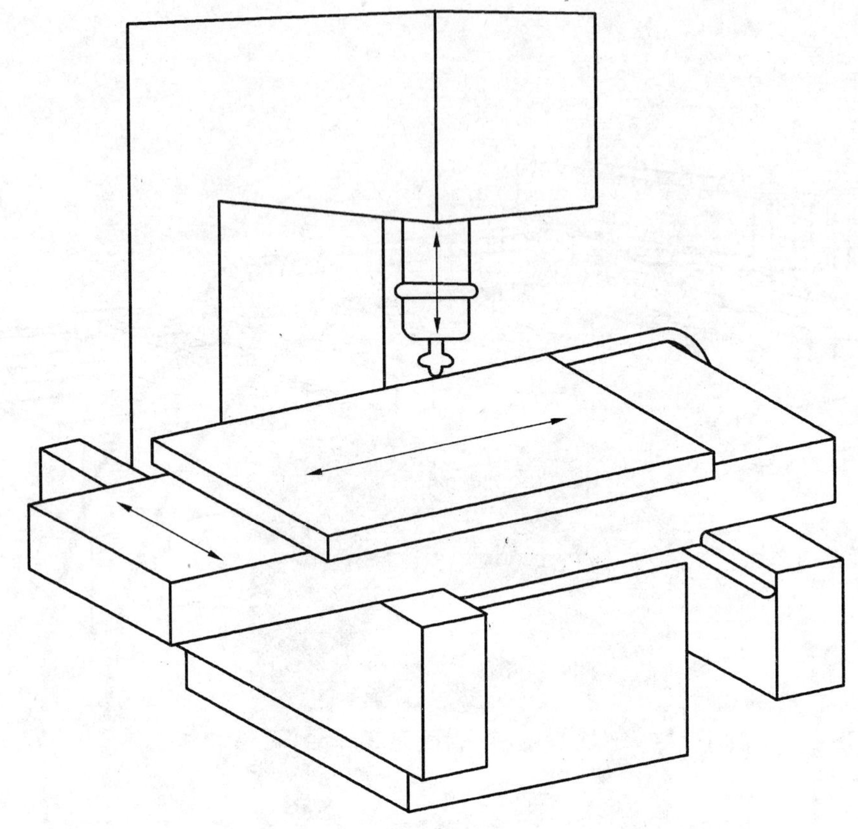

注：图中未画出防护装置。

图 3　吊挂式镂铣机(移动工作台)

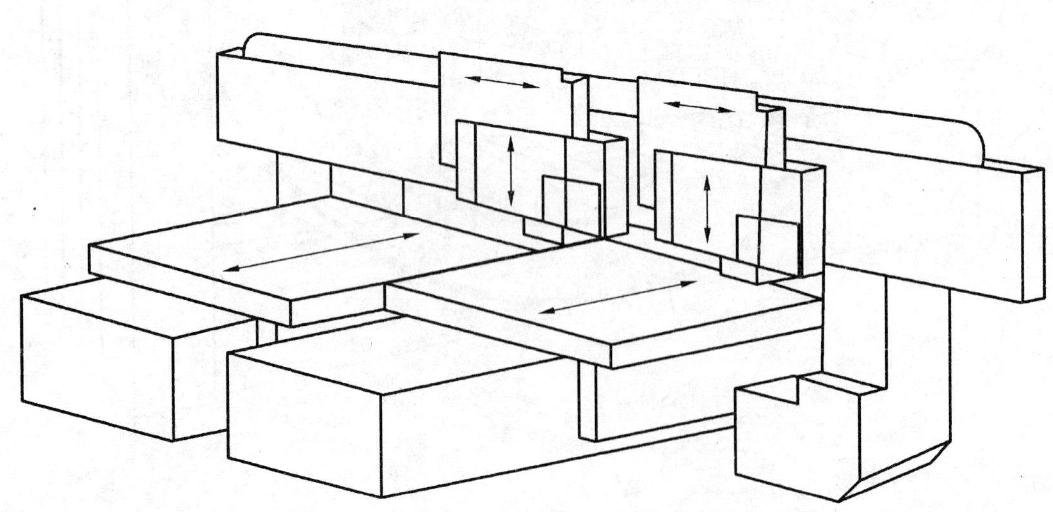

注：图中未画出防护装置。

图 4　吊挂式镂铣机(移动工作台,固定龙门,移动加工头)

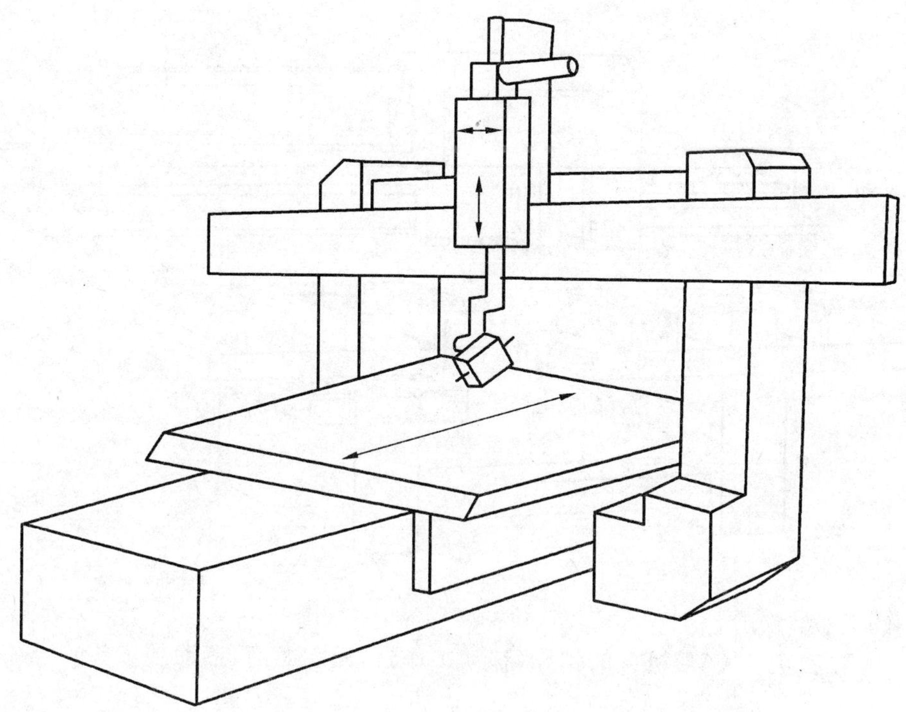

注：图中未画出防护装置。

图 5 加工中心(移动工作台,固定龙门,移动加工头)

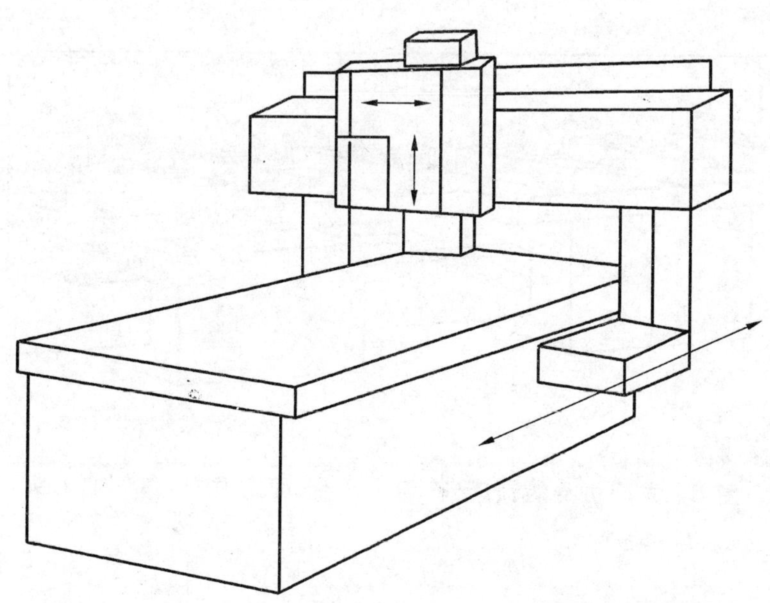

注：图中未画出防护装置。

图 6 吊挂式镗铣机(固定工作台,移动龙门,移动加工头)

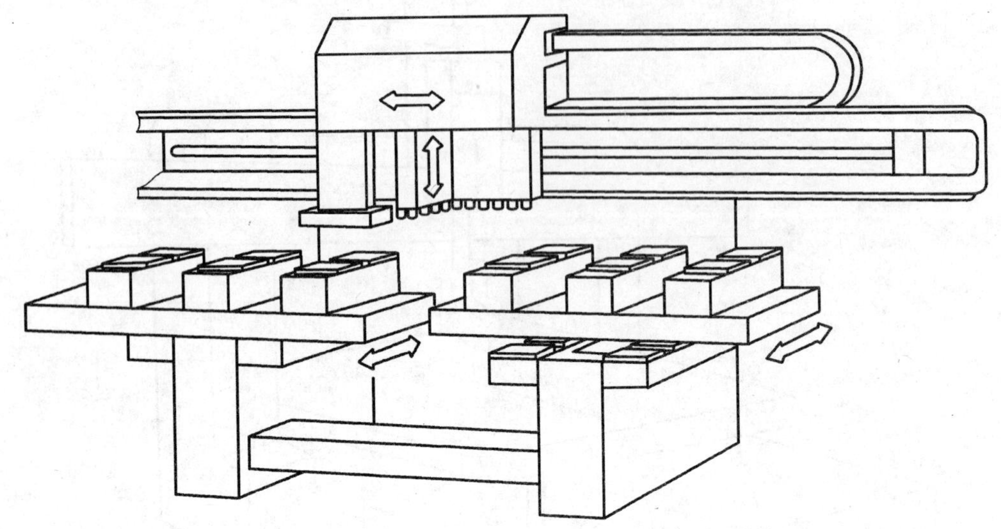

注：图中未画出防护装置。

图 7 “C”形机身的钻床(移动工作台,固定龙门,移动加工头)

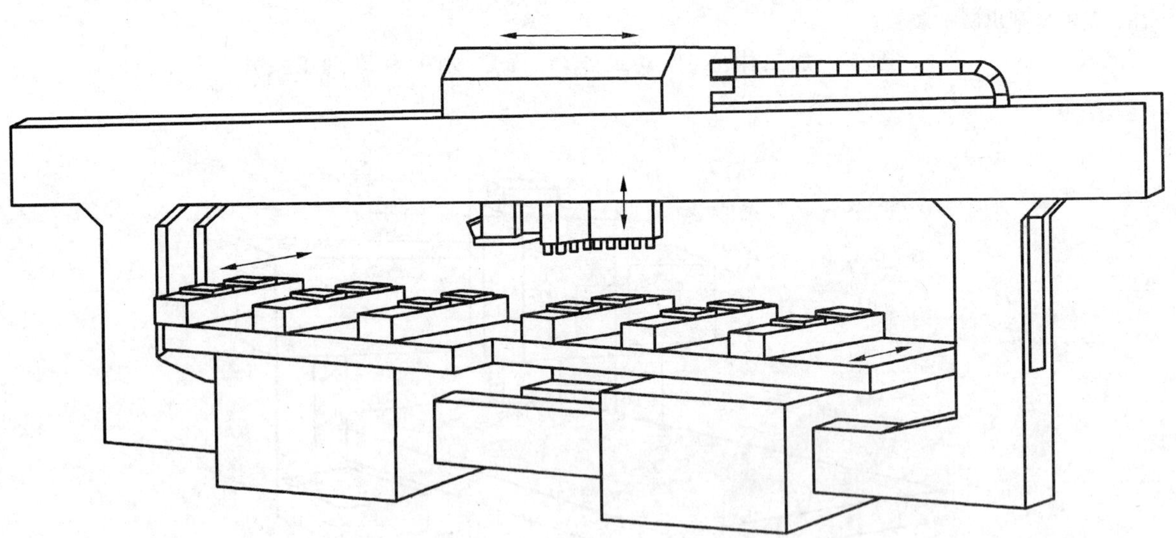

注：图中未画出防护装置。

图 8 龙门机身的钻床(移动工作台,固定龙门,移动加工头)

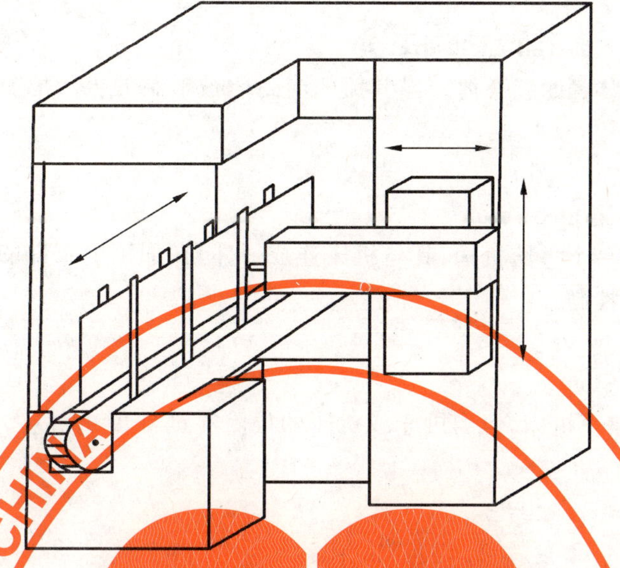

注：图中未画出防护装置。

图9 立式机身的机床(移动支承,固定机身,移动加工头)

3.2

**转速范围 speed range**

刀具主轴或刀具额定最大转速与最小转速间的区间。

3.3

**抛射 ejection**

见 GB 12557—2000 的 3.10。

3.4

**机械致动机构 machine actuator**

一种用以引起机械运动的动力机构(见 GB 5226.1—2002 的 3.32)。

3.5

**加工操作模式 machining mode of operation**

自动的、可编程的、便于工件的手动或自动上料的连续的机床操作。

3.6

**机床调整操作模式 machine setting mode of operation**

调整、编程、故障查找、程序修改、试验和手动控制的(有动力的)非连续的机床操作。

3.7

**保证书 confirmation**

见 GB 12557—2000 的 3.15。

3.8

**数字控制(NC)**

**计算机数字控制(CNC)**

当加工进行时,由一装置利用输入的数字信息来自动控制一个加工。

3.9

**全封闭防护装置 complete enclosure**

固定式和移动式防护装置的联合体。当其关闭时完全封闭机床,防止任何物体进入,以及阻止碎片(例如:粉尘和木屑)的抛射。

3.10

**局部封闭式防护装置　partial enclosure**

固定式和移动式防护装置的联合体。当其关闭时封闭被限制的机床危险区。其可能有或没有开口或顶板。

3.11

**整体式进给机构　integrated feed**

工件的支承或刀具的一个进给机构，其与机床连成一体，在加工中工件的支承或机床的零部件与刀具相联并被机械地夹持和控制。

3.12

**操作停止　operation stop**

一种控制，通过其能停止机床，但当机床或机床的危险零部件停止时，无需切断机械致动机构的能源（例如：循环停止）。

3.13

**缓冲垫　bumper**

一种安全装置，其包括：

a) 传感器，当压力施加到其外表面的部位时，就产生一信号。这里：
  ——贯穿压力敏感区域的横截面可以是规则或是不规则的；
  ——传感器是用于探测手、臂、头或站立或躺在防护区域上的人体。

b) 一种控制装置，其受传感器的控制并产生到机床控制系统的输出信号。

## 4 危险一览表

本一览表（见表1）涉及了适用范围中定义机床的所有危险：

——对于重大的危险，通过规定安全要求和/或措施，或者通过指示相应的B类标准。

——对于非重大的危险，例如：一般的、从属的或次要的危险，通过指示相应的A类标准，特别是GB/T 15706.1和GB/T 15706.2。

表1中所列危险均是根据GB/T 16755—1997的附录A提出的。

**表 1 危险一览表**

| 序 号 | 危 险 | 符合本标准的条文 |
|---|---|---|
| 1 | 机械危险,如由机器或工件的下列要素引起的:<br>形状;<br>相对位置;<br>质量和稳定性(各零件的位能);<br>质量和速度(各零件的动能);<br>机械强度不足;<br>由以下原因引起的位能积累:<br>弹性零件(弹簧),或<br>压力下的液体或气体,或<br>真空 | |
| 1.1 | 挤压危险 | 5.2.4,5.2.7.2,6.3 |
| 1.2 | 剪切危险 | 5.2.7.2 |
| 1.3 | 切割或切断危险 | 5.2.7.1,5.2.7.2 |
| 1.4 | 缠绕危险 | 5.2.3,5.2.7 |
| 1.5 | 引入或卷入危险 | 5.2.7 |
| 1.6 | 冲击危险 | 5.2.5 |
| 1.7 | 刺伤或扎伤危险 | 5.2.7.2 |
| 1.8 | 摩擦或磨损危险 | 5.2.7 |
| 1.9 | 高压流体喷射危险 | 5.2.8 |
| 1.10 | (机械或被加工的材料或工件)部件抛射危险 | 5.2.2,5.2.3,5.2.5 |
| 1.11 | 机械或机械零部件不稳定 | 5.2.1 |
| 1.12 | 与机械有关的滑倒、倾倒、跌倒危险 | 5.2.5 |
| 2 | 电气危险诸如下列因素引起的: | |
| 2.1 | 电接触(直接或间接) | 5.3.4 |
| 2.2 | 静电现象 | 不适合 |
| 2.3 | 热辐射或其他现象,如熔化粒子的喷射、短路、过载等引起的化学效应 | 不适合 |
| 2.4 | 电气设备外部影响 | 5.3.4 |
| 3 | 由下列各因素引起的热危险: | |
| 3.1 | 人们可接触的火焰或爆炸及热源辐射的烧伤和烫伤 | 不适合 |
| 3.2 | 由于热或冷的工作环境对健康的影响 | 不适合 |
| 4 | 由噪声产生的危险导致: | |
| 4.1 | 听力损失,生理失常(例如:失去平衡、意识损失) | 5.3.2 |
| 4.2 | 干扰语言通讯、听觉信号等 | 5.3.2 |
| 5 | 由振动产生的危险 | 不适合 |
| 6 | 由辐射等产生的危险,尤其是由: | |
| 6.1 | 电弧 | 不适合 |
| 6.2 | 激光 | 5.3.12 |
| 6.3 | 电离辐射源 | 不适合 |
| 6.4 | 用高频电磁场进行加工的机械 | 不适合 |
| 7 | 由机械加工时,使用的或排出的材料和物质产生的危险,例如: | |
| 7.1 | 由于接触或吸入有害的液体、气体、烟雾和灰尘导致的危险 | 5.3.3 |
| 7.2 | 火或爆炸危险 | 5.3.1 |
| 7.3 | 生物和微生物(病毒或细菌)危险 | 不适合 |

表 1（续）

| 序号 | 危险 | 符合本标准的条文 |
| --- | --- | --- |
| 8 | 在设计中忽略人类工效学产生的危险(机械与人的特征和能否匹配),例如: | |
| 8.1 | 不利于健康的姿态或过分用力 | 5.1.2 |
| 8.2 | 不适当考虑人的手/手臂或脚腿构造 | 5.3.5 |
| 8.3 | 忽略了使用个人防护装备 | 6.3 |
| 8.4 | 照明区不足 | 5.3.6 |
| 8.5 | 精神过分紧张或准备不足,受力等 | 5.3.5 |
| 8.6 | 人的错觉 | 5.1.3,6.3 |
| 9 | 各种危险的组合 | 5.1.3 |
| 10 | 由于能源故障、机械零件损坏或其他功能故障产生的危险,例如: | |
| 10.1 | 能源故障(能源或控制电路) | 5.1.5 |
| 10.2 | 机械零件或流体意外抛射 | 5.2.2, 5.2.8 |
| 10.3 | 控制系统的失效、失灵(意外起动、意外过流) | 5.1.4,5.1.6 |
| 10.4 | 装配错误 | 6.3 |
| 10.5 | 机械翻倒、意外失去稳定性 | 5.2.1,5.2.2 |
| 11 | 由于安全防护措施中止(短时的)或防护措施设置不正确产生的危险,例如: | |
| 11.1 | 各类防护装置 | 5.2.7 |
| 11.2 | 各类安全有关的(防护)装置 | 5.2.7,5.3 |
| 11.3 | 起动装置和停机装置 | 5.1.2 |
| 11.4 | 安全信号和信号装置 | 6.1,6.2 |
| 11.5 | 各类信息和报警装置 | 6.1,6.2,6.3 |
| 11.6 | 能源切断装置 | 5.3.15 |
| 11.7 | 急停装置 | 5.1.2.3 |
| 11.8 | 工件的进给/取出装置 | 6.3 |
| 11.9 | 安全调整和/或维修的主要设备和附件 | 5.3.17 |
| 11.10 | 气体等的排送设备 | 5.3.3 |

## 5 安全要求和/或措施

机床的安全除应符合本标准的规定,还应符合 GB 12557、GB/T 15706.1 和 GB/T 15706.2 的规定。

### 5.1 控制和指令装置

#### 5.1.1 控制系统的安全性和可靠性

对本标准而言,有关安全控制系统包括从最初的手动操纵器或位置传感器到最终的机械致动机构或部件(例如:电机)的输入点。机床的有关安全控制系统是用于以下的系统:

——起动(见 5.1.2.1);

——正常停止(见 5.1.2.2);

——急停(如果需要)(见 5.1.2.3);

——主轴速度改变/监控(包括减速和超速)(见 5.1.4);

——联锁(见 5.2.7.1.1,5.2.7.4,5.2.8);

——带防护锁定装置的联锁(见 5.2.7.1.2,5.2.7.4);

——进给速度(包括降低进给速度)(见 5.1.3.1,5.1.3.2,5.1.4,5.2.7.2);

——保持-运转控制(见 5.1.3.2);

——工件的机动夹紧(见 5.2.8);
——模式选择(见 5.1.3);
——机电式自动停机装置(见图 10);
——制动(见 5.2.4);
——换刀(见 5.2.7.1.2)。

这些控制系统应至少用“经验证”的元件和“经验证”的原则予以设计和制造。对本标准而言,“经验证”是指:

a) 电器元器件应符合相应国家标准、行业标准的规定,包括下列元器件:
  1) 强制切断的控制开关(其用于联锁的防护装置中作为机械操作的位置传感器)和用于辅助电路中的继电器应符合 GB 14048.5 的规定;
  2) 用于主电路上的电气机械式接触器和电动机起动器应符合 GB 14048.4 的规定;
  3) 橡胶绝缘电缆应符合 GB/T 5013.1 的规定;
  4) 通过定位(例如:在机床床身内部)附加抵抗机械损坏防护的聚氯乙稀绝缘电缆应符合 GB/T 5023.1 的规定。

b) 在电路原则方面,它应符合 GB 5226.1—2002 中 9.4.2.1 的规定。电路应硬接线。若有关安全控制系统中采用电子元器件,则其应符合 GB 5226.1—2002 中 9.4.2.2 的要求。
当只用于对主轴转速和轴线进给速度及保持-运转进行控制时,可以由一个监控器通过外部回路对两个不同元件构成的独立的电子通路进行控制(见图 12 和图 13 的实例)。在这种情况下,这两个电路的传感器可以共用。当背离规定值,应产生一信号送往急停装置。

c) 机电式自动停机装置,采用硬接线,应按图 10 的要求。

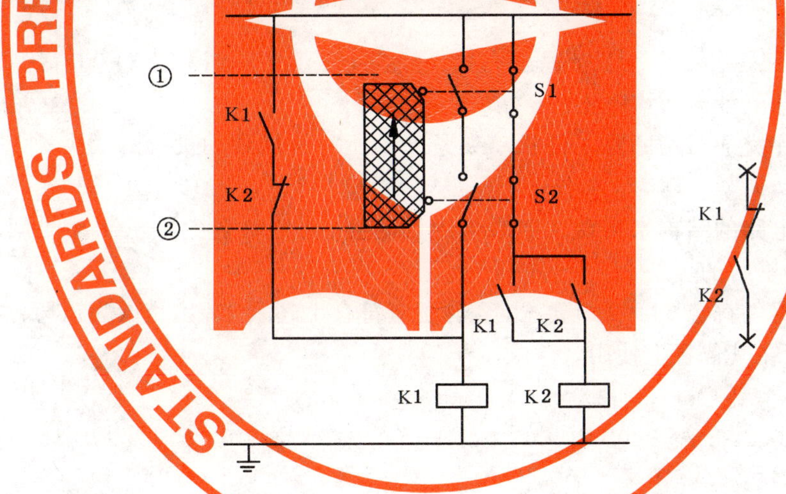


1——自动停机装置不起作用;
2——自动停机装置起作用。

**图 10 硬接线电路自动停机装置的实例**

d) 机械的零部件应符合 GB/T 15706.2—2007 中 4.5 的规定。

e) 防护装置用机械操作的位置传感器应采用强制作用的模式,它的安排和连接以及凸轮设计和安装应符合 GB/T 18831—2002 中 5.2.2 和 5.3 的规定。

f) 带防护锁的联锁装置,它是至少符合 GB/T 18831—2002 表 2 中的第 3 种型式。

g) 气动和液压元器件及系统应分别符合 EN 983:1996 和 EN 982:1996 的规定。

h) 延时器件应按 GB/T 16855.1—2008 中的 B 类,其设计的作用次数至少 $10^6$ 次。

i) 压力下限传感器(见 5.2.8)应符合 GB/T 16855.1—2008 中的 B 类的要求。

检验方法:检验相应图样(包括电路图)并在机床上进行检验;应提供元器件制造者出具的所有元器

件符合相应标准的保证书。

5.1.2 **操纵器的位置**

起动、正常停止、急停(模式选择)、主轴和轴线的止-动控制、工件的夹紧和换刀这些主要电气控制的操纵器一般应位于：

——与控制指示(在主控制面板上)邻近的操作者位置；

——吊挂式操纵台上。

急停操纵器位置的其他规定见5.1.2.3。

检验方法:检查有关图样(包括电路图),在机床上做功能试验等检验。

5.1.2.1 **起动**

按GB 5226.1—2002中9.2.5.2的规定。对本标准而言,“安全防护装置就位并起作用”是由5.1.3中联锁装置的安排而实现的。

移动式防护装置的关闭,或从安全垫或光栅防护的区域移出,都不应引起移动部件的再起动。除机床的设计能防止操纵者进入有挤压、剪切、切断和/或冲击风险的区域,其余均应提供复位装置。

在同一时间只能有一套起动控制器件起作用。

当移动式防护装置处于打开位置时,主轴、轴线、工件夹紧和换刀机构的意外起动或危险运动应按EN 1037:1995的要求防护。

检验方法:检查相应图样(包括电路图),在机床上做功能试验等检验。

5.1.2.2 **正常停止**

应提供用于加工操作模式和调整操作模式的正常停止控制系统。

正常停止的停止顺序应是：

a) 停止轴线运动；

b) 停止主轴旋转；

c) 保持工件夹紧直至各运动均停止；

d) 至少在制动顺序完成后切断除工件机动夹紧外的所有机械致动机构的动力；

e) 切断到工件机动夹紧的动力。

停止顺序应由控制电路的结构来实现。如果采用延时器,则延时至少等于制动时间。延时器应是可调的,其调整装置应是密封的。

如果所提供的急停器件符合5.1.2.3要求,至少还应符合上述要求,才能认为该急停器件能满足正常停止控制的要求,并能在其位置上使用。

5.1.2.3 **急停**

急停器件应符合GB 5226.1—2002中9.2.2的1类和9.2.5.4、10.7,以及GB 16754的要求,并安装在各个工作站上,尤其在：

a) 主控制面板上；

b) 手持控制面板上(如果有)；

c) 与保持-运转控制邻近；

d) 工件上、下料位置上；

e) 若其是与加工区分离的,则应接近刀库或在刀库内。

停止顺序应为：

a) 停止轴线运动；

b) 停止主轴旋转；

c) 保持工件夹紧(若工件夹紧为机动)直至所有运动均停止；

d) 制动顺序完成后切断到电气制动器和工件夹紧装置(若工件夹紧为机动)的动力。

应避免诸如重力、压力等引起的危险运动,例如:通过能抵抗机床额定最大载荷的机械的断开装置。

至少在轴线和刀具主轴均停止运动之前急停不应导致工件夹紧松开。

检验方法：检查相应图样（包括电路图），在机床上做功能试验等检验。

**5.1.2.4 操作停止**

提供的所有操作停止（例如：循环停止）均应是 GB 5226.1—2002 中的 2 类停止，并应符合5.1.3.1，5.1.3.2 和 5.1.4 的要求。

停止的顺序应为：

a) 停止轴线运动；

b) 停止主轴旋转；

c) 保持工件夹紧（若工件夹紧为机动）直至所有运动均停止。

应按 EN 1037:1995 的要求防护主轴、轴线和换刀机构的意外起动及其危险运动。若不可能切断机械致动机构的动力，则要求按 EN 1037:1995 中 6.4 停止控制系统。一旦发生故障，若不能切断到危险运动的动力，则应切断到机床的动力。

检验方法：检查相应图样（包括电路图），在机床上做功能试验等检验。

**5.1.2.5 进入 NC 面板**

当处于加工模式且 NC 面板上可编程功能有门时，其应能锁住。这可采取一个通过的密码或一个带锁开关的形式（见 6.3）来实现。

操作者应不能进入安全功能。

检验方法：检查相应图样（包括电路图），在机床上做功能试验等检验。

**5.1.3 模式选择开关**

若机床设计成在调整中安全防护装置和/或安全装置损坏的情况下能运转，则应提供一模式选择开关（其在各个位置均能锁定）用于在加工操作模式和调整操作模式之间作选择。

模式选择开关不能同时使两个及两个以上的模式起作用。

5.1.3.1 和 5.1.3.2 中规定的安全防护装置在其相应的操作模式中（见图 11 和图 12）应是有效的。

检验方法：检查相应图样（包括电路图），在机床上做功能试验等检验。

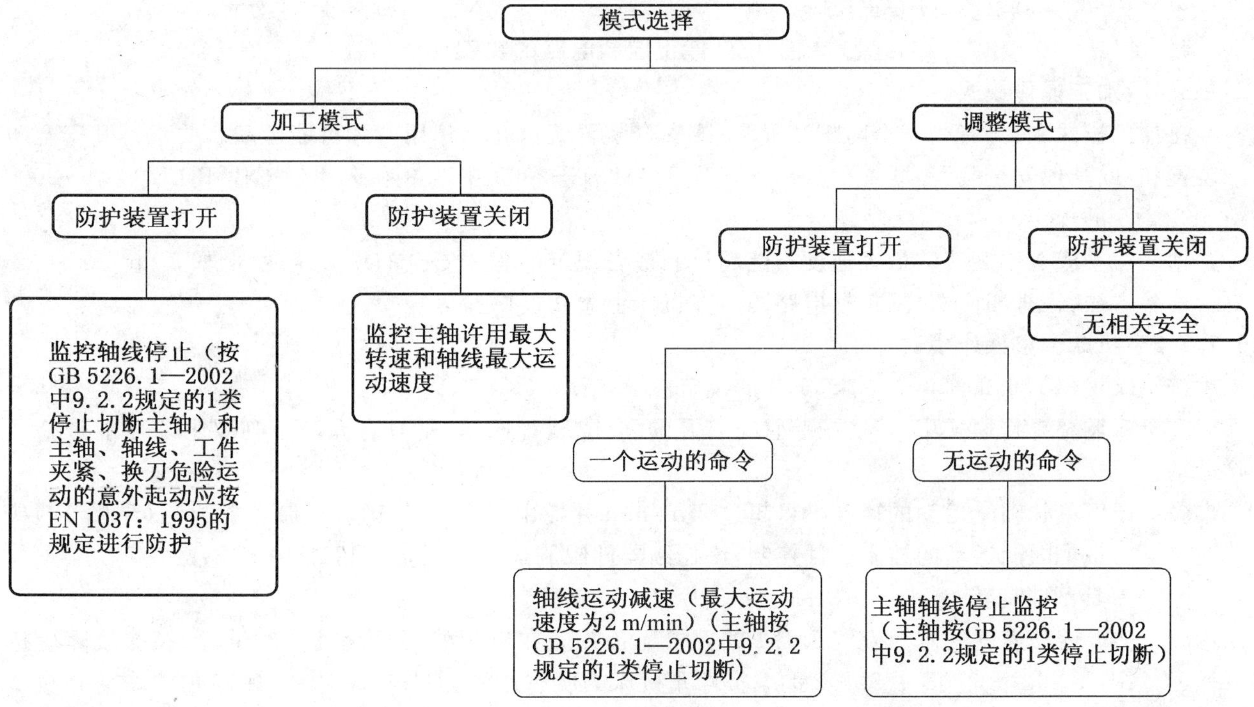


**图 11 模式选择一览**

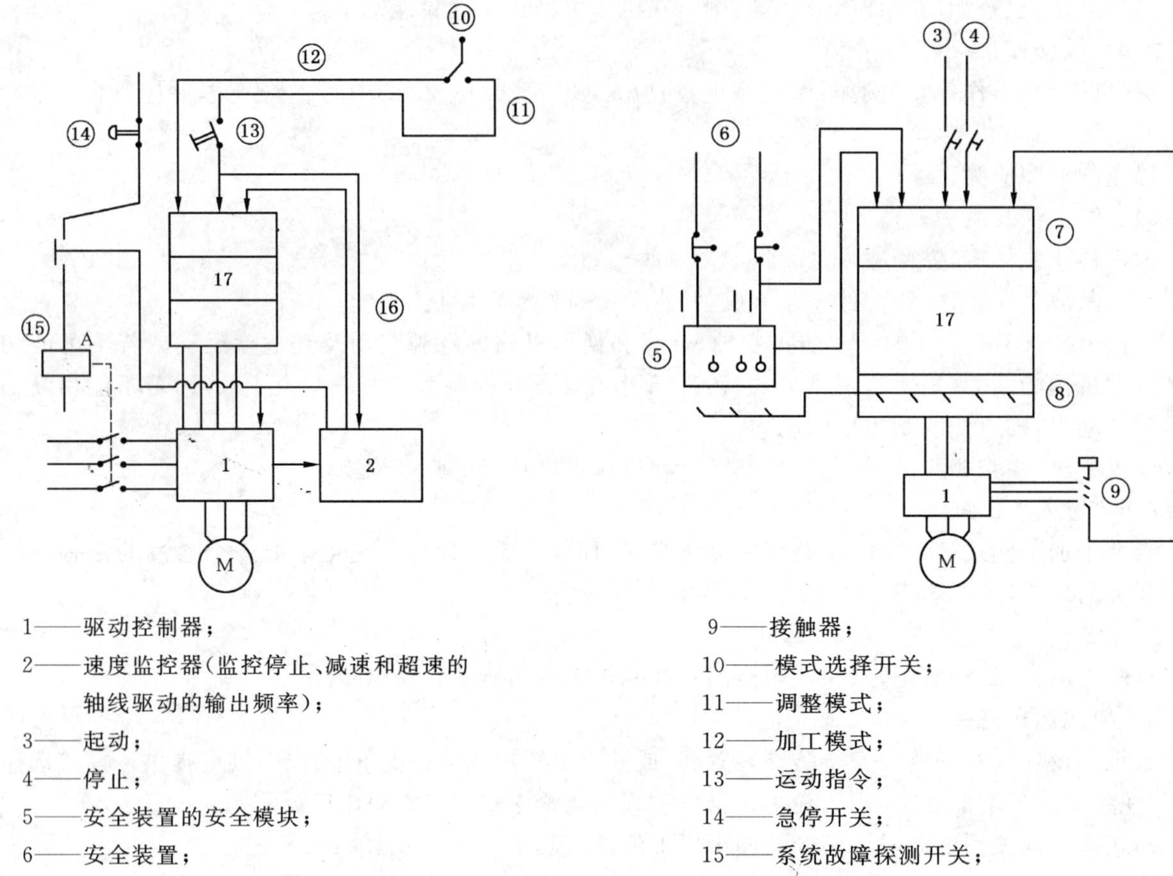


1——驱动控制器；
2——速度监控器(监控停止、减速和超速的轴线驱动的输出频率)；
3——起动；
4——停止；
5——安全装置的安全模块；
6——安全装置；
7——输入；
8——输出。
9——接触器；
10——模式选择开关；
11——调整模式；
12——加工模式；
13——运动指令；
14——急停开关；
15——系统故障探测开关；
16——试验电路；
17——可编程电子系统(PES)。

a) 轴线2类停止　　　　b) 轴线1类停止

**图12　停止控制电路的实例**

### 5.1.3.1　加工操作模式

在加工模式中，只有当安全防护装置和/或安全装置就位并起作用时才可能运动。关于打开安全防护装置和/或其他安全装置，联锁的要求按GB/T 18831—2002中3.3和3.4及GB/T 15706.2—2007中5.3.2.5的规定。

轴线运动或主轴旋转的最大速度不能超过制造者规定的有关安全的最大速度(例如25 m/min)。

检验方法：检查相应图样(包括电路图)，在机床上做功能试验等检验。

### 5.1.3.2　机床调整操作模式

按GB/T 15706.2—2007中4.11.9的规定。

在机床调整操作模式中，若防护装置是打开的和/或装置损坏，则只有满足下列要求才可能进行危险运动：

a)　任何单独轴线运动的速度不得超过2 m/min并应由一个保持-运转控制器件控制(见图12)或由一个限制运动的控制器件控制，该控制器件限制运动的增量不超过10 mm；

b)　刀具不能旋转；

c)　轴线运动速度的监控应按5.1.1的要求配备并应在机床的每一起动作时试验，探测故障应按GB 5226.1—2002中9.2.2的1类停止机床的所有运动，并按EN 1037:1995的要求防止机床的自动重新起动。

检验方法：检查相应图样(包括电路图)，在机床上做功能试验等检验。

5.1.4 变速/监控

当机床上装有一个自动的电气控制器件来控制主轴转速改变(例如:静态变频器),该器件应使主轴实际转速不能超过所选择转速的10%。

若主轴实际转速比选定转速高出10%以上,驱动电机应通过制动而停止,然后通过硬件切断其电源。

若采用静态变频器,则应能直接从该变频器的一个输出频率读出主轴实际转速,其条件是在变频器与电机之间没有可变的传动装置。

主轴实际转速或变频器的输出频率应与被选择的频率相比较[例如:在可编程的电子系统(PES)内和NC内]。

除非刀具的特性能从刀具上自动地读出,否则刀具的最大转速和直径应由管理程序通过控制系统提出要求并由操作者(例如:通过一个编码)或是在换刀装载时输入或是在手动插入主轴时输入,以便管理程序对其与已编程的数据进行比较(见GB 5226.1—2002的9.4.2)。

速度监控系统应符合图11和图13的要求。

检验方法:检查相应图样(包括电路图),在机床上做相应功能试验等检验。

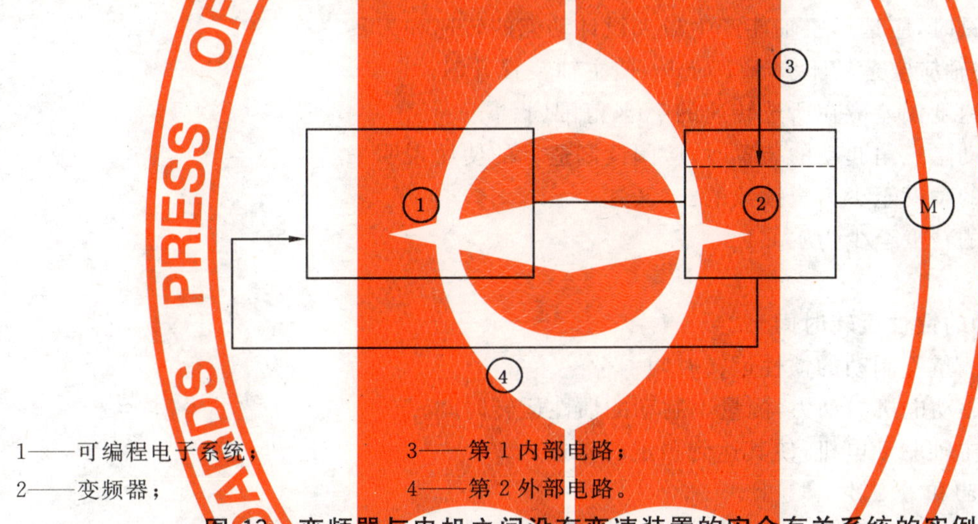


1——可编程电子系统;
2——变频器;
3——第1内部电路;
4——第2外部电路。

图13 变频器与电机之间没有变速装置的安全有关系统的实例

5.1.5 动力源故障

电驱动的机床应对电源中断随后复原后的重新起动按GB 5226.1—2002中7.5的第1段和第3段进行防护。

装有工件机动夹紧装置的机床,应在动力源故障情况下,保持气动源的气压,例如:通过使用一单向阀来防护。

和重新调整前自动重新起动一样,应防止由重力引起的任何运动,例如:采用下落限制器。

检验方法:检查相应图样(包括电路图),在机床上做相应功能试验等检验。

5.1.6 控制电路故障

见5.1.1。

5.1.7 数字控制

见5.3.12和GB 5226.1—2002的9.4和第11章。

检验方法:检查相应图样(包括电路图),在机床上做相应功能试验等检验。

5.2 机械危险的防护

5.2.1 稳定性

机床上应有将其固定在地面或其他稳定的结构上的措施,例如:在机床的底座上有安装孔。

检验方法:检查相应图样,在机床上做检验。

5.2.2 运转中的断裂危险

见6.3的g)～j)。

5.2.3 刀架和刀具的结构

主轴紧固装置应确保刀具在起动、运转、惯性运转和制动中不松脱。

液体静压刀具紧固装置，其与主轴一体或永久性地联结在主轴上，应有一个附加的机械装置防止液压系统泄漏情况下刀具松脱(见6.3)。

主轴径向圆跳动应小于等于0.02 mm。

刀具应符合GB 18955的规定。GB 18955适用范围以外的刀具应符合JB 6113的要求。

检验方法：检查相应图样(包括电路图)，在机床上做相应功能试验等检验。

5.2.4 刀具主轴的制动

惯性运转时间超过10 s的机床，均应提供有自动的制动器。制动时间应小于10 s。

检验方法：有关不制动的惯性运转时间、起动时间和制动时间的测定按相应的检验。

5.2.4.1 检验条件

主轴装置应按制造者的使用说明书安装(例如：皮带的张紧)。

选择速度和刀具时，应选择主轴能产生最大设计动能的转速和刀具。

检验前，机床主轴应空运转不少于15 min，使主轴装置升温。

验证主轴实际速度偏差应在所选转速的10%范围内。

当检验装有手动星三角起动的装置时，应阅读制造者的使用说明书。

速度测量仪器的精度至少为全读数的±1%。

时间测量仪器的精度至少为±0.1 s。

5.2.4.2 检验

5.2.4.2.1 不制动的惯性运转时间

应按下列要求测量不制动的惯性运转时间：

a) 切断主轴驱动电机的动力，测量不制动的惯性运转时间；

b) 重新起动主轴驱动电机，使其达到预定的转速；

c) 重复步骤a)和b)2次；

d) 上述3次测量的平均值为主轴不制动的惯性运转时间。

5.2.4.2.2 制动时间

应按下列要求测量制动时间：

a) 切断主轴驱动电机，测量制动时间；

b) 使主轴空运转$\left(\frac{P}{7.5}\right)^2$ min[式中：$P$——电机额定输入功率，单位为千瓦(kW)]；

c) 重新起动主轴驱动电机，空运转$\left(\frac{P}{7.5}\right)^2$ min；

d) 再重复步骤a)～c)9次。

上述9次测量的平均值为主轴制动时间。

5.2.4.3 制动释放

为了能用手转动主轴和调整刀具，而装有一个操纵器来释放制动器的机床，只有当主轴完全停止运转才能释放制动器。例如：通过作用操纵器和制动器释放之间的延时来实现。

检验方法：检查相应图样(包括电路图)，在机床上做相应功能试验等检验。

5.2.4.4 制动器的种类

电气的制动器只许采用直流注入和静态变频器制动。

检验方法：检查相应图样(包括电路图)，在机床上做相应功能试验等检验。

**5.2.5 将抛射的可能性和影响降低到最小的装置**

对刀具的要求见5.2.3,对挡板的要求见5.2.7,对切下之物的要求见6.3。

**5.2.6 工件的支承和导向**

见5.2.8和6.3。

**5.2.7 进入运动零部件的防护和将抛射降低到最小的装置**

**5.2.7.1 刀具的防护**

**5.2.7.1.1 NC钻床**

结构上只能使用钻削刀具的钻床应按以下要求进行防护:

a) 固定间距式防护装置或活动式防护装置应符合GB 12265.1—1997中除表1和表5外的所有规定;或

b) 自动停机装置,例如:光栅;或

c) 上述a)和b)的任何组合。

检验方法:检查相应图样(包括电路图),在机床上做相应功能试验等检验。

**5.2.7.1.2 其他NC钻床**

其他机床均应采用全封闭式防护装置,下述上下料区域可以除外(局部封闭式防护装置)。

a) 全封闭式防护装置

应使操作者不可能站在该装置内进行加工和上下料。对于可能进入该防护装置进行调整、换刀、清理等场合和门能被关闭且机床能被起动的场合,应符合下列要求:

1) 应设有一个听觉和视觉的报警装置,对即将起动进行报警。

2) 在该防护装置内停止起动的措施应是适用的,例如:采用自动停机装置或急停装置。

该防护装置应阻止任何人接近刀具并防止零部件或工件的抛射,以及任何挤压或卷入的危险。5.2.7.1.2b)所要求的局部封闭式防护装置除外。

需要进入该防护装置进行上下料的场合,门应是带防护锁定的联锁,防护锁定的实现至少通过一个手动操作并符合GB/T 18831—2002中4.2.2和图3b)要求的延时器。

b) 局部封闭式防护装置

除上、下料区域外,5.2.7.1.2a)规定的要求均适用。对于上、下料区域,应不可能站在防护区与机床之间,即,如果操作者位置受光栅或压敏垫限制,则受这些装置限制的区域应从机床起至少延伸到离任何危险点850 mm处(例如:与旋转着的刀具接触或冲击点/挤压点,见图16)。

如果操作者位置不是受光栅或压敏垫限制,则其防护应满足b)项2)的第1段的要求。

刀具零件和工件零件的抛射应被降低到最小,其最多在两水平轴线方向上,同时至少采用挡板防护,但该防护只能严格用于加工工件用的开口。

开口和挡板(见图14)应满足下列要求:

1) 开口高度应不大于400 mm。

2) 在一只手能通过挡板的场合,其应不能到达危险位置,例如:旋转着的刀具或挤压和/或卷入危险位置。下列情况视为达到该要求(见图14):开口高度 $x$ 小于等于200 mm时,开口与最接近的危险位置的距离 $y$ 应大于等于550 mm;$x$ 为200 mm~400 mm(含400 mm)时,$y$ 应大于等于850 mm。

或者采用符合b)项第1段要求的光栅或压敏垫来限制操作者(见图16)。

3) 除非进入和抛射已由诸如固定式防护装置等其他措施防护,否则整个挡板应置于工作台上或工作台的延伸部分上,而且延伸到工件能被夹紧的最低表面上(如图15)。

在诸压紧器之间除非有其他固定式防护装置对挤压和/或抛射作防护(见6.3),否则应在其前方和后方直到能夹紧工件的最低表面进行防护。挡板的安装确保其不能与刀具接触。在刀具伸出工作台极限时不能运转,且应在操作者位置与移动加工头外端位置之间的距离大于等于 850 mm 的场合，不要求有延伸工作台(见图 15)。

4) 挡板应采用聚酸胺(PA)、聚丙烯(PP)、聚胺基甲酸(PU)、聚乙烯(PVC)或至少与上述材料机械性能相同的材料制造。

5) 挡板应做成总厚度不小于 10 mm、宽度为 40 mm～60 mm 的窄条。

6) 挡板应由厚度相同的至少两片材料搭接而成。采用两片材料搭接的应是对半搭接；采用三片材料搭接的应是三分之一搭接等。

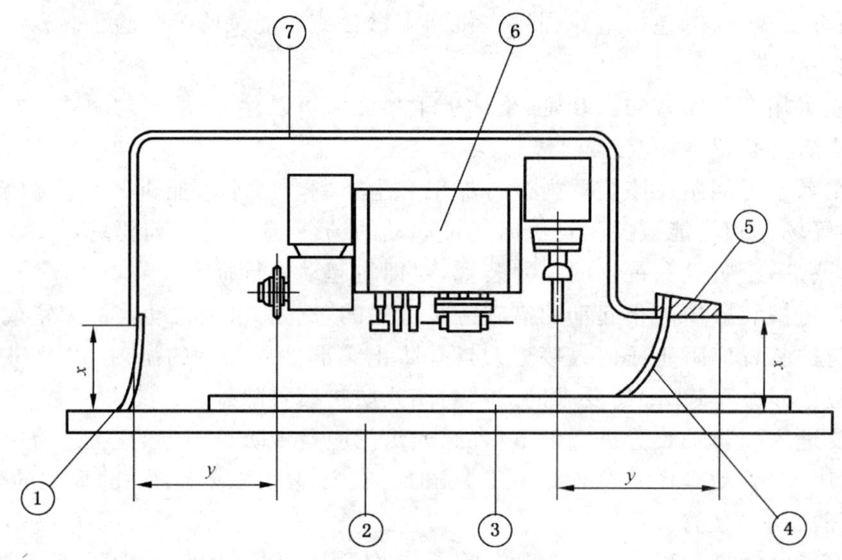


$x \leqslant 200\ mm \rightarrow y \geqslant 550\ mm$

$200\ mm < x \leqslant 400\ mm \rightarrow y \geqslant 850\ mm$

1——挡板；
2——工作台；
3——工件；
4——挡板；
5——自动停机；
6——加工头部件；
7——局部封闭式防护装置。

**图 14　环绕加工头部件的局部封闭式防护装置的安全距离 y**

1——挡板；

2——工作台；

3——工件；

4——挡板；

5——自动停机；

6——加工头部件；

7——局部封闭式防护装置。

**图 15　工件台上加工式的局部封闭式防护装置的安全距离 *y***



1——安全垫；

2——固定式防护装置。

**图 16　采用固定式防护装置与自动停机装置的组合时的安全距离**

5.2.7.2 进入运动零部件(刀具和传动装置除外)

应通过按 GB 12265.1—1997 表 3 要求的防护装置和/或一安全装置(例如:光栅、压敏垫或缓冲垫)对冲击、挤压、剪切、引入和缠绕危险进行防护。

当机床在相应区域内运转(上料/下料的工件最大尺寸见 6.3),操作者不能站在上、下料用的被防护的区域内。

当机床处于加工模式时,若操作者站在被防护的区域内,则操作者不能引发起动控制。在这种情况下,加工头就不能从机床加工区运动到工件上/下料区。

若只有冲击危险,安全距离“$x$”应不小于 700 mm,其他情况“$x$”应不小于 850 mm。

所有电子的光栅至少均应是 IEC 61496-1:2004 中的 2 类。与其连接的有关安全控制系统至少应是 GB/T 16855.1—2008 中的 2 类并至少在每一循环起做试验[见图 12b)]。

所有缓冲垫均应是:

a) GB/T 17454.1—2008 中的 1 类且与其连接的有关安全控制系统均应是 GB/T 16855.1—2008 中的 3 类(见 GB/T 16855.1—2008 中 6.2.6);或

b) GB/T 17454.1—2008 中的 2 类且与其连接的有关安全控制系统均应是 GB/T 16855.1—2008 中的 2 类并至少应在每一循环起做试验[见图 12b)]。

对于 5.2.7.3 中的缓冲垫,被连接的有关安全系统除最初的操作件可以是 GB/T 16855.1—2008 中的 1 类外,其余均应是 GB/T 16855.1—2008 中的 3 类。

在只有一个冲击危险是可预见的,且轴线最大速度小于 25 m/min 的场合,若可移动的局部封闭式防护装置的各棱角均被修整成半径大于等于 20 mm 的圆角,且凸出的零件(例如:丝杆)不造成危险,则不要求有附加安全装置。

在轴线最大速度大于 25 m/min 且存在一个冲击危险[例如:5.2.7.1.2b)]中规定的光栅或安全垫的场合,应装有一个自动停机装置。

应通过安全装置防止剪切危险,该装置的安全距离应符合 GB 12265.1—1997 中表 3 的规定。通过限制机床加工头移动(例如:采用实物挡块)来降低剪切危险。

在机床的后面没有缓冲垫的场合,应采用间距式圆周栅栏防护。在设有缓冲垫的场合不要求有安全装置,例如:压敏垫或光栅。

检验方法:检查相应图样(包括电路图),在机床上做相应功能试验等检验。

5.2.7.3 缓冲垫

缓冲垫应符合 EN 1760-3 的要求并应确保在冲击力达到 400 N 之前运动停止。应采用一个直径为 80 mm,位置垂直于运动方向的固定圆棒来测量冲击力。

缓冲垫的作用部分的材料应是柔性材料(例如:橡胶),宽度应大于 80 mm。

缓冲垫应延伸到机床零部件的整个高度,延伸的高度应大于等于 1 800 mm,并从保护端起到离机床边缘 700 mm 的位置。由缓冲垫作用的力应小于等于 400 N。

检验方法:检查相应图样,在机床上做检验。

5.2.7.4 传动的防护

传动机构(到刀具主轴,进给等)应用固定式防护装置或与相应驱动电机联锁的活动式防护装置来防护。若防护装置打开时能进入刀具,则防护装置至少应采用一个带有符合 GB/T 18831—2002 规定的手动操作延时器的联锁装置进行联锁。

检验方法:检查相应图样(包括电路图),在机床上做相应功能试验等检验。

5.2.7.5 对防护装置特性的要求

刀具防护装置应至少有下列性能的一种材料或几种材料的组合制造:

a) 钢,抗拉强度大于等于 350 $N/mm^2$,壁厚大于等于 2 mm;

b) 轻合金,性能按表 2;

c) 聚碳酸酯,壁厚大于等于 5 mm,或其他塑性材料,其抗冲击强度大于等于 5 mm 厚的聚碳酸酯的抗冲击强度;

d) 铸铁,抗拉强度大于等于 200 N/mm²,壁厚大于等于 5 mm;

e) 壁厚大于等于 19 mm 的刨花板或胶合板。

见 6.3。

检验方法:检查相应图样,在机床上做检验,检查材料制造者提供的抗拉强度的保证书。

**表 2 轻合金刀具防护装置材料特性**

| 抗拉强度下限/(N/mm²) | 最小壁厚/mm |
|---|---|
| 180 | 5 |
| 240 | 4 |
| 300 | 3 |

### 5.2.8 夹紧装置

应有将一个或几个夹紧装置紧固到机床上的措施(见 6.3)。在采用机动夹紧的场合,应防止挤压危险,例如:

a) 用两步夹紧,首先施加不超过 $50\times10^3$ Pa 的压力,随后施加全部压力;或

b) 通过手动调整装置将夹紧件与工件的间隙减少到不大于 6 mm,以及气缸行程限制为小于等于 10 mm;或

c) 将夹紧关闭速度限制到 10 mm/s 或更小;或

d) 夹紧的防护是通过一个连接到夹紧装置上的可调式防护装置将工件与防护装置之间的间隙减小到 6 mm 或更小来实现,延伸到上述防护装置之外的延伸夹紧不应超过 6 mm。

采用气动夹紧和液压夹紧的场合还应分别按 EN 983:1996 和 EN 982:1996 的要求。

采用真空夹紧的场合,进给和主轴旋转及加工中工件应联锁,使得未施加真空前轴线和/或主轴运动不能起动和运行。真空传感器应是可调的且其下限应是额定下压力的 25%,并尽量接近工作台定位。压力不足时,应通过操作停止,使机床停止(见 5.1.2.4)。

主轴运转期间,只有当加工头处于停止位置上,及整体式进给机构(如果有)停止时,真空夹紧才能释放。

在提供有双工作台或独立的上、下料区域的场合,上述要求适用于机床上在进行加工的部分。而当相应工作台已经停止运动,没有进行加工的工作台上的真空夹紧才能释放。

只有当相应安全装置(例如:压敏垫)已经起作用,没有进行加工的工作台区域上的真空夹紧才能释放。

检验方法:检查相应图样(包括电路图),在机床上做测量和功能试验等检验。

## 5.3 非机械危险的检验

### 5.3.1 火和爆炸

应满足 5.3.3 和 5.3.4 的要求。以避免或最大限度地降低火灾的危险。

### 5.3.2 噪声

#### 5.3.2.1 设计阶段的降噪

设计机床时,应考虑 GB 12557—2000 的附录 B 和 ISO/TR 11688-1:1995 中在噪声源方面控制噪声的信息和技术措施。

主要噪声源是:

a) 刀具主轴的传动。

b) 轴线的驱动。

c) 夹紧,例如:

——包括真空泵在内的真空系统(如果有);

——气动系统(如果有);

——液压系统(如果有)。

5.3.2.2 噪声测量

5.3.2.2.1 空载噪声声压级限值及测量

在空运转条件下,测量出的机床噪声声压级不得超过 85 dB(A)。

测量噪声的机床的工作(运转)条件按附录 B。

测量方法按 GB 12557—2000 中 5.4.2.2.2 的规定。但环境修正系数 $K_{2A}$ 或局部环境修正系数 $K_{3A}$ 应小于等于 4 dB(A)。

局部环境修正系数 $K_{3A}$ 应按 GB/T 17248.5—1999 附录 A 中的 A.2 计算,并只能参照 GB/T 3768—1996,而不是 GB/T 17248.3—1999 附录 A 给出的方法。当使用 GB/T 3767、GB/T 6881.2、GB/T 6881.3 测量时,也可按上述相应测量标准计算。

5.3.2.2.2 噪声声功率级的测定

对于操作者工作位置上等效连续声压级超过 85 dB(A)的机床,在本标准实施二年之内,应进行机床噪声声功率级的测定。测出的机床噪声声功率级连同工作(运转)条件及测定方法应记入机床的使用说明书。

测定方法按 GB 12557—2000 中 5.4.2.2.2 和本标准附录 B 的规定。传声器的位置应为 9 个(见附录 B)。

5.3.2.3 噪声声明

见 6.3。

5.3.3 木屑、粉尘和有害气体的排放

应采取措施从机床吸出粉尘和木屑,这措施或是采用一个整体的吸收和采集系统,或是在机床上装有吸尘管接头,以便机床与使用者的吸尘系统相连接。

注:为了保证木屑和粉尘从其原始点被输送到收集系统,建议吸尘罩、导管、挡板的结构基于抽出的气体在导管中的速度为 20 m/s(对于含水率小于等于 18%的木屑)和 28 m/s(对于含水率大于 18%的木屑)。

检验方法:检查相应图样,在机床上做检验。

5.3.4 电气设备

均执行 GB 5226.1,除非本标准中另有规定。

电击防护要求应按 GB 5226.1—2002 中第 6 章,短路保护和过载保护应按 GB 5226.1—2002 中第 7 章的规定。保护接地应按 GB 5226.1—2002 中第 8 章的规定。控制装置的外壳和电动机的防护等级应符合 GB 4208—2008 中 IP54。

尤其下列 GB 5226.1 中的条文应予满足:

——第 7 章 电气设备的防护;

——第 8 章 等电位接地;

——第 13 章 导线和电缆;

——第 14 章 配线技术;

——第 15 章 电动机及有关设备。

电气的护壳不应暴露在刀具和工件抛射的风险中。带电部分应不能进入其中(见 GB 5226.1—2002 的 6.2.2)。设有过流保护的电路,不存在火灾的风险(见 GB 5226.1—2002 的 7.2.2)。

检验方法:检查相应图样(包括电路图)和制造者的保证书,在机床上按 GB 5226.1—2002 做相应检验。

5.3.5 人类工效学和安全搬运的要求

应符合 GB 12557—2000 中 5.4.5 及 EN 614-1、EN 894-1、EN 894-2、EN 894-3、EN 1005-1、

EN 1005-2 和 EN 1005-3 的规定。

5.3.6 照明

在参照 EN 1837 确定照明要求的场合，应按 GB 5226.1—2002 中 16.2 的要求提供照明。

5.3.7 气动装置

按 EN 983:1996 的规定。

5.3.8 液压装置

按 EN 982:1996 的规定。

5.3.9 热危险

不适合。

5.3.10 危险材料

不适合。

5.3.11 振动

不适合。

5.3.12 激光

激光应按 EN 60825-1:1994 中的 1 级、2 级或 3A 级(见 6.3)。

5.3.13 静电

不适合。

5.3.14 装配误差

不适合。

5.3.15 能量输送的切断

按 GB 12557—2000 中 5.2.1 的规定。

电源的切断开关应按 GB 5226.1—2002 中 5.3 除 5.3.2 中型式 d)和 e)以外的规定。

在气动只用于夹紧工件的机床上，应采用一个快速作用的离合器来切断气动源(见 EN 983:1996 的 5.5.8)。该离合器不要求有锁定措施。若气动用于其他目的时，应通过一个手动操作的可锁定的机械阀来切断气动源。该装置应包括能将其锁紧在断开位置的措施(例如：通过一个挂锁)。

气压的卸荷不应通过切断一个管道来实现。

装有一个液压装置的机床，应采用电的切断开关切断。在能量是储存在储存器或管道中的场合，应提供卸下残余压力的措施。该措施可以是采用一个阀，但不包括任何管道的切断。

若机床装有电的制动器，则切断开关不应与起动操纵器和停止操纵器安装在机床或面板上的同一侧。

检验方法：检查相应图样(包括电路图)，在机床上做相应功能试验等检验。

5.3.16 维修

机床维修方面的有关要求按 GB 12557—2000 中第 6 章的规定和 GB/T 15706.2—2007 中 4.15 的规定。

应提供作为实例列举在 GB/T 15706.2—2007 中 6.5.1e)的维修信息。

检验方法：检查相应图样、手册；在机床上做功能试验等检验。

## 6 使用信息

见 GB/T 15706.2—2007 第 6 章、GB 18955—2003 的附录 B。

6.1 警告装置

见 5.2.7.1.2。

6.2 标志

按 GB 12557—2000 中 7.2 的规定。

刀具的标志按 GB 18955—2003 的规定。

若装有一个气动源，而气动的能量不是由电源总开关切断，则应在该电源切断总开关的附近设置一个永久性的警告标牌，在上面写着：气动能量未切断。

检验方法：检查相应图样；在机床上检查。

## 6.3 使用说明书

按 GB 12557—2000 中 7.3 的规定，至少应包括下列内容：

a) 操作者应经过机床的使用、调整和操作方面充分培训的警告，这包括任何工件夹紧装置的调整，防护装置和刀具的选择以及防护耳朵和眼睛的个人人体防护设施的使用。

b) 有关残余风险的警告，尤其是切下物抛射的风险。建议切下物用诸如机械夹紧装置来夹紧或通过加工来完全避免。

c) 适用于本机床的刀具的范围和尺寸的信息。

d) 警告：安装机床前应确保待使用的刀具是按刀具制造商的使用说明书进行刃磨、选择、维护和调整过的，在可行的场合应使用专用的设施(例如：调刀器)装刀，刀具搬运时应小心。

e) 警告：按刀具制造者的使用说明书只能使用符合 GB 18955 和 EN 847-2 制造的刀具。

f) 能使用于机床上的诸如钻头、砂削刀具等其他刀具的有关信息。

g) 警告：为了不超过刀具最大许用转速，选择主轴转速时应由操作者小心考虑所使用的刀具。

h) 在机床安装中应检查不旋转着的刀具与任何工件夹紧装置或机床的其他零部件间不发生接触。

i) 在装有静压的刀具夹紧装置的机床，只能使用带有附加的机械装置的刀具夹紧装置，该附加装置能防护因静压系统泄漏导致的刀具松脱。

j) 夹紧装置的安装、调整和使用的说明。

k) 有关夹紧压力的信息(例如：对于采用真空夹紧装置的机床上，真空和工件最小夹紧表面)。

l) 使用指南，包括木材的种类和工件最小夹紧面积的建议。

m) 压力装置的调整方法及其夹紧附件的安装方法。

n) 考虑待完成的加工和所使用的刀具选择主轴转速的方法。

o) 对于装有激光装置的机床，EN 60825-1 所要求的激光装置制造的说明书应提供有下列声明：不许更换不同型式的激光装置，不应使用附加光学设施，只能由激光装置的制造者或有资格的人员进行修理。

p) 按 5.3.2.2 给定的方法测定的气动力噪声的声明(按 GB 12557—2000 中 7.3 的要求)。噪声声明应附有所采用时的测量方法和检验时机床的工作(运转)条件的说明，及相应的不确定度的数值(用双数字声明的形式，其定义在 GB/T 14574 中)，不确定度 $K$ 的数值规定如下：

4 dB(A)　当使用 GB/T 3768 和 GB/T 17248.3 时；

2 dB(A)　当使用 GB/T 3767、GB/T 6881.2、GB/T 6881.3 时；

1 dB(A)　当使用 ISO 3745:2003 时。

举例如下：

噪声声功率级 $L_{WA}=93$ dB(A)(测量值)；

不确定度 $K=4$ dB(A)；

测量方法按 GB/T 3768—1996。

如果要核查噪声声明中发射值，则应采用与声明中的测定相同的方法和工作(运转)条件。

在使用说明中的噪声声明应附下列说明：

“这里给出的数值是放射值而不是安全工作值，放射值与实际暴露值之间存在一定关系，它能使使用者较好地评价风险，但不能确定是否需要进一步采取防护措施。影响实际暴露值的因素包括工作间的特性、其他噪声源等，例如：机床的数量，其他的邻近加工。”

q) 机床及其安全设施(例如:挡板、缓冲垫和压敏垫)的安装和维护的要求,包括应检查的上述安全装置、检查的频数及检查方法的一览表。

r) 有关与机床联结的吸尘装置的有关信息:

  1) 风量,单位为立方米每小时($m^3/h$);

  2) 每一管接头的压降(建议提供);

  3) 吸尘管中建议的空气速度,单位为米每秒(m/s);

  4) 每一管接头横截面的尺寸和结构细节(建议提供)。

s) 确定刀具直径、切削长度和主轴最大转速之间关系的信息是重要的,可给出最普通的切削长度的实例。

检验方法:检查使用说明书和相应图样。

# 附 录 A
（资料性附录）
安全工作方法

## A.1 一般要求

下列安全工作方法的建议是作为要写在制造商的说明书中的信息的实例，是与其他专用于具体机床且与安全作用有关的信息一起提供给机床用户的。

## A.2 操作者的培训

NC 钻床和 NC 镂铣机的所有操作者在机床的使用、调整和操作方面要经充分的培训，这是很基本的，尤其是下列内容：

a) 与机床的操作相联系的危险；
b) 机床操作的原理、导向板、夹具和防护装置的正确作用和调整；
c) 每一操作刀具的正确选择；
d) 切削时工件的安全夹紧；
e) 个人人体防护设施的使用，例如：对噪声和眼睛的防护。

## A.3 稳定性

确保机床稳定和可靠地安装在地面或稳定的结构上。

## A.4 机床的安装和调整

a) 参照制造商的建议调整机床；
b) 参照刀具制造商的建议夹紧和安装刀具；
c) 为了安全和有效地进行切削，刀具要适合被切削的材料。

使用锐利的刀具和正确安装经仔细平衡的刀具和刀夹。所用刀具按 GB 18955 的规定。

## A.5 装卸

装卸刀具时要注意，只要可行均使用刀具装卸装置。

## A.6 刀具装入机床

机床停车时采用专用装置，例如：装刀器。

## A.7 转速选择

操作者必须确保所选择的转速正确且适合于所使用的刀具。

## A.8 机床操作，防护装置的选择和调整

5.2.7.1 中规定的防护装置必须按制造者的说明书使用和调整。

## A.9 降噪

a) 刀具的条件对于最大限度降低噪声级是很重要的；
b) 防护装置应就位，以便降低噪声级；
c) 选择刀具转速来降低噪声级。

# 附 录 B
（规范性附录）
噪声测量时机床的工作（运转）条件

## B.1 一般要求

本附录规定了镂铣机噪声测量的机床的工作（运转）条件应符合 B.2 的要求。

钻床噪声测量的工作（运转）条件应符合 B.3 的要求。

对于镂铣钻床，应按 5.3.2 的要求进行两个不同的测量，其应分别符合 B.2 和 B.3 相应的要求。

对于 B.2 和 B.3 不适用的机床，例如：主轴转速或刀具直径，应将工作（运转）条件详细记录在试验报告中。

测定操作者位置上的噪声声压级时机床的工作（运转）条件应与测定声功率时相同。

## B.2 NC 镂铣机的镂铣单元的工作（运转）条件

### B.2.1 一般要求

本附录规定了一系列 NC 镂铣机噪声测量时的标准的工作（运转）条件。

为了在机床的操作者位置测量机床噪声声压级和测定一台该型式机床的声功率级，规定了传声器的位置（见图 B.1）。

这些标准的条件应尽量严格遵守。如果存在特殊情况，需与标准条件有偏差，应将测量时的实际条件记录在表 B.1 中的“在允许范围内选择的条件或与标准条件（偏差）”栏中相应位置。

噪声测定中应安装和使用强制性的和标准的安全附件。

本附录中数据单也可用于记录工作（运转）条件信息。

本附录也可用于与该机床有类似结构和功能的专用机床的噪声测量。

### B.2.2 噪声测量

#### B.2.2.1 试验条件

机床应在下列条件下进行试验：

a) 按本附录规定的技术条件进行机床空运转噪声试验。

b) 按本附录规定进行机床负载噪声试验时，至少以 5.3.2.2 规定的 3 次测量的平均值作为测量结果。在机床工作循环的起始和终止阶段，当试件进入和离开刀具，可能会产生较高的噪声级，测量时运转循环中这一部分的测量不应计入。

#### B.2.2.2 传声器的位置

##### B.2.2.2.1 操作者位置

试验时操作者的传声器位置（见图 B.1）：

a) 离地面高度为 1.5 m；

b) 对于在加工位置中部变换上料的机床：沿 $x$ 轴在基准体（机床或封闭式防护装置表面）前 0.5 m；

c) 在机床加工位置前方的压敏垫或光栅前方 0.5 m。

##### B.2.2.2.2 声功率级的确定

用于测量机床噪声声功率级的传声器应位于图 B.1 中的位置。

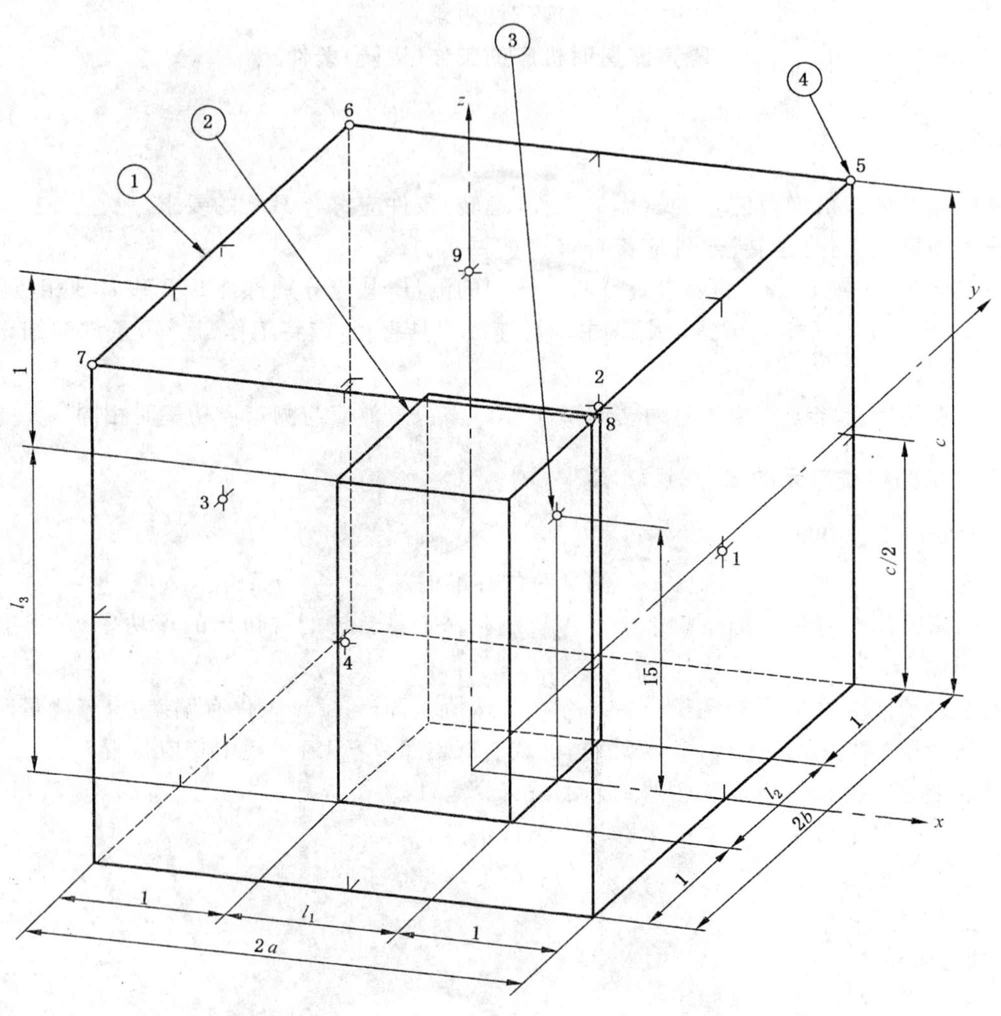


1——测量表面；　　3——操作者传声器位置；

2——基准体；　　4——测量传声器位置。

图 B.1　NC 镂铣机传声器位置

**B.2.3　一般数据单**

机床的噪声测量时有关参数数据和信息见表 B.1。

**表 B.1　机床噪声测量数据单**

机床数据

机床制造者：……………………………………

机床型号：……………………………………

制造日期：………………………　系列号………………………

机床外形尺寸[a]：

长度 $l_1$ ……………… mm　宽度 $l_2$ ……………… mm　高度 $l_3$ ……………… mm

| 额定主轴转速/(r/min) | 主轴转速/(r/min) | 加工头部件 |
|---|---|---|
| | | |
| | | |
| | | |
| | | |

□ 变频器安装在机床上　　□ 变频器另行安装

□ 安装静态变频器　　□ 变换上料

机床的安装

按机床制造者使用说明书安装机床 ……………………

是 □　否 □ ……………………

按制造者的技术条件安装机床吸尘器 ……………………

是 □　否 □ ……………………

机床安装在减/隔振材料 ……………………

是 □　否 □ ……………………

机床安装有单独吸声的封闭式防护装置 ……………………

是 □　否 □ ……………………

机床安装有吸声的整体封闭式防护装置 ……………………

是 □　否 □ ……………………

机床装有降噪的吸尘罩 ……………………

是 □　否 □ ……………………

其他的噪声控制措施 ……………………

是 □　否 □

[a] 凸出机床而不影响噪声传播的零件(例如:手轮、手柄等)可忽略不计。

**表 B.1（续）**

<table>
<tr><td rowspan="5">运转条件<br>运转安排</td><td colspan="2">镂铣刨花板边缘<br>①<br>②<br>③</td><td rowspan="5">标准条件</td><td rowspan="5">在允许范围内选择的条件或标准条件（偏差）</td></tr>
<tr><td>1</td><td>镂铣刀</td></tr>
<tr><td>2</td><td>刨花板</td></tr>
<tr><td>3</td><td>切削深度</td></tr>
<tr><td colspan="2">加工指南：<br>x 轴：面对上料位置的边的前边缘。<br>工件位置：在工作台的中部（对于有一个工作台或有两个同步工作台的机床），或对着左工作台的右边（对于有两个独立的工作台的机床）。</td></tr>
<tr><td rowspan="9">刀具参数</td><td colspan="2">刀具型式</td><td>硬质合金直刃（不中断刀刃）带柄镂铣刀</td><td rowspan="9"></td></tr>
<tr><td colspan="2">主轴转速度[b]/(r/min)</td><td>18 000</td></tr>
<tr><td colspan="2">切削圆直径/mm</td><td>25</td></tr>
<tr><td colspan="2">切削速度/(m/s)</td><td>—</td></tr>
<tr><td colspan="2">刀片数量</td><td>2</td></tr>
<tr><td colspan="2">刀片长度/mm</td><td>40～50</td></tr>
<tr><td colspan="2">切削深度/mm</td><td>5</td></tr>
<tr><td colspan="2">进给速度/(m/min)</td><td>6</td></tr>
<tr><td colspan="2">切削原理</td><td>逆切削</td></tr>
<tr><td colspan="5">b 主轴速度应尽量接近 18 000 r/min。</td></tr>
<tr><td colspan="5">试验材料：<br>材料： 三层刨花板<br>含水率： 6%～10%<br>板厚度： 16 mm<br>板长度： 800 mm<br>板宽度： 600 mm～800 mm，加工到最后为 300 mm<br>预加工： 无</td></tr>
</table>

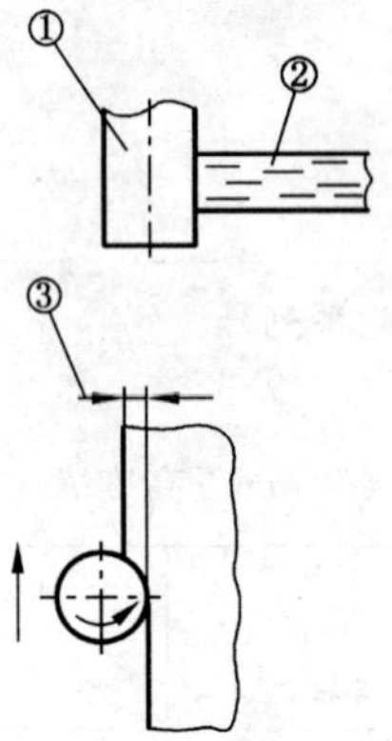

表 B.1（续）

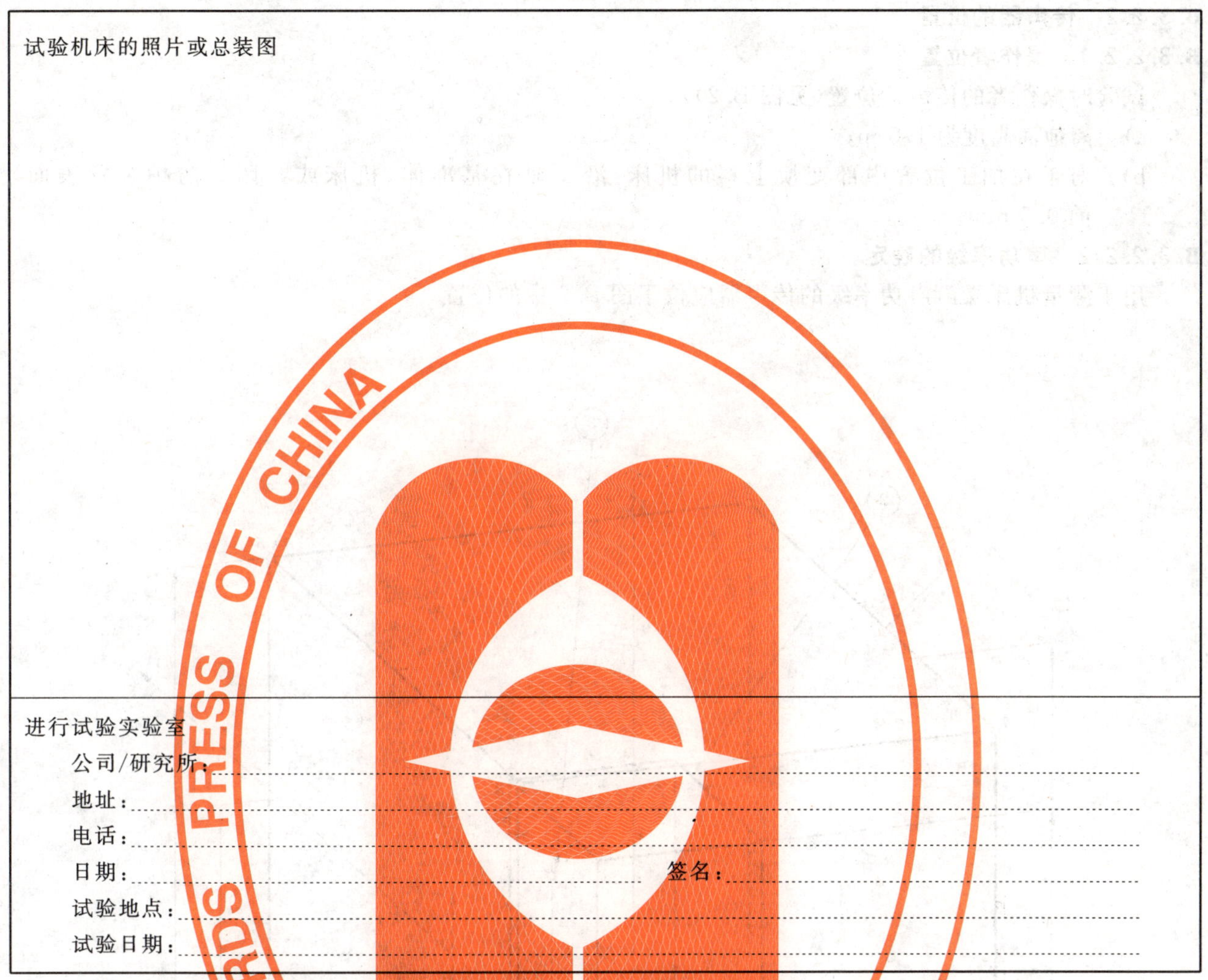

<table>
<tr><td>试验机床的照片或总装图</td></tr>
<tr><td>进行试验实验室<br>公司/研究所：……<br>地址：……<br>电话：……<br>日期：……　　签名：……<br>试验地点：……<br>试验日期：……</td></tr>
</table>



**B.3　NC 钻床上钻削单元的工作(运转)条件**

**B.3.1　一般要求**

本附录规定了一系列 NC 钻床噪声测量时的标准的工作(运转)条件。

为了在机床的操作者位置测量机床噪声声压级和测定一台该型式机床的声功率级，规定了传声器的位置(见图 B.2)。

这些标准的条件应尽量严格遵守。如果存在特殊情况，需与标准条件有偏差，应将测量时的实际条件记录在表 B.2 中的“在允许范围内选择的条件或与标准条件(偏差)”栏中相应位置。

噪声测定中应安装和使用强制性的和标准的安全附件。

本附录中数据单也可用于记录工作(运转)条件信息。

本附录也可用于与该机床有类似结构和功能的专用机床的噪声测量。

**B.3.2　噪声测量**

**B.3.2.1　试验条件**

机床应在下列条件下进行试验：

a)　本附录规定的技术条件进行机床空转噪声试验。

b)　本附录规定进行机床负载噪声试验时，至少以 5.3.2.2 规定的 3 次测量的平均值作为测量结果。在机床工作循环的起始和终止阶段，当试件进入和离开刀具，可能会产生较高的噪声级，测量时运转循环中这一部分的测量不应计入。

**B.3.2.2 传声器的位置**

**B.3.2.2.1 操作者位置**

试验时操作者的传声器位置(见图 B.2):

a) 离地面高度为 1.5 m;

b) 对于在加工位置中部变换上料的机床:沿 $x$ 轴在基准体(机床或封闭式防护装置表面)前 0.5 mm。

**B.3.2.2.2 声功率级的确定**

用于测量机床噪声声功率级的传声器应位于图 B.2 中的位置。

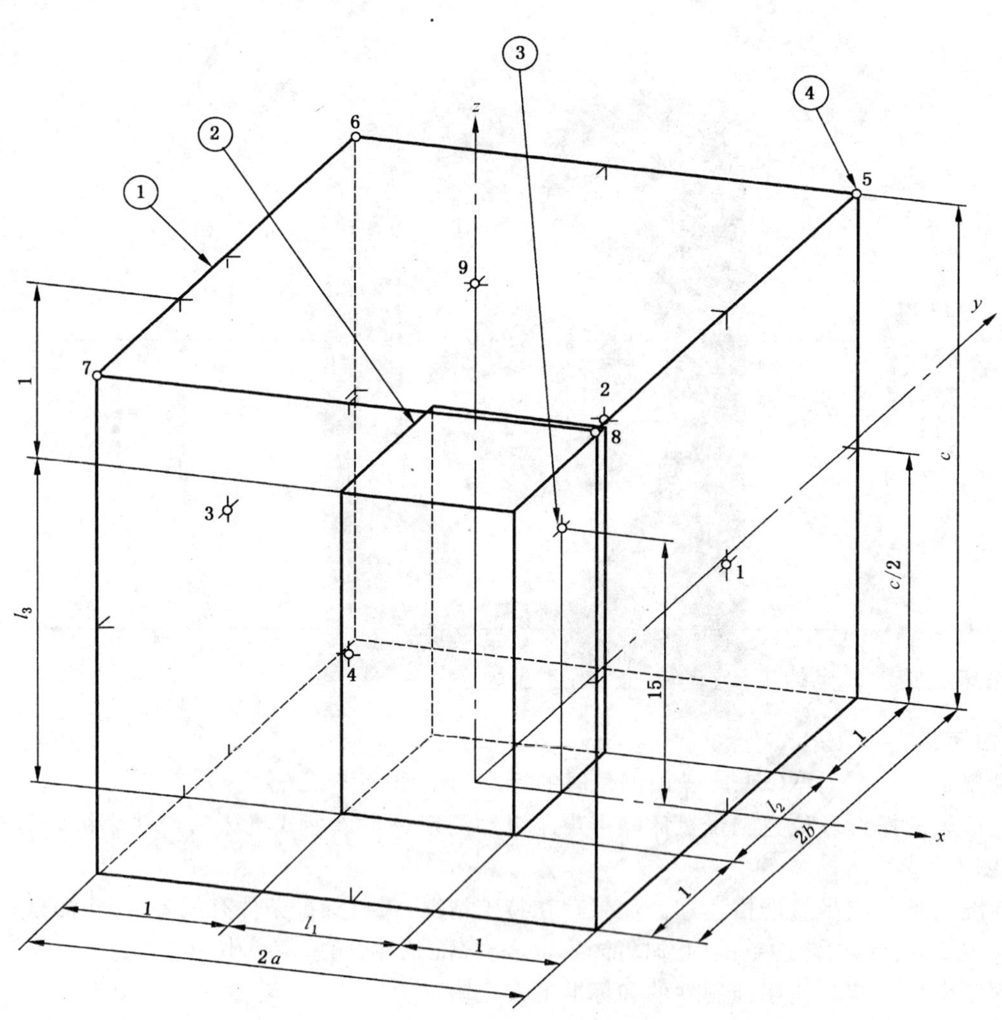


1——测量表面;

2——基准体;

3——操作者传声器位置;

4——测量传声器位置。

**图 B.2 NC 钻床传声器位置**

**B.3.3 一般数据单**

机床噪声测量时有关参数数据和信息见表 B.2。

**表 B.2 机床噪声测量数据单**

机床数据

机床制造者：........................................

机床型号：........................................

制造日期：........................................ 系列号 ........................................

机床外形尺寸[a]：

长度 $l_1$ ........................ mm 宽度 $l_2$ ........................ mm 高度 $l_3$ ........................ mm

| 额定主轴转速/(r/min) | 主轴转速/(r/min) | 加工头部件 |
| --- | --- | --- |
| | | |
| | | |
| | | |
| | | |

☐ 变频器安装在机床上　　☐ 变频器另行安装

☐ 安装静态变频器　　☐ 变换上料

机床的安装

按机床制造者使用说明书安装机床 ........................................

是 ☐　　否 ☐ ........................................

按制造者的技术条件安装机床吸尘器 ........................................

是 ☐　　否 ☐ ........................................

机床安装在减/隔振材料 ........................................

是 ☐　　否 ☐ ........................................

机床安装有单独吸声的封闭式防护装置 ........................................

是 ☐　　否 ☐ ........................................

机床安装有吸声的整体封闭式防护装置 ........................................

是 ☐　　否 ☐ ........................................

机床装有降噪的吸尘罩 ........................................

是 ☐　　否 ☐ ........................................

其他的噪声控制措施 ........................................

是 ☐　　否 ☐ ........................................

[a] 凸出机床而不影响噪声传播的零件(例如：手轮、手柄等)可忽略不计。

表 B.2（续）

<table>
<tr><td>运转条件<br>运转安排</td><td>在刨花板边缘上钻孔 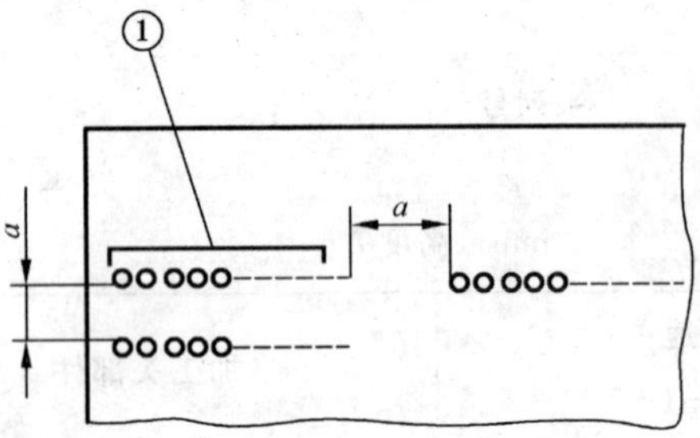<br>1-10 支钻头<br>工件位置：<br>在工作台的中部(对于有一个工作台或有两个同步工作台的机床)，或对着左工作台的右边(对于有两个独立的工作台的机床)。</td><td>标准条件</td><td>在允许范围内选择的条件或标准条件(偏差)</td></tr>
<tr><td rowspan="8">刀具参数</td><td>刀具型式</td><td>多轴排钻装置，带有中心尖和两个出屑槽，右旋</td><td rowspan="8"></td></tr>
<tr><td>主轴转速度[b]/(r/min)</td><td>18 000</td></tr>
<tr><td>钻头数量</td><td>10 支或允许的最多数量</td></tr>
<tr><td>钻头直径/mm</td><td>8</td></tr>
<tr><td>钻头工作长度/mm</td><td>50</td></tr>
<tr><td>钻轴中心距/mm</td><td>32(按制造者的)</td></tr>
<tr><td>各钻排间(每排 10 支)最小距离/mm</td><td>70</td></tr>
<tr><td>钻削进给速度/(m/min)</td><td>1</td></tr>
<tr><td colspan="4">b 主轴速度应尽量接近 18 000 r/min。</td></tr>
<tr><td colspan="4">试验材料：<br>材料：　三层刨花板<br>含水率：　6%～10%<br>板厚度：　16 mm<br>板长度：　800 mm<br>板宽度：　600 mm～800 mm<br>预加工：　无</td></tr>
</table>

表 B.2（续）

| 试验机床的照片或总装图 |
|---|
| 进行试验实验室<br>公司/研究所：........................<br>地址：........................<br>电话：........................<br>日期：........................ 签名：........................<br>试验地点：........................<br>试验日期：........................ |

ICS 77.120
H 60

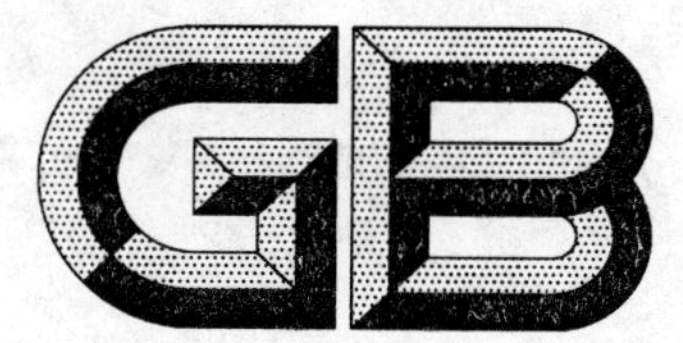

# 中华人民共和国国家标准

GB/T 22660.1—2008

# 氟化锂化学分析方法
# 第1部分:试样的制备和贮存

## Chemical analysis methods of lithium fluoride—
## Part 1:Preparation and storage of test samples

2008-12-29 发布

2009-11-01 实施

中华人民共和国国家质量监督检验检疫总局
中国国家标准化管理委员会
发布

# 前言

GB/T 22660《氟化锂化学分析方法》分为8部分：

——第1部分：试样的制备和贮存；

——第2部分：湿存水含量的测定　重量法；

——第3部分：氟含量的测定　蒸馏-硝酸钍容量法；

——第4部分：镁含量的测定　火焰原子吸收光谱法；

——第5部分：钙含量的测定　火焰原子吸收光谱法；

——第6部分：二氧化硅含量的测定　钼蓝分光光度法；

——第7部分：三氧化二铁含量的测定　邻二氮杂菲分光光度法；

——第8部分：硫酸根含量的测定　硫酸钡重量法。

本部分为GB/T 22660的第1部分。

本部分由中国有色金属工业协会提出。

本部分由全国有色金属标准化技术委员会归口。

本部分负责起草单位：多氟多化工股份有限公司、中国有色金属工业标准计量质量研究所。

本部分参加起草单位：湖南有色氟化学有限责任公司、中国铝业股份有限公司郑州研究院。

本部分主要起草人：薛旭金、师玉萍、施秀华、王建萍、卜法见、刘慈军、朱亮、黎志坚、赵利梅、连明霞。

# 氟化锂化学分析方法
# 第1部分:试样的制备和贮存

## 1 范围

GB/T 22660的本部分规定了氟化锂的原始试样和干燥试样的制备和贮存。

本部分适用于氟化锂的原始试样和干燥试样的制备和贮存。

## 2 规范性引用文件

下列文件中的条款通过GB/T 22660的本部分的引用而成为本部分的条款。凡是注日期的引用文件,其随后所有的修改单(不包括勘误的内容)或修订版均不适用于本部分,然而,鼓励根据本部分达成协议的各方研究是否可使用这些文件的最新版本。凡是不注日期的引用文件,其最新版本适用于本部分。

GB/T 6679 固体化工产品采样通则

## 3 试样的制备和贮存

### 3.1 实验室试样

采用GB/T 6679中规定的方法制备和贮存实验室试样。

### 3.2 原始试样的制备

供某些几何特性测定,供某些物理和物理化学性质的试验,以及供湿存水分的测定。取约300 g实验室试样(3.1)将其放入密封容器中贮存,该容器的容量以几乎能被试样充满为宜。

### 3.3 干燥试样的制备

供化学实验、某些几何特性的测定以及某些物理和物理化学试验。

#### 3.3.1 试样研磨

将试样研磨过筛直至全部都通过75 μm筛孔为止,充分混合。

#### 3.3.2 设备

3.3.2.1 试验筛:孔径为75 μm。用不引入待测杂质元素的材料制成。

3.3.2.2 研钵:用刚玉或玛瑙制成。

3.3.2.3 电烘箱:自然对流通风,能控制温度110 ℃±2 ℃。

#### 3.3.3 操作步骤

3.3.3.1 将约100 g实验室试样(3.1)通过试验筛(3.3.2.1),将筛上残留的颗粒放在研钵(3.3.2.2)中研磨,并再次过筛,过筛的料加在前面所筛得的料中仔细混匀。反复研磨,过筛,混匀,直至所有样品全部通过筛子为止。

3.3.3.2 将试料(3.3.3.1)放入铂皿中,置于电烘箱(3.3.2.3)中,控制温度110 ℃±2 ℃,干燥2 h。从烘箱中取出铂皿置于干燥器中冷却。

3.3.3.3 将干燥的试料(3.3.2)贮存在密闭的容器内,要求该容器的容积刚好完全被试样充满为宜。

## 4 容器标记

容器应贴有标签,标明下列内容:

a） 样品名称；

b） 样品来源；

c） 试样的性质(原始或干燥的)；

d） 所用筛子的型号；

e） 制备日期。

ICS 77.120
H 60

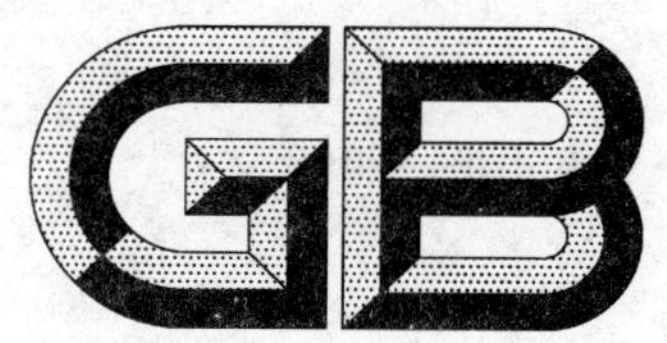

# 中华人民共和国国家标准

GB/T 22660.2—2008

# 氟化锂化学分析方法 第2部分:湿存水含量的测定 重量法

Chemical analysis methods of lithium fluoride—
Part 2: Determination of moisture content—
Gravimetric method

2008-12-29 发布

2009-11-01 实施

中华人民共和国国家质量监督检验检疫总局
中国国家标准化管理委员会 发布

# 前　言

GB/T 22660《氟化锂化学分析方法》分为8部分：

——第1部分：试样的制备和贮存；

——第2部分：湿存水含量的测定　重量法；

——第3部分：氟含量的测定　蒸馏-硝酸钍容量法；

——第4部分：镁含量的测定　火焰原子吸收光谱法；

——第5部分：钙含量的测定　火焰原子吸收光谱法；

——第6部分：二氧化硅含量的测定　钼蓝分光光度法；

——第7部分：三氧化二铁含量的测定　邻二氮杂菲分光光度法；

——第8部分：硫酸根含量的测定　硫酸钡重量法。

本部分为GB/T 22660的第2部分。

本部分由中国有色金属工业协会提出。

本部分由全国有色金属标准化技术委员会归口。

本部分负责起草单位：多氟多化工股份有限公司、中国有色金属工业标准计量质量研究所。

本部分参加起草单位：湖南有色氟化学有限责任公司、中国铝业股份有限公司郑州研究院。

本部分主要起草人：施秀华、薛旭金、周小平、李永强、郭贤惠、陈义春、朱亮、黎志坚、赵宝富、连明霞。

# 氟化锂化学分析方法 第2部分:湿存水含量的测定 重量法

## 1 范围

GB/T 22660的本部分规定了氟化锂中湿存水量的测定方法。

本部分适用于氟化锂中湿存水量的测定。测定范围:≤0.5%。

## 2 规范性引用文件

下列文件中的条款通过GB/T 22660的本部分的引用而成为本部分的条款。凡是注日期的引用文件,其随后所有的修改单(不包括勘误的内容)或修订版均不适应于本部分,然而,鼓励根据本部分达成协议的各方研究是否可使用这些文件的最新版本。凡是不注日期的引用文件,其最新版本适应于本部分。

GB/T 22660.1—2008 氟化锂化学分析方法 第1部分:试样的制备和贮存

## 3 方法提要

试料于110 ℃干燥并测定损失量。

## 4 仪器

4.1 称量瓶:直径45 mm,扁形。

4.2 电烘箱:能控制温度110 ℃±5 ℃。

## 5 试样

试样应符合GB/T 22660.1—2008中3.2的要求。

## 6 分析步骤

### 6.1 试料

称取2.0 g原始试样(5),记为$m_0$,精确至0.001 g。

### 6.2 测定次数

独立地进行两次测定,取其平均值。

### 6.3 测定

6.3.1 将预先在110 ℃±5 ℃的电烘箱(4.2)内烘2 h,并于干燥器中冷却的试料(6.1)置于称量瓶(4.1)中,带盖称量(精确至0.001 g),记为$m_2$。

6.3.2 将放入试料的称量瓶(6.3.1)置于温度调节到110 ℃±5 ℃的电烘箱中,将盖架在瓶顶上勿盖严。同时在烘箱中放入一个直径略大于称量瓶盖的表皿,烘2 h后,取下瓶盖换上表皿,并全部置于干燥器中。冷却后,取下表皿,盖紧瓶盖,并称量(精确至0.001 g),记为$m_1$。

## 7 分析结果的计算

按公式(1)计算湿存水的质量分数(%):

$$w(H_2O)=\frac{m_2-m_1}{m_0}\times 100 \qquad \cdots\cdots(1)$$

式中：

$m_2$——烘干前盛有试料的称量瓶及其盖的质量，单位为克(g)；

$m_1$——烘干后盛有试料的称量瓶及其盖的质量，单位为克(g)；

$m_0$——试料的质量，单位为克(g)。

## 8 精密度

### 8.1 重复性

在重复性条件下获得的两个独立测试结果的测定值，在以下给出的平均值范围内，这两个测试结果的绝对差值不超过重复性限($r$)，超过重复性限($r$)的情况不超过5%，重复性限($r$)按以下数据采用线性内插法求得。

湿存水的质量分数/%：　0.045　0.087　0.107

重复性限 $r$/%：　0.012　0.015　0.022

### 8.2 允许差

实验室之间分析结果的差值应不大于表1所列允许差。

表 1

| 湿存水的质量分数/% | 允许差/% |
|---|---|
| ≤0.10 | 0.02 |
| >0.10～0.50 | 0.03 |

## 9 质量保证与控制

分析时，用标准样品或控制样品进行校核，或每年至少用标准样品或控制样品对分析方法校核一次。当过程失控时，应找出原因。纠正错误后，重新进行校核。

ICS 77.120
H 60

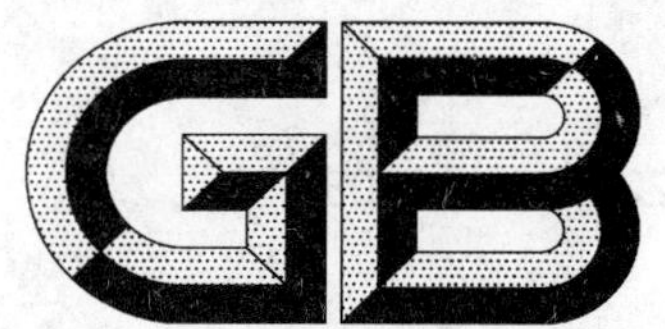

# 中华人民共和国国家标准

GB/T 22660.3—2008

# 氟化锂化学分析方法 第3部分：氟含量的测定 蒸馏-硝酸钍容量法

**Chemical analysis methods of lithium fluoride—Part 3: Determination of fluoride content—Distillation-thorium nitrate titration volumetric method**

2008-12-29 发布　　　　2009-11-01 实施

中华人民共和国国家质量监督检验检疫总局
中国国家标准化管理委员会　发布

# 前　言

GB/T 22660《氟化锂化学分析方法》分为8部分：

——第1部分：试样的制备和贮存；

——第2部分：湿存水含量的测定　重量法；

——第3部分：氟含量的测定　蒸馏-硝酸钍容量法；

——第4部分：镁含量的测定　火焰原子吸收光谱法；

——第5部分：钙含量的测定　火焰原子吸收光谱法；

——第6部分：二氧化硅含量的测定　钼蓝分光光度法；

——第7部分：三氧化二铁含量的测定　邻二氮杂菲分光光度法；

——第8部分：硫酸根含量的测定　硫酸钡重量法。

本部分为GB/T 22660的第3部分。

本部分由中国有色金属工业协会提出。

本部分由全国有色金属标准化技术委员会归口。

本部分负责起草单位：多氟多化工股份有限公司、中国有色金属工业标准计量质量研究所。

本部分参加起草单位：湖南有色氟化学有限责任公司、中国铝业股份有限公司郑州研究院。

本部分主要起草人：薛旭金、师玉萍、施秀华、王建萍、王红星、刘慈军、朱亮、黎志坚、连明霞、赵宝富。

# 氟化锂化学分析方法 第3部分：氟含量的测定 蒸馏-硝酸钍容量法

## 1 范围

GB/T 22660的本部分规定了氟化锂中氟含量的测定方法。

本部分适用于氟化锂中氟含量的测定。测定范围：60%～75%。

## 2 规范性引用文件

下列文件中的条款通过GB/T 22660的本部分的引用而成为本部分的条款。凡是注日期的引用文件，其随后所有的修改单(不包括勘误的内容)或修订版均不适应于本部分，然而，鼓励根据本部分达成协议的各方研究是否可使用这些文件的最新版本。凡是不注日期的引用文件，其最新版本适应于本部分。

GB/T 22660.1—2008 氟化锂化学分析方法 第1部分：试样的制备和贮存

## 3 方法提要

试料直接在酸性条件下用水溶解，经硫酸-水蒸气蒸馏分离氟后，以茜素磺酸钠-次甲基兰作指示剂，用硝酸钍溶液滴定。

## 4 试剂

4.1 盐酸(约0.06 mol/L)。

4.2 氢氧化钠溶液(20 g/L)。

4.3 硫酸(2+1)。

4.4 氟化钠(基准)。

4.5 缓冲溶液(pH2.7)：称取9.45 g一氯乙酸，溶解于50 mL氢氧化钠(4.2)中，用水稀释至100 mL，混匀。

4.6 硝酸钍标准溶液：

4.6.1 配制：称取9.45 g四水合硝酸钍[$Th(NO_3)_4 \cdot 4H_2O$]，用水溶解后稀释至1 L，混匀。

4.6.2 标定：称取0.200 0 g预先在600 ℃灼烧并置于干燥器中冷却的氟化钠(4.4)，记下质量为$m_1$。用20 mL～30 mL水将氟化钠移入蒸馏烧瓶(5.5.1)中，按分析步骤7.4.1～7.4.2进行硝酸钍溶液的标定。同时做空白试验。

4.6.3 计算：

硝酸钍标准滴定溶液的实际浓度($c$)按公式(1)计算：

$$c = \frac{0.452\,5 \times m_1 \times 10^3 \times 50/500}{(V_1 - V_2)} \qquad \cdots\cdots(1)$$

式中：

$c$——硝酸钍标准滴定溶液的实际浓度，单位为毫克每毫升(mg/mL)；

0.452 5——氟化钠换算成氟的系数；

$m_1$——称取氟化钠的质量，单位为克(g)；

$V_1$——标定时消耗硝酸钍标准溶液的体积,单位为毫升(mL);

$V_2$——空白试验时消耗硝酸钍标准溶液的体积,单位为毫升(mL)。

4.7 茜素磺酸钠溶液(0.5 g/L)。

4.8 次甲基兰溶液(0.5 g/L)。

## 5 仪器及设备

5.1 水蒸气发生器:容积为3 L的烧瓶,塞子上插入三支内径为6 mm的玻璃管。

5.2 双曲导管:用于向蒸馏瓶(5.5.1)中导入蒸汽。

5.3 调整蒸汽流量管:露在外面的一端,套有带弹簧夹的橡皮管。

5.4 安全管:长为1 m。

5.5 蒸馏器:用硼酸玻璃吹制,磨口接头,由以下部分组成。

5.5.1 蒸馏瓶:容积250 mL,中心瓶颈直径36 mm,侧面管颈直径20 mm,长275 mm,两径距离65 mm。

5.5.2 蒸馏柱:柱的第一个点组到最末一个点组距离120 mm,共十一点组,组距12 mm三个点在圆周上分布间隔为120 ℃。

5.6 温度计护套。

5.7 温度计:范围0 ℃~200 ℃,长250 mm。

5.8 滴液漏斗:容积100 mL。

5.9 蛇形冷凝器:长400 mm。

5.10 电热器:能控制温度在150 ℃±1 ℃。

5.11 pH计:配有玻璃电极。

5.12 硼硅玻璃锥形烧杯:250 mL。

## 6 试样

试样应符合GB/T 22660.1—2008中3.3的要求。

## 7 分析步骤

### 7.1 试料

称取0.2 g试样(6),精确至0.000 1 g。

### 7.2 测定次数

独立地进行两次测定,取其平均值。

### 7.3 空白试验

随同试料(7.1)做空白试验。

### 7.4 测定

7.4.1 称量0.2 g试料(7.1),精确至0.000 1 g,用冷水直接洗入已装有几颗玻璃球(直径2 mm~3 mm)的蒸馏烧瓶(5.5.1)中。将500 mL容量瓶置于冷凝器(5.9)下收集蒸馏溶液。连接蒸馏烧瓶(5.5.1)和蛇形冷凝器(5.9)并开始通冷却水。盖上蒸馏烧瓶,经滴液漏斗(5.8)加入50 mL硫酸(4.3),同时加热已装有三分之二的水和几小块浮石的水蒸气发生器(5.1),水沸腾前蒸汽调整管(5.3)打开着。将蒸馏烧瓶(5.5.1)用电热器(5.10)加热到150 ℃,借助管上的弹簧夹调整蒸汽流量,经双曲导管(5.2)以250 g/h~300 g/h流量通入蒸汽,并维持蒸馏瓶(5.5.1)中的溶液温度在150 ℃±1 ℃,使在约90 min内收集蒸馏液约400 mL,停止蒸馏。以水洗涤冷凝器,将收集瓶中的溶液稀释至刻度,混匀。

7.4.2 移取50.0 mL溶液(7.4.1)置于烧杯(5.12)中加入50.0 mL水及0.5 mL茜素磺酸钠溶液

(4.7)，用氢氧化钠溶液(4.2)调至溶液呈粉红色，在 pH 计(5.11)指示下，逐滴加入盐酸(4.1)调到 pH 在 4.9～5.2 之间(溶液呈黄色)，加入 3 mL 茜素磺酸钠溶液(4.7)后，再用缓冲溶液(4.5)调到 pH 在 3.4±0.1(约缓冲溶液 1 mL 左右)。加入 0.5 mL 次甲基兰溶液(4.8)使溶液呈绿色。用硝酸钍标准溶液(4.6)滴定到刚刚出现蓝紫色为终点。

## 8 分析结果的计算

按公式(2)计算氟的质量分数(%)：

$$w(\mathrm{F})=\frac{c\times(V_3-V_4)\times10^{-3}}{m_0\times50/500}\times100 \qquad \cdots\cdots(2)$$

式中：

$c$——硝酸钍标准滴定溶液的实际浓度，单位为毫克每毫升(mg/mL)；

$V_3$——滴定样品溶液时消耗硝酸钍标准的溶液体积，单位为毫升(mL)；

$V_4$——滴定空白试验溶液时消耗硝酸钍标准溶液的体积，单位为毫升(mL)；

$m_0$——试料的质量，单位为毫克(mg)。

## 9 精密度

### 9.1 重复性

在重复性条件下获得的两个独立测试结果的测定值，在以下给出的平均值范围内，这两个测试结果的绝对差值不超过重复性限($r$)，超过重复性限($r$)的情况不超过 5%，重复性限($r$)按以下数据采用线性内插法求得。

| 氟的质量分数/%： | 71.66 | 71.87 | 72.13 |
|---|---|---|---|
| 重复性限 $r$/%： | 0.44 | 0.54 | 0.58 |

### 9.2 允许差

实验室之间分析结果的差值应不大于表 1 所列允许差。

表 1

| 氟的质量分数/% | 允许差/% |
|---|---|
| 60.0～75.0 | 0.7 |

## 10 质量保证与控制

分析时，用标准样品或控制样品进行校核，或每年至少用标准样品或控制样品对分析方法校核一次。当过程失控时，应找出原因。纠正错误后，重新进行校核。

ICS 77.120
H 60

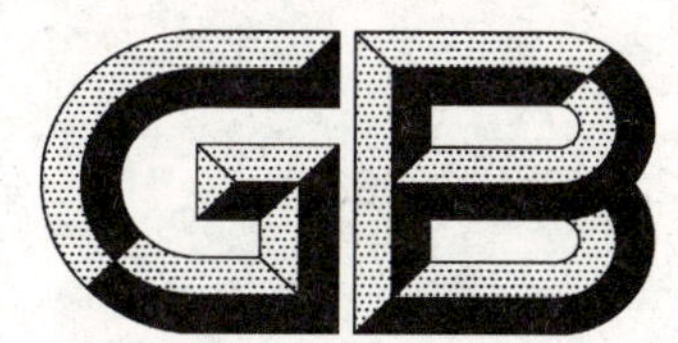

# 中华人民共和国国家标准

GB/T 22660.4—2008

# 氟化锂化学分析方法 第4部分：镁含量的测定 火焰原子吸收光谱法

**Chemical analysis methods of lithium fluoride—Part 4: Determination of magnesium content—Flame atomic absorption spectrometric method**



2008-12-29 发布 2009-11-01 实施

中华人民共和国国家质量监督检验检疫总局
中国国家标准化管理委员会 发布

# 前　言

GB/T 22660《氟化锂化学分析方法》分为8部分：

——第1部分：试样的制备和贮存；

——第2部分：湿存水含量的测定　重量法；

——第3部分：氟含量的测定　蒸馏-硝酸钍容量法；

——第4部分：镁含量的测定　火焰原子吸收光谱法；

——第5部分：钙含量的测定　火焰原子吸收光谱法；

——第6部分：二氧化硅含量的测定　钼蓝分光光度法；

——第7部分：三氧化二铁含量的测定　邻二氮杂菲分光光度法；

——第8部分：硫酸根含量的测定　硫酸钡重量法。

本部分为GB/T 22660的第4部分。

本部分由中国有色金属工业协会提出。

本部分由全国有色金属标准化技术委员会归口。

本部分负责起草单位：多氟多化工股份有限公司、中国有色金属工业标准计量质量研究所。

本部分参加起草单位：湖南有色氟化学有限责任公司、中国铝业股份有限公司郑州研究院。

本部分主要起草人：李永强、薛旭金、施秀华、周小平、王建萍、陈义春、朱亮、黎志坚、兰文慧、陈喜连。

# 氟化锂化学分析方法 第4部分:镁含量的测定 火焰原子吸收光谱法

## 1 范围

GB/T 22660的本部分规定了氟化锂中镁含量的测定方法。

本部分适用于氟化锂中镁含量的测定。测定范围:≤0.15%。

## 2 规范性引用文件

下列文件中的条款通过GB/T 22660的本部分的引用而成为本部分的条款。凡是注日期的引用文件,其随后所有的修改单(不包括勘误的内容)或修订版均不适应于本部分,然而,鼓励根据本部分达成协议的各方研究是否可使用这些文件的最新版本。凡是不注日期的引用文件,其最新版本适应于本部分。

GB/T 22660.1—2008 氟化锂化学分析方法 第1部分:试样的制备和贮存

## 3 方法提要

试料用硫酸溶解后,加热除氟,用盐酸和水溶解,试液于原子吸收光谱仪波长285.2 nm处,以空气-乙炔火焰进行镁含量的测定。

## 4 试剂

4.1 硫酸($\rho$1.84 g/mL)。

4.2 盐酸(1+1)。

4.3 镁标准储备溶液:准确称取0.829 1 g,预先在110 ℃烘干并在干燥器中冷却的基准氧化镁,置于250 mL烧杯中,加10 mL水润湿后,再加入10 mL HCl(4.2)溶解,待氧化镁全部溶解后,移入500 mL容量瓶中,以水稀释至刻度,混匀,此溶液中镁离子的浓度为1.0 mg/mL。

4.4 镁标准溶液:

移取25.0 mL镁标准贮备液于250 mL容量瓶中,用水稀释至刻度,混匀,此溶液中镁离子的浓度为0.1 mg/mL。

## 5 仪器及设备

5.1 铂皿:直径80 mm,高35 mm。

5.2 原子吸收光谱仪,附镁空心阴极灯。

在仪器最佳工作条件下,凡能达到下列指标均可使用:

——特征浓度:在与测量试样的基体相一致的溶液中,镁的特征浓度应不大于0.07 μg/mL。

——精密度:用最高浓度的标准溶液测量10次吸光度,其标准偏差应不超过平均吸光度的1.0%,用最低浓度的标准溶液(不是“零”浓度标准溶液)测量10次吸光度,其标准偏差应不超过最高浓度标准溶液平均吸光度的0.5%。

——工作曲线线性:将工作曲线按浓度等分成五段,最高段吸光度差值与最低段吸光度差值之比不小于0.85。

## 6 试样

试样应符合 GB/T 22660.1—2008 中 3.3 的要求。

## 7 分析步骤

### 7.1 试料

称取 0.5 g 试样(6),精确至 0.000 1 g。

### 7.2 测定次数

独立地进行两次测定,取其平均值。

### 7.3 空白试验

随同试料(7.1)做空白试验。

### 7.4 测定

7.4.1 将试料(7.1)置于铂皿中,加入 5 mL 浓硫酸,在电炉上低温缓慢溶解(15 min～20 min)除氟,然后升高温度蒸发开始冒浓烟,取下冷却至室温,加入 6 mL HCl(4.2)及 20 mL 水,在低温电炉上加热至盐类全部溶解,冷却后移入 250 mL 容量瓶中,用水稀释至刻度混匀。

7.4.2 将随同试料所做的空白试验溶液(7.3)及待测液(7.4.1)于原子吸收光谱仪波长 285.2 nm 处,用空气-乙炔火焰,以水调零,测量镁的吸光度,将所测试液吸光度减去随同试料所做空白吸光度后,从工作曲线上查得相应镁的浓度。

### 7.5 工作曲线的绘制

7.5.1 分别移取 0 mL、0.50 mL、1.00 mL、1.50 mL、2.00 mL、2.50 mL 镁标准溶液(4.4)分别置于一组 500 mL 容量瓶中,用水稀释至 200 mL,加入浓 $H_2SO_4$(4.1)5 mL 和 HCl(1+1)10 mL,用水稀释至刻度,混匀。

7.5.2 将标准溶液(7.5.1)分别于原子吸收光谱仪波长 285.2 nm 处,使用空气-乙炔火焰,以水调零,分别测量标准溶液和“零”校准溶液(不加镁标准溶液者)的吸光度,以镁的浓度为横坐标,吸光度(减去“零”校准溶液的吸光度)为纵坐标,绘制工作曲线。

## 8 分析结果的计算

按公式(1)计算镁的质量分数(%):

$$w(\mathrm{Mg}) = \frac{c_1 \times V \times 10^{-6}}{m_0} \times 100 \qquad \cdots\cdots(1)$$

式中:

$c_1$——从工作曲线上查得的镁的质量浓度,单位为微克每毫升(μg/mL);

$V$——试液的总体积,单位为毫升(mL);

$m_0$——试料的质量,单位为克(g)。

## 9 精密度

### 9.1 重复性

在重复性条件下获得的两个独立测试结果的测定值,在以下给出的平均值范围内,这两个测试结果的绝对差值不超过重复性限($r$),超过重复性限($r$)的情况不超过 5%,重复性限($r$)按以下数据采用线性内插法求得。

| 镁的质量分数/%: | 0.002 5 | 0.003 3 | 0.006 1 |
|---|---|---|---|
| 重复性限 $r$/%: | 0.000 6 | 0.000 5 | 0.000 5 |

### 9.2 允许差

实验室之间分析结果的差值应不大于表 1 所列允许差。

表 1

| 镁的质量分数/% | 允许差/% |
|---|---|
| ≤0.15 | 0.05 |

## 10 质量保证与控制

分析时，用标准样品或控制样品进行校核，或每年至少用标准样品或控制样品对分析方法校核一次。当过程失控时，应找出原因。纠正错误后，重新进行校核。

ICS 77.120
H 60

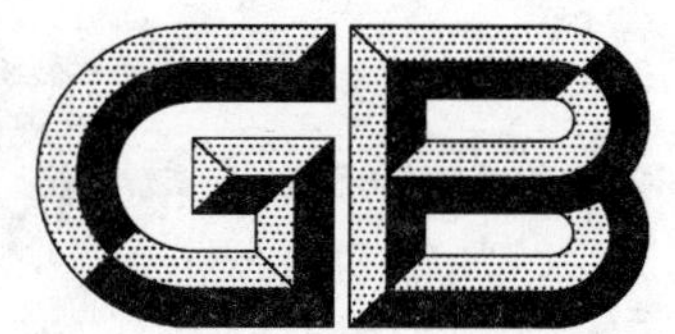

# 中华人民共和国国家标准

GB/T 22660.5—2008

# 氟化锂化学分析方法 第5部分：钙含量的测定 火焰原子吸收光谱法

**Chemical analysis methods of lithium fluoride—Part 5: Determination of calcium content—Flame atomic absorption spectrometric method**

2008-12-29 发布 2009-11-01 实施

中华人民共和国国家质量监督检验检疫总局
中国国家标准化管理委员会 发布

# 前　言

GB/T 22660《氟化锂化学分析方法》分为8部分：

——第1部分：试样的制备和贮存；

——第2部分：湿存水含量的测定　重量法；

——第3部分：氟含量的测定　蒸馏-硝酸钍容量法；

——第4部分：镁含量的测定　火焰原子吸收光谱法；

——第5部分：钙含量的测定　火焰原子吸收光谱法；

——第6部分：二氧化硅含量的测定　钼蓝分光光度法；

——第7部分：三氧化二铁含量的测定　邻二氮杂菲分光光度法；

——第8部分：硫酸根含量的测定　硫酸钡重量法。

本部分为GB/T 22660的第5部分。

本部分由中国有色金属工业协会提出。

本部分由全国有色金属标准化技术委员会归口。

本部分负责起草单位：多氟多化工股份有限公司、中国有色金属工业标准计量质量研究所。

本部分参加起草单位：湖南有色氟化学有限责任公司、中国铝业股份有限公司郑州研究院。

本部分主要起草人：韩世军、李永强、薛旭金、师玉萍、许随军、卜法见、朱亮、黎志坚、陈喜连、兰文慧。

# 氟化锂化学分析方法 第5部分:钙含量的测定 火焰原子吸收光谱法

## 1 范围

GB/T 22660的本部分规定了氟化锂中钙含量的测定方法。

本部分适用于氟化锂中钙含量的测定。测定范围:≤0.50%。

## 2 规范性引用文件

下列文件中的条款通过GB/T 22660的本部分的引用而成为本部分的条款。凡是注日期的引用文件,其随后所有的修改单(不包括勘误的内容)或修订版均不适应于本部分,然而,鼓励根据本部分达成协议的各方研究是否可使用这些文件的最新版本。凡是不注日期的引用文件,其最新版本适应于本部分。

GB/T 22660.1—2008 氟化锂化学分析方法 第1部分:试样的制备和贮存

## 3 方法提要

试料用高氯酸赶氟,加热至高氯酸烟冒尽,用盐酸和水溶解,在硝酸镧存在下,于原子吸收光谱仪波长422.7 nm处,以空气-乙炔火焰进行钙含量的测定。

## 4 试剂

4.1 高氯酸(ρ1.67 g/mL)。

4.2 盐酸(1+1)优级纯。

4.3 锂溶液(7.5 mg/mL):准确称取6.562 8 g纯度为99.9%的LiOH·$H_2O$,以水定容于500 mL容量瓶中。

4.4 硝酸镧溶液(200 g/L):准确称取100 g $La(NO_3)_3$·$H_2O$,以水定容于500 mL容量瓶中。

4.5 钙标准贮存溶液:准确称取1.248 6 g预先在110 ℃烘干并在干燥器中冷却的基准碳酸钙,置于250 mL烧杯中,盖上表面皿,加入50 mL水后,加10 mL盐酸(4.2)微热,待反应完全后,冷却,移入500 mL容量瓶中,以水稀释至刻度,混匀。此溶液1 mL中含有1.000 0 mg钙离子。

4.6 钙标准溶液:移取钙标准贮存溶液(4.5)10 mL置于250 mL容量瓶中,稀释至刻度,混匀,则此溶液浓度为:40 μg/mL。

## 5 仪器及设备

5.1 铂皿:直径80 mm,高35 mm。

5.2 原子吸收光谱仪,附钙空心阴极灯。

在仪器最佳工作条件下,凡能达到下列指标均可使用:

——特征浓度:在与测量试样的基体相一致的溶液中,钙的特征浓度应不大于0.24 μg/mL。

——精密度:用最高浓度的标准溶液测量10次吸光度,其标准偏差应不超过平均吸光度的1.0%,用最低浓度的标准溶液(不是“零”浓度标准溶液)测量10次吸光度,其标准偏差应不超过最高浓度标准溶液平均吸光度的0.5%。

——工作曲线线性：将工作曲线按浓度等分成五段，最高段吸光度差值与最低段吸光度差值之比不小于0.7。

## 6 试样

试样应符合GB/T 22660.1—2008中3.3的要求。

## 7 分析步骤

### 7.1 试料

称取0.5 g试样(6)，精确至0.000 1 g，记为$m$。

### 7.2 测定次数

独立地进行两次测定，取其平均值。

### 7.3 空白试验

随同试料(7.1)做空白试验。

### 7.4 测定

7.4.1 将试料(7.1)置于铂皿(5.1)中，加入5 mL高氯酸，在电炉上低温缓慢溶解除氟，待高氯酸白烟冒尽，取下冷却至室温，加入1 mL HCl(4.2)及20 mL～30 mL热蒸馏水，在低温电炉上加热至盐类全部溶解，冷却后移入250 mL容量瓶中，用水稀释至刻度混匀。

7.4.2 再分取上述溶液50 mL于100 mL容量瓶中，加入4 mL硝酸镧溶液(4.4)，此液和随同试料所做的空白试验溶液于原子吸收光谱仪波长422.7 nm处，用空气-乙炔火焰，以水调零，测量钙的吸光度，从工作曲线上查得相应的钙量。

### 7.5 工作曲线的绘制

7.5.1 移取0 mL、0.50 mL、1.00 mL、1.50 mL、2.00 mL、2.50 mL该标准溶液，分别置于一组100 mL容量瓶中。各加入4 mL锂溶液(4.3)，4 mL硝酸镧溶液(4.4)，以水稀释至刻度，混匀。

7.5.2 将标准溶液(7.5.1)于原子吸收光谱仪波长422.7 nm处，使用空气-乙炔火焰，以水调零，分别测量标准溶液和“零”校准溶液(不加钙标准溶液者)的吸光度，以钙的浓度为横坐标，吸光度(减去“零”校准溶液的吸光度)为纵坐标，绘制工作曲线。

## 8 分析结果的计算

按公式(1)计算钙的质量分数(%)：

$$w(\mathrm{Ca}) = \frac{c \times V \times 10^{-6}}{m} \times 100 \qquad \cdots\cdots(1)$$

式中：

$c$——从工作曲线上查得的钙的质量浓度，单位为微克每毫升(μg/mL)；

$V$——试液的总体积，单位为毫升(mL)；

$m$——试料的质量，单位为克(g)。

## 9 精密度

### 9.1 重复性

在重复性条件下获得的两个独立测试结果的测定值，在以下给出的平均值范围内，这两个测试结果的绝对差值不超过重复性限($r$)，超过重复性限($r$)的情况不超过5%，重复性限($r$)按以下数据采用线性内插法求得。

| 钙的质量分数/%： | 0.016 | 0.048 | 0.108 |
|---|---|---|---|
| 重复性限 $r$/%： | 0.002 | 0.002 | 0.012 |

9.2 允许差

实验室之间分析结果的差值应不大于表1所列允许差。

表1

| 钙的质量分数/% | 允许差/% |
| --- | --- |
| ≤0.10 | 0.03 |
| >0.10～0.50 | 0.04 |

## 10 质量保证与控制

分析时,用标准样品或控制样品进行校核,或每年至少用标准样品或控制样品对分析方法校核一次。当过程失控时,应找出原因。纠正错误后,重新进行校核。

ICS 77.120
H 60

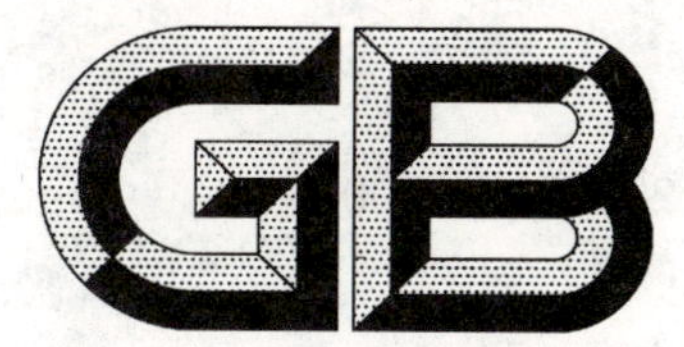

# 中华人民共和国国家标准

GB/T 22660.6—2008

# 氟化锂化学分析方法
# 第6部分：二氧化硅含量的测定
# 钼蓝分光光度法

Chemical analysis methods of lithium fluoride—
Part 6: Determination of silica content—
Molybdenum blue photometric method



2008-12-29 发布　　2009-11-01 实施

中华人民共和国国家质量监督检验检疫总局
中国国家标准化管理委员会 发布

# 前　言

GB/T 22660《氟化锂化学分析方法》分为8部分：

——第1部分：试样的制备和贮存；

——第2部分：湿存水含量的测定　重量法；

——第3部分：氟含量的测定　蒸馏-硝酸钍容量法；

——第4部分：镁含量的测定　火焰原子吸收光谱法；

——第5部分：钙含量的测定　火焰原子吸收光谱法；

——第6部分：二氧化硅含量的测定　钼蓝分光光度法；

——第7部分：三氧化二铁含量的测定　邻二氮杂菲分光光度法；

——第8部分：硫酸根含量的测定　硫酸钡重量法。

本部分为GB/T 22660的第6部分。

本部分由中国有色金属工业协会提出。

本部分由全国有色金属标准化技术委员会归口。

本部分负责起草单位：多氟多化工股份有限公司、中国有色金属工业标准计量质量研究所。

本部分参加起草单位：湖南有色氟化学有限责任公司、中国铝业股份有限公司郑州研究院。

本部分主要起草人：韩世军、师玉萍、周小平、李永强、王红星、杨彩霞、朱亮、黎志坚、连明霞、赵利梅。

# 氟化锂化学分析方法 第6部分:二氧化硅含量的测定 钼蓝分光光度法

## 1 范围

GB/T 22660的本部分规定了氟化锂中二氧化硅含量的测定方法。

本部分适用于氟化锂中二氧化硅含量的测定。测定范围:0.01%~0.40%。

## 2 规范性引用文件

下列文件中的条款通过GB/T 22660的本部分的引用而成为本部分的条款。凡是注日期的引用文件,其随后所有的修改单(不包括勘误的内容)或修订版均不适应于本部分,然而,鼓励根据本部分达成协议的各方研究是否可使用这些文件的最新版本。凡是不注日期的引用文件,其最新版本适应于本部分。

GB/T 22660.1—2008 氟化锂化学分析方法 第1部分:试样的制备和贮存。

## 3 方法提要

试料用碳酸钠和硼酸混合溶剂熔融,硝酸酸化。调整pH在0.85~0.90时加入钼酸钠使硅形成硅钼杂多酸。在酒石酸存在下的高酸度硫酸介质中,硅钼杂多酸经还原剂抗坏血酸还原成硅酸钼兰,于分光光度计波长815 nm处测量其吸光度。

## 4 试剂

4.1 无水碳酸钠。

4.2 硼酸。

4.3 硝酸(8 mol/L)。

4.4 钼酸钠溶液(195 g/L):称取19.5 g二水合钼酸钠($NaMo_4 \cdot 2H_2O$),置于塑料杯中,用水溶解后,稀释至100 mL,混匀。保存于聚乙烯瓶中。

4.5 酒石酸溶液(100 g/L)。

4.6 硫酸溶液(8 mol/L)。

4.7 抗坏血酸(20 g/L)。

4.8 二氧化硅标准贮存溶液:精确称取0.500 0 g(精确至0.000 1 g)预先在1 000 ℃灼烧1h并置于干燥器中冷却至室温的二氧化硅[$w(SiO_2)>99.9\%$]和5g无水碳酸钠(4.1),置于铂坩埚中混匀。置于950 ℃的高温炉熔融至熔体透明。冷却,用热水加热至熔块完全溶解。移入1 L容量瓶中,稀释至刻度,混匀。立即移入塑料瓶中。此溶液1mL含二氧化硅0.50 mg。

4.9 二氧化硅标准溶液:移取10.00 mL二氧化硅标准贮存溶液(4.8),置于1L容量瓶中,用水稀释至刻度,混匀。立即移入塑料瓶中。此溶液二氧化硅的浓度为:5 μg/mL。使用前现配制。

## 5 仪器及设备

5.1 铂皿及铂盖:直径70 mm,高35 mm。

5.2 高温炉:能控制温度在550 ℃±25 ℃。

5.3 高温炉:能控制温度在 850 ℃±25 ℃。

5.4 pH 计:配有玻璃电极。

5.5 分光光度计

## 6 试样

试样应符合 GB/T 22660.1—2008 中 3.3 的要求。

## 7 分析步骤

### 7.1 试料

称取 1.0 g 试样(6),精确至 0.000 1 g,记为 $m_0$。

### 7.2 测定次数

独立地进行两次测定,取其平均值。

### 7.3 空白试验

随同试料(7.1)做空白试验。

### 7.4 测定

7.4.1 称取 12 g 无水碳酸钠(4.1)和 6 g 硼酸(4.2)置于铂皿(5.1)中,加入试料(7.1),小心混匀,盖上皿盖,随同试料做空白试验。

7.4.2 将其放入 550 ℃±25 ℃的高温炉(5.2)中,用支架将铂皿与炉底面隔开。直到反应平稳(约 30 min),然后将铂皿移入到 850 ℃±25 ℃的高温炉(5.3)中,用同样方法将皿与炉底面隔开。熔融 30 min(空白试验熔融 5 min~10 min),取出铂皿,于空气中冷却。

7.4.3 向皿中加入热水并慢加热使熔块溶解后,将试液移入盛有 20 mL 硝酸(4.3)的 250 mL 塑料杯中,用 18 mL 硝酸(4.3)溶解粘在皿壁上的残渣,用热水洗涤皿及皿盖,在近沸温度下加热数分钟至盐类全部溶解,稍冷,将溶液移入 250 mL 容量瓶中,冷却,稀释至刻度,混匀,立即将溶液移入到塑料容器中。

7.4.4 按表 1 分取试液(7.4.3),置于 100 mL 容量瓶中。

**表 1**

| 二氧化硅的质量分数/% | 试料的质量/g | 分取试液体积/mL |
|---|---|---|
| 0.01~0.10 | 1.000 | 25.0 |
| >0.10~0.15 | 1.000 | 10.0 |
| >0.15~0.30 | 1.000 | 5.0 |

7.4.5 用水稀释至 50 mL 左右,加入 5 mL 钼酸钠溶液(4.4),混匀。用 pH 计(5.4)检查,pH 应在 0.85~0.90之间,否则用硝酸(4.3)调整到 pH 0.85~0.90 之间。用水稀释至 60 mL 左右,在 25 ℃~30 ℃放置 15 min~25 min。然后加入 5 mL 酒石酸溶液(4.5),11 mL 硫酸溶液(4.6),最后加入 2 mL 抗坏血酸溶液(4.7)。稀释至刻度,混匀。放置 10 min。

7.4.6 然后将此溶液移入 1 cm 吸收池中,以水为参比,于分光光度计波长 815 nm 处测量其吸光度,将所测吸光度减去随同试料的空白吸光度后,从工作曲线上查出相应的二氧化硅含量 $m_1$。

### 7.5 工作曲线的绘制

7.5.1 移取 0 mL、5.00 mL、10.00 mL、15.00 mL、20.00 mL、25.00 mL 该标准溶液,分别置于一组 100 mL 容量瓶中,以下按 7.4.5 进行。

7.5.2 将部分溶液移入 1 cm 吸收池中,以水为参比,于分光光度计波长 815 nm 处测量其吸光度,减去试剂空白溶液吸光度后,以二氧化硅量为横坐标,吸光度为纵坐标,绘制工作曲线。

## 8 分析结果的计算

按公式(1)计算二氧化硅的质量分数(%)：

$$w(SiO_2)=\frac{m_1 \cdot V_0}{m_0 \cdot V_1}\times 100 \qquad \cdots\cdots(1)$$

式中：

$m_1$——从工作曲线上查得的二氧化硅量，单位为克(g)；

$V_0$——试液的总体积，单位为毫升(mL)；

$m_0$——试料的质量，单位为克(g)；

$V_1$——移取试液体积，单位为毫升(mL)。

## 9 精密度

### 9.1 重复性

在重复性条件下获得的两个独立测试结果的测定值，在以下给出的平均值范围内，这两个测试结果的绝对差值不超过重复性限($r$)，超过重复性限($r$)的情况不超过5%，重复性限($r$)按以下数据采用线性内插法求得。

| | | | |
|---|---|---|---|
| 二氧化硅的质量分数/%： | 0.024 | 0.030 | 0.195 |
| 重复性限 $r$/%： | 0.005 | 0.007 | 0.022 |

### 9.2 允许差

实验室之间分析结果的差值应不大于表2所列允许差。

表2

| 二氧化硅的质量分数/% | 允许差/% |
|---|---|
| 0.01～0.10 | 0.01 |
| >0.10～0.15 | 0.02 |
| >0.15～0.40 | 0.03 |

## 10 质量保证与控制

分析时，用标准样品或控制样品进行校核，或每年至少用标准样品或控制样品对分析方法校核一次。当过程失控时，应找出原因。纠正错误后，重新进行校核。

ICS 77.120
H 60

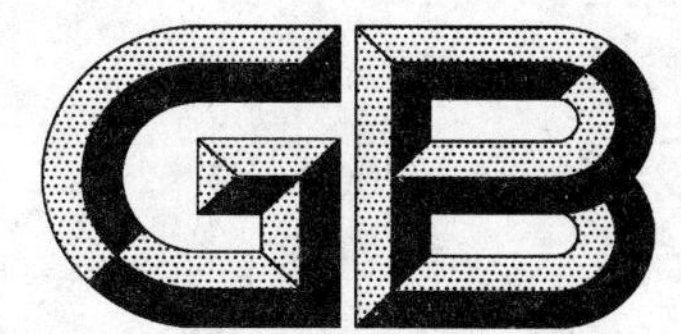

# 中华人民共和国国家标准

GB/T 22660.7—2008

# 氟化锂化学分析方法 第7部分：三氧化二铁含量的测定 邻二氮杂菲分光光度法

**Chemical analysis methods of lithium fluoride—
Part 7: Determination of iron content—
Orthophenantholine photometric method**

2008-12-29 发布　　2009-11-01 实施

中华人民共和国国家质量监督检验检疫总局
中国国家标准化管理委员会　发布

# 前　言

GB/T 22660《氟化锂化学分析方法》分为8部分：

——第1部分：试样的制备和贮存；

——第2部分：湿存水含量的测定　重量法；

——第3部分：氟含量的测定　蒸馏-硝酸钍容量法；

——第4部分：镁含量的测定　火焰原子吸收光谱法；

——第5部分：钙含量的测定　火焰原子吸收光谱法；

——第6部分：二氧化硅含量的测定　钼蓝分光光度法；

——第7部分：三氧化二铁含量的测定　邻二氮杂菲分光光度法；

——第8部分：硫酸根含量的测定　硫酸钡重量法。

本部分为GB/T 22660的第7部分。

本部分由中国有色金属工业协会提出。

本部分由全国有色金属标准化技术委员会归口。

本部分负责起草单位：多氟多化工股份有限公司、中国有色金属工业标准计量质量研究所。

本部分参加起草单位：湖南有色氟化学有限责任公司、中国铝业股份有限公司郑州研究院。

本部分主要起草人：施秀华、薛旭金、师玉萍、许随军、范连生、王慧、朱亮、黎志坚、赵宝富、连明霞。

# 氟化锂化学分析方法 第7部分：三氧化二铁含量的测定 邻二氮杂菲分光光度法

## 1 范围

GB/T 22660的本部分规定了氟化锂中三氧化二铁含量的测定方法。

本部分适用于氟化锂中三氧化二铁含量的测定。测定范围：≤0.20%。

## 2 规范性引用文件

下列文件中的条款通过GB/T 22660的本部分的引用而成为本部分的条款。凡是注日期的引用文件，其随后所有的修改单(不包括勘误的内容)或修订版均不适应于本部分，然而，鼓励根据本部分达成协议的各方研究是否可使用这些文件的最新版本。凡是不注日期的引用文件，其最新版本适应于本部分。

GB/T 22660.1—2008 氟化锂化学分析方法 第1部分：试样的制备和贮存。

## 3 方法提要

试料用碳酸钠和硼酸混合溶剂熔融，酸化后以盐酸羟胺将铁(Ⅲ)还原，在乙酸盐缓冲介质中(pH 3.5～pH 4.2)，铁(Ⅱ)与邻二氮杂菲形成有色络合物，于分光光度计波长510 nm处测量其吸光度。

## 4 试剂

4.1 无水碳酸钠：AR。

4.2 硼酸：AR。

4.3 盐酸(1+1)。

4.4 硝酸(1+1)。

4.5 盐酸羟胺(10 g/L)。

4.6 邻二氮杂菲溶液(2.5 g/L)。

4.7 缓冲溶液(pH 4.9)：称取272 g三水合乙酸钠溶解于500 mL水中，加入240 mL冰乙酸(约17.4 mol/L)。

4.8 乙酸钠溶液(500 g/L)。

4.9 乙酸溶液(1+19)。

4.10 三氧化二铁标准贮存溶液：1 mL含0.200 mg三氧化二铁，下面有两种方法可任选一种。

4.10.1 称取0.982 g六水合硫酸亚铁胺[$Fe(NH_4)_2(SO_4)_2 \cdot 6H_2O$]，置于100 mL烧杯中，加水溶解后，加入20 mL硫酸($\rho$1.84 g/mL)，移入1 L容量瓶中，稀释至刻度，混匀。

4.10.2 称取0.200 g预先在600 ℃灼烧并在干燥器中冷却的三氧化二铁[$w(Fe_2O_3)$>99.90%]以上，置于100 mL烧杯中，加10 mL盐酸($\rho$1.19 g/mL)，慢慢加热至完全溶解，冷却，移入1 L容量瓶中，稀释至刻度，混匀。

4.11 三氧化二铁标准溶液：

移取50.00 mL三氧化二铁标准贮存溶液(4.10)，置于1 L容量瓶中，用水稀释至刻度，混匀。此溶液 1 mL 含三氧化二铁 10 μg。使用时配制。

4.12 pH 试纸 pH 范围 3.5～4.2，间隔 0.2 单位。

## 5 仪器及设备

5.1 铂皿及铂盖：直径 70 mm，高 35 mm。

5.2 高温炉：能控制温度在550 ℃±25 ℃。

5.3 高温炉：能控制温度在 850 ℃±25 ℃。

5.4 pH 计：配有玻璃电极。

5.5 分光光度计。

## 6 试样

试样应符合 GB/T 22660.1—2008 中 3.3 的要求。

## 7 分析步骤

### 7.1 试料

称取 1.0 g 试样(6)，精确至 0.000 1 g，记为 $m_0$。

### 7.2 测定次数

独立地进行两次测定，取其平均值。

### 7.3 空白试验

随同试料(7.1)做空白试验。

### 7.4 测定

7.4.1 称取 12 g 无水碳酸钠(4.1)和 4 g 硼酸(4.2)，精确至 0.000 1 g，置于铂皿(5.1)中，加入试料(7.1)，小心混匀，盖上皿盖，随同试料做空白试验。

7.4.2 将其放入 550 ℃±25 ℃的高温炉(5.2)中，用支架将铂皿与炉底面隔开。直到反应平稳(约 30 min)，然后将铂皿移入到850 ℃±25 ℃的高温炉(5.3)中，用同样方法将皿与炉底面隔开。熔融 30 min(空白试验熔融 5 min～10 min)，取出铂皿，于空气中冷却。

7.4.3 向皿中加入热水并慢加热使熔块溶解后，将试液移入盛有 20 mL 硝酸(4.4)的 250 mL 塑料杯中，用 18 mL 硝酸(4.4)溶解粘在皿壁上的残渣，用热水洗涤皿及皿盖，在近沸温度下加热数分钟至盐类全部溶解，稍冷，将溶液移入 250 mL 容量瓶中，冷却，稀释至刻度，混匀，立即将溶液移入到塑料容器中。

7.4.4 分取上述试液 25 mL，置于 100 mL 容量瓶中，用水稀释至 50 mL 左右，加入 5 mL 盐酸羟胺溶液(4.5)，放置 2 min～3 min，加入 5 mL 邻二氮杂菲溶液(4.6)，25 mL 缓冲溶液，混匀。用试纸或 pH 计(5.4)测量溶液的 pH 值，并用乙酸钠溶液(4.8)或乙酸溶液(4.9)调整 pH 至 3.5～4.2 之间。用水稀释至刻度，混匀。放置 10 min。

7.4.5 然后将此部分溶液移入 3 cm 吸收池中，以水为参比，与分光光度计波长 510 nm 处测量其吸光度，将所测吸光度减去随同试料的空白吸光度后，从工作曲线上查出相应的三氧化二铁的含量，记为 $m_1$。

### 7.5 工作曲线的绘制

7.5.1 移取 0 mL、5.00 mL、10.00 mL、15.00 mL、20.00 mL、25.00 mL 该标准溶液(4.11)，分别置于一组 100 mL 容量瓶中，以下操作按 7.4.4 进行。

7.5.2 将此溶液移入 3 cm 吸收池中，以水为参比，于分光光度计波长 510 nm 处测量其吸光度，减去试剂空白溶液吸光度后，以三氧化二铁量为横坐标，吸光度为纵坐标，绘制工作曲线。

## 8 分析结果的计算

按公式(1)计算三氧化二铁的质量分数(%)：

$$w(Fe_2O_3) = \frac{m_1 \cdot V_0}{m_0 \cdot V_1} \times 100 \quad \cdots\cdots(1)$$

式中：

$m_1$——从工作曲线上查得的三氧化二铁的质量，单位为克(g)；

$V_0$——试液的总体积，单位为毫升(mL)；

$m_0$——试料的质量，单位为克(g)；

$V_1$——移取试液体积，单位为毫升(mL)。

## 9 精密度

### 9.1 重复性

在重复性条件下获得的两个独立测试结果的测定值，在以下给出的平均值范围内，这两个测试结果的绝对差值不超过重复性限($r$)，超过重复性限($r$)的情况不超过5%，重复性限($r$)按以下数据采用线性内插法求得。

三氧化二铁的质量分数/%：　0.004　0.006　0.009

重复性限 $r$/%：　0.001　0.001　0.002

### 9.2 允许差

实验室之间分析结果的差值应不大于表1所列允许差。

表 1

| 三氧化二铁的质量分数/% | 允许差/% |
| --- | --- |
| ≤0.20 | 0.01 |

## 10 质量保证与控制

分析时，用标准样品或控制样品进行校核，或每年至少用标准样品或控制样品对分析方法校核一次。当过程失控时，应找出原因。纠正错误后，重新进行校核。

ICS 77.120
H 60

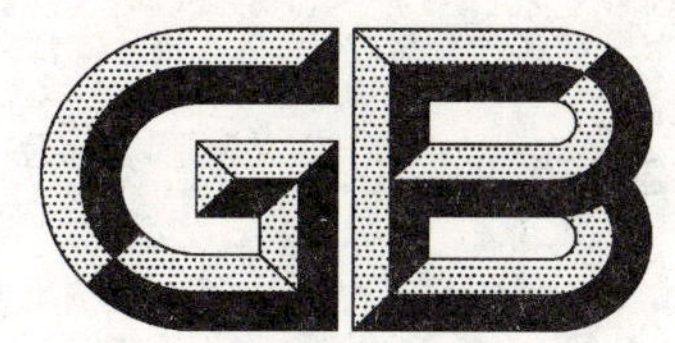

# 中华人民共和国国家标准

GB/T 22660.8—2008

# 氟化锂化学分析方法 第8部分:硫酸根含量的测定 硫酸钡重量法

Chemical analysis methods of lithium fluoride—
Part 8: Determination of sulphate content—
Barium sulphate gravimetric method



2008-12-29 发布　　2009-11-01 实施

中华人民共和国国家质量监督检验检疫总局
中国国家标准化管理委员会　发布

# 前　言

GB/T 22660《氟化锂化学分析方法》分为8部分：

——第1部分：试样的制备和贮存；

——第2部分：湿存水含量的测定　重量法；

——第3部分：氟含量的测定　蒸馏-硝酸钍容量法；

——第4部分：镁含量的测定　火焰原子吸收光谱法；

——第5部分：钙含量的测定　火焰原子吸收光谱法；

——第6部分：二氧化硅含量的测定　钼蓝分光光度法；

——第7部分：三氧化二铁含量的测定　邻二氮杂菲分光光度法；

——第8部分：硫酸根含量的测定　硫酸钡重量法。

本部分为GB/T 22660的第8部分。

本部分由中国有色金属工业协会提出。

本部分由全国有色金属标准化技术委员会归口。

本部分负责起草单位：多氟多化工股份有限公司、中国有色金属工业标准计量质量研究所。

本部分参加起草单位：湖南有色氟化学有限责任公司、中国铝业股份有限公司郑州研究院。

本部分主要起草人：薛旭金、许随军、李永强、施秀华、王红星、陈义春、朱 亮、黎志坚、王春霞、兰文慧。

# 氟化锂化学分析方法 第8部分:硫酸根含量的测定 硫酸钡重量法

## 1 范围

GB/T 22660的本部分规定了氟化锂中硫酸根含量的测定方法。

本部分适用于氟化锂中硫酸根含量的测定。测定范围:≤0.60%。

## 2 规范性引用文件

下列文件中的条款通过GB/T 22660的本部分的引用而成为本部分的条款。凡是注日期的引用文件,其随后所有的修改单(不包括勘误的内容)或修订版均不适应于本部分,然而,鼓励根据本部分达成协议的各方研究是否可使用这些文件的最新版本。凡是不注日期的引用文件,其最新版本适应于本部分。

GB/T 22660.1—2008 氟化锂化学分析方法 第1部分:试样的制备和贮存。

## 3 方法提要

试料用硼酸和盐酸溶解后,在酸性介质中,以氯化钡沉淀硫酸根离子,将硫酸钡在850 ℃灼烧后,称重。

## 4 试剂

4.1 硼酸。

4.2 盐酸(1+1)。

4.3 氯化钡溶液:称取100 g二水合氯化钡晶体,用水溶解后稀释到1 L。

4.4 硫酸($\rho$1.84 g/mL)。

## 5 仪器及设备

5.1 坩埚:直径30 mm,高30 mm。

5.2 烘箱:能控制温度在110 ℃±2 ℃。

5.3 高温炉:能控制温度在850 ℃±20 ℃。

## 6 试样

试样应符合GB/T 22660.1—2008中3.3的要求。

## 7 分析步骤

### 7.1 试料

称取0.5 g试样(6),精确至0.000 1 g,记为$m_0$。

### 7.2 测定次数

独立地进行两次测定,取其平均值。

### 7.3 空白试验

随同试料(7.1)做空白试验。

7.4 测定

7.4.1 将试料(7.1)置于 250 mL 的烧杯中,再加入 2.0 g 硼酸(4.1)用少量水润湿,加入 10 mL 盐酸(4.2),用热水冲洗至 100 mL 左右,在电炉上加热至沸,试料完全溶解。趁热过滤,以除去样品或硼酸中可能带有的杂质,反复洗涤烧杯 5 次～6 次。在搅拌下,向滤液中缓慢加入 10 mL 沸热的氯化钡溶液,用玻璃表面皿盖上烧杯,在室温下将沉淀静置 16 h。

7.4.2 将沉淀用致密滤纸过滤,先用倾斜法洗涤,再将沉淀转入滤纸中,用沸水洗涤沉淀,直到滤液不显酸性为止。(用甲基橙溶液滴于滤液中若滤液呈红色则继续洗涤直至溶液变成黄色为止)。

7.4.3 将盛有沉淀的滤纸置于预先在 850 ℃±20 ℃加热并于干燥器中冷却称量的坩埚中,然后移入电炉上,由低温到高温逐渐灰化滤纸,灰化完毕在 850 ℃±20 ℃灼烧 30 min。取出置于干燥器中冷却至室温,如果灼烧后沉淀是白色的,即可称量。若沉淀是灰色则表示有石墨状碳存在,用几滴硫酸润湿,再置于 850 ℃±20 ℃高温炉灼烧 15 min,取出置于干燥器中冷却至室温,称量,记为 $m_2$。

## 8 分析结果的计算

按公式(1)计算硫酸根的质量分数(%):

$$w(SO_4^{2-}) = \frac{0.4116(m_2 - m_1)}{m_0} \times 100 \quad \cdots\cdots(1)$$

式中:

0.411 6——硫酸钡换算成硫酸根的系数;

$m_2$——试料测定时硫酸钡的质量,单位为克(g);

$m_1$——空白测定时硫酸钡的质量,单位为克(g);

$m_0$——试料的质量,单位为克(g)。

## 9 精密度

### 9.1 重复性

在重复性条件下获得的两个独立测试结果的测定值,在以下给出的平均值范围内,这两个测试结果的绝对差值不超过重复性限($r$),超过重复性限($r$)的情况不超过 5%,重复性限($r$)按以下数据采用线性内插法求得。

硫酸根的质量分数/%: 0.057 0.084 0.100

重复性限 $r$/%: 0.005 0.018 0.021

### 9.2 允许差

实验室之间分析结果的差值应不大于表 1 所列允许差。

表 1

| 硫酸根的质量分数/% | 允许差/% |
|---|---|
| ≤0.6 | 0.03 |

## 10 质量保证与控制

分析时,用部分样品或控制样品进行校核,或每年至少用部分样品或控制样品对分析方法校核一次。当过程失控时,应找出原因。纠正错误后,重新进行校核。

ICS 77.120.10
H 61

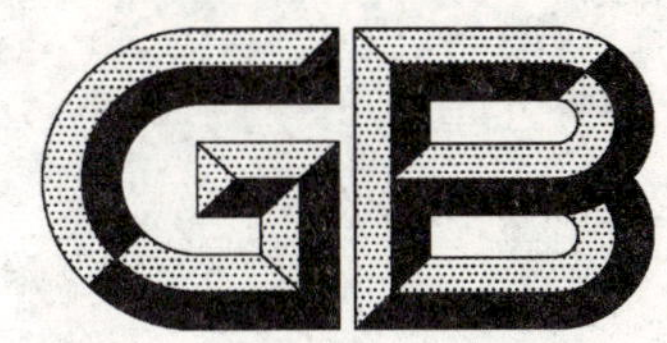

# 中华人民共和国国家标准

GB/T 22661.1—2008

# 氟硼酸钾化学分析方法 第1部分:试样的制备和贮存

**Chemical analysis methods of potassium fluoborate—Part 1:Preparation and storage of test samples**

2008-12-29 发布　　2009-11-01 实施

中华人民共和国国家质量监督检验检疫总局
中国国家标准化管理委员会　发布

# 前　言

GB/T 22661《氟硼酸钾化学分析方法》共分为10部分：

——第1部分：试样的制备和贮存；

——第2部分：湿存水含量的测定　重量法；

——第3部分：氟硼酸钾含量的测定　氢氧化钠容量法；

——第4部分：镁含量的测定　火焰原子吸收光谱法；

——第5部分：钙含量的测定　火焰原子吸收光谱法；

——第6部分：硅含量的测定　钼蓝分光光度法；

——第7部分：钠含量的测定　火焰原子吸收光谱法

——第8部分：游离硼酸含量的测定　氢氧化钠容量法；

——第9部分：氯含量的测定　硝酸汞容量法；

——第10部分：五氧化二磷含量的测定　钼蓝分光光度法。

本部分为GB/T 22661的第1部分。

本部分由中国有色金属工业协会提出。

本部分由全国有色金属标准化技术委员会归口。

本部分起草单位：湖南有色氟化学有限责任公司。

本部分参加起草单位：多氟多化工股份有限公司、中国铝业股份有限公司郑州研究院、衡阳市邦友化工科技有限公司。

本部分主要起草人：黎志坚、朱亮、廖志辉、陈以春、薛旭金、吕金魁、冯敬东、刘志鸿、黄尤菊、刘敏。

# 氟硼酸钾化学分析方法
# 第1部分:试样的制备和贮存

## 1 范围

GB/T 22661的本部分规定了氟硼酸钾的原始试样和干燥试样的制备和贮存。

本部分适用于氟硼酸钾的原始试样和干燥试样的制备和贮存。

## 2 规范性引用文件

下列文件中的条款通过GB/T 22661的本部分的引用而成为本部分的条款。凡是注日期的引用文件,其随后所有的修改单(不包括勘误的内容)或修订版均不适用于本部分,然而,鼓励根据本部分达成协议的各方研究是否可使用这些文件的最新版本。凡是不注日期的引用文件,其最新版本适用于本部分。

GB/T 6679 固体化工产品采样通则

## 3 试样的制备和贮存

### 3.1 实验室试样

采用GB/T 6679中规定的方法制备和贮存实验室试样。

### 3.2 原始试样

供某些几何特性测定,供某些物理和物理化学性质的试验,以及供湿存水分的测定。取约300 g实验室试样(3.1),将其放入密封容器中贮存,该容器以几乎被试样所充满为宜。

### 3.3 干燥试样

供化学试验、某些几何特性的测定以及某些物理和物理化学试验。

#### 3.3.1 试样研磨

将试样研磨过筛,直到全部通过孔径为0.125 mm的筛子为止。充分混合过筛后的试样,在110 ℃±5 ℃烘干2 h。

#### 3.3.2 设备

**3.3.2.1** 试验筛:其筛眼孔径为0.125 mm。用不引入待测杂质元素的材料制成,根据氟硼酸钾和待测杂质元素的性质选择试验筛。

**3.3.2.2** 研钵:用钢玉或玛瑙制成。

**3.3.2.3** 电烘箱:自然对流通风,能控制温度110 ℃±5 ℃。

#### 3.3.3 操作步骤

**3.3.3.1** 将约100 g实验室试样(3.1)通过试验筛(3.3.2.1),将筛上残留的颗粒放在研钵(3.3.2.2)中研磨,并再次过筛,过筛的料加在前面所筛得的料中仔细混合。反复研磨,过筛,混合,直至所有样品全部通过筛子为止。

**3.3.3.2** 将试样(3.3.3.1)放入铂皿中,置于电烘箱(3.3.2.3)中,在温度110 ℃±5 ℃下干燥2 h。而后从电烘箱中取出铂皿,置于燥器中冷却至常温。

**3.3.3.3** 将试样(3.3.3.2)贮存在密闭的容器内贮存,要求该容器的容积以几乎完全被试样所充满为宜。

## 4 容器标记

容器必须贴有标签,标明下列内容:

a) 样品名称;

b) 样品来源;

c) 试样的性质(原始或干燥的);

d) 所用筛子的型号;

e) 制备日期。

ICS 77.120.10
H 61

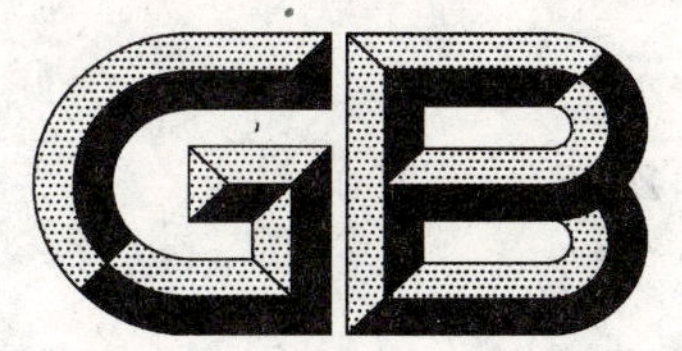

# 中华人民共和国国家标准

GB/T 22661.2—2008

# 氟硼酸钾化学分析方法 第2部分:湿存水含量的测定 重量法

Chemical analysis methods of potassium fluoborate—Part 2:Determination of moisture content—Gravimetric method

2008-12-29 发布　　2009-11-01 实施

中华人民共和国国家质量监督检验检疫总局
中国国家标准化管理委员会　发布

# 前　言

GB/T 22661《氟硼酸钾化学分析方法》共分为10部分：

——第1部分：试样的制备和贮存；

——第2部分：湿存水含量的测定　重量法；

——第3部分：氟硼酸钾含量的测定　氢氧化钠容量法；

——第4部分：镁含量的测定　火焰原子吸收光谱法；

——第5部分：钙含量的测定　火焰原子吸收光谱法；

——第6部分：硅含量的测定　钼蓝分光光度法；

——第7部分：钠含量的测定　火焰原子吸收光谱法；

——第8部分：游离硼酸含量的测定　氢氧化钠容量法；

——第9部分：氯含量的测定　硝酸汞容量法；

——第10部分：五氧化二磷含量的测定　钼蓝分光光度法。

本部分为GB/T 22661的第2部分。

本部分由中国有色金属工业协会提出。

本部分由全国有色金属标准化技术委员会归口。

本部分起草单位：湖南有色氟化学有限责任公司。

本部分参加起草单位：多氟多化工股份有限公司、中国铝业股份有限公司郑州研究院、衡阳市邦友化工科技有限公司。

本部分主要起草人：黎志坚、朱亮、廖志辉、王慧、李永强、赵晓春、冯敬东、刘志鸿、黄尤菊、刘敏。

# 氟硼酸钾化学分析方法
# 第 2 部分:湿存水含量的测定　重量法

## 1　范围

GB/T 22661 的本部分规定了氟硼酸钾中湿存水量的测定方法。

本部分适用于氟硼酸钾中湿存水量的测定。测定范围:≤0.5%。

## 2　规范性引用文件

下列文件中的条款通过 GB/T 22661 的本部分的引用而成为本部分的条款。凡是注日期的引用文件,其随后所有的修改单(不包括勘误的内容)或修订版均不适用于本部分,然而,鼓励根据本部分达成协议的各方研究是否可使用这些文件的最新版本。凡是不注日期的引用文件,其最新版本适用于本部分。

GB/T 22661.1—2008　氟硼酸钾化学分析方法　第 1 部分:试样的制备和贮存

## 3　方法提要

试料于 110 ℃干燥并测定损失量。

## 4　仪器

4.1　称量瓶:直径 45 mm,扁型。

4.2　电烘箱:能控制温度在 110 ℃±5 ℃。

## 5　试样

试样应符合 GB/T 22661.1—2008 中 3.2 的要求。

## 6　分析步骤

### 6.1　试料

称取 2.5 g 原始试样(5),精确至 0.001 g,记为 $m_0$。

### 6.2　测定次数

独立的进行两次测定,取其平均值。

### 6.3　测定

6.3.1　将预先在 110 ℃±5 ℃的电烘箱(4.2)内烘 2 h,并于干燥器中冷却的试料(6.1)置于称量瓶(4.1)中,带盖称量(精确至 0.001 g),记为 $m_2$。

6.3.2　将放入试料的称量瓶(6.3.1)置于温度调节到 110 ℃±5 ℃的电烘箱中,将盖架在瓶顶上勿盖严。同时在烘箱中放入一个直径略大于称量瓶盖的表皿,烘 2 h 后,取下瓶盖换上表皿,并全部置于干燥器中。冷却后,取下表皿,盖紧瓶盖,并称量(精确至 0.001 g),记为 $m_1$。

## 7　分析结果的计算

按公式(1)计算湿存水的质量分数(%):

$$w(\text{湿存水}) = \frac{m_2 - m_1}{m_0} \times 100 \qquad \cdots\cdots(1)$$

式中：

$m_2$——烘干前盛有试料的称量瓶及其盖的质量，单位为克(g)；

$m_1$——烘干后盛有试料的称量瓶及其盖的质量，单位为克(g)；

$m_0$——试料的质量，单位为克(g)。

## 8 精密度

### 8.1 重复性

在重复性条件下获得的两个独立测试结果的测定值，在以下给出的平均值范围内，这两个测试结果的绝对差值不超过重复性限($r$)，超过重复性限($r$)的情况不超过5%，重复性限($r$)采用线性内插法按以下数据求得。

湿存水的质量分数/%： 0.013 0.21 0.34

重复性限 $r$/%： 0.008 0.06 0.06

### 8.2 允许差

实验室之间分析结果的差值应不大于表1所列允许差：

表 1

| 湿存水的质量分数/% | 允许差/% |
| --- | --- |
| ≤0.10 | 0.03 |
| >0.10～0.50 | 0.07 |

## 9 质量保证与控制

应用标准样品，至少半年校核一次本部分的有效性。当过程失控时，应找出原因。纠正错误后，重新进行校核。

ICS 77.120.10
H 61

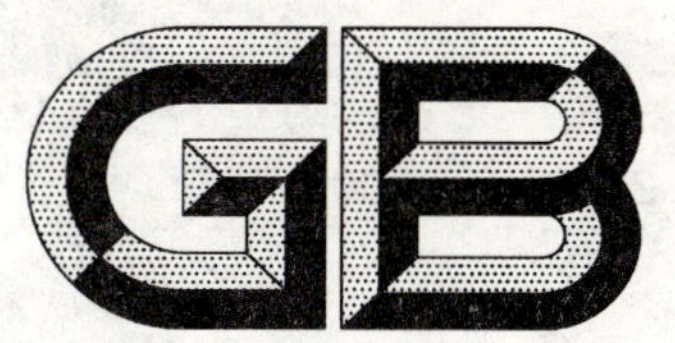

# 中华人民共和国国家标准

GB/T 22661.3—2008



# 氟硼酸钾化学分析方法 第3部分：氟硼酸钾含量的测定 氢氧化钠容量法

**Chemical analysis methods of potassium fluoborate—Part 3: Determination of potassium fluoborate content—Sodium hydroxide titration volumetric method**

2008-12-29 发布　　2009-11-01 实施

中华人民共和国国家质量监督检验检疫总局
中国国家标准化管理委员会　发布

# 前　言

GB/T 22661《氟硼酸钾化学分析方法》共分为10部分：

——第1部分：试样的制备和贮存；

——第2部分：湿存水含量的测定　重量法；

——第3部分：氟硼酸钾含量的测定　氢氧化钠容量法；

——第4部分：镁含量的测定　火焰原子吸收光谱法；

——第5部分：钙含量的测定　火焰原子吸收光谱法；

——第6部分：硅含量的测定　钼蓝分光光度法；

——第7部分：钠含量的测定　火焰原子吸收光谱法；

——第8部分：游离硼酸含量的测定　氢氧化钠容量法；

——第9部分：氯含量的测定　硝酸汞容量法；

——第10部分：五氧化二磷含量的测定　钼蓝分光光度法。

本部分为GB/T 22661的第3部分。

本部分由中国有色金属工业协会提出。

本部分由全国有色金属标准化技术委员会归口。

本部分起草单位：湖南有色氟化学有限责任公司。

本部分参加起草单位：多氟多化工股份有限公司、中国铝业股份有限公司郑州研究院、衡阳市邦友化工科技有限公司。

本部分主要起草人：黎志坚、朱亮、廖志辉、薛旭金、陈以春、王建萍、冯敬东、刘志鸿、黄尤菊、刘敏。

# 氟硼酸钾化学分析方法
# 第3部分：氟硼酸钾含量的测定
# 氢氧化钠容量法

## 1 范围

GB/T 22661的本部分规定了氟硼酸钾中氟硼酸钾含量的测定方法。

本部分适用于氟硼酸钾中氟硼酸钾含量的测定。测定范围：≥95%。

## 2 规范性引用文件

下列文件中的条款通过GB/T 22661的本部分的引用而成为本部分的条款。凡是注日期的引用文件，其随后所有的修改单（不包括勘误的内容）或修订版均不适用于本部分，然而，鼓励根据本部分达成协议的各方研究是否可使用这些文件的最新版本。凡是不注日期的引用文件，其最新版本适用于本部分。

GB/T 22661.1—2008　氟硼酸钾化学分析方法　第1部分：试样的制备和贮存

## 3 方法提要

试料在氯化钙溶液中，加热发生水解，水解产物盐酸，以氢氧化钠标准溶液滴定，根据消耗量求得氟硼酸钾含量。

## 4 试剂

4.1　甲基橙指示剂：1 g/L。

4.2　中性氯化钙溶液：300 g/L。

配制：按1 000 mL溶液300 g无水氯化钙比例配制，如溶液不清亮须用滤纸过滤，加甲基橙指示剂（4.1）调至呈橙色。

4.3　氢氧化钠标准滴定溶液：$c(NaOH)=0.250\ 0$ mol/L。

4.3.1　氢氧化钠贮存溶液的配制

称取2 020 g氢氧化钠，溶解于10 L无二氧化碳的纯水中，贮于有机玻璃瓶中。视氢氧化钠中碳酸钠含量的高低，加适量二氯化钡（估计每含1 g碳酸钠加5 g二氯化钡）静置数小时，使碳酸钡沉淀完全。移取上层清液，加适量硫酸钠，混匀后放置过夜。1 L此溶液约含氢氧化钠5 mol，使用时取其上清液或过滤。

4.3.2　氢氧化钠标准滴定溶液的配制

移取500 mL氢氧化钠贮存溶液（4.3.1）于有机玻璃瓶中，加无二氧化碳纯水冲稀至10 L，混匀，放置第二天标定。

4.3.3　氢氧化钠标准滴定溶液的标定

称取1.276 3 g苯二甲酸氢钾基准试剂（于110 ℃±5 ℃烘干2 h～3 h，放干燥器中冷却至室温）于250 mL三角瓶中，加无二氧化碳纯水80 mL，加热溶解，加1滴甲基橙指示剂（4.1），用欲标定的氢氧化钠标准滴定溶液（4.3.2）滴定至溶液突变为黄色为终点。

4.3.4　氢氧化钠标准滴定溶液的实际浓度（$c$）按公式（1）计算：

$$c=\frac{m}{V\times 0.2042} \qquad (1)$$

式中：

$c$——氢氧化钠标准滴定溶液的实际浓度，单位为摩尔每升(mol/L)；

$m$——称取苯二甲酸氢钾基准试剂的量，单位为克(g)；

$V$——标定时消耗氢氧化钠标准滴定溶液的体积，单位为毫升(mL)；

0.204 2——苯二甲酸氢钾的摩尔质量，单位为克每摩尔(g/mol)。

4.4 氢氧化钠溶液：$c(NaOH)=0.1$ mol/L。

移取50 mL氢氧化钠溶液(4.3.2)于500 mL容量瓶中，用无二氧化碳纯净水稀释至刻度，摇匀，贮存于有机玻璃瓶中。

## 5 仪器及设备

试验室常用仪器及设备。

## 6 试样

试样应符合GB/T 22661.1—2008中3.3的要求。

## 7 分析步骤

### 7.1 试料

称取0.3 g试样(6)，精确至0.000 1 g，记为$m_0$。

### 7.2 测定次数

独立的进行两次测定，取其平均值。

### 7.3 空白试验

随同试料做空白试验。

### 7.4 测定

将试料(7.1)置于500 mL三角瓶中，加50 mL水使试样完全溶解，低温加热至35 ℃±2 ℃，加1滴甲基橙指示剂(4.1)，迅速用氢氧化钠溶液(4.4)滴定至溶液刚呈黄色；加30 mL氯化钙溶液(4.2)，摇匀后，加150 mL水，瓶口装上流水球状冷凝管，加热至沸腾，并保持30 min，取下，冷却，用移液管加入25.00 mL氢氧化钠标准滴定溶液(4.3)；重新低温加热微沸50 min，取下冷却，用氢氧化钠标准滴定溶液(4.3)滴至黄色为终点。

## 8 分析结果的计算

按公式(2)计算氟硼酸钾的质量分数(%)：

$$w(KBF_4)=\frac{c\times(V-V_0)\times 0.04198}{m_0}\times 100 \qquad (2)$$

式中：

$c$——氢氧化钠标准滴定溶液的实际浓度，单位为摩尔每升(mol/L)；

$V$——试液消耗氢氧化钠标准滴定溶液的体积，单位为毫升(mL)；

$V_0$——空白溶液消耗氢氧化钠标准滴定溶液的体积，单位为毫升(mL)；

$m_0$——试料的质量，单位为克(g)；

0.041 98——氟硼酸钾的摩尔质量，单位为克每摩尔(g/mol)。

## 9 精密度

### 9.1 重复性

在重复性条件下获得的两个独立测试结果的测定值，在以下给出的平均值范围内，这两个测试结果的绝对差值不超过重复性限($r$)，超过重复性限($r$)的情况不超过5%，重复性限($r$)按以下数据采用线性内插法求得。

氟硼酸钾的质量分数/%：　96.73　97.85　99.14

重复性限 $r$/%：　0.53　0.53　0.53

### 9.2 允许差

实验室之间分析结果的差值应不大于表1所列允许差：

表 1

| 氟硼酸钾的质量分数/% | 允许差/% |
|---|---|
| ≥95 | 0.7 |

## 10 质量保证与控制

应用标准样品，至少半年校核一次本部分的有效性。当过程失控时，应找出原因。纠正错误后，重新进行校核。

ICS 77.120.10
H 61

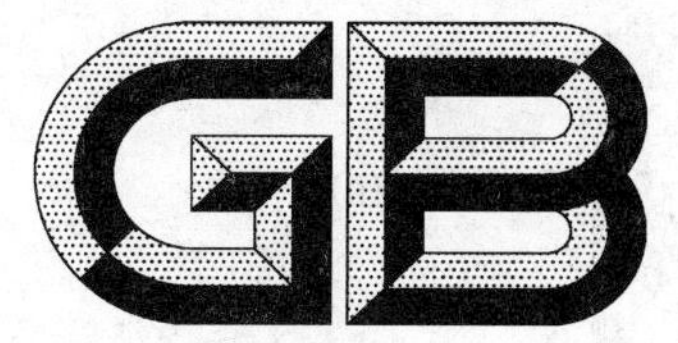

# 中华人民共和国国家标准

GB/T 22661.4—2008

# 氟硼酸钾化学分析方法
# 第4部分：镁含量的测定
# 火焰原子吸收光谱法

**Chemical analysis methods of potassium fluoborate—**
**Part 4: Determination of magnesium content—**
**Flame atomic absorption spectrometric method**

2008-12-29 发布　　　　2009-11-01 实施

中华人民共和国国家质量监督检验检疫总局
中国国家标准化管理委员会　发布

# 前言

GB/T 22661《氟硼酸钾化学分析方法》共分为10部分：

——第1部分：试样的制备和贮存；

——第2部分：湿存水含量的测定 重量法；

——第3部分：氟硼酸钾含量的测定 氢氧化钠容量法；

——第4部分：镁含量的测定 火焰原子吸收光谱法；

——第5部分：钙含量的测定 火焰原子吸收光谱法；

——第6部分：硅含量的测定 钼蓝分光光度法；

——第7部分：钠含量的测定 火焰原子吸收光谱法；

——第8部分：游离硼酸含量的测定 氢氧化钠容量法；

——第9部分：氯含量的测定 硝酸汞容量法；

——第10部分：五氧化二磷含量的测定 钼蓝分光光度法。

本部分为GB/T 22661的第4部分。

本部分由中国有色金属工业协会提出。

本部分由全国有色金属标准化技术委员会归口。

本部分起草单位：多氟多化工股份有限公司。

本部分参加起草单位：湖南有色氟化学有限责任公司、中国铝业股份有限公司郑州研究院、衡阳市邦友化工科技有限公司。

本部分主要起草人：薛旭金、施秀华、李永强、王建萍、郭贤慧、王慧、朱亮、黎志坚、王利芳、杜小娟、刘志鸿、黄尤菊、刘敏。

# 氟硼酸钾化学分析方法
# 第4部分:镁含量的测定
# 火焰原子吸收光谱法

## 1 范围

GB/T 22661的本部分规定了氟硼酸钾中镁含量的测定方法。

本部分适用于氟硼酸钾中镁含量的测定。测定范围:≤0.5%。

## 2 规范性引用文件

下列文件中的条款通过GB/T 22661的本部分的引用而成为本部分的条款。凡是注日期的引用文件,其随后所有的修改单(不包括勘误的内容)或修订版均不适用于本部分,然而,鼓励根据本部分达成协议的各方研究是否可使用这些文件的最新版本。凡是不注日期的引用文件,其最新版本适用于本部分。

GB/T 22661.1—2008 氟硼酸钾化学分析方法 第1部分:试样的制备和贮存

## 3 方法提要

试料用高氯酸、盐酸分解,使用氯化镧溶液作释放剂,以火焰原子吸收光谱法测定镁的含量。

## 4 试剂

4.1 高氯酸:$\rho$1.67 g/mL。

4.2 盐酸:1+1。

4.3 氯化镧:100 g/L。

称取25.00 g七水氯化镧于烧杯中,加150 mL水,加热溶解,然后稀释到250 mL容量瓶中,摇匀,备用。

4.4 镁标准贮存溶液:准确称取0.082 9 g预先在110 ℃烘干并在干燥器中冷却的基准氧化镁,置于250 mL烧杯中,加10 mL水润湿后,再加入10 mL HCl(4.2)溶解,待氧化镁全部溶解后,移入500 mL容量瓶中,以水稀释至刻度,混匀,此溶液1 mL含0.1 mg镁。

4.5 镁标准溶液:移取25.00 mL镁标准贮存溶液(4.4)于250 mL容量瓶中,用水稀释至刻度,混匀,此溶液1 mL含0.01 mg镁。

## 5 仪器和设备

5.1 铂皿:直径80 mm,高35 mm。

5.2 原子吸收光谱仪,附镁空心阴极灯。

## 6 试样

试样应符合GB/T 22661.1中3.3的要求。

## 7 分析步骤

### 7.1 试料

称取0.2 g干燥试样(6),精确至0.000 1 g,记为$m$。

7.2 测定次数

独立的进行两次测定，取其平均值。

7.3 空白试验

随同试料做空白试验。

7.4 测定

7.4.1 称取0.2 g试料(7.1)置于铂皿(5.1)中，加入10 mL高氯酸(4.1)，低温加热至冒尽白烟，取下冷至室温，加入10 mL盐酸(4.2)和30 mL水，加热至盐类全部溶解，取下冷至室温，将溶液移入100 mL容量瓶中，用水稀释至刻度，混匀。

7.4.2 移取25.00 mL试液(7.4.1)于100 mL容量瓶中，加入7.5 mL盐酸(4.2)，加1.0 mL氯化镧溶液(4.3)，用水稀释至刻度，混匀，于原子吸收分光光度计波长285.2 nm处，用空气-乙炔火焰，以水调零，测量镁的吸光度，将所测试液吸光度减去随同试料所做的空白吸光度后，从工作曲线上查得相应的镁的质量浓度。

7.5 工作曲线的绘制

移取0 mL、1.00 mL、2.00 mL、3.00 mL、4.00 mL镁标准溶液(4.5)，分别置于五个铂皿(5.1)中，加入10 mL高氯酸(4.1)，低温加热至冒尽白烟，取下冷至室温，加入10 mL盐酸(4.2)和30 mL水，加热至盐类全部溶解，取下冷至室温，将溶液移入100 mL容量瓶中，加1.0 mL氯化镧溶液(4.3)，用水稀释至刻度，混匀，于原子吸收光谱仪波长285.2 nm处，用空气-乙炔火焰，以水调零，分别测量标准溶液和"零"浓度溶液(不加镁标准溶液者)的吸光度，以镁的质量浓度为横坐标，吸光度(减去"零"校准溶液的吸光度)为纵坐标，绘制工作曲线。

## 8 分析结果的计算

按公式(1)计算镁的质量分数(%)：

$$w(\mathrm{Mg}) = \frac{c \times V \times 10^{-6}}{m} \times 100 \qquad \cdots\cdots(1)$$

式中：

$c$——从工作曲线上查得的镁的质量浓度，单位为微克每毫升(μg/mL)；

$V$——试液的总体积，单位为毫升(mL)；

$m$——试料的质量，单位为克(g)。

## 9 精密度

9.1 重复性

在重复性条件下获得的两个独立测试结果的测定值，在以下给出的平均值范围内，这两个测试结果的绝对差值不超过重复性限($r$)，超过重复性限($r$)的情况不超过5%，重复性限($r$)按以下数据采用线性内插法求得。

| 镁的质量分数/%： | 0.003 | 0.088 | 0.097 |
|---|---|---|---|
| 重复性限 $r$/%： | 0.001 | 0.005 | 0.005 |

9.2 允许差

实验室之间分析结果的差值应不大于表1所列允许差：

表1

| 镁的质量分数/% | 允许差/% |
|---|---|
| ≤0.25 | 0.02 |
| >0.25～0.5 | 0.03 |

## 10 质量保证与控制

应用国家标准样品或行业级标准样品，每半年校核一次本分析方法标准的有效性。当过程失控时，应找出原因。纠正错误后，重新进行校核。

---

ICS 77.120.10
H 61

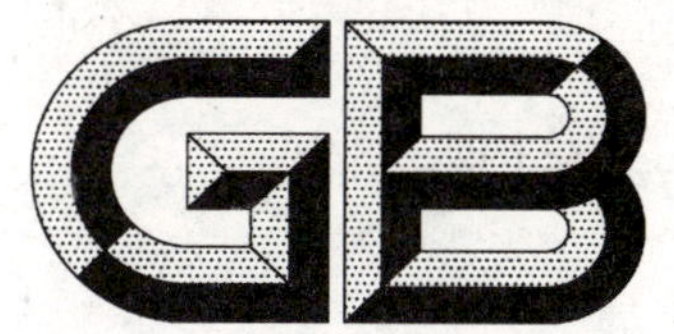

# 中华人民共和国国家标准

GB/T 22661.5—2008

# 氟硼酸钾化学分析方法 第5部分：钙含量的测定 火焰原子吸收光谱法

**Chemical analysis methods of potassium fluoborate—Part 5: Determination of calcium content—Flame atomic absorption spectrometric method**



2008-12-29 发布　　2009-11-01 实施

中华人民共和国国家质量监督检验检疫总局
中国国家标准化管理委员会　发布

# 前言

GB/T 22661《氟硼酸钾化学分析方法》共分为10部分：

——第1部分：试样的制备和贮存；

——第2部分：湿存水含量的测定 重量法；

——第3部分：氟硼酸钾含量的测定 氢氧化钠容量法；

——第4部分：镁含量的测定 火焰原子吸收光谱法；

——第5部分：钙含量的测定 火焰原子吸收光谱法；

——第6部分：硅含量的测定 钼蓝分光光度法；

——第7部分：钠含量的测定 火焰原子吸收光谱法；

——第8部分：游离硼酸含量的测定 氢氧化钠容量法；

——第9部分：氯含量的测定 硝酸汞容量法；

——第10部分：五氧化二磷含量的测定 钼蓝分光光度法。

本部分为GB/T 22661的第5部分。

本部分由中国有色金属工业协会提出。

本部分由全国有色金属标准化技术委员会归口。

本部分起草单位：多氟多化工股份有限公司。

本部分参加起草单位：湖南有色氟化学有限责任公司、中国铝业股份有限公司郑州研究院、衡阳市邦友化工科技有限公司。

本部分主要起草人：薛旭金、施秀华、李永强、王建萍、刘慈军、许随军、朱亮、黎志坚、王春霞、申志花、刘志鸿、黄尤菊、刘敏。

# 氟硼酸钾化学分析方法
# 第5部分:钙含量的测定
# 火焰原子吸收光谱法

## 1 范围

GB/T 22661的本部分规定了氟硼酸钾中钙含量的测定方法。

本部分适用于氟硼酸钾中钙含量的测定。测定范围:≤0.5%。

## 2 规范性引用文件

下列文件中的条款通过GB/T 22661的本部分的引用而成为本部分的条款。凡是注日期的引用文件,其随后所有的修改单(不包括勘误的内容)或修订版均不适用于本部分,然而,鼓励根据本部分达成协议的各方研究是否可使用这些文件的最新版本。凡是不注日期的引用文件,其最新版本适用于本部分。

GB/T 22661.1—2008 氟硼酸钾化学分析方法 第1部分:试样的制备和贮存

## 3 方法提要

试料用高氯酸赶氟,加热至高氯酸烟冒尽,用盐酸和水溶解,在氯化镧存在下,于原子吸收光谱仪波长422.7 nm处,以空气-乙炔火焰进行钙含量的测定。

## 4 试剂

4.1 高氯酸:$\rho$1.67 g/mL。

4.2 盐酸:1+1。

4.3 氯化镧:100 g/L。

称取25.00 g七水氯化镧于烧杯中,加150 mL水,加热溶解,然后稀释到250 mL容量瓶中,摇匀,备用。

4.4 钙标准贮存溶液:准确称取1.248 6 g预先在110 ℃烘干并在干燥器中冷却的基准碳酸钙,置于250 mL烧杯中,盖上表面皿,加入50 mL水后,加10 mL盐酸(4.2)微热,待反应完全后,冷却,移入500 mL容量瓶中,以水稀释至刻度,混匀。此溶液1 mL含0.100 0 mg钙。

4.5 钙标准溶液:移取25.00 mL钙标准贮存溶液(4.4)于500 mL容量瓶中,用水稀释至刻度,混匀,此溶液1 mL含0.05 mg钙。

## 5 仪器和设备

5.1 铂皿:直径80 mm,高35 mm。

5.2 原子吸收光谱仪,附钙空心阴极灯。

## 6 试样

试样应符合GB/T 22661.1中3.3的要求。

## 7 分析步骤

### 7.1 试料

称取 0.2 g 干燥试样(6),精确至 0.000 1 g,记为 $m$。

### 7.2 测定次数

独立的进行两次测定,取其平均值。

### 7.3 空白试验

随同试料做空白试验。

### 7.4 测定

7.4.1 将试料(7.1)置于铂皿(5.1)中,加入 10 mL 高氯酸(4.1),低温加热至冒尽白烟,取下冷至室温,加入 5 mL 盐酸(4.2)和 30 mL 水,加热至盐类全部溶解,取下冷至室温,将溶液移入 100 mL 容量瓶中,用水稀至刻度,混匀。

7.4.2 移取 25.00 mL 试液(7.4.1)于 100 mL 容量瓶中,加入 2.5 mL 盐酸(4.2),加 2.0 mL 氯化镧溶液(4.3),用水稀至刻度,混匀,于原子吸收分光光度计波长 422.7 nm 处,用空气-乙炔火焰,以水调零,测量钙的吸光度,将所测试液吸光度减去随同试料所做的空白吸光度后,从工作曲线上查得相应的钙的质量浓度。

### 7.5 工作曲线的绘制

移取 0 mL、1.00 mL、2.00 mL、3.00 mL、4.00 mL 钙标准溶液(4.5),分别置于五个铂皿(5.1)中,加入 10 mL 高氯酸(4.1),低温加热至冒尽白烟,取下冷至室温,加入 5 mL 盐酸(4.2)和 30 mL 水,加热至盐类全部溶解,取下冷至室温,将溶液移入 100 mL 容量瓶中,加 2.0 mL 氯化镧溶液(4.3),用水稀至刻度,混匀,于原子吸收光谱仪波长 422.7 nm 处,用空气-乙炔火焰,以水调零,分别测量标准溶液和"零"浓度溶液(不加钙标准溶液者)的吸光度,以钙的质量浓度为横坐标,吸光度(减去"零"校准溶液的吸光度)为纵坐标,绘制工作曲线。

## 8 分析结果的计算

按式(1)计算钙的质量分数(%):

$$w(\mathrm{Ca}) = \frac{c \times V \times 10^{-6}}{m} \times 100 \quad \cdots\cdots\cdots\cdots (1)$$

式中:

$c$——从工作曲线上查得的钙的质量浓度,单位为微克每毫升(μg/mL);

$V$——试液的总体积,单位为毫升(mL);

$m$——试料的质量,单位为克(g)。

## 9 精密度

### 9.1 重复性

在重复性条件下获得的两个独立测试结果的测定值,在以下给出的平均值范围内,这两个测试结果的绝对差值不超过重复性限($r$),超过重复性限($r$)的情况不超过 5%,重复性限($r$)按以下数据采用线性内插法求得。

| 钙的质量分数/%: | 0.008 | 0.033 | 0.079 |
|---|---|---|---|
| 重复性限 $r$/%: | 0.001 | 0.004 | 0.010 |

### 9.2 允许差

实验室之间分析结果的差值应不大于表 1 所列允许差:

表 1

| 钙的质量分数/% | 允许差/% |
|---|---|
| ≤0.25 | 0.03 |
| >0.25～0.50 | 0.05 |

## 10 质量保证与控制

应用国家标准样品或行业级标准样品，每半年校核一次本分析方法标准的有效性。当过程失控时，应找出原因。纠正错误后，重新进行校核。

ICS 77.120.10
H 61

# 中华人民共和国国家标准

GB/T 22661.6—2008

# 氟硼酸钾化学分析方法 第6部分：硅含量的测定 钼蓝分光光度法

## Chemical analysis methods of potassium fluoborate—Part 6: Determination of silica content—Molybdenum blue photometric method

2008-12-29 发布　　2009-11-01 实施

中华人民共和国国家质量监督检验检疫总局
中国国家标准化管理委员会　发布

# 前　言

GB/T 22661《氟硼酸钾化学分析方法》共分为10部分：

——第1部分：试样的制备和贮存；

——第2部分：湿存水含量的测定　重量法；

——第3部分：氟硼酸钾含量的测定　氢氧化钠容量法；

——第4部分：镁含量的测定　火焰原子吸收光谱法；

——第5部分：钙含量的测定　火焰原子吸收光谱法；

——第6部分：硅含量的测定　钼蓝分光光度法；

——第7部分：钠含量的测定　火焰原子吸收光谱法；

——第8部分：游离硼酸含量的测定　氢氧化钠容量法；

——第9部分：氯含量的测定　硝酸汞容量法；

——第10部分：五氧化二磷含量的测定　钼蓝分光光度法。

本部分为GB/T 22661的第6部分。

本部分由中国有色金属工业协会提出。

本部分由全国有色金属标准化技术委员会归口。

本部分起草单位：湖南有色氟化学有限责任公司。

本部分参加起草单位：多氟多化工股份有限公司、中国铝业股份有限公司郑州研究院、衡阳市邦友化工科技有限公司。

本部分主要起草人：黎志坚、朱亮、廖志辉、施秀华、王慧、李永强、冯敬东、刘志鸿、黄尤菊、刘敏。

# 氟硼酸钾化学分析方法 第6部分:硅含量的测定 钼蓝分光光度法

## 1 范围

GB/T 22661的本部分规定了氟硼酸钾中硅含量的测定方法。

本部分适用于氟硼酸钾中硅含量的测定。测定范围:≤0.5%。

## 2 规范性引用文件

下列文件中的条款通过GB/T 22661的本部分的引用而成为本部分的条款。凡是注日期的引用文件,其随后所有的修改单(不包括勘误的内容)或修订版均不适用于本部分,然而,鼓励根据本部分达成协议的各方研究是否可使用这些文件的最新版本。凡是不注日期的引用文件,其最新版本适用于本部分。

GB/T 22661.1—2008 氟硼酸钾化学分析方法 第1部分:试样的制备和贮存

## 3 方法提要

试料用碳酸钠和硼酸混合溶剂熔融,盐酸酸化。分取试液在pH0.85~pH0.90之间,使硅与钼酸盐形成黄色硅钼杂多酸。在高酸度硫酸介质中,经还原剂还原成硅钼蓝,于分光光度计波长620 nm处测量其吸光度。

## 4 试剂

4.1 无水碳酸钠。

4.2 硼酸。

4.3 盐酸:3 mol/L。

4.4 钼酸铵:100 g/L。

4.5 硫酸:1+1。

4.6 抗坏血酸:25 g/L,使用时配制。

4.7 硅标准贮存溶液:

称取0.500 0 g研细的预先在1 000 ℃灼烧1 h,并在干燥器中冷却至室温的硅(99.9%以上),置于铂坩埚中,向其内加入5 g无水碳酸钠(4.1),用铂勺充分混匀,置高温炉内于950 ℃小心熔融(约10 min),取出冷却,往坩埚中加入热水,慢慢加热至完全溶解。冷却溶液小心移入1 L容量瓶中,稀释至刻度,混匀。立即倒入聚乙烯瓶中。此溶液1 mL含0.500 mg二氧化硅。

4.8 硅标准溶液:

移取50.00 mL硅标准贮存溶液(4.7)于500 mL容量瓶中,用水稀释至刻度,混匀。立即移入塑料瓶中。此溶液1 mL含0.050 0 mg二氧化硅。该溶液使用前现配制。

## 5 仪器及设备

5.1 铂皿:平底,直径70 mm,高35 mm,带铂盖。

5.2 电炉。

5.3 高温炉:能控制温度在 850 ℃±25 ℃。

5.4 分光光度计。

## 6 试样

试样应符合 GB/T 22661.1—2008 中 3.3 的要求。

## 7 分析步骤

### 7.1 试料

称取 0.5 g 干燥试样(6),精确至 0.000 1 g,记为 $m_0$。

### 7.2 测定次数

独立地进行两次测定,取其平均值。

### 7.3 空白试验

随同试料做空白试验。

### 7.4 测定

7.4.1 将试料(7.1)置于铂皿(5.1)中,加入 2.5 g 无水碳酸钠(4.1),0.5 g 硼酸(4.2),拌匀,于电炉上烤干水分后,转移到 850 ℃高温炉(5.3)中熔样 20 min,取出,冷却到室温,加入 30 mL 盐酸(4.3),待剧烈反应后,放铂皿到电炉上加热到溶液清晰,取下,冷却到室温,将皿内溶液洗入 100 mL 容量瓶中,洁净器皿,稀至刻度,摇匀,备用。

7.4.2 用移液管吸取 20.00 mL 试液于 100 mL 容量瓶中,用水稀释到 80 mL 左右,加 2.5 mL 钼酸铵(4.4),摇匀,发色 10 min,然后加 5.0 mL 硫酸(4.5),2.5 mL 抗坏血酸(4.6),稀至刻度,摇匀,10 min 后,将部分溶液移入 1 cm 吸收池中,以水为参比,于分光光度计波长 620 nm 处测量其吸光度。测得吸光度减去空白值并查对工作曲线计算结果,记为 $m_1$。

### 7.5 工作曲线的绘制

7.5.1 在一系列 100 mL 的容量瓶中,分别加入 0 mL 、2.00 mL、4.00 mL、6.00 mL、8.00 mL、10.00 mL 硅标准溶液(4.8),加 3.5 mL 盐酸(4.3),然后用水稀释至约 80 mL,以下按 7.4.2 进行操作。

7.5.2 测得吸光度减去试剂空白吸光度后,以硅量为横坐标,相应吸光度为纵坐标,绘制工作曲线。

## 8 分析结果的计算

按公式(1)计算硅的质量分数(%):

$$w(\mathrm{Si}) = \frac{m_1 \times 0.467\,4}{m_0} \times 100 \qquad \cdots\cdots(1)$$

式中:

$m_1$——从标准曲线上查得的硅量,单位为克(g);

$m_0$——分取试样的质量,单位为克(g);

0.467 4——二氧化硅换算成硅的换算系数。

## 9 精密度

### 9.1 重复性

在重复性条件下获得的两个独立测试结果的测定值,在以下给出的平均值范围内,这两个测试结果的绝对差值不超过重复性限($r$),超过重复性限($r$)的情况不超过 5%,重复性限($r$)按以下数据采用线性内插法求得。

| 硅的质量分数/%： | 0.029 | 0.093 | 0.17 |
|---|---|---|---|
| 重复性限 $r$/%： | 0.007 | 0.020 | 0.022 |

### 9.2 允许差

实验室之间分析结果的差值不应大于表1所列允许差：

表1

| 硅的质量分数/% | 允许差/% |
|---|---|
| ≤0.10 | 0.03 |
| >0.10～0.50 | 0.04 |

## 10 质量保证与控制

应用标准样品，至少半年校核一次本部分的有效性。当过程失控时，应找出原因。纠正错误后，重新进行校核。

ICS 77.120.10
H 61

# 中华人民共和国国家标准

GB/T 22661.7—2008

# 氟硼酸钾化学分析方法 第7部分：钠含量的测定 火焰原子吸收光谱法

Chemical analysis methods of potassium fluoborate—
Part 7：Determination of sodium content—
Flame atomic absorption spectrometric method



2008-12-29 发布　　2009-11-01 实施

中华人民共和国国家质量监督检验检疫总局
中国国家标准化管理委员会　发布

# 前　言

GB/T 22661《氟硼酸钾化学分析方法》共分为10部分：

——第1部分：试样的制备和贮存；

——第2部分：湿存水含量的测定　重量法；

——第3部分：氟硼酸钾含量的测定　氢氧化钠容量法；

——第4部分：镁含量的测定　火焰原子吸收光谱法；

——第5部分：钙含量的测定　火焰原子吸收光谱法；

——第6部分：硅含量的测定　钼蓝分光光度法；

——第7部分：钠含量的测定　火焰原子吸收光谱法；

——第8部分：游离硼酸含量的测定　氢氧化钠容量法；

——第9部分：氯含量的测定　硝酸汞容量法；

——第10部分：五氧化二磷含量的测定　钼蓝分光光度法。

本部分为GB/T 22661的第7部分。

本部分由中国有色金属工业协会提出。

本部分由全国有色金属标准化技术委员会归口。

本部分起草单位：多氟多化工股份有限公司。

本部分参加起草单位：湖南有色氟化学有限责任公司、中国铝业股份有限公司郑州研究院、衡阳市邦友化工科技有限公司。

本部分主要起草人：薛旭金、施秀华、李永强、郭贤惠、王慧、陈义春、朱亮、黎志坚、白向华、申志花、刘志鸿、黄尤菊、刘敏。

# 氟硼酸钾化学分析方法
# 第7部分:钠含量的测定
# 火焰原子吸收光谱法

## 1 范围

GB/T 22661的本部分规定了氟硼酸钾中钠含量的测定方法。

本部分适用于氟硼酸钾中钠含量的测定。测定范围:≤0.5%。

## 2 规范性引用文件

下列文件中的条款通过GB/T 22661的本部分的引用而成为本部分的条款。凡是注日期的引用文件,其随后所有的修改单(不包括勘误的内容)或修订版均不适用于本部分,然而,鼓励根据本部分达成协议的各方研究是否可使用这些文件的最新版本。凡是不注日期的引用文件,其最新版本适用于本部分。

GB/T 22661.1—2008 氟硼酸钾化学分析方法 第1部分:试样的制备和贮存

## 3 方法提要

试料用硫酸赶氟,加热至硫酸烟冒尽后用盐酸和水溶解,在氯化锶存在下,于原子吸收光谱仪波长589.6 nm处,以空气-乙炔火焰进行钠含量的测定。

## 4 试剂

4.1 硫酸:1+1。

4.2 盐酸:1+1。

4.3 硝酸:1+1。

4.4 氯化锶:100 g/L。

称取25.00 g氯化锶于烧杯中,加150 mL水,加热溶解,然后稀释到250 mL容量瓶中,摇匀,备用。

4.5 钠标准贮存溶液:准确称取1.271 7 g预先在105 ℃±5 ℃烘干并在干燥器中冷却的基准氯化钠,置于250 mL烧杯中,加水溶解后,移入500 mL容量瓶中,以水稀释至刻度,混匀。此溶液1 mL含1.0 mg钠。

4.6 钠标准溶液:移取10.00 mL钠标准贮存溶液(4.5)于250 mL容量瓶中,用水稀释至刻度,混匀。此溶液1 mL含0.04 mg钠。

## 5 仪器和设备

5.1 铂皿:平底,直径80 mm,高35 mm。

5.2 原子吸收光谱仪,附钠空心阴极灯。

## 6 试样

试样应符合GB/T 22661.1中3.3的要求。

## 7 分析步骤

### 7.1 试料

称取 0.500 0 g 试样(6),精确至 0.000 1 g,记为 $m$。

### 7.2 测定次数

独立的进行两次测定,取其平均值。

### 7.3 空白试验

随同试料做空白试验。

### 7.4 测定

7.4.1 将试料(7.1)置于铂皿(5.1)中,加入 2 mL 硫酸,于调压电炉上缓缓蒸发,然后升温冒尽硫酸烟,加入 2 mL 硝酸(4.3),加 10 mL~30 mL 水,加热到物料全部溶解,将溶液洗入 100 mL 容量瓶中,冷却后用水稀释至刻度摇匀。

7.4.2 移取 10.00 mL 试液(7.4.1)于 100 mL 容量瓶中,补加 2.0 mL 硝酸(4.3),加 2.0 mL 氯化锶(4.4),用水稀释至刻度,于原子吸收分光光度计波长 589.6 nm 处,用空气-乙炔火焰,以水调零,测量钠的吸光度,将所测试液吸光度减去随同试料所做的空白吸光度后,从工作曲线上查得相应的钠的质量浓度,记为 $c$。

### 7.5 工作曲线的绘制

移取 0 mL、1.00 mL、2.00 mL、3.00 mL、4.00 mL 钠标准溶液(4.6),分别置于一组 100 mL 的容量瓶中,各加入 2 mL 硝酸,2 mL 氯化锶溶液,以水稀释至刻度,混匀,于原子吸收光谱仪波长 589.6 nm 处,用空气-乙炔火焰,以水调零,分别测量标准溶液和"零"校准溶液(不加钠标准溶液者)的吸光度,以钠的质量浓度为横坐标,吸光度(减去"零"校准溶液的吸光度)为纵坐标,绘制工作曲线。

## 8 分析结果的计算

按公式(1)计算钠的质量分数(%):

$$w(\text{Na}) = \frac{c \times V \times 10^{-6}}{m} \times 100 \qquad \cdots\cdots (1)$$

式中:

$c$——从工作曲线上查得的钠的质量浓度,单位为微克每毫升(μg/mL);

$V$——试液的总体积,单位为毫升(mL);

$m$——试料的质量,单位为克(g)。

## 9 精密度

### 9.1 重复性

在重复性条件下获得的两个独立测试结果的测定值,在以下给出的平均值范围内,这两个测试结果的绝对差值不超过重复性限($r$),超过重复性限($r$)的情况不超过 5%,重复性限($r$)按以下数据采用线性内插法求得。

| 钠的质量分数/%: | 0.007 | 0.120 | 0.230 |
|---|---|---|---|
| 重复性限 $r$/%: | 0.001 | 0.014 | 0.022 |

### 9.2 允许差

实验室之间分析结果的差值应不大于表 1 所列允许差:

表 1

| 钠的质量分数/% | 允许差/% |
|---|---|
| ≤0.10 | 0.05 |
| >0.10～0.50 | 0.08 |

## 10 质量保证与控制

应用国家标准样品或行业级标准样品，每半年校核一次本分析方法标准的有效性。当过程失控时，应找出原因。纠正错误后，重新进行校核。

ICS 77.120.10
H 61

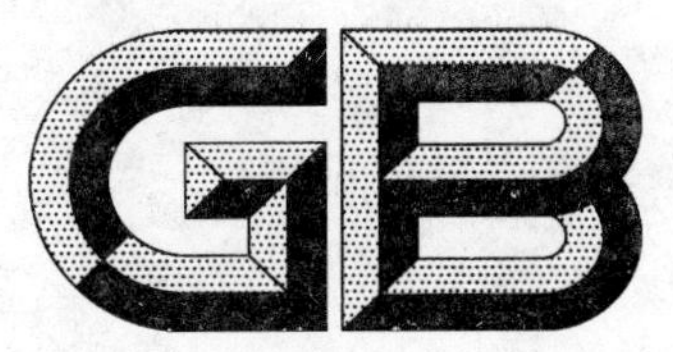

# 中华人民共和国国家标准

GB/T 22661.8—2008

# 氟硼酸钾化学分析方法
# 第8部分:游离硼酸含量的测定
# 氢氧化钠容量法

**Chemical analysis methods of potassium fluoborate—**
**Part 8: Determination of free borade content—**
**Sodium hydroxide titration volumetric method**

2008-12-29 发布　　2009-11-01 实施

中华人民共和国国家质量监督检验检疫总局
中国国家标准化管理委员会　发布

# 前　言

GB/T 22661《氟硼酸钾化学分析方法》共分为10部分：

——第1部分：试样的制备和贮存；

——第2部分：湿存水含量的测定　重量法；

——第3部分：氟硼酸钾含量的测定　氢氧化钠容量法；

——第4部分：镁含量的测定　火焰原子吸收光谱法；

——第5部分：钙含量的测定　火焰原子吸收光谱法；

——第6部分：硅含量的测定　钼蓝分光光度法；

——第7部分：钠含量的测定　火焰原子吸收光谱法；

——第8部分：游离硼酸含量的测定　氢氧化钠容量法；

——第9部分：氯含量的测定　硝酸汞容量法；

——第10部分：五氧化二磷含量的测定　钼蓝分光光度法。

本部分为GB/T 22661的第8部分。

本部分由中国有色金属工业协会提出。

本部分由全国有色金属标准化技术委员会归口。

本部分起草单位:湖南有色氟化学有限责任公司。

本部分参加起草单位:多氟多化工股份有限公司、中国铝业股份有限公司郑州研究院、衡阳市邦友化工科技有限公司。

本部分主要起草人:黎志坚、朱亮、廖志辉、李永强、王慧、陈以春、冯敬东、刘志鸿、黄尤菊、刘敏。

# 氟硼酸钾化学分析方法 第8部分:游离硼酸含量的测定 氢氧化钠容量法



## 1 范围

GB/T 22661 的本部分规定了氟硼酸钾中游离硼酸含量的测定方法。

本部分适用于氟硼酸钾中游离硼酸含量的测定。测定范围:≤1.00%。

## 2 规范性引用文件

下列文件中的条款通过 GB/T 22661 的本部分的引用而成为本部分的条款。凡是注日期的引用文件,其随后所有的修改单(不包括勘误的内容)或修订版均不适用于本部分,然而,鼓励根据本部分达成协议的各方研究是否可使用这些文件的最新版本。凡是不注日期的引用文件,其最新版本适用于本部分。

GB/T 22661.1—2008 氟硼酸钾化学分析方法 第1部分:试样的制备和贮存

## 3 方法提要

用甘露醇强化硼酸,以酚酞作指示剂,用氢氧化钠标准滴定液滴定。

## 4 试剂

4.1 甲基红-溴甲酚绿混合指示剂:一份甲基红乙醇溶液(2 g/L)与三份溴甲酚绿乙醇溶液(1 g/L)混合。

4.2 酚酞指示剂:10 g/L。

4.3 甘露醇:分析纯。

4.4 氢氧化钠标准滴定溶液:$c$(NaOH)=0.1 mol/L。

4.4.1 氢氧化钠标准贮存溶液的配制

称取 2 020 g 氢氧化钠,溶液于 10 L 无二氧化碳的纯水中,贮于有机玻璃瓶中。视氢氧化钠中碳酸钠含量的高低,加适量二氯化钡(估计每含 1 g 碳酸钠加 5 g 二氯化钡)静置数小时,使碳酸钡沉淀完全。移取上层清液,加适量硫酸钠,混匀后放置过夜。1 L 此溶液约含 5 mol 氢氧化钠,使用时取其上清液或过滤。

4.4.2 氢氧化钠溶液的配制

移取 200 mL 氢氧化钠标准贮存溶液(4.4.1)于有机玻璃瓶中,加无二氧化碳纯水冲稀 10 L,混匀,放置第二天标定。

4.4.3 标定

称取 0.510 5 g 苯二甲酸氢钾基准试剂(于 110 ℃±5 ℃烘干 2 h~3 h,放干燥器中冷却至室温)于 250 mL 三角瓶中,加无二氧化碳纯水 80 mL,加热溶解,加 1 滴甲基橙指示剂,用欲标定的氢氧化钠溶液滴定至溶液突变为黄色为终点。

4.4.4 氢氧化钠标准滴定溶液的实际浓度($c$)按公式(1)计算:

$$c = \frac{m_1}{V \times 0.2042} \qquad (1)$$

式中：

$c$——氢氧化钠标准滴定溶液的实际浓度，单位为摩尔每升(mol/L)；

$m_1$——称取苯二甲酸氢钾基准试剂的量，单位为克(g)；

$V$——标定时消耗氢氧化钠标准滴定溶液的体积，单位为毫升(mL)；

0.204 2——苯二甲酸氢钾的摩尔质量，单位为克每摩尔(g/mol)。

## 5 仪器及设备

试验室常用仪器及设备。

## 6 试样

试样应符合 GB/T 22661.1—2008 中 3.3 的要求。

## 7 分析步骤

### 7.1 试料

称取 1 g 试样(6)，精确至 0.000 1 g，记为 $m$。

### 7.2 测定次数

独立的进行两次测定，取其平均值。

### 7.3 空白试验

随同试料做空白试验。

### 7.4 测定

将试料(7.1)置于 300 mL 三角瓶中，加 50 mL 水使试样溶解，加热至 35 ℃±2 ℃，立即取下，加 8 滴甲基红-溴甲酚绿混合指示剂(4.1)，用氢氧化钠标准滴定溶液(4.4)滴定至溶液呈绿色，1 min 不褪色，此次滴定不计消耗数；加 2 g 甘露醇(4.3)，加 3 滴酚酞指示剂(4.2)，用氢氧化钠标准滴定溶液滴至溶液呈灰色(或灰红色)为终点。

## 8 分析结果的计算

按公式(2)计算游离硼酸的质量分数(%)：

$$w=\frac{c\times(V-V_0)\times 0.061\ 83}{m}\times 100 \quad \cdots\cdots(2)$$

式中：

$c$——氢氧化钠标准滴定液的实际浓度，单位为摩尔每升(mol/L)；

$V$——试液消耗氢氧化钠标准滴定溶液的体积，单位为毫升(mL)；

$V_0$——空白溶液消耗氢氧化钠标准滴定溶液的体积，单位为毫升(mL)；

$m$——试料的质量，单位为克(g)；

0.061 83——硼酸的摩尔质量，单位为克每摩尔(g/mol)。

## 9 精密度

### 9.1 重复性

在重复性条件下获得的两个独立测试结果的测定值，在以下给出的平均值范围内，这两个测试结果的绝对差值不超过重复性限($r$)，超过重复性限($r$)的情况不超过 5%，重复性限($r$)按以下数据采用线性内插法求得。

| 硼酸的质量分数/%： | 0.062 | 0.39 | 0.49 |
|---|---|---|---|
| 重复性限 $r$/%： | 0.010 | 0.05 | 0.05 |

### 9.2 允许差

实验室之间分析结果的差值应不大于表1所列允许差：

表1

| 硼酸的质量分数/% | 允许差/% |
| --- | --- |
| ≤0.30 | 0.05 |
| >0.30～1.00 | 0.08 |

## 10 质量保证与控制

应用标准样品，至少半年校核一次本部分的有效性。当过程失控时，应找出原因。纠正错误后，重新进行校核。

---

ICS 77.120.10
H 61

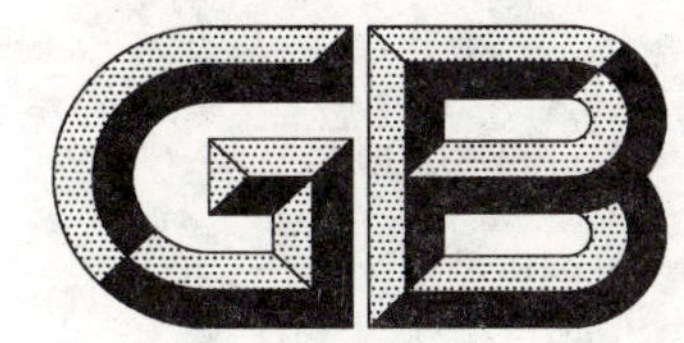

# 中华人民共和国国家标准

GB/T 22661.9—2008

# 氟硼酸钾化学分析方法
# 第9部分：氯含量的测定
# 硝酸汞容量法

Chemical analysis methods of potassium fluoborate—
Part 9: Determination of chloride content—
Mercury nitration volumetric method



2008-12-29 发布 2009-11-01 实施

中华人民共和国国家质量监督检验检疫总局
中国国家标准化管理委员会 发布

# 前　言

GB/T 22661《氟硼酸钾化学分析方法》共分为10部分：

——第1部分：试样的制备和贮存；

——第2部分：湿存水含量的测定　重量法；

——第3部分：氟硼酸钾含量的测定　氢氧化钠容量法；

——第4部分：镁含量的测定　火焰原子吸收光谱法；

——第5部分：钙含量的测定　火焰原子吸收光谱法；

——第6部分：硅含量的测定　钼蓝分光光度法；

——第7部分：钠含量的测定　火焰原子吸收光谱法；

——第8部分：游离硼酸含量的测定　氢氧化钠容量法；

——第9部分：氯含量的测定　硝酸汞容量法；

——第10部分：五氧化二磷含量的测定　钼蓝分光光度法。

本部分为GB/T 22661的第9部分。

本部分由中国有色金属工业协会提出。

本部分由全国有色金属标准化技术委员会归口。

本部分起草单位：多氟多化工股份有限公司。

本部分参加起草单位：湖南有色氟化学有限责任公司、中国铝业股份有限公司郑州研究院、衡阳市邦友化工科技有限公司。

本部分主要起草人：薛旭金、施秀华、李永强、郭贤惠、许随军、范连生、朱亮、黎志坚、申志花、白向华、刘志鸿、黄尤菊、刘敏。

# 氟硼酸钾化学分析方法
# 第9部分：氯含量的测定
# 硝酸汞容量法

## 1 范围

GB/T 22661的本部分规定了氟硼酸钾中氯含量的测定方法。

本部分适用于氟硼酸钾中氯含量的测定。测定范围：≤0.5%。

## 2 规范性引用文件

下列文件中的条款通过GB/T 22661的本部分的引用而成为本部分的条款。凡是注日期的引用文件，其随后所有的修改单(不包括勘误的内容)或修订版均不适用于本部分，然而，鼓励根据本部分达成协议的各方研究是否可使用这些文件的最新版本。凡是不注日期的引用文件，其最新版本适用于本部分。

GB/T 22661.1—2008 氟硼酸钾化学分析方法 第1部分：试样的制备和贮存

## 3 方法提要

在微酸性溶液中，用强电离的硝酸汞标准溶液将氯离子转化成弱电离的氯化汞，用二苯偶氮碳酰肼指示剂与过量的$Hg^{2+}$生成紫红色络合物来判断终点。

## 4 试剂

4.1 硝酸：1 mol/L。

4.2 硝酸汞标准滴定溶液：$c[1/2Hg(NO_3)_2]=0.05$ mol/L。

4.2.1 配制：

准确称取8.565 0 g硝酸汞[$Hg(NO_3)_2 \cdot H_2O$，优级纯]，置于250 mL烧杯中，加入50 mL硝酸，溶解至溶液清澈，必要时可进行过滤，移入1 000 mL容量瓶中，以水稀释至刻度，混匀。

4.2.2 标定：

移取三份5.00 mL氯化钠标准溶液(0.050 0 mol/L)，分别置于250 mL三角瓶中，加水至100 mL，加2滴溴酚兰指示剂，滴加硝酸至溶液显黄色，再过量5滴，加入1 mL二苯偶氮碳酰肼指示剂，以硝酸汞标准滴定溶液滴定至溶液由黄色变为紫红色即为终点。平行标定所消耗硝酸汞标准滴定溶液体积的级差不应超过0.05 mL，取其平均值。随标定做空白试验。

4.3 二苯偶氮碳酰肼指示剂：5 g/L 。

4.4 溴酚兰指示剂：2 g/L。

## 5 仪器和设备

实验室常用仪器及设备。

## 6 试样

试样应符合GB/T 22661.1中3.3的要求。

## 7 分析步骤

### 7.1 试料

称取 1.0 g 试样(6),精确至 0.000 1 g,记为 $m$。

### 7.2 测定次数

独立的进行两次测定,取其平均值。

### 7.3 空白试验

随同试料做空白试验。

### 7.4 测定

将试料(7.1)置于 250 mL 三角瓶中,加入 100 mL 水,稍加热使其溶解,加 2 滴溴酚兰指示剂(4.4),滴加硝酸(4.1)至溶液呈黄色,再过量 5 滴,加入 1 mL 二苯偶氮碳酰肼指示剂(4.3),用硝酸汞标准滴定溶液滴定至溶液由黄色变为紫红色为终点。

## 8 分析结果的计算

按式(1)计算氯的质量分数(%):

$$w(\mathrm{Cl}) = \frac{c \times (V - V_0) \times 0.035\,45}{m} \times 100 \qquad (1)$$

式中:

$c$——硝酸汞标准滴定溶液的实际浓度,单位为摩尔每升(mol/L);

$V$——滴定试液消耗硝酸汞标准滴定溶液的体积,单位为毫升(mL);

$V_0$——滴定空白溶液消耗硝酸汞标准滴定溶液的体积,单位为毫升(mL);

$m$——试料的质量,单位为克(g);

0.035 45——氯化物的摩尔质量,单位为克每摩尔(g/mol)。

## 9 精密度

### 9.1 重复性

在重复性条件下获得的两个独立测试结果的测定值,在以下给出的平均值范围内,这两个测试结果的绝对差值不超过重复性限($r$),超过重复性限($r$)的情况不超过 5%,重复性限($r$)按以下数据采用线性内插法求得。

氯的质量分数/%:　0.010　0.069　0.170

重复性限 $r$/%:　0.001　0.002　0.004

### 9.2 允许差

实验室之间分析结果的差值应不大于表 1 所列允许差:

表 1

| 氯的质量分数/% | 允许差/% |
|---|---|
| ≤0.10 | 0.05 |
| >0.10～0.50 | 0.08 |

## 10 质量保证与控制

应用国家标准样品或行业级标准样品,每半年校核一次本分析方法标准的有效性。当过程失控时,应找出原因。纠正错误后,重新进行校核。

ICS 77.120.10
H 61

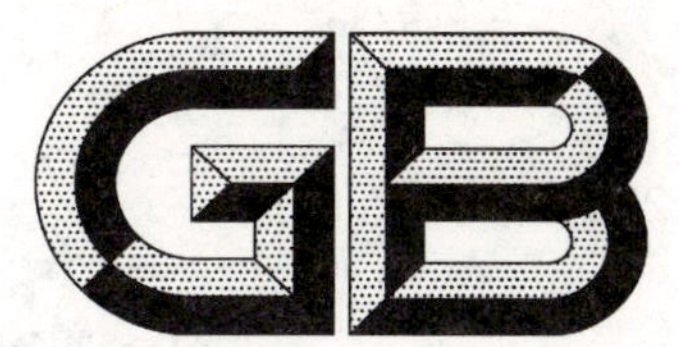

# 中华人民共和国国家标准

GB/T 22661.10—2008

# 氟硼酸钾化学分析方法
# 第10部分:五氧化二磷含量的测定
# 钼蓝分光光度法

**Chemical analysis methods of potassium fluoborate—**
**Part 10: Determination of phosphorus pentoxide content—**
**Molybdenum blue photometric method**



2008-12-29 发布　　　　2009-11-01 实施

中华人民共和国国家质量监督检验检疫总局
中国国家标准化管理委员会　发布

# 前　言

GB/T 22661《氟硼酸钾化学分析方法》共分为10部分：

——第1部分：试样的制备和贮存；

——第2部分：湿存水含量的测定　重量法；

——第3部分：氟硼酸钾含量的测定　氢氧化钠容量法；

——第4部分：镁含量的测定　火焰原子吸收光谱法；

——第5部分：钙含量的测定　火焰原子吸收光谱法；

——第6部分：硅含量的测定　钼蓝分光光度法；

——第7部分：钠含量的测定　火焰原子吸收光谱法；

——第8部分：游离硼酸含量的测定　氢氧化钠容量法；

——第9部分：氯含量的测定　硝酸汞容量法；

——第10部分：五氧化二磷含量的测定　钼蓝分光光度法。

本部分为GB/T 22661的第10部分。

本部分由中国有色金属工业协会提出。

本部分由全国有色金属标准化技术委员会归口。

本部分起草单位：湖南有色氟化学有限责任公司。

本部分参加起草单位：多氟多化工股份有限公司、中国铝业股份有限公司郑州研究院、衡阳市邦友化工科技有限公司。

本部分主要起草人：黎志坚、朱亮、廖志辉、王建萍、陈以春、王慧、冯敬东、刘志鸿、黄尤菊、刘敏。

# 氟硼酸钾化学分析方法
# 第10部分:五氧化二磷含量的测定
# 钼蓝分光光度法

## 1 范围

GB/T 22661的本部分规定了氟硼酸钾中五氧化二磷含量的测定方法。

本部分适用于氟硼酸钾中五氧化二磷含量的测定。测定范围:≤0.050%。

## 2 规范性引用文件

下列文件中的条款通过GB/T 22661的本部分的引用而成为本部分的条款。凡是注日期的引用文件,其随后所有的修改单(不包括勘误的内容)或修订版均不适用于本部分,然而,鼓励根据本部分达成协议的各方研究是否可使用这些文件的最新版本。凡是不注日期的引用文件,其最新版本适用于本部分。

GB/T 22661.1—2008 氟硼酸钾化学分析方法 第1部分:试样的制备和贮存

## 3 方法原理

试料用碳酸钠和硼酸混合溶剂熔融,以盐酸酸化,在pH≤0.3时加入钼酸铵,使磷形成磷钼杂多酸,经还原成磷钼蓝后,于分光光度计波长800 nm处测量其吸光度。

## 4 试剂

4.1 无水碳酸钠。

4.2 硼酸。

4.3 盐酸:3 mol/L。

4.4 盐酸:6 mol/L。

4.5 抗坏血酸溶液:25 g/L。

4.6 钼酸铵:100 g/L。

4.7 五氧化二磷标准贮存溶液:

称取0.191 7 g磷酸二氢钾(基准试剂,于110 ℃±5 ℃烘干2 h,干燥器中冷却),用水溶解后,移入1 000 mL容量瓶中,用水稀释至刻度,混匀。此溶液1 mL含0.100 mg $P_2O_5$。

4.8 五氧化二磷标准溶液:

移取10.00 mL磷标准贮存溶液(4.7)置于100 mL容量瓶中,用水稀释至刻度,混匀。此溶液1 mL含0.010 mg $P_2O_5$。该溶液使用前现配制。

## 5 仪器及设备

5.1 铂皿:平底,直径70 mm,高35 mm,带铂盖。

5.2 电炉。

5.3 高温炉:能控制温度在850 ℃±25 ℃。

5.4 分光光度计。

## 6 试样

试样应符合 GB/T 22661.1—2008 中 3.3 的要求。

## 7 分析步骤

### 7.1 试料

称取 0.5 g 试样(6),精确至 0.000 1 g。

### 7.2 测定次数

独立的进行两次测定,取其平均值。

### 7.3 空白试验

随同试料做空白试验。

### 7.4 测定

7.4.1 将试料(7.1)置于铂皿(5.1)中,加入 2.5 g 无水碳酸钠(4.1)和 0.5 g 硼酸(4.2),用铂勺小心地混合均匀,于电炉(5.2)上烤干水分后,转移到 850 ℃高温炉(5.3)中熔样 20 min,取出,冷却至室温,加入 30 mL 盐酸(4.3),待剧烈反应后放铂皿到电炉(5.2)上加热到溶液清亮,取下,冷却到室温,将皿内溶液洗入 100 mL 容量瓶中,洗净器皿,加 8.0 mL 盐酸(4.4),加 5.0 mL 抗坏血酸(4.5),加水至 80 mL 左右,加 3.5 mL 钼酸铵(4.6),在沸水浴中发色 4 min,冷却,稀释至刻度,摇匀。

7.4.2 将部分溶液(7.4.1)移入 2 cm 吸收池中,于分光光度计上波长 800 nm 处,以纯水作参比测定其吸光度,测得吸光度减空白值并查对工作曲线计算结果,记为 $m_1$。

### 7.5 工作曲线的绘制

7.5.1 移取 0 mL,2.00 mL,4.00 mL,6.00 mL,8.00 mL,10.00 mL 五氧化二磷标准溶液(4.8),分别置于一组 100 mL 容量瓶中,加 30 mL 盐酸(4.3),加 5.0 mL 抗坏血酸(4.5),以下按分析步骤 7.4.1 进行。

7.5.2 将部分溶液(7.5.1)移入 5 cm 吸收池中,以水为参比,于分光光度计波长 800 nm 处测量其吸光度,减去试剂空白溶液吸光度后,以五氧化二磷含量为横坐标,吸光度为纵坐标,绘制工作曲线。

## 8 分析结果的计算

按公式(1)计算五氧化二磷的质量分数(%):

$$w(P_2O_5) = \frac{m_1}{m_0} \times 100 \qquad \cdots\cdots(1)$$

式中:

$m_1$——从工作曲线上查得的五氧化二磷的量,单位为克(g);

$m$——分取试料的质量,单位为克(g)。

## 9 精密度

### 9.1 重复性

在重复性条件下获得的两个独立测试结果的测定值,在以下给出的平均值范围内,这两个测试结果的绝对差值不超过重复性限($r$),超过重复性限($r$)的情况不超过 5%,重复性限($r$)按以下数据采用线性内插法求得。

| 五氧化二磷量的质量分数/%: | 0.001 4 | 0.003 9 | 0.007 1 |
| --- | --- | --- | --- |
| 重复性限 $r$/%: | 0.000 8 | 0.001 4 | 0.002 5 |

### 9.2 允许差

实验室之间分析结果的差值不应大于表 1 所列允许差。

表 1

| 五氧化二磷量的质量分数/% | 允许差/% |
|---|---|
| ≤0.010 | 0.005 |
| >0.010～0.050 | 0.008 |

## 10 质量保证与控制

应用标准样品，至少半年校核一次本部分的有效性。当过程失控时，应找出原因。纠正错误后，重新进行校核。

ICS 77.120.10
H 61

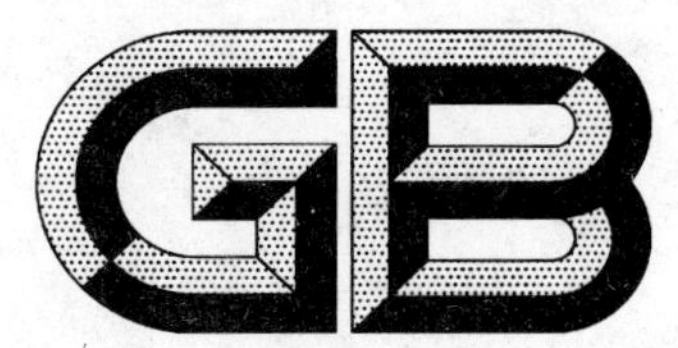

# 中华人民共和国国家标准

GB/T 22662.1—2008

# 氟钛酸钾化学分析方法 第1部分:试样的制备和贮存

**Chemical analysis methods of potassium fluotitanate—Part 1:Preparation and storage of test samples**

2008-12-29 发布　　　　2009-11-01 实施

中华人民共和国国家质量监督检验检疫总局
中国国家标准化管理委员会　发布

# 前言

GB/T 22662《氟钛酸钾化学分析方法》共分为9部分：

——第1部分：试样的制备和贮存；

——第2部分：湿存水含量的测定　重量法；

——第3部分：氟钛酸钾含量的测定　硫酸高铁铵容量法；

——第4部分：硅含量的测定　钼蓝分光光度法；

——第5部分：钙含量的测定　火焰原子吸收光谱法；

——第6部分：铁含量的测定　火焰原子吸收光谱法；

——第7部分：铅含量的测定　火焰原子吸收光谱法；

——第8部分：氯含量的测定　硝酸汞容量法；

——第9部分：五氧化二磷含量的测定　钼蓝分光光度法。

本部分为GB/T 22662的第1部分。

本部分由中国有色金属工业协会提出。

本部分由全国有色金属标准化技术委员会归口。

本部分起草单位：湖南有色氟化学有限责任公司。

本部分参加起草单位：多氟多化工股份有限公司、中国铝业股份有限公司郑州研究院、衡阳市邦友化工科技有限公司。

本部分主要起草人：黎志坚、朱亮、廖志辉、薛旭金、李永强、王建萍、冯敬东、刘志鸿、黄尤菊、刘敏。

# 氟钛酸钾化学分析方法
# 第1部分:试样的制备和贮存

## 1 范围

GB/T 22662的本部分规定了氟钛酸钾的原始试样和干燥试样的制备和贮存。

本部分适用于氟钛酸钾的原始试样和干燥试样的制备和贮存。

## 2 规范性引用文件

下列文件中的条款通过GB/T 22662的本部分的引用而成为本部分的条款。凡是注日期的引用文件,其随后所有的修改单(不包括勘误的内容)或修订版均不适用于本部分,然而,鼓励根据本部分达成协议的各方研究是否可使用这些文件的最新版本。凡是不注日期的引用文件,其最新版本适用于本部分。

GB/T 6679 固体化工产品采样通则

## 3 试样的制备和贮存

### 3.1 实验室试样

采用GB/T 6679中规定的方法制备和贮存实验室试样。

### 3.2 原始试样

供某些几何特性测定,供某些物理和物理化学性质的试验,以及供湿存水分的测定。取约300 g实验室试样(3.1),将其放入密封容器中贮存,该容器以几乎被试样充满为宜。

### 3.3 干燥试样

供化学试验、某些几何特性的测定以及某些物理和物理化学试验。

#### 3.3.1 试样研磨

将试样研磨过筛,直到全部通过孔径为0.125 mm的筛子为止。充分混合过筛后的试样,在110 ℃±5 ℃烘干2 h。

#### 3.3.2 设备

3.3.2.1 试验筛:其筛眼孔径为0.125 mm。用不引入待测杂质元素的材料制成,根据氟钛酸钾和待测杂质元素的性质选择试验筛。

3.3.2.2 研钵:用钢玉或玛瑙制成。

3.3.2.3 电烘箱:自然对流通风,能控制温度在110 ℃±5 ℃。

#### 3.3.3 操作步骤

3.3.3.1 将约100 g实验室试样(3.1)通过试验筛(3.3.2.1),将筛上残留的颗粒放在研钵(3.3.2.2)中研磨,并再次过筛,过筛的料加在前面所筛得的料中仔细混合。反复研磨,过筛,混合,直至所有样品全部通过筛子为止。

3.3.3.2 将试样(3.3.3.1)放入铂皿中,置于电烘箱(3.3.2.3)中,控制温度110 ℃±5 ℃干燥2 h。而后从电烘箱中取出铂皿,置于燥器中冷却至常温。

3.3.3.3 将试样(3.3.3.2)贮存在密闭的容器内贮存,要求该容器的容积以几乎完全被试料所充满为宜。

## 4 容器标记

容器必须贴有标签，标明下列内容：

a） 样品名称；

b） 样品来源；

c） 试样的性质（原始或干燥的）；

d） 所用筛子的型号；

e） 制备日期。

ICS 77.120.10
H 61

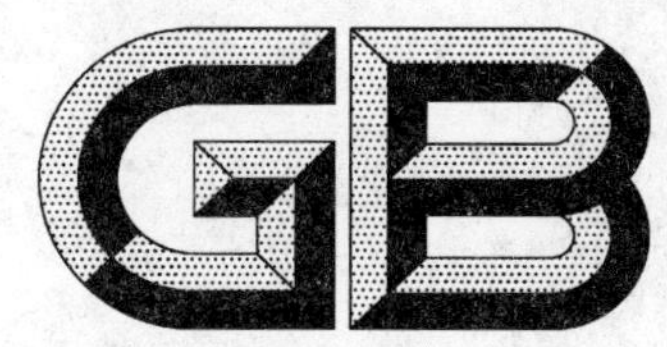

# 中华人民共和国国家标准

GB/T 22662.2—2008

# 氟钛酸钾化学分析方法 第2部分:湿存水含量的测定 重量法

**Chemical analysis methods of potassium fluotitanate—
Part 2:Determination of moisture content—
Gravimetric method**

2008-12-29 发布　　2009-11-01 实施

中华人民共和国国家质量监督检验检疫总局
中国国家标准化管理委员会 发布

# 前　言

GB/T 22662《氟钛酸钾化学分析方法》共分为9部分：

——第1部分：试样的制备和贮存；

——第2部分：湿存水含量的测定　重量法；

——第3部分：氟钛酸钾含量的测定　硫酸高铁铵容量法；

——第4部分：硅含量的测定　钼蓝分光光度法；

——第5部分：钙含量的测定　火焰原子吸收光谱法；

——第6部分：铁含量的测定　火焰原子吸收光谱法；

——第7部分：铅含量的测定　火焰原子吸收光谱法；

——第8部分：氯含量的测定　硝酸汞容量法；

——第9部分：五氧化二磷含量的测定　钼蓝分光光度法。

本部分为GB/T 22662的第2部分。

本部分由中国有色金属工业协会提出。

本部分由全国有色金属标准化技术委员会归口。

本部分起草单位：湖南有色氟化学有限责任公司。

本部分参加起草单位：多氟多化工股份有限公司、中国铝业股份有限公司郑州研究院、衡阳市邦友化工科技有限公司。

本部分主要起草人：黎志坚、朱亮、廖志辉、施秀华、李永强、郭贤惠、冯敬东、刘志鸿、黄尤菊、刘敏。

# 氟钛酸钾化学分析方法
# 第2部分:湿存水含量的测定
# 重量法

## 1 范围

GB/T 22662的本部分规定了氟钛酸钾中湿存水分量的测定方法。

本部分适用于氟钛酸钾中湿存水分量的测定。测定范围:≤0.5%。

## 2 规范性引用文件

下列文件中的条款通过GB/T 22662的本部分的引用而成为本部分的条款。凡是注日期的引用文件,其随后所有的修改单(不包括勘误的内容)或修订版均不适用于本部分,然而,鼓励根据本部分达成协议的各方研究是否可使用这些文件的最新版本。凡是不注日期的引用文件,其最新版本适用于本部分。

GB/T 22662.1—2008 氟钛酸钾化学分析方法 第1部分:试样的制备和贮存

## 3 方法提要

试料于110 ℃干燥并测定损失量。

## 4 仪器

4.1 称量瓶:直径45 mm,扁型。

4.2 电烘箱:能控制温度在110 ℃±5 ℃。

## 5 试样

试样应符合GB/T 22662.1—2008中3.2的要求。

## 6 分析步骤

### 6.1 试料

称取2.5 g原始试样(5),精确至0.001 g,记为$m_0$。

### 6.2 测定次数

独立地进行两次测定,取其平均值。

### 6.3 测定

6.3.1 将试料(6.1)置于预先在110 ℃±5 ℃的电烘箱(4.2)内烘2 h,并于干燥器中冷却的称量瓶(4.1)中,带盖称量(精确至0.001 g),记为$m_2$。

6.3.2 将放入试料的称量瓶(6.3.1)置于温度调节到110 ℃±5 ℃的电烘箱中,将盖架在瓶顶上勿盖严。同时在烘箱中放入一个直径略大于称量瓶盖的表皿,烘2 h后,取下瓶盖换上表皿,并全部置于干燥器中。冷却后,取下表皿,盖紧瓶盖,并称量(精确至0.001 g),记为$m_1$。

## 7 分析结果的计算

按公式(1)计算湿存水的质量分数(%):

$$w(\text{湿存水}) = \frac{m_2 - m_1}{m_0} \times 100 \qquad \cdots\cdots(1)$$

式中：

$m_2$——烘干前盛有试料的称量瓶及其盖的质量，单位为克(g)；

$m_1$——烘干后盛有试料的称量瓶及其盖的质量，单位为克(g)；

$m_0$——试料的质量，单位为克(g)。

## 8 精密度

### 8.1 重复性

在重复性条件下获得的两个独立测试结果的测定值，在以下给出的平均值范围内，这两个测试结果的绝对差值不超过重复性限($r$)，超过重复性限($r$)的情况不超过5%，重复性限($r$)按以下数据采用线性内插法求得。

湿存水的质量分数/%：　0.020　0.11　0.21

重复性限 $r$/%：　0.016　0.04　0.04

### 8.2 允许差

实验室之间分析结果的差值应不大于表1所列允许差：

表 1

| 湿存水的质量分数/% | 允许差/% |
| --- | --- |
| ≤0.10 | 0.03 |
| >0.10～0.50 | 0.06 |

## 9 质量保证与控制

应用标准样品，至少半年校核一次本部分的有效性。当过程失控时，应找出原因。纠正错误后，重新进行校核。

ICS 77.120.10
H 61

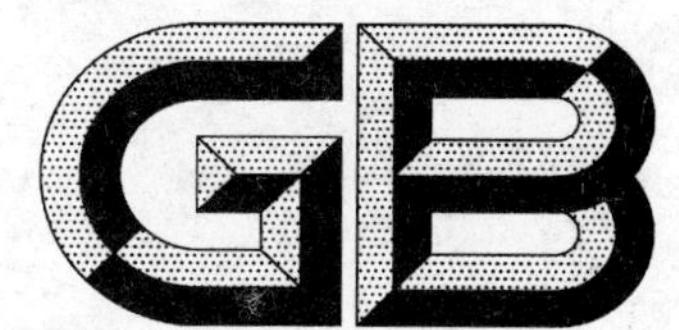

# 中华人民共和国国家标准

GB/T 22662.3—2008

# 氟钛酸钾化学分析方法
# 第3部分:氟钛酸钾含量的测定
# 硫酸高铁铵容量法

**Chemical analysis methods of potassium fluotitanate—**
**Part 3:Determination of potassium fluotitanate content—**
**Ammonium iron sulphate dodecahydrate titration volumetric method**

2008-12-29 发布　　　　2009-11-01 实施

中华人民共和国国家质量监督检验检疫总局
中国国家标准化管理委员会
发布

# 前 言

GB/T 22662《氟钛酸钾化学分析方法》共分为9部分：

——第1部分：试样的制备和贮存；

——第2部分：湿存水含量的测定 重量法；

——第3部分：氟钛酸钾含量的测定 硫酸高铁铵容量法；

——第4部分：硅含量的测定 钼蓝分光光度法；

——第5部分：钙含量的测定 火焰原子吸收光谱法；

——第6部分：铁含量的测定 火焰原子吸收光谱法；

——第7部分：铅含量的测定 火焰原子吸收光谱法；

——第8部分：氯含量的测定 硝酸汞容量法；

——第9部分：五氧化二磷含量的测定 钼蓝分光光度法。

本部分为GB/T 22662的第3部分。

本部分由中国有色金属工业协会提出。

本部分由全国有色金属标准化技术委员会归口。

本部分起草单位：湖南有色氟化学有限责任公司。

本部分参加起草单位：多氟多化工股份有限公司、中国铝业股份有限公司郑州研究院、衡阳市邦友化工科技有限公司。

本部分主要起草人：黎志坚、朱亮、廖志辉、薛旭金、陈以春、卜法见、冯敬东、刘志鸿、黄尤菊、刘敏。

# 氟钛酸钾化学分析方法
# 第3部分:氟钛酸钾含量的测定
# 硫酸高铁铵容量法

## 1 范围

GB/T 22662的本部分规定了氟钛酸钾中氟钛酸钾量的测定方法。

本部分适用于氟钛酸钾中氟钛酸钾量的测定。测定范围:≥95%。

## 2 规范性引用文件

下列文件中的条款通过GB/T 22662的本部分的引用而成为本部分的条款。凡是注日期的引用文件,其随后所有的修改单(不包括勘误的内容)或修订版均不适用于本部分,然而,鼓励根据本部分达成协议的各方研究是否可使用这些文件的最新版本。凡是不注日期的引用文件,其最新版本适用于本部分。

GB/T 22662.1—2008　氟钛酸钾化学分析方法　第1部分:试样的制备和贮存

## 3 方法提要

试料经硫酸、盐酸分解,在隔绝空气的条件下,用金属铝将四价钛还原成为紫色的三价钛,然后以硫氰酸钾为指示剂,用硫酸高铁铵标准滴定溶液滴定三价钛。

## 4 试剂

4.1 碳酸氢钠饱和溶液。

4.2 金属铝丝,用稀盐酸洗涤表面,烘干。

4.3 硫酸:1+4。

4.4 盐酸:1+1。

4.5 硫酸铵饱和溶液。

4.6 硫氰酸铵溶液:50 g/L。

4.7 硫酸高铁铵标准溶液

4.7.1 配制

称取24.00 g硫酸高铁铵[$(NH_4)Fe(SO_4)_2 \cdot 12H_2O$]置于1 000 mL烧杯中,加500 mL水,100 mL硫酸(1+1),加热溶解完全后滴加0.1%高锰酸钾溶液呈微红色,再煮沸分解过量的高锰酸钾,冷却后洗入1 000 mL容量瓶中,以水稀至刻度,混匀。

4.7.2 标定

4.7.2.1 钛标准溶液配制:称取0.333 9 g高纯二氧化钛于磁坩埚中,加5 g焦硫酸钾,加盖。先于低温加热至熔,再于650 ℃～700 ℃高温炉中熔至透明状并继续熔融30 min后,取出冷却;用100 mL硫酸(1+1)将熔块浸出并加热溶解至清亮,冷却后移入500 mL容量瓶中,用5%的硫酸稀至刻度,混匀。此为钛标准溶液,1 mL含0.4 mg钛。

4.7.2.2 标定:

移取100 mL钛标准溶液(4.7.2.1)于500 mL三角瓶,加入100 mL硫酸(4.3),加入50 mL盐酸(4.4),加2.5g金属铝丝(4.2),于低温电炉上至金属铝溶完,立即装上有饱和碳酸氢钠的隔绝空气装置，溶至小气泡全部冒完，开始冒大气泡，再溶 2 min～3 min，取下冷却。打开隔绝装置，立即加入 20 mL 饱和硫酸铵溶液(4.5)，并立即用硫酸高铁铵标准滴定溶液(4.7.1)滴定至紫色消失，加入 5.00 mL 硫氰酸铵溶液(4.6)，继续滴定至红色经激烈振荡 2 min 内不消失为终点。

4.7.2.3 硫酸高铁铵标准滴定溶液的实际浓度($c$)按公式(1)计算：

$$c = \frac{m_0}{V - V_0} \qquad \cdots\cdots(1)$$

式中：

$c$——硫酸高铁铵标准滴定溶液的实际浓度，单位为毫克每毫升(mg/mL)；

$m_0$——所移取的钛标准溶液相当钛的质量，单位为毫克(mg)；

$V$——标定时滴定钛标准溶液所消耗的硫酸高铁铵标准滴定溶液的体积，单位为毫升(mL)；

$V_0$——标定时滴定空白溶液所消耗的硫酸高铁铵标准滴定溶液的体积，单位为毫升(mL)。

## 5 仪器及设备

试验室常用仪器及设备。

## 6 试样

试样应符合 GB/T 22662.1—2008 中 3.3 的要求。

## 7 分析步骤

### 7.1 试料

称取 0.2 g 干燥试样(6)，精确至 0.000 1 g。

### 7.2 测定次数

独立的进行两次测定，取其平均值。

### 7.3 空白试验

随同试料做空白试验。

### 7.4 测定

7.4.1 将试料(7.1)置于 500 mL 三角瓶中，加 100 mL 硫酸(4.3)，50 mL 盐酸(4.4)，加 2 g～3 g 金属铝丝(4.2)，于低温电炉上至金属铝丝溶完，立即装上有饱和碳酸氢钠(4.1)的隔绝空气装置，溶至小气泡全部冒完，开始冒大气泡，再溶 2 min～3 min，取下冷却。

7.4.2 打开隔绝空气装置，立即加入 20 mL 饱和硫酸铵溶液(4.5)，并立即用硫酸高铁铵标准滴定溶液(4.7)滴定至紫色消失；准确加入 5.00 mL 硫氰酸铵溶液(4.6)，继续滴定至红色，经激烈振荡 2 min 内不消失为终点。

## 8 分析结果的计算

按公式(2)计算氟钛酸钾的质量分数(%)：

$$w(K_2TiF_6) = \frac{c \times V \times 10^{-3} \times 5.020\,9}{m} \times 100 \qquad \cdots\cdots(2)$$

式中：

$c$——硫酸高铁铵标准滴定溶液的实际浓度，单位为毫克每毫升(mg/mL)；

$V$——硫酸高铁铵标准滴定溶液滴定体积，单位为毫升(mL)；

$m$——试样量，单位为克(g)；

5.020 9——钛换算成氟钛酸钾的换算系数。

## 9 精密度

### 9.1 重复性

在重复性条件下获得的两个独立测试结果的测定值，在以下给出的平均值范围内，这两个测试结果的绝对差值不超过重复性限($r$)，超过重复性限($r$)的情况不超过5%，重复性限($r$)按以下数据采用线性内插法求得。

氟钛酸钾的质量分数/%：97.46　98.20　99.67

重复性限 $r$/%：　　　0.36　0.36　0.36

### 9.2 允许差

实验室之间分析结果的差值应不大于表1所列允许差：

表 1

| 氟钛酸钾的质量分数/% | 允许差/% |
|---|---|
| ≥95 | 0.7 |

## 10 质量保证与控制

应用标准样品，至少半年校核一次本部分的有效性。当过程失控时，应找出原因。纠正错误后，重新进行校核。

ICS 77.120.10
H 61

# 中华人民共和国国家标准

GB/T 22662.4—2008

# 氟钛酸钾化学分析方法
# 第4部分：硅含量的测定
# 钼蓝分光光度法

**Chemical analysis methods of potassium fluotitanate—
Part 4：Determination of silica content—
Molybdenum blue photometric method**



2008-12-29 发布 2009-11-01 实施

中华人民共和国国家质量监督检验检疫总局
中国国家标准化管理委员会 发布

# 前　言

GB/T 22662《氟钛酸钾化学分析方法》共分为9部分：

——第1部分：试样的制备和贮存；

——第2部分：湿存水含量的测定　重量法；

——第3部分：氟钛酸钾含量的测定　硫酸高铁铵容量法；

——第4部分：硅含量的测定　钼蓝分光光度法；

——第5部分：钙含量的测定　火焰原子吸收光谱法；

——第6部分：铁含量的测定　火焰原子吸收光谱法；

——第7部分：铅含量的测定　火焰原子吸收光谱法；

——第8部分：氯含量的测定　硝酸汞容量法；

——第9部分：五氧化二磷含量的测定　钼蓝分光光度法。

本部分为GB/T 22662的第4部分。

本部分由中国有色金属工业协会提出。

本部分由全国有色金属标准化技术委员会归口。

本部分起草单位：湖南有色氟化学有限责任公司。

本部分参加起草单位：多氟多化工股份有限公司、中国铝业股份有限公司郑州研究院、衡阳市邦友化工科技有限公司。

本部分主要起草人：黎志坚、朱亮、廖志辉、施秀华、王慧、卜法见、冯敬东、刘志鸿、黄尤菊、刘敏。

# 氟钛酸钾化学分析方法
# 第4部分:硅含量的测定
# 钼蓝分光光度法

## 1 范围

GB/T 22662的本部分规定了氟钛酸钾中硅含量的测定方法。

本部分适用于氟钛酸钾中硅含量的测定。测定范围:≤0.50%。

## 2 规范性引用文件

下列文件中的条款通过GB/T 22662的本部分的引用而成为本部分的条款。凡是注日期的引用文件,其随后所有的修改单(不包括勘误的内容)或修订版均不适用于本部分,然而,鼓励根据本部分达成协议的各方研究是否可使用这些文件的最新版本。凡是不注日期的引用文件,其最新版本适用于本部分。

GB/T 22662.1—2008 氟钛酸钾化学分析方法 第1部分:试样的制备和贮存

## 3 方法提要

试料用硫酸溶解后,加入硼酸络合氟,加入钼酸铵,使之形成黄色硅钼络离子,再提高酸度至[$H^+$]0.8 mol/L以上,用抗坏血酸将黄色的硅钼络离子还原成灵敏度更高的硅钼蓝,在分光光度计上进行比色测定。

## 4 试剂

4.1 硫酸:1+7。

4.2 硼酸溶液:40 g/L。

4.3 钼酸铵溶液:100 g/L。

4.4 盐酸:1+1。

4.5 抗坏血酸溶液:25 g/L。

4.6 硅标准贮存溶液:称取0.500 0 g研细的预先在1 000 ℃灼烧1 h,并在干燥器中冷却至室温的二氧化硅(99.9%以上),置于铂坩埚中,向其内加入5 g无水碳酸钠,用铂勺充分混匀,置高温炉内于950 ℃小心熔融(约10 min),取出冷却,往坩埚中加入热水,慢慢加热至完全溶解。冷却溶液小心移入1 L容量瓶中,稀释至刻度,混匀。立即倒入聚乙烯瓶中。此溶液1 mL含0.500 mg二氧化硅。

4.7 硅标准溶液:移取50.0 mL二氧化硅标准贮存溶液(4.6)于500 mL容量瓶中,用水稀释至刻度,混匀。立即移入塑料瓶中。此溶液1 mL含0.050 mg二氧化硅。该溶液使用前现配制。

4.8 氟钛酸钾基体溶液

称取0.625 g优级纯氟钛酸钾,经磨细后,置于250 mL聚乙烯容量瓶中,加40 ℃~60 ℃热水100 mL,加9 mL硫酸(4.1),盖紧瓶盖,摇动容量瓶使氟钛酸钾完全溶解后,加入100 mL硼酸(4.2),以水稀释至刻度,混匀。

## 5 仪器及设备

试验室常用仪器及设备。

## 6 试样

试样应符合 GB/T 22662.1—2008 中 3.3 的要求。

## 7 分析步骤

### 7.1 试料

称取 0.25 g 干燥试样(6)，精确至 0.000 1 g，记为 $m_0$。

### 7.2 测定次数：

独立地进行两次测定，取其平均值。

### 7.3 空白试验

随同试料做空白试验。

### 7.4 测定

7.4.1 称取试料(7.1)于 100 mL 聚乙烯容量瓶中，加入 40 ℃～60 ℃蒸馏水 30 mL，9.0 mL 硫酸(4.1)，以少许水冲洗瓶壁至试样全部洗入瓶底，盖紧瓶盖，摇动容量瓶使试样全部溶解；加入 40 mL 硼酸溶液(4.2)混匀，冲稀至刻度，混匀。

7.4.2 移取上述溶液 25.00 mL 于 100 mL 容量瓶中，加水至体积约为 80 mL，再加入 5.0 mL 钼酸铵(4.3)，放置 10 min～15 min(如室温低于 15 ℃，则应于水浴上稍加热至约 30 ℃)，加 5.0 mL 硫酸(4.1)，2.5 mL 抗坏血酸(4.5)，稀释至刻度，混匀；30 min 后，将部分溶液置于 1 cm 的比色皿中，以纯水为空白参比，于波长为 620 nm 处，测得吸光度。

7.4.3 同时做空白一份，注意：空白加 2.0 mL 硫酸(4.1)、10 mL 硼酸(4.2)。

### 7.5 工作曲线的绘制

移取 25.00 mL 氟钛酸钾基体溶液(4.8)于一系列 100 mL 容量瓶中，分别移取 0 mL、2.00 mL、4.00 mL、6.00 mL、8.00 mL、10.00 mL 硅标准溶液(4.7)于上述容量瓶中，加水至 80 mL，以下同试料分析步骤。以吸光度为纵坐标，硅量为横坐标，绘制工作曲线。

## 8 分析结果的计算

按公式(1)计算硅的质量分数(%)：

$$w(\mathrm{Si}) = \frac{m_1 \times 0.467\ 4}{m_0} \times 100 \qquad \cdots\cdots(1)$$

式中：

$m_1$——从工作曲线上查得的硅含量，单位为克(g)；

$m_0$——分取试样的量，单位为克(g)；

0.467 4——二氧化硅换算成硅的换算系数。

## 9 精密度

### 9.1 重复性

在重复性条件下获得的两个独立测试结果的测定值，在以下给出的平均值范围内，这两个测试结果的绝对差值不超过重复性限($r$)，超过重复性限($r$)的情况不超过 5%，重复性限($r$)按以下数据采用线性内插法求得。

| 硅的质量分数/%： | 0.019 | 0.19 | 0.37 |
|---|---|---|---|
| 重复性限 $r$/%： | 0.014 | 0.03 | 0.03 |

### 9.2 允许差

实验室之间分析结果的差值不应大于表 1 所列允许差：

表 1

| 硅的质量分数/% | 允许差/% |
|---|---|
| ≤0.10 | 0.03 |
| 0.10～0.30 | 0.04 |
| >0.30～0.50 | 0.05 |

## 10 质量保证与控制

应用标准样品，至少半年校核一次本部分的有效性。当过程失控时，应找出原因。纠正错误后，重新进行校核。

ICS 77.120.10
H 61

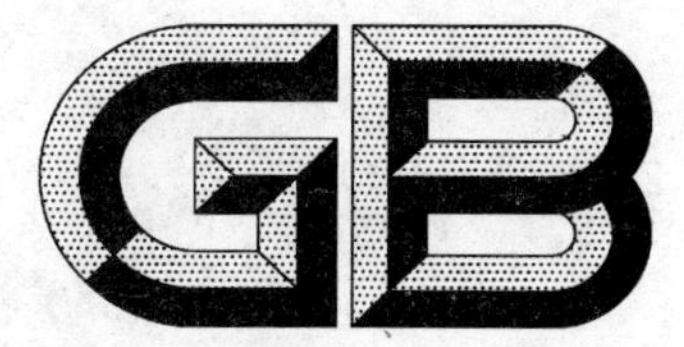

# 中华人民共和国国家标准

GB/T 22662.5—2008

# 氟钛酸钾化学分析方法 第5部分:钙含量的测定 火焰原子吸收光谱法

**Chemical analysis methods of potassium fluotitanate—Part 5:Determiantion of calcium content—Flame atomic absorption spectrometric method**

2008-12-29 发布　　2009-11-01 实施

中华人民共和国国家质量监督检验检疫总局
中国国家标准化管理委员会　发布

# 前　言

GB/T 22662《氟钛酸钾化学分析方法》共分为9部分：

——第1部分：试样的制备和贮存；

——第2部分：湿存水含量的测定　重量法；

——第3部分：氟钛酸钾含量的测定　硫酸高铁铵容量法；

——第4部分：硅含量的测定　钼蓝分光光度法；

——第5部分：钙含量的测定　火焰原子吸收光谱法；

——第6部分：铁含量的测定　火焰原子吸收光谱法；

——第7部分：铅含量的测定　火焰原子吸收光谱法；

——第8部分：氯含量的测定　硝酸汞容量法；

——第9部分：五氧化二磷含量的测定　钼蓝分光光度法。

本部分为GB/T 22662的第5部分。

本部分由中国有色金属工业协会提出。

本部分由全国有色金属标准化技术委员会归口。

本部分起草单位：多氟多化工股份有限公司。

本部分参加起草单位：湖南有色氟化学有限责任公司、中国铝业股份有限公司郑州研究院、衡阳市邦友化工科技有限公司。

本部分主要起草人：薛旭金、施秀华、师玉萍、李永强、卜法见、刘慈军、朱亮、黎志坚、白向华、申志花、刘志鸿、黄尤菊、刘敏。

# 氟钛酸钾化学分析方法
# 第5部分:钙含量的测定
# 火焰原子吸收光谱法

## 1 范围

GB/T 22662的本部分规定了氟钛酸钾中钙含量的测定方法。

本部分适用于氟钛酸钾中钙含量的测定。测定范围:≤0.5%。

## 2 规范性引用文件

下列文件中的条款通过GB/T 22662的本部分的引用而成为本部分的条款。凡是注日期的引用文件,其随后所有的修改单(不包括勘误的内容)或修订版均不适用于本部分,然而,鼓励根据本部分达成协议的各方研究是否可使用这些文件的最新版本。凡是不注日期的引用文件,其最新版本适用于本部分。

GB/T 22662.1—2008 氟钛酸钾化学分析方法 第1部分:试样的制备和贮存

## 3 方法提要

试料用硝酸、高氯酸分解,用氨水调节pH值,分离钛,在1%的盐酸介质中,以氯化镧作释放剂,于原子吸收光谱仪波长422.7 nm处,以空气-乙炔火焰进行钙含量的测定。

## 4 试剂

4.1 高氯酸:ρ1.67 g/mL。

4.2 盐酸:1+1。

4.3 硝酸:ρ1.42 g/mL。

4.4 氨水:1+1。

4.5 甲基红指示剂:0.4 g/L。

4.6 氯化镧溶液:100 g/L。

称取25.00 g七水氯化镧于烧杯中,加150 mL水,加热溶解,然后稀释到250 mL容量瓶中,摇匀,备用。

4.7 钙标准贮存溶液:准确称取1.248 6 g预先在110 ℃烘干并在干燥器中冷却的基准碳酸钙,置于250 mL烧杯中,盖上表面皿,加入50 mL水后,加10 mL盐酸(4.2)微热,待反应完全后,冷却,移入500 mL容量瓶中,以水稀释至刻度,混匀。此溶液1 mL含1.000 0 mg钙。

4.8 钙标准溶液:移取25.00 mL钙标准贮存溶液(4.7)于500 mL容量瓶中,用水稀释至刻度,混匀,此溶液1 mL含0.05 mg钙。

## 5 仪器和设备

5.1 铂皿:直径80 mm,高35 mm。

5.2 原子吸收光谱仪,附钙空心阴极灯。

## 6 试样

试样应符合GB/T 22662.1中3.3的要求。

## 7 分析步骤

### 7.1 试料

称取 0.1 g 干燥试样(6),精确至 0.000 1 g。

### 7.2 测定次数

独立的进行两次测定,取其平均值。

### 7.3 空白试验

随同试料做空白试验。

### 7.4 测定

7.4.1 将试料(7.1)置于铂金皿(5.1)中,加入 4 mL 硝酸(4.3) 加入 4 mL 高氯酸(4.1),低温加热至冒尽白烟,取下冷至室温,加入 2 mL 硝酸(4.3)用水吹洗铂皿内壁至体积 30 mL,加热浸取 20 min～30 min(体积不得小于 15 mL),取下,洗入 200 mL 烧杯中,用水吹洗铂皿至试液体积 70 mL,加 2 滴甲基红指示剂(4.5),用氨水(4.4)调至黄色加热煮沸,取下,过滤,滤液收集于预先加有 2 mL 盐酸(4.2),2.5 mL 氯化镧溶液(4.6)的 100 mL 容量瓶中,洗至近刻度,冷却,用水稀释至刻度,混匀。

7.4.2 将上述试液于原子吸收分光光度计波长 422.7 nm 处,用空气-乙炔火焰,以水调零,测量钙的吸光度,将所测试液吸光度减去随同试料所做的空白吸光度后,从工作曲线上查得相应的钙的质量浓度。

### 7.5 工作曲线的绘制

移取 0 mL、2.0 mL、5.0 mL、10.0 mL、15.0 mL 钙标准溶液(4.8)置于五个铂金皿中,加入 4 mL 硝酸(4.3)4 mL 高氯酸(4.1),于调压电炉上低温加热,待高氯酸白烟冒尽,加入 2 mL 盐酸(4.2)及 20 mL～30 mL 水,加热到物料全部溶解,将溶液洗入 100 mL 容量瓶中,加入 2.5 mL 氯化镧(4.6),冷却后冲洗至刻度,混匀,于原子吸收光谱仪波长 422.7 nm 处,用空气-乙炔火焰,以水调零,分别测量标准溶液和"零"校准溶液(不加钙标准溶液者)的吸光度,以钙的质量浓度为横坐标,吸光度(减去"零"校准溶液的吸光度)为纵坐标,绘制工作曲线。

## 8 分析结果的计算

按式(1)计算钙的质量分数(%):

$$w(\mathrm{Ca}) = \frac{c \times V \times 10^{-6}}{m} \times 100 \qquad \cdots\cdots(1)$$

式中:

$c$——从工作曲线上查得的钙质量浓度,单位为微克每毫升(μg/mL);

$V$——试液的总体积,单位为毫升(mL);

$m$——试料的质量,单位为克(g)。

## 9 精密度

### 9.1 重复性

在重复性条件下获得的两个独立测试结果的测定值,在以下给出的平均值范围内,这两个测试结果的绝对差值不超过重复性限($r$),超过重复性限($r$)的情况不超过 5%,重复性限($r$)按以下数据采用线性内插法求得。

| 钙的质量分数/%: | 0.005 | 0.081 | 0.178 |
|---|---|---|---|
| 重复性限 $r$/%: | 0.001 | 0.010 | 0.016 |

### 9.2 允许差

实验室之间分析结果的差值应不大于表 1 所列允许差:

表 1

| 钙的质量分数/% | 允许差/% |
| --- | --- |
| ≤0.05 | 0.03 |
| >0.05～0.10 | 0.04 |
| >0.10～0.50 | 0.05 |

## 10 质量保证与控制

应用国家标准样品或行业级标准样品，每半年校核一次本分析方法标准的有效性。当过程失控时，应找出原因。纠正错误后，重新进行校核。

ICS 77.120.10
H 61

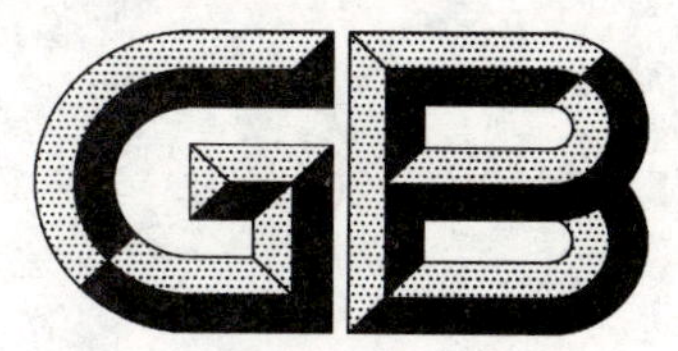

# 中华人民共和国国家标准

GB/T 22662.6—2008



# 氟钛酸钾化学分析方法
# 第6部分：铁含量的测定
# 火焰原子吸收光谱法

**Chemical analysis methods of potassium fluotitanate—**
**Part 6: Determination of iron—**
**Flame atomic absorption spectrometric method**

2008-12-29 发布　　　　2009-11-01 实施

中华人民共和国国家质量监督检验检疫总局
中国国家标准化管理委员会　发布

# 前言

GB/T 22662《氟钛酸钾化学分析方法》共分为 9 部分：

——第 1 部分：试样的制备和贮存；

——第 2 部分：湿存水含量的测定　重量法；

——第 3 部分：氟钛酸钾含量的测定　硫酸高铁铵容量法；

——第 4 部分：硅含量的测定　钼蓝分光光度法；

——第 5 部分：钙含量的测定　火焰原子吸收光谱法；

——第 6 部分：铁含量的测定　火焰原子吸收光谱法；

——第 7 部分：铅含量的测定　火焰原子吸收光谱法；

——第 8 部分：氯含量的测定　硝酸汞容量法；

——第 9 部分：五氧化二磷含量的测定　钼蓝分光光度法。

本部分为 GB/T 22662 的第 6 部分。

本部分由中国有色金属工业协会提出。

本部分由全国有色金属标准化技术委员会归口。

本部分起草单位：湖南有色氟化学有限责任公司。

本部分参加起草单位：多氟多化工股份有限公司、中国铝业股份有限公司郑州研究院、衡阳市邦友化工科技有限公司。

本部分主要起草人：黎志坚、朱亮、廖志辉、李永强、王慧、陈以春、冯敬东、刘志鸿、黄尤菊、刘敏。

# 氟钛酸钾化学分析方法 第6部分:铁含量的测定 火焰原子吸收光谱法

## 1 范围

GB/T 22662的本部分规定了氟钛酸钾中铁含量的测定方法。

本部分适用于氟钛酸钾中铁含量的测定。测定范围:≤0.5%。

## 2 规范性引用文件

下列文件中的条款通过GB/T 22662的本部分的引用而成为本部分的条款。凡是注日期的引用文件,其随后所有的修改单(不包括勘误的内容)或修订版均不适用于本部分,然而,鼓励根据本部分达成协议的各方研究是否可使用这些文件的最新版本。凡是不注日期的引用文件,其最新版本适用于本部分。

GB/T 22662.1—2008 氟钛酸钾化学分析方法 第1部分:试样的制备和贮存

## 3 方法提要

试料以硫酸溶解后,于原子吸收光谱仪248.3 nm处,以空气-乙炔火焰,进行铁的测定。

## 4 试剂

4.1 硫酸:1+1。

4.2 铁标准溶液:

称取0.143 0 g三氧化二铁基准试剂(在105 ℃烘干2 h),加2 mL硫酸(4.1),溶解后,洗入1 000 mL容量瓶中,稀至刻度,摇匀。此溶液1 mL含0.100 mg铁。

## 5 仪器及设备

原子吸收光谱仪,附铁的空心阴极灯。

## 6 试样

试样应符合GB/T 22662.1—2008中3.3的要求。

## 7 分析步骤

### 7.1 试料

称取0.5 g干燥试样(6),精确至0.000 1 g,记为$m_0$。

### 7.2 测定次数

独立地进行两次测定,取其平均值。

### 7.3 空白试验

随同试料做空白试验。

### 7.4 测定

7.4.1 将试料(7.1)置于黄金皿中,加10 mL硫酸(4.1),于电炉上低温加热至冒尽白烟,取下冷却,加入 10 mL 硫酸(4.1)和 30 mL 水，加热至溶解清亮即取下冷却，用水洗入 100 mL 容量瓶中并稀释至刻度，混匀。

7.4.2 将试液于原子吸收光谱仪波长 248.3 nm 处，用空气-乙炔火焰，以水调零，与标准溶液系列平行测量试液及空白溶液的吸光度，取三次平均值从工作曲线上查出相应的铁浓度。

### 7.5 工件曲线的绘制

准确移取铁标准溶液 0 mL、1.00 mL、2.00 mL、3.00 mL、4.00 mL 于一系列 100 mL 容量瓶，分别加入 10 mL 硫酸(4.1)，稀释至刻度，摇匀；在与试液测定相同条件下测量标准溶液系列的吸光度，减去“零”标准溶液的吸光度，绘制工作曲线。

## 8 分析结果的计算

按公式(1)计算铁的质量分数(%)：

$$w(\mathrm{Fe}) = \frac{m_1}{m_0} \times 100 \qquad \cdots\cdots(1)$$

式中：

$m_1$——在原子吸收光谱仪上通过工作曲线比对再减去空白后的试液中铁的质量，单位为克(g)；

$m_0$——称取试料的质量，单位为克(g)。

## 9 精密度

### 9.1 重复性

在重复性条件下获得的两个独立测试结果的测定值，在以下给出的平均值范围内，这两个测试结果的绝对差值不超过重复性限($r$)，超过重复性限($r$)的情况不超过 5%，重复性限($r$)按以下数据采用线性内插法求得。

铁的质量分数/%： 0.019 0.207 0.351

重复性限 $r$/%： 0.006 0.017 0.028

### 9.2 允许差

实验室之间分析结果的差值应不大于表 1 所列允许差：

表 1

| 铁的质量分数/% | 允许差/% |
|---|---|
| ≤0.05 | 0.01 |
| >0.05～0.20 | 0.03 |
| >0.20～0.50 | 0.05 |

## 10 质量保证与控制

应用标准样品，至少半年校核一次本部分的有效性。当过程失控时，应找出原因。纠正错误后，重新进行校核。

ICS 77.120.10
H 61

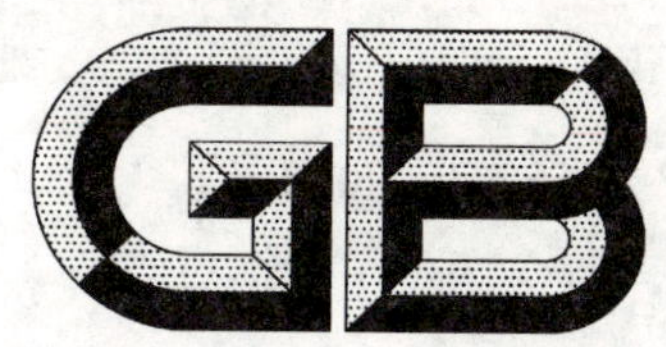

# 中华人民共和国国家标准

GB/T 22662.7—2008

# 氟钛酸钾化学分析方法 第7部分：铅含量的测定 火焰原子吸收光谱法

Chemical analysis methods of potassium fluotitanate—
Part 7: Determination of lead content—
Flame atomic absorption spectrometric Method



2008-12-29 发布　　2009-11-01 实施

中华人民共和国国家质量监督检验检疫总局
中国国家标准化管理委员会　发布

# 前　言

GB/T 22662《氟钛酸钾化学分析方法》共分为9部分：

——第1部分：试样的制备和贮存；

——第2部分：湿存水含量的测定　重量法；

——第3部分：氟钛酸钾含量的测定　硫酸高铁铵容量法；

——第4部分：硅含量的测定　钼蓝分光光度法；

——第5部分：钙含量的测定　火焰原子吸收光谱法；

——第6部分：铁含量的测定　火焰原子吸收光谱法；

——第7部分：铅含量的测定　火焰原子吸收光谱法；

——第8部分：氯含量的测定　硝酸汞容量法；

——第9部分：五氧化二磷含量的测定　钼蓝分光光度法。

本部分为GB/T 22662的第7部分。

本部分由中国有色金属工业协会提出。

本部分由全国有色金属标准化技术委员会归口。

本部分起草单位：多氟多化工股份有限公司。

本部分参加起草单位：湖南有色氟化学有限责任公司、中国铝业股份有限公司郑州研究院、衡阳市邦友化工科技有限公司。

本部分主要起草人：薛旭金、陈义春、施秀华、李永强、卜法见、刘慈军、朱亮、黎志坚、兰文慧、杜小娟、刘志鸿、黄尤菊、刘敏。

# 氟钛酸钾化学分析方法
# 第7部分:铅含量的测定
# 火焰原子吸收光谱法

## 1 范围

GB/T 22662 的本部分规定了氟钛酸钾中铅含量的测定方法。

本部分适用于氟钛酸钾中铅含量的测定。测定范围:≤0.50%。

## 2 规范性引用文件

下列文件中的条款通过 GB/T 22662 的本部分的引用而成为本部分的条款。凡是注日期的引用文件,其随后所有的修改单(不包括勘误的内容)或修订版均不适用于本部分,然而,鼓励根据本部分达成协议的各方研究是否可使用这些文件的最新版本。凡是不注日期的引用文件,其最新版本适用于本部分。

GB/T 22662.1—2008 氟钛酸钾化学分析方法 第1部分:试样的制备和贮存

## 3 方法提要

试料用硝酸、盐酸分解,于原子吸收光谱仪波长 283.3 nm 处,以空气-乙炔火焰进行铅含量的测定。

## 4 试剂

4.1 硝酸:63%。

4.2 盐酸:$\rho$1.19 g/mL。

4.3 硝酸:1+1。

4.4 铅标准溶液:准确称取 0.160 3 g 硝酸铅,加 2 mL 硝酸(4.1),加少量水溶解,移入 1 000 mL 容量瓶中,以水稀释至刻度,摇匀,此液 1 mL 含 0.010 0 mg 铅。

## 5 仪器和设备

原子吸收光谱仪,附铅空心阴极灯。

## 6 试样

试样应符合 GB/T 22662.1—2008 中 3.3 的要求。

## 7 分析步骤

### 7.1 试料

称取 0.5 g 试样(6),精确至 0.000 1 g。

### 7.2 测定次数

独立地进行两次测定,取其平均值。

### 7.3 空白试验

随同试料做空白试验。

7.4 测定

将试料(7.1)置于100 mL烧杯中,用少量水润湿试样,加15 mL盐酸(4.2)、5 mL硝酸(4.1)于低温电炉上加热分解,试样溶解完全后,继续加热保持6 min~7 min,取下,冷却至室温,洗入100 mL容量瓶中,以水稀释至刻度,摇匀。于原子吸收分光光度计波长283.3 nm处,用空气-乙炔火焰,以水调零,测量铅的吸光度,将所测试液吸光度减去随同试料所做的空白吸光度后,从工作曲线上查得相应的铅的质量浓度。

7.5 工作曲线的绘制

分别移取0 mL、1.00 mL、2.00 mL、4.00 mL、6.00 mL、8.00 mL、10.00 mL铅标准溶液于一组100 mL的容量瓶中,加10 mL硝酸溶液(4.3),以水稀释至刻度,摇匀。于原子吸收光谱仪波长为283.3 nm处,用空气-乙炔火焰,以水调零,分别测量标准溶液和"零"校准溶液(不加铅标准溶液者)的吸光度,以铅的质量浓度为横坐标,吸光度(减去"零"校准溶液的吸光度)为纵坐标,绘制工作曲线。

## 8 分析结果的计算

按公式(1)计算铅的质量分数(%):

$$w(\mathrm{Pb}) = \frac{c \times V \times 10^{-6}}{m} \times 100 \quad \cdots\cdots (1)$$

式中:

$c$——从工作曲线上查得的铅质量浓度,单位为微克每毫升(μg/mL);

$V$——试液的总体积,单位为毫升(mL);

$m$——试料的质量,单位为克(g)。

## 9 精密度

9.1 重复性

在重复性条件下获得的两个独立测试结果的测定值,在以下给出的平均值范围内,这两个测试结果的绝对差值不超过重复性限($r$),超过重复性限($r$)的情况不超过5%,重复性限($r$)按以下数据采用线性内插法求得。

铅的质量分数/%: 0.007 0.055 0.101

重复性限 $r$/%: 0.001 0.008 0.010

9.2 允许差

实验室之间分析结果的差值应不大于表1所列允许差:

表 1

| 铅的质量分数/% | 允许差/% |
|---|---|
| ≤0.05 | 0.01 |
| >0.05~0.10 | 0.03 |
| >0.10~0.50 | 0.05 |

## 10 质量保证与控制

应用国家标准样品或行业级标准样品,每半年校核一次本分析方法标准的有效性。当过程失控时,应找出原因。纠正错误后,重新进行校核。

ICS 77.120.10
H 61

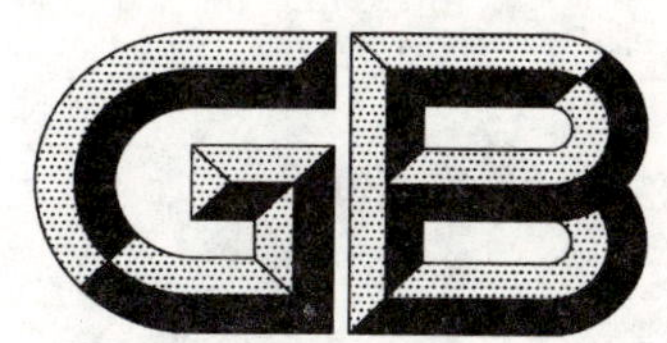

# 中华人民共和国国家标准

GB/T 22662.8—2008

# 氟钛酸钾化学分析方法 第8部分：氯含量的测定 硝酸汞容量法

**Chemical analysis methods of potassium fluotitanate—Part 8: Determination of chloride content—Mercury nitration volumetric method**



2008-12-29 发布 2009-11-01 实施

中华人民共和国国家质量监督检验检疫总局
中国国家标准化管理委员会 发布

# 前言

GB/T 22662《氟钛酸钾化学分析方法》共分为 9 部分：

——第 1 部分：试样的制备和贮存；

——第 2 部分：湿存水含量的测定 重量法；

——第 3 部分：氟钛酸钾含量的测定 硫酸高铁铵容量法；

——第 4 部分：硅含量的测定 钼蓝分光光度法；

——第 5 部分：钙含量的测定 火焰原子吸收光谱法；

——第 6 部分：铁含量的测定 火焰原子吸收光谱法；

——第 7 部分：铅含量的测定 火焰原子吸收光谱法；

——第 8 部分：氯含量的测定 硝酸汞容量法；

——第 9 部分：五氧化二磷含量的测定 钼蓝分光光度法。

本部分为 GB/T 22662 的第 8 部分。

本部分由中国有色金属工业协会提出。

本部分由全国有色金属标准化技术委员会归口。

本部分起草单位：多氟多化工股份有限公司。

本部分参加起草单位：湖南有色氟化学有限责任公司、中国铝业股份有限公司郑州研究院、衡阳市邦友化工科技有限公司。

本部分主要起草人：薛旭金、施秀华、李永强、王建萍、陈义春、许随军、朱亮、黎志坚、杜小娟、兰文慧、刘志鸿、黄尤菊、刘敏。

# 氟钛酸钾化学分析方法
# 第8部分:氯含量的测定
# 硝酸汞容量法

## 1 范围

GB/T 22662的本部分规定了氟钛酸钾中氯含量的测定方法。

本部分适用于氟钛酸钾中氯含量的测定。测定范围:≤0.5%。

## 2 规范性引用文件

下列文件中的条款通过GB/T 22662的本部分的引用而成为本部分的条款。凡是注日期的引用文件,其随后所有的修改单(不包括勘误的内容)或修订版均不适用于本部分,然而,鼓励根据本部分达成协议的各方研究是否可使用这些文件的最新版本。凡是不注日期的引用文件,其最新版本适用于本部分。

GB/T 22662.1—2008 氟钛酸钾化学分析方法 第1部分:试样的制备和贮存

## 3 方法提要

在微酸性溶液中,强电离的硝酸汞标准溶液将氯离子转化成弱电离的氯化汞,用二苯偶氮碳酰肼指示剂与过量的$Hg^{2+}$生成紫红色络合物来判断终点。

## 4 试剂

4.1 硝酸:1 mol/L。

4.2 硝酸汞标准滴定溶液

4.2.1 配制:称取8.565 g硝酸汞[$Hg(NO_3)_2 \cdot H_2O$,优级纯],置于250 mL烧杯中,加入50 mL硝酸(4.1),溶解至溶液澄清,必要时过滤,移入1 000 mL容量瓶中,以水稀释至刻度,混匀。

4.2.2 标定:移取三份5.00 mL氯化钠标准溶液(0.050 0 mol/L),分别置于250 mL三角瓶中,加水至100 mL,加2滴溴酚兰指示剂,滴加硝酸至溶液显黄色,再过量5滴,加入1 mL二苯偶氮碳酰肼指示剂,以硝酸汞标准滴定溶液滴定至溶液由黄色变为紫红色即为终点。平行标定所消耗硝酸汞标准滴定溶液体积的级差不应超过0.05 mL,取其平均值。随标定做空白试验。

4.3 二苯偶氮碳酰肼指示剂:5 g/L。

4.4 溴酚兰指示剂:2 g/L。

## 5 仪器和设备

实验室常用仪器及设备。

## 6 试样

试样应符合GB/T 22662.1中3.3的要求。

## 7 分析步骤

### 7.1 试料

称取1.0 g试样(6),精确至0.000 1 g。

7.2 测定次数

独立地进行两次测定，取其平均值。

7.3 空白试验

随同试料做空白试验。

7.4 测定

将试料(7.1)置于 250 mL 三角瓶中，加入 100 mL 水，稍加热使其溶解，加 2 滴溴酚兰指示剂，滴加硝酸至溶液呈黄色，再过量 5 滴，加入 1 mL 二苯偶氮碳酰肼指示剂，用硝酸汞标准滴定溶液滴定至溶液由黄色变为紫红色为终点。

## 8 分析结果的计算

按公式(1)计算氯的质量分数(%)：

$$w(\mathrm{Cl})=\frac{c\times(V-V_0)\times 0.03545}{m}\times 100 \qquad (1)$$

式中：

$c$——硝酸汞标准滴定溶液的实际浓度，单位为摩尔每升(mol/L)；

$V$——滴定试液消耗硝酸汞标准滴定溶液的体积，单位为毫升(mL)；

$V_0$——滴定空白溶液消耗硝酸汞标准滴定溶液的体积，单位为毫升(mL)；

$m$——试料的质量，单位为克(g)；

0.035 45——氯化物的摩尔质量，单位为克每摩尔(g/mol)。

## 9 精密度

9.1 重复性

在重复性条件下获得的两个独立测试结果的测定值，在以下给出的平均值范围内，这两个测试结果的绝对差值不超过重复性限($r$)，超过重复性限($r$)的情况不超过 5%，重复性限($r$)按以下数据采用线性内插法求得。

| 氯的质量分数/%： | 0.005 | 0.098 | 0.187 |
|---|---|---|---|
| 重复性限 $r$/%： | 0.001 | 0.010 | 0.012 |

9.2 允许差

实验室之间分析结果的差值应不大于表 1 所列允许差：

表 1

| 氯的质量分数/% | 允许差/% |
|---|---|
| ≤0.05 | 0.01 |
| >0.05～0.10 | 0.03 |
| >0.10～0.50 | 0.05 |

## 10 质量保证与控制

应用国家标准样品或行业级标准样品，每半年校核一次本分析方法标准的有效性。当过程失控时，应找出原因。纠正错误后，重新进行校核。

ICS 77.120.10
H 61

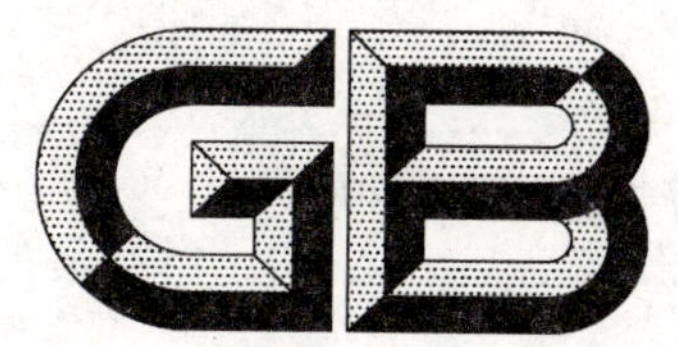

# 中华人民共和国国家标准

GB/T 22662.9—2008

# 氟钛酸钾化学分析方法 第9部分：五氧化二磷含量的测定 钼蓝分光光度法

Chemical analysis methods of potassium fluotitanate—
Part 9:Determination of phosphorus pentoxide content—
Molybdenum blue photometric method



2008-12-29 发布　　2009-11-01 实施

中华人民共和国国家质量监督检验检疫总局
中国国家标准化管理委员会　发布

# 前 言

GB/T 22662《氟钛酸钾化学分析方法》共分为9部分：

——第1部分：试样的制备和贮存；

——第2部分：湿存水含量的测定 重量法；

——第3部分：氟钛酸钾含量的测定 硫酸高铁铵容量法；

——第4部分：硅含量的测定 钼蓝分光光度法；

——第5部分：钙含量的测定 火焰原子吸收光谱法；

——第6部分：铁含量的测定 火焰原子吸收光谱法；

——第7部分：铅含量的测定 火焰原子吸收光谱法；

——第8部分：氯含量的测定 硝酸汞容量法；

——第9部分：五氧化二磷含量的测定 钼蓝分光光度法。

本部分为GB/T 22662的第9部分。

本部分由中国有色金属工业协会提出。

本部分由全国有色金属标准化技术委员会归口。

本部分起草单位：湖南有色氟化学有限责任公司。

本部分参加起草单位：多氟多化工股份有限公司、中国铝业股份有限公司郑州研究院、衡阳市邦友化工科技有限公司。

本部分主要起草人：黎志坚、朱亮、廖志辉、薛旭金、施秀华、李永强、冯敬东、刘志鸿、黄尤菊、刘敏。

# 氟钛酸钾化学分析方法<br>第9部分:五氧化二磷含量的测定<br>钼蓝分光光度法

## 1 范围

GB/T 22662的本部分规定了氟钛酸钾中五氧化二磷含量的测定方法。

本部分适用于氟钛酸钾中五氧化二磷含量的测定。测定范围:≤0.050%。

## 2 规范性引用文件

下列文件中的条款通过GB/T 22662的本部分的引用而成为本部分的条款。凡是注日期的引用文件,其随后所有的修改单(不包括勘误的内容)或修订版均不适用于本部分,然而,鼓励根据本部分达成协议的各方研究是否可使用这些文件的最新版本。凡是不注日期的引用文件,其最新版本适用于本部分。

GB/T 22662.1—2008 氟钛酸钾化学分析方法 第1部分:试样的制备和贮存

## 3 方法原理

试料用硫酸溶解后,加入硼酸络合氟,在pH≤0.3时加入钼酸铵,使磷形成磷钼杂多酸,经还原成磷钼蓝后,于分光光度计波长800 nm处测量其吸光度。

## 4 试剂

4.1 硫酸:1+7。

4.2 硼酸溶液:40 g/L。

4.3 钼酸铵溶液:100 g/L。

4.4 盐酸:1+1。

4.5 抗坏血酸溶液:25 g/L。

4.6 五氧化二磷标准贮存溶液:

称取0.191 7 g磷酸二氢钾(基准试剂,于110 ℃烘干2 h,干燥器中冷却),用水溶解后,移入1 000 mL容量瓶中,用水稀释至刻度,混匀。此溶液1 mL含0.100 mg $P_2O_5$。

4.7 五氧化二磷标准溶液:

称取10.00 mL磷标准贮存溶液(4.6),于100 mL容量瓶中,用水稀释至刻度,混匀。此溶液1 mL含0.010 0 mg $P_2O_5$。该溶液使用前现配制。

4.8 氟钛酸钾基体溶液

称取0.625 g优级纯氟钛酸钾,经磨细后,置于250 mL聚乙烯容量瓶中,加入100 mL 40 ℃~60 ℃的水,加入9 mL硫酸(4.1),盖紧瓶盖,摇动容量瓶使氟钛酸钾完全溶解后,加入100 mL硼酸(4.2),以水稀释至刻度,混匀。

## 5 仪器及设备

试验室常用仪器及设备。

## 6 试样

试样应符合 GB/T 22662.1—2008 中 3.3 的要求。

## 7 分析步骤

### 7.1 试料

称取 0.25 g 试样(6),精确至 0.000 1 g,记为 $m_0$。

### 7.2 测定次数

独立地进行两次测定,取其平均值。

### 7.3 空白试验

随同试料做空白试验。

### 7.4 测定

7.4.1 将试料(7.1)置于 100 mL 容量瓶中,加 9.0 mL 硫酸(4.1),加入 30 mL 40 ℃~60 ℃的热水,盖紧瓶盖,摇动容量瓶使试样全部溶解,加入 20 mL 硼酸溶液(4.2),加 8.5 mL 盐酸(4.4),加水至体积 80 mL 左右,加入 5.0 mL 抗坏血酸(4.5),加入 3.5 mL 钼酸铵(4.3),在沸水浴中发色 4 min,冷却,稀至刻度,摇匀。

7.4.2 将部分溶液移入 2 cm 吸收池中,于分光光度计上波长 800 nm 处,以水为参比,测量其吸光度。将所测吸光度减去随同试样的空白试验溶液吸光度后,从工作曲线上查出相应的五氧化二磷量。

### 7.5 工作曲线的绘制

7.5.1 于一组 100 mL 容量瓶中各加入 25 mL 氟钛酸钾基体溶液(4.8),分别移取 0 mL,2.00 mL,4.00 mL,6.00 mL,8.00 mL,10.00 mL 五氧化二磷标准溶液(4.7),加入 15 mL 盐酸(4.4),加水至体积 80 mL 左右,以下按分析步骤 7.4.1 进行。

7.5.2 将部分溶液(7.5.1)移入 2 cm 吸收池中,以水为参比,于分光光度计波长 800 nm 处测量其吸光度,减去试剂空白溶液吸光度后,以五氧化二磷含量为横坐标,吸光度为纵坐标,绘制工作曲线。

## 8 分析结果的计算

按公式(1)计算五氧化二磷的质量分数(%):

$$w(P_2O_5) = \frac{m_1}{m_0} \times 100 \qquad \cdots\cdots(1)$$

式中:

$m_1$——从工作曲线上查得的五氧化二磷量,单位为克(g);

$m_0$——分取试料的质量,单位为克(g)。

## 9 精密度

### 9.1 重复性

在重复性条件下获得的两个独立测试结果的测定值,在以下给出的平均值范围内,这两个测试结果的绝对差值不超过重复性限($r$),超过重复性限($r$)的情况不超过 5%,重复性限($r$)按以下数据采用线性内插法求得。

| 五氧化二磷量的质量分数/%: | 0.003 | 0.008 | 0.016 |
|---|---|---|---|
| 重复性限 $r$/%: | 0.002 | 0.004 | 0.004 |

### 9.2 允许差

实验室之间分析结果的差值不应大于表 1 所列允许差。

表 1

| 五氧化二磷量的质量分数/% | 允许差/% |
|---|---|
| ≤0.010 | 0.004 |
| >0.010～0.050 | 0.006 |

## 10 质量保证与控制

应用标准样品，至少半年校核一次本部分的有效性。当过程失控时，应找出原因。纠正错误后，重新进行校核。

ICS 29.020
J 09

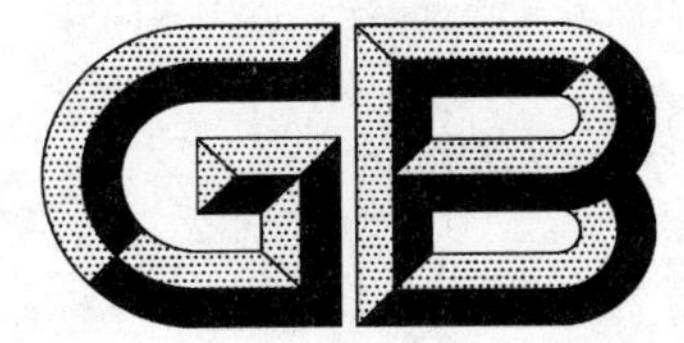

# 中华人民共和国国家标准

GB/T 22663—2008

# 工业机械电气设备
# 电磁兼容　机床抗扰度要求

Electrical equipment of industrial machines—Electromagnetic compatibility—Immunity requirements for machine tools

2008-12-31 发布　　2009-11-01 实施

中华人民共和国国家质量监督检验检疫总局
中国国家标准化管理委员会　发布

# 前　言

本标准等同采用欧洲标准 EN 50370-2:2003《电磁兼容（EMC）　机床产品类标准　第2部分:抗扰度要求》(英文版)。

本标准等同翻译 EN 50370-2:2003。

为便于使用,本标准做了下列编辑性修改:

——将适用于欧洲标准的表述改为适用于我国标准的表述(包括标点符号);

——将 EN 50370-2:2003 标准名称"电磁兼容（EMC）　机床产品类标准　第2部分:抗扰度要求"改为本标准的名称"工业机械电气设备　电磁兼容　机床抗扰度要求";

——删去 EN 标准的前言。

本标准的附录 A、附录 B、附录 C 是规范性附录,附录 D、附录 E 是资料性附录。

本标准由中国机械工业联合会提出。

本标准由全国工业机械电气系统标准化技术委员会(SAC/TC 231)归口。

本标准负责起草单位:固高科技(深圳)有限公司和北京机床研究所。

本标准主要参加起草单位:北京凯恩帝数控技术有限公司、国家机床质量监督检验中心、杭州机床集团有限公司。

本标准主要起草人:吴宏、龚小云、黄祖广、杨洪丽、黄麟、陈建明、赵钦志、阮志斌。

本标准首次发布。

# 工业机械电气设备
# 电磁兼容　机床抗扰度要求

## 1　范围[1)]

本标准规定了用于工业环境或类似用途，线间额定电压不超过1 000 V a.c.或者1 500 V d.c.的机床电磁兼容的抗扰度要求。

注：机床可装有电动机、加热元件或它们的组合，可以包括：电气或电子电路，可由电力网或其他电源驱动。

本抗扰度标准也可用于评估在其他环境中使用的机床，这些环境（住宅、轻工业环境等）比工业环境要求的抗扰度水平低。

本标准不适用于安装在特殊的电磁环境中的机床，例如：存在强电磁场（如在广播发射台附近），或在有电力网强脉冲环境（如发电站）的机床。在这些场合中使用的设备及系统，需采取相应的降低电磁影响的措施。

本标准涉及电磁抗扰度的频率范围为0 Hz至400 GHz。其他频率不在本标准考虑之列。

## 2　规范性引用文件

下列文件中的条款通过本标准的引用而成为本标准的条款。凡是注日期的引用文件，其随后所有的修改单（不包括勘误的内容）或修订版均不适用于本标准，然而，鼓励根据本标准达成协议的各方研究是否可使用这些文件的最新版本。凡是不注日期的引用文件，其最新版本适用于本标准。

GB/T 17626.2—2006　电磁兼容　试验和测量技术　静电放电抗扰度试验（IEC 61000-4-2:2001，IDT）

GB/T 17626.3—2006　电磁兼容　试验和测量技术　射频电磁场辐射抗扰度试验（IEC 61000-4-3:2002，IDT）

GB/T 17626.4—2008　电磁兼容　试验和测量技术　电快速瞬变脉冲群抗扰度试验（IEC 61000-4-4:2004，IDT）

GB/T 17626.5—2008　电磁兼容　试验和测量技术　浪涌（冲击）抗扰度试验（IEC 61000-4-5:2005，IDT）

GB/T 17626.6—2008　电磁兼容　试验和测量技术　射频场感应的传导骚扰抗扰度（IEC 61000-4-6:2006，IDT）

GB/T 17626.8—2006　电磁兼容　试验和测量技术　工频磁场抗扰度试验（IEC 61000-4-8:2001，IDT）

GB/T 17626.11—2008　电磁兼容　试验和测量技术　电压暂降、短时中断和电压变化的抗扰度试验（IEC 61000-4-11:2004，IDT）

GB/T 21067—2007　工业机械电气设备　电磁兼容　通用抗扰度要求

---

1）EN 50370-2是欧盟电磁兼容指令的协调标准。

如果为出口机床到欧盟而采用本标准，请注意下列各项：

a）本标准不用于单独投入市场组件的EMC合格评定；

b）本标准不用于98/37/EC机械指令的符合性评定，因此不包括安全要求；

c）本标准不包括2004/108/EC电磁兼容指令所定义的固定设施。

## 3 术语、定义和缩略语

### 3.1 术语和定义

下列术语和定义适用于本标准。

3.1.1

**机床 machine tool;MT**

机床是指非手提式操作的机械,由外部电源驱动,用于加工固态金属产品,包括车削、铣削、磨削、钻削、机械加工等有切屑的切削加工,也包括诸如弯曲、锻造等无切屑的成形加工。

机床通常配备有电源、动力和控制用电气和电子设备,也配备有一个或多个动力驱动装置使活动元件或部件运动。

3.1.2

**组件(模块) module**

由机械、气动、液压、电气和/或电子零部件(例如:机座、刀架、传感器、主轴单元以及包含NC控制器、人机界面、可编程序逻辑控制器(PLC)和动力传动装置等的电柜)组成的装置,预期只用于为装入设备或系统的工业组合操作。元件也可认为是组件。

3.1.3

**电磁相关元件或组件 electromagnetically relevant component/module**

与抗扰度方面相关的电磁相关元件或组件是指,由于其电磁特性,容易受到电磁骚扰使性能下降,从而会影响可能装入这些元件或组件的典型装置的电磁兼容性或预期工作。

3.1.4

**端口 port**

规定的设备与外部环境的特定界面。

[GB/T 21067—2007,定义3.1.1]

注:在本标准中,“端口”为指定的机床或组件与电磁环境作用的特定界面。界面指整台机床或组件的物理界限。

3.1.5

**信号接口 signal interface**

用于把监测、控制和/或保护组件连接到机床的其他零部件或组件上的输入/输出(I/O)接口。

3.1.6

**电源接口 power interface**

机床范围内用于配电所需要的连接。

注:组件端口可以连接到机床的端口上,或在机床内可成为其他组件的接口。

3.1.7

**整套电气系统(装置) entire electrical set**

把与机床机械结构相分离的各个与电磁相关的组件装配起来,以便在标准试验场进行试验的装置。

3.1.8

**型式试验 type test**

对某设计制造的一台或多台设备进行试验,以证明设计符合相应的技术规范。

[IEV 151-04-15]

3.1.9

**设备 equipment**

通用术语,涉及整台机床、整套电气系统(装置)或电气/机电组件。

### 3.2 缩略语

注:本子条款提到的缩略语仅限于本标准适用。

| | |
|---|---|
| a. c. | 交流 |
| AM | 调幅 |
| CRT | 阴极射线管 |
| d. c. | 直流 |
| EDM | 电火花加工机床 |
| EM | 电磁 |
| EFT | 电快速瞬变 |
| EMC | 电磁兼容 |
| ESD | 静电放电 |
| EUT | 受试设备 |
| I/O | 输入/输出 |
| LED | 发光二极管 |
| MT | 机床 |
| PLC | 可编程序控制器 |
| r. m. s. | 方均根 |
| $T_h$ | 保持时间 |
| $T_r$ | 上升时间 |

## 4 系统配置和试验方法

### 4.1 系统基本配置

系统的基本配置由以下部分组成(见图 1):

——供电部分;

——控制电路、保护电路和设备;

——一个或多个执行电能控制和/或转换的基本动力调节单元(例如:传动组件);

——一个或多个操动器及其相关联变换器;

——控制和程序系统,例如:NC 控制器、可编程序逻辑控制器(PLC)及其关联外围设备、编程和调试工具、试验设备和人机接口等;

——外围设备(包括变换器、操作站、紧急停止器件等);

——通过操动器驱动的装置和运动部件。

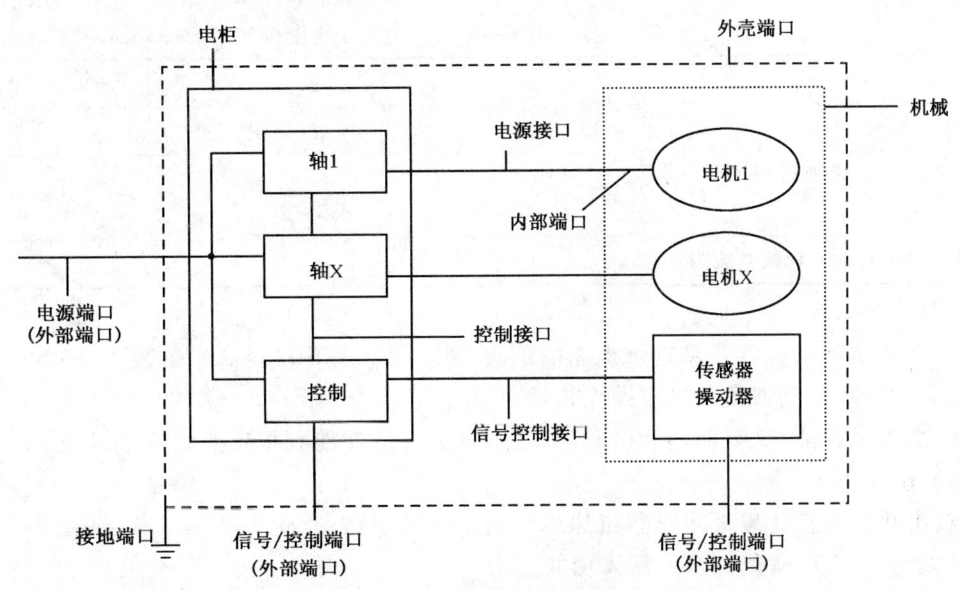


图 1 系统配置和端口示例

### 4.2 试验方法

机床成品的型式试验是合格评定的标准方法。但是，在常规的 EMC 试验场，进行整台机床的全部试验，只是技术上可行，而经济上只对数目有限的机床可行。可进行型式试验的机床和由于机床重量、尺寸、操作或试验成本过高、试验延迟等原因，不能在常规 EMC 试验场进行整台型式试验的机床，两者间应给予区分。

此外，需要考虑机床的单台生产、型号繁多，以及扩充和改装情况。

应区分并注意下列情况：

——可以进行型式试验的机床；

——不可以进行型式试验的机床；

——多种型号机床；

——改装、添加和扩充的机床。

合格评定的每个试验程序是基于以下一项试验或不同的试验组合：

——在 EMC 试验场进行的型式试验；

——对整台机床进行目视检查；

——对整台机床在制造商的生产现场进行附加试验。

## 5 抗扰度试验

### 5.1 试验分类和程序

注：电磁抗扰度试验程序如下所述。提供试验程序概况的流程图详见附录 E。

#### 5.1.1 不含电磁相关元件或组件的机床

不含电磁相关元件或组件的机床，则无需进行机床的抗扰度试验。

例如：仅含有诸如电动机、机电开关、恒温器和(可充电的)电池等类型零部件的机床。

#### 5.1.2 含有电磁相关元件或组件的机床

含有电磁相关元件或组件的机床，例如电子控制装置和动力零部件(包括子配件和子系统等)，则应在表 1 中选择某一适用的试验程序进行试验。

试验程序是由制造商根据机床的特性选定的。

表 1 试验程序

| 试验程序 | 试验程序 A<br>(适用于整台机床) | 试验程序 B<br>(适用于整套电气系统) | 试验程序 C<br>(适用于电气或机电组件) |
|---|---|---|---|
| 型式试验 | 要求 | 要求 | 要求 |
| 目视检查整台机床 | 不要求 | 任选(见注) | 要求 |
| 在制造商的生产现场进行机床的附加试验 | 不要求 | 任选(见注) | 要求 |
| 注：由制造商确定的目视检查或附加试验。 | | | |

##### 5.1.2.1 试验程序 A

应按本标准规定的抗扰度要求进行机床的试验(见 5.2 ～5.6 和表 A.1～表 A.5)。

在试验期间，应按照制造商的规定操作机床。

在每次抗扰度试验前、试验期间和试验后，应根据表 2 的性能判据检查机床的性能。

##### 5.1.2.2 试验程序 B

应按本标准规定的抗扰度要求进行机床的整套电气系统试验(见 5.2 ～ 5.6、表 A.1～表 A.5 和附录 B)，并按制造商的规定模拟机床的具体功能。

在每次抗扰度试验前、试验期间和试验后，应根据表 2 的性能判据检查机床的性能。

5.1.2.3 **试验程序 C**

由制造商用适当的方式将机床拆分为组件后，才能进行试验。

机床拆分为组件后，制造商应对组件按电磁有关或无关机床的抗扰度进行分类。

与电磁无关的组件不必试验。

与电磁相关的组件，按下列步骤试验：

1) 确定机床哪些端口与该组件的哪个端口或接口为电气连接(见附录 C 中表 C.1)；
2) 用作机床外部端口的组件的所有端口，都要进行试验；
3) 所有组件的外壳端口要与机床的外壳端口相连接；
4) 应根据本标准的抗扰度要求进行组件试验(见 5.2～5.6、表 A.1～表 A.5 和附录 C)或按照通用工业环境、产品系列或产品抗扰度标准进行。

注：组件制造商声明其组件符合 EMC 规定，机床制造商不必重复试验。

### 5.2 试验安排

按 5.1.2.1～5.1.2.3 及相应附录的要求，对机床或组件的相关端口进行试验。

如果几个过程测量和控制端口或信号接口具有相同的物理配置(布置)，只试验该型号的一个端口或接口即可。

单项试验，应逐一进行。试验顺序可以选择。

这些试验应按基础抗扰度标准所规定的试验条件进行(只要在通用抗扰度标准做出相关规定，这些试验条件可以在现场试验中包括)。

试验说明、试验程序、试验方法和试验配置，见相关基础抗扰度标准。

注：本标准不再重复相关基础抗扰度标准内容，与具体试验相关的修订或附加信息已在本标准中给出。

### 5.3 性能评价及判据

在试验期间和/或做出试验结论时，对机床性能降低的评价应简明，但同时需要给出充分的证据以表明机床的基本功能仍有效。

本标准的性能判据应使用于检查机床或组件抗外部骚扰的性能。

由于机床及其组件代表不同类型且范围广泛的产品群，本标准未能给出准确的性能判据。

然而，功能描述、性能判据的定义和监测方法、EMC 试验的持续时间和/或试验结果，应由制造商规定并包括在试验报告中，试验报告应依据通用规范及表 2 中包括的非详尽的故障示例。

制造商有责任规定机床或组件每个具体性能用的典型参数和允许的性能降低或功能丧失。

表 2 把给定的骚扰影响分为三类性能判据：A、B 和 C，每类判据确定了特定的性能水平。

**表 2 性能判据定义**

| 项目 | 性能判据 A<br>操作性能无显著变化；<br>无变化 | 性能判据 B<br>操作性能有显著变化；<br>自动恢复 | 性能判据 C<br>停机、保护器件被触发；<br>不可自动恢复 |
|---|---|---|---|
| 具体性能：<br>抗数据丢失的一般工况 | 无数据丢失；<br>机床正常运行。 | 无数据丢失；<br>机床可能会停止程序，程序数据和位置被保存，重新引发循环起动后程序继续运行。 | 有数据丢失；<br>通过重新起动或重新设置来恢复。 |
| 具体性能：<br>部分程序执行 | 操作无变化；<br>机床继续运行，操作性能没有显著变化。 | 处于 A 级，无数据丢失(数据和位置被保存)，但不包括由于操作变化而引起机床停止程序运行的情形；<br>重新引发循环起动后程序继续运行。 | 停机、操作变化等；<br>通过使用说明书指定的操作或控制的操作来恢复程序执行。 |

表 2（续）

| 项目 | 性能判据 A<br>操作性能无显著变化；<br>无变化 | 性能判据 B<br>操作性能有显著变化；<br>自动恢复 | 性能判据 C<br>停机、保护器件被触发；<br>不可自动恢复 |
|---|---|---|---|
| 具体性能：<br>工作模式的稳定性 | 工作模式没有变化 | 不适用 | 选定的工作方式丢失或改变；<br>允许操作者重新起动操作[a]。 |
| 具体性能：<br>电力电子设备、驱动装置和主轴等的操作 | 控制功能处于规定范围内；<br>在控制显示器、电力或驱动装置上都没有出现控制极限值被超越的信息。 | 控制功能暂时超越极限值；控制极限值被超越的错误信息出现（在控制显示器、电力或驱动装置上）；程序停止处于待命状态（规定状态），没有数据丢失（数据和位置被保存）；重新引发循环起动后程序继续运行。 | 被保护或安全装置关机；允许操作者重新起动操作。 |
| 具体性能：<br>信息处理和传感功能 | 与其他装置通信过程中没有骚扰出现。 | 操作装置之间暂时通信问题；两个装置（发射机/接收机）保持稳定，下次通信正常执行。 | 联合装置间的通信控制完全丢失；允许操作者重新起动操作。 |
| 具体性能：<br>显示装置和控制面板的操作 | 显示信息没有显著变化；只有轻微的强度、亮度影响或轻微字符抖动。 | 显示信息暂时出现显著变化；只有轻微的和暂时不需要的灯光或 LED 点亮[b]。 | 显示信息永久丢失或出现明显的错误信息，包括错误点亮灯及 LED 等。 |

[a] 示例：机床关机、加工过程无故停止、控制部件失灵、键盘失灵、操作系统失灵并且机床停机，控制装置的某些输出口接通/断开，此时起动了泵、接触器和电气阀门等设备。

[b] 示例：监控器断开但机床继续正常运行，报警指示无故出现，与机床的实际情况不一致的错误信息出现在监控器上（例如电动机未运动却出现位置错误信息）。

## 5.4 试验条件

如果机床或组件可以连接辅助设备，那么机床或组件应试验，只需要连接可以使其所有端口工作的最小配置的辅助设备即可。

当受试设备（EUT）以随机选择的方式运行时，在扫描期间，进行与电磁场及射频共模有关的试验。

如果机床具有自动循环程序，扫描应随机起动。

试验期间所使用的配置和操作方式应准确地在试验报告中注明（见 5.6 和附录 A ～附录 C）。

测试表 2 中给定的具体功能，要求专用的试验设备具有适合的抗扰度，能够抵御试验骚扰的寄生耦合，以及试验场地适合并不受负载影响。

### 5.4.1 程序 A 和 B

机床应在制造商预定的典型工作模式下，正常运行时，才能进行试验。

机床应在特定的或正常的环境范围内，以及额定的电源电压和频率下，才能进行试验。

典型机床试验条件如下所示：

——执行模拟循环运转是为了使用所有电磁相关的零部件或组件。通常，机床的模拟循环应在空载条件下运行。但某些机床（例如：电火花加工机床（EDM）和激光加工机床等）要在加工条件下运转才能满足要求。

——不同功能级的设置，例如：程序步骤、循环时间、速度、功率、转矩、绝对温度和增量温度加热元件。

应使用低于最大值的基准设置,优先选用大约50%的设置水平。

为试验选定的机床各工作模式运行期间(或作为各工作模式一部分的阶段),应进行所有瞬态现象的抗扰度试验,例如静电放电(ESD)、快速瞬变或浪涌抗扰度试验。

如果单循环周期超过了扫描时间,则应重复试验直至循环结束。

#### 5.4.2 程序 C

组件的试验条件应与组件预期使用要执行的主要功能相适应。

### 5.5 试验计划和试验报告

#### 5.5.1 试验计划

建议根据有关各方认可的 EMC 试验计划来进行 EMC 试验。

EMC 试验计划是就特定的产品、服务、合同或项目等活动的作法、资源和运行顺序而制定的文件。

受试设备(EUT)和辅助设备的配置、操作和性能是计划和进行 EMC 试验的基本信息。此外,在试验开始前,应制定操作 EUT 的职责。见附录 D。

#### 5.5.2 试验报告

试验报告应至少包括如下信息:

——制造商或其代表,以及受试产品的标识;

——已被评定的机床功能;

——对于试验程序 C,已评定过且与电磁相关组件的功能;

——在试验期间和/或试验后,按 5.3 规定的性能判据要求,可以接受的性能水平或性能降低水平;

——机床或组件的性能降低的观察方法;

——信号、控制和电源端口的标识;

——运行条件;

——适合于试验条件所采用的模拟循环;

——环境条件;

——所使用的试验设施和仪器的说明;

——天线的试验距离、位置和参考点;

——试验配置的描述(例如照片);

——EUT、电缆(型号、长度和连接器)以及辅助设备的说明;

——EUT 的运行模式;

——试验结果。

### 5.6 不同配置机床的型式试验

为执行不同的任务,机床可进行不同的配置。这些配置是完全或复杂配置的衍生式。制造商(装配者或集成商)可以通过以下方法,建议在符合本标准情况下来简化工作任务。

制造商应尽量确定最容易受电磁骚扰的 EMC 配置。本典型配置应按照 5.1 所示的分类和试验方法确定,以便覆盖其他可能的配置。本试验评估应有技术文件支持(例如:表示电气和机电组件以及相关互连方式的框图)。

一旦上述的典型配置,与按照 5.1.2 和 5.2 要求,已选用的试验程序和试验安排一致时,则任一已评定的衍生配置可视为符合本标准的要求,无需另外确认。

当制造商改装已评定过的机床配置,则应按表 3 对机床新的衍生配置进行评定,看其是否可作为新的典型配置。

表 3 不同配置的评估方法

| 机床的状况 | 处理方式 |
| --- | --- |
| 单一配置或不同配置的机床 | 按 5.1～5.4 要求典型配置进行试验(EMC 最坏情况的配置)。 |
| 用与电磁无关元件改装后的机床 | 机床被认为满足相关抗扰度试验的要求,无需进行试验。 |
| 用与电磁有关元件改装后的机床 | 重新评定典型配置的有效性。如果无效,则按 5.1～5.4 的要求对新的典型配置进行试验。 |

“最坏情况”可以用不同组合、有限测试或两者皆有的简单条件识别。“最坏情况”通常是最复杂的衍生。

### 5.7 试验预防措施

抗扰度试验可能会骚扰附近运行的设备,并且可能对人有害。试验时,应采取适当的预防措施。

## 6 产品文件

为确保满足 EMC 要求,应提供有关安装、操作或维修所需措施的资料。例如使用接地、屏蔽或专用电缆和最长的电缆长度以及正确功能接地连接。

# 附　录　A
（规范性附录）
## 型式试验要求

表 A.1　机床外壳端口抗扰度试验

| 环境现象 | 试验参数 | 基础标准 | 性能判据 |
| --- | --- | --- | --- |
| 工频磁场[a] | 50 Hz<br>30 A/m(r. m. s.) | GB/T 17626.8—2006 | A |
| 射频调幅电磁场 | 80 MHz～1 000 MHz<br>10 V/m (r. m. s.,未调幅)<br>80 % AM(1 kHz) | GB/T 17626.3—2006 | A |
| 静电放电[b] | ±4 kV (接触放电)<br>±8 kV (空气放电) | GB/T 17626.2—2006 | B |

[a] 对于 CRT 显示器，可接受的图像抖动取决于字符大小，并按以下公式对 1 A/m 的试验电平进行计算：

$$J=(3C+1)/40$$

式中：抖动 $J$ 和字符尺寸 $C$ 的单位为 mm。

由于抖动线性正比于磁场强度，因此，可以用其他试验值进行试验，再恰当地外推得到最大的抖动值上。

[b] 不适用于在维护中才接触到的信号线和/或零部件。

表 A.2　机床信号端口抗扰度试验

| 环境现象 | 试验参数 | 基础标准 | 性能判据 |
| --- | --- | --- | --- |
| 射频共模[a]<br>(已调幅) | 0.15 MHz～80 MHz<br>10 V (r. m. s.，未调幅)<br>80% AM (1 kHz) | GB/T 17626.6—2008 | A |
| 快速瞬变[b] | ± 1.0 kV (峰值)<br>$T_r/T_h$ 5/50 ns<br>重复频率 5 kHz | GB/T 17626.4—2008<br>(电容耦合夹) | B |
| 浪涌[c]<br>(共模) | $T_r/T_h$ 1.2/50 (8/20) μs<br>±1 kV | GB/T 17626.5—2008 | B |

[a] 只适用于按制造商的功能技术规范要求电缆总长度可以超过 3 m 的电缆连接端口或接口。试验值按注入 150 Ω 负载的等效电流来确定。

[b] 若工艺规程未包括的端口，只适用于制造商功能技术规范要求电缆总长度超过 10 m 的电缆连接端口；其他情况则为电缆总长超过 3 m 的端口。

[c] 只适用于按制造商的功能技术规范要求可以脱离建筑物的电缆连接端口或接口。

表 A.3　机床直流电源输入和输出端口抗扰度试验

| 环境现象 | 试验参数 | 基础标准 | 性能判据 |
| --- | --- | --- | --- |
| 射频共模<br>(已调幅) | 0.15 MHz～80 MHz<br>10 V (r. m. s.，未调幅)<br>80% AM (1 kHz) | GB/T 17626.6—2008 | A |
| 快速瞬变 | ±2.0 kV (峰值)<br>$T_r/T_h$　5/50 ns<br>重复频率 5 kHz | GB/T 17626.4—2008 | B |

**表 A.4 机床交流电源输入和输出端口抗扰度试验**

<table>
<tr><th>环境现象</th><th colspan="2">试验参数</th><th>基础标准</th><th>性能判据</th></tr>
<tr><td>射频共模[a]<br>(已调幅)</td><td colspan="2">0.15 MHz～80 MHz<br>10 V (r.m.s.,未调幅)<br>80% AM (1 kHz)</td><td>GB/T 17626.6—2008</td><td>A</td></tr>
<tr><td>快速瞬变[b]</td><td colspan="2">±2.0 kV (峰值)<br>$T_r/T_h$ 5/50 ns<br>重复频率 5 kHz</td><td>GB/T 17626.4—2008</td><td>B</td></tr>
<tr><td rowspan="2">电压暂降<br>(只适用于交流输入设备)</td><td colspan="2">减少,30%<br>0.5 周期</td><td rowspan="2">GB/T 17626.11—2008</td><td>B<br>用于 0.5 周期</td></tr>
<tr><td>减少,60%<br>5 周期</td><td>减少,60%<br>50 周期</td><td>C[c]<br>用于 5 和 50 周期</td></tr>
<tr><td>电压中断<br>(只适用于交流输入设备)</td><td colspan="2">> 95%<br>250 周期</td><td>GB/T 17626.11—2008</td><td>C[c]</td></tr>
<tr><td>浪涌<br>共模<br>差模</td><td colspan="2">$T_r/T_h$ 1.2/50 (8/20) μs<br>±2 kV<br>±1 kV</td><td>GB/T 17626.5—2008</td><td>B</td></tr>
</table>

[a] 不适用于打算连接电池或可充电电池的输入端口,可充电电池应从设备移开或断开时充电。试验值按注入 150 Ω 负载的等效电流来确定。

[b] 额定电流<100 A 的电源端口:用去耦网络直接耦合。额定电流≥100 A 的电源端口:电容耦合夹。试验值应为 4 kV/2.5 kHz。

[c] 用于电子电源变换器的性能判据 C:允许保护装置动作(例如:保险丝和断路器)。

**表 A.5 机床功能接地端口抗扰度试验**

| 环境现象 | 试验参数 | 基础标准 | 性能判据 |
|---|---|---|---|
| 射频共模[a]<br>(已调幅) | 0.15 MHz～80 MHz<br>10 V (r.m.s.,未调幅)<br>80% AM (1 kHz) | GB/T 17626.6—2008 | A |
| 快速瞬变 | ±1.0 kV (峰值)<br>$T_r/T_h$ 5/50 ns<br>重复频率 5 kHz | GB/T 17626.4—2008<br>(电容耦合夹) | B |

[a] 试验值按注入 150 Ω 负载的等效电流来确定。

# 附 录 B
## （规范性附录）
## 整套电气系统（装置）

整套电气系统（装置）应作为整体进行型式试验，试验中应模拟特定功能，并且遵循合适的基础标准。

此外，制造商应编制装配指南以总装机床。

为了检验机床是否符合 EMC 设计规则，还应进行目视检查，或编制试验方案，说明对典型成品机床进行试验的类型和位置。

试验报告应对选择的程序 B 作为试验方法及试验符合要求进行说明。

# 附 录 C
## （规范性附录）
## 机 床 组 件

机床与外部环境的接口是对机床进行型式试验的相关测量点。应恰当地选定机床组件。有关试验见表 C.1。

此外，制造商应编制装配指南来总装机床。为了检验机床是否符合 EMC 设计规则，还应进行目视检查，编制试验方案，说明对典型成品机床进行试验的类型和位置。

如果机床制造商的装配方法与组件制造商安装指南规定方法不一致时，则应根据附加试验和/或计算结果和/或以往经验来分析并证明此装配方法是正确的。

制造商应在“EMC 计划”中记录所有数据，包括组件的技术规格、装配指南、目视检查结果、所选择的试验类型和分析结果。

试验报告应对选择的试验程序 C 作为试验方法及试验符合要求进行说明。

制造商的证明文件中应做出以下声明：“本机床是用经试验验证的组件装配的”。

**表 C.1 机床的抗扰度试验 根据附录 A 的试验程序进行试验的端口和接口一览表**

| 试验 | 组件端口或接口 | 机床端口 | 整台机床的附加试验 |
|---|---|---|---|
| 工频磁场[a] | 外壳 | 外壳 | 不要求 |
| 射频电磁场 | 外壳 | 外壳 | 不要求 |
| 静电放电 | 外壳[b] | 外壳 | 根据附录 A 的要求 |
| 射频共模 | 用作整台机床外部端口的所有端口或接口 | 超过 3 m 长的信号线<br>电源端口<br>接地端口 | 不要求 |
| 快速瞬变 | 用作整台机床外部端口的所有端口或接口 | 超过 3 m 长的信号线<br>电源端口<br>接地端口 | 根据附录 A 的要求 |
| 浪涌 | 与机床各端口分别相连的所有端口或接口 | AC 电源端口、信号端口[c] | 不要求 |

[a] 只用于包含易受磁场影响的器件的组件。

[b] 在通电期间，用户或维修人员不可接触到的组件，只需要进行间接放电试验。

[c] 只适用于按制造商的功能技术规范要求可以脱离建筑物的电缆连接端口或接口。

# 附 录 D
（资料性附录）
# 试 验 计 划

EMC 试验计划可以包括以下内容：

——EUT 的描述；

——外围设备(包括在 EUT/辅助设备中)的说明；

——EUT 配置(硬件和软件)；

——EUT 使用说明书；

——试验顺序；

——试验中各有关当事方的职责；

——终止试验的条件；

——依据附录 A 逐一说明各端口的试验要求，包括为什么不进行某些试验的理由或证明；

——EUT 性能判据的详细说明。

# 附 录 E
## （资料性附录）
## 试验程序流程图

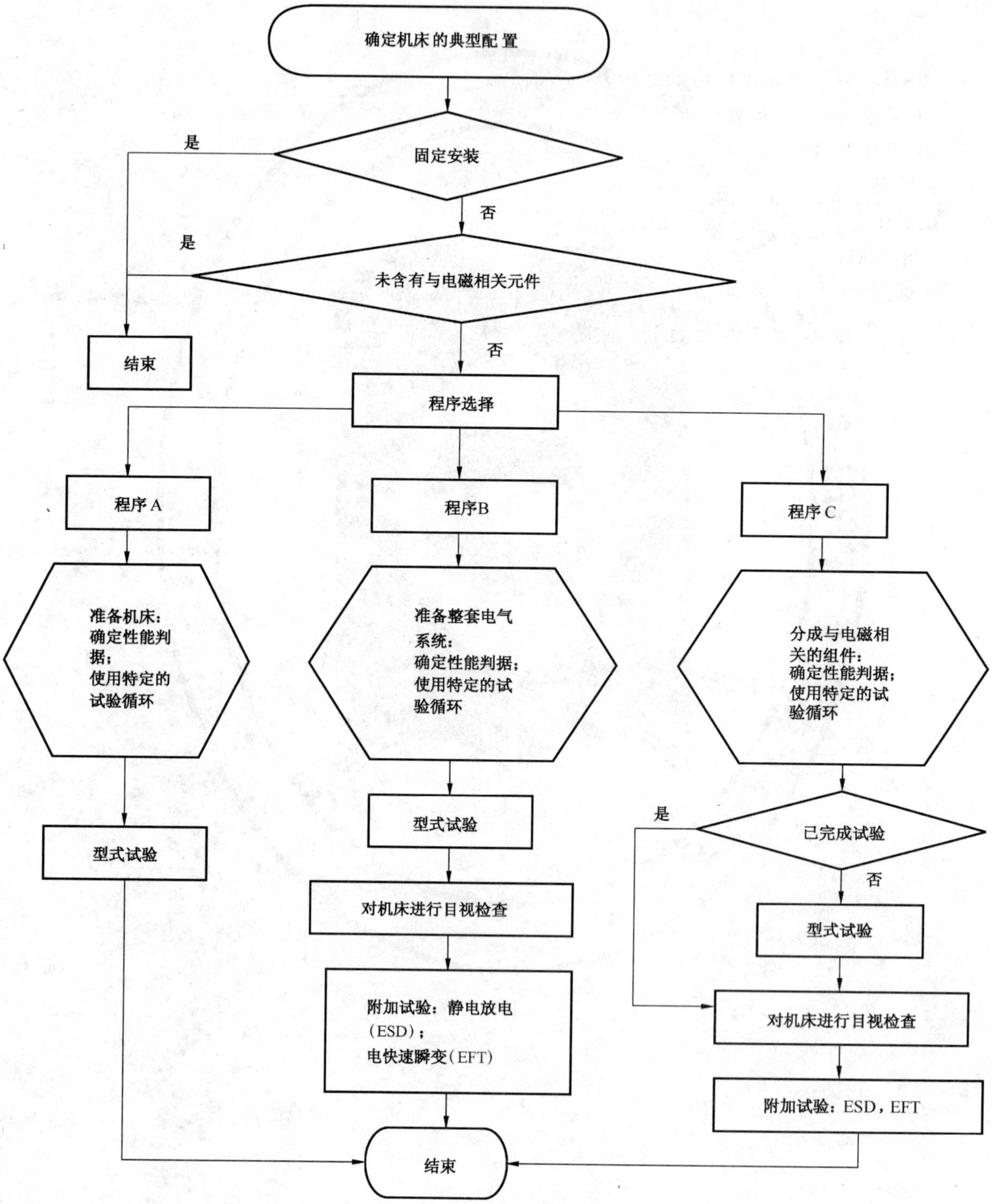

确定机床的典型配置

固定安装（是 → 结束；否 ↓）

未含有与电磁相关元件（是 → 结束；否 ↓）

结束

程序选择

程序A

准备机床：
确定性能判据；
使用特定的试验循环

型式试验

程序B

准备整套电气系统：
确定性能判据；
使用特定的试验循环

型式试验

对机床进行目视检查

附加试验：静电放电（ESD）；
电快速瞬变（EFT）

程序C

分成与电磁相关的组件：
确定性能判据；
使用特定的试验循环

已完成试验（是 → 对机床进行目视检查；否 ↓）

型式试验

对机床进行目视检查

附加试验：ESD，EFT

结束

ICS 25.140.20
K 64

# 中华人民共和国国家标准

GB/T 22664—2008

# 手持式电动工具　石材切割机

**Hand held motor—Operated tile saws**

2008-12-30 发布　　　　2009-10-01 实施

中华人民共和国国家质量监督检验检疫总局
中国国家标准化管理委员会　发布

# 前　言

本标准与GB 3883.18《手持式电动工具的安全　第二部分：石材切割机专用要求》配套使用。

本标准由中国电器工业协会提出。

本标准由全国电动工具标准化技术委员会归口。

本标准起草单位：江苏东成电动工具有限公司、上海电动工具研究所。

本标准主要起草人：孙宝康、刘江、李邦协。

本标准为首次发布。

# 手持式电动工具　石材切割机

## 1　范围

本标准规定了石材切割机的基本参数和型式、技术要求、试验方法、检验规则和标志、包装等要求。

本标准适用于一般环境下，由直流、交直流两用或单相串励电机驱动，用金刚石切割片对石材、大理石板、瓷砖、水泥板等含硅酸盐的材料进行切割的电动石材切割机(以下简称切割机)。

## 2　规范性引用文件

下列文件中的条款通过本标准的引用而成为本标准的条款。凡是注日期的引用文件，其随后所有的修改单(不包括勘误的内容)或修订版均不适用于本标准，然而，鼓励根据本标准达成协议的各方研究是否可使用这些文件的最新版本。凡是不注日期的引用文件，其最新版本适用于本标准。

GB 755—2008　旋转电机　定额和性能(IEC 60034-1:2004,IDT)

GB/T 1002　家用和类似用途单相插头插座型式、基本参数和尺寸

GB 2099.1　家用和类似用途插头插座　第1部分:通用要求(GB 2099.1—2008,IEC 60884-1:2006,E3.1,MOD)

GB/T 2900.28—2007　电工术语　电动工具

GB 3883.1—2005　手持式电动工具的安全　第一部分:通用要求(IEC 60745-1:2003,Ed3.2,IDT)

GB 3883.18　手持式电动工具的安全　第二部分:石材切割机的专用要求

GB 4343.1—2003　电磁兼容　家用电器、电动工具和类似器具的要求　第1部分:发射(IEC/CISPR 14-1:2000,IDT)

GB/T 4583—2007　电动工具噪声测量方法　工程法

GB/T 5013.4—2008　额定电压450/750 V及以下橡皮绝缘软电缆　第4部分 软线和软电缆(IEC 60245-4:2004,IDT)

GB/T 5023.5—2008　额定电压450/750 V及以下聚氯乙烯绝缘电缆　第5部分:软电缆(软线)(IEC 60227-5:2003,IDT)

GB/T 9088—2008　电动工具型号编制方法

GB 17625.1—2003　电磁兼容　限值　谐波电流发射限值(设备每相输入电流≤16 A)(IEC 61000-3-2:2001,IDT)

GB 17625.2—2007　电磁兼容　限值　对每相额定电流≤16和无条件接入的设备在公用低压供电系统中产生的电压变化、电压波动和闪烁的限制(IEC 61000-3-3:2005,IDT)

GB 19212.1—2003　电力变压器、电源装置和类似产品的安全　第1部分:通用要求和试验(IEC 61558-1:1998,MOD)

GB 19212.7—2006　电力变压器、电源装置和类似产品的安全　第7部分:一般用途安全隔离变压器的特殊要求(IEC 61558-2-6:1997,IDT)

## 3　基本参数和型式

3.1　切割机的基本参数应符合表1的规定。

表 1 基本参数

| 规格 | 切割锯片尺寸/mm 外径×内径 | 额定输出功率/W | 额定转矩/N·m | 最大切割深度/mm |
|---|---|---|---|---|
| 110C | 110×20 | ≥200 | ≥0.3 | ≥20 |
| 110 | 110×20 | ≥450 | ≥0.5 | ≥30 |
| 125 | 125×20 | ≥450 | ≥0.7 | ≥40 |
| 150 | 150×20 | ≥550 | ≥1.0 | ≥50 |
| 180 | 185×25 | ≥550 | ≥1.6 | ≥60 |
| 200 | 200×25 | ≥650 | ≥2.0 | ≥70 |

3.2 切割机型号

切割机的型号应符合 GB/T 9088 的规定，其含义如下：

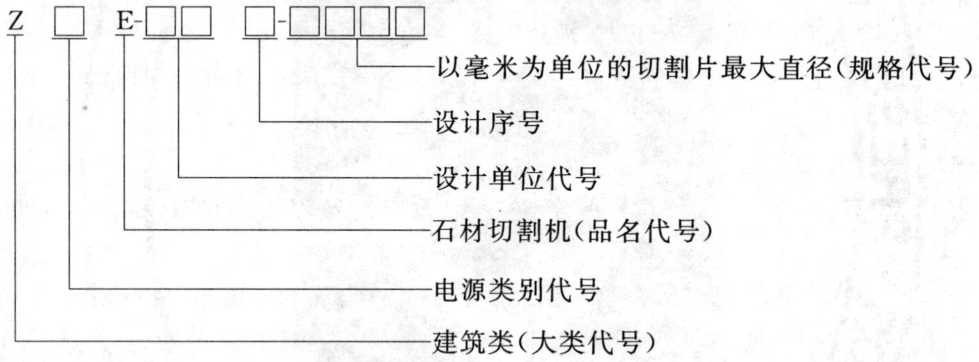


## 4 技术要求

### 4.1 一般要求

4.1.1 切割机应按规定程序批准的图样和技术文件制造，并符合本标准的规定。

4.1.2 切割机应能在下列环境条件下额定运行：

a) 海拔不超过 1 000 m；

b) 环境最高空气温度不超过 40 ℃；

c) 空气相对温度不超过 90%(25 ℃)。

4.1.3 切割机适用的电源条件为：

a) 直流切割机应能在额定直流电压下运行；

b) 交直流两用切割机应能在额定直流电压及电源电压为实际正弦波形、频率为 50 Hz 的单相交流额定电压下运行；

c) 单相串励切割机应能在电源电压为实际正弦波形、频率为 50 Hz 的单相交流额定电压下运行。

4.1.4 切割机额定电压和频率：

a) 交流额定电压：220 V，110 V，42 V，36 V；

b) 直流额定电压：220 V，110 V；

c) 交流额定频率：50 Hz。

### 4.2 切割机的安全要求

4.2.1 切割机的安全，除本标准已作补充和提高的条款外，皆应符合 GB 3883.18 的规定。

4.2.2 切割机应当具有调节切割深度的机构。此调节机构均不应在工具正常使用过程中出现松动现象。

4.2.3 切割机应装有不用工具不能拆卸的固定防护罩。防护罩安装后切割片的外露部分的角度应不大于180°。

4.2.4 切割机的电源插头型式、基本参数和尺寸应符合 GB/T 1002 的规定。技术要求应符合 GB/T 2099.1 的规定。

4.2.5 联接切割机与电源的软电缆或软线应采用符合或性能不低于 GB/T 5013.4 的 60245 IEC 53 或 GB/T 5023.5 的 60227 IEC 53 规定的软电缆或软线。

4.2.6 Ⅲ类结构的切割机应采用安全隔离变压器或旋转机组供电,安全隔离变压器应符合 GB 19212.1 和 GB 19212.7 的规定。

4.2.7 应限制切割机使用含有铅、汞、镉、六价铬、多溴二苯醚(PBDE)、多环芳香烃(PAHS)和多溴联苯(PBB)等七种有害物质,用于绝缘浸渍或滴浸处理的绝缘漆不能含有苯、二甲苯、溶剂油等有毒有害、易燃易爆的有机溶剂。

## 4.3 切割机的外观

4.3.1 切割机的塑料外壳不得有气泡、裂痕、明显的糊斑和冷隔等严重缺陷,金属外壳表面无缺损,涂层应均匀光洁。

4.3.2 切割机的铭牌应牢固而无卷曲地置于切割机壳体表面。

## 4.4 切割片夹紧压板

4.4.1 切割机的切割片夹紧压板应有二个,此二个压板面外径 $D$ 及此两压板与砂轮的接触面尺寸 $B$ 均为同一尺寸(见图 1 所示)。

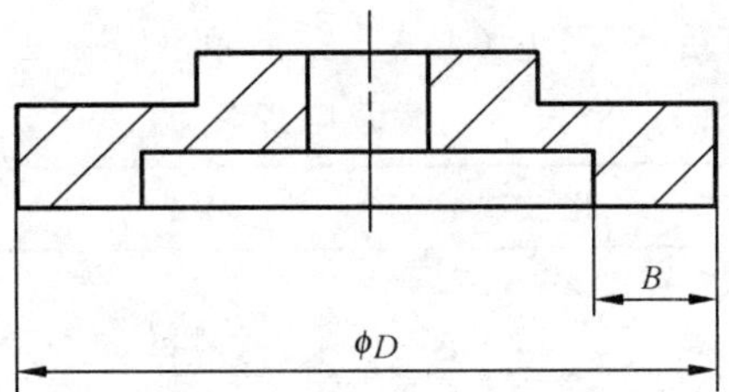


图 1 夹紧压板

4.4.2 两夹紧压板的尺寸应符合表 2 的规定。

表 2 夹紧压板的尺寸

mm

| 切割片外径 | 夹紧压板尺寸 | |
|---|---|---|
| | $\phi D$ | $B$ |
| φ110 | ≥35 | ≥4 |
| φ125 | ≥35 | ≥4 |
| φ150 | ≥35 | ≥6 |
| φ180 | ≥40 | ≥6 |
| φ200 | ≥40 | ≥6 |

## 4.5 电磁兼容性

### 4.5.1 电磁骚扰电平

a) 频率范围为(0.15～30)MHz 内测得的相线或中线对地的连续骚扰电压电平值均不超过表 3 规定的允许值。

表 3 连续骚扰电压限值

| 频率范围 | 电动机额定功率≤700 W | 700 W<电动机额定功率≤1 000 W | 电动机额定功率>1 000 W |
|---|---|---|---|
| MHz | dB(μV)<br>准峰值 | dB(μV)<br>准峰值 | dB(μV)<br>准峰值 |
| | 随频率的对数线性减小 | | |
| 0.15～0.35 | 66～59 | 70～63 | 76～69 |
| 0.35～5.0 | 59 | 63 | 69 |
| 5～30 | 64 | 68 | 74 |

b) 频率范围为(30～300)MHz 内测得的由电源线辐射、吸收钳所吸收的连续骚扰功率电平值应不超过表 4 规定的限值。

表 4 连续骚扰功率限值

| 频率范围 | 电动机额定功率≤700 W | 700 W<电动机额定功率≤ 1 000 W | 电动机额定功率>1 000 W |
|---|---|---|---|
| MHz | dB(pW)<br>准峰值 | dB(pW)<br>准峰值 | dB(pW)<br>准峰值 |
| 30～300 | 随频率线性增大<br>45～55 | 49～59 | 55～65 |

4.5.2 谐波电流

a) 切割机的谐波电流应不超过表 5 规定的限值。

b) 表 5 规定的谐波电流限值的应用见 GB 17625.1 的规定。

表 5 谐波电流限值

| | 谐波次数/$n$ | 最大允许谐波电流/A |
|---|---|---|
| 奇次谐波 | 3 | 3.45 |
| | 5 | 1.71 |
| | 7 | 1.155 |
| | 9 | 0.60 |
| | 11 | 0.495 |
| | 13 | 0.315 |
| | 15≤$n$≤39 | 0.022 5×15/$n$ |
| 偶次谐波 | 2 | 1.62 |
| | 4 | 0.645 |
| | 6 | 0.45 |
| | 8≤$n$≤40 | 0.345×8/$n$ |

4.5.3 电压波动和闪烁

切割机在接入低压公用电网运行时，引起的电压波动值和闪烁值应符合下列规定：

$P_{st}$值应不大于 1.0；

$P_{lt}$值应不大于 0.65；

在电压变化期间的相对电压变化特性 $d(t)$值超过 3.3%的时间不大于 500 ms；

相对稳态电压变化 $d_c$ 不超过 3.3%；

最大相对电压变化值 $d_{max}$不超过 7%；

如果电压变化由手动开关引起或发生频率小于每小时一次，则不考核 $P_{st}$和 $P_{lt}$。

### 4.6 轴伸圆柱面径向圆跳动

切割机轴伸圆柱面的径向圆跳动值应不大于 0.04 mm。

### 4.7 噪声

在距离切割机中心 1 000 mm 球面处测得切割机的空载噪声声压级(A 计权)的平均值应不大于表 6 规定的限值。

**表 6 噪声限值**

| 切割机规格/mm | $\phi$110 | $\phi$125 | $\phi$150 | $\phi$180 | $\phi$200 |
|---|---|---|---|---|---|
| 噪声值/dB(A) | 90(101) | | 91(102) | | 92(103) |
| 注:在混响室内测量切割机的噪声值,其声功率级(A 计权)应不大于表中括号内规定的限值。 | | | | | |

### 4.8 输入功率、电流和基本参数

4.8.1 切割机在额定电压下,按表 1 规定的额定输出功率和额定转矩值的最低值施加负载,其输入功率值应不大于铭牌标明的输入功率值的 120%。

4.8.2 切割机铭牌上如果标有电流值,则在额定电压和额定输出功率/额定转矩下,其电流应不大于铭牌标明电流值的 120%。

4.8.3 切割机在空载条件下的输入功率和/或电流应符合 GB 3883.18 的规定。

### 4.9 温升

在额定负载时,切割机的温升应不超过表 7 规定的数值。

**表 7 温升限值**

K

| 零 件 | 温 升 |
|---|---|
| 120 级绝缘绕组 | 90 |
| 130 级绝缘绕组 | 95 |
| 155 级绝缘绕组 | 115 |
| 正常使用中非握持的外壳 | 60 |
| 正常使用中连续握持的手柄、按钮及类似零件: | |
| ——金属 | 30 |
| ——塑料 | 50 |
| 注:当试验地点的海拔或使用地点与规定的环境条件不同时,绕组温升限值的修正按 GB 755 的规定进行。 | |

如果绕组温升超过表 7 的限值,制造商可选择按 GB 3883.1—2008 中 12.6 再行判定。

### 4.10 过转矩

切割机在热态下承受 1.5 倍额定转矩,历时 15 s 的过转矩试验后,切割机应能正常运行。

### 4.11 电源线长度

切割机自电源线进线孔到插头(不包括插销)的电源线长度应不少于 1.8 m。

### 4.12 防锈

切割机的钢制电刷弹簧、螺钉等应进行表面处理,以防锈蚀。对钢制电刷弹簧及接地螺钉、垫圈应进行防锈试验。

## 5 试验方法

### 5.1 外观检查

通过观察和手试,检查切割机的外观。

检查结果应符合 4.2.2 和 4.3 的规定。

### 5.2 噪声测量

切割机的噪声测量按 GB/T 4583 的规定进行。

试验结果应符合 4.7 的规定。

### 5.3 切割片夹紧压板的检查

拆下切割片的两只夹紧压板，用游标卡尺测量夹紧面的外径及夹紧压板与切割机片接触面的尺寸。

检查结果应符合 4.4 的规定。

### 5.4 电磁骚扰电平的测量

切割机电磁骚扰电平的测量按 GB 4343.1 的规定进行。

测量时，切割机应带切割片连续空载运行。

试验结果应符合 4.5.1 的规定。

### 5.5 谐波电流测量

切割机的谐波电流测量按 GB 17625.1 的规定进行。

测量时，切割机应带切割片连续空载运行。

测量结果应符合 4.5.2 的规定。

### 5.6 电压波动和闪烁测量

切割机的电压波动和闪烁测量按 GB 17625.2 的规定进行。

测量时，切割机应带切割片连续空载运行。

测量结果应符合 4.5.3 的规定。

### 5.7 轴伸圆柱面径向圆跳动检查

切割机固定在刚性支架上，用百分表测量，测点取轴伸圆柱面的中间位置。

以较低的电压或以其他合适的方式使轴伸缓慢转动 3 周，百分表上 3 次最大值和最小值之差的平均值，即为轴伸圆柱面的径向圆跳动值。

检查结果应符合 4.6 的规定。

### 5.8 输入功率、电流和基本参数测量

切割机在额定电压下，施加负载到表 1 规定的额定输出功率。如果此时转矩未达到表 1 规定的最低值，则继续增加切割机的负载，使转矩达到该值。

在切割机运行 15 min 后，测量切割机的输入功率、电流、转矩及输出功率。

试验结果应符合 3.1 及 4.8 的规定。

### 5.9 温升试验

#### 5.9.1 施加的负载

在额定电压下，按 5.8 所确定的负载施加转矩。如此时切割机的输入功率小于铭牌上标明的额定输入功率，则增加负载，使切割机的输入功率达到铭牌上标明的额定输入功率，以该输入功率下的转矩施加负载进行温升试验。

#### 5.9.2 运行时间

在 5.9.1 的条件连续运行 30 min 后，用电阻法测量绕组温升，用温度计法测量其他部位的温升。

检查结果应符合 4.9 的规定。

### 5.10 过转矩试验

温升达到稳定时，在额定电压下增加转矩，使其输出转矩达到 5.9 测定的负载转矩的 1.5 倍，试验历时 15 s。

检查结果应符合 4.10 的规定。

### 5.11 防护罩检查

通过观察和用角度尺分别检查防护罩及测量锯片外露部分的角度。

检查结果应符合 4.2.3 的规定。

**5.12 电源线检查**

测量切割机电源线进线孔到插头(不包括插销)面的电源线长度。

检查结果应符合 4.11 和 4.2.5 的规定。

**5.13 切割深度检查**

切割深度调节到最大位置。此时,测量自切割机底板下平面到切割片周边的垂直距离。

检查结果应符合表 1 的规定。

**5.14 有害物质检查**

按相关国家标准进行。

检查结果应符合 4.2.7 的规定。

**5.15 其余的试验方法**

未作规定的其余试验方法均应按 GB 3883.18 的规定进行。

## 6 检验规则

6.1 每台切割机必须经质量检验部门检验合格后才能出厂。出厂时应附有证明产品质量合格的文件。

6.2 本标准规定的项目为型式试验项目。其中带"*"标记的项目为检查试验项目,带"**"标记的项目在产品定型后,如结构和材料没有变更,则在以后进行的型式试验时可不进行。

外观检查*

标志检查*(检查试验时,不进行擦拭试验)

电击保护检查**

噪声测量

电磁骚扰电平测量

谐波电流测量

电压波动和闪烁测量

起动试验

轴伸圆柱面径向圆跳动检查

输入功率、电流和基本参数测量

温升试验

过转矩试验

泄漏电流测量

防潮试验

耐电压试验*

耐久性试验

不正常操作试验

结构检查**

机械危险检查**

机械强度检查

防护罩检查**

切割深度检查**

切割片夹紧压板的检查**

内部布线检查

组件试验**

电源线检查

电源联接检查

软电缆或软线拉力和扭力试验

软电缆及护套弯曲试验**

外接导线的接线端子检查**

接地装置检查

螺钉及联接检查**

爬电距离、电气间隙和绝缘穿通距离检查

耐热性、耐燃性和电痕化试验**

防锈试验

注：检查试验时，施加在带电零件与外壳间的试验电压，对Ⅱ类和Ⅲ类切割机分别为 2 500 V、400 V，历时 3 s。

### 6.3 检验方法

6.3.1 凡属下列情况之一的应进行型式试验：

a) 新产品试制完成时；

b) 产品设计或工艺上的变更足以引起某些性能发生变化时，应进行有关项目的型式试验；

c) 当检查试验结果与以前进行的型式试验结果发生不可允许的偏差时；

d) 定期抽试；

e) 国家质量监督部门抽检需要时。

6.3.2 试验按 6.2 所列试验项目的顺序进行。

6.3.3 除需提供的零件(如防锈试验的电刷弹簧、螺钉等)进行有关试验外，其余试验项目应尽可能在同一台样机上进行。

## 7 标志和包装

### 7.1 标志

7.1.1 切割机的铭牌应标有下列项目：

a) 产品名称(石材切割机)；

b) 型号；

c) 切割片直径，mm；

d) 最大切割深度，mm；

e) 额定电压，V；

f) 电源种类符号；

g) 额定输入功率，W 或 kW，或额定电流 A；

h) 空载转速，r/min 或 /min；

i) Ⅱ类结构符号(仅在Ⅱ类切割机上标出)；

j) 防潮程度符号(仅在有要求时标出)；

k) 制造商名称或商标；

l) 制造商地址和原产地；

m) 出厂批量代号。

7.1.2 切割片的旋转方向应用凸出或凹进的箭头或以其他清晰而耐久的表示方法标明。

### 7.2 每台切割机出厂时应附有的文件

7.2.1 产品合格证。

7.2.2 使用维护说明书。

在该说明书上应阐述下列内容，并符合 GB 3883.18 规定：

1) 对该切割机的特点和用途作有关说明。

2) 应有独立章节说明切割机使用的安全使用的要求，其内容包括必须注意的事项，出现的危险和相应的预防措施，建议使用剩余电流动作保护器。详细内容应符合 GB 3883.18—1995 中第 8 章的要求。内容应包括：

a） 切割机，如果隔离变压器供电，应指明所使用的变压器型号或该变压器的技术参数；

b） 切割片的选用；

c） 切割机使用前的安全检查；

d） 切割机达到全速后，才可进行作业；

e） 按不同材质确定切割机能达到的最大切割深度。

3） 有关保养事项。

4） 有关保修条款。

### 7.3 包装、运输及储存

切割机的包装、运输、储存应符合有关规定。

## 8 保修期限和附件

### 8.1 保修期限

用户按照切割机制造厂使用维护说明书的规定，在正确地运输、存放和使用切割机的情况下，切割机在制造厂规定的保修期限内，如因制造质量不良而发生损坏或不能正常工作时，制造厂应免费为用户修理或调换。

### 8.2 附件

切割机出厂时，应附有拆装切割片的专用工具。

ICS 25.140.20
K 64

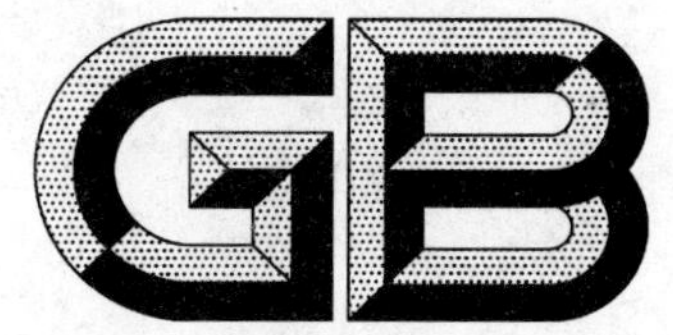

# 中华人民共和国国家标准

GB/T 22665.1—2008

# 手持式电动工具手柄的振动测量方法 第1部分：电钻和冲击钻

**Measurement of vibrations at the handle of hand-held electric tools—Part 1：Drills and impact drills**

2008-12-30 发布　　2009-10-01 实施

中华人民共和国国家质量监督检验检疫总局
中国国家标准化管理委员会　发布

# 前　言

本部分为 GB/T 22665《手持式电动工具手柄的振动测量方法》系列标准中的第 1 部分。该系列标准的结构及名称如下：

GB/T 22665.1　手持式电动工具手柄的振动测量方法　第 1 部分：电钻和冲击钻
GB/T 22665.2　手持式电动工具手柄的振动测量方法　第 2 部分：螺丝刀和冲击扳手
GB/T 22665.3　手持式电动工具手柄的振动测量方法　第 3 部分：砂轮机、抛光机和盘式砂光机
GB/T 22665.4　手持式电动工具手柄的振动测量方法　第 4 部分：非盘式砂光机和抛光机
GB/T 22665.5　手持式电动工具手柄的振动测量方法　第 5 部分：圆锯
GB/T 22665.6　手持式电动工具手柄的振动测量方法　第 6 部分：锤类工具
GB/T 22665.8　手持式电动工具手柄的振动测量方法　第 8 部分：电剪刀和电冲剪
GB/T 22665.9　手持式电动工具手柄的振动测量方法　第 9 部分：攻丝机
GB/T 22665.11　手持式电动工具手柄的振动测量方法　第 11 部分：往复锯(曲线锯、刀锯)
GB/T 22665.13　手持式电动工具手柄的振动测量方法　第 13 部分：链锯
GB/T 22665.14　手持式电动工具手柄的振动测量方法　第 14 部分：电刨
GB/T 22665.15　手持式电动工具手柄的振动测量方法　第 15 部分：修枝剪
GB/T 22665.17　手持式电动工具手柄的振动测量方法　第 17 部分：木铣和修边机
GB/T 22665.18　手持式电动工具手柄的振动测量方法　第 18 部分：捆扎机
GB/T 22665.20　手持式电动工具手柄的振动测量方法　第 20 部分：带锯
GB/T 22665.21　手持式电动工具手柄的振动测量方法　第 21 部分：管道疏通机

本部分在技术内容上与 EN 60745-1：2006《手持式电动工具　安全　第 1 部分：通用要求》和 EN 60745-2-1：2003＋A11：2007《手持式电动工具　安全　第 2-1 部分：电钻和冲击钻的专用要求》中关于振动测量的方法协调一致。

本部分的附录 A、附录 B 为规范性附录。

本部分由中国电器工业协会提出。

本部分由全国电动工具标准化技术委员会归口。

本部分起草单位：上海电动工具研究所。

本部分主要起草人：潘顺芳 、尹海霞。

本部分为首次发布。

# 手持式电动工具手柄的振动测量方法 第1部分：电钻和冲击钻

## 1 范围

GB/T 22665的本部分规定了对手持式电钻和冲击钻在三个正交轴上测量手传振动的一般方法，以中心频率为8 Hz～1 000 Hz的倍频程测量。

本部分适用于按频率计权振动加速度评价手传振动的方法，未规定振动限值。

在工作场所条件下的人体接触手传振动的评估可按ISO 5349-1和ISO 5349-2进行。

## 2 规范性引用文件

下列文件中的条款通过GB/T 22665的本部分的引用而成为本部分的条款。凡是注日期的引用文件，其随后所有的修改单(不包括勘误的内容)或修订版均不适用于本部分，然而，鼓励根据本部分达成协议的各方研究是否可使用这些文件的最新版本。凡是不注日期的引用文件，其最新版本适用于本部分。

GB/T 15619—2005 机械振动与冲击 人体暴露 词汇

GB/T 2900.28—2007 电工术语 电动工具

GB/T 2298—1991 机械振动与冲击 术语(neq ISO 2041:1990)

GB/T 3241 倍频程和分数倍频程滤波器

ISO 5349-1 机械振动 人体接触手传振动的测量与评价 第1部分：一般要求

ISO 5349-2 机械振动 人体接触手传振动的测量与评价 第2部分：对在工作场所测量的应用指南

ISO 8041:2005 人体对振动的反应 测量仪器

## 3 术语和定义、符号

GB/T 15619、GB/T 2900.28、GB/T 2298规定的术语和定义外，下列术语和定义适用于本部分。

### 3.1

**手传振动(冲击) hand-transmitted vibration(shock)**

通常通过握持工具或工件的手掌或手指直接施加于或传递到人体手臂系统的机械振动(冲击)。

### 3.2

**频率计权加速度 frequency-weighted acceleration**

根据人体对不同频率振动的感觉响应及产生的生理效应规律进行计权的加速度。

### 3.3 符号

本部分使用下述符号：

$a_{hw}(t)$ ……………… $t$时刻频率计权手传振动瞬时单轴加速度，m/s²

$a_{hw}$ ……………… 频率计权手传振动单轴加速度均方根值，m/s²

$a_{hwx}$，$a_{hwy}$，$a_{hwz}$ ……………… 在规定的$X$、$Y$和$Z$各方向$a_{hw}$值，m/s²

$a_{hv}$ ……………… 频率计权均方根值加速度的振动总值，m/s²；它是三轴测量的振动值$a_{hw}$的平方和的根值

$a_h$ ……………… 所有操作者测量结果的算术平均值，即总振动值，m/s²，即测试

| | |
|---|---|
| | 的结果 |
| $\sigma_R$ | 重复性标准差 |
| $K$ | $a_h$的不确定度,m/s² |
| $C_V$ | 一组测试的变异系数,定义为一组测量值的标准差与该组数值的均值之比: |

$$C_V = \frac{S_{N-1}}{\overline{a}_{hv}} \tag{1}$$

式中:

$S_{N-1}=\sqrt{\frac{1}{N-1}\sum_{i=1}^{N}(a_{hvi}-\overline{a}_{hv})^2}$;

$\overline{a}_{hv}$——一个测量序列中5个振动总值的平均值,$m/s^2$;

$a_{hvi}$——一个测量序列中第$i$次振动总值,$m/s^2$;

$N$——一个测量序列中测量值的数量(本标准$N$取5)。

## 4 振动

### 4.1 振动的消减

在不过度影响工具的性能和人机工程(质量、操作等)的前提下,应尽可能地将手柄振动降为最低。

注:可以采用工程方法来降低振动。评估应用降低振动的措施是否成功,是通过将该工具与其他同类型且具有可比性规格和性能的工具的振动水平进行对比,可见参考文献。

### 4.2 振动测量的一般要求

本测试方法给出了所有关于振动发射特性的确定、声明和验证的必要信息。还可将不同工具的测试结果进行比较。

应在说明书中给出工具手臂振动水平$a_h$及其不确定度$K$,按下述测试程序确定$a_h$值,给出的不确定度$K$表明了测量平均值的偏离程度。

### 4.3 振动的特性

#### 4.3.1 测量的方向

传递到手上的振动与$X$、$Y$和$Z$三个正交方向有关,见图1。

#### 4.3.2 测量的定位

图2、图3给出了测量不同类型的电钻和冲击电钻、金刚石钻时传感器的位置。

应在每个手握持位置处的三个方向进行测量,所有的测量应同时进行。

测量应尽可能地靠近手的拇指与食指之间,该位置为操作者正常握持工具的位置。

如果握住的部位被柔软的表面材料覆盖,应避免传感器安装的谐振效应。如果只在握持部位装有柔软的表面材料,则应将其去除或者通过一个传感器安装夹或合适的转接器将表面材料压紧。

对于具有隔离振动的手柄,测量的定位会明显地影响振动值。如果传感器不能沿着手柄长度的中间放置,则测量点应在沿握持部位手的左边和右边来确定相应的振动值[见图1a)]。该手柄的测量结果应为两个测量点结果的平均值。

如果工具运行时需多于一个握紧或抓紧表面,则应在操作者正常操作工具时的手柄握持位置进行测量并记录。如果能够表明某一个握紧的部位的振动总是起主导作用的话,则可以只在该握紧区域进行测量。

#### 4.3.3 振幅

描述振动大小的量值应用频率计权加速度$a_{hw}$表示,$m/s^2$。

频率计权应符合ISO 5349-1的要求,附录A规定了对频率计权和频带限定滤波器的要求。

本部分中的均方根值$a_{hw}$定义为频率计权加速度信号$a_{hw}(t)$的均方根值:

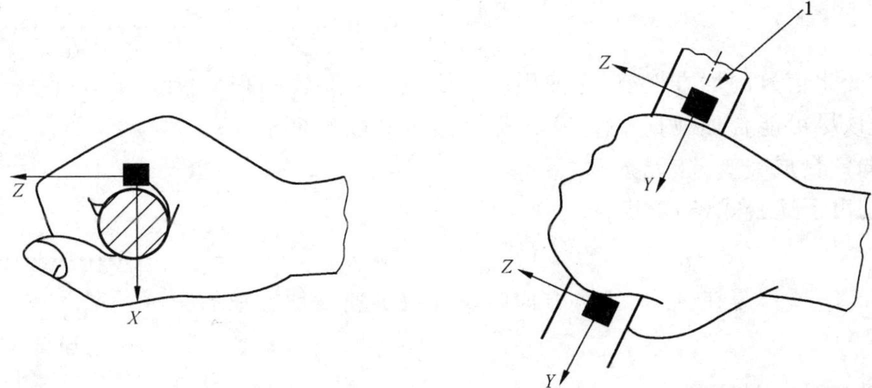


说明：

1——对于隔离振动的手柄，如果传感器不能沿着手柄长度中间放置，需附加的测量位置。

a）握紧姿势——手环绕圆柱握紧

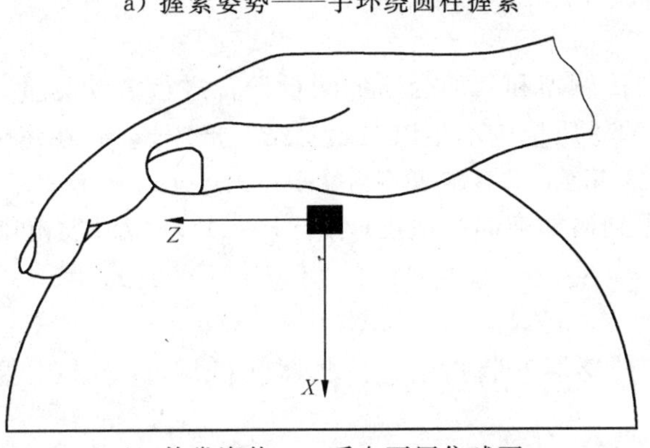


b）伸掌姿势——手向下压住球面

图 1　振动测量方向

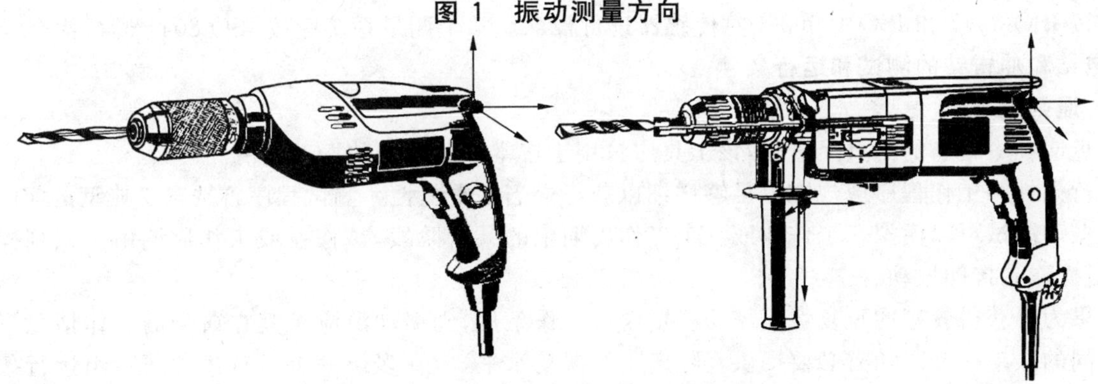

图 2　电钻和冲击电钻的传感器定位

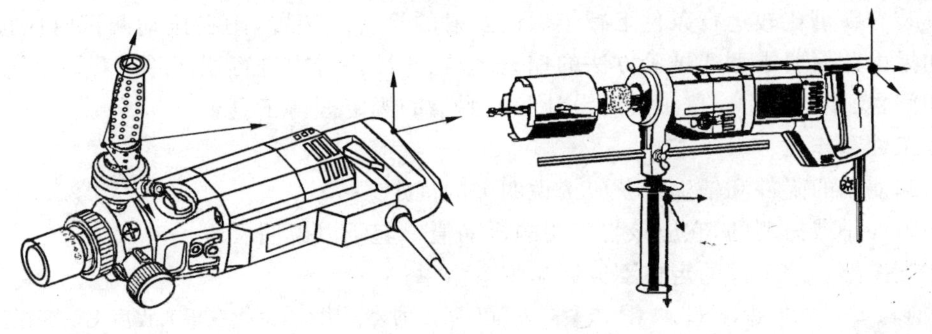

图 3　金刚石钻的传感器定位

$$a_{hw}=\left[\frac{1}{T}\int_0^T a_{hw}^2(t)\,dt\right]^{1/2} \qquad \cdots\cdots(2)$$

为获得实时变化信号的均方根值，应使用装有线性积分装置的积分仪。

测量时间应该尽可能合理地长，对于手传振动测量一般不少于 8 s。

#### 4.3.4 振动方向的合成

振动总值 $a_{hv}$ 由下述公式(3)确定：

$$a_{hv}=[a_{hwx}^2+a_{hwy}^2+a_{hwz}^2]^{1/2} \qquad \cdots\cdots(3)$$

式中：$a_{hwx}$，$a_{hwy}$，$a_{hwz}$ 是在 $X$、$Y$、$Z$ 各方向频率计权加速度均方根值。

### 4.4 设备要求

#### 4.4.1 一般要求

振动测量设备应符合 ISO 8041。

#### 4.4.2 传感器

##### 4.4.2.1 传感器规格

应使用符合 ISO 8041 的传感器和其他合适的测量设备进行振动测量。

振动传感器及其固定件的总质量应不足以对测量结果产生影响，在每个测量方向应不超过 5g。

注：对于轻的塑料手柄，不应采用重的传感器，更多内容见 ISO 5349-2。

在选择传感器时，应考虑到诸如横向灵敏度(小于 10%)、环境温度范围、特定温度瞬时灵敏度和最大冲击加速度等因素。

##### 4.4.2.2 传感器的固定

在 ISO 5349-2 中给出了传感器安装指南。传感器和机械滤波器(如果有)，应牢固地安装在振动表面。

#### 4.4.3 测量系统的校准

整个测量系统应该在每一次测试的前后进行检查，使用一个在已知频率上产生已知加速度的校准器。

应按 ISO 5347 和 ISO 16063-1 对传感器进行校准。整个测量系统应按 ISO 8041 进行检查。

### 4.5 电钻和冲击钻的测试和运行条件

#### 4.5.1 通则

测量应在一台新的工具上进行，该工具应只用于按本部分要求的振动测试。

运行条件和工作程序应规定得足够详细以获得恰当的重复性。测试程序首选基于典型的实际工作情况。振动测试可以模拟一个作业或一个工作周期中的某个阶段，该作业或工作周期由一系列操作组成，此时操作者接触振动。

如果为了获得较好的重复性而需要确定模拟工作条件，则振动源应像其在典型的工作情况下产生大致相同的振动幅度。如有必要提供实际产生的振动水平，应在多于一个运行条件或一组运行条件下进行测试。

如果工具装有在可比较运行条件下减小振动发射的设备或装置，则在振动测试时应按说明书使用这些装置。如果由此而要求型式试验方法的偏离，应在测试报告中进行说明并解释。

在测量期间，操作者的手应按工具的设计和说明书的规定握持工具。

#### 4.5.2 附件/工件和作业

与工具一起使用的附件和辅助设备应按说明书的规定。

如果这些附件是减振型的，它应该与声明的振动值一起予以说明。

应注意在支撑架上的工件的定位不应影响测量结果。

注：应注意即使在尺寸、形状、材料、磨耗、失衡等方面有很小的差别附件，也将在很大程度上改变振动幅值。

#### 4.5.3 运行条件

开始试验前，电钻和冲击电钻应在该条件运行至少 1 min。

能够脱开冲击机构而具有纯旋转功能的冲击电钻按4.5.3.1和4.5.3.2进行测量。

金刚石钻按4.5.3.3进行测量。

#### 4.5.3.1 电钻

不进行冲击的电钻应装上6 mm钻头钻8 mm厚的低碳钢板。

对应上述选定的钻头和钢板设定合理的电钻转速。

在电钻向下钻钢板时进行测量，施加200 N±30 N的力，该力不包括工具自重。工件应夹紧或充分地固定在木板上。

钻头开始接触钢板时开始测量，钻孔完成后结束测量。

注：该试验也可在其他材料上测试，但不应产生冲击。

#### 4.5.3.2 冲击电钻

冲击电钻的调速装置设定应按制造商推荐的适用8 mm钻头的转速。

冲击电钻按图4在负载条件下测试，冲击的混凝土块应符合表1的要求，测试条件见表2。

**表1 混凝土成分表**

| 水泥 | 水 | 总计 | |
|---|---|---|---|
| | | 1 450 kg/m$^3$ | |
| | | 颗粒尺寸/mm | 百分比/% |
| 450 kg/m$^3$ | 220 kg/m$^3$ | 0～0.25 | 12±3 |
| | | 0～0.50 | 50±5 |
| | | 0～1.00 | 80±5 |
| | | 0～4.00 | 100 |
| 注：28 d后抗压强度可达40 N/mm$^2$。 | | | |

**表2 冲击电钻测试条件**

| | |
|---|---|
| 定位 | 垂直向下冲击混凝土块，该混凝土块最小尺寸为500 mm×500 mm，高度200 mm，并且由弹性材料支撑 |
| 工作头 | 直径8 mm的冲击钻头，其可用长度约为100 mm |
| 进给力 | 150 N±30 N，不包括工具自重 |
| 测试周期 | 钻头开始接触混凝土时开始测量，钻孔80 mm深时停止测量，且在工作头从孔中移出之前进行 |

#### 4.5.3.3 金刚石钻

有冲击功能的金刚石钻按冲击电钻测试。

金刚石钻测试时应装上钻头，钻头规格为额定能力范围的中间值。工具设置（速度、供水、冲击等）应准确调整以符合试验时所加工的材料的要求及上述钻头直径的要求。

如果工具具有带水源钻混凝土的功能，则应垂直向下钻符合表1要求的混凝土块的条件下进行测试。集水装置，如有，应安放就位。

如果工具设计得不需带水源操作，则测试时，以水平方向钻厚度至少为200 mm沙石砖墙。应确保集尘。

施加在工具上的进给力按下述确定：增大进给力直到转速明显下降或者转矩限定装置动作，然后稍微减少进给力直到工具能够稳定的运行，此进给力即为测试时施加的力，或者施加250 N的力，二者取小者。

钻头开始接触混凝土或砖墙时开始测量，钻孔完成或者达到钻头最大钻孔深度时结束测量。

### 4.5.4 操作者

工具的振动会受到操作者的影响，因此操作者应该能熟练地且能够恰当地操作工具，即应有使用该工具的经验。

握紧力应为长时间工作条件下的施加力，不应过大。

### 4.6 测量程序与有效性

#### 4.6.1 振动值的报告

应进行3个序列5次连续的测试，每个序列由不同的操作者进行。如能表明振动不会受到操作者特征的影响，则可以接受只由一个操作者完成所有15次测量。

测量在三个坐标轴上进行，每个方向的结果通过使用公式(3)合成，得出振动总值 $a_{hv}$。

如果记录的每个序列中5个振动总值 $a_{hv}$ 的变异系数 $C_V$ 小于0.15或者标准差 $S_{N-1}$ 小于 0.3 m/s²，则接受该组测量结果。附录B列出了可能的测量误差来源信息。

测量结果 $a_h$ 应由所有操作者振动总值的算术平均值来确定。

如果测量多于一个运行模式，则应报告每个运行模式的测量结果 $a_h$。

$a_{h,ID}$——按4.5.3.2测得的"冲钻"平均振动值；

$a_{h,D}$——按4.5.3.1测得的"旋钻"平均振动值(可表示为钻钢或其他材料)；

$a_{h,DD}$——按4.5.3.3测得的"金刚石钻"平均振动值。

#### 4.6.2 振动发射值的声明

测量结果 $a_h$ 值是声明值的依据。应声明最大的手柄振动发射值 $a_h$ 及其不确定度 $K$。

为确定声明值的不确定度 $K$，下述公式适用。

$$K = 1.65S_R \text{或者} K = 1.5\ \text{m/s}^2\text{，取大者} \qquad (4)$$

式中：

$$S_R = \sqrt{\frac{1}{n-1}\sum_{i=1}^{n}(a_{hvi} - a_h)^2}$$

$S_R$——标准差(与 $\sigma_R$ 相同)；

$n$——操作者人数，$n=3$；

$a_{hvi}$——每个操作者振动总值的平均值(每个操作者的结果)；

$a_h$——所有测量振动值的平均值(测试结果)。

振动值 $a_h$ 按以下格式进行声明

——对没有冲击机构的电钻：

$a_{h,D}$ 值，工作模式描述为"钻钢"；

——对有纯钻功能的冲击电钻：

$a_{h,ID}$ 值，工作模式描述为"冲钻混凝土"，及

$a_{h,D}$ 值，工作模式描述为"钻钢"；

——对没有纯钻功能的冲击电钻：

$a_{h,ID}$ 值，工作模式描述为"冲钻混凝土"；

——对没有冲击机构的金刚石钻：

$a_{h,DD}$ 值，工作模式描述为"钻混凝土"；

——对有冲击机构的金刚石钻：

$a_{h,ID}$ 值，工作模式描述为"冲钻混凝土"，及

$a_{h,DD}$ 值，工作模式描述为"钻混凝土"。

### 4.7 测量报告

测试报告至少包含下述信息：

a) 参考标准；

b) 被试工具的规格(即制造商、工具的型号、系列号等)；

c) 附件或辅助设备；

d) 运行和测试条件(电压、施加力、速度设定、持续时间和测试次数等)；

e) 测试机构(例如实验室、生产厂)；

f) 测试日期和测试负责人姓名；

g) 使用仪器(传感器质量、滤波器、积分仪、记录系统等)；

h) 紧固件位置和固定方式、测量方向和有关的振动值(例如可由照片记录)；

i) 所有振动值的算术平均值 $a_h$，每个操作者的振动总值 $a_{hv}$ 和三轴的计权加速度值 $a_{hw}$；记录所有的测量值是个好做法(即所有轴的振动，试验和操作者)；

j) 总振动值 $a_h$ 的不确定度 $K$。

任何与本部分的振动测试方法的偏离和这些偏离的技术验证应一起记录。

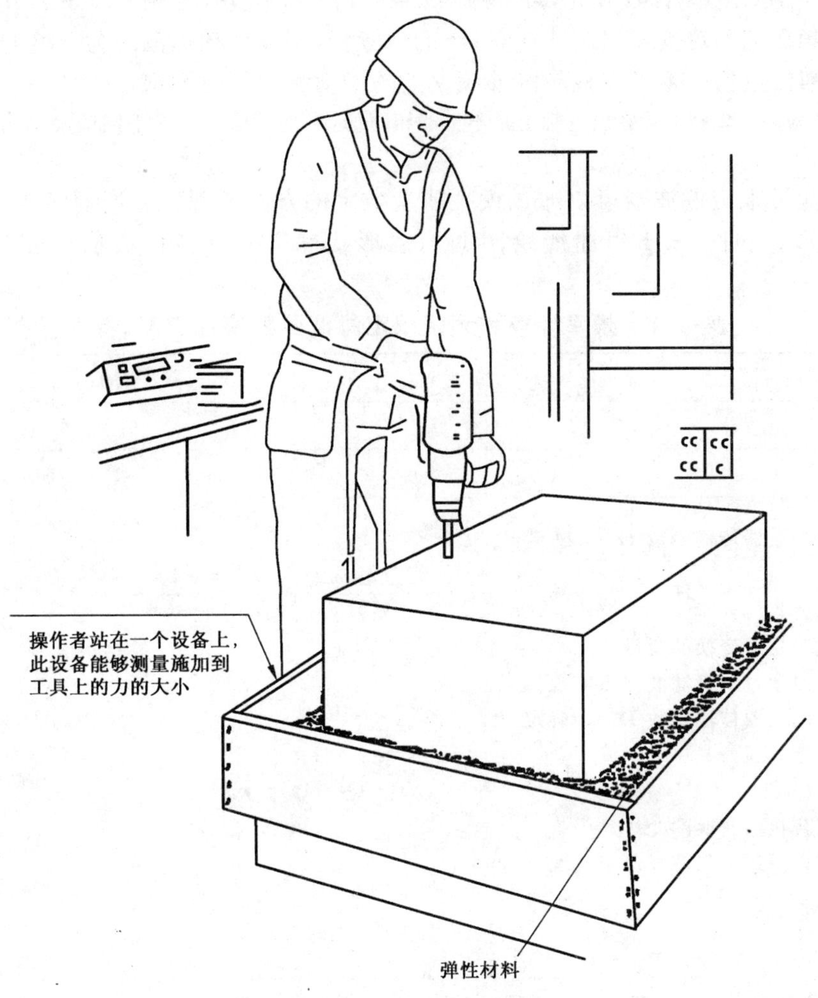


图 4 工具加载

# 附 录 A
# （规范性附录）
# 频率计权和频带限定滤波器

## A.1 频率计权和频带限定滤波器特性

$a_{hw}$的测量要求使用频率计权和频带限定滤波器。频率计权 $W_h$反映不同频率引起的对手的伤害认定的重要程度。频率范围覆盖 8 Hz～1 000 Hz 的倍频程(即标称频率范围为 5.6 Hz～1 400 Hz)。所采用的高通或低通滤波器限定了在该频段外频率上的振动测量值的影响，这些频率的相关性还没商定。

注：对于振动响应的频率相关性在所有轴上是不可能相同的，但是不认为对于不同的轴采用不同的频率计权是合适的。

频率计权和频带限定滤波器可以通过模拟或者数字的方法实现。它们通过表 A.1 以滤波器设计人员熟悉的数学形式和图 A.1 以曲线绘图的示意形式确定。更多详细信息和滤波器特性容差见 ISO 8041。

**表 A.1 频率计权和频带限定滤波器频率计权 $W_h$特性**

| 频带限定[a] | | | 频率计权[a] | | | |
|---|---|---|---|---|---|---|
| $f_1$ | $f_2$ | $Q_1$ | $f_3$ | $f_4$ | $Q_2$ | $K$ |
| 6.310 | 1 258.9 | 0.71 | 15.915 | 15.915 | 0.64 | 1 |

频带限定滤波器由滤波器传输函数 $H_b(s)$确定：

$$H_b(s)=\frac{s^2 4\pi^2 f_2^2}{(s^2+2\pi f_1 s/Q_1+4\pi^2 f_1^2)(s^2+2\pi f_2 s/Q_1+4\pi^2 f_2^2)}$$

其中，$s=j2\pi f$ 是拉普拉斯变换的变量。

频带限定滤波器可以通过双极滤波器来实现。

频率计权滤波器由滤波器传输函数 $H_w(s)$确定：

$$H_w(s)=\frac{(s+2\pi f_3)2\pi K f_4^2}{(s^2+2\pi f_4 s/Q_2+4\pi^2 f_4^2)f_3}$$

其中，$s=j2\pi f$ 是拉普拉斯变换的变量。

频率计权滤波器可以通过双极滤波器来实现。

总的频率计权函数：

$$H(s)=H_b(s)\cdot H_w(s)$$

[a] $f_n$指定响应频率($n=1$～4)；$Q_n$指定选择性($n=1$～2)，$K$ 为常量增益。

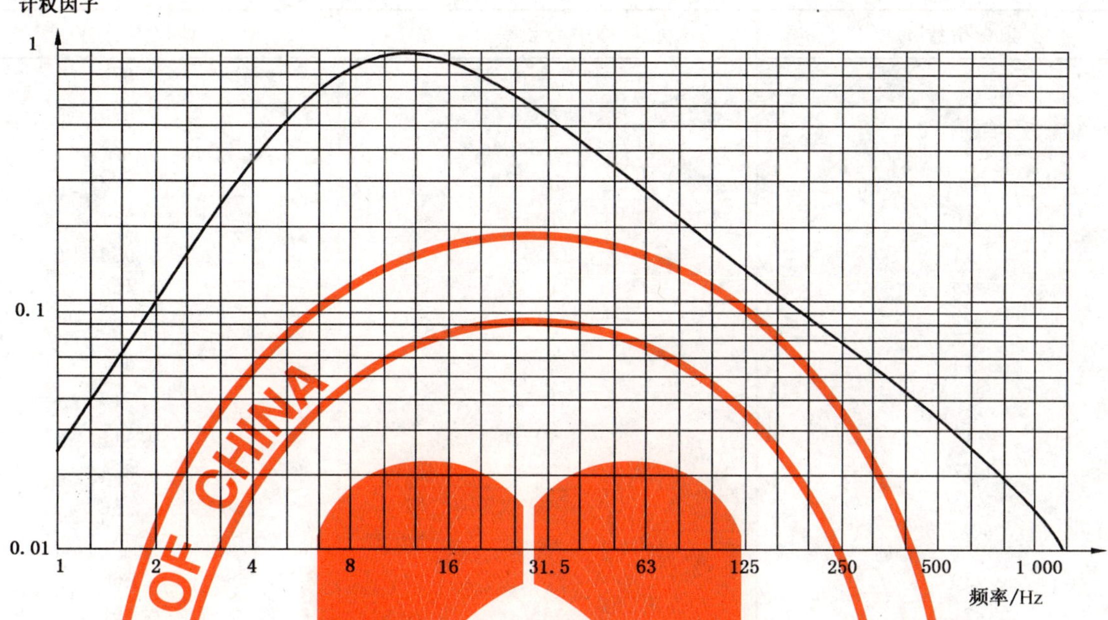


图 A.1 包括频带限定的手传振动频率计权曲线 $W_h$

## A.2 三分之一倍频程数据转换为频率计权加速度

作为使用 $W_h$ 滤波器的替代方法，可以通过三分之一倍频程分析的均方根值加速度值来获得相应的频率计权加速度。

均方根值频率计权加速度 $a_{hw}$ 可以由下述公式(A.1)计算：

$$a_{hw} = \sqrt{\sum_i (W_{hi} a_{hi})^2} \qquad \text{(A.1)}$$

式中：

$W_{hi}$——表 A.2 中三分之一倍频程第 $i$ 次频带计权因子；

$a_{hi}$——三分之一倍频程中第 $i$ 次频带均方根值加速度，m/s²。

三分之一倍频程频率从 6.3 Hz～1 250 Hz 构成了主要的频率范围，使用 A.1 公式计算的 $a_{hw}$ 应包含该范围所有的三分之一倍频程频带。在该主要范围以外的频率(即表 A.2 中灰色区域)对 $a_{hw}$ 值不起主要的作用，只要能证明在该频段的高、低端没有明显的振动能量，可以从计算中去除。

如果频率计权加速度值受在该频段高、低端的明显分量的影响，则按 ISO 5349-1 附录 C 关于振动白指病的预告应谨慎描述。

注：如果频谱中含有占优势的某个频率分量，上述的程序可能会引起频率计权加速度的计算值和直接测量值之间的差异。如果这些分量的频率与三分之一倍频程的中心频率不同，就会产生矛盾。基于此原因，应优选计权滤波器 $W_h$ 或者基于较窄频带的计算。对于后者，当给出某一频率 $f$ 或一窄带中心频率 $f$ 的非计权振动加速度 $a(f)$，则相应的计权加速度 $a_h(f)$ 由公式 $a_h(f)=a(f)\,|H(\mathrm{j}2\pi f)|$ 给出。

表 A.2　含有频带限定[a]的手传振动频率计权因子 $W_{hi}$，用于将三分之一倍频程幅值转换为频率计权幅值

| 频带指数[b] $i$ | 标称中心频率/Hz | 计权因子 $W_{hi}$ |
|---|---|---|
| 6 | 4 | 0.375 |
| 7 | 5 | 0.545 |
| 8 | 6.3 | 0.727 |
| 9 | 8 | 0.873 |
| 10 | 10 | 0.951 |
| 11 | 12.5 | 0.958 |
| 12 | 16 | 0.896 |
| 13 | 20 | 0.782 |
| 14 | 25 | 0.647 |
| 15 | 31.5 | 0.519 |
| 16 | 40 | 0.411 |
| 17 | 50 | 0.324 |
| 18 | 63 | 0.256 |
| 19 | 80 | 0.202 |
| 20 | 100 | 0.160 |
| 21 | 125 | 0.127 |
| 22 | 160 | 0.101 |
| 23 | 200 | 0.079 9 |
| 24 | 250 | 0.063 4 |
| 25 | 315 | 0.050 3 |
| 26 | 400 | 0.039 8 |
| 27 | 500 | 0.031 4 |
| 28 | 630 | 0.024 5 |
| 29 | 800 | 0.018 6 |
| 30 | 1 000 | 0.013 5 |
| 31 | 1 250 | 0.008 94 |
| 32 | 1 600 | 0.005 36 |
| 33 | 2 000 | 0.002 95 |

[a] 滤波器响应和容差见 ISO 8041。

[b] 指数 $i$ 是 GB/T 3241 中的频带数。

# 附 录 B
（规范性附录）
# 振动测量中可能的误差来源

本附录不是制定一个详尽的误差来源列表，只是考虑其作为避免主要测量误差的指导。

a） 传感器不合适地安装和固定；

b） 测量引线的未充分固定；

c） 缺少或误调带通滤波器；

d） 安装传感器后放大器不是零位输出；

e） 未对准传感器的方向或传感器不恰当的或易变动的位置；

f） 不恰当的信号处理(带通、信噪比、过载等)；

g） 测量持续时间太短；

h） 缺少测量前后的校准；

i） 运行条件的不恰当确定；

j） 施加不恰当握持力的不熟练操作者；

k） 不稳定的运行条件，例如施加力的变动和电动机转速的变化。

关于实际测量误差的更多建议由 ISO 5349-2 给出。

## 参考文献

[1] GB/T 13823.1—2005 振动与冲击传感器的校准方法 第1部分:基本概念.

[2] CR 1030-1:1995 手臂振动 减少振动危险指南 第1部分:通过机器设计的工程方法.

[3] EN 12096:1997 机械振动 振动发射值的声明和验证.

[4] EN 60745-1:2006 手持式电动工具 安全 第1部分:通用要求.

[5] EN 60745-2-1:2003+A11:2007 手持式电动工具 安全 第2-1部分:电钻和冲击钻的专用要求.

[6] ISO 5347(所有部分):振动与冲击传感器的校准方法.

[7] ISO 20643:2005 机械振动 手持和手导机械 振动发射的评定原则.

ICS 25.140.20
K 64

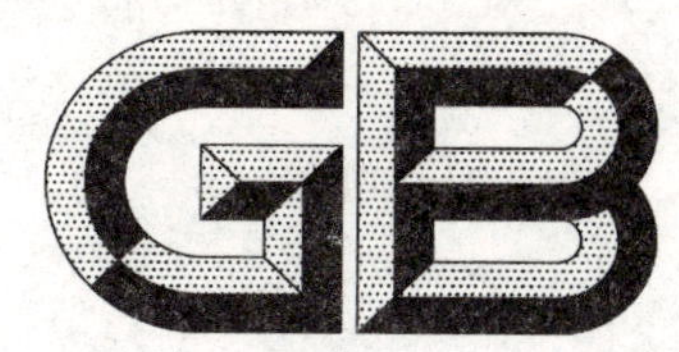

# 中华人民共和国国家标准

GB/T 22665.2—2008

# 手持式电动工具手柄的振动测量方法 第2部分:螺丝刀和冲击扳手

## Measurement of vibrations at the handle of hand-held electric tools—Part 2:Screwdrivers and impact wrenches



2008-12-30 发布 2009-10-01 实施

中华人民共和国国家质量监督检验检疫总局
中国国家标准化管理委员会 发布

# 前　言

本部分为GB/T 22665《手持式电动工具手柄的振动测量方法》系列标准中的第2部分。该系列标准的结构及名称如下：

GB/T 22665.1　手持式电动工具手柄的振动测量方法　第1部分:电钻和冲击钻

GB/T 22665.2　手持式电动工具手柄的振动测量方法　第2部分:螺丝刀和冲击扳手

GB/T 22665.3　手持式电动工具手柄的振动测量方法　第3部分:砂轮机、抛光机和盘式砂光机

GB/T 22665.4　手持式电动工具手柄的振动测量方法　第4部分:非盘式砂光机和抛光机

GB/T 22665.5　手持式电动工具手柄的振动测量方法　第5部分:圆锯

GB/T 22665.6　手持式电动工具手柄的振动测量方法　第6部分:锤类工具

GB/T 22665.8　手持式电动工具手柄的振动测量方法　第8部分:电剪刀和电冲剪

GB/T 22665.9　手持式电动工具手柄的振动测量方法　第9部分:攻丝机

GB/T 22665.11　手持式电动工具手柄的振动测量方法　第11部分:往复锯(曲线锯、刀锯)

GB/T 22665.13　手持式电动工具手柄的振动测量方法　第13部分:链锯

GB/T 22665.14　手持式电动工具手柄的振动测量方法　第14部分:电刨

GB/T 22665.15　手持式电动工具手柄的振动测量方法　第15部分:修枝剪

GB/T 22665.17　手持式电动工具手柄的振动测量方法　第17部分:木铣和修边机

GB/T 22665.18　手持式电动工具手柄的振动测量方法　第18部分:捆扎机

GB/T 22665.20　手持式电动工具手柄的振动测量方法　第20部分:带锯

GB/T 22665.21　手持式电动工具手柄的振动测量方法　第21部分:管道疏通机

本部分在技术内容上与EN 60745-1:2006《手持式电动工具　安全　第1部分:通用要求》和EN 60745-2-2:2003+A11:2007《手持式电动工具　安全　第2-2部分:螺丝刀和冲击扳手的专用要求》中关于振动测量的方法协调一致。

本部分的附录A、附录B为规范性附录。

本部分由中国电器工业协会提出。

本部分由全国电动工具标准化技术委员会归口。

本部分起草单位:上海电动工具研究所。

本部分主要起草人:潘顺芳、尹海霞。

本部分为首次发布。

# 手持式电动工具手柄的振动测量方法 第2部分:螺丝刀和冲击扳手

## 1 范围

GB/T 22665的本部分规定了对手持式螺丝刀和冲击扳手在三个正交轴上测量手传振动的一般方法,以中心频率为8Hz～1 000Hz的倍频程测量。

本部分适用于按频率计权振动加速度评价手传振动的方法,未规定振动限值。

在工作场所条件下的人体接触手传振动的评估可按ISO 5349-1和ISO 5349-2进行。

## 2 规范性引用文件

下列文件中的条款通过GB/T 22665的本部分的引用而成为本部分的条款。凡是注日期的引用文件,其随后所有的修改单(不包括勘误的内容)或修订版均不适用于本部分,然而,鼓励根据本部分达成协议的各方研究是否可使用这些文件的最新版本。凡是不注日期的引用文件,其最新版本适用于本部分。

GB/T 15619—2005 机械振动与冲击 人体暴露 词汇

GB/T 2900.28—2007 电工术语 电动工具

GB/T 2298—1991 机械振动与冲击 术语(neg ISO 2041:1990)

GB/T 3241 倍频程和分数倍频程滤波器

ISO 5349-1 机械振动 人体接触手传振动的测量与评价 第1部分:一般要求

ISO 5349-2 机械振动 人体接触手传振动的测量与评价 第2部分:对在工作场所测量的应用指南

ISO 8041:2005 人体对振动的反应 测量仪器

## 3 术语和定义、符号

GB/T 15619、GB/T 2900.28、GB/T 2298规定的术语和定义外,下列术语和定义适用于本部分。

3.1

**手传振动(冲击) hand-transmitted vibration(shock)**

通常通过握持工具或工件的手掌或手指直接施加于或传递到人体手臂系统的机械振动(冲击)。

3.2

**频率计权加速度 frequency-weighted acceleration**

根据人体对不同频率振动的感觉响应及产生的生理效应规律进行计权的加速度。

### 3.3 符号

本部分使用下述符号:

$a_{hw}(t)$……………………………$t$时刻频率计权手传振动瞬时单轴加速度,m/s²

$a_{hw}$ …………………………………频率计权手传振动单轴加速度均方根值,m/s²

$a_{hwx}$,$a_{hwy}$,$a_{hwz}$ ……………………在规定的$X$、$Y$和$Z$各方向$a_{hw}$值,m/s²

$a_{hv}$ …………………………………频率计权均方根值加速度的振动总值,m/s²;它是三轴测量的振动值$a_{hw}$的平方和的根值

$a_h$ …………………………………所有操作者测量结果的算术平均值,即总振动值,m/s²,即测试的结果

$\sigma_R$ ……………………………… 重复性标准差

$K$ ……………………………… $a_h$的不确定度,$m/s^2$

$C_V$ ……………………………… 一组测试的变异系数,定义为一组测量值的标准差与该组数值的均值之比:

$$C_V = \frac{S_{N-1}}{\bar{\bar{a}}_{hv}} \quad \cdots\cdots(1)$$

式中:

$$S_{N-1} = \sqrt{\frac{1}{N-1}\sum_{i=1}^{N}(a_{hvi} - \bar{a}_{hv})^2}$$

$\bar{a}_{hv}$——一个测量序列中 5 个振动总值的平均值,$m/s^2$;

$a_{hvi}$——一个测量序列中第 $i$ 次振动总值,$m/s^2$;

$N$——一个测量序列中测量值的数量(本标准 $N$ 取 5)。

## 4 振动

### 4.1 振动的消减

在不过度影响工具的性能和人机工程(质量,操作等)的前提下,应尽可能地将手柄振动降为最低。

注:可以采用工程方法来降低振动。评估应用降低振动的措施是否成功,是通过将该工具与其他同类型且具有可比性规格和性能的工具的振动水平进行对比,可见参考文献。

### 4.2 振动测量的一般要求

本测试方法给出了所有关于振动发射特性的确定、声明和验证的必要信息。还可将不同工具的测试结果进行比较。

应在说明书中给出工具手臂振动水平 $a_h$及其不确定度 $K$,按下述测试程序确定 $a_h$值,给出的不确定度 $K$ 表明了测量平均值的偏离程度。

### 4.3 振动的特性

#### 4.3.1 测量的方向

传递到手上的振动与 $X$、$Y$ 和 $Z$ 三个正交方向有关,见图 1。

#### 4.3.2 测量的定位

图 2、图 3 给出了测量不同类型螺丝刀和冲击扳手时传感器的位置。

应在每个手握持位置处的三个方向进行测量,所有的测量应同时进行。

测量应尽可能地靠近手的拇指与食指之间,该位置为操作者正常握持工具的位置。

如果握住的部位被柔软的表面材料覆盖,应避免传感器安装的谐振效应。如果只在握持部位装有柔软的表面材料,则应将其去除或者通过一个传感器安装夹或合适的转接器将表面材料压紧。

对于具有隔离振动的手柄,测量的定位会明显地影响振动值。如果传感器不能沿着手柄长度的中间放置,则测量点应在沿握持部位手的左边和右边来确定相应的振动值[见图 1a)]。该手柄的测量结果应为两个测量点结果的平均值。

如果工具运行时需多于一个握紧或抓紧表面,则应在操作者正常操作工具时的手柄握持位置进行测量并记录。如果能够表明某一个握紧的部位的振动总是起主导作用的话,则可以只在该握紧区域进行测量。

#### 4.3.3 振幅

描述振动大小的量值应用频率计权加速度 $a_{hw}$表示,$m/s^2$。

频率计权应符合 ISO 5349-1 的要求,附录 A 规定了对频率计权和频带限定滤波器的要求。

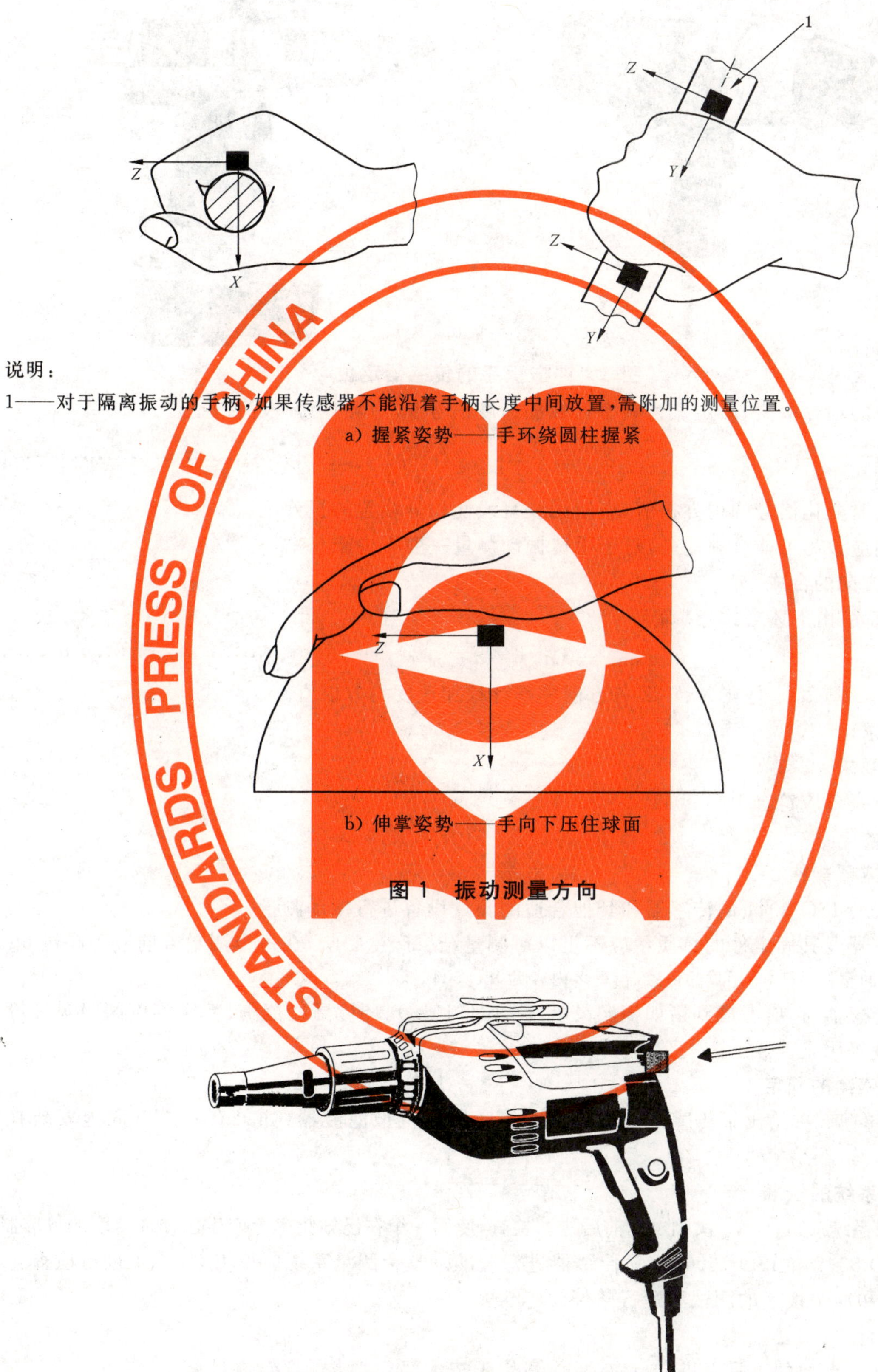


说明：

1——对于隔离振动的手柄，如果传感器不能沿着手柄长度中间放置，需附加的测量位置。

a) 握紧姿势——手环绕圆柱握紧

b) 伸掌姿势——手向下压住球面

**图 1　振动测量方向**

**图 2　螺丝刀的传感器定位**

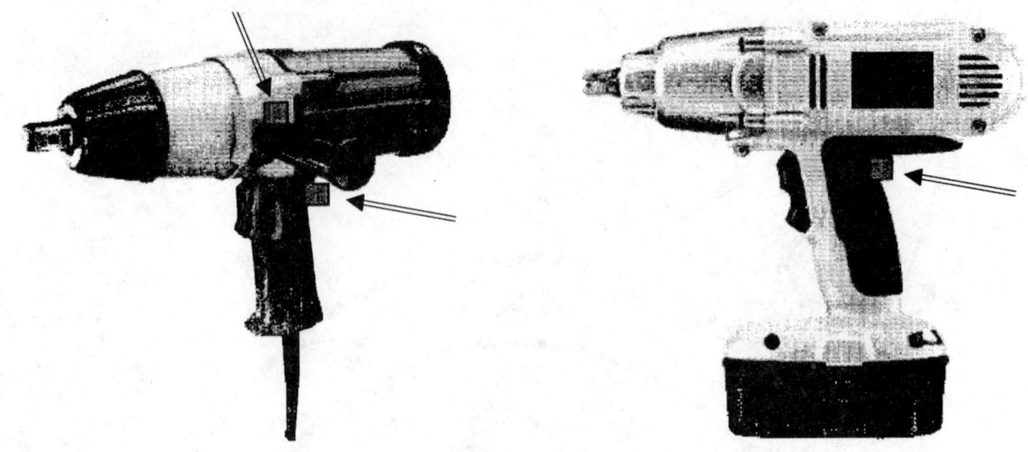

图 3 冲击扳手的传感器定位

本部分中的均方根值 $a_{hw}$ 定义为频率计权加速度信号 $a_{hw}(t)$ 的均方根值：

$$a_{hw}=\left[\frac{1}{T}\int_{0}^{T}a_{hw}^{2}(t)\mathrm{d}t\right]^{1/2} \quad \cdots\cdots(2)$$

为获得实时变化信号的均方根值，应使用装有线性积分装置的积分仪。

测量时间应该尽可能合理地长，对于手传振动测量一般不少于 8s。

### 4.3.4 振动方向的合成

振动总值 $a_{hv}$ 由下述公式(3)确定

$$a_{hv}=\left[a_{hwx}^{2}+a_{hwy}^{2}+a_{hwz}^{2}\right]^{1/2} \quad \cdots\cdots(3)$$

式中：$a_{hwx}$、$a_{hwy}$、$a_{hwz}$ 是在 $X$、$Y$、$Z$ 各方向频率计权加速度均方根值。

## 4.4 设备要求

### 4.4.1 一般要求

振动测量设备应符合 ISO 8041。

### 4.4.2 传感器

#### 4.4.2.1 传感器规格

应使用符合 ISO 8041 的传感器和其他合适的测量设备进行振动测量。

振动传感器及其固定件的总质量应不足以对测量结果产生影响，在每个测量方向应不超过 5g。

注：对于轻的塑料手柄，采用重的传感器，更多内容见 ISO 5349-2。

在选择传感器时，应考虑到诸如横向灵敏度(小于 10%)、环境温度范围、特定温度瞬时灵敏度和最大冲击加速度等因素。

#### 4.4.2.2 传感器的固定

在 ISO 5349-2 中给出了传感器安装指南。传感器和机械滤波器(如果有)，应牢固地安装在振动表面。

### 4.4.3 测量系统的校准

整个测量系统应该在每一次测试的前后进行检查，使用一个在已知频率上产生已知加速度的校准器。

应按 ISO 5347 和 ISO 16063-1 对传感器进行校准。整个测量系统应按 ISO 8041 进行检查。

## 4.5 螺丝刀和冲击扳手的测试和运行条件

### 4.5.1 通则

测量应在一台新的工具上进行，该工具应只用于按本部分要求的振动测试。

运行条件和工作程序应规定得足够详细以获得恰当的重复性。测试程序首选基于典型的实际工作情况。振动测试可以模拟一个作业或一个工作周期中的某个阶段，该作业或工作周期由一系列操作组成，此时操作者接触振动。

如果为了获得较好的重复性而需要确定模拟工作条件，则振动源应像其在典型的工作情况下产生大致相同的振动幅度。如有必要提供实际产生的振动水平，应在多于一个运行条件或一组运行条件下进行测试。

如果工具装有在可比较运行条件下减小振动发射的装置，则在振动测试时应按说明书使用这些装置。如果由此而要求型式试验方法的偏离，应在测试报告中进行说明并解释。

在测量期间，操作者的手应按工具的设计和说明书的规定握持工具。

**4.5.2 附件、工件和作业**

与工具一起使用的附件和辅助设备应按说明书的规定。

如果这些附件是减振型的，它应该与声明的振动值一起予以说明。

应注意在支撑架上的工件的定位不应影响测量结果。

注：应注意即使在尺寸、形状、材料、磨耗、失衡等方面有很小的差别附件，也将很大程度上改变振动幅值。

**4.5.3 运行条件**

开始试验前，工具应在该条件运行至少 1min。

**表 1 没有冲击机构的螺丝刀运行条件**

| | |
|---|---|
| 定位 | 螺丝刀在空载下测试；<br>测试中握持螺丝刀以保持水平 |
| 工作头 | 中档长度和尺寸的工作头 |
| 握持力 | 用正常的力握持工具，避免过大的握持力 |
| 测试周期 | 一次测试周期为：工具在空载条件下以最大转速运行 10 s 以上，然后关断工具；<br>在此周期 10 s 内进行测量 |
| 注：由于在实验室中，螺丝刀很难在负载下测量，而且数据表明施加负载对振动结果没有影响，因此，只在空载下进行测量。 | |

**表 2 有冲击机构的螺丝刀和冲击扳手的运行条件**

| | |
|---|---|
| 定位 | 工具在负载下测试，垂直向下拧紧螺钉(螺栓)。<br>测试装置装有螺钉(螺栓)组，该螺钉(螺栓)组尺寸为被试工具的最大能力。螺钉(螺栓)头部下面由钢垫圈与螺钉(螺栓)体形成硬连接。螺钉(螺栓)组初始位置为从钢板上方露出 10 mm的距离以提供旋紧。<br>钢板最小厚度为 20 mm，攻有螺纹孔，钢板水平安装在测试台上，测试台用弹性材料支撑以避免谐振。<br>攻制的螺孔规格与试验用螺钉(螺栓)组规格相一致。钢板应足够长，能进行 5 次拧紧操作，每个螺钉(螺栓)之间的距离至少为一个螺钉(螺栓)组头部尺寸或者保证相邻的操作不会相互影响 |
| 工作头 | 螺钉(螺栓)组所需的六角螺母的尺寸按上述规定 |
| 进给力 | 提供足够的握持力和进给力以维持安全地控制工具，避免过大的握持力和进给力 |
| 测试周期 | 测试周期为：工具完成一次拧紧的时间和第一次冲击后 5 s 的时间(一次测试序列包含 5 个周期)。<br>使工作头与螺钉(螺栓)组接触时，打开工具开始测量，连续运行 5 s 的冲击后结束测量。此时间包含螺钉(螺栓)组旋进 10 mm 距离的时间 |

**4.5.4 操作者**

工具的振动会受到操作者的影响，因此操作者应该能熟练地且能够恰当地操作工具，即应有使用该工具的经验。

握紧力应为长时间工作条件下的施加力，不应过大。

### 4.6 测量程序与有效性

#### 4.6.1 振动值的报告

应进行 3 个序列 5 次连续的测试，每个序列由不同的操作者进行。如能表明振动不会受到操作者特征的影响，则可以接受只由一个操作者完成所有 15 次测量。

测量在三个坐标轴上进行，每个方向的结果通过使用公式(3)合成，得出振动总值 $a_{hv}$。

如果记录的每个序列中 5 个振动总值 $a_{hv}$ 的变异系数 $C_V$ 小于 0.15 或者标准差 $s_{N-1}$ 小于 0.3 m/s²，则接受该组测量结果。附录 B 列出了可能的测量误差来源信息。

测量结果 $a_h$ 应由所有操作者振动总值的算术平均值来确定。

#### 4.6.2 振动发射值的声明

测量结果 $a_h$ 值是声明值的依据。应声明最大的手柄振动发射值 $a_h$ 及其不确定度 $K$。

为确定声明值的不确定度 $K$，下述公式(4)适用。

$$K = 1.65S_R \text{或者} K = 1.5 \text{ m/s}^2\text{，取大者} \qquad (4)$$

式中：

$$S_R = \sqrt{\frac{1}{n-1}\sum_{i=1}^{n}(a_{hvi} - a_h)^2}$$

$S_R$——标准差(与 $\sigma_R$ 相同)；

$n$——操作者人数，$n=3$；

$a_{hvi}$——每个操作者振动总值的平均值(每个操作者的结果)；

$a_h$——所有测量振动值的平均值(测试结果)。

振动值 $a_h$ 按以下格式进行声明：

——对没有冲击的螺丝刀：

工作模式描述为“无冲击拧紧”。

——对有冲击机构的螺丝刀和冲击扳手：

工作模式描述为“冲击拧紧工具最大能力的紧固件”。

### 4.7 测量报告

测试报告至少包含下述信息：

a) 参考标准；

b) 被试工具的规格(即制造商、工具的型号、系列号等)；

c) 附件或辅助设备；

d) 运行和测试条件(电压、施加力、速度设定、持续时间和测试次数等)；

e) 测试机构(例如实验室、生产厂)；

f) 测试日期和测试负责人姓名；

g) 使用仪器(传感器质量、滤波器、积分仪、记录系统等)；

h) 紧固件位置和固定方式、测量方向和有关的振动值(例如可由照片记录)；

i) 所有振动值的算术平均值 $a_h$，每个操作者的振动总值 $a_{hv}$ 和三轴的计权加速度值 $a_{hw}$；记录所有的测量值是个好做法(即所有轴的振动，试验和操作者)；

j) 总振动值 $a_h$ 的不确定度 $K$。

任何与本部分的振动测试方法的偏离和这些偏离的技术验证应一起记录。

# 附 录 A
（规范性附录）
频率计权和频带限定滤波器

## A.1 频率计权和频带限定滤波器特性

$a_{hw}$的测量要求使用频率计权和频带限定滤波器。频率计权 $W_h$ 反映不同频率引起的对手的伤害认定的重要程度。频率范围覆盖 8 Hz～1 000 Hz 的倍频程（即标称频率范围为 5.6 Hz～1 400 Hz）。所采用的高通或低通滤波器限定了在该频段外频率上的振动测量值的影响，这些频率的相关性还没商定。

注：对于振动响应的频率相关性在所有轴上是不可能相同的，但是不认为对于不同的轴采用不同的频率计权是合适的。

频率计权和频带限定滤波器可以通过模拟或者数字的方法实现。他们通过表 A.1 以滤波器设计人员熟悉的数学形式和图 A.1 以曲线绘图的示意形式确定。更多详细信息和滤波器特性容差见 ISO 8041。

表 A.1 频率计权和频带限定滤波器频率计权 $W_h$ 特性

| 频带限定[a] | | | 频率计权[a] | | | |
|---|---|---|---|---|---|---|
| $f_1$ | $f_2$ | $Q_1$ | $f_3$ | $f_4$ | $Q_2$ | $K$ |
| 6.310 | 1 258.9 | 0.71 | 15.915 | 15.915 | 0.64 | 1 |

频带限定滤波器由滤波器传输函数 $H_b(s)$ 确定：

$$H_b(s)=\frac{s^2 4\pi^2 f_2^2}{(s^2+2\pi f_1 s/Q_1+4\pi^2 f_1^2)(s^2+2\pi f_2 s/Q_1+4\pi^2 f_2^2)}$$

其中，$s=j2\pi f$ 是拉普拉斯变换的变量。

频带限定滤波器可以通过双极滤波器来实现。

频率计权滤波器由滤波器传输函数 $H_w(s)$ 确定：

$$H_w(s)=\frac{(s+2\pi f_3)2\pi K f_4^2}{(s^2+2\pi f_4 s/Q_2+4\pi^2 f_4^2)f_3}$$

其中，$s=j2\pi f$ 是拉普拉斯变换的变量。

频率计权滤波器可以通过双极滤波器来实现。

总的频率计权函数：

$$H(s)=H_b(s)\cdot H_w(s)$$

[a] $f_n$ 指定响应频率（$n=1$～4）；$Q_n$ 指定选择性（$n=1$～2），$K$ 为常量增益。

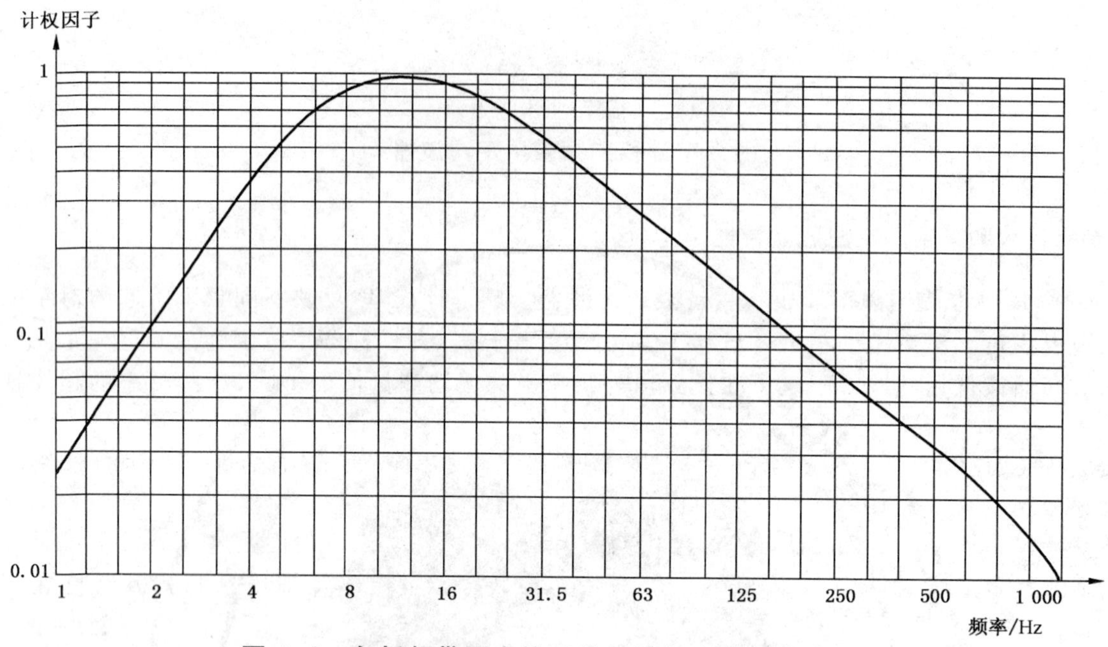


图 A.1 包括频带限定的手传振动频率计权曲线 $W_h$

## A.2 三分之一倍频程数据转换为频率计权加速度

作为使用 $W_h$ 滤波器的替代方法，可以通过三分之一倍频程分析的均方根值加速度值来获得相应的频率计权加速度。

均方根值频率计权加速度 $a_{hw}$ 可以由下述公式(A.1)计算：

$$a_{hw}=\sqrt{\sum_i (W_{hi}a_{hi})^2} \qquad \cdots\cdots\cdots\cdots (A.1)$$

式中：

$W_{hi}$——表 A.2 中三分之一倍频程第 $i$ 次频带计权因子；

$a_{hi}$——三分之一倍频程中第 $i$ 次频带均方根值加速度，$m/s^2$。

三分之一倍频程频率从 6.3 Hz～1 250 Hz 构成了主要的频率范围，使用公式(A.1)计算的 $a_{hw}$ 应包含该范围所有的三分之一倍频程频带。在该主要范围以外的频率(即表 A.2 中灰色区域)对 $a_{hw}$ 值不起主要的作用，只要能证明在该频段的高、低端没有明显的振动能量，可以从计算中去除。

如果频率计权加速度值受在该频段高、低端的明显分量的影响，则按 ISO 5349-1 附录 C 关于振动白指病的预告应谨慎描述。

注：如果频谱中含有占优势的某个频率分量，上述的程序可能会引起频率计权加速度的计算值和直接测量值之间的差异。如果这些分量的频率与三分之一倍频程的中心频率不同，就会产生矛盾。基于此原因，应优选计权滤波器 $W_h$ 或者基于较窄频带的计算。对于后者，当给出某一频率 $f$ 或一窄带中心频率 $f$ 的非计权振动加速度 $a(f)$，则相应的计权加速度 $a_h(f)$ 由公式 $a_h(f)=a(f)\,|H(j2\pi f)|$ 给出。

表 A.2 含有频带限定[a] 的手传振动频率计权因子 $W_{hi}$，用于将三分之一倍频程幅值转换为频率计权幅值

| 频带指数[b] $i$ | 标称中心频率/Hz | 计权因子 $W_{hi}$ |
|---|---|---|
| 6 | 4 | 0.375 |
| 7 | 5 | 0.545 |
| 8 | 6.3 | 0.727 |
| 9 | 8 | 0.873 |

表 A.2（续）

| 频带指数[b] $i$ | 标称中心频率/Hz | 计权因子 $W_{hi}$ |
|---|---|---|
| 10 | 10 | 0.951 |
| 11 | 12.5 | 0.958 |
| 12 | 16 | 0.896 |
| 13 | 20 | 0.782 |
| 14 | 25 | 0.647 |
| 15 | 31.5 | 0.519 |
| 16 | 40 | 0.411 |
| 17 | 50 | 0.324 |
| 18 | 63 | 0.256 |
| 19 | 80 | 0.202 |
| 20 | 100 | 0.160 |
| 21 | 125 | 0.127 |
| 22 | 160 | 0.101 |
| 23 | 200 | 0.079 9 |
| 24 | 250 | 0.063 4 |
| 25 | 315 | 0.050 3 |
| 26 | 400 | 0.039 8 |
| 27 | 500 | 0.031 4 |
| 28 | 630 | 0.024 5 |
| 29 | 800 | 0.018 6 |
| 30 | 1 000 | 0.013 5 |
| 31 | 1 250 | 0.008 94 |
| 32 | 1 600 | 0.005 36 |
| 33 | 2 000 | 0.002 95 |

[a] 滤波器响应和容差见 ISO 8041。

[b] 指数 $i$ 是 GB/T 3241 中的频带数。

# 附　录　B
## （规范性附录）
## 振动测量中可能的误差来源

本附录不是制定一个详尽的误差来源列表，只是考虑其作为避免主要测量误差的指导。

a） 传感器不合适地安装和固定；

b） 测量引线的未充分固定；

c） 缺少或误调带通滤波器；

d） 安装传感器后放大器不是零位输出；

e） 未对准传感器的方向或传感器不恰当的或易变动的位置；

f） 不恰当的信号处理（带通、信噪比、过载等）；

g） 测量持续时间太短；

h） 缺少测量前后的校准；

i） 运行条件的不恰当确定；

j） 施加不恰当握持力的不熟练操作者；

k） 不稳定的运行条件，例如施加力的变动和电动机转速的变化。

关于实际测量误差的更多建议由 ISO 5349-2 给出。

## 参 考 文 献

[1] GB/T 13823.1—2005 振动与冲击传感器的校准方法 第1部分:基本概念.

[2] CR 1030-1:1995 手臂振动 减少振动危险指南 第1部分:通过机器设计的工程方法.

[3] EN 12096:1997 机械振动 振动发射值的声明和验证.

[4] EN 60745-1:2006 手持式电动工具 安全 第1部分:通用要求.

[5] EN 60745-2-2:2003+A11:2007 手持式电动工具 安全 第2-2部分:螺丝刀和冲击扳手的专用要求.

[6] ISO 5347(所有部分):振动与冲击传感器的校准方法.

[7] ISO 20643:2005 机械振动 手持和手导机械 振动发射的评定原则.

ICS 25.140.20
K 64

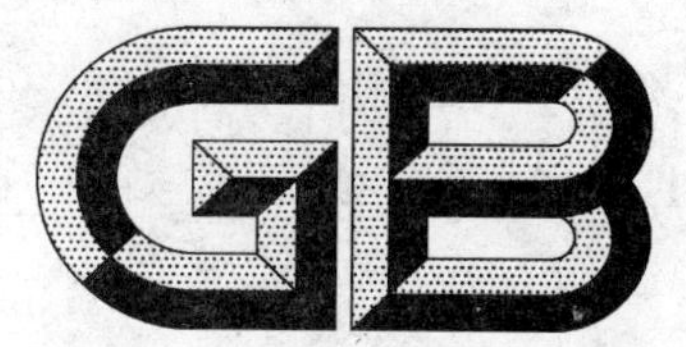

# 中华人民共和国国家标准

GB/T 22665.3—2008

# 手持式电动工具手柄的振动测量方法 第3部分:砂轮机、抛光机和盘式砂光机

**Measurement of vibrations at the handle of hand-held electric tools—Part 3:Grinders,polishers and disk-type sanders**

2008-12-30 发布 2009-10-01 实施

中华人民共和国国家质量监督检验检疫总局
中国国家标准化管理委员会 发布

# 前 言

本部分为GB/T 22665《手持式电动工具手柄的振动测量方法》系列标准中的第3部分。该系列标准的结构及名称如下：

GB/T 22665.1 手持式电动工具手柄的振动测量方法 第1部分：电钻和冲击钻
GB/T 22665.2 手持式电动工具手柄的振动测量方法 第2部分：螺丝刀和冲击扳手
GB/T 22665.3 手持式电动工具手柄的振动测量方法 第3部分：砂轮机、抛光机和盘式砂光机
GB/T 22665.4 手持式电动工具手柄的振动测量方法 第4部分：非盘式砂光机和抛光机
GB/T 22665.5 手持式电动工具手柄的振动测量方法 第5部分：圆锯
GB/T 22665.6 手持式电动工具手柄的振动测量方法 第6部分：锤类工具
GB/T 22665.8 手持式电动工具手柄的振动测量方法 第8部分：电剪刀和电冲剪
GB/T 22665.9 手持式电动工具手柄的振动测量方法 第9部分：攻丝机
GB/T 22665.11 手持式电动工具手柄的振动测量方法 第11部分：往复锯(曲线锯、刀锯)
GB/T 22665.13 手持式电动工具手柄的振动测量方法 第13部分：链锯
GB/T 22665.14 手持式电动工具手柄的振动测量方法 第14部分：电刨
GB/T 22665.15 手持式电动工具手柄的振动测量方法 第15部分：修枝剪
GB/T 22665.17 手持式电动工具手柄的振动测量方法 第17部分：木铣和修边机
GB/T 22665.18 手持式电动工具手柄的振动测量方法 第18部分：捆扎机
GB/T 22665.20 手持式电动工具手柄的振动测量方法 第20部分：带锯
GB/T 22665.21 手持式电动工具手柄的振动测量方法 第21部分：管道疏通机

本部分在技术内容上与EN 60745-1:2006《手持式电动工具 安全 第1部分：通用要求》和EN 60745-2-3:2007《手持式电动工具 安全 第2-3部分：砂轮机、抛光机和盘式砂光机的专用要求》中关于振动测量的方法协调一致。

本部分的附录A、附录B为规范性附录。

本部分由中国电器工业协会提出。

本部分由全国电动工具标准化技术委员会归口。

本部分起草单位：上海电动工具研究所。

本部分主要起草人：顾菁 、尹海霞。

本部分为首次发布。

# 手持式电动工具手柄的振动测量方法
# 第3部分：砂轮机、抛光机和盘式砂光机

## 1 范围

GB/T 22665 的本部分规定了对手持式砂轮机、抛光机和盘式砂光机在三个正交轴上测量手传振动的一般方法，以中心频率为 8 Hz～1 000 Hz 的倍频程测量。

本部分适用于按频率计权振动加速度评价手传振动的方法，未规定振动限值。

在工作场所条件下的人体接触手传振动的评估可按 ISO 5349-1 和 ISO 5349-2 进行。

## 2 规范性引用文件

下列文件中的条款通过 GB/T 22665 的本部分的引用而成为本部分的条款。凡是注日期的引用文件，其随后所有的修改单（不包括勘误的内容）或修订版均不适用于本部分，然而，鼓励根据本部分达成协议的各方研究是否可使用这些文件的最新版本。凡是不注日期的引用文件，其最新版本适用于本部分。

GB/T 15619—2005　机械振动与冲击　人体暴露　词汇

GB/T 2900.28—2007　电工术语　电动工具

GB/T 2298—1991　机械振动与冲击 术语(neq ISO 2041:1990)

GB/T 3241　倍频程和分数倍频程滤波器

ISO 5349-1　机械振动　人体接触手传振动的测量与评价　第1部分：一般要求

ISO 5349-2　机械振动　人体接触手传振动的测量与评价　第2部分：对在工作场所测量的应用指南

ISO 8041:2005　人体对振动的反应　测量仪器

## 3 术语和定义、符号

GB/T 15619、GB/T 2900.28、GB/T 2298 规定术语和定义外，下列术语和定义适用于本部分。

### 3.1

**手传振动(冲击)　hand-transmitted vibration(shock)**

通常通过握持工具或工件的手掌或手指直接施加于或传递到人体手臂系统的机械振动(冲击)。

### 3.2

**频率计权加速度　frequency-weighted acceleration**

根据人体对不同频率振动的感觉响应及产生的生理效应规律进行计权的加速度。

### 3.3 符号

本部分使用下述符号：

$a_{hw}(t)$ ………………………………$t$ 时刻频率计权手传振动瞬时单轴加速度，m/s²

$a_{hw}$ ………………………………… 频率计权手传振动单轴加速度均方根值，m/s²

$a_{hwx}$，$a_{hwy}$，$a_{hwz}$ ……………………在规定的 $X$、$Y$ 和 $Z$ 各方向 $a_{hw}$ 值，m/s²

$a_{hv}$ ………………………………………频率计权均方根值加速度的振动总值，m/s²；它是三轴测量的振动值 $a_{hw}$ 的平方和的根值

$a_h$ ………………………………… 所有操作者测量结果的算术平均值，即总振动值，m/s²，即测试的结果

$\sigma_R$ ………………………………… 重复性标准差

$K$ ………………………………… $a_h$的不确定度，m/s²

$C_V$ ………………………………… 一组测试的变异系数，定义为一组测量值的标准差与该组数值的均值之比：

$$C_V = \frac{S_{N-1}}{\bar{a}_{hv}} \qquad (1)$$

式中：

$$S_{N-1} = \sqrt{\frac{1}{N-1}\sum_{i=1}^{N}(a_{hvi} - \bar{a}_{hv})^2}$$

$\bar{a}_{hv}$——一个测量序列中 5 个振动总值的平均值，m/s²；

$a_{hvi}$——一个测量序列中第 $i$ 次振动总值，m/s²；

$N$——一个测量序列中测量值的数量(本标准 $N$ 取 5)。

## 4 振动

### 4.1 振动的消减

在不过度影响工具的性能和人机工程(质量，操作等)的前提下，应尽可能地将手柄振动降为最低。

注：可以采用工程方法来降低振动。评估应用降低振动的措施是否成功，是通过将该工具与其他同类型且具有可比性规格和性能的工具的振动水平进行对比，可见参考文献。

### 4.2 振动测量的一般要求

本测试方法给出了所有关于振动发射特性的确定、声明和验证的必要信息。还可将不同工具的测试结果进行比较。

应在说明书中给出工具手臂振动水平 $a_h$ 及其不确定度 $K$，按下述测试程序确定 $a_h$ 值，给出的不确定度 $K$ 表明了测量平均值的偏离程度。

### 4.3 振动的特性

#### 4.3.1 测量的方向

传递到手上的振动与 $X$、$Y$ 和 $Z$ 三个正交方向有关，见图 1。

#### 4.3.2 测量的定位

图 2、图 3 和图 4 给出了测量不同类型的砂轮机、抛光机和盘式砂光机时传感器的位置。

应在每个手握持位置处的三个方向进行测量，所有的测量应同时进行。

测量应尽可能地靠近手的拇指与食指之间，该位置为操作者正常握持工具的位置。

如果握住的部位被柔软的表面材料覆盖，应避免传感器安装的谐振效应。如果只在握持部位装有柔软的表面材料，则应将其去除或者通过一个传感器安装夹或合适的转接器将表面材料压紧。

对于具有隔离振动的手柄，测量的定位会明显地影响振动值。如果传感器不能沿着手柄长度的中间放置，则测量点应在沿握持部位手的左边和右边来确定相应的振动值[见图 1a)]。该手柄的测量结果应为两个测量点结果的平均值。

如果工具运行时需多于一个握紧或抓紧表面，则应在操作者正常操作工具时的手柄握持位置进行测量并记录。如果能够表明某一个握紧的部位的振动总是起主导作用的话，则可以只在该握紧区域进行测量。

#### 4.3.3 振幅

描述振动大小的量值应用频率计权加速度 $a_{hw}$ 表示，m/s²。

频率计权应符合 ISO 5349-1 的要求，附录 A 规定了对频率计权和频带限定滤波器的要求。

本部分中的均方根值 $a_{hw}$ 定义为频率计权加速度信号 $a_{hw}(t)$ 的均方根值：

$$a_{hw}=\left[\frac{1}{T}\int_{0}^{T}a_{hw}^{2}(t)\,dt\right]^{1/2} \quad \cdots\cdots(2)$$

为获得实时变化信号的均方根值，应使用装有线性积分装置的积分仪。

### 4.3.4 振动方向的合成

振动总值 $a_{hv}$ 由下述公式(3)确定

$$a_{hv}=[a_{hwx}^{2}+a_{hwy}^{2}+a_{hwz}^{2}]^{1/2} \quad \cdots\cdots(3)$$

式中：$a_{hwx}$，$a_{hwy}$，$a_{hwz}$ 是在 $X$、$Y$、$Z$ 各方向频率计权加速度均方根值。

## 4.4 设备要求

### 4.4.1 通用要求

振动测量设备应符合 ISO 8041。

### 4.4.2 传感器

#### 4.4.2.1 传感器规格

应使用符合 ISO 8041 的传感器和其他合适的测量设备进行振动测量。

振动传感器及其固定件的总质量应不足以对测量结果产生影响，在每个测量方向应不超过 5 g。

注：对于轻的塑料手柄，不应采用重的传感器，更多内容见 ISO 5349-2。

在选择传感器时，应考虑到诸如横向灵敏度(小于 10%)、环境温度范围、特定温度瞬时灵敏度和最大冲击加速度等因素。

#### 4.4.2.2 传感器的固定

在 ISO 5349-2 中给出了传感器安装指南。传感器和机械滤波器(如果有)，应牢固地安装在振动表面。

### 4.4.3 测量系统的校准

整个测量系统应该在每一次测试的前后进行检查，使用一个在已知频率上产生已知加速度的校准器。

应按 ISO 5347 和 ISO 16063-1 对传感器进行校准。整个测量系统应按 ISO 8041 进行检查。

## 4.5 砂轮机、抛光机和盘式砂光机的测试和运行条件

### 4.5.1 通则

测量应在一台新的工具上进行，该工具应只用于按本部分要求的振动测试。

运行条件和工作程序应规定得足够详细以获得恰当的重复性。测试程序首选基于典型的实际工作情况。振动测试可以模拟一个作业或一个工作周期中的某个阶段，该作业或工作周期由一系列操作组成，此时操作者接触振动。

如果为了获得较好的重复性而需要确定模拟工作条件，则振动源应像其在典型的工作情况下产生大致相同的振动幅度。如有必要提供实际产生的振动水平，应在多于一个运行条件或一组运行条件下进行测试。

如果工具装有在可比较运行条件下减小振动发射的设备或装置，则在振动测试时应按说明书使用这些装置。如果由此而要求型式试验方法的偏离，应在测试报告中进行说明并解释。

在测量期间，操作者的手应按工具的设计和说明书的规定握持工具。

### 4.5.2 附件、工件和作业

与工具一起使用的附件和辅助设备应按说明书的规定。

如果这些附件是减振型的，它应该与声明的振动值一起予以说明。

应注意在支撑架上的工件的定位不应影响测量结果。

注：应注意即使在尺寸、形状、材料、磨耗、失衡等方面有很小的差别附件，也将很大程度上改变振动幅值。

4.5.3 运行条件

开始试验前,工具应在规定条件下运行至少1 min。

工具的质量包括被试工具的机体质量、正常操作所需的附件和安装的模拟砂轮质量,但不包括工具电缆。

4.5.3.1 砂磨作业

砂轮机应安装模拟砂轮在负载下进行测试,详见表1角向磨光机测试条件和表4直向砂轮机测试条件。

表1 角向磨光机测试条件

| 定位 | 像正常使用中砂磨水平板那样握持工具 |
|---|---|
| 工作头 | 图6规定的模拟砂轮片的直径即为工具的额定能力,尺寸应符合表2。<br>使用模拟砂轮时,先打一个直径 *e* 为1 mm的孔,然后以每级1/10 mm增加孔径,直到达到所需的不平衡量 |
| 进给力 | 应施加在尽可能接近正常适用的位置。<br>进给力由表3给出,通过施加一个向上的、大小为规定进给力和工具自重之和的力来实现。<br>向上的力通常施加在辅助手柄的螺纹孔上。辅助手柄安装在一端,在另一端的空孔内插入一个螺栓。从螺栓至辅助手柄的内部固定一短绳,以施加向上的力。<br>对于装有减振手柄的工具,短绳应系在工具与辅助手柄之间,不应削弱减振功能。<br>工具使用绳索悬挂,进给力通过重物施加(见图5),或者,可以采用绳索上安装测力计的替代方法。力的施加应至少保证工具的运行需要<br>注:施加到工具的任何附加重量,如向上力的固定装置,将会改变工具的惯性,并由此降低振动幅度。 |
| 测试周期 | 一个测试周期应至少进行10 s的测量。<br>每次测试后,都要松开砂轮并相对于原来位置转过72°(360°/5)后重新安装。<br>进行3个序列5次连续测试,每个序列由不同的操作者完成 |

表2 图6角向磨光机的模拟砂轮尺寸

| $\phi a$/mm | $\phi b$/mm | $c$/mm | $\phi d$/mm | $\phi e$/mm | 不平衡量 g·mm |
|---|---|---|---|---|---|
| 50±0.2 | 10.0 | 6±0.05 | 35±0.02 | 8.1 | 14.5 |
| 100±0.2 | 16.0 | 6±0.05 | 70±0.02 | 11.4 | 58 |
| 115±0.2 | 22.23 | 6±0.05 | 80±0.02 | 12.2 | 76 |
| 125±0.2 | 22.23 | 6±0.05 | 90±0.02 | 1.25 | 90 |
| 150±0.2 | 22.23 | 6±0.05 | 120±0.02 | 13.0 | 130 |
| 180±0.2 | 22.23 | 6±0.05 | 150±0.02 | 14.1 | 190 |
| 230±0.2 | 22.23 | 6±0.05 | 200±0.02 | 15.5 | 305 |
| 300±0.2 | 22.23 | 6±0.05 | 270±0.02 | 17.4 | 520 |

表3 进给力

| $\phi a$/mm | 50 | 80 | 100 | 115 | 125 | 150 | 180 | 200 | 230 | 300 |
|---|---|---|---|---|---|---|---|---|---|---|
| 进给力/N(±5N) | 15 | 15 | 40 | 40 | 40 | 40 | 60 | 60 | 60 | 60 |

表 4 直向砂轮机的测试条件

| 定位 | 像正常使用中砂磨水平板那样握持工具。<br>对额定能力小于或等于 55 mm 的砂轮机，应使用模拟砂轮在负载条件下进行测试。<br>对额定能力超过 55 mm 的砂轮机，应使用模拟砂轮在负载条件下进行测试，但速度应为负载转速(例如通过降低供电电压实现) |
|---|---|
| 工作头 | 图 7 规定的模拟砂轮直径即为工具的额定能力，尺寸应符合表 5。<br>使用模拟砂轮时，先打一个直径 *e* 为 1 mm 的孔，然后以每级 1/10 mm 增加孔径，直到达到所需的不平衡量 |
| 进给力 | 应施加在尽可能接近正常适用的位置。<br>对额定能力小于或等于 55 mm 的砂轮机，进给力为 20 N，对额定能力超过 55 mm 的砂轮机，进给力为 50 N。<br>进给力通过施加一个向上的、大小为规定进给力和工具自重之和的力来实现。<br>向上的力施加在手柄或者握持区域的前部靠近砂轮处。<br>对于装有减振手柄的工具，施加向上的力时，不应削弱减振功能。<br>进给力通过重物施加(见图 5)，或者，可以采用绳索上安装测力计的替代方法。力的施加应至少保证工具的运行需要<br>注：施加到工具的任何附加重量，如向上力的固定装置，将会改变工具的惯性，并由此降低振动幅度。 |
| 测试周期 | 一个测试周期应至少进行 10 s 的测量 |

表 5 图 7 直向砂轮机的模拟砂轮尺寸

| *ϕa*/<br>mm | *ϕb*/<br>mm | *c*/<br>mm | *ϕd*/<br>mm | *ϕe*/<br>mm | 不平衡量<br>g·mm |
|---|---|---|---|---|---|
| 25±0.2 | 4.0 | 10±0.05 | 18±0.02 | 4.3 | 3.6 |
| 50±0.2 | 4.0 | 10±0.05 | 35±0.02 | 6.2 | 14.5 |
| 80±0.2 | 4.0 | 10±0.05 | 65±0.02 | 7.1 | 37 |
| 100±0.2 | 19.0 | 25±0.05 | 70±0.02 | 5.6 | 58 |
| 125±0.2 | 19.0 | 25±0.05 | 90±0.02 | 6.1 | 90 |
| 150±0.2 | 19.0 | 25±0.05 | 120±0.02 | 6.4 | 130 |
| 200±0.2 | 19.0 | 25±0.05 | 170±0.02 | 7.1 | 230 |

#### 4.5.3.2 抛光作业

抛光机在负载下进行测试，并符合表 6 的测试条件。

表 6 抛光机的测试条件

| 定位 | 抛光安装在工作台上的水平钢板，最小尺寸为 200 mm×200 mm×20 mm |
|---|---|
| 工作头 | 抛光盘 |
| 进给力 | 50 N±5 N(不包括工具自重)，或者是达到额定输入所需的力，二者取低值 |
| 测试周期 | 一个测试周期应至少进行 10 s 的测量 |

#### 4.5.3.3 盘式砂光作业

盘式砂光机在负载下进行测试，并符合表 7 的测试条件。

表 7 盘式砂光机的测试条件

| 定位 | 砂光安装在工作台上的水平钢板，最小尺寸为 200 mm×200 mm×20 mm |
|---|---|
| 工作头 | 推荐的钢板砂光盘，砂纸晶粒度为 180 |
| 进给力 | 30 N±5 N(不包括工具自重) |
| 预测试要求 | 测量前，用新的砂光盘进行 1 min 的砂光 |
| 测试周期 | 一个测试周期应至少进行 10 s 的测量 |

#### 4.5.4 操作者

工具的振动会受到操作者的影响，因此操作者应该能熟练地且能够以实际砂磨操作的方式握持工具。工作的角度应与在一个水平面上进行实际砂磨的情形相同(例如对角向磨光机 20°±5°)。

施加于手柄的力和扭矩会影响振动值，因此，手柄间的力和扭矩分布情况应与实际使用情形等同，这点非常重要。

### 4.6 测量程序与有效性

#### 4.6.1 振动值的报告

应进行 3 个序列 5 次连续的测试，每个序列由不同的操作者进行。如能表明振动不会受到操作者特征的影响，则可以接受只由一个操作者完成所有 15 次测量。

测量在三个坐标轴上进行，每个方向的结果通过使用公式(3)合成，得出振动总值 $a_{hv}$。

如果记录的每个序列中 5 个振动总值 $a_{hv}$ 的变异系数 $C_V$ 小于 0.15 或者标准差 $s_{N-1}$ 小于 0.3 m/s²，则接受该组测量结果。附录 B 列出了可能的测量误差来源信息。

测量结果 $a_h$ 应由所有操作者振动总值的算术平均值来确定。

如果测量多于一个运行模式，则应报告每个运行模式的测量结果 $a_h$。

$a_{h,SG}$ 或 $a_{h,AG}$——按 4.5.3.1 测得的直向砂磨或角向砂磨的振动平均值；

$a_{h,P}$——按 4.5.3.2 测得的抛光的振动平均值；

$a_{h,DS}$——按 4.5.3.3 测得的盘式砂光的振动平均值。

对具有通过技术手段能自动降低不平衡量的工具，应考虑对该工具的振动值乘以 1.3 的系数对低估的振动值进行修正。

如果使用实际的特殊盘片进行测量，则有关操作条件的信息(如使用的圆盘规格、工件材料、进给力)应该记录下来。

#### 4.6.2 振动发射值的声明

测量结果 $a_h$ 值是声明值的依据。应声明最大的手柄振动发射值 $a_h$ 及其不确定度 $K$。

为确定声明值的不确定度 $K$，下述公式(4)适用。

$$K = 1.65 S_R \text{ 或者 } K = 1.5\ \text{m/s}^2\text{，取大者} \qquad (4)$$

式中：

$$S_R = \sqrt{\frac{1}{n-1}\sum_{i=1}^{n}(a_{hvi} - a_h)^2};$$

$S_R$——标准差(与 $\sigma_R$ 相同)；

$n$——操作者人数，$n=3$；

$a_{hvi}$——每个操作者振动总值的平均值(每个操作者的结果)；

$a_h$——所有测量振动值的平均值(测试结果)。

振动值 $a_h$ 按以下格式进行声明：

——对砂轮机：

$a_{h,SG}$ 或 $a_{h,AG}$ 值，工作模式描述为“表面磨光”；

——对抛光机：

$a_{h,P}$值，工作模式描述为“抛光”；

——对盘式砂光机：

$a_{h,DS}$值，工作模式描述为“盘式砂光”。

另外，说明书里应该给出工具其他功能的信息，比如切断或钢丝刷功能，其振动发射值可能不同。

## 4.7 测量报告

测试报告至少包含下述信息：

a) 参考标准；

b) 被试工具的规格(即制造商、工具的型号、系列号等)；

c) 附件或辅助设备；

d) 运行和测试条件(电压、施加力、速度设定、持续时间和测试次数等)；

e) 测试机构(例如实验室、生产厂)；

f) 测试日期和测试负责人姓名；

g) 使用仪器(传感器质量、滤波器、积分仪、记录系统等)；

h) 紧固件位置和固定方式、测量方向和有关的振动值(例如可由照片记录)；

i) 所有振动值的算术平均值 $a_h$，每个操作者的振动总值 $a_{hv}$ 和三轴的计权加速度值 $a_{hw}$；记录所有的测量值是个好做法(即所有轴的振动，试验和操作者)；

j) 总振动值 $a_h$ 的不确定度 $K$。

任何与本部分的振动测试方法的偏离和这些偏离的技术验证应一起记录。

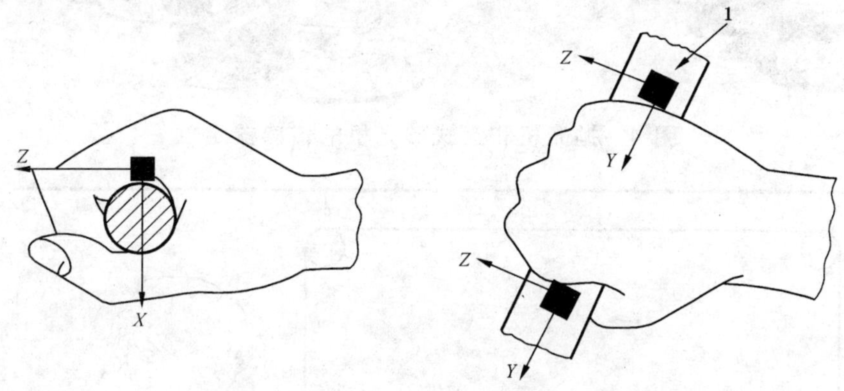


说明：

1——对于隔离振动的手柄，如果传感器不能沿着手柄长度中间放置，需附加的测量位置。

a) 握紧姿势——手环绕圆柱握紧

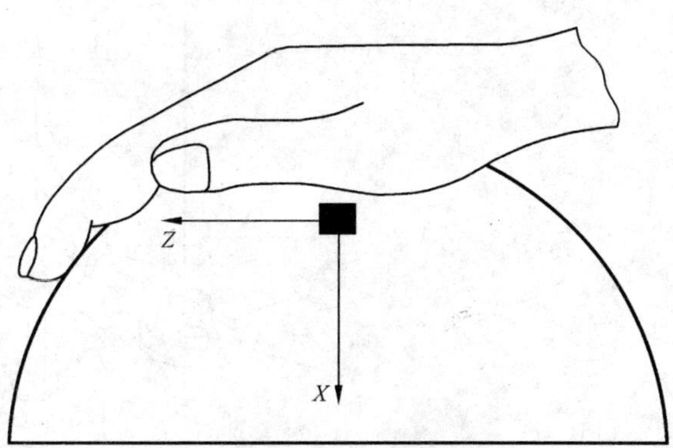


b) 伸掌姿势——手向下压住球面

**图 1 振动测量方向**

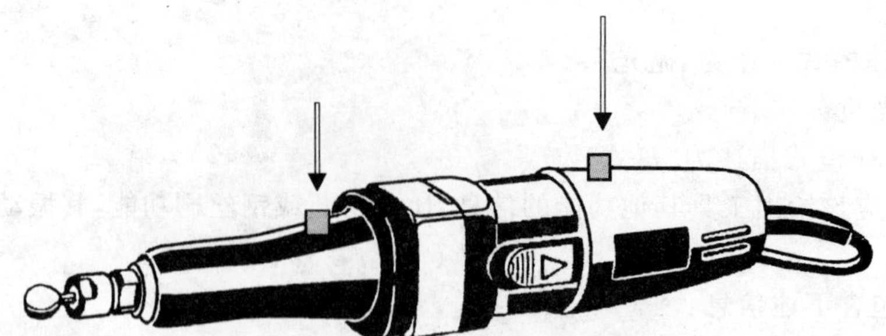

图 2　直向砂轮机的传感器定位

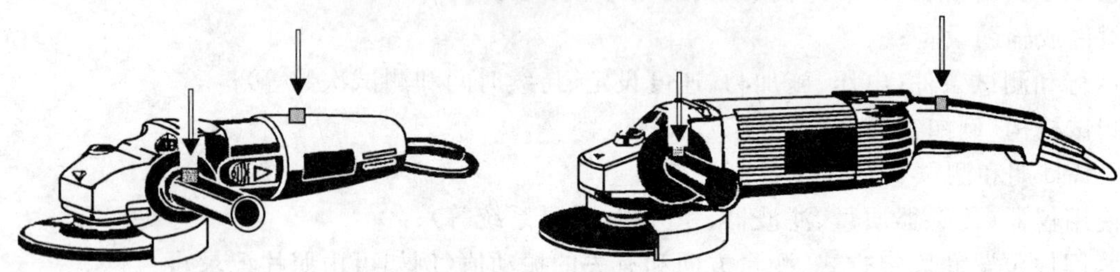

图 3　角向磨光机的传感器定位

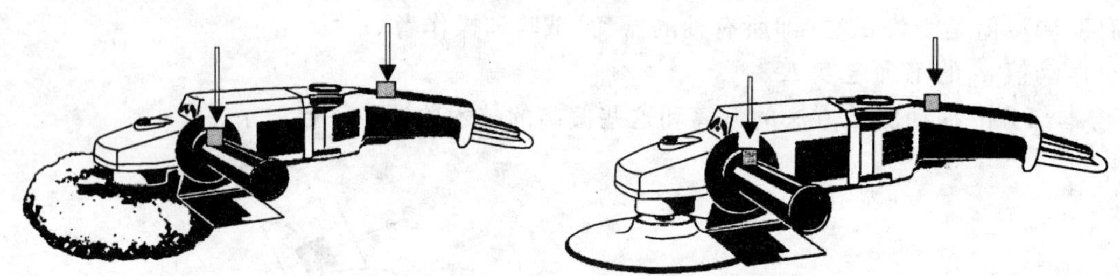

图 4　抛光机和盘式砂光机的传感器定位

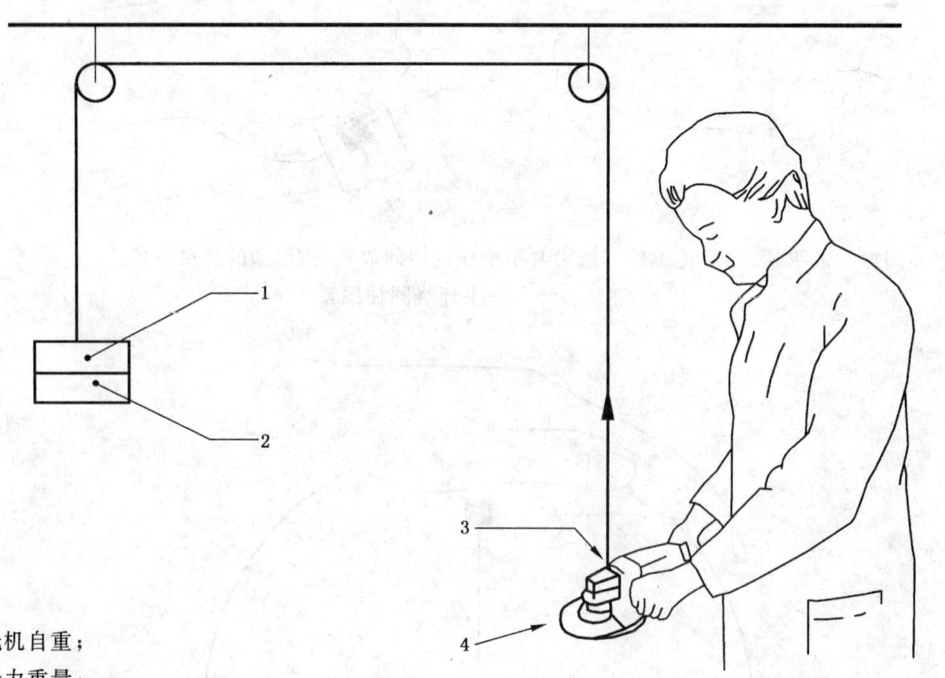


1——磨光机自重；

2——进给力重量；

3——使用绳索施加进给力；

4——磨光机与水平面成 20°±5°角度悬挂。

图 5　操作者的工作位置和施加的力

单位为毫米

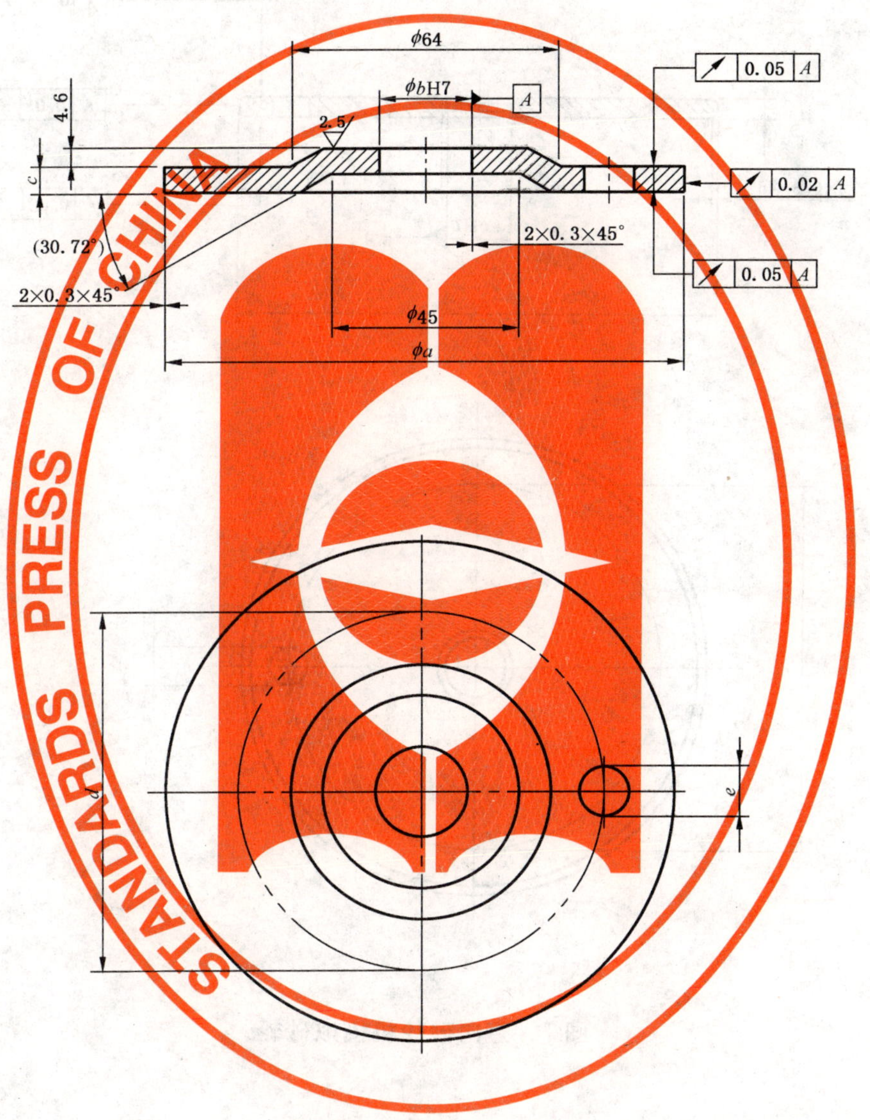


材料:铝

图 6　角向磨光机模拟砂轮

尺寸为毫米

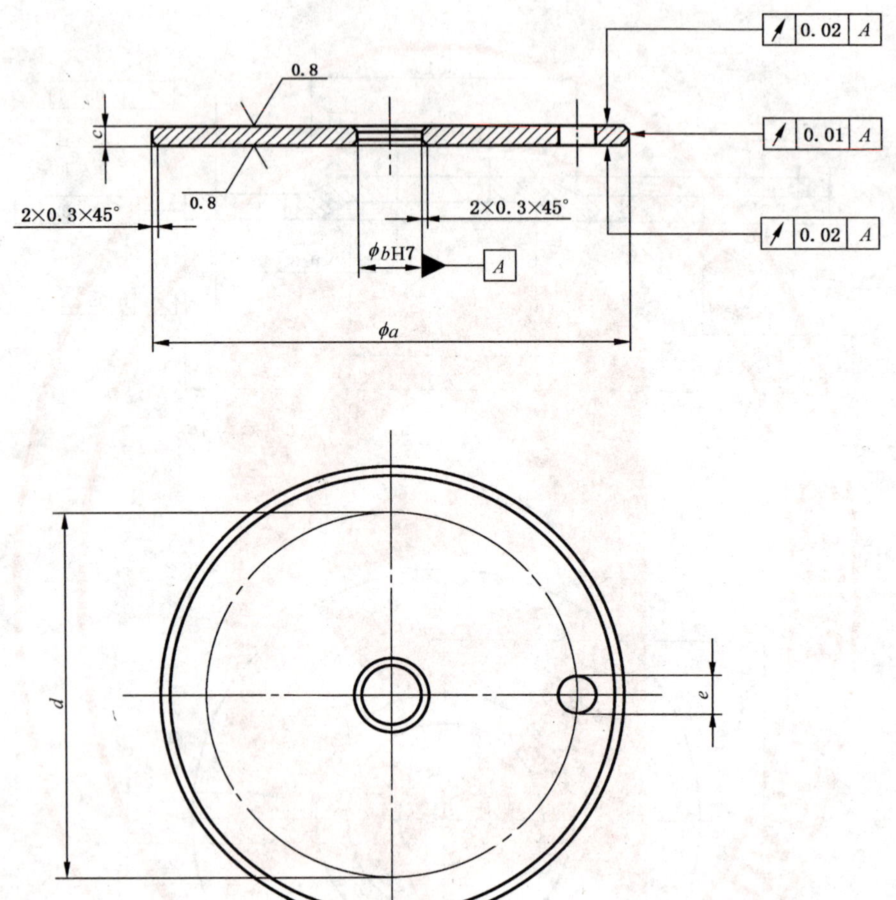


材料:铝

图7 直向砂轮机模拟砂轮

# 附 录 A
## （规范性附录）
## 频率计权和频带限定滤波器

### A.1 频率计权和频带限定滤波器特性

$a_{hw}$的测量要求使用频率计权和频带限定滤波器。频率计权 $W_h$ 反映不同频率引起的对手的伤害认定的重要程度。频率范围覆盖 8 Hz～1 000 Hz 的倍频程（即标称频率范围为 5.6 Hz～1 400 Hz）。所采用的高通或低通滤波器限定了在该频段外频率上的振动测量值的影响，这些频率的相关性还没商定。

注：对于振动响应的频率相关性在所有轴上是不可能相同的，但是不认为对于不同的轴采用不同的频率计权是合适的。

频率计权和频带限定滤波器可以通过模拟或者数字的方法实现。它们通过表 A.1 以滤波器设计人员熟悉的数学形式和图 A.1 以曲线绘图的示意形式确定。更多详细信息和滤波器特性容差见 ISO 8041。

**表 A.1 频率计权和频带限定滤波器频率计权 $W_h$ 特性**

| 频带限定[a] | | | 频率计权[a] | | | |
|---|---|---|---|---|---|---|
| $f_1$ | $f_2$ | $Q_1$ | $f_3$ | $f_4$ | $Q_2$ | $K$ |
| 6.310 | 1 258.9 | 0.71 | 15.915 | 15.915 | 0.64 | 1 |

频带限定滤波器由滤波器传输函数 $H_b(s)$ 确定：

$$H_b(s)=\frac{s^2 4\pi^2 f_2^2}{(s^2+2\pi f_1 s/Q_1+4\pi^2 f_1^2)(s^2+2\pi f_2 s/Q_1+4\pi^2 f_2^2)}$$

其中，$s=\mathrm{j}2\pi f$ 是拉普拉斯变换的变量。

频带限定滤波器可以通过双极滤波器来实现。

频率计权滤波器由滤波器传输函数 $H_w(s)$ 确定：

$$H_w(s)=\frac{(s+2\pi f_3)2\pi K f_4^2}{(s^2+2\pi f_4 s/Q_2+4\pi^2 f_4^2)f_3}$$

其中，$s=\mathrm{j}2\pi f$ 是拉普拉斯变换的变量。

频率计权滤波器可以通过双极滤波器来实现。

总的频率计权函数：

$$H(s)=H_b(s)\cdot H_w(s)$$

[a] $f_n$ 指定响应频率（$n=1$～4）；$Q_n$ 指定选择性（$n=1$～2），$K$ 为常量增益。

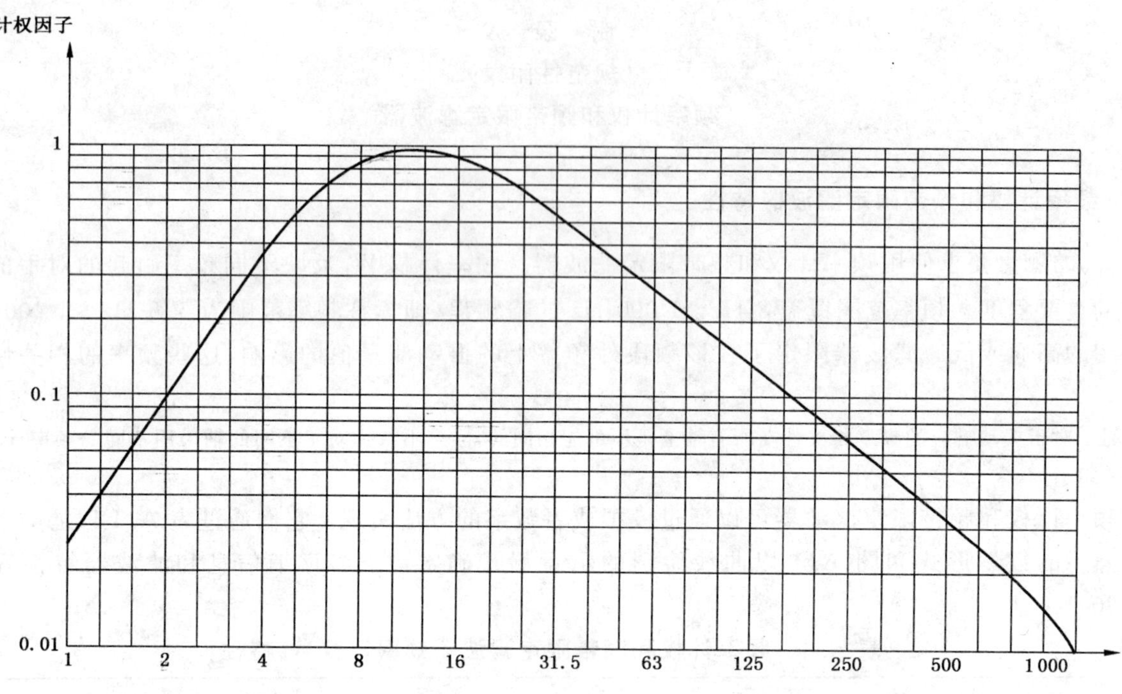


图 A.1 包括频带限定的手传振动频率计权曲线 $W_h$

## A.2 三分之一倍频程数据转换为频率计权加速度

作为使用 $W_h$ 滤波器的替代方法，可以通过三分之一倍频程分析的均方根值加速度值来获得相应的频率计权加速度。

均方根值频率计权加速度 $a_{hw}$ 可以由下述公式(A.1)计算：

$$a_{hw}=\sqrt{\sum_{i}(W_{hi}a_{hi})^2} \quad \cdots\cdots(A.1)$$

式中：

$W_{hi}$——表 A.2 中三分之一倍频程第 $i$ 次频带计权因子；

$a_{hi}$——三分之一倍频程中第 $i$ 次频带均方根值加速度，$m/s^2$。

三分之一倍频程频率从 6.3 Hz～1 250 Hz 构成了主要的频率范围，使用公式(A.1)计算的 $a_{hw}$ 应包含该范围所有的三分之一倍频程频带。在该主要范围以外的频率(即表 A.2 中灰色区域)对 $a_{hw}$ 值不起主要的作用，只要能证明在该频段的高、低端没有明显的振动能量，可以从计算中去除。

如果频率计权加速度值受在该频段高、低端的明显分量的影响，则按 ISO 5349-1 附录 C 关于振动白指病的预告应谨慎描述。

注：如果频谱中含有占优势的某个频率分量，上述的程序可能会引起频率计权加速度的计算值和直接测量值之间的差异。如果这些分量的频率与三分之一倍频程的中心频率不同，就会产生矛盾。基于此原因，应优选计权滤波器 $W_h$ 或者基于较窄频带的计算。对于后者，当给出某一频率 $f$ 或一窄带中心频率 $f$ 的非计权振动加速度 $a(f)$，则相应的计权加速度 $a_h(f)$ 由公式 $a_h(f)=a(f)\,|H(j2\pi f)|$ 给出。

**表 A.2 含有频带限定[a]的手传振动频率计权因子 $W_{hi}$，用于将三分之一倍频程幅值转换为频率计权幅值**

| 频带指数[b] $i$ | 标称中心频率/Hz | 计权因子 $W_{hi}$ |
|---|---|---|
| 6 | 4 | 0.375 |
| 7 | 5 | 0.545 |
| 8 | 6.3 | 0.727 |
| 9 | 8 | 0.873 |
| 10 | 10 | 0.951 |
| 11 | 12.5 | 0.958 |
| 12 | 16 | 0.896 |
| 13 | 20 | 0.782 |
| 14 | 25 | 0.647 |
| 15 | 31.5 | 0.519 |
| 16 | 40 | 0.411 |
| 17 | 50 | 0.324 |
| 18 | 63 | 0.256 |
| 19 | 80 | 0.202 |
| 20 | 100 | 0.160 |
| 21 | 125 | 0.127 |
| 22 | 160 | 0.101 |
| 23 | 200 | 0.079 9 |
| 24 | 250 | 0.063 4 |
| 25 | 315 | 0.050 3 |
| 26 | 400 | 0.039 8 |
| 27 | 500 | 0.031 4 |
| 28 | 630 | 0.024 5 |
| 29 | 800 | 0.018 6 |
| 30 | 1 000 | 0.013 5 |
| 31 | 1 250 | 0.008 94 |
| 32 | 1 600 | 0.005 36 |
| 33 | 2 000 | 0.002 95 |

[a] 滤波器响应和容差见 ISO 8041。

[b] 指数 $i$ 是 GB/T 3241 中的频带数。

# 附　录　B
# （规范性附录）
# 振动测量中可能的误差来源

本附录不是制定一个详尽的误差来源列表，只是考虑其作为避免主要测量误差的指导。

a)　传感器不合适地安装和固定；

b)　测量引线的未充分固定；

c)　缺少或误调带通滤波器；

d)　安装传感器后放大器不是零位输出；

e)　未对准传感器的方向或传感器不恰当的或易变动的位置；

f)　不恰当的信号处理（带通、信噪比、过载等）；

g)　测量持续时间太短；

h)　缺少测量前后的校准；

i)　运行条件的不恰当确定；

j)　施加不恰当握持力的不熟练操作者；

k)　不稳定的运行条件，例如施加力的变动和电动机转速的变化。

关于实际测量误差的更多建议由 ISO 5349-2 给出。

# 参 考 文 献

[1] GB/T 13823.1—2005 振动与冲击传感器的校准方法 第1部分:基本概念.

[2] CR 1030-1:1995 手臂振动 减少振动危险指南 第1部分:通过机器设计的工程方法.

[3] EN 12096:1997 机械振动 振动发射值的声明和验证.

[4] EN 60745-1:2006 手持式电动工具 安全 第1部分:通用要求.

[5] EN 60745-2-3:2007 手持式电动工具 安全 第2-3部分:砂轮机、抛光机和盘式砂光机的专用要求.

[6] ISO 5347(所有部分):振动与冲击传感器的校准方法.

[7] ISO 20643:2005 机械振动 手持和手导机械 振动发射的评定原则.

ICS 25.140.20
K 64

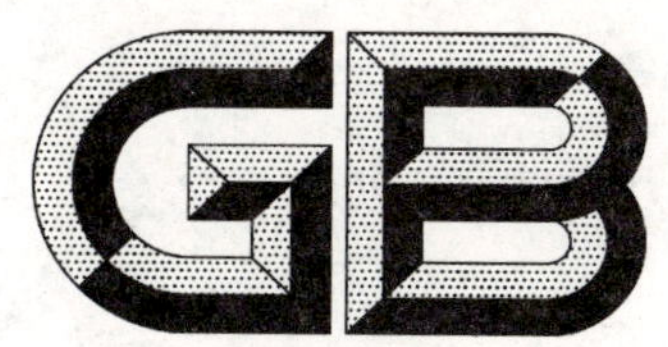

# 中华人民共和国国家标准

GB/T 22665.4—2008

# 手持式电动工具手柄的振动测量方法 第4部分:非盘式砂光机和抛光机

**Measurement of vibrations at the handle of hand-held electric tools—Part 4:Sanders and polishers other than disk type**

2008-12-30 发布　　2009-10-01 实施

中华人民共和国国家质量监督检验检疫总局
中国国家标准化管理委员会　发布

# 前　言

本部分为GB/T 22665《手持式电动工具手柄的振动测量方法》系列标准中的第4部分。该系列标准的结构及名称如下：

GB/T 22665.1　手持式电动工具手柄的振动测量方法　第1部分：电钻和冲击钻

GB/T 22665.2　手持式电动工具手柄的振动测量方法　第2部分：螺丝刀和冲击扳手

GB/T 22665.3　手持式电动工具手柄的振动测量方法　第3部分：砂轮机、抛光机和盘式砂光机

GB/T 22665.4　手持式电动工具手柄的振动测量方法　第4部分：非盘式砂光机和抛光机

GB/T 22665.5　手持式电动工具手柄的振动测量方法　第5部分：圆锯

GB/T 22665.6　手持式电动工具手柄的振动测量方法　第6部分：锤类工具

GB/T 22665.8　手持式电动工具手柄的振动测量方法　第8部分：电剪刀和电冲剪

GB/T 22665.9　手持式电动工具手柄的振动测量方法　第9部分：攻丝机

GB/T 22665.11　手持式电动工具手柄的振动测量方法　第11部分：往复锯(曲线锯、刀锯)

GB/T 22665.13　手持式电动工具手柄的振动测量方法　第13部分：链锯

GB/T 22665.14　手持式电动工具手柄的振动测量方法　第14部分：电刨

GB/T 22665.15　手持式电动工具手柄的振动测量方法　第15部分：修枝剪

GB/T 22665.17　手持式电动工具手柄的振动测量方法　第17部分：木铣和修边机

GB/T 22665.18　手持式电动工具手柄的振动测量方法　第18部分：捆扎机

GB/T 22665.20　手持式电动工具手柄的振动测量方法　第20部分：带锯

GB/T 22665.21　手持式电动工具手柄的振动测量方法　第21部分：管道疏通机

本部分在技术内容上与EN 60745-1:2006《手持式电动工具　安全　第1部分：通用要求》和EN 60745-2-4:2003+A11:2007《手持式电动工具　安全　第2-4部分：非盘式砂光机和抛光机的专用要求》中关于振动测量的方法协调一致。

本部分的附录A、附录B为规范性附录。

本部分由中国电器工业协会提出。

本部分由全国电动工具标准化技术委员会归口。

本部分负责起草单位：上海电动工具研究所。

本部分主要起草人：顾菁、尹海霞。

本部分为首次发布。

# 手持式电动工具手柄的振动测量方法 第4部分:非盘式砂光机和抛光机

## 1 范围

GB/T 22665的本部分规定了对手持式非盘式砂光机和抛光机在三个正交轴上测量手传振动的一般方法,以中心频率为8 Hz～1 000 Hz的倍频程测量。

本部分适用于按频率计权振动加速度评价手传振动的方法,未规定振动限值。

在工作场所条件下的人体接触手传振动的评估可按ISO 5349-1和ISO 5349-2进行。

## 2 规范性引用文件

下列文件中的条款通过GB/T 22665的本部分的引用而成为本部分的条款。凡是注日期的引用文件,其随后所有的修改单(不包括勘误的内容)或修订版均不适用于本部分,然而,鼓励根据本部分达成协议的各方研究是否可使用这些文件的最新版本。凡是不注日期的引用文件,其最新版本适用于本部分。

GB/T 15619—2005 机械振动与冲击 人体暴露 词汇

GB/T 2900.28—2007 电工术语 电动工具

GB/T 2298—1991 机械振动与冲击 术语(neq ISO 2041:1990)

GB/T 3241 倍频程和分数倍频程滤波器

ISO 5349-1 机械振动 人体接触手传振动的测量与评价 第1部分:一般要求

ISO 5349-2 机械振动 人体接触手传振动的测量与评价 第2部分:对在工作场所测量的应用指南

ISO 8041:2005 人体对振动的反应-测量仪器

## 3 术语和定义、符号

GB/T 15619、GB/T 2900.28、GB/T 2298规定的术语和定义外,下列术语和定义适用于本部分。

### 3.1

**手传振动(冲击) hand-transmitted vibration(shock)**

通常通过握持工具或工件的手掌或手指直接施加于或传递到人体手臂系统的机械振动(冲击)。

### 3.2

**频率计权加速度 frequency-weighted acceleration**

根据人体对不同频率振动的感觉响应及产生的生理效应规律进行计权的加速度。

### 3.3 符号

本部分使用下述符号:

$a_{hw}(t)$ …………………… $t$时刻频率计权手传振动瞬时单轴加速度,m/s²

$a_{hw}$ …………………… 频率计权手传振动单轴加速度均方根值,m/s²

$a_{hwx}$, $a_{hwy}$, $a_{hwz}$ …………… 在规定的$X$、$Y$和$Z$各方向$a_{hw}$值,m/s²

$a_{hv}$ …………………… 频率计权均方根值加速度的振动总值,m/s²;它是三轴测量的振动值$a_{hw}$的平方和的根值

$a_{h}$ …………………… 所有操作者测量结果的算术平均值,即总振动值,m/s²,即测试的结果

$\sigma_R$ ………………………… 重复性标准差

$K$ ………………………… $a_h$的不确定度,$m/s^2$

$C_V$ ………………………… 一组测试的变异系数,定义为一组测量值的标准差与该组数值的均值之比:

$$C_V = \frac{S_{N-1}}{\overline{a}_{hv}} \quad \cdots\cdots (1)$$

式中:

$S_{N-1} = \sqrt{\frac{1}{N-1}\sum_{i=1}^{N}(a_{hvi} - \overline{a}_{hv})^2}$;

$\overline{a}_{hv}$——一个测量序列中5个振动总值的平均值,$m/s^2$;

$a_{hvi}$——一个测量序列中第$i$次振动总值,$m/s^2$;

$N$——一个测量序列中测量值的数量(本标准$N$取5)。

## 4 振动

### 4.1 振动的消减

在不过度影响工具的性能和人机工程(质量,操作等)的前提下,应尽可能地将手柄振动降为最低。

注:可以采用工程方法来降低振动。评估应用降低振动的措施是否成功,是通过将该工具与其他同类型且具有可比性规格和性能的工具的振动水平进行对比,可见参考文献。

### 4.2 振动测量的一般要求

本测试方法给出了所有关于振动发射特性的确定、声明和验证的必要信息。还可将不同工具的测试结果进行比较。

应在说明书中给出工具手臂振动水平$a_h$及其不确定度$K$,按下述测试程序确定$a_h$值,给出的不确定度$K$表明了测量平均值的偏离程度。

### 4.3 振动的特性

#### 4.3.1 测量的方向

传递到手上的振动与$X$、$Y$和$Z$三个正交方向有关,见图1。

#### 4.3.2 测量的定位

图2给出了测量不同类型的砂光机和抛光机时传感器的位置。

应在每个手握持位置处的三个方向进行测量,所有的测量应同时进行。

测量应尽可能地靠近手的拇指与食指之间,该位置为操作者正常握持工具的位置。

如果握住的部位被柔软的表面材料覆盖,应避免传感器安装的谐振效应。如果只在握持部位装有柔软的表面材料,则应将其去除或者通过一个传感器安装夹或合适的转接器将表面材料压紧。

对于具有隔离振动的手柄,测量的定位会明显地影响振动值。如果传感器不能沿着手柄长度的中间放置,则测量点应在沿握持部位手的左边和右边来确定相应的振动值[见图1a)]。该手柄的测量结果应为两个测量点结果的平均值。

如果工具运行时需多于一个握紧或抓紧表面,则应在操作者正常操作工具时的手柄握持位置进行测量并记录。如果能够表明某一个握紧的部位的振动总是起主导作用的话,则可以只在该握紧区域进行测量。

#### 4.3.3 振幅

描述振动大小的量值应用频率计权加速度$a_{hw}$表示,$m/s^2$。

频率计权应符合ISO 5349-1的要求,附录A规定了对频率计权和频带限定滤波器的要求。

本部分中的均方根值$a_{hw}$定义为频率计权加速度信号$a_{hw}(t)$的均方根值:

$$a_{hw} = \left[\frac{1}{T}\int_0^T a_{hw}^2(t)\,dt\right]^{1/2} \quad \cdots\cdots (2)$$

为获得实时变化信号的均方根值，应使用装有线性积分装置的积分仪。

测量时间应该尽可能合理地长，对于手传振动测量一般不少于 8 s。

### 4.3.4 振动方向的合成

振动总值 $a_{hv}$ 由下述公式(3)确定：

$$a_{hv} = [a_{hwx}^2 + a_{hwy}^2 + a_{hwz}^2]^{1/2} \quad \cdots\cdots (3)$$

式中：$a_{hwx}$，$a_{hwy}$，$a_{hwz}$ 是在 $X$、$Y$、$Z$ 各方向频率计权加速度均方根值。

## 4.4 设备要求

### 4.4.1 通用要求

振动测量设备应符合 ISO 8041。

### 4.4.2 传感器

#### 4.4.2.1 传感器规格

应使用符合 ISO 8041 的传感器和其他合适的测量设备进行振动测量。

振动传感器及其固定件的总质量应不足以对测量结果产生影响，在每个测量方向应不超过 5 g。

注：对于轻的塑料手柄，不应采用重的传感器，更多内容见 ISO 5349-2。

在选择传感器时，应考虑到诸如横向灵敏度(小于 10%)、环境温度范围、特定温度瞬时灵敏度和最大冲击加速度等因素。

#### 4.4.2.2 传感器的固定

在 ISO 5349-2 中给出了传感器安装指南。传感器和机械滤波器(如果有)，应牢固地安装在振动表面。

### 4.4.3 测量系统的校准

整个测量系统应该在每一次测试的前后进行检查，使用一个在已知频率上产生已知加速度的校准器。

应按 ISO 5347 和 ISO 16063-1 对传感器进行校准。整个测量系统应按 ISO 8041 进行检查。

## 4.5 非盘式砂光机和抛光机的测试和运行条件

### 4.5.1 通则

测量应在一台新的工具上进行，该工具应只用于按本部分要求的振动测试。

运行条件和工作程序应规定得足够详细以获得恰当的重复性。测试程序首选基于典型的实际工作情况。振动测试可以模拟一个作业或一个工作周期中的某个阶段，该作业或工作周期由一系列操作组成，此时操作者接触振动。

如果为了获得较好的重复性而需要确定模拟工作条件，则振动源应像其在典型的工作情况下产生大致相同的振动幅度。如有必要提供实际产生的振动水平，应在多于一个运行条件或一组运行条件下进行测试。

如果工具装有在可比较运行条件下减小振动发射的装置，则在振动测试时应按说明书使用这些装置。如果由此而要求型式试验方法的偏离，应在测试报告中进行说明并解释。

在测量期间，操作者的手应按工具的设计和说明书的规定握持工具。

### 4.5.2 附件、工件和作业

与工具一起使用的附件和辅助设备应按说明书的规定。

如果这些附件是减振型的，它应该与声明的振动值一起予以说明。

应注意在支撑架上的工件的定位不应影响测量结果。

注：应注意即使在尺寸、形状、材料、磨耗、失衡等方面有很小的差别附件，也将很大程度上改变振动幅值。

### 4.5.3 运行条件

砂光机和抛光机的测量应按表 1、表 2 规定的负载条件下进行，开始试验前，应在该条件运行至少 1 min。

**表 1 砂光机的运行条件**

| 定位 | 砂光固定在工作台上尺寸为 400 mm×400 mm×20 mm 的水平钢板 |
| --- | --- |
| 工作头 | 推荐的钢板用砂纸,晶粒度为 180 |
| 进给力 | 工具质量小于 1.5 kg,30 N±5 N<br>工具质量大于或等于 1.5 kg,50 N±5 N |
| 预测试要求 | 试验开始前装上新的砂纸运行 1 min |

**表 2 抛光机的运行条件**

| 定位 | 抛光固定在工作台上尺寸为 400 mm×400 mm×20 mm 的水平钢板 |
| --- | --- |
| 工作头 | 抛光盘 |
| 进给力 | 工具质量小于 1.5 kg,30 N±5 N<br>工具质量大于或等于 1.5 kg,50 N±5 N |

#### 4.5.4 操作者

工具的振动会受到操作者的影响,因此操作者应该能熟练地且能够恰当地操作工具,即应有使用该工具的经验。

握紧力应为长时间工作条件下的施加力,不应过大。

### 4.6 测量程序与有效性

#### 4.6.1 振动值的报告

应进行 3 个序列 5 次连续的测试,每个序列由不同的操作者进行。如能表明振动不会受到操作者特征的影响,则可以接受只由一个操作者完成所有 15 次测量。

测量在三个坐标轴上进行,每个方向的结果通过使用公式(3)合成,得出振动总值 $a_{hv}$。

如果记录的每个序列中 5 个振动总值 $a_{hv}$ 的变异系数 $C_V$ 小于 0.15 或者标准差 $s_{N-1}$ 小于 0.3 m/s²,则接受该组测量结果。附录 B 列出了可能的测量误差来源信息。

测量结果 $a_h$ 应由所有操作者振动总值的算术平均值来确定。

#### 4.6.2 振动发射值的声明

测量结果 $a_h$ 值是声明值的依据。应声明最大的手柄振动发射值 $a_h$ 及其不确定度 $K$。

为确定声明值的不确定度 $K$,下述公式(4)适用。

$$K = 1.65S_R \text{或者} K = 1.5\ \text{m/s}^2\text{,取大者} \quad \cdots\cdots(4)$$

式中:

$$S_R = \sqrt{\frac{1}{n-1}\sum_{i=1}^{n}(a_{hvi} - a_h)^2};$$

$S_R$——标准差(与 $\sigma_R$ 相同);

$n$——操作者人数,$n=3$;

$a_{hvi}$——每个操作者振动总值的平均值(每个操作者的结果);

$a_h$——所有测量振动值的平均值(测试结果)。

振动值 $a_h$ 按以下格式进行声明:

a) 振动发射值 $a_h = \cdots \text{m/s}^2$;

b) 不确定度 $K = \cdots \text{m/s}^2$;

c) 对应振动发射值的工作状态的描述。

### 4.7 测量报告

测试报告至少包含下述信息：

a) 参考标准；

b) 被试工具的规格(即制造商、工具的型号、系列号等)；

c) 附件或辅助设备；

d) 运行和测试条件(电压、施加力、速度设定、持续时间和测试次数等)；

e) 测试机构(例如实验室、生产厂)；

f) 测试日期和测试负责人姓名；

g) 使用仪器(传感器质量、滤波器、积分仪、记录系统等)；

h) 紧固件位置和固定方式、测量方向和有关的振动值(例如可由照片记录)；

i) 所有振动值的算术平均值 $a_h$，每个操作者的振动总值 $a_{hv}$ 和三轴的计权加速度值 $a_{hw}$；记录所有的测量值是个好做法(即所有轴的振动，试验和操作者)；

j) 总振动值 $a_h$ 的不确定度 $K$。

任何与本部分的振动测试方法的偏离和这些偏离的技术验证应一起记录。

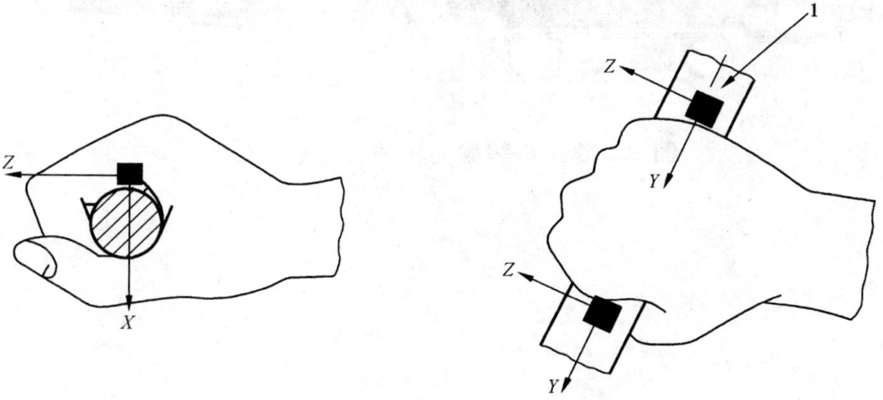


说明：

1——对于隔离振动的手柄，如果传感器不能沿着手柄长度中间放置，需附加的测量位置。

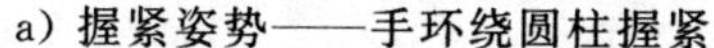

a) 握紧姿势——手环绕圆柱握紧

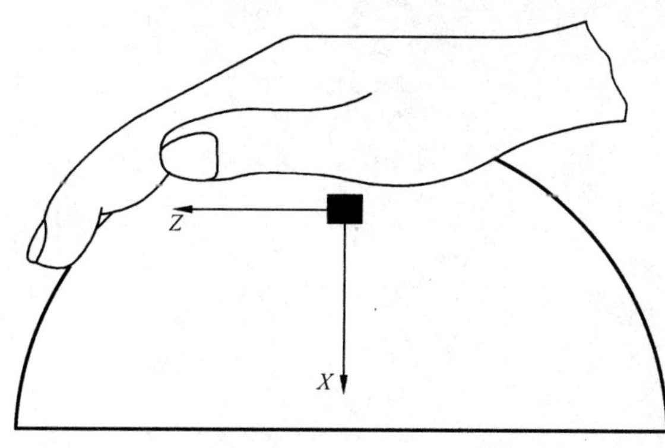


b) 伸掌姿势——手向下压住球面

**图 1 振动测量方向**

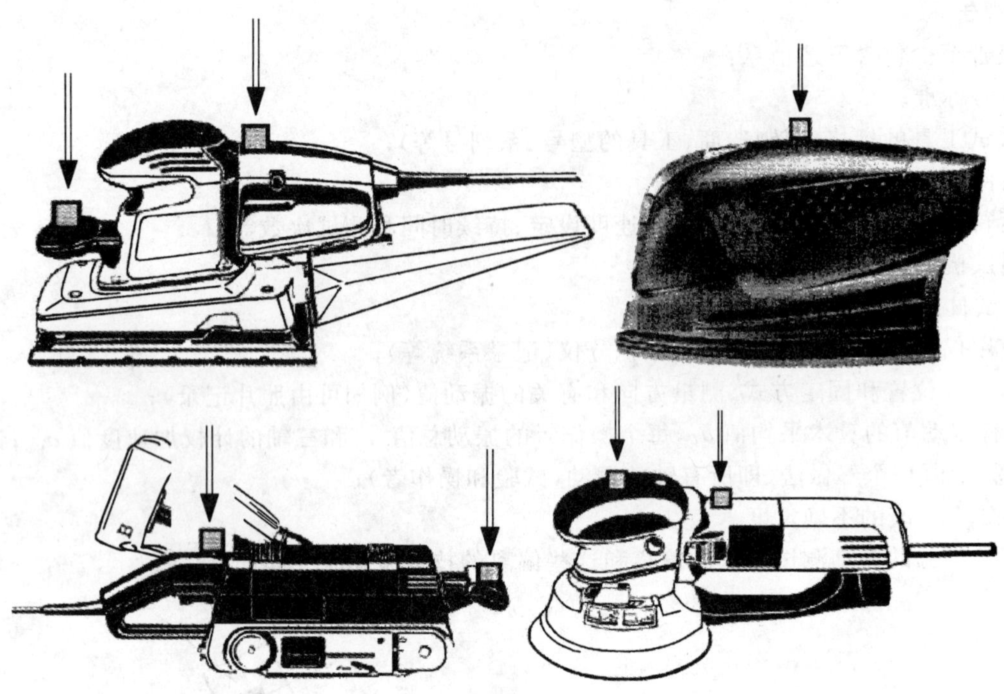

图 2　砂光机和抛光机的传感器定位

# 附 录 A
# （规范性附录）
# 频率计权和频带限定滤波器

## A.1 频率计权和频带限定滤波器特性

$a_{hw}$的测量要求使用频率计权和频带限定滤波器。频率计权 $W_h$反映不同频率引起的对手的伤害认定的重要程度。频率范围覆盖 8 Hz～1 000 Hz 的倍频程(即标称频率范围为 5.6 Hz～1 400 Hz)。所采用的高通或低通滤波器限定了在该频段外频率上的振动测量值的影响，这些频率的相关性还没商定。

注：对于振动响应的频率相关性在所有轴上是不可能相同的，但是不认为对于不同的轴采用不同的频率计权是合适的。

频率计权和频带限定滤波器可以通过模拟或者数字的方法实现。它们通过表 A.1 以滤波器设计人员熟悉的数学形式和图 A.1 以曲线绘图的示意形式确定。更多详细信息和滤波器特性容差见 ISO 8041。

表 A.1 频率计权和频带限定滤波器频率计权 $W_h$特性

| 频带限定[a] | | | 频率计权[a] | | | |
|---|---|---|---|---|---|---|
| $f_1$ | $f_2$ | $Q_1$ | $f_3$ | $f_4$ | $Q_2$ | $K$ |
| 6.310 | 1 258.9 | 0.71 | 15.915 | 15.915 | 0.64 | 1 |

频带限定滤波器由滤波器传输函数 $H_b(s)$确定：

$$H_b(s)=\frac{s^2 4\pi^2 f_2^2}{(s^2+2\pi f_1 s/Q_1+4\pi^2 f_1^2)(s^2+2\pi f_2 s/Q_1+4\pi^2 f_2^2)}$$

其中，$s=\mathrm{j}2\pi f$ 是拉普拉斯变换的变量。

频带限定滤波器可以通过双极滤波器来实现。

频率计权滤波器由滤波器传输函数 $H_w(s)$确定：

$$H_w(s)=\frac{(s+2\pi f_3)2\pi K f_4^2}{(s^2+2\pi f_4 s/Q_2+4\pi^2 f_4^2)f_3}$$

其中，$s=\mathrm{j}2\pi f$ 是拉普拉斯变换的变量。

频率计权滤波器可以通过双极滤波器来实现。

总的频率计权函数：

$$H(s)=H_b(s)\cdot H_w(s)$$

[a] $f_n$指定响应频率($n=1$～4)；$Q_n$指定选择性($n=1$～2)，$K$ 为常量增益。

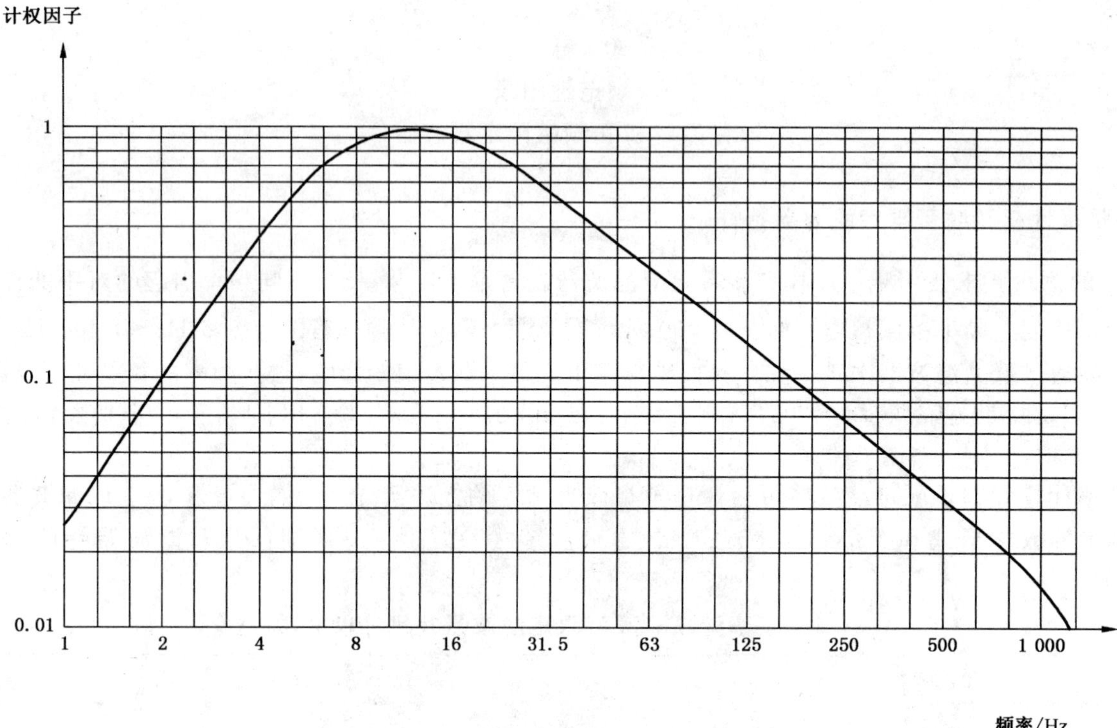


图 A.1 包括频带限定的手传振动频率计权曲线 $W_h$

## A.2 三分之一倍频程数据转换为频率计权加速度

作为使用 $W_h$ 滤波器的替代方法，可以通过三分之一倍频程分析的均方根值加速度值来获得相应的频率计权加速度。

均方根值频率计权加速度 $a_{hw}$ 可以由下述公式(A.1)计算：

$$a_{hw}=\sqrt{\sum_{i}(W_{hi}a_{hi})^2} \qquad \text{(A.1)}$$

式中：

$W_{hi}$——表 A.2 中三分之一倍频程第 $i$ 次频带计权因子；

$a_{hi}$——三分之一倍频程中第 $i$ 次频带均方根值加速度，$m/s^2$。

三分之一倍频程频率从 6.3 Hz～1 250 Hz 构成了主要的频率范围，使用公式(A.1)计算的 $a_{hw}$ 应包含该范围所有的三分之一倍频程频带。在该主要范围以外的频率(即表 A.2 中灰色区域)对 $a_{hw}$ 值不起主要的作用，只要能证明在该频段的高、低端没有明显的振动能量，可以从计算中去除。

如果频率计权加速度值受在该频段高、低端的明显分量的影响，则按 ISO 5349-1 附录 C 关于振动白指病的预告应谨慎描述。

注：如果频谱中含有占优势的某个频率分量，上述的程序可能会引起频率计权加速度的计算值和直接测量值之间的差异。如果这些分量的频率与三分之一倍频程的中心频率不同，就会产生矛盾。基于此原因，应优选计权滤波器 $W_h$ 或者基于较窄频带的计算。对于后者，当给出某一频率 $f$ 或一窄带中心频率 $f$ 的非计权振动加速度 $a(f)$，则相应的计权加速度 $a_h(f)$ 由公式 $a_h(f)=a(f)\,|H(\mathrm{j}2\pi f)|$ 给出。

**表 A.2 含有频带限定[a]的手传振动频率计权因子 $W_{hi}$,用于将三分之一倍频程幅值转换为频率计权幅值**

| 频带指数[b] $i$ | 标称中心频率/Hz | 计权因子 $W_{hi}$ |
|---|---|---|
| 6 | 4 | 0.375 |
| 7 | 5 | 0.545 |
| 8 | 6.3 | 0.727 |
| 9 | 8 | 0.873 |
| 10 | 10 | 0.951 |
| 11 | 12.5 | 0.958 |
| 12 | 16 | 0.896 |
| 13 | 20 | 0.782 |
| 14 | 25 | 0.647 |
| 15 | 31.5 | 0.519 |
| 16 | 40 | 0.411 |
| 17 | 50 | 0.324 |
| 18 | 63 | 0.256 |
| 19 | 80 | 0.202 |
| 20 | 100 | 0.160 |
| 21 | 125 | 0.127 |
| 22 | 160 | 0.101 |
| 23 | 200 | 0.079 9 |
| 24 | 250 | 0.063 4 |
| 25 | 315 | 0.050 3 |
| 26 | 400 | 0.039 8 |
| 27 | 500 | 0.031 4 |
| 28 | 630 | 0.024 5 |
| 29 | 800 | 0.018 6 |
| 30 | 1 000 | 0.013 5 |
| 31 | 1 250 | 0.008 94 |
| 32 | 1 600 | 0.005 36 |
| 33 | 2 000 | 0.002 95 |

[a] 滤波器响应和容差见 ISO 8041;

[b] 指数 $i$ 是 GB/T 3241 中的频带数。

# 附　录　B
（规范性附录）
# 振动测量中可能的误差来源

本附录不是制定一个详尽的误差来源列表，只是考虑其作为避免主要测量误差的指导。

a) 传感器不合适地安装和固定；

b) 测量引线的未充分固定；

c) 缺少或误调带通滤波器；

d) 安装传感器后放大器不是零位输出；

e) 未对准传感器的方向或传感器不恰当的或易变动的位置；

f) 不恰当的信号处理（带通、信噪比、过载等）；

g) 测量持续时间太短；

h) 缺少测量前后的校准；

i) 运行条件的不恰当确定；

j) 施加不恰当握持力的不熟练操作者；

k) 不稳定的运行条件，例如施加力的变动和电动机转速的变化。

关于实际测量误差的更多建议由 ISO 5349-2 给出。

## 参 考 文 献

[1] GB/T 13823.1—2005 振动与冲击传感器的校准方法 第1部分:基本概念.

[2] CR 1030-1:1995 手臂振动 减少振动危险指南 第1部分:通过机器设计的工程方法.

[3] EN 12096:1997 机械振动 振动发射值的声明和验证.

[4] EN 60745-1:2006 手持式电动工具 安全 第1部分:通用要求.

[5] EN 60745-2-4:2003+A11:2007 手持式电动工具 安全 第2-4部分:非盘式砂光机和抛光机的专用要求.

[6] ISO 5347(所有部分):振动与冲击传感器的校准方法.

[7] ISO 20643:2005 机械振动 手持和手导机械 振动发射的评定原则.

ICS 25.140.20
K 64

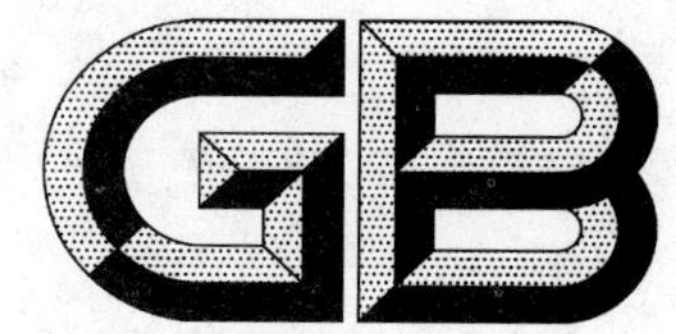

# 中华人民共和国国家标准

GB/T 22665.5—2008

# 手持式电动工具手柄的振动测量方法 第5部分:圆锯

# Measurement of vibrations at the handle of hand-held electric tools—Part 5: Circular saws

2008-12-30 发布

2009-10-01 实施

中华人民共和国国家质量监督检验检疫总局
中国国家标准化管理委员会 发布

# 前　言

本部分为GB/T 22665《手持式电动工具手柄的振动测量方法》系列标准中的第5部分。该系列标准的结构及名称如下：

GB/T 22665.1　手持式电动工具手柄的振动测量方法　第1部分：电钻和冲击钻

GB/T 22665.2　手持式电动工具手柄的振动测量方法　第2部分：螺丝刀和冲击扳手

GB/T 22665.3　手持式电动工具手柄的振动测量方法　第3部分：砂轮机、抛光机和盘式砂光机

GB/T 22665.4　手持式电动工具手柄的振动测量方法　第4部分：非盘式砂光机和抛光机

GB/T 22665.5　手持式电动工具手柄的振动测量方法　第5部分：圆锯

GB/T 22665.6　手持式电动工具手柄的振动测量方法　第6部分：锤类工具

GB/T 22665.8　手持式电动工具手柄的振动测量方法　第8部分：电剪刀和电冲剪

GB/T 22665.9　手持式电动工具手柄的振动测量方法　第9部分：攻丝机

GB/T 22665.11　手持式电动工具手柄的振动测量方法　第11部分：往复锯(曲线锯、刀锯)

GB/T 22665.13　手持式电动工具手柄的振动测量方法　第13部分：链锯

GB/T 22665.14　手持式电动工具手柄的振动测量方法　第14部分：电刨

GB/T 22665.15　手持式电动工具手柄的振动测量方法　第15部分：修枝剪

GB/T 22665.17　手持式电动工具手柄的振动测量方法　第17部分：木铣和修边机

GB/T 22665.18　手持式电动工具手柄的振动测量方法　第18部分：捆扎机

GB/T 22665.20　手持式电动工具手柄的振动测量方法　第20部分：带锯

GB/T 22665.21　手持式电动工具手柄的振动测量方法　第21部分：管道疏通机

本部分在技术内容上与EN 60745-1:2006《手持式电动工具　安全　第1部分：通用要求》和EN 60745-2-5:2007《手持式电动工具　安全　第2-5部分：圆锯的专用要求》中关于振动测量的方法协调一致。

本部分的附录A、附录B为规范性附录。

本部分由中国电器工业协会提出。

本部分由全国电动工具标准化技术委员会归口。

本部分起草单位：上海电动工具研究所。

本部分主要起草人：陈建秋、何晨曦。

本部分为首次发布。

# 手持式电动工具手柄的振动测量方法 第5部分:圆锯

## 1 范围

GB/T 22665的本部分规定了对手持式圆锯在三个正交轴上测量手传振动的一般方法,以中心频率为8 Hz~1 000 Hz的倍频程测量。

本部分适用于按频率计权振动加速度评价手传振动的方法,未规定振动限值。

在工作场所条件下的人体接触手传振动的评估可按ISO 5349-1和ISO 5349-2进行。

## 2 规范性引用文件

下列文件中的条款通过GB/T 22665的本部分的引用而成为本部分的条款。凡是注日期的引用文件,其随后所有的修改单(不包括勘误的内容)或修订版均不适用于本部分,然而,鼓励根据本部分达成协议的各方研究是否可使用这些文件的最新版本。凡是不注日期的引用文件,其最新版本适用于本部分。

GB/T 15619—2005 机械振动与冲击 人体暴露 词汇

GB/T 2900.28—2007 电工术语 电动工具

GB/T 2298—1991 机械振动与冲击 术语(neq ISO 2041:1990)

GB/T 3241 倍频程和分数倍频程滤波器

ISO 5349-1 机械振动 人体接触手传振动的测量与评价 第1部分:一般要求

ISO 5349-2 机械振动 人体接触手传振动的测量与评价 第2部分:对在工作场所测量的应用指南

ISO 8041:2005 人体对振动的反应-测量仪器

## 3 术语和定义、符号

GB/T 15619、GB/T 2900.28、GB/T 2298规定的术语和定义外,下列术语和定义适用于本部分。

3.1

**手传振动(冲击) hand-transmitted vibration(shock)**

通常通过握持工具或工件的手掌或手指直接施加于或传递到人体手臂系统的机械振动(冲击)。

3.2

**频率计权加速度 frequency-weighted acceleration**

根据人体对不同频率振动的感觉响应及产生的生理效应规律进行计权的加速度。

### 3.3 符号

本部分使用下述符号:

$a_{hw}(t)$……………………………$t$ 时刻频率计权手传振动瞬时单轴加速度,m/s²

$a_{hw}$……………………………………频率计权手传振动单轴加速度均方根值,m/s²

$a_{hwx}, a_{hwy}, a_{hwz}$……………… 在规定的 $X$、$Y$ 和 $Z$ 各方向 $a_{hw}$ 值,m/s²

$a_{hv}$…………………………………… 频率计权均方根值加速度的振动总值,m/s²;它是三轴测量的振动值 $a_{hw}$ 的平方和的根值

$a_h$……………………………………… 所有操作者测量结果的算术平均值,即总振动值,m/s²,即测试的结果

$\sigma_R$………………………… 重复性标准差

$K$………………………… $a_h$的不确定度，m/s²

$C_V$………………………… 一组测试的变异系数，定义为一组测量值的标准差与该组数值的均值之比：

$$C_V = \frac{S_{N-1}}{\overline{a}_{hv}} \qquad \cdots\cdots\cdots\cdots (1)$$

式中：

$$S_{N-1} = \sqrt{\frac{1}{N-1}\sum_{i=1}^{N}(a_{hvi} - \overline{a}_{hv})^2}\ ;$$

$\overline{a}_{hv}$——一个测量序列中5个振动总值的平均值，m/s²；

$a_{hvi}$——一个测量序列中第 $i$ 次振动总值，m/s²；

$N$——一个测量序列中测量值的数量(本标准 $N$ 取5)。

## 4 振动

### 4.1 振动的消减

在不过度影响工具的性能和人机工程(质量，操作等)的前提下，应尽可能地将手柄振动降为最低。

注：可以采用工程方法来降低振动。评估应用降低振动的措施是否成功，是通过将该工具与其他同类型且具有可比性规格和性能的工具的振动水平进行对比，可见参考文献。

### 4.2 振动测量的一般要求

本测试方法给出了所有关于振动发射特性的确定、声明和验证的必要信息。还可将不同工具的测试结果进行比较。

应在说明书中给出工具手臂振动水平 $a_h$及其不确定度 $K$，按下述测试程序确定 $a_h$值，给出的不确定度 $K$ 表明了测量平均值的偏离程度。

### 4.3 振动的特性

#### 4.3.1 测量的方向

传递到手上的振动与 $X$、$Y$ 和 $Z$ 三个正交方向有关，见图1。

#### 4.3.2 测量的定位

图2给出了测量圆锯时传感器在主手柄和辅助手柄(如果有)上的位置。

应在每个手握持位置处的三个方向进行测量，所有的测量应同时进行。

测量应尽可能地靠近手的拇指与食指之间，该位置为操作者正常握持工具的位置。

如果握住的部位被柔软的表面材料覆盖，应避免传感器安装的谐振效应。如果只在握持部位装有柔软的表面材料，则应将其去除或者通过一个传感器安装夹或合适的转接器将表面材料压紧。

对于具有隔离振动的手柄，测量的定位会明显地影响振动值。如果传感器不能沿着手柄长度的中间放置，则测量点应在沿握持部位手的左边和右边来确定相应的振动值[见图1a)]。该手柄的测量结果应为两个测量点结果的平均值。

如果工具运行时需多于一个握紧或抓紧表面，则应在操作者正常操作工具时的手柄握持位置进行测量并记录。如果能够表明某一个握紧的部位的振动总是起主导作用的话，则可以只在该握紧区域进行测量。

#### 4.3.3 振幅

描述振动大小的量值应用频率计权加速度 $a_{hw}$表示，m/s²。

频率计权应符合 ISO 5349-1 的要求，附录A规定了对频率计权和频带限定滤波器的要求。

本部分中的均方根值 $a_{hw}$定义为频率计权加速度信号 $a_{hw}(t)$的均方根值：

$$a_{hw} = \left[\frac{1}{T}\int_0^T a_{hw}^2(t)\,dt\right]^{1/2} \qquad \cdots\cdots\cdots\cdots (2)$$

为获得实时变化信号的均方根值，应使用装有线性积分装置的积分仪。

测量时间应该尽可能合理地长，对于手传振动测量一般不少于 8 s。

### 4.3.4 振动方向的合成

振动总值 $a_{hv}$ 由下述公式(3)确定：

$$a_{hv} = [a_{hwx}^2 + a_{hwy}^2 + a_{hwz}^2]^{1/2} \quad \cdots\cdots(3)$$

式中：$a_{hwx}$，$a_{hwy}$，$a_{hwz}$ 是在 $X$、$Y$、$Z$ 各方向频率计权加速度均方根值。

## 4.4 设备要求

### 4.4.1 通用要求

振动测量设备应符合 ISO 8041。

### 4.4.2 传感器

#### 4.4.2.1 传感器规格

应使用符合 ISO 8041 的传感器和其他合适的测量设备进行振动测量。

振动传感器及其固定件的总质量应不足以对测量结果产生影响，在每个测量方向应不超过 5 g。

注：对于轻的塑料手柄，不应采用重的传感器，更多内容见 ISO 5349-2。

在选择传感器时，应考虑到诸如横向灵敏度(小于 10%)、环境温度范围、特定温度瞬时灵敏度和最大冲击加速度等因素。

#### 4.4.2.2 传感器的固定

在 ISO 5349-2 中给出了传感器安装指南。传感器和机械滤波器(如果有)，应牢固地安装在振动表面。

### 4.4.3 测量系统的校准

整个测量系统应该在每一次测试的前后进行检查，使用一个在已知频率上产生已知加速度的校准器。

应按 ISO 5347 和 ISO 16063-1 对传感器进行校准。整个测量系统应按 ISO 8041 进行检查。

## 4.5 圆锯的测试和运行条件

### 4.5.1 通则

测量应在一台新的工具上进行，该工具应只用于按本部分要求的振动测试。

运行条件和工作程序应规定得足够详细以获得恰当的重复性。测试程序首选基于典型的实际工作情况。振动测试可以模拟一个作业或一个工作周期中的某个阶段，该作业或工作周期由一系列操作组成，此时操作者接触振动。

如果为了获得较好的重复性而需要确定模拟工作条件，则振动源应像其在典型的工作情况下产生大致相同的振动幅度。如有必要提供实际产生的振动水平，应在多于一个运行条件或一组运行条件下进行测试。

如果工具装有在可比较运行条件下减小振动发射的设备或装置，则在振动测试时应按说明书使用这些装置。如果由此而要求型式试验方法的偏离，应在测试报告中进行说明并解释。

在测量期间，操作者的手应按工具的设计和说明书的规定握持工具。

### 4.5.2 附件、工件和作业

与工具一起使用的附件和辅助设备应按说明书的规定。

如果这些附件是减振型的，它应该与声明的振动值一起予以说明。

应注意在支撑架上的工件的定位不应影响测量结果。

注：应注意即使在尺寸、形状、材料、磨耗、失衡等方面有很小的差别附件，也将很大程度上改变振动幅值。

### 4.5.3 运行条件

圆锯测量应按表 1 规定的负载条件下进行，开始试验前，圆锯应在该条件运行至少 1 min。

表 1 圆锯运行条件

| | |
|---|---|
| 定位 | 切割水平放置的最小尺寸为 800 mm×600 mm 的刨花板，其厚度根据圆锯的最大切割深度来确定：<br>最大切割深度≤40 mm：刨花板厚度 19 mm；<br>最大切割深度＞40 mm：刨花板厚度 38 mm。<br>刨花板应用螺钉或夹具牢固地固定在装有弹性材料的工作台上，安装应保证的在测量频率范围内不应有明显的谐振影响测试结果。<br>刨花板伸出夹紧区域至少 250 mm，每个序列测试之前都应进行调整 |
| 工作头 | 由制造商规定的用于切割刨花板的新锯片 |
| 进给力 | 恰好能轻松切割。如可行，施加在两个手柄上的力应相同，避免过大的握持力 |
| 测试周期 | 每个测试周期为沿刨花板 600 mm 宽的方向切割约 10 mm 宽的板条（通过定位板设定，如有）。<br>应在锯片割入木板时开始测量，锯片脱离木板时结束 |

### 4.5.4 操作者

工具的振动会受到操作者的影响，因此操作者应该能熟练地且能够恰当地操作工具，即应有使用该工具的经验。

握紧力应为长时间工作条件下的施加力，不应过大。

### 4.6 测量程序与有效性

#### 4.6.1 振动值的报告

应进行 3 个序列 5 次连续的测试，每个序列由不同的操作者进行。如能表明振动不会受到操作者特征的影响，则可以接受只由一个操作者完成所有 15 次测量。

测量在三个坐标轴上进行，每个方向的结果通过使用公式(3)合成，得出振动总值 $a_{hv}$。

如果记录的每个序列中 5 个振动总值 $a_{hv}$ 的变异系数 $C_V$ 小于 0.15 或者标准差 $s_{N-1}$ 小于 0.3 m/s²，则接受该组测量结果。附录 B 列出了可能的测量误差来源信息

测量结果 $a_h$ 应由所有操作者振动总值的算术平均值来确定。

#### 4.6.2 振动发射值的声明

测量结果 $a_h$ 值是声明值的依据。应声明最大的手柄振动发射值 $a_h$ 及其不确定度 $K$。

为确定声明值的不确定度 $K$，下述公式(4)适用。

$$K = 1.65S_R \text{ 或者 } K = 1.5\ \text{m/s}^2\text{，取大者} \qquad (4)$$

式中：

$$S_R = \sqrt{\frac{1}{n-1}\sum_{i=1}^{n}(a_{hvi} - a_h)^2}\ ;$$

$S_R$——标准差（与 $\sigma_R$ 相同）；

$n$——操作者人数，$n=3$；

$a_{hvi}$——每个操作者振动总值的平均值（每个操作者的结果）；

$a_h$——所有测量振动值的平均值（测试结果）。

振动值 $a_h$ 按以下格式进行声明：

a) 振动发射值 $a_h$＝…m/s²；

b) 不确定度 $K$＝…m/s²；

c) 对应振动发射值的工作状态的描述。

## 4.7 测量报告

测试报告至少包含下述信息：

a) 参考标准；

b) 被试工具的规格(即制造商、工具的型号、系列号等)；

c) 附件或辅助设备；

d) 运行和测试条件(电压、施加力、速度设定、持续时间和测试次数等)；

e) 测试机构(例如实验室、生产厂)；

f) 测试日期和测试负责人姓名；

g) 使用仪器(传感器质量、滤波器、积分仪、记录系统等)；

h) 紧固件位置和固定方式、测量方向和有关的振动值(例如可由照片记录)；

i) 所有振动值的算术平均值 $a_h$，每个操作者的振动总值 $a_{hv}$ 和三轴的计权加速度值 $a_{hw}$。记录所有的测量值是个好做法(即所有轴的振动，试验和操作者)；

j) 总振动值 $a_h$ 的不确定度 $K$。

任何与本部分的振动测试方法的偏离和这些偏离的技术验证应一起记录。

说明：

1——对于隔离振动的手柄，如果传感器不能沿着手柄长度中间放置，需附加的测量位置。

a) 握紧姿势——手环绕圆柱握紧

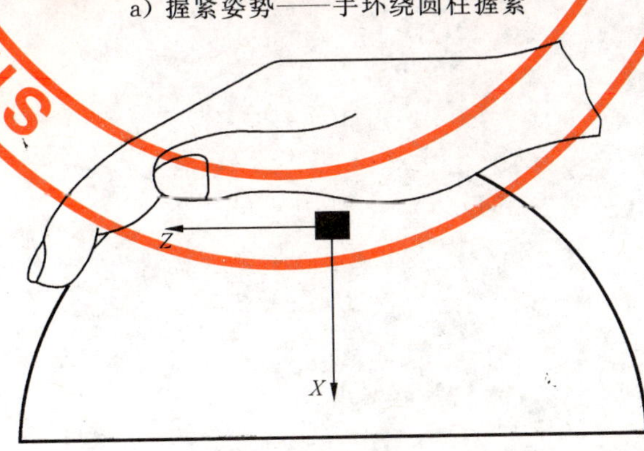


b) 伸掌姿势——手向下压住球面

**图 1 振动测量方向**

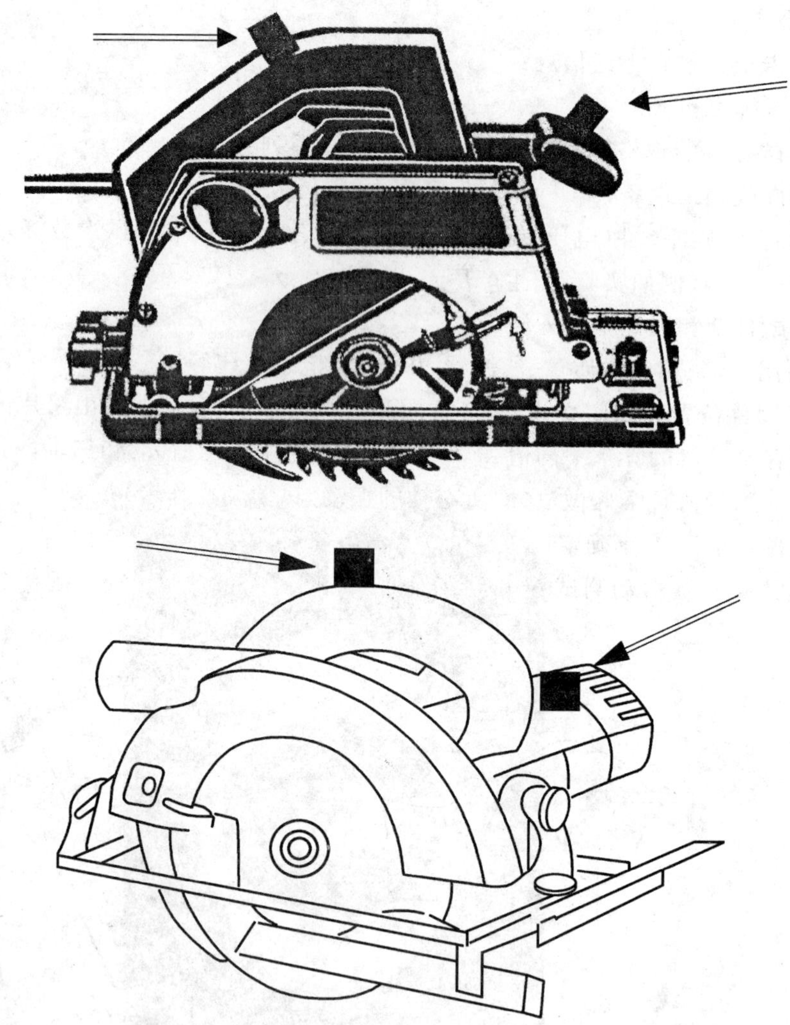

图2 圆锯的传感器定位

# 附 录 A
（规范性附录）
频率计权和频带限定滤波器

## A.1 频率计权和频带限定滤波器特性

$a_{hw}$的测量要求使用频率计权和频带限定滤波器。频率计权 $W_h$反映不同频率引起的对手的伤害认定的重要程度。频率范围覆盖 8 Hz～1 000 Hz 的倍频程(即标称频率范围为 5.6 Hz～1 400 Hz)。所采用的高通或低通滤波器限定了在该频段外频率上的振动测量值的影响，这些频率的相关性还没商定。

注：对于振动响应的频率相关性在所有轴上是不可能相同的，但是不认为对于不同的轴采用不同的频率计权是合适的。

频率计权和频带限定滤波器可以通过模拟或者数字的方法实现。他们通过表 A.1 以滤波器设计人员熟悉的数学形式和图 A.1 以曲线绘图的示意形式确定。更多详细信息和滤波器特性容差见 ISO 8041。

**表 A.1 频率计权和频带限定滤波器频率计权 $W_h$特性**

| 频带限定[a] | | | 频率计权[a] | | | |
|---|---|---|---|---|---|---|
| $f_1$ | $f_2$ | $Q_1$ | $f_3$ | $f_4$ | $Q_2$ | $K$ |
| 6.310 | 1 258.9 | 0.71 | 15.915 | 15.915 | 0.64 | 1 |

频带限定滤波器由滤波器传输函数 $H_b(s)$确定：

$$H_b(s)=\frac{s^2 4\pi^2 f_2^2}{(s^2+2\pi f_1 s/Q_1+4\pi^2 f_1^2)(s^2+2\pi f_2 s/Q_1+4\pi^2 f_2^2)}$$

其中，$s=\mathrm{j}2\pi f$ 是拉普拉斯变换的变量。

频带限定滤波器可以通过双极滤波器来实现。

频率计权滤波器由滤波器传输函数 $H_w(s)$确定：

$$H_w(s)=\frac{(s+2\pi f_3)2\pi K f_4^2}{(s^2+2\pi f_4 s/Q_2+4\pi^2 f_4^2)f_3}$$

其中，$s=\mathrm{j}2\pi f$ 是拉普拉斯变换的变量。

频率计权滤波器可以通过双极滤波器来实现。

总的频率计权函数：

$$H(s)=H_b(s)\cdot H_w(s)$$

[a] $f_n$指定响应频率($n=1$～4)；$Q_n$指定选择性($n=1$～2)，$K$ 为常量增益。

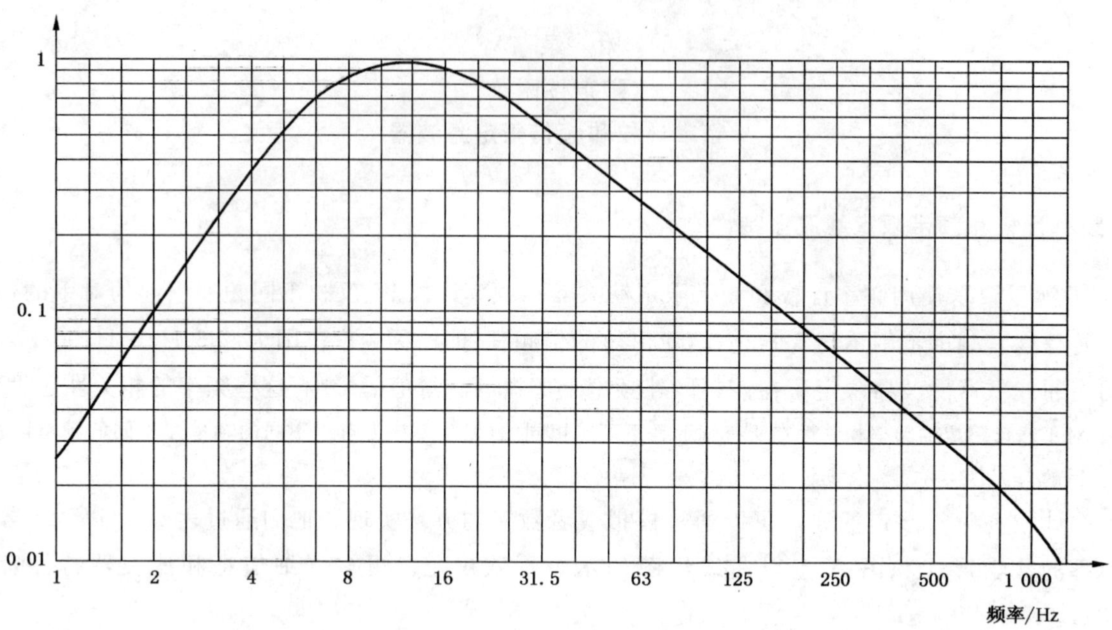


**图 A.1 包括频带限定的手传振动频率计权曲线 $W_h$**

## A.2 三分之一倍频程数据转换为频率计权加速度

作为使用 $W_h$ 滤波器的替代方法,可以通过三分之一倍频程分析的均方根值加速度值来获得相应的频率计权加速度。

均方根值频率计权加速度 $a_{hw}$ 可以由下述公式(A.1)计算:

$$a_{hw}=\sqrt{\sum_i (W_{hi}a_{hi})^2} \quad \cdots\cdots(A.1)$$

式中:

$W_{hi}$——表 A.2 中三分之一倍频程第 $i$ 次频带计权因子;

$a_{hi}$——三分之一倍频程中第 $i$ 次频带均方根值加速度,$m/s^2$。

三分之一倍频程频率从 6.3 Hz~1 250 Hz 构成了主要的频率范围,使用公式(A.1)计算的 $a_{hw}$ 应包含该范围所有的三分之一倍频程频带。在该主要范围以外的频率(即表 A.2 中灰色区域)对 $a_{hw}$ 值不起主要的作用,只要能证明在该频段的高、低端没有明显的振动能量,可以从计算中去除。

如果频率计权加速度值受在该频段高、低端的明显分量的影响,则按 ISO 5349-1 附录 C 关于振动白指病的预告应谨慎描述。

注:如果频谱中含有占优势的某个频率分量,上述的程序可能会引起频率计权加速度的计算值和直接测量值之间的差异。如果这些分量的频率与三分之一倍频程的中心频率不同,就会产生矛盾。基于此原因,应优选计权滤波器 $W_h$ 或者基于较窄频带的计算。对于后者,当给出某一频率 $f$ 或一窄带中心频率 $f$ 的非计权振动加速度 $a(f)$,则相应的计权加速度 $a_h(f)$ 由公式 $a_h(f)=a(f)\,|H(j2\pi f)|$ 给出。

**表 A.2 含有频带限定[a]的手传振动频率计权因子 $W_{hi}$，用于将三分之一倍频程幅值转换为频率计权幅值**

| 频带指数[b] $i$ | 标称中心频率/Hz | 计权因子 $W_{hi}$ |
|---|---|---|
| 6 | 4 | 0.375 |
| 7 | 5 | 0.545 |
| 8 | 6.3 | 0.727 |
| 9 | 8 | 0.873 |
| 10 | 10 | 0.951 |
| 11 | 12.5 | 0.958 |
| 12 | 16 | 0.896 |
| 13 | 20 | 0.782 |
| 14 | 25 | 0.647 |
| 15 | 31.5 | 0.519 |
| 16 | 40 | 0.411 |
| 17 | 50 | 0.324 |
| 18 | 63 | 0.256 |
| 19 | 80 | 0.202 |
| 20 | 100 | 0.160 |
| 21 | 125 | 0.127 |
| 22 | 160 | 0.101 |
| 23 | 200 | 0.079 9 |
| 24 | 250 | 0.063 4 |
| 25 | 315 | 0.050 3 |
| 26 | 400 | 0.039 8 |
| 27 | 500 | 0.031 4 |
| 28 | 630 | 0.024 5 |
| 29 | 800 | 0.018 6 |
| 30 | 1 000 | 0.013 5 |
| 31 | 1 250 | 0.008 94 |
| 32 | 1 600 | 0.005 36 |
| 33 | 2 000 | 0.002 95 |

a 滤波器响应和容差见 ISO 8041；

b 指数 $i$ 是 GB/T 3241 中的频带数。

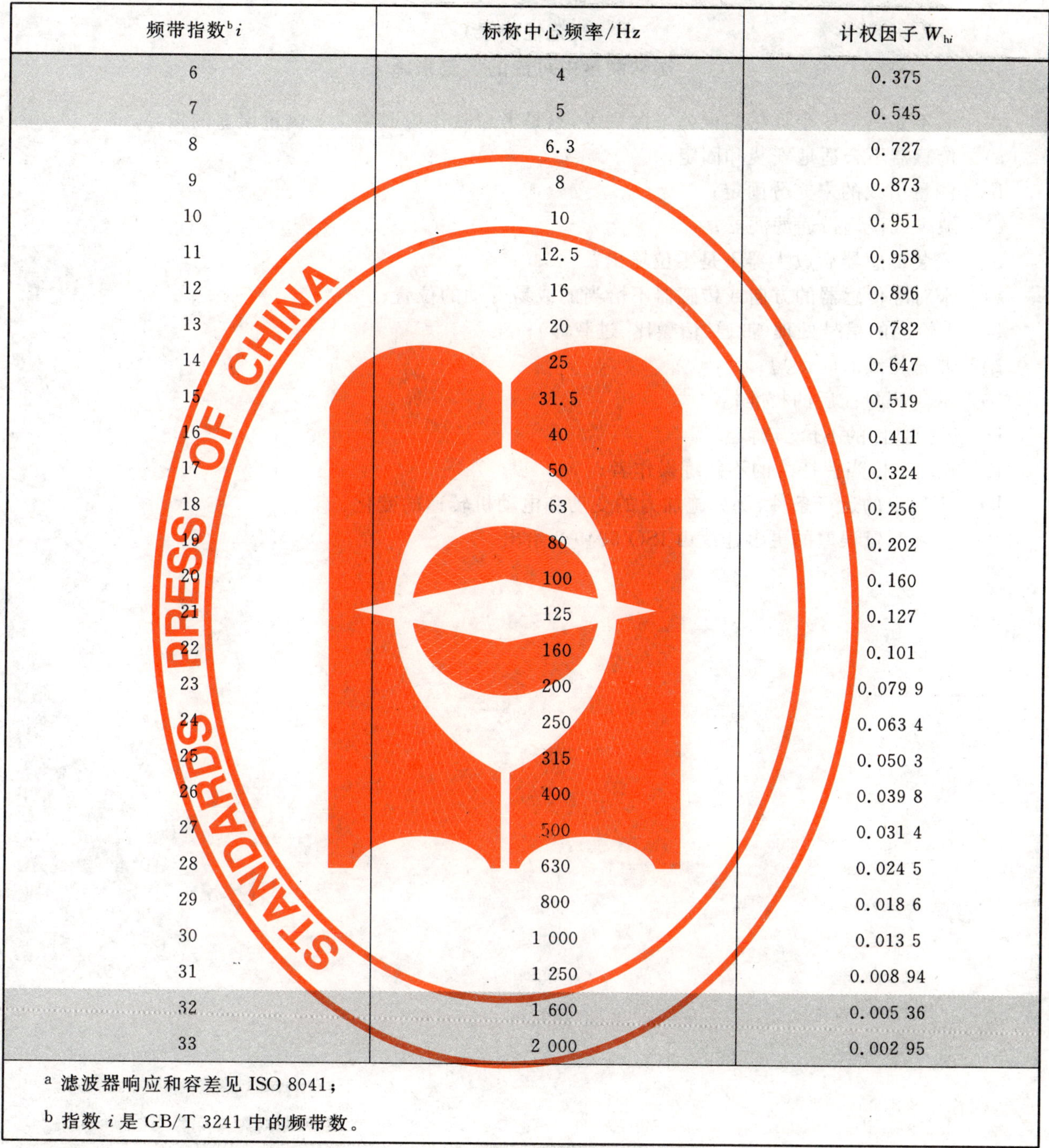

# 附　录　B
# （规范性附录）
# 振动测量中可能的误差来源

本附录不是制定一个详尽的误差来源列表，只是考虑其作为避免主要测量误差的指导。

a)　传感器不合适地安装和固定；

b)　测量引线的未充分固定；

c)　缺少或误调带通滤波器；

d)　安装传感器后放大器不是零位输出；

e)　未对准传感器的方向或传感器不恰当的或易变动的位置；

f)　不恰当的信号处理（带通、信噪比、过载等）；

g)　测量持续时间太短；

h)　缺少测量前后的校准；

i)　运行条件的不恰当确定；

j)　施加不恰当握持力的不熟练操作者；

k)　不稳定的运行条件，例如施加力的变动和电动机转速的变化。

关于实际测量误差的更多建议由 ISO 5349-2 给出。

# 参 考 文 献

[1] GB/T 13823.1—2005 振动与冲击传感器的校准方法 第1部分:基本概念.
[2] CR 1030-1:1995 手臂振动 减少振动危险指南 第1部分:通过机器设计的工程方法.
[3] EN 12096:1997 机械振动 振动发射值的声明和验证.
[4] EN 60745-1:2006 手持式电动工具 安全 第1部分:通用要求.
[5] EN 60745-2-5:2007 手持式电动工具 安全 第2-5部分:圆锯的专用要求》.
[6] ISO 5347(所有部分):振动与冲击传感器的校准方法.
[7] ISO 20643:2005 机械振动 手持和手导机械 振动发射的评定原则.

ICS 25.140.20
K 64

# 中华人民共和国国家标准

GB/T 22665.6—2008

# 手持式电动工具手柄的振动测量方法 第6部分:锤类工具

## Measurement of vibrations at the handle of hand-held electric tools—Part 6: Hammers

2008-12-30 发布 2009-10-01 实施

中华人民共和国国家质量监督检验检疫总局
中国国家标准化管理委员会 发布

# 前言

本部分为GB/T 22665《手持式电动工具手柄的振动测量方法》系列标准中的第6部分。该系列标准的结构及名称如下：

GB/T 22665.1　手持式电动工具手柄的振动测量方法　第1部分：电钻和冲击钻

GB/T 22665.2　手持式电动工具手柄的振动测量方法　第2部分：螺丝刀和冲击扳手

GB/T 22665.3　手持式电动工具手柄的振动测量方法　第3部分：砂轮机、抛光机和盘式砂光机

GB/T 22665.4　手持式电动工具手柄的振动测量方法　第4部分：非盘式砂光机和抛光机

GB/T 22665.5　手持式电动工具手柄的振动测量方法　第5部分：圆锯

GB/T 22665.6　手持式电动工具手柄的振动测量方法　第6部分：锤类工具

GB/T 22665.8　手持式电动工具手柄的振动测量方法　第8部分：电剪刀和电冲剪

GB/T 22665.9　手持式电动工具手柄的振动测量方法　第9部分：攻丝机

GB/T 22665.11　手持式电动工具手柄的振动测量方法　第11部分：往复锯(曲线锯、刀锯)

GB/T 22665.13　手持式电动工具手柄的振动测量方法　第13部分：链锯

GB/T 22665.14　手持式电动工具手柄的振动测量方法　第14部分：电刨

GB/T 22665.15　手持式电动工具手柄的振动测量方法　第15部分：修枝剪

GB/T 22665.17　手持式电动工具手柄的振动测量方法　第17部分：木铣和修边机

GB/T 22665.18　手持式电动工具手柄的振动测量方法　第18部分：捆扎机

GB/T 22665.20　手持式电动工具手柄的振动测量方法　第20部分：带锯

GB/T 22665.21　手持式电动工具手柄的振动测量方法　第21部分：管道疏通机

本部分在技术内容上与EN 60745-1:2006《手持式电动工具　安全　第1部分：通用要求》和EN 60745-2-6:2003+A1:2006+A11:2007《手持式电动工具　安全　第2-6部分：锤类工具的专用要求》中关于振动测量的方法协调一致。

本部分的附录A、附录B为规范性附录。

本部分由中国电器工业协会提出。

本部分由全国电动工具标准化技术委员会归口。

本部分负责起草单位：上海电动工具研究所。

本部分主要起草人：陈建秋、何晨曦。

本部分为首次发布。

# 手持式电动工具手柄的振动测量方法
# 第6部分:锤类工具

## 1 范围

GB/T 22665的本部分规定了对手持式锤类工具在三个正交轴上测量手传振动的一般方法,以中心频率为8 Hz~1 000 Hz的倍频程测量。

本部分适用于按频率计权振动加速度评价手传振动的方法,未规定振动限值。

在工作场所条件下的人体接触手传振动的评估可按ISO 5349-1和ISO 5349-2进行。

## 2 规范性引用文件

下列文件中的条款通过GB/T 22665的本部分的引用而成为本部分的条款。凡是注日期的引用文件,其随后所有的修改单(不包括勘误的内容)或修订版均不适用于本部分,然而,鼓励根据本部分达成协议的各方研究是否可使用这些文件的最新版本。凡是不注日期的引用文件,其最新版本适用于本部分。

GB/T 2298—1991 机械振动与冲击 术语(neq ISO 2041:1990)

GB/T 2900.28—2007 电工术语 电动工具

GB/T 3241 倍频程和分数倍频程滤波器

GB/T 15619—2005 机械振动与冲击 人体暴露 词汇

ISO 5349-1 机械振动 人体接触手传振动的测量与评价 第1部分:一般要求

ISO 5349-2 机械振动 人体接触手传振动的测量与评价 第2部分:对在工作场所测量的应用指南

ISO 8041:2005 人体对振动的反应-测量仪器

## 3 术语和定义、符号

除GB/T 15619、GB/T 2900.28、GB/T 2298规定的术语和定义外,下列术语和定义适用于本部分。

3.1

**手传振动(冲击) hand-transmitted vibration(shock)**

通常通过握持工具或工件的手掌或手指直接施加于或传递到人体手臂系统的机械振动(冲击)。

3.2

**频率计权加速度 frequency-weighted acceleration**

根据人体对不同频率振动的感觉响应及产生的生理效应规律进行计权的加速度。

3.3

**重型电镐 concrete breakers and picks**

用于破碎混凝土、岩石和砌砖等工作,单次冲击能量大于20 J的重型冲击锤。

3.4

**轻型电镐 chiselling hammer**

用于修补和安装工作,单次冲击能量小于或等于20 J的轻型冲击锤。

### 3.5 符号

本部分使用下述符号:

$a_{hw}(t)$ ………………………… $t$ 时刻频率计权手传振动瞬时单轴加速度，m/s²

$a_{hw}$ ………………………… 频率计权手传振动单轴加速度均方根值，m/s²

$a_{hwx}$，$a_{hwy}$，$a_{hwz}$ ………………… 在规定的 $X$、$Y$ 和 $Z$ 各方向 $a_{hw}$ 值，m/s²

$a_{hv}$ ………………………… 频率计权均方根值加速度的振动总值，m/s²；它是三轴测量的振动值 $a_{hw}$ 的平方和的根值

$a_h$ ………………………… 所有操作者测量结果的算术平均值，即总振动值，m/s²，即测试的结果

$\sigma_R$ ………………………… 重复性标准差

$K$ ………………………… $a_h$ 的不确定度，m/s²

$C_V$ ………………………… 一组测试的变异系数，定义为一组测量值的标准差与该组数值的均值之比：

$$C_V = \frac{S_{N-1}}{\bar{a}_{hv}} \quad \cdots\cdots (1)$$

式中：

$S_{N-1} = \sqrt{\frac{1}{N-1}\sum_{i=1}^{N}(a_{hvi} - \bar{a}_{hv})^2}$；

$\bar{a}_{hv}$——一个测量序列中 5 个振动总值的平均值，m/s²；

$a_{hvi}$——一个测量序列中第 $i$ 次振动总值，m/s²；

$N$——一个测量序列中测量值的数量(本标准 $N$ 取 5)。

## 4 振动

### 4.1 振动的消减

在不过度影响工具的性能和人机工程(质量，操作等)的前提下，应尽可能地将手柄振动降为最低。

注：可以采用工程方法来降低振动。评估应用降低振动的措施是否成功，是通过将该工具与其他同类型且具有可比性规格和性能的工具的振动水平进行对比，可见参考文献。

### 4.2 振动测量的一般要求

本测试方法给出了所有关于振动发射特性的确定、声明和验证的必要信息。还可将不同工具的测试结果进行比较。

应在说明书中给出工具手臂振动水平 $a_h$ 及其不确定度 $K$，按下述测试程序确定 $a_h$ 值，给出的不确定度 $K$ 表明了测量平均值的偏离程度。

### 4.3 振动的特性

#### 4.3.1 测量的方向

传递到手上的振动与 $X$、$Y$ 和 $Z$ 三个正交方向有关，见图 1。

#### 4.3.2 测量的定位

图 2、图 3 给出了测量不同类型电镐和电锤时传感器的位置。

应在每个手握持位置处的三个方向进行测量，所有的测量应同时进行。

测量应尽可能地靠近手的拇指与食指之间，该位置为操作者正常握持工具的位置。

如果握住的部位被柔软的表面材料覆盖，应避免传感器安装的谐振效应。如果只在握持部位装有柔软的表面材料，则应将其去除或者通过一个传感器安装夹或合适的转接器将表面材料压紧。

对于具有隔离振动的手柄，测量的定位会明显地影响振动值。如果传感器不能沿着手柄长度的中间放置，则测量点应在沿握持部位手的左边和右边来确定相应的振动值[见图 1a)]。该手柄的测量结果应为两个测量点结果的平均值。

如果工具运行时需多于一个握紧或抓紧表面，则应在操作者正常操作工具时的手柄握持位置进行测量并记录。如果能够表明某一个握紧的部位的振动总是起主导作用的话，则可以只在该握紧区域进行测量。

### 4.3.3 振幅

描述振动大小的量值应用频率计权加速度 $a_{hw}$ 表示，$m/s^2$。

频率计权应符合 ISO 5349-1 的要求，附录 A 规定了对频率计权和频带限定滤波器的要求。

本部分中的均方根值 $a_{hw}$ 定义为频率计权加速度信号 $a_{hw}(t)$ 的均方根值：

$$a_{hw} = \left[\frac{1}{T}\int_0^T a_{hw}^2(t)\mathrm{d}t\right]^{1/2} \qquad \cdots\cdots(2)$$

为获得实时变化信号的均方根值，应使用装有线性积分装置的积分仪。

测量时间应该尽可能合理地长，对于手传振动测量一般不少于 8 s。

### 4.3.4 振动方向的合成

振动总值 $a_{hv}$ 由下述公式(3)确定

$$a_{hv} = [a_{hwx}^2 + a_{hwy}^2 + a_{hwz}^2]^{1/2} \qquad \cdots\cdots(3)$$

式中：$a_{hwx}$，$a_{hwy}$，$a_{hwz}$ 是在 $X$、$Y$、$Z$ 各方向频率计权加速度均方根值。

## 4.4 设备要求

### 4.4.1 通用要求

振动测量设备应符合 ISO 8041。

### 4.4.2 传感器

#### 4.4.2.1 传感器规格

应使用符合 ISO 8041 的传感器和其他合适的测量设备进行振动测量。

振动传感器及其固定件的总质量应不足以对测量结果产生影响，在每个测量方向应不超过 5 g。

注：对于轻的塑料手柄，不应采用重的传感器，更多内容见 ISO 5349-2。

在选择传感器时，应考虑到诸如横向灵敏度(小于 10%)、环境温度范围、特定温度瞬时灵敏度和最大冲击加速度等因素。

#### 4.4.2.2 传感器的固定

在 ISO 5349-2 中给出了传感器安装指南。传感器和机械滤波器(如果有)，应牢固地安装在振动表面。

在测量工具的振动时，为尽量减小可能出现的测量误差，有可能需要采用机械滤波器或其他合适的方法。

注：高频振动分量的较高加速度会引起传感器在关注的频率范围内产生错误信号(例如，直流漂移)，这是由于传感器自身谐振引起的。

### 4.4.3 测量系统的校准

整个测量系统应该在每一次测试的前后进行检查，使用一个在已知频率上产生已知加速度的校准器。

应按 ISO 5347 和 ISO 16063-1 对传感器进行校准。整个测量系统应按 ISO 8041 进行检查。

## 4.5 锤类工具的测试和运行条件

### 4.5.1 通则

测量应在一台新的工具上进行，该工具应只用于按本部分要求的振动测试。

运行条件和工作程序应规定得足够详细以获得恰当的重复性。测试程序首选基于典型的实际工作情况。振动测试可以模拟一个作业或一个工作周期中的某个阶段，该作业或工作周期由一系列操作组成，此时操作者接触振动。

如果为了获得较好的重复性而需要确定模拟工作条件，则振动源应像其在典型的工作情况下产生大致相同的振动幅度。如有必要提供实际产生的振动水平，应在多于一个运行条件或一组运行条件下进行测试。

如果工具装有在可比较运行条件下减小振动发射的装置，则在振动测试时应按说明书使用这些装置。如果由此而要求型式试验方法的偏离，应在测试报告中进行说明并解释。

在测量期间，操作者的手应按工具的设计和说明书的规定握持工具。

#### 4.5.2 附件、工件和作业

与工具一起使用的附件和辅助设备应按说明书的规定。

如果这些附件是减振型的，它应该与声明的振动值一起予以说明。

应注意在支撑架上的工件的定位不应影响测量结果。

注：应注意即使在尺寸、形状、材料、磨耗、失衡等方面有很小的差别附件，也将很大程度上改变振动幅值。

#### 4.5.3 运行条件

开始试验前，锤类工具应在该条件运行至少 1 min。

如果电锤带有冲击(非旋转)功能，则分别按 4.5.3.1 电镐和 4.5.3.2 电锤的功能进行测试。

试验期间，辅助手柄(前手柄)应与工具成 90°安装(图 2、图 3 显示手柄为 0°位置)。

##### 4.5.3.1 电镐

所有调速装置设置在最高值。

电镐按图 4 所示的负载条件下测试。测试装置安装在混凝土块上，此混凝土块的最小尺寸见表 3。

图 4 所示的加载装置由钢材制成，包含一根填充淬过火的钢球(球轴承)的钢管，钢球可以承受一个特殊结构的工作头冲击。除了插入式工作头外的整个装置应固定，以防止附加振动。测试工具工作头的回弹通过弹簧释放足够的力来控制，防止颤动。

当使用图 4 的负载装置时，包括工具的本身重量在内，施加的进给力应恰好确保稳定的操作。避免施加过大的力。减振装置不应过载且能正常运行。

注：通常施加 1.5 倍工具重量的力能获得稳定的操作，但不超过 200 N。

为避免对测量结果的负面影响，测试工具应处于钢管中间，且不接触钢管。

此外，电镐还应在“空载”下进行附加测量，抬高电镐使其自重完全由操作者的手支撑，此时插入式工作头在测试装置和电镐内。试验期间，测试装置不应对插入式工作头产生任何应力而影响测量结果。

##### 4.5.3.2 电锤

电锤的调速装置应按照制造商推荐的钻混凝土的工作头尺寸来设定。

对电锤的旋转功能，按照图 5 在负载条件下测量，并应符合表 1、表 2、表 3 的要求。

表 1 混凝土成分表

| 水泥 | 水 | 总计 | |
|---|---|---|---|
| | | 1 844 kg/m³ | |
| | | 颗粒尺寸/mm | 百分比/% |
| 330 kg/m³ | 99 kg/m³ | 0～2 | 38±3 |
| | | 0～8 | 50±5 |
| | | 0～16 | 80±5 |
| | | 0～32 | 100 |
| 注：28 天后抗压强度可达 40 N/mm²。 | | | |

表 2 钻头尺寸

| 工具质量/kg | ≤3.5 | >3.5<br>≤5 | >5<br>≤7 | >7<br>≤10 | >10<br>≤18 | >18 |
|---|---|---|---|---|---|---|
| 钻头直径/mm | 10 | 16 | 20 | 26 | 32 | 40 |
| 钻头可用长度/mm | 100 | | 200 | | 250 | |

表 3　电锤测试条件

| | |
|---|---|
| 定位 | 垂直向下钻如表 1 规定成分的混凝土块，该混凝土块最小尺寸为 500 mm×500 mm，高度 200 mm，并且由弹性材料支撑 |
| 工作头 | 按照制造商推荐的钻混凝土的钻头，应满足表 2 的尺寸要求 |
| 进给力 | 包括工具的本身重量在内，施加的进给力应恰好确保稳定的操作。避免施加过大的力。减振装置不应过载且能正常运行 |
| 测试周期 | 当钻头接触混凝土时开始，到达表 2 规定的最大孔深时停止，且在钻头从孔中移出之前进行测量 |

注：通常施加 1.5 倍工具重量的力能获得稳定的操作，但不超过 200 N。

#### 4.5.4　操作者

工具的振动会受到操作者的影响，因此操作者应该能熟练地且能够恰当地操作工具，即应有使用该工具的经验。

握紧力应为长时间工作条件下的施加力，不应过大。

### 4.6　测量程序与有效性

#### 4.6.1　振动值的报告

应进行 3 个序列 5 次连续的测试，每个序列由不同的操作者进行。如能表明振动不会受到操作者特征的影响，则可以接受只由一个操作者完成所有 15 次测量。

测量在三个坐标轴上进行，每个方向的结果通过使用公式(3)合成，得出振动总值 $a_{hv}$。

如果记录的每个序列中 5 个振动总值 $a_{hv}$ 的变异系数 $C_V$ 小于 0.15 或者标准差 $S_{N-1}$ 小于 0.3 m/s$^2$，则接受该组测量结果。附录 B 列出了可能的测量误差来源信息。

测量结果 $a_h$ 应由所有操作者振动总值的算术平均值来确定。

如果测量多于一个运行模式，则应报告每个运行模式的测量结果 $a_h$。

$a_{h,HD}$——按 4.5.3.2 测得的“锤钻”振动平均值；

$a_{h,CH}$——按 4.5.3.1 在负载装置上测得的“锤击”振动平均值；

$a_{h,NL}$——按 4.5.3.1 在负载装置上抬高工具测得的空载振动平均值；

$a_{h,CHeq}=[0.2(a_{h,NL})^2+0.8(a_{h,CH})^2]^{1/2}$——等效锤击振动值(表示 20%的空载和 80%的负载时间)。

#### 4.6.2　振动发射值的声明

测量结果 $a_h$ 值是声明值的依据。应声明最大的手柄振动发射值 $a_h$ 及其不确定度 $K$。

为确定声明值的不确定度 $K$，下述公式(4)适用。

$$K = 1.65S_R \text{或者} K = 1.5\ \text{m/s}^2\text{，取大者} \qquad (4)$$

式中：

$$S_R = \sqrt{\frac{1}{n-1}\sum_{i=1}^{n}(a_{hvi}-a_h)^2}\ ;$$

$S_R$——标准差(与 $\sigma_R$ 相同)；

$n$——操作者人数，$n=3$；

$a_{hvi}$——每个操作者振动总值的平均值(每个操作者的结果)；

$a_h$——所有测量振动值的平均值(测试结果)。

振动值 $a_h$ 按以下格式进行声明：

——对不具备纯锤击功能的电锤：

$a_{h,HD}$ 值，工作模式描述为“锤钻混凝土”；

——对具备纯锤击功能的电锤：

$a_{h,HD}$ 值，工作模式描述为“锤钻混凝土”，及

$a_{h,CHeq}$ 值，工作模式描述为“锤击”；

——对电镐：

$a_{h,CHeq}$值，工作模式描述为“锤击”。

## 4.7 测量报告

测试报告至少包含下述信息：

a) 参考标准；

b) 被试工具的规格(即制造商、工具的型号、系列号等)；

c) 附件或辅助设备；

d) 运行和测试条件(电压、施加力、速度设定、持续时间和测试次数等)；

e) 测试机构(例如实验室、生产厂)；

f) 测试日期和测试负责人姓名；

g) 使用仪器(传感器质量、滤波器、积分仪、记录系统等)；

h) 紧固件位置和固定方式、测量方向和有关的振动值(例如可由照片记录)；

i) 所有振动值的算术平均值 $a_h$，每个操作者的振动总值 $a_{hv}$ 和三轴的计权加速度值 $a_{hw}$。记录所有的测量值是个好做法(即所有轴的振动，试验和操作者)；

j) 总振动值 $a_h$ 的不确定度 $K$。

任何与本部分的振动测试方法的偏离和这些偏离的技术验证应一起记录。

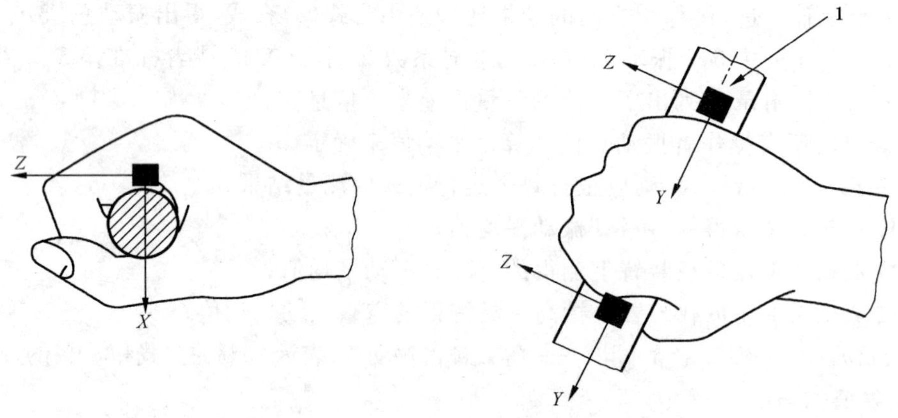


说明：

1——对于隔离振动的手柄，如果传感器不能沿着手柄长度中间放置，需附加的测量位置。

a) 握紧姿势——手环绕圆柱握紧

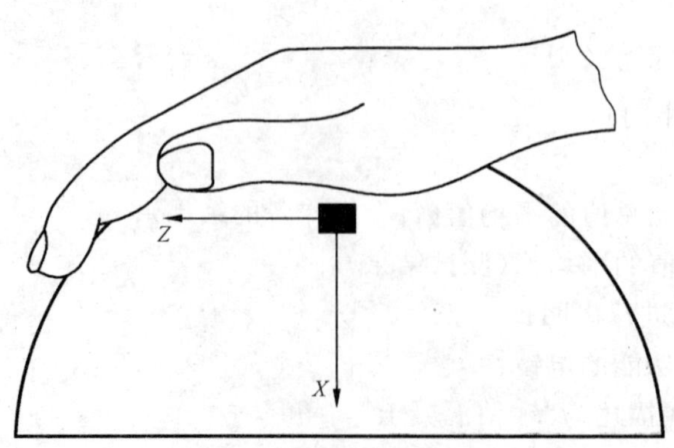


b) 伸掌姿势——手向下压住球面

**图 1 振动测量方向**

图 2 电镐的传感器定位

图 3 电锤的传感器定位

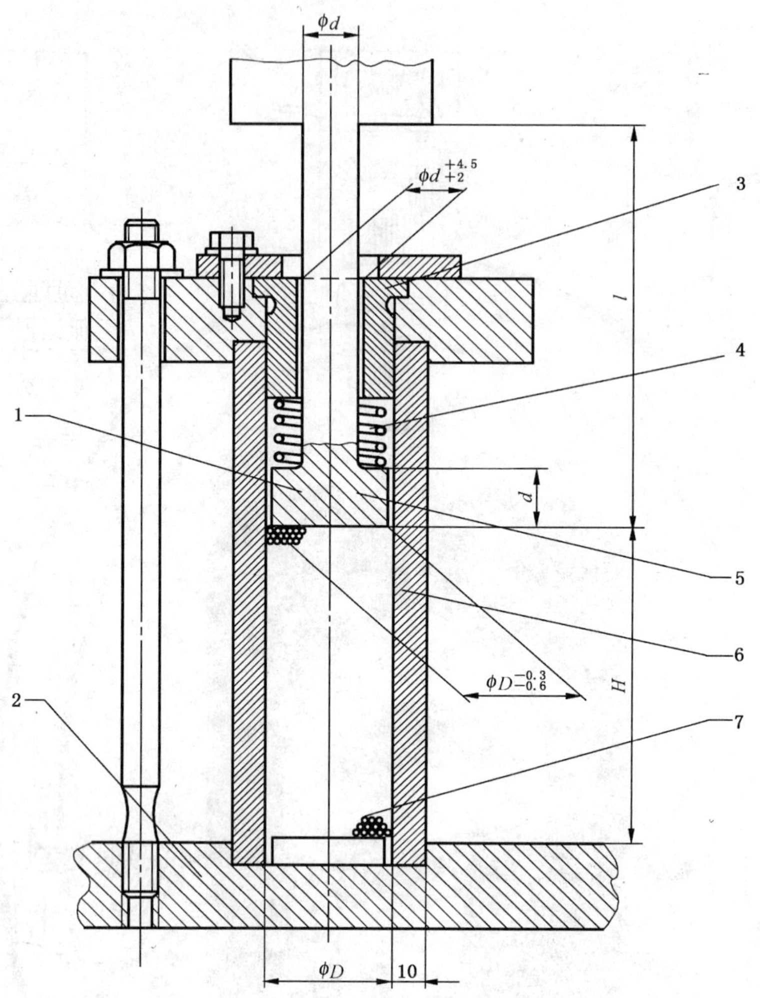


说明：

1——插入式工作头，可选；

2——固定在混凝土块上的钢板；

3——钢管；

4——弹簧变形系数<1.2 N/mm，预加轻微应力；

5——淬火钢 55 HRC±2 HRC；

6——淬火钢 62 HRC±2 HRC；

7——淬火钢至少 63 HRC；

*l*——插入式工作头的长度。

加载装置参数

| 尺寸 *d*/<br>mm | 钢管直径 *D*/<br>mm | 钢球直径/<br>mm | 钢球容积高度 *H*/<br>mm |
|---|---|---|---|
| ≤23 | 40 | 4 | 100 |
| >23 | 60 | 4 | 150 |

**图 4　电镐的加载装置**

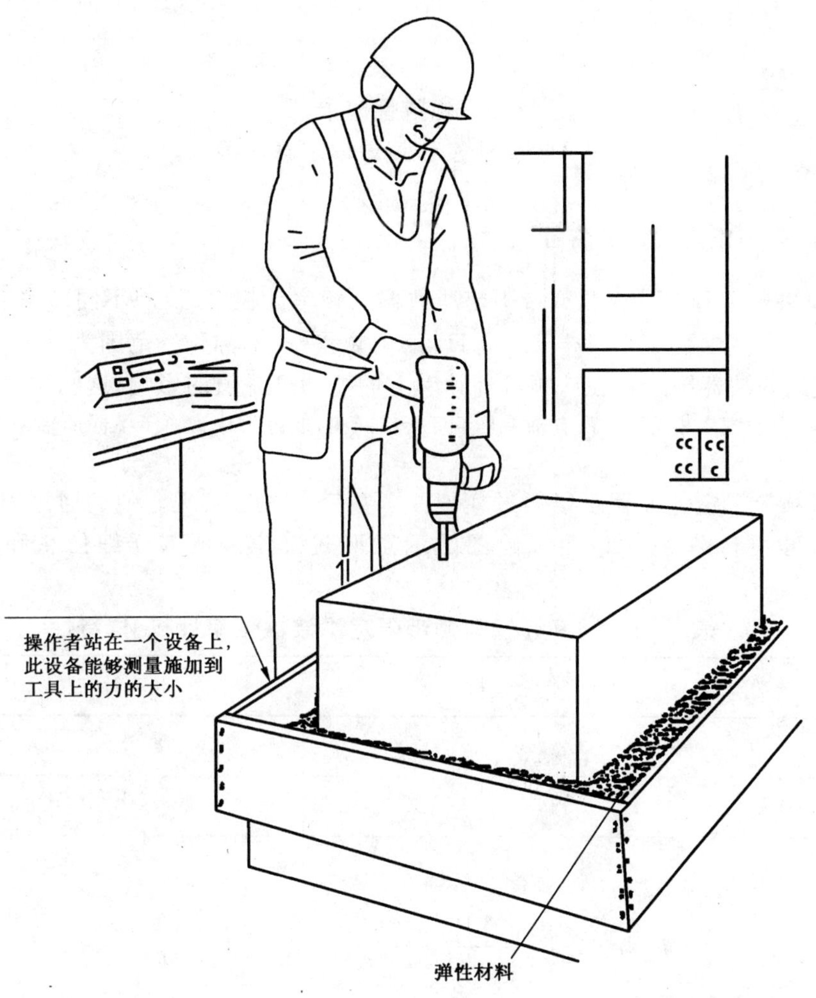


图 5 电锤加载

# 附 录 A
## (规范性附录)
## 频率计权和频带限定滤波器

### A.1 频率计权和频带限定滤波器特性

$a_{hw}$的测量要求使用频率计权和频带限定滤波器。频率计权 $W_h$反映不同频率引起的对手的伤害认定的重要程度。频率范围覆盖 8 Hz～1 000 Hz 的倍频程(即标称频率范围为 5.6 Hz～1 400 Hz)。所采用的高通或低通滤波器限定了在该频段外频率上的振动测量值的影响,这些频率的相关性还没商定。

注:对于振动响应的频率相关性在所有轴上是不可能相同的,但是不认为对于不同的轴采用不同的频率计权是合适的。

频率计权和频带限定滤波器可以通过模拟或者数字的方法实现。他们通过表 A.1 以滤波器设计人员熟悉的数学形式和图 A.1 以曲线绘图的示意形式确定。更多详细信息和滤波器特性容差见 ISO 8041。

表 A.1 频率计权和频带限定滤波器频率计权 $W_h$特性

| 频带限定[a] | | | 频率计权[a] | | | |
|---|---|---|---|---|---|---|
| $f_1$ | $f_2$ | $Q_1$ | $f_3$ | $f_4$ | $Q_2$ | $K$ |
| 6.310 | 1 258.9 | 0.71 | 15.915 | 15.915 | 0.64 | 1 |

频带限定滤波器由滤波器传输函数 $H_b(s)$确定:

$$H_b(s)=\frac{s^2 4\pi^2 f_2^2}{(s^2+2\pi f_1 s/Q_1+4\pi^2 f_1{}^2)(s^2+2\pi f_2 s/Q_1+4\pi^2 f_2^2)}$$

其中,$s=\mathrm{j}2\pi f$ 是拉普拉斯变换的变量。

频带限定滤波器可以通过双极滤波器来实现。

频率计权滤波器由滤波器传输函数 $H_w(s)$确定:

$$H_w(s)=\frac{(s+2\pi f_3)2\pi K f_4^2}{(s^2+2\pi f_4 s/Q_2+4\pi^2 f_4^2)f_3}$$

其中,$s=\mathrm{j}2\pi f$ 是拉普拉斯变换的变量。

频率计权滤波器可以通过双极滤波器来实现。

总的频率计权函数:

$$H(s)=H_b(s)\cdot H_w(s)$$

a $f_n$指定响应频率($n=1\sim4$);$Q_n$指定选择性($n=1\sim2$),$K$ 为常量增益。

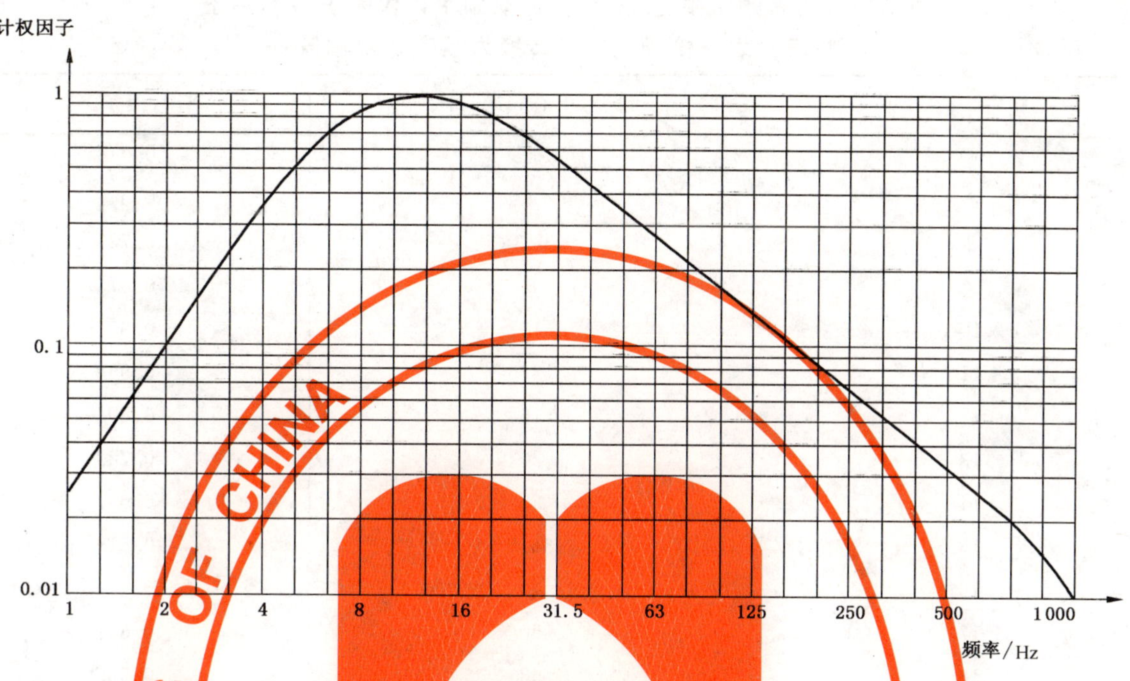


图 A.1 包括频带限定的手传振动频率计权曲线 $W_h$

## A.2 三分之一倍频程数据转换为频率计权加速度

作为使用 $W_h$ 滤波器的替代方法，可以通过三分之一倍频程分析的均方根值加速度值来获得相应的频率计权加速度。

均方根值频率计权加速度 $a_{hw}$ 可以由下述公式(A.1)计算：

$$a_{hw} = \sqrt{\sum_i (W_{hi} a_{hi})^2} \quad \cdots\cdots\cdots\cdots (A.1)$$

式中：

$W_{hi}$——表 A.2 中三分之一倍频程第 $i$ 次频带计权因子；

$a_{hi}$——三分之一倍频程中第 $i$ 次频带均方根值加速度，m/s²。

三分之一倍频程频率从 6.3 Hz～1 250 Hz 构成了主要的频率范围，使用公式(A.1)计算的 $a_{hw}$ 应包含该范围所有的三分之一倍频程频带。在该主要范围以外的频率(即表 A.2 中灰色区域)对 $a_{hw}$ 值不起主要的作用，只要能证明在该频段的高、低端没有明显的振动能量，可以从计算中去除。

如果频率计权加速度值受在该频段高、低端的明显分量的影响，则按 ISO 5349-1 附录 C 关于振动白指病的预告应谨慎描述。

注：如果频谱中含有占优势的某个频率分量，上述的程序可能会引起频率计权加速度的计算值和直接测量值之间的差异。如果这些分量的频率与三分之一倍频程的中心频率不同，就会产生矛盾。基于此原因，应优选计权滤波器 $W_h$ 或者基于较窄频带的计算。对于后者，当给出某一频率 $f$ 或一窄带中心频率 $f$ 的非计权振动加速度 $a(f)$，则相应的计权加速度 $a_h(f)$ 由公式 $a_h(f)=a(f)\,|H(\mathrm{j}2\pi f)|$ 给出。

表 A.2 含有频带限定[a]的手传振动频率计权因子 $W_{hi}$，用于将三分之一倍频程幅值转换为频率计权幅值

| 频带指数[b] $i$ | 标称中心频率/Hz | 计权因子 $W_{hi}$ |
|---|---|---|
| 6 | 4 | 0.375 |
| 7 | 5 | 0.545 |
| 8 | 6.3 | 0.727 |
| 9 | 8 | 0.873 |
| 10 | 10 | 0.951 |
| 11 | 12.5 | 0.958 |
| 12 | 16 | 0.896 |
| 13 | 20 | 0.782 |
| 14 | 25 | 0.647 |
| 15 | 31.5 | 0.519 |
| 16 | 40 | 0.411 |
| 17 | 50 | 0.324 |
| 18 | 63 | 0.256 |
| 19 | 80 | 0.202 |
| 20 | 100 | 0.160 |
| 21 | 125 | 0.127 |
| 22 | 160 | 0.101 |
| 23 | 200 | 0.079 9 |
| 24 | 250 | 0.063 4 |
| 25 | 315 | 0.050 3 |
| 26 | 400 | 0.039 8 |
| 27 | 500 | 0.031 4 |
| 28 | 630 | 0.024 5 |
| 29 | 800 | 0.018 6 |
| 30 | 1 000 | 0.013 5 |
| 31 | 1 250 | 0.008 94 |
| 32 | 1 600 | 0.005 36 |
| 33 | 2 000 | 0.002 95 |

a 滤波器响应和容差见 ISO 8041；

b 指数 $i$ 是 GB/T 3241 中的频带数。

# 附　录　B
（规范性附录）
# 振动测量中可能的误差来源

本附录不是制定一个详尽的误差来源列表，只是考虑其作为避免主要测量误差的指导。

a） 传感器不合适地安装和固定；
b） 测量引线的未充分固定；
c） 缺少或误调带通滤波器；
d） 安装传感器后放大器不是零位输出；
e） 未对准传感器的方向或传感器不恰当的或易变动的位置；
f） 不恰当的信号处理（带通、信噪比、过载等）；
g） 测量持续时间太短；
h） 缺少测量前后的校准；
i） 运行条件的不恰当确定；
j） 施加不恰当握持力的不熟练操作者；
k） 不稳定的运行条件，例如施加力的变动和电动机转速的变化。

关于实际测量误差的更多建议由 ISO 5349-2 给出。

# 参 考 文 献

[1] GB/T 13823.1—2005 振动与冲击传感器的校准方法 第1部分:基本概念.

[2] CR 1030-1:1995 手臂振动 减少振动危险指南 第1部分:通过机器设计的工程方法.

[3] EN 12096:1997 机械振动 振动发射值的声明和验证.

[4] EN 60745-1:2006 手持式电动工具 安全 第1部分:通用要求.

[5] EN 60745-2-6:2003+A1:2006+A11:2007 手持式电动工具 安全 第2-6部分:锤类工具的专用要求.

[6] ISO 5347(所有部分):振动与冲击传感器的校准方法.

[7] ISO 20643:2005 机械振动 手持和手导机械 振动发射的评定原则.

ICS 77.120
H 60

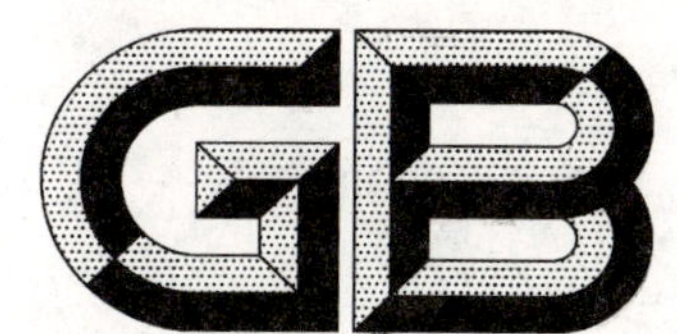


# 中华人民共和国国家标准

GB/T 22666—2008

# 氟 化 锂

## Lithium fluoride

2008-12-29 发布 2009-11-01 实施

中华人民共和国国家质量监督检验检疫总局
中国国家标准化管理委员会 发布

# 前　言

本标准由中国有色金属工业协会提出。

本标准由全国有色金属标准化技术委员会归口。

本标准负责起草单位:多氟多化工股份有限公司、中国有色金属工业标准计量质量研究所。

本标准主要起草人:李世江、侯红军、韩世军、薛旭金、施秀华、李永强、王建萍。

# 氟　化　锂

## 1　范围

本标准规定了氟化锂的要求、试验方法、检验规则、包装、标志、运输、贮存、订货单或合同要求。

本标准适用于由氟化氢或氢氟酸与氢氧化锂或碳酸锂等作用制得的氟化锂。氟化锂主要用于电解铝生产中作电解质组分。在陶瓷工业中用于降低煅烧温度和改善抗骤冷骤热性能。

## 2　规范性引用文件

下列文件中的条款通过本标准的引用而成为本标准的条款。凡是注日期的引用文件，其随后所有的修改单(不包括勘误的内容)或修订版均不适用于本标准，然而，鼓励根据本标准达成协议的各方研究是否可使用这些文件的最新版本。凡是不注日期的引用文件，其最新版本适用于本标准。

GB/T 1250—1989　极限数值的表示方法和判定方法

GB/T 22660(所有部分)　氟化锂化学分析方法

## 3　要求

### 3.1　化学成分

氟化锂的化学成分应符合表1的规定。

表 1

| 牌号 | 化学成分(质量分数)/% | | | | | | |
|---|---|---|---|---|---|---|---|
| | LiF ≥ | Mg ≤ | $SiO_2$ ≤ | $Fe_2O_3$ ≤ | $SO_4^{2-}$ ≤ | Ca ≤ | 水分 ≤ |
| LF-1 | 99.0 | 0.05 | 0.10 | 0.05 | 0.20 | 0.10 | 0.10 |
| LF-2 | 98.0 | 0.08 | 0.20 | 0.08 | 0.40 | 0.15 | 0.20 |
| LF-3 | 97.5 | 0.10 | 0.30 | 0.10 | 0.50 | 0.20 | 0.30 |

注1：测定值或其计算值与表中规定的极限数值作比较的方法按GB/T 1250中第5.2的规定进行。

注2：需方如对表中规定的各指标有特殊要求时，可由供需双方另行商定，并在合同中注明。

注3：LiF主含量以氟折合计算。

### 3.2　外观

3.2.1　氟化锂为白色粉末。氟化锂中不得混入外来杂物。

3.2.2　产品中允许有直径4 mm～10 mm结块，其质量不得超过5%。

## 4　试验方法

4.1　氟化锂化学成分分析方法按GB/T 22660的规定进行。

4.2　氟化锂外观质量采用目测法检查。

## 5　检验规则

### 5.1　检查与验收

5.1.1　产品应由供方技术监督部门进行检验，保证质量符合本标准的规定，并填写质量证明书。

5.1.2 需方应对收到的产品按本标准的规定进行检验，如检验结果与质量证明书所载牌号不符时，应在收到产品之日起20天内向供方提出，由供需双方协商解决，如需仲裁，仲裁取样应在需方由供需双方共同进行。

## 5.2 组批

产品应成批提交检验，每批应由同一牌号的产品组成，批重不大于30 t。

## 5.3 检验项目

每批氟化锂应进行化学成分和外观质量的检验。

## 5.4 取样袋数

### 5.4.1 随机取样

根据表2规定的采样袋数随机采样（总体袋数大于500时，采样袋数按$3\times\sqrt[3]{N}$进行，$N$为总体袋数，$N$取整数）。

表 2

| 总体袋数 | 选取的最少袋数 | 总体袋数 | 选取的最少袋数 |
|---|---|---|---|
| 1～10 | 全部 | 182～216 | 18 |
| 11～49 | 11 | 217～254 | 19 |
| 50～64 | 12 | 255～296 | 20 |
| 65～81 | 13 | 297～343 | 21 |
| 82～101 | 14 | 344～394 | 22 |
| 102～125 | 15 | 395～450 | 23 |
| 126～151 | 16 | 451～512 | 24 |
| 152～181 | 17 | — | — |

### 5.4.2 仲裁取样、制样

随机选取5.4.1规定的样品袋数，用直径为19 mm～25 mm的铜管探针，沿样袋对角线插入其深度的3/4处取等量试样，试样总量不少于2 kg，将其充分混匀，用四分法缩分至不少于500 g，分成3份，一份作仲裁分析用，其余由供需双方各保存一份。

## 5.5 仲裁分析

仲裁分析方法按GB/T 22660的规定进行。

## 5.6 检验结果的判定

仲裁分析结果有一项指标与本标准规定不符合时，按仲裁分析结果重新判定牌号。

# 6 标志、包装、运输、贮存及质量证明书

## 6.1 标志

包装袋上应注明：供方名称、产品名称、牌号、执行产品标准编号、批号、净重、防雨标识。

## 6.2 包装

产品采用复膜塑料编织袋，内衬塑料薄袋或纸袋包装，每袋净重25 kg、50 kg。出口产品包装按商检或外商要求。

## 6.3 运输

产品发运时，必须装在清扫干净且防雨水的车箱内，防止雨淋、受潮和包装袋的破损，不同牌号的产品不得混装。

## 6.4 贮存

产品必须贮存在阴凉、干燥的仓库内，避免破损、污染和受潮，产品应分批堆放。

### 6.5 质量证明书

每批产品应附质量证明书，其上注明：

a) 供方名称；

b) 产品名称；

c) 牌号；

d) 批号；

e) 重量或件数；

f) 技术监督部门印记；

g) 本标准编号；

h) 出厂日期。

## 7 订货单或合同内容

本标准所列材料的订货单(或合同)内容应包括下列内容：

a) 产品名称；

b) 产品牌号或化学成分指标；

c) 产品数量；

d) 本标准编号；

e) 其他。

ICS 77.120.10
H 61

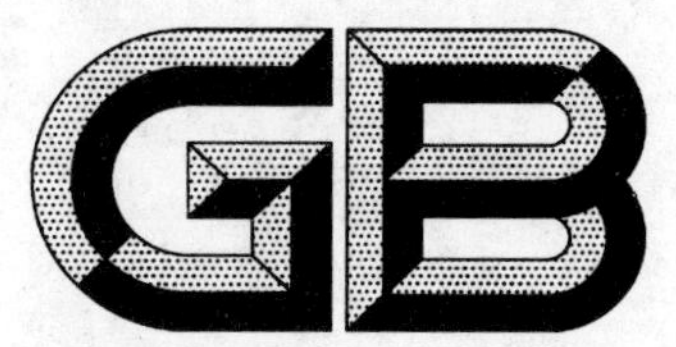


# 中华人民共和国国家标准

GB/T 22667—2008

# 氟 硼 酸 钾

## Potassium fluoborate

2008-12-29 发布　　　　2009-11-01 实施

中华人民共和国国家质量监督检验检疫总局
中国国家标准化管理委员会　发布

# 前　言

本标准由中国有色金属工业协会提出。

本标准由全国有色金属标准化技术委员会归口。

本标准负责起草单位：湖南有色氟化学有限责任公司。

本标准主要起草人：刘东晓、黎志坚、廖志辉、段立山。

# 氟 硼 酸 钾

## 1 范围

本标准规定了工业用氟硼酸钾的要求、试验方法、检验规则、包装、标志、运输、贮存、订货单或合同要求。

本标准适用于氟化物、硼化物与钾盐等作用而制得的氟硼酸钾。主要用作制铝钛硼合金，热焊和铜焊的助熔剂，也用作电化学及阻燃材料等。

## 2 规范性引用文件

下列文件中的条款通过本标准的引用而成为本标准的条款。凡是注日期的引用文件，其随后所有的修改单(不包括勘误的内容)或修订版均不适用于本标准，然而，鼓励根据本标准达成协议的各方研究是否可使用这些文件的最新版本。凡是不注日期的引用文件，其最新版本适用于本标准。

GB/T 1250—1989 极限数值的表示方法和判定方法

GB/T 22661(所有部分) 氟硼酸钾化学分析方法

## 3 要求

### 3.1 牌号

氟硼酸钾按化学成分分为 2 个牌号：PFB-1、PFB-2。产品牌号以氟硼酸钾英文名称 Potassium Fluoborate 的英文缩写字母 PFB 加"-"加一位阿拉伯数字的形式表示，阿拉伯数字表示不同牌号氟硼酸钾的区分方式。

### 3.2 化学成分

氟硼酸钾化学成分应符合表 1 的规定。

表 1

| 牌号 | 化学成分(质量分数)/% | | | | | | | |
|---|---|---|---|---|---|---|---|---|
| | $KBF_4$ | $FH_3BO_3$ | Si | Na | Ca | Mg | $Cl^-$ | 湿存水 |
| | 不小于 | 不大于 | | | | | | |
| PFB-1 | 98 | 0.4 | 0.2 | 0.10 | 0.05 | 0.05 | 0.10 | 0.2 |
| PFB-2 | 97 | 0.5 | 0.4 | 0.15 | 0.10 | 0.10 | 0.20 | 0.3 |

注 1：测定值或其计算值与表中规定的极限数值作比较的方法按 GB/T 1250 中第 5.2 的规定进行。
注 2：需方如对表中规定的各指标有特殊要求时，可由供需双方另行商定，并在合同中注明。
注 3：表中 $FH_3BO_3$ 为游离硼酸。

### 3.3 外观

氟硼酸钾为白色粉末或结晶。氟硼酸钾中不得混入外来杂物。

## 4 试验方法

4.1 氟硼酸钾化学成分分析方法按 GB/T 22661 的规定进行。

4.2 外观质量采用目测法检查。

## 5 检验规则

### 5.1 检查与验收

5.1.1 产品应由供方技术监督部门进行检验,保证质量符合本标准的规定,并填写质量证明书。

5.1.2 需方应对收到的产品按本标准的规定进行检验,如检验结果与质量证明书所载牌号不符时,应在收到产品之日起 30 天内向供方提出,由供需双方协商解决,如需仲裁,仲裁取样由供需双方共同进行。

### 5.2 组批

产品应成批提交检验,每批应由同一牌号的产品组成,批重不大于 30 t。

### 5.3 检验项目

每批氟硼酸钾应进行化学成分和外观质量的检验。

### 5.4 取样袋数

5.4.1 根据表 2 规定的采样袋数随机采样。

表 2

| 总体袋数 | 选取的最少袋数 | 总体袋数 | 选取的最少袋数 |
|---|---|---|---|
| 1～10 | 全部 | 152～181 | 17 |
| 11～49 | 11 | 182～216 | 18 |
| 50～64 | 12 | 217～254 | 19 |
| 65～81 | 13 | 255～296 | 20 |
| 82～101 | 14 | 297～343 | 21 |
| 102～125 | 15 | 344～400 | 22 |
| 126～151 | 16 | — | — |

5.4.2 随机选取 5.4.1 规定的样品袋数,用直径为 19 mm～25 mm 的铜管探针,沿样袋对角线插入其深度的 3/4 处取等量试样,试样总量不少于 2 kg,将其充分混匀,用四分法缩分至不少于 500 g,分成 3 份,一份作仲裁分析用,其余由供需双方各保存一份。

### 5.5 化学成分仲裁分析

化学成分仲裁分析方法按 GB/T 22661 的规定进行。

### 5.6 检验结果的判定

化学成分仲裁分析结果有一项指标与本标准规定不符合时,判该批不合格,但经供需双方商定允许供方按仲裁分析结果重新判定牌号。外观质量不合格时由供需双方协商解决。

## 6 包装、标志、运输、贮存及质量证明书

### 6.1 包装

产品用塑料编织袋内衬塑料薄膜袋包装,每袋净重 25 kg 或 1 000 kg。也可按用户要求进行包装。

### 6.2 标志

包装袋上应注明:供方名称、产品名称、执行产品标准编号、牌号、批号、净重。

### 6.3 运输

产品发运时,必须装在清扫干净且防雨水的车箱内,防止雨淋、受潮和包装袋的破损,不同牌号的产品不得混装。

### 6.4 贮存

产品必须贮存在阴凉、干燥的仓库内,避免破损、污染和受潮,产品应分批堆放。

### 6.5 质量证明书

每批产品应附质量证明书，其上注明：

a) 供方名称；

b) 产品名称；

c) 牌号；

d) 批号；

e) 重量或件数；

f) 技术监督部门印记；

g) 本标准编号；

h) 出厂日期。

## 7 订货单或合同内容

本标准所列材料的订货单(或合同)内容应包括下列内容：

a) 产品名称；

b) 产品牌号或化学成分指标；

c) 产品数量；

d) 本标准编号；

e) 其他。

ICS 77.120.10
H 61

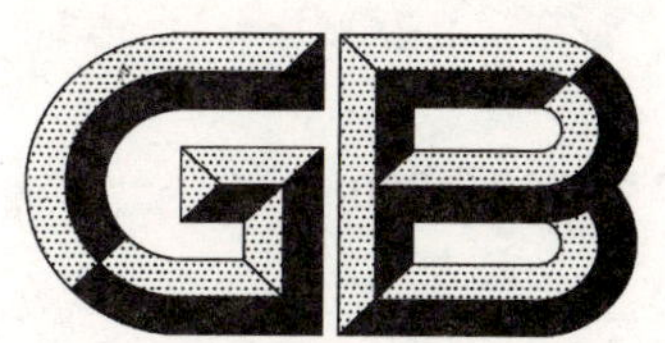

# 中华人民共和国国家标准

GB/T 22668—2008

# 氟钛酸钾

## Potassium fluotitanate

2008-12-29 发布 2009-11-01 实施

中华人民共和国国家质量监督检验检疫总局
中国国家标准化管理委员会 发布

# 前　　言

本标准由中国有色金属工业协会提出。

本标准由全国有色金属标准化技术委员会归口。

本标准负责起草单位:湖南有色氟化学有限责任公司。

本标准主要起草人:刘东晓、黎志坚、廖志辉、段立山。

# 氟钛酸钾

## 1 范围

本标准规定了工业用氟钛酸钾的要求、试验方法、检测规则、包装、标志、运输、贮存、订货单或合同要求。

本标准适用于钛盐与氢氟酸、钾盐作用而制得的氟钛酸钾。主要用作制铝、钛、硼合金，聚丙烯合成的催化剂等。

## 2 规范性引用文件

下列文件中的条款通过本标准的引用而成为本标准的条款。凡是注日期的引用文件，其随后所有的修改单(不包括勘误的内容)或修订版均不适用于本标准，然而，鼓励根据本标准达成协议的各方研究是否可使用这些文件的最新版本。凡是不注日期的引用文件，其最新版本适用于本标准。

GB/T 1250—1989　极限数值的表示方法和判定方法

GB/T 22662(所有部分)　氟钛酸钾化学分析方法

## 3 要求

### 3.1 牌号

氟钛酸钾按化学成分分为 PFT-1 和 PFT-2 两个牌号。产品牌号以氟钛酸钾英文名称 Potassium Fluotitanate 的英文缩写字母 PFT 加“-”加一位阿拉伯数字的形式表示，阿拉伯数字表示不同牌号氟钛酸钾的区分方式。

### 3.2 化学成分

氟钛酸钾化学成分应符合表 1 的规定。

表 1

| 牌　号 | 化学成分(质量分数)/% | | | | | | |
|---|---|---|---|---|---|---|---|
| | $K_2TiF_6$ | Si | Fe | Cl | Ca | Pb | $H_2O$ |
| | ≥ | ≤ | | | | | |
| PFT-1 | 99 | 0.05 | 0.02 | 0.05 | 0.05 | 0.01 | 0.10 |
| PFT-2 | 97 | 0.30 | 0.10 | 0.10 | 0.10 | 0.05 | 0.30 |
| 注 1：测定值或其计算值与表中规定的极限数值作比较的方法按 GB/T 1250 中第 5.2 的规定进行。<br>注 2：需方如对表中规定的各指标有特殊要求时，可由供需双方另行商定，并在合同中注明。 | | | | | | | |

### 3.3 外观

氟钛酸钾为白色结晶粉末。氟钛酸钾中不得混入外来杂物。

## 4 试验方法

4.1 氟钛酸钾化学成分分析方法按 GB/T 22662 的规定进行。

4.2 外观质量以目视法检验。

## 5 检验规则

### 5.1 检查与验收

5.1.1 产品应由供方技术监督部门进行检验,保证质量符合本标准的规定,并填写质量证明书。

5.1.2 需方应对收到的产品按本标准的规定进行检验,如检验结果与质量证明书所载牌号不符时,应在收到产品之日起30天内向供方提出,由供需双方协商解决,如需仲裁,仲裁取样由供需双方共同进行。

### 5.2 组批

产品应成批提交检验,每批应由同一牌号的产品组成,批重不大于30 t。

### 5.3 检验项目

每批氟钛酸钾应进行化学成分和外观质量的检验。

### 5.4 取样袋数

5.4.1 根据表2规定的采样袋数随机采样。

表 2

| 总体袋数 | 选取的最少袋数 | 总体袋数 | 选取的最少袋数 |
|---|---|---|---|
| 1～10 | 全部 | 152～181 | 17 |
| 11～49 | 11 | 182～216 | 18 |
| 50～64 | 12 | 217～254 | 19 |
| 65～81 | 13 | 255～296 | 20 |
| 82～101 | 14 | 297～343 | 21 |
| 102～125 | 15 | 344～400 | 22 |
| 126～151 | 16 | — | — |

5.4.2 仲裁取样、制样

随机选取5.4.1规定的样品袋数,用直径为19 mm～25 mm的铜管探针,沿样袋对角线插入其深度的3/4处取等量试样,试样总量不少于2 kg,将其充分混匀,用四分法缩分至不少于500 g,分成3份,一份作仲裁分析用,其余由供需双方各保存一份。

### 5.5 仲裁分析

仲裁分析方法按GB/T 22662的规定进行。

### 5.6 检验结果的判定

仲裁分析结果有一项指标与本标准规定不符合时,判该批不合格,但经供需双方商定允许供方按仲裁分析结果重新判定牌号。外观质量不合格时由供需双方协商解决。

## 6 包装、标志、运输、贮存及质量证明书

### 6.1 包装

产品用塑料编织袋内衬塑料薄膜袋包装,每袋净重25 kg或1 000 kg。也可按用户要求进行包装。

### 6.2 标志

包装袋上应注明:供方名称、产品名称、执行产品标准编号、牌号、批号、净重。

### 6.3 运输

产品发运时,必须装在清扫干净且防雨水的车箱内,防止雨淋、受潮和包装袋的破损,不同牌号的产品不得混装。

### 6.4 贮存

产品必须贮存在阴凉、干燥的仓库内,避免破损、污染和受潮,产品应分批堆放。

6.5 质量证明书

每批产品应附质量证明书，其上注明：

a) 供方名称；

b) 产品名称；

c) 牌号；

d) 批号；

e) 重量或件数；

f) 技术监督部门印记；

g) 本标准编号；

h) 出厂日期。

## 7 订货单或合同内容

本标准所列材料的订货单(或合同)内容应包括下列内容：

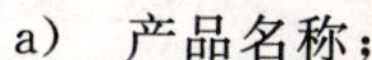

a) 产品名称；

b) 产品牌号或化学成分指标；

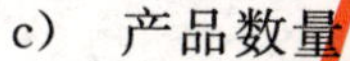

c) 产品数量；

d) 本标准编号；

e) 其他。

ICS 29.160.30
K 21

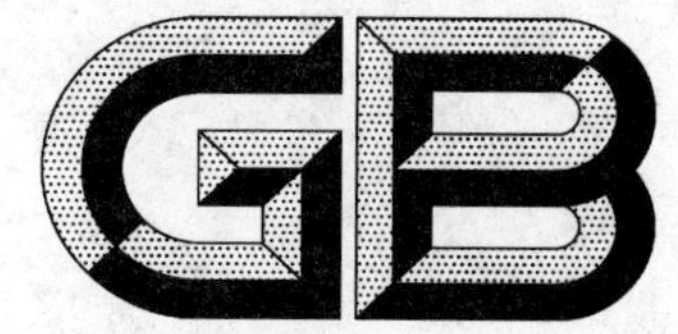

# 中华人民共和国国家标准

GB/T 22669—2008

# 三相永磁同步电动机试验方法

## Test procedures for three-phase permanent magnet synchronous machines

2008-12-31 发布 2009-11-01 实施

中华人民共和国国家质量监督检验检疫总局
中国国家标准化管理委员会 发布

# 前　言

本标准参考采用了 GB/T 1029—2005《三相同步电机试验方法》、GB/T 1032—2005《三相异步电动机试验方法》、GB/T 13958—2008《无直流励磁绕组同步电动机试验方法》、IEC 60034-2-1:2007《旋转电机(牵引电机除外)确定损耗和效率的试验方法》和美国标准 IEEE Std112:2004《多相感应电动机和发电机试验方法》的相关内容。本标准内容是广泛采用的公认的试验方法、适应国际贸易、技术交流和经济发展的需要。为满足特殊研究或应用的需要,可按本标准未作规定的附加方法进行试验。

本标准制定了适用于永磁同步电动机的"B法"测定效率的方法;基准温度采用了 IEC 60034-2-1:2007 的规定;给出了电机性能计算格式等。

本标准的附录 A 为规范性附录、附录 B 和附录 C 为资料性附录。

本标准由中国电器工业协会提出。

本标准由全国旋转电机标准化技术委员会(SAC/TC 26)归口。

本标准由上海电器科学研究所(集团)有限公司负责起草。

其他主要起草单位有:江苏安捷机电技术有限公司、河南特高特电机科技发展有限公司、华北电力大学、广东江门江晟电机有限公司、安徽明腾永磁机电设备有限公司、卧龙电气集团股份有限公司。

本标准主要起草人:陈伟华、倪立新、金惟伟、周志民、罗应立、刘华涛、袁福民、鲍周清、朱兴恒、温旭、严伟灿、李秀英、姚丙雷、张宝强、陈亦新。

本标准为首次发布。

# 三相永磁同步电动机试验方法

## 1 范围

本标准规定了三相永磁同步电动机的试验方法。

本标准适用于自起动三相永磁同步电动机,静止变频电源供电的同步电动机试验可参照使用,不适用于有直流励磁绕组的同步电动机。

## 2 规范性引用文件

下列文件中的条款通过本标准的引用而成为本标准的条款。凡是注日期的引用文件,其随后所有的修改单(不包括勘误的内容)或修订版均不适用于本标准,然而,鼓励根据本标准达成协议的各方研究是否可使用这些文件的最新版本。凡是不注日期的引用文件,其最新版本适用于本标准。

GB 755—2008 旋转电机 定额和性能(IEC 60034-1:2004,IDT)

GB/T 1029—2005 三相同步电机试验方法

GB/T 1032—2005 三相异步电动机试验方法

GB 10068—2008 轴中心高为 56 mm 及以上电机的机械振动 振动的测量、评定及限值(IEC 60034-14:2003,IDT)

GB/T 10069.1—2006 旋转电机噪声测定方法及限值 第 1 部分:旋转电机噪声测定方法(ISO 1680:1999,MOD)

GB/T 13958—2008 无直流励磁绕组同步电动机试验方法

IEC 60034-2-1:2007 旋转电机(牵引电机除外)确定损耗和效率的标准试验方法

## 3 主要符号

$\cos\varphi$——功率因数

$f$——电源频率(Hz)

$I_1$——定子线电流(A)

$I_0$——空载线电流(A)

$I_K$——堵转线电流(A)

$I_N$——额定电流(A)

$I_a$——直流电机电枢电流(A)

$K_1$——导体材料在 0 ℃时电阻温度系数的倒数

铜 $K_1=235$

铝 $K_1=225$ 除非另有规定

$k_d$——转矩读数修正值(N·m)

$J$——转动惯量(kg·m$^2$)

$n$——试验时测得的转速(r/min)

$p$——电机的极对数

$P_1$——输入功率(W)

$P_2$——输出功率(W)

$P_N$——额定(输出)功率(W)

$P_{Fe}$——铁耗(W)

$P_{fw}$——风摩耗(W)

$P_L$——剩余损耗(W)
$P_S$——杂散损耗(W)
$P_{S0}$——空载杂散损耗(W)
$P_0$——空载输入功率(W)
$P_K$——堵转时的输入功率(W)
$P_{cu1}$——定子绕组在试验温度下 $I^2R$ 损耗(W)
$P_{0cu1}$——空载时在试验温度下定子绕组 $I^2R$ 损耗(W)
$P_{cu1S}$——定子绕组在规定温度($\theta_s$)下 $I^2R$ 损耗(W)
$R_1$——温度为 $\theta_1$ 时定子绕组初始端电阻(Ω)
$R_N$——额定负载热试验结束时定子绕组端电阻(Ω)
$R_t$——试验温度下测得(或求得)的定子绕组端电阻(Ω)
$R_S$——换算到规定温度($\theta_s$)时的定子绕组端电阻(Ω)
$R_0$——空载试验(每个电压点)定子绕组端电阻(Ω)
$T_d$——转矩读数(N·m)
$T_{d0}$——空载(与测力机连接)转矩读数(N·m)
$T$——修正过的转矩(N·m)
$T_K$——堵转时转矩(N·m)
$T_{p0}$——在试验电压 $U_t$ 下测得的失步转矩(N·m)
$T_{p0N}$——额定电压时的失步转矩(N·m)
$T_{min}$——最小转矩(N·m)
$T_{pi}$——在试验电压 $U_t$ 下测得的牵入转矩(N·m)
$T_{piN}$——额定电压下的标称牵入转矩(N·m)
$T_a$——异步转矩(N·m)
$T_N$——永磁制动转矩(N·m)
$U$——端电压(V)
$U_0$——空载试验端电压(V)
$U_K$——堵转试验端电压(V)
$U_N$——额定电压(V)
$\theta_1$——测量初始(冷)电阻 $R_1$ 时的绕组温度(℃)
$\theta_N$——额定负载热试验期间测取的定子绕组最高温度(℃)
$\theta_t$——试验时测得的定子绕组最高温度(℃)
$\theta_a$——热试验结束时冷却介质温度(℃)
$\theta_f$——负载试验时冷却介质温度(℃)
$\theta_{ref}$——标准规定的基准温度(℃)
$\theta_S$——计算效率时规定的定子绕组温度(℃)
$\theta_0$——空载试验时定子绕组温度(℃)
$\Delta\theta_1$——定子绕组温升(K)
$\eta$——效率(%)

## 4 试验要求

### 4.1 试验电源

#### 4.1.1 电压

##### 4.1.1.1 电压波形

试验电源的谐波电压因数(HVF)应不超过 0.02;在进行热试验时应不超过 0.015。

4.1.1.2 电压系统的对称性

三相电压系统的负序分量和零序分量均应不超过正序分量的1.0%；在进行热试验时，电压系统的负序分量应不超过正序分量的0.5%，零序分量的影响应予以排除。

4.1.2 频率

4.1.2.1 频率偏差

试验期间，电源频率与规定频率之差应在规定频率的±0.3%范围内。

4.1.2.2 频率的稳定性

试验期间不允许频率发生快速变化，因为频率快速变化不仅影响被试电机，也会影响到输出测量装置。测量期间频率变化量应小于0.1%。

4.2 测量仪器

4.2.1 概述

因为大多数仪器的准确度等级通常以满量程的百分数表示。因此，应尽量按实际读数的需要，选择低量程仪表。

影响仪器测量结果准确度的因素：

a) 信号源负载；

b) 引接线校正；

c) 仪器的量程、使用条件和校准。

4.2.2 电量测量仪器

通常，电量测量仪器的准确度应不低于0.5级(满量程，兆欧表除外)。用B法(见10.2.2)测定电机效率时，为保持试验结果的准确性和重复性，要求仪器的准确度等级不低于0.2级(满量程)。

一般来说，电子仪器是多用途的，与无源仪器(非电子式)相比，有非常大的输入阻抗，无需因仪器自身损耗而修正读数。但高输入阻抗仪器对干扰更为敏感。应依实践经验，采取减少干扰的措施。

测量用仪用互感器的准确度等级应不低于0.2级(满量程)。

4.2.3 转矩测量仪

一般试验用转矩测量仪(含测功机和传感器)的准确度等级应不低于0.5级。

采用B法(见10.2.2)测定效率时，转矩测量仪的准确度等级应不低于0.2级(满量程)。

4.2.4 转速与频率测量仪

转速表读数误差在±1 r/min以内。频率表的准确度等级应不低于0.1级(满量程)。

4.2.5 电阻测量仪

绕组的直流电阻用双臂电桥或单臂电桥，或数字式微欧计测量，准确度应不低于0.2级。

4.2.6 温度测量仪

温度测量仪的最大允许误差为±1 ℃。

4.3 测量要求

4.3.1 电压测量

测量端电压的信号线应接到电机端子，如现场不允许这样连接，应计算由此引起的误差并对读数作校正。取三相电压的算术平均值计算电机性能。

三相电压的对称性应符合4.1.1.2的要求。

4.3.2 电流测量

应同时测量电动机的每相线电流，用三相线电流的算术平均值计算电动机的性能。

使用电流互感器时，接入二次回路仪器的总阻抗(包括连接导线)应不超过其额定阻抗值。

对 $I_N$<5 A的电动机，除堵转试验外，不应使用电流互感器。

4.3.3 功率测量

应采用两表(2台单相功率表)法测量三相电动机的输入功率,也可采用1台三相功率表或3台单相功率表测量输入功率。

如仪器仪表损耗影响试验结果的准确性,可按GB/T 1032—2005的附录A对仪器仪表损耗及其误差进行修正。

4.3.4 转矩测量

应使用合适规格的转矩测量仪进行负载试验。

除堵转试验、失步转矩、牵入转矩和最小转矩的测量外,转矩测量仪的标称转矩应不超过被试电机额定转矩的2倍。

在被试电机为额定转速时,测得的联轴器及测功机(或负载电机)的风摩耗应不大于被试电机额定输出的15%,转矩变化的敏感度应达到额定转矩的0.25%。应极为仔细准确地测量机械功率,并按附录A给出的方法,确定转矩读数 $T_d$ 的修正值 $k_d$。

4.3.5 同步转速的确定及转速的测量

4.3.5.1 同步转速的确定

测取电源的频率 $f$(Hz),根据被试电动机的极对数 $p$,同步转速 $n$(r/min)可按式(1)计算:

$$n = \frac{60f}{p} \qquad \cdots\cdots(1)$$

4.3.5.2 实际转速的测量

4.3.5.2.1 转速测量仪法

用数字式测速仪直接测量转速,也可用以下方法测定电动机的同步转速。

4.3.5.2.2 闪光法

在电动机转轴的端面上,画出与电机极数相同数量的扇形片,并用荧光灯或氖灯照明。供给闪光灯具的电源频率必须与被试电机的电源频率相同。试验时,扇形片不转动时,即可判定电动机转速为同步转速,读取此时的电源频率。

4.3.5.2.3 感应线圈法

在电动机轴伸附近,放置一只带铁心的多匝线圈,线圈与磁电式检流计或阴极示波器连接。试验时,检流计指针或示波器波形不摆动时,即可判定电动机转速为同步转速,读取此时的电源频率。

4.3.6 操作程序

在任何试验中,在读取一系列逐步增加或逐步减少的数据时,应注意,不得改变增加或减少的操作顺序,以避免颠倒试验的进行方向。

4.4 安全

自起动三相永磁同步电动机的起动电流和起动转矩较大,试验时将涉及到危险的电流、电压和机械力,所以应对被试电机的安装及运转情况进行检查,对所有试验应采取安全预防措施,以保证各项试验顺利进行。所有试验应由有相关知识和有经验的人员操作,并采取必要的安全防护措施。

## 5 试验准备

5.1 绝缘电阻的测定

5.1.1 测量时电动机的状态

测量电动机绕组的绝缘电阻时,应分别在实际冷状态下和热状态下进行。检查试验时,允许在实际冷状态下进行。

5.1.2 兆欧表的选用

根据电动机绕组的额定电压,按表1选用兆欧表。

表 1 兆欧表的选用

| 电动机绕组额定电压 $U$/V | 绝缘电阻直流测量电压/V |
|---|---|
| $U \leqslant 500$ | 500 |
| $500 < U \leqslant 3\ 300$ | 1 000 |
| $U > 3\ 300$ | ≥2 500 |

测量埋置式检温计的绝缘电阻时，应采用不高于 250 V 的兆欧表。

**5.1.3 测量方法**

如各相绕组的始末端均引出机壳外，则应分别测量每相绕组对机壳及其相互间的绝缘电阻。如三相绕组已在电动机内部连接仅引出 3 个出线端时，则测量所有绕组对机壳的绝缘电阻。

测量后，应将绕组对地放电。

**5.2 绕组在初始(冷)状态下直流端电阻的测定**

**5.2.1 初始状态下绕组温度的测定**

用温度计测定绕组温度。试验前电机应在室内放置一段时间，用温度计(或埋置检温计)测得的绕组温度与冷却介质温度之差应不超过 2 K。对大、中型电机，温度计的放置时间应不少于 15 min。

**5.2.2 测量方法**

5.2.2.1 绕组的直流电阻用双臂电桥或单臂电桥测量。电阻在 1 Ω 及以下时，必须采用双臂电桥或同等准确度并能消除测量用导线和接触电阻影响的仪器测量。

5.2.2.2 当采用自动检测装置或数字式微欧计等仪表测量绕组端电阻时，通过被测绕组的试验电流应不超过其正常运行时电流的 10%，通电时间不应超过 1 min。若电阻小于 0.01 Ω，则通过被测绕组的电流不宜太小。

5.2.2.3 测量时，电动机的转子静止不动。定子绕组端电阻应在电机的出线端上测量。

每一电阻测量 3 次。每次读数与 3 次读数的平均值之差应在平均值的 ±0.5% 范围内，取其算术平均值作为电阻的实际值。

检查试验时，每一电阻可仅测量一次。

5.2.3 如果电机的每相绕组有始末端引出时，应测量每相绕组的电阻。若三相绕组已在电动机内部连接，仅引出 3 个出线端时，可在每两个出线端间测量电阻，根据测量的电阻，各相电阻值(Ω)按式(2)～式(7)计算：

对星形接法的绕组：

$$R_a = R_{med} - R_{bc} \quad \cdots\cdots(2)$$

$$R_b = R_{med} - R_{ca} \quad \cdots\cdots(3)$$

$$R_c = R_{med} - R_{ab} \quad \cdots\cdots(4)$$

对三角形接法的绕组：

$$R_a = \frac{R_{bc}R_{ca}}{R_{med} - R_{ab}} + R_{ab} - R_{med} \quad \cdots\cdots(5)$$

$$R_b = \frac{R_{ca}R_{ab}}{R_{med} - R_{bc}} + R_{bc} - R_{med} \quad \cdots\cdots(6)$$

$$R_c = \frac{R_{ab}R_{bc}}{R_{med} - R_{ca}} + R_{ca} - R_{med} \quad \cdots\cdots(7)$$

式中：

$R_{ab}$、$R_{bc}$、$R_{ca}$——分别为出线端 A 与 B、B 与 C、C 与 A 间测得的端电阻值，单位为欧姆(Ω)；

$$R_{med} = \frac{R_{ab} + R_{bc} + R_{ca}}{2} \quad \cdots\cdots(8)$$

如果各线端间的电阻值与 3 个线端电阻的平均值之差，对星形接法的绕组，不大于平均值的 2%，对三角形接法的绕组，不大于平均值的 1.5% 时，则相电阻可按式(9)或式(10)计算：

对星形接法的绕组：

$$R_a = \frac{1}{2}R_{av} \quad \cdots\cdots(9)$$

对三角形接法的绕组：

$$R_a = \frac{3}{2}R_{av} \quad \cdots\cdots(10)$$

式中：

$R_{av}$——3 个端电阻的平均值，单位为欧姆(Ω)。

## 6 空载试验

### 6.1 空载电流和空载损耗的测定

6.1.1 建议空载试验在负载试验(如进行)后进行。读取并记录试验数据之前输入功率应稳定，输入功率相隔 30 min 的 2 个读数之差应不大于前一个读数的 3%。对水-空冷却电机，负载试验后应立即切断水流。

检查试验时，空载运转的时间可适当缩短。

6.1.2 被试电机施以额定频率的电压，电压的变化范围从 125% 的额定电压开始逐步降低，其中应包括 100% 额定电压的测点。随电压降低，电流逐渐减小。当电流出现拐点后，应继续降低电压，直至电流回升到超过 100% 额定电压时的电流值出现，取 10～12 个电压点(大致均匀分布)。但在电流出现拐点处，测点应适当加密。

在每个电压点，测取 $I_0$、$U_0$、$P_0$，并应测取 $\theta_0$ 或 $R_0$，根据温度与电阻成比例关系，利用试验开始前测得的绕组初始端电阻 $R_1$、初始温度 $\theta_1$ 及测取的每点温度，可确定每个电压点处的端电阻 $R_0$。

当按 B 法(见 10.2.2)测定电机效率时，必须测取每点的 $\theta_0$ 或 $R_0$；

定子绕组的端电阻也可用本条的 a)或 b)确定。

检查试验时，可仅测取 $U_0 = U_N$ 时的 $I_0$ 和 $P_0$。

a) 每一电压点处的定子绕组端电阻值可用线性内插法确定，起点是最高电压点读数之前的电阻值，末点是最低电压点读数之后的电阻值。

b) 空载试验后，立即测取定子绕组端电阻，将此电阻作为每个电压点处的电阻值。

### 6.2 铁耗 $P_{Fe}$ 与风摩耗 $P_{fw}$ 之和的确定

空载输入功率 $P_0$ 是电动机空载运行时的总损耗。由 $P_0$ 减去试验温度下的定子 $I^2R$ 损耗，得到铁耗(其中包括空载杂散损耗)和风摩耗之和 $P_0'$，即：

$$P_0' = P_0 - P_{0cu1} = P_{Fe} + P_{fw} \quad \cdots\cdots(11)$$

根据测得的 $I_0$ 和 $P_0'$，作 $I_0$ 和 $P_0'$ 与 $U_0$ 的关系曲线，如图 1。$U_N$ 时的 $P'_{0N}$ 应从空载特性曲线上查取。

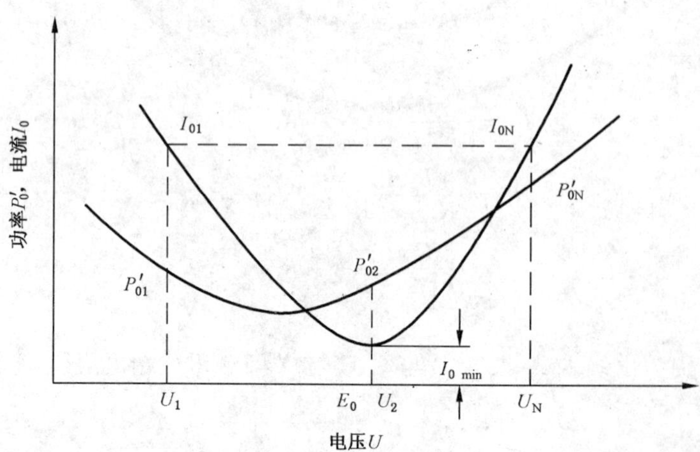


注：当需要进一步确定铁耗、风摩耗和空载杂散损耗值，可按附录 C 给出的方法进行测定和计算。

**图 1 空载电流 $I_0$ 和空载损耗 $P_0'$ 与空载电压 $U_0$ 的关系曲线**

### 6.3 空载反电动势测定

空载反电动势测定为永磁同步电动机特有的试验项目。可用反拖法和最小电流法测定,推荐采用反拖法。

#### 6.3.1 反拖法(发电机法)

用原动机与被试电动机机械连接。原动机拖动被试电动机在同步转速下作为发电机空载运行。分别测量被试电动机的出线端电压 $U_{ab}$,$U_{bc}$,$U_{ca}$,取其平均值作为空载反电动势线电压值,并记录此时电动机定子铁心的温度和环境温度。

#### 6.3.2 最小电流法

电动机在额定电压、额定频率下空载运转达到稳定,调节电动机的外加端电压,使其空载电流最小,此时的外加端电压可近似认为电动机的空载反电动势。分别测量被试电动机的出线端电压 $U_{ab}$,$U_{bc}$,$U_{ca}$,取其平均值作为空载反电动势线电压值的近似值,并记录此时电动机铁心的温度和环境温度。

## 7 堵转试验

### 7.1 堵转时的电流、转矩和功率的测定

堵转试验在电机接近实际冷状态下进行。试验前,应尽可能事先用低电压确定对应于最大堵转电流和最小堵转转矩的转子位置。试验时,应将转子堵住。

电机在堵转状态下,转子振荡较大,应考虑采取措施减小波动。试验时,可以先将电源电压调整到额定值的20%以下,接入被试电机,保持额定频率,尽快升高电源电压,并在电气稳定后,迅速同时读取电压、电流、输入功率和转矩的稳定读数。为避免电机过热,试验必须从速进行。

7.1.1 测取堵转特性曲线,即堵转时的电流 $I_K$、转矩 $T_K$ 与外施电压 $U_K$ 的关系曲线,如图2所示。

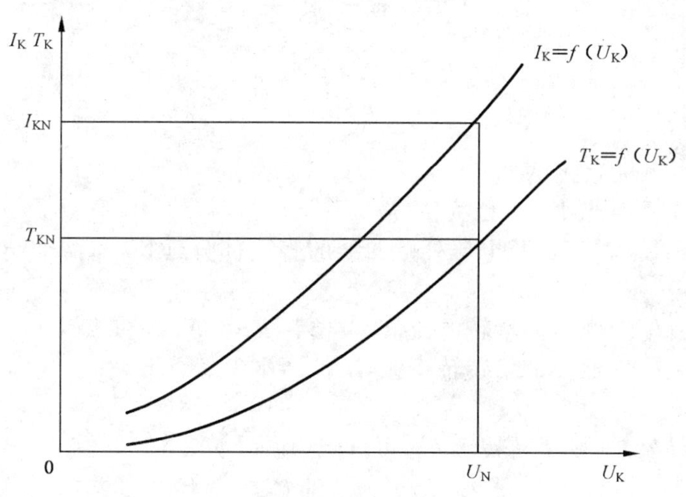


**图2 堵转特性曲线(Ⅰ)**

试验时,施于定子绕组的最高电压尽可能从不低于0.9倍额定电压开始,然后逐步降低电压,其间共测取5~7点读数,每点应同时测取下列数值:$U_K$、$I_K$、$T_K$ 或 $P_K$。每点读数时,通电持续时间应不超过10 s,以免绕组过热。

7.1.2 如限于设备,对100 kW以下的电动机,堵转试验时的最大 $I_K$ 应不低于4.5倍 $I_N$;对100 kW~300 kW的电动机,应不低于 $2.5I_N$~$4.0I_N$;对300 kW~500 kW的电动机,应不低于 $1.5I_N$~$2.0I_N$;对500 kW以上的电动机,应不低于 $1.0I_N$~$1.5I_N$。在最大电流至额定电流范围内,均匀地测取不少于5点读数。

根据试验数据,绘制三相线电流平均值对三相线电压平均值的关系曲线如图3所示,并将电压-电流曲线上的最高试验电压处顺曲线的直线部分延长,与横轴交于 $U'$ 点。

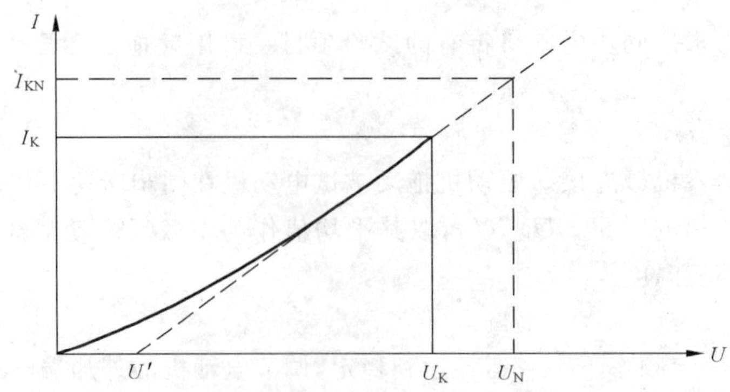


图3 堵转特性曲线(Ⅱ)

7.1.3 对100 kW以上的电动机,如限于设备不能实测转矩时,允许用式(14)计算转矩。此时应在每点读数后,测量定子绕组端电阻。

试验时,电源的频率应稳定,功率测量应按需要采用低功率因数功率表,其电压回路应接至被试电机的出线端。被试电机通电后,应迅速进行试验,并同时读取 $U_K$、$I_K$ 和 $P_K$。试验结束后,立即测量定子绕组的端电阻。

### 7.2 试验结果计算

#### 7.2.1 堵转电流和堵转转矩的确定

若堵转试验时的最大电压在 $0.9U_N \sim 1.1U_N$ 范围内,堵转电流 $I_{KN}$ 和堵转转矩 $T_{KN}$ 可由图2堵转特性曲线查取;若堵转试验时的最大电压低于 $0.9U_N$,则可由图3堵转特性曲线查取 $U_K$、$I_K$ 和 $U'$ 值,则额定电压下被试电机的堵转电流 $I_{KN}$ 和堵转转矩 $T_{KN}$(N·m)按式(12)和式(13)求取:

$$I_{KN} = I_K \cdot \frac{U_N - U'}{U_K - U'} \qquad \cdots\cdots (12)$$

$$T_{KN} = T_K \cdot \left(\frac{U_N - U'}{U_K - U'}\right)^2 \qquad \cdots\cdots (13)$$

式中:

$U_N$——额定电压值,单位为伏(V);

$U_K$——堵转时最高试验电压值,单位为伏(V);

$U'$——电压-电流曲线上最高试验电压处顺曲线的直线部分延长,与横轴交点的电压值,单位为伏(V);

$I_K$——试验电压为 $U_K$ 时测得的堵转电流值,单位为安培(A);

$T_K$——试验电压为 $U_K$ 时测得的堵转转矩值,单位为牛米(N·m)。

#### 7.2.2 转矩计算

如堵转时不实测堵转转矩,则堵转转矩 $T_K$ 可按式(14)计算:

$$T_K = 9.549 \cdot \frac{P_K - P_{Kcu1} - P_{KS}}{n_S} \qquad \cdots\cdots (14)$$

式中:

$P_K$——堵转时的输入功率,单位为瓦(W);

$P_{Kcu1}$——堵转时的定子绕组 $I^2R$ 损耗,单位为瓦(W);

$n_S$——同步转速,单位为转每分钟(r/min);

$P_{KS}$——堵转时的杂散损耗(包括铁耗),单位为瓦(W);对低压电机,取 $P_{KS}=0.05P_K$;对高压电机,取 $P_{KS}=0.10P_K$。

## 8 负载试验

### 8.1 概述

进行负载试验的目的是确定电机的效率、功率因数、转速和电流。其他试验中,有的项目也是带负载进行的。负载机械与电机轴线应对中并保证安全。读取读数的过程是先读取最大负载时的读数，然后读取较低负载时的读数。

### 8.2 额定电压负载试验

试验应在额定电压和额定频率下进行。开始读取试验数据之前，定子绕组温度与额定负载热试验时测得的温度之差应不超过 5 ℃。

用合适的设备（如测功机，陪试电机等）给电动机加负载。用符合 4.2.3 要求的转矩测量仪器测量转矩。

在 6 个负载点处给电机加负载。4 个负载点大致均匀分布在不小于 25%～100%额定负载之间（包括 100%额定负载），在大于 100%但不超过 150%额定负载之间适当选取 2 个负载点。电机加负载的过程是从最大负载开始，逐步按顺序降低到最小负载。试验应尽可能快地进行，以减少试验过程中电机的温度变化。

在每个负载点处，测取 $U$、$I_1$、$P_1$、$T_d$、$f$（或 $n$）、$\theta_t$（或 $R_t$）及 $\theta_f$。

推荐使用温度传感器（埋置于定子线圈端部）测量绕组的温度。

当按 B 法测定电机效率时，必须测取每点的 $\theta_t$ 或 $R_t$。

每个负载点处定子绕组的电阻值也可用下述 a）或 b）规定的方法确定电阻值。

a） 100%额定负载及以上各负载点的电阻值是最大负载点读数之前的电阻值。小于 100%额定负载各点的电阻值按与负载成线性关系确定，起点是 100%额定负载时的电阻值，末点是最小负载读数之后的电阻值。

b） 负载试验之后，立即测取定子绕组端电阻，将此电阻作为各负载点的电阻值。

## 9 各项损耗的确定

### 9.1 规定温度下定子绕组 $I^2R$ 损耗［见式（15）］

$$P_{cu1S} = 1.5 I_1{}^2 R_S \qquad (15)$$

式中：

$I_1$——规定负载状态下测得的线电流有效值或计算值，单位为安培（A）；

$R_S$——换算到规定温度 $\theta_S$ 时的绕组端电阻，单位为欧姆（Ω）。

根据相关标准或协议，按 9.1.1 或 9.1.2 规定，确定 $\theta_S$ 值。

9.1.1 规定温度 $\theta_S$ 为换算到基准冷却介质温度为 25 ℃时的绕组温度［见式（16）］。

$$\theta_S = \theta_N - \theta_a + 25 \qquad (16)$$

式中：

$\theta_N$——额定负载热试验结束前测得的定子绕组最高温度（℃）；

$\theta_a$——额定负载热试验结束时冷却介质温度（℃）。

注：重复生产的复制电机（duplicate machine），可不做热试验，用已有的 $\theta_S$ 值。

9.1.2 规定温度 $\theta_S$ 为按绝缘结构热分级规定的基准温度 $\theta_{ref}$［见表 2 和式（17）］。

$$\theta_S = \theta_{ref} \qquad (17)$$

**表 2 绝缘结构热分级的基准温度**

| 绝缘结构热分级 | 基准温度 $\theta_{ref}$/℃ |
|---|---|
| 130(B) | 95 |
| 155(F) | 115 |
| 180(H) | 130 |

如按照低于结构使用的热分级规定温升或温度限值，则应按该较低的热分级规定其基准温度。

### 9.2 铁耗 $P_{Fe}$

见 6.2。

### 9.3 风摩耗 $P_{fw}$

见6.2。

### 9.4 负载杂散损耗

#### 9.4.1 概述

负载杂散损耗是指总损耗中未计入定子 $I^2R$ 损耗、铁耗及风摩耗之和的那一部分损耗。

#### 9.4.2 输入-输出法间接测量负载杂散损耗

##### 9.4.2.1 试验方法

间接测量法需做额定负载热试验(见11.7.1),负载试验(见8.2)和空载试验(见6.1)。测出总损耗,从中减去定子 $I^2R$ 损耗、铁耗及风摩耗之和,可确定负载杂散损耗。B法确定电机效率时,采用本方法。

##### 9.4.2.2 剩余损耗 $P_L$

###### 9.4.2.2.1 定子绕组 $I^2R$ 损耗 $P_{cu1}$

按式(18)计算各个负载点 $P_{cu1}$:

$$P_{cu1} = 1.5 I_1{}^2 R_t \qquad (18)$$

式中 $R_t$ 为试验温度下的端电阻,如测量 $\theta_t$,则 $R_t$ 为:

$$R_t = R_1 \cdot \frac{K_1 + \theta_t}{K_1 + \theta_1} \qquad (19)$$

式中:

$I_1$——见8.2;

$R_1$——见5.2;

$\theta_t$——见8.2;

$\theta_1$——见5.2;

$K_1$——铜:$K_1=235$;铝:$K_1=225$。

###### 9.4.2.2.2 输出功率 $P_2$

按式(20)计算各负载点 $P_2$:

$$P_2 = \frac{T \cdot n}{9.549} \qquad (20)$$

式中:

$T=T_d+k_d$,$k_d$ 求取方法见附录A;

$T_d$ 和 $n$——见8.2。

###### 9.4.2.2.3 剩余损耗 $P_L$

各个负载点的输入功率减去输出功率,再减去试验温度下的定子 $I^2R$ 损耗、铁耗、风摩耗之和,即为剩余损耗[见式(21)]。

$$P_L = P_1 - P_2 - (P_{cu1} + P_{Fe} + P_{fw}) \qquad (21)$$

式中:

$P_1$——见8.2;

$P_2$——见式(20);

$P_{cu1}$——见式(18);

$P_{Fe}$——见6.2;

$P_{fw}$——见6.2。

###### 9.4.2.2.4 剩余损耗 $P_L$ 试验数据的回归分析

由于 $P_L$ 与 $T^2$ 呈线性关系,对其进行线性回归分析(见附录B)得到回归方程:

$$P_L = A \cdot T^2 + B \qquad (22)$$

式中：

$T$——见 9.4.2.2.2，$A$ 和 $B$ 按附录 B 求取。

相关系数 $r$，对于 B 法，$r \geqslant 0.90$。

若相关系数 $r$（见附录 B）小于上述规定值，删除最差的点，重新回归分析，如果 $r \geqslant$ 规定值，则用第二次回归分析结果。如果 $r$ 仍小于上述规定值，说明测量仪表（包括转矩测量仪）或试验读数，或两者均有较大误差。应分析产生误差的根源并校正再重复做试验。

9.4.2.3 **负载杂散损耗 $P_S$**

求得斜率 $A$ 之后，每个负载点的 $P_S$ 由式(23)计算：

$$P_S = A \cdot T^2 \quad \cdots\cdots (23)$$

式中：

$T$——见 9.4.2.2.2；

$A$——见 9.4.2.2.4。

## 9.5 总损耗及输出功率的确定

9.5.1 修正过的总损耗 $\sum P$ 见式(24)：

$$\sum P = P_{cu1S} + P_{Fe} + P_{fw} + P_S \quad \cdots\cdots (24)$$

式中：

$P_{cu1S}$——见 9.1；

$P_{Fe}$——见 6.2；

$P_{fw}$——见 6.2；

$P_S$——见 9.4.2.3。

9.5.2 输出功率 $P_2$ 见式(25)：

$$P_2 = P_1 - \sum P \quad \cdots\cdots (25)$$

式中：

$P_1$——见 8.2；

$\sum P$——见 9.5.1。

# 10 效率的确定

## 10.1 概述

效率是以同一单位表示的输出功率与输入功率之比，通常以百分数表示。输出功率等于输入功率减去总损耗，若已知三个变量（输入，总损耗或输出）中的两个，就可用式(26)和式(27)求取效率：

$$\eta = \frac{P_2}{P_1} \times 100\% \quad \cdots\cdots (26)$$

$$\eta = \left(1 - \frac{\sum P}{P_1}\right) \times 100\% \quad \cdots\cdots (27)$$

式中：

$P_2$——见 9.5.2；

$P_1$——见 8.2；

$\sum P$——见 9.5.1。

除非另有规定，应在额定电压和额定频率状态下确定效率。若电压没有显著偏离额定值且电压对称性符合 4.1.1.2 的要求，则由此试验数据求得的效率值是准确的。

## 10.2 效率试验方法

可用以下试验方法确定电动机的损耗和效率。按相关标准或协议的规定，选择其中的一种方法确定电机的效率。推荐采用 B 法。

a) A 法——输入-输出法；

b) B 法——损耗分析及输入-输出法间接测量杂散损耗。

**10.2.1 A 法——输入-输出法**

此法是用测得的输出功率与输入功率之比计算效率。

**10.2.1.1 试验过程**

试验时，被试电机在额定负载下应达到热稳定状态。按 8.2 规定的方法进行负载试验。

**10.2.1.2 计算格式**

按 16.1 给出的 A 格式计算电机性能。

**10.2.2 B 法——测量输入-输出功率的损耗分析法**

测量电功率（含仪用互感器），转矩和转速所用仪表的准确度等级应符合 4.2.2、4.2.3、4.2.4 和 4.2.5 的要求。这对采用 B 法测定电机效率尤为重要。

**10.2.2.1 试验程序**

B 法试验主要由额定负载热试验（见 11.7.1），负载试验（见 8.2）和空载试验（见 6.1）三部分组成。推荐先进行热试验，这样有利于电机摩擦损耗稳定，紧接其后进行负载试验，最后进行空载试验。如不能按上述顺序连续进行试验，在进行负载试验之前，电机必须达到额定负载热试验时的热稳定状态。

**10.2.2.1.1 负载试验**

试验应按 8.2 的要求进行并测取有关数据。开始记录试验数据之前，定子绕组温度与额定负载热试验记录的最高温度之差应不超过 5 ℃。试验应尽可能快进行，以减少试验过程中电机的温度变化。

按附录 A 提出的方法，求取转矩读数修正值 $k_d$，测功机或转矩传感器应按与负载试验相同转向进行校正。

**10.2.2.1.2 空载试验**

空载试验见 6.1。开始记录试验数据之前，电机应空载运行，直至输入功率稳定（见 6.1）。

**10.2.2.2 各项损耗的确定**

10.2.2.2.1 定子绕组在规定温度下 $I^2R$ 损耗 $P_{cu1S}$ 见式(28)：

$$P_{cu1S} = 1.5 I_1{}^2 R_N \cdot \frac{K_1 + \theta_N - \theta_a + 25}{K_1 + \theta_N} \quad \cdots\cdots (28)$$

式中：

$I_1$——见 10.2.2.1.1；

$R_N$——见 11.7.1；

$\theta_a$——见 11.7.1；

$\theta_N$——见 11.7.1。

10.2.2.2.2 铁耗 $P_{Fe}$

按 6.2 确定。

10.2.2.2.3 风摩耗 $P_{fw}$

按 6.2 确定。

10.2.2.2.4 负载杂散损耗 $P_S$

按 9.4.2 确定。

**10.2.2.3 计算格式**

按 16.2 给出的 B 格式计算电机的性能。

## 11 热试验

### 11.1 目的

热试验的目的是确定在规定负载状态下运行时的电机某些部分高于冷却介质温度的温升，以下各条是试验方法及数据处理的导则。

### 11.2 一般性说明

应对被试电机予以防护以阻挡皮带轮、皮带以及其他机械产生的气流对被试电机的影响，一般非常轻微的气流足以使热试验结果产生很大的偏差。引起周围空气温度快速变化的环境条件对温升试验是不适宜的，电机之间应有足够的空间，容许空气自由流通。

### 11.3 温度测量方法

有以下3种测量温度的方法：

a) 温度计法；

b) 电阻法；

c) 埋置检温计法。

#### 11.3.1 温度计法

温度计包括膨胀式温度计(例如水银、酒精等温度计)、半导体温度计及非埋置的热电偶或电阻温度计。测量时，温度计应紧贴在被测点表面，并用绝热材料覆盖好温度计的测温部分，以免受周围冷却介质的影响。有交变磁场的地方，不能采用水银温度计。

#### 11.3.2 电阻法

用电阻法测取绕组温度时，冷热态电阻必须在相同的出线端上测量。绕组的平均温升 $\Delta\theta$(K)按式(29)计算：

$$\Delta\theta = \frac{R_N - R_1}{R_1}(K_1 + \theta_1) + \theta_1 - \theta_a \qquad \cdots\cdots(29)$$

式中：

$R_N$——额定负载热试验结束时的绕组端电阻，单位为欧姆(Ω)(见11.7.5)；

$R_1$——温度为 $\theta_1$ 时的绕组初始端电阻，单位为欧姆(Ω)；

$\theta_a$——热试验结束时的冷却介质温度，单位为摄氏度(℃)；

$\theta_1$——测量初始端电阻 $R_1$ 时的绕组温度，单位为摄氏度(℃)；

$K_1$——常数。对铜绕组，为235；对铝绕组，为225，除非另有规定。

由于测量电阻的微小误差在确定温度时会造成较大误差，所以应使用4.2.5要求的仪表测量绕组电阻，若可能，可用第2台仪表作检验，初始电阻与试验结束时的电阻应使用同一仪器测量。

#### 11.3.3 埋置检温计法

本方法是用装在电机内的热电偶或电阻式温度计测量温度。

专门设计的仪表应与电阻式温度计一起使用，以防止在测量时因电阻式温度计的发热而引入显著的误差或损伤仪表。许多普通的电阻式测量器件可能不适用，因为在测量时可能有相当大的电流要流过电阻元件。

### 11.4 温度读数

#### 11.4.1 一般说明

下面的条款介绍了3种温度测量方法，用以测定电机的绕组、定子铁心、进入冷却介质以及受热后排出的冷却介质的温度，每种测量方法都有其特点，适用于测量电机特定部件的温度。

#### 11.4.2 温度计法

热试验期间可用温度计法(见11.3.1)测量以下部件的温度。如有规定，可在停机后测量。

a) 定子线圈，至少在2个部位；

b) 定子铁心，对大、中型电机，至少在2个部位；

c) 环境温度；

d) 从机座或排气通风道排出的空气或者是带循环冷却系统的电机排到冷却器入口处的内部冷却介质；

e) 机座;

f) 轴承(如属于电机部件)。

应将温度敏感元件放置于能测得最高温度的部位,对于进、出气流的空气或其他冷却介质的温度,敏感元件应放置于测得平均温度的部位。

**11.4.3 埋置检温计法**

绕组装有埋置检温计的电机热试验时,应用埋置检温计法(见11.3.3)测定绕组温度并写入报告,通常,不要求停机后再取读数。

**11.4.4 电阻法**

可在停机后用电阻法(见11.3.2)测量定子绕组的温度。应在电机出线端处直接测量任意二线端间的电阻,此电阻已测量了初始值和初始温度。

**11.5 热试验时冷却介质温度的测定**

**11.5.1 空气冷却电机**

对采用周围空气冷却的电机,可用几只温度计分布在冷却空气进入电机的途径中进行测量。温度计应安置在距电机约1 m～2 m处,球部处于电机高度的一半的位置,并应防止外来辐射热及气流的影响。取温度计读数的算术平均值作为冷却介质温度。

**11.5.2 外冷却器电机**

对采用外接冷却器及管道通风冷却的电机,应在电机的冷却介质进口处测量冷却介质的温度。

**11.5.3 内冷却器电机**

对采用内冷却器冷却的电机,冷却介质的温度应在冷却器的出口处测量;对有水冷冷却器的电机,水温应在冷却器的入口处测量。

**11.5.4 试验结束时冷却介质温度的确定**

试验结束时的冷却介质温度,应取在整个试验过程最后的1/4时间内,按相同时间间隔测得的几个温度计读数的平均值。

**11.6 电机绕组及其他各部分温度的测定**

**11.6.1 绕组温度的测定**

电机绕组的温度用电阻法测量。如电机有埋置检温计,则用检温计测量。

**11.6.2 铁心温度的测定**

铁心温度用检温计或温度计测量,对大、中型电机,温度计应不少于2支,取最高值作为铁心温度。

**11.6.3 轴承温度的测定**

轴承温度用检温计测量。对于滑动轴承,温度计放入轴承的测温孔内或者放在接近轴瓦的表面处,对于滚动轴承,温度计放在最接近轴承外圈处。

**11.7 热试验方法**

热试验方法应采用直接负载法。

**11.7.1 直接负载法**

直接负载法的热试验应在额定频率、额定电压、额定功率或铭牌电流下进行。

试验时,被试电机应保持额定负载,直到电机各部分温升达到热稳定状态为止。试验过程中,每隔30 min记录被试电机的电压$U$、电流$I_1$、输入功率$P_1$,频率$f$,转速$n$,转矩$T_d$,绕组温度$\theta_N$以及定子铁心、轴承、风道进出口冷却介质和周围冷却介质的温度$\theta_a$。

试验期间,应采取措施,尽量减少冷却介质温度的变化。

如采用外推法确定绕组的温升,电机在断电停机后,应立即测量绕组的电阻,并按11.7.5确定额定负载热试验后电阻$R_N$。对采用外接冷却器及管道通风冷却的电机,在电机切离电源的同时,应停止冷却介质的供给。

如以铭牌电流进行温升试验,对应于额定功率时的绕组温升$\Delta\theta_N$(K)按下述方法[见式(30)和式(31)]换算：

当$\frac{I_1-I_N}{I_N}$在±10%范围内时：

$$\Delta\theta_N=\Delta\theta\cdot\left(\frac{I_N}{I_1}\right)^2\cdot\left[1+\frac{\Delta\theta\left(\frac{I_N}{I_1}\right)^2-\Delta\theta}{K_1+\Delta\theta+\theta_a}\right] \qquad (30)$$

当$\frac{I_1-I_N}{I_N}$在±5%范围内时：

$$\Delta\theta_N=\Delta\theta\cdot\left(\frac{I_N}{I_1}\right)^2 \qquad (31)$$

式中：

$I_N$——额定电流，即额定功率时的电流，单位为安培(A)。从工作特性曲线上求得。

$I_1$——热试验时的电流，单位为安培(A)。取在整个试验过程最后的1/4时间内，按相等时间间隔测得的电流平均值。

$\Delta\theta$——对应于试验电流$I_1$的绕组温升，单位为开尔文(K)(见11.3.2)。

**11.7.2 初始状态**

试验应在规定时间内连续进行，直到温度稳定为止。

**11.7.3 容许过载**

电动机的发热试验，温度的稳定需要较长时间，在发热试验的起始阶段，为了缩短试验时间，电机在预热阶段容许适当过载(25%～50%)。

**11.7.4 试验结束**

发热试验过程中，读数的时间间隔应在30 min或以下。电机热试验应进行到相隔30 min两个相继读数之间温升变化在1 K以内为止。但对温升不易稳定的电机，热试验应进行到相隔60 min两个读数之间温升变化在2 K以内为止。

**11.7.5 断电时的电阻**

热试验结束应迅速断电停机。要仔细地安排试验程序和适当数量的试验人员，尽快地读取读数以获得可靠的数据。

从断电瞬间算起，如在表3规定的时间间隔内读到了最初电阻读数，则用此读数按式(29)计算绕组温升。

**表3 时间间隔**

| 额定输出$P_N$/kW或kVA | 切断电源后的时间间隔/s |
|---|---|
| $P_N\leqslant50$ | 30 |
| $50<P_N\leqslant200$ | 90 |
| $200<P_N\leqslant5\,000$ | 120 |
| $5\,000<P_N$ | 按协议 |

如不能在表3规定的延滞时间读到最初电阻读数，应尽快地以20 s～60 s的时间间隔读取附加的电阻读数。至少要读取5～10个读数，把这些读数作为时间函数绘制成曲线，外推到表3按电机定额规定的延滞时间。建议用半对数坐标纸绘制曲线，电阻绘制在对数的标尺上，如是，可以认为得到的电阻值就是停机的电阻。如果停机后测得结果显示出温度继续上升，则应取其最高值，如不能在表3列出的2倍时间内读到第一个读数，则应协议确定最大延滞时间。

**11.7.6 电阻测量**

测量工作要特别注意，确保测得准确的电阻值。因为测量电阻时的很小误差在确定温度时会引起较大的误差。

### 11.8 温升

当电机用周围空气冷却时，温升是被试电机的绕组温度减去环境温度。如电机是用远处或冷却器来的空气通风冷却，温升是被试电机的绕组温度减去进入电机的空气温度。如在海拔不超过 1 000 m 处，冷却空气温度在 10 ℃～40 ℃之间进行试验，温升不作校正。

如试验地点海拔超过 1 000 m，或冷却空气温度超过 40 ℃，或这两种情况同时存在，温升限值按 GB 755—2008 中的规定修正。

## 12 失步转矩的测定

### 12.1 概述

失步转矩用直接负载法测定。试验时宜用负载均匀可调的转矩测量仪、制动器、测功机或校正过的直流发电机作负载。被试电动机应接到额定频率、额定电压实际平衡的电源上，将被试电动机调到额定负载状态下运行，然后逐渐增加被试电动机的负载使之失步，在失步瞬间从转矩测量仪、制动器或测功机上测量得的转矩数值，即为被试电动机的失步转矩。

a） 转矩测量仪法；

b） 制动器、测功机或校正过直流电机法。

采用上述试验方法时，应在额定频率、额定电压下进行测定，如试验电压不能达到额定电压，失步转矩值应按 12.4 换算。

### 12.2 转矩测量仪法

用转矩测量仪法测定失步转矩时，可用自动记录仪直接描绘转矩转速特性曲线和被试电机端电压与转速的关系曲线，失步转矩从曲线上求取。

试验过程中，应防止被试电机过热而影响测量的准确性。

以直流电机作负载时，被试电动机与传感器、直流电机用联轴器联轴。直流电机他励，其电枢由可调电压和可变极性的电源供电。被试电动机应接到额定频率、额定电压实际平衡的电源上，被试电机与直流电机的转向应一致。调节直流电机的电源电压，逐渐增加被试电动机的负载使之失步，在失步瞬间的转矩值即为失步转矩 $T_{p0}$。

### 12.3 制动器、测功机或校正过直流电机法

如果被试电动机的负载为制动器、测功机，则失步转矩可在失步瞬间在制动器或测功机上读取。

如果被试电动机的负载为校正过的直流发电机时，则被试电动机的失步转矩可由失步瞬间测得的直流发电机的输出功率，并根据效率曲线求出其输入功率，即为被试电动机的输出功率 $P$，按式(32)计算电动机的失步转矩 $T_{p0}$（N·m）：

$$T_{p0} = 9\ 549 \cdot \frac{P + P_{fw}}{n_N} \qquad (32)$$

式中：

$P_{fw}$——被试电动机的风摩耗，单位为千瓦(kW)。

试验过程中，应防止被试电机过热而影响测量的准确性。被试电机的端电压应在其出线端上测量。

### 12.4 失步转矩的换算

当试验电压 $U_t$ 不低于 0.9 倍额定电压时，则额定电压时的失步转矩按式(33)计算：

$$T_{p0N} = T_{p0} \cdot \left(\frac{U_N}{U_t}\right)^2 \qquad (33)$$

式中：

$T_{p0}$——在试验电压 $U_t$ 时测得的失步转矩值。

当试验电压 $U_t$ 低于 0.9 倍额定电压时，应尽可能在 1/2～3/4 额定电压范围内，均匀测取至少 3 个不同电压下的失步转矩值。作 $\lg T_{p0} = f(\lg U_t)$ 曲线，延长曲线，求出对应于额定电压时的失步转

矩 $T_{p0N}$。

## 13 牵入转矩的测定

### 13.1 标称牵入转矩的测定

标称牵入转矩($s$=0.05 时的转矩)可用直接负载法、加速法或转矩转速测量仪法测定。

测定时,被试电动机应接近实际冷状态。

#### 13.1.1 直接负载法

被试电机应接到额定频率,电压可调实际平衡电源上作异步电动机运转,试验应在冷态下进行,被试电机的试验电压应尽可能提高,一般应在额定值的 50%以上,调节被试电机的负载,使其转差率为 0.05,同时读取被试电机的电枢电压、电枢电流、转速或转差率、输入功率,若负载为测功机还应读取转矩。如果采用分析过的直流电机作为负载时,应同时量取分析过直流电机的端电压、电枢电流和励磁电流。

被试电机在转差率为 $s$ 时的电磁转矩 $T_M$(N·m),按式(34)计算:

$$T_M = 9\ 549\frac{P+P_{fws}}{(1-s)n_N} \qquad \cdots\cdots(34)$$

式中:

$P$——被试电机的输出功率,即负载电机的输入功率,单位为千瓦(kW);

$P_{fws}$——被试电机在转差率为 $s$ 时的机械损耗,单位为千瓦(kW),如无数据时,可近似取 $P_{fw}$ 值(见附录 C)。

被试电机在额定电压时的标称牵入转矩 $T_{piN}$(N·m)按式(35)计算:

$$T_{piN} = \left(\frac{U_N-U'}{U-U'}\right)^2 \cdot T_M \qquad \cdots\cdots(35)$$

式中:

$U$——求得 $T_M$ 时的试验电压,单位为伏(V);

$U'$——由图 3 确定的电压值,单位为伏(V);

$T_M$——转差率 $s$=0.05 时求得的电磁转矩,单位为牛米(N·m)。

标称牵入转矩的标幺值 $t_{piN}$ 按式(36)计算:

$$t_{piN} = \left(\frac{U_N-U'}{U-U'}\right)^2 \cdot \frac{P+P_{fws}}{(1-s)P_N} \qquad \cdots\cdots(36)$$

试验中如果转差率为 0.05 的点不易准确建立时,则可调节被试电机的负载,使转差率为 0.05 左右取 4～5 点,按上述方法计算转矩,然后作出转矩对转差的曲线。从曲线上确定转差率为 0.05 时的转矩值。

用转矩测量仪法求取转矩转速特性曲线,从曲线上 $s$=0.05 处求取标称牵入转矩值。

#### 13.1.2 加速法

被试电机接到额定频率,电压可调实际平衡的稳定电源上,使电机作空载电动机起动,电源电压应调节到能使电动机由 30%$n_N$ 到 $n_N$ 的时间约在 1.5 min 左右。在加速过程中,电源电压、频率保持不变,如果电机能从静止状态起动的最低电压尚不能满足上述要求,则应进一步降低电源电压,直到上述要求满足为止。但此时电机应采用其他方法帮助起动(例如用吊车帮助起动或先用较高电压起动,然后切断电源使电机降速,待电机转速降到 30%$n_N$ 以下时,再加所需电压进行试验等)。在转速为 30%$n_N$～80%$n_N$ 范围内,每间隔 5 s～10 s 测量一次转速并记录时间。在转速为 80%$n_N$～100%$n_N$ 范围内宜每隔 3 s～5 s 记录一次,在试验过程中应注意电机是否过热。

当使用快速记录仪试验时,加速到全值的时间可以比上述规定快些。

由试验数据作转速对时间的曲线,如图 4 所示,并求取 95%$n_N$ 处的曲线斜率 d$n$/d$t$,该斜率可用下述方法确定,以曲线上 95%$n_N$ 处 a 点为中心,取曲线上离 a 等距离的 b、c 两点(b 点的纵坐标不应超过

$n_N$)，这两点的纵坐标之差为 $\Delta n$，横坐标之差为 $\Delta t$，所求的曲线斜率为 $\Delta n/\Delta t$。

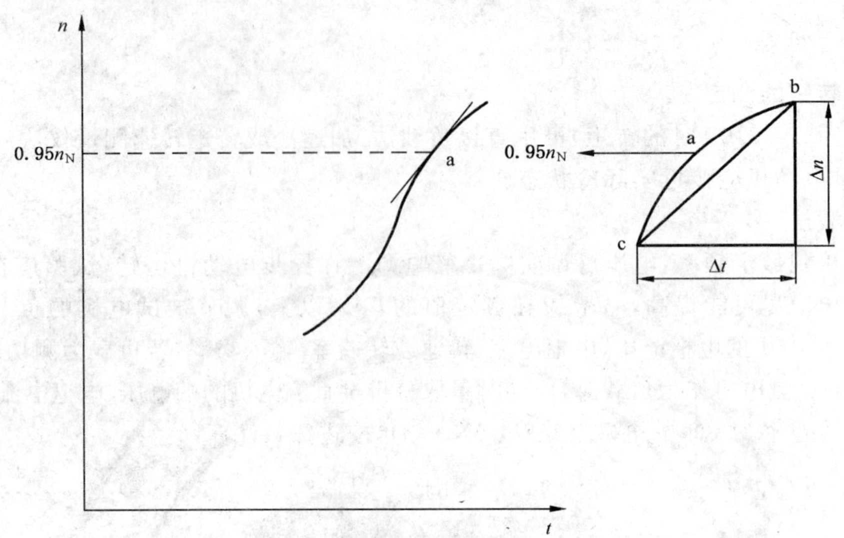


**图 4 电动机空载起动时转速与时间的关系曲线**

电机的试验电压下转矩 $T_{pi}$(N·m)按式(37)计算：

$$T_{pi} = \frac{J}{9.55} \cdot \frac{\Delta n}{\Delta t} \quad \cdots\cdots\cdots\cdots (37)$$

式中：

$J$——被试电机的转动惯量，单位为千克平方米(kg·m²)。

如用标幺值计算，则：

$$t_{pi} = \frac{J n_N \dfrac{\Delta n}{\Delta t}}{91.2 \times 10^3 P_N} \quad \cdots\cdots\cdots\cdots (38)$$

额定电压时的标称牵入转矩 $T_{piN}$(N·m)为：

$$T_{piN} = \left(\frac{U_N - U'}{U - U'}\right)^2 \cdot T_{pi} \quad \cdots\cdots\cdots\cdots (39)$$

如用标幺值计算，则：

$$t_{piN} = \left(\frac{U_N - U'}{U - U'}\right)^2 \cdot t_{pi} \quad \cdots\cdots\cdots\cdots (40)$$

式中：

$U'$——由图 3 确定。

### 13.1.3 转矩转速测量仪法

被试电机与转矩转速传感器以及负载可调的负载机机械对接。被试电机接到额定频率，电压可调实际平衡电源上。试验开始时，使被试电机处于空载或轻载运行，被试电机的试验电压应尽可能提高，一般应在额定值的50%以上。逐步调节被试电机的负载，使其转差率从 0.1 至 0，并记录这个变化过程的 $T$-$n$ 和 $U$-$n$ 曲线，至少均匀测取 3 个不同电压下的 $T$-$n$ 和 $U$-$n$ 变化曲线，分别从曲线上查得转差为 0.05 的牵入转矩 $T_{pi}$ 和试验电压 $U_t$。作 $\lg T_{pi} = f(\lg U_t)$ 曲线，延长曲线，求出对应于额定电压时的牵入转矩 $T_{piN}$。

## 13.2 特定转动惯量时牵入转矩的测定

永磁同步电动机的牵入转矩值与负载的转动惯量有关，转动惯量越大，则同一电动机所能牵入同步的转矩越小。因此，测量被试电动机的牵入转矩时应同时注明负载的转动惯量值，否则无法衡量被试电动机的牵入同步性能。有的电机对所能牵入同步的负载转动惯量有明确的要求，这就要求在测试系统中被试电动机与负载之间增加飞轮，以满足所要求的转动惯量值。

测定牵入转矩时，可用同步测功机，涡流测功机或校正过的直流电机进行测定，牵入转矩应在额定电压下测定。

测定时，被试电动机、飞轮与负载之间应用联轴器连接。先使电机在同步状态下，再增加负载使电动机牵出同步，在保持额定电压情况下逐渐减小被试电动机的负载转矩，并随时读取转矩值。当负载转矩减至某个值时，被试电动机刚好牵入同步。读取牵入同步前的转矩最小值即为被试电动机在规定转动惯量时的牵入转矩。

被试电动机是否由异步运行进入同步，一般需用同步闪光灯照射被试电动机轴上的标记来确定；标记转动时为异步运行，标记不转动时为同步运行。同步闪光灯需接至与被试电动机相同频率的电源上。永磁同步电动机在异步状态下运转时，电流很大，发热很快，测定必须迅速而准确的进行。为使测定结果准确可靠，牵入转矩的测定应不少于 2 次。在保持被试电动机温度不变时，两次测定结果应相同。

当试验时的电压 $U_t$ 不是额定电压时，应在 0.5～0.9 倍的额定电压范围内，均匀测取至少 3 个不同电压下的牵入转矩值，作 $\lg T_{pi}=f(\lg U_t)$ 曲线，延长曲线，求出对应于额定电压时的牵入转矩 $T_{piN}$。

## 14　最小转矩的测定

### 14.1　概述

在起动过程中最小转矩的测量方法有下列几种：

a）　测功机或校正过直流电机法；

b）　转矩测量仪法。

测定时，被试电机应接近实际冷状态，在额定频率和额定电压下进行。如试验电压不能达到额定电压，最小转矩值应按 14.4 换算。

### 14.2　测功机或校正过直流电机法

用测功机或校正过直流电机作被试电机的负载，最小转矩从测功机测力计上读出，或按试验时的转速和校正过直流电机的电枢电流，从直流电机的校正曲线 $T_d=f(I_a)$ 上求得。

直流电机的校正和使用时的要求同 12.3。

试验时，将被试电机与测功机或校正过直流电机用联轴器连接，先在低电压下确定被试电机出现最小转矩的中间转速（即同步转速的 1/13～1/7 范围内的某一转速，机组在该转速下能稳定运行而不升速）。断开被试电机的电源，调节测功机或校正过直流电机的电源电压，使其转速约为中间转速的 1/3。然后，合上被试电机的电源，迅速调节测功机的电源电压（或励磁电流）或校正过直流电机的电源电压。直至测功机的测力计读数或校正过直流电机的电枢电流出现最小值，读取此数值和被试电机的端电压。采用校正过直流电机时，需同时读取转速值。

用测功机作负载时，当测功机与被试电机的转向相同，而不能测得最小转矩时，可改变测功机电源电压的极性再行测试。

试验过程中，应防止被试电机过热。

### 14.3　转矩测量仪法

用转矩测量仪法测定最小转矩时，必须测取被试电机的转矩转速特性曲线，最小转矩从曲线上求取。

转矩转速特性曲线可逐点测定后人工描绘，也可用自动记录仪直接描绘。逐点测定转矩转速曲线时，测定的点数应满足正确求取各种转矩（堵转转矩、最小转矩、牵入转矩、失步转矩）的需要。在这些转矩附近，测量点应尽可能密一些。

试验过程中，应防止被试电机过热而影响测量的准确性，必要时，转矩转速特性曲线可分段测量。

以直流电机作负载时，被试电机与传感器、直流电机用联轴器连接。直流电机他励，其电枢由可调电压和可变极性的电源供电。被试电动机与直流电机的转向应一致。调节直流电机的电源电压，逐渐增加被试电机的负载,并同时读取转矩、转速和电压值。或用自动记录仪描绘转矩-转速特性曲线和被试电机的端电压与转速的关系曲线,见图5。

永磁同步电动机在接近堵转时转子振荡尤其剧烈,所以配接的负载惯量应至少为被试电机惯量的3倍以上,以尽可能减小转矩值振荡对准确读数的影响。需要测取从反转到正转起动过程中的转矩-转速特性曲线 $T=f(n)$。在测定过程中,电动机的端电压如有变化,必须进行电压修正,因此应同时测取电机端电压变化曲线。

用自动记录仪描绘转矩-转速特性曲线时,建议在被试电动机转速上升和下降的情况下测取两条转矩-转速特性曲线,取其平均值。每条曲线的描绘时间应不少于15 s。

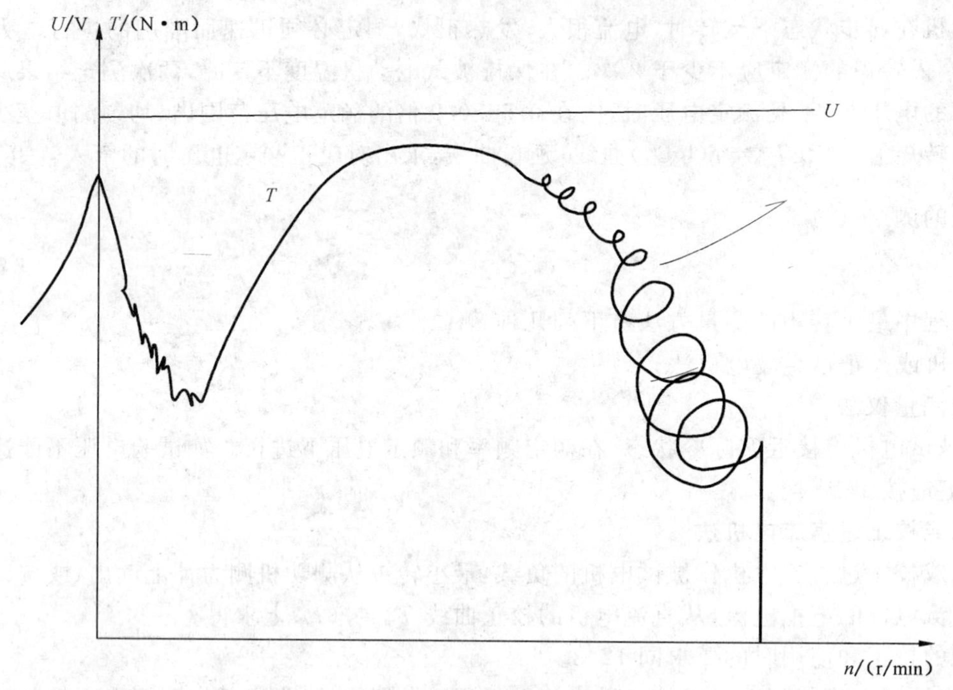


图5 转矩-转速特性曲线 $T=f(n)$

## 14.4 最小转矩的换算

永磁同步电动机起动过程中的转矩是由异步转矩 $T_a$ 与永磁制动转矩 $T_h$(通常为负值)相叠加而得,前者与外施电压平方成正比,后者与外施电压值无关。因此,由于外施电压不是额定值而需换算时,至少应测取两条不同电压 $U_1$、$U_2$ 下的转矩-转速特性曲线,取最小转矩附近多个同一转速下测得的转矩值 $T_1$ 和 $T_2$,然后按式(41)和式(42)求得 $T_a$、$T_h$。

$$T_a=\frac{T_1-T_2}{\left(\frac{U_1}{U_N}\right)^2-\left(\frac{U_2}{U_N}\right)^2} \qquad \cdots\cdots(41)$$

$$T_h=\frac{\left(\frac{U_2}{U_N}\right)^2\cdot T_1-\left(\frac{U_1}{U_N}\right)^2\cdot T_2}{\left(\frac{U_1}{U_N}\right)^2-\left(\frac{U_2}{U_N}\right)^2} \qquad \cdots\cdots(42)$$

则额定电压 $U_N$ 时的最小转矩 $T_{min}$(N·m)见式(43):

$$T_{min}=T_a+T_h \qquad \cdots\cdots(43)$$

式中:

$U_N$——额定电压,单位为伏(V);

$U_1$、$U_2$——试验时的实际电压,单位为伏(V);

$T_1$、$T_2$——电压为 $U_1$、$U_2$ 时测得的最小转矩，单位为牛米(N·m)。

在最小转矩附近多个转速下的 $T$ 值画成曲线取最小值，即为所求的最小转矩 $T_{min}$(N·m)。

## 15 其他试验

### 15.1 超速试验

如各类型电机标准中无规定时，超速试验允许在冷态下进行。对大型电机，允许对转子单独进行超速。

试验时，将电动机的转速提高到或为 1.2 倍最高额定转速或各类型电机标准中规定的转速，或规定的最高转速，历时 2 min。

超速的方法有下列 2 种：

a) 提高被试电机的电源频率；

b) 用原动机直接驱动或通过变速驱动被试电机。

超速试验时，应采取安全防护措施，尽可能远距离测量转速。

### 15.2 噪声的测定

噪声的测定按 GB/T 10069.1—2006。

### 15.3 振动的测定

振动的测定按 GB 10068—2008。

### 15.4 短时过转矩试验

短时过转矩试验应在额定电压、额定频率下进行。

试验时，电动机在热状态下，逐渐增加负载，使其转矩达到 GB 755—2008 或各类型电机标准所规定的过转矩数值，历时 15 s。

如限于设备，允许在试验时用测量定子电流代替转矩的测量，此时，定子电流值应等于 1.1 倍的过转矩倍数乘以额定电流值。

### 15.5 耐电压试验

试验电源的频率为工频，电压波形应尽可能为正弦波形。

#### 15.5.1 试验要求

a) 耐电压试验在电机静止的状态下进行。试验前，应先测量绕组的绝缘电阻。如需要进行超速和短时过转矩试验时，该项试验应在这些试验之后进行，型式试验时，该项试验还应在热试验后电动机接近热状态下进行。

b) 试验时，电压应施于绕组与机壳之间，此时其他不参与试验的绕组均应和铁心及机壳连接。对额定电压在 1 kV 以上的电机，若每相的两端均单独引出时，则应每相逐一进行试验。

c) 试验变压器应有足够的容量，可按下列方法选择：

   1) 对低压电动机，每 1 kV 试验电压，试验变压器的容量应不小于 1 kVA。

   2) 对高压电动机，当其电容量较大时，试验变压器的容量应大于式(44)求得的计算容量 $S_T$(kVA)：

$$S_T = 2\pi fCU_tU_{TN} \times 10^{-3} \qquad (44)$$

   式中：

   $C$——被试电机的电容量，单位为法(F)；

   $U_t$——试验电压，单位为伏(V)；

   $U_{TN}$——试验变压器高压侧的额定电压，单位为伏(V)。

   3) 对分马力电动机，每 1 kV 试验电压，试验变压器的容量应不小于 0.5 kVA。

d) 额定电压在 3 kV 及以上的电动机进行耐电压试验时，建议在试验变压器接线柱与被试绕组之间并联接入放电铜球。试验电压应在试验变压器的高压侧进行测量。

e) 试验前，应采取切实安全防护措施，试验中发现异常情况，应立即切断试验电源，并将绕组对地放电。

**15.5.2 试验电压和时间**

试验电压的数值按 GB 755—2008 表 16 或各类电机标准的规定。

试验应从不超过试验电压全值的一半开始，然后均匀地或以每步不超过全值 5%逐步增至全值，电压从半值增至全值的时间应不少于 10 s。全值试验电压值应符合 GB 755—2008 表 16 的规定，并维持 1 min。

当对批量生产的 200 kW(或 kVA)及以下电机进行常规试验时，1 min 试验可用约 5 s 的试验代替，试验电压按 GB 755—2008 表 16 规定的正常值。也可用 1 s 试验来代替，但试验电压值应为 GB 755—2008 表 16 规定值的 120%，试验电压均用试棒施加。

**15.6 转动惯量的测定**

**15.6.1 悬挂转子摆动法**

**15.6.1.1 单钢丝法**

采用单钢丝扭转摆动比较法测定电机转子的转动惯量。

选择密度均匀的金属制成假转子，假转子形状应为简单的圆柱体，以便能用式(45)较精确地计算出假转子的转动惯量。假转子的质量应能将所选用的钢丝拉直且钢丝不变形。把假转子可靠地悬挂在长度 $l \geqslant 0.5$ m 的钢丝一端，钢丝的另一端固定在支架上，钢丝轴线应与假转子轴线同心且垂直地面。

将假转子绕心轴扭转一个适当角度，仔细测量往复摆动次数 $N$ 及所需时间 $t$(s)，求得摆动周期平均值 $T'(T'=t/N)$。被试电机转子在相同的条件下，重复上述试验，按上方法求得其摆动周期的平均值 $T$，按式(46)计算被试电机的转动惯量 $J$。

假转子的转动惯量 $J'(\mathrm{kg \cdot m^2})$ 由式(45)计算：

$$J' = \frac{mD^2}{8} \qquad \cdots\cdots(45)$$

式中：

$D$——圆柱体直径，单位为米(m)；

$m$——直径 $D$ 部分的圆柱体质量，单位为千克(kg)；

被试电机转子的转动惯量 $J(\mathrm{kg \cdot m^2})$ 按式(46)计算：

$$J = J' \frac{T^2}{T'^2} \qquad \cdots\cdots(46)$$

式中：

$T$——被试电机转子的摆动周期平均值，单位为秒(s)；

$T'$——假转子的摆动周期平均值，单位为秒(s)。

**15.6.1.2 双钢丝法**

用两根平行的钢丝将被试电机转子悬挂起来，使其转轴中心线与地面垂直。扭转转子使其产生以轴线为中心的摆动。距转轴中心线的扭角应不大于 10°。仔细测取若干次摆动所需的时间，求出摆动周期的平均值 $T$。转动惯量 $J(\mathrm{kg \cdot m^2})$ 按式(47)求取：

$$J = \frac{T^2 a^2}{l} \cdot \frac{mg}{(4\pi)^2} \qquad \cdots\cdots(47)$$

式中：

$g$——重力加速度，单位为米每二次方秒(m/s²)；

$a$——两钢丝之间的距离，单位为米(m)；

$l$——钢丝的长度，单位为米(m)；

$m$——被试电机转子的质量，单位为千克(kg)。

**15.7 轴电压的测定**

轴电压的测定按 GB/T 1029—2005 的规定进行。

## 16 计算格式

### 16.1 A格式——A法

型号__________ 设计__________ 机座号__________ hp/kW __________ 相数__________
频率__________ 电压__________ 同步转速__________ 产品编号__________ 温升限值__________
时间定额__________

| 序号 | 内容 | | 1 | 2 | 3 | 4 | 5 | 6 |
|---|---|---|---|---|---|---|---|---|
| 1 | 定子绕组初始端电阻 | (Ω) | | | | | | |
| 2 | 测量初始电阻时绕组温度 | (℃) | | | | | | |
| 3 | 额定负载热试验结束时定子绕组端电阻 | (Ω) | | | | | | |
| 4 | 额定负载热试验定子绕组最高温度 | (℃) | | | | | | |
| 5 | 热试验结束时冷却介质温度 | (℃) | | | | | | |
| 6 | 负载试验冷却介质温度 | (℃) | | | | | | |
| 7 | 负载试验定子绕组最高温度($\theta_t$) | (℃) | | | | | | |
| 8 | 频率 | (Hz) | | | | | | |
| 9 | 同步转速 | (r/min) | | | | | | |
| 10 | 线电压 | (V) | | | | | | |
| 11 | 线电流 | (A) | | | | | | |
| 12 | 定子输入功率 | (W) | | | | | | |
| 13 | 试验温度($\theta_t$)时定子 $I^2R$ 损耗 | (W) | | | | | | |
| 14 | 转矩读数 $T_d$ | (N·m) | | | | | | |
| 15 | 转矩读数修正值 $k_d$ | (N·m) | | | | | | |
| 16 | 修正后转矩 | (N·m) | | | | | | |
| 17 | 输出功率 | (W) | | | | | | |
| 18 | 在规定温度($\theta_S$)时的定子 $I^2R$ 损耗 | (W) | | | | | | |
| 19 | 修正后的定子输入功率 | (W) | | | | | | |
| 20 | 效率 | (%) | | | | | | |
| 21 | 功率因数 | | | | | | | |
| 注：$\theta_S$ 和 $\theta_t$ 采用相同的测温方法。 | | | | | | | | |

**性能参数汇总表**

| 负载(额定值的百分数) | | 25 | 50 | 75 | 100 | 125 | 150 |
|---|---|---|---|---|---|---|---|
| 功率因数 | | | | | | | |
| 效率 | (%) | | | | | | |
| 转速 | (r/min) | | | | | | |
| 线电流 | (A) | | | | | | |

A格式计算说明

[ ]连同其中的数字表示A格式中该序号项的试验数据或计算结果。

[1]见5.2

[2]见5.2

[3]见11.7.1

[4]见11.7.1

[5]见11.7.1

[6]见10.2.1

[7]见10.2.1

[8]见10.2.1

[9]=120·[8]/极数

[10]见10.2.1

[11]见10.2.1

[12]见10.2.1

[13]$=1.5[11]^2[1]\frac{K_1+[7]}{K_1+[2]}$

[14]见10.2.1

[15]按附录A求得$k_d$

[16]=[14]+[15]

[17]=[16]·[9]/9.549

[18]$=1.5[11]^2\cdot[3]\cdot\frac{K_1+[4]-[5]+25}{K_1+[4]}$

[19]=[12]+[18]−[13]

[20]$=\frac{[17]}{[19]}\cdot 100$

[21]$=\frac{[19]}{\sqrt{3}\cdot[10]\cdot[11]}$

## 16.2 B格式——B法

型号______ 设计______ 机座号______ hp/kW______ 相数______

频率______ 电压______ 同步转速______ 产品编号______ 温升限值______

时间定额______

| 序号 | 内 容 | | 1 | 2 | 3 | 4 | 5 | 6 |
|---|---|---|---|---|---|---|---|---|
| 1 | 定子绕组初始端电阻 | (Ω) | | | | | | |
| 2 | 测量初始电阻时绕组温度 | (℃) | | | | | | |
| 3 | 额定负载热试验结束时定子绕组端电阻 | (Ω) | | | | | | |
| 4 | 额定负载热试验定子绕组最高温度 | (℃) | | | | | | |
| 5 | 热试验结束时冷却介质温度 | (℃) | | | | | | |
| 6 | 负载试验冷却介质温度 | (℃) | | | | | | |
| 7 | 负载试验定子绕组最高温度 $\theta_t$ | (℃) | | | | | | |
| 8 | 频率 | (Hz) | | | | | | |
| 9 | 同步转速 | (r/min) | | | | | | |
| 10 | 线电压 | (V) | | | | | | |

表（续）

| 序号 | 内　　容 | | 1 | 2 | 3 | 4 | 5 | 6 |
|---|---|---|---|---|---|---|---|---|
| 11 | 线电流 | (A) | | | | | | |
| 12 | 定子输入功率 | (W) | | | | | | |
| 13 | 在 $\theta_t$ 时的定子绕组 $I^2R$ 损耗 | (W) | | | | | | |
| 14 | 铁耗 | (W) | | | | | | |
| 15 | 风摩耗 | (W) | | | | | | |
| 16 | 总常规损耗 | (W) | | | | | | |
| 17 | 转矩读数 $T_d$ | | | | | | | |
| 18 | 转矩读数修正值 $k_d$ | (N·m)* | | | | | | |
| 19 | 修正后的转矩 | (N·m)* | | | | | | |
| 20 | 轴输出功率 | (W) | | | | | | |
| 21 | 表观总损耗 | (W) | | | | | | |
| 22 | 剩余损耗 | (W) | | | | | | |
| 22A | 截距 $B$ ______ | 斜率 $A$ ______ | 相关系数 $r$ ______ | 删除点 | | | | |
| 23 | 在规定温度($\theta_s$)时定子绕组 $I^2R$ 损耗 | (W) | | | | | | |
| 24 | 负载杂散损耗 | (W) | | | | | | |
| 25 | 修正后总损耗 | (W) | | | | | | |
| 26 | 修正后轴输出功率 | (W) | | | | | | |
| 27 | 修正后轴输出功率 | (hp) | | | | | | |
| 28 | 效率 | (%) | | | | | | |
| 29 | 功率因数 | | | | | | | |
| 注：$\theta_S$ 和 $\theta_t$ 采用相同的测温方法。 | | | | | | | | |
| * 1 磅·英尺＝1.355 8 N·m | | | | | | | | |

性能参数汇总表

| 负载(额定值的百分数) | | 25 | 50 | 75 | 100 | 125 | 150 |
|---|---|---|---|---|---|---|---|
| 功率因数 | | | | | | | |
| 效率 | (%) | | | | | | |
| 转速 | (r/min) | | | | | | |
| 线电流 | (A) | | | | | | |

B 格式计算说明

[　]连同其中的数字表示 B 格式中该序号项的试验数据或计算结果。

[1]见 5.2

[2]见 5.2

[3]见 11.7.1

[4]见 11.7.1

[5]见 11.7.1

[6]见 10.2.2

[7]见 10.2.2

[8]见 10.2.2

[9]=120·[8]/极数

[10]见 10.2.2

[11]见 10.2.2

[12]见 10.2.2

$[13]=1.5[11]^2[1]\frac{K_1+[7]}{K_1+[2]}$

[14]见 10.2.2.2.2

[15]见 10.2.2.2.3

注：铁耗、风摩耗不需要分离时，[14]+[15]作为一项。

[16]=[13]+[14]+[15]

[17]=见 10.2.2

[18]按附录 A 求取 $k_d$

[19]=[17]+[18]

[20]=[19]·[9]/9.549

[21]=[12]−[20]

[22]=[21]−[16]

[22A]按附录 B 求取 $A$、$B$、$r$

$[23]=1.5\cdot[11]^2\cdot[3]\cdot\frac{K_1+[4]-[5]+25}{K_1+[4]}$

$[24]=A\cdot[19]^2$

[25]=[13]+[14]+[15]+[24]

[26]=[12]−[25]

[27]=[26]/745.7

[28]=100·[26]/[12]

$[29]=\frac{[12]}{\sqrt{3}\cdot[10]\cdot[11]}$

通过绘制线电流[11]，效率[28]对输出功率[26]或输出马力[27]的关系曲线，求取性能参数。从曲线上根据预定的负载点查出有关数据填入性能汇总表中。功率因数由各预定负载点处的线电流、电压和由下式求得的输入功率计算求得：

$$输入功率(W)=\frac{预定负载点功率(W)\times100}{预定负载点效率(\%)}$$

# 附 录 A
## （规范性附录）
## 测功机转矩读数的修正

本修正方法也适用转矩测量仪与被试电机之间有轴承的情况。

### A.1 根据被试电机空载试验数据进行修正

#### A.1.1 联结测功机

被试电机在额定电压和额定频率下空载运行，测功机与被试电机联结但不加励磁，测量并记录：$P_{d0}$，$I$，$T_{d0}$及$R_{td}$或温度$\theta_{td}$（$R_{td}$为测量值或根据$\theta_{td}$求得），

则：$(I^2R)_d = 1.5I^2R_{td}$

#### A.1.2 不联结测功机

被试电机在额定电压和额定频率下空载运行，但不联结测功机。测量并记录$P_0$，$I_0$和$R_{t0}$或温度$\theta_{t0}$（$R_{t0}$为测量值或根据$\theta_{t0}$求得），则

$$(I^2R)_0 = 1.5I_0{}^2R_{t0} \qquad \text{（A.1）}$$

#### A.1.3 测功机转矩修正值 $k_d$

$$k_d = \frac{9.549}{n} \cdot \{[P_{d0} - (I^2R)_d] - [P_0 - (I^2R)_0]\} - T_{d0} \qquad \text{（A.2）}$$

式中：

$P_{d0}$，$(I^2R)_d$和$T_{d0}$——见A.1.1；

$P_0$，$(I^2R)_0$——见A.1.2。

注：实际上，通过校正测功机，在轴转矩为0时，$T_{d0}=0$。

### A.2 测功机自身修正

测功机不与被试电机联结，但是联轴器必须仍与测功机联结。测功机作为电动机运行，使测功机的转速$n$与负载试验时的转速相同，则测功机测得的转矩即为$k_d$。

### A.3 修正后的转矩 $T$

$$T = T_d + k_d \qquad \text{（A.3）}$$

# 附 录 B
（资料性附录）
# 线性回归分析

## B.1 概述

回归分析的目的是找出两组变量之间的数学关系，以便用一组变量求出另一组变量。线性回归分析认为如果这两组变量呈线性关系，即用两组变量的一对值（$x_i$，$y_i$）画图，则这些点几乎为一直线。这些点与直线的吻合程度由相关系数 $r$ 表示。

## B.2 方法

### B.2.1 数据准备

计算表 B.1。

表 B.1 线性回归数据表

| 序号 | $T^2$ | $P_L$ | $(T^2)^2$ | $(P_L)^2$ | $P_L \times T^2$ |
|---|---|---|---|---|---|
| 1 | | | | | |
| 2 | | | | | |
| 3 | | | | | |
| 4 | | | | | |
| 5 | | | | | |
| 6 | | | | | |
| | $\sum$ | $\sum$ | $\sum$ | $\sum$ | $\sum$ |

表 B.1 中：$T$ 根据 9.4.2.2.2 确定输出转矩（N·m）；

$P_L$ 根据 9.4.2.2.3 确定的剩余杂散损耗（W）。

### B.2.2 斜率 *A* 的确定

用式（B.1）计算 $A$：

$$A = \frac{i\sum(P_L T^2) - \sum P_L \sum T^2}{i\sum(T^2)^2 - (\sum T^2)^2} \quad \cdots\cdots(\text{B.1})$$

式中：

$i$ 是负载试验的点数。

### B.2.3 截距 *B* 的确定

由式（B.2）计算 $B$：

$$B = \frac{\sum P_L}{i} - A\frac{\sum T^2}{i} \quad \cdots\cdots(\text{B.2})$$

### B.2.4 相关系数 *r* 的确定

由式（B.3）计算 $r$：

$$r = \frac{i\sum(P_L T^2) - (\sum P_L)(\sum T^2)}{\sqrt{[i\sum(T^2)^2 - (\sum T^2)^2][i\sum P_L{}^2 - (\sum P_L)^2]}} \quad \cdots\cdots(\text{B.3})$$

# 附 录 C
（资料性附录）
铁耗和风摩耗的测定及分离计算方法

## C.1 假转子空载运转法测定风摩耗

### C.1.1 试验方法

用一个与被试电机转子的结构形状、几何尺寸以及质量完全相同但没有充磁的假转子装入被试电机，该假转子也可卸掉已经充磁的磁钢后换以同质量的普通铁心的办法制作。装入假转子的电机与转矩转速传感器以及另一台拖动电机用联轴器机械对接。用拖动电机拖动被试电机在被试电机的同步转速下运转。读取并记录试验数据之前输入转矩应稳定，即：输入转矩相隔 30 min 的两个读数之差应不大于前一个读数的 3%。待转矩值稳定后读取转矩 $T_{d0}$（N·m）、转速 $n$（r/min）。

### C.1.2 试验结果计算

被试电机的风摩耗可按式（C.1）计算：

$$P_{fw} = T_{d0} \cdot n / 9.549 \quad (W) \tag{C.1}$$

测得风摩耗后，则可以根据第 6 章空载试验测得的铁耗与风摩耗之和确定该被试电机的铁耗。

## C.2 空载特性测定法

按 6.1 的要求进行空载试验。空载输入功率 $P_0$ 是电动机空载运行时的总损耗。由 $P_0$ 减去试验温度下的定子 $I^2R$ 损耗，得到铁耗、风摩耗和空载杂散损耗之和 $P_0{}'$。

$$P_0{}' = P_0 - P_{0cu1} = P_{Fe} + P_{fw} + P_{S0} \tag{C.2}$$

### C.2.1 铁耗 $P_{Fe}$、风摩耗 $P_{fw}$ 和空载杂散损耗 $P_{S0}$ 的确定

#### C.2.1.1 铁耗 $P_{Fe}$ 的确定

从图 1 上分别找出与 $U_N$ 相应的 $P'_{0N}$ 及 $I_{0N}$，在 $I_0 = f(U)$ 曲线上找出与 $I_{0N}$ 相等的另一点 $I_{01}$，找出与 $I_{01}$ 相对应的空载电压 $U_1$ 及相应的 $P'_{01}$，则得：

$$P'_{01} = (U_1/U_N)^2 \cdot P_{FeN} + P_{fw} + P_{S0N} \tag{C.3}$$

$$P'_{0N} = P_{FeN} + P_{fw} + P_{S0N} \tag{C.4}$$

式中：

$P_{FeN}$——额定电压时的铁耗；

$P_{S0N}$——对应 $I_{0N}$（或 $I_{01}$）时的空载杂散损耗。

将式（C.4）减式（C.3），可求出额定电压时的铁损耗：

$$P_{FeN} = (P'_{0N} - P'_{01}) / [1 - (U_1/U_N)^2] \tag{C.5}$$

#### C.2.1.2 风摩耗 $P_{fw}$ 的确定

从 $I_0 = f(U)$ 曲线上找出电流最小点 $I_{0\,min}$ 所对应的电压 $U_2$，及其相对应的 $P'_{02}$，

$$P'_{02} = (U_2/U_N)^2 \cdot P_{FeN} + P_{fw} + P_{S02} \tag{C.6}$$

式中：

$P_{S02}$——对应 $I_{0\,min}$ 时的空载杂散损耗。

由于同步电动机不失步时转速始终恒定，故 $P_{fw}$ 在任何电压下为常数，又因此点的电流很小，相应的杂散损耗可近似认为 $P_{S02} \approx 0$，则可求得风摩耗：

$$P_{fw} = P'_{02} - (U_2/U_N)^2 \cdot P_{FeN} \tag{C.7}$$

#### C.2.1.3 空载杂散损耗的确定

当 $P_{FeN}$ 和 $P_{fw}$ 已知后，可求得任意电压下的空载杂散损耗：

$$P_{S0} = P'_0 - (U/U_N)^2 \cdot P_{FeN} - P_{fw} \tag{C.8}$$